Serge Zacher (Hrsg.)

Automatisierungstechnik kompakt

Automatisierungstechnik kompakt

Theoretische Grundlagen, Entwurfsmethoden, Anwendungen

Der Bandherausgeber:

Prof. Dr.-Ing. *Serge Zacher* — Fachhochschule Wiesbaden

Die Autoren des Buches:

Dipl.-Ing. *Karl Auer* — ABB Automation Products GmbH Mannheim
CAE in der Automatisierungstechnik

Prof. Dr.-Ing. *Bolli Björnsson* — Fachhochschule Fulda
Mechatronik / Bussysteme der AT

Prof. Dr.-Ing. *Michael Braun* — Universität (TH) Karlsruhe
Regelungen in der elektr. Antriebstechnik

Dipl.-Ing. *Rahman Jamal* — National Instruments GmbH München
Prozessvisualisierung

Prof. Dr. rer. nat. habil. *Jürgen Kopainsky* — Fachhochschule beider Basel
Systemtechnik

Prof. Dr.-Ing. habil. *Ulrich Korn* — Technische Universität Otto-von-Guericke Magdeburg
Mehrgrößenregelung

Prof. Dr.-Ing. habil. *Lothar Litz* — Universität Kaiserslautern
Prozessleittechnik / Sicherheitsgerichtete AT

Jochen Petry — Schneider Electric GmbH Heusenstamm
Steuerungstechnik

Prof. Dr. *Bernd Reusch* und Dipl.-Inform. *Kurt Liebermann* — Universität Dortmund
Fuzzy-Regelung

Prof. Dr. techn. *Alexander Weinmann* — Technische Universität Wien
Lineare, nichtlineare und digitale Regelung

Prof. Dr.-Ing. *Serge Zacher* — Fachhochschule Wiesbaden
Neuro-Regelung / Praktische Einstellregeln

vieweg

Serge Zacher (Hrsg.)

Automatisierungstechnik kompakt

Theoretische Grundlagen, Entwurfsmethoden, Anwendungen

Mit 252 Abbildungen und 41 Tabellen

vieweg

Die Deutsche Bibliothek – CIP-Einheitsaufnahme
Ein Titeldatensatz für diese Publikation ist bei
der Deutschen Bibliothek erhältlich.

Der Reihenherausgeber: Prof. Dr.-Ing. Otto Mildenberger lehrt an der Fachhochschule Wiesbaden in den Fachbereichen Elektrotechnik und Informatik.

Ursprünglich erschienen bei Friedr. Vieweg & Sohn Verlagsgesellschaft mbH, Braunschweig/Wiesbaden 2000.

www.vieweg.de

Konzeption und Layout des Umschlags: Ulrike Weigel, www.CorporateDesignGroup.de

Gedruckt auf säurefreiem Papier

ISBN 978-3-528-03897-7   ISBN 978-3-663-16317-6 (eBook)
DOI 10.1007/978-3-663-16317-6

Vorwort

Das vorliegende Buch wendet sich an Ingenieure in der Praxis, an Studierende der Elektrotechnik und des Maschinenbaus und darüber hinaus an alle diejenigen, die einen Überblick über die wichtigsten Gebiete der modernen Automatisierungstechnik suchen.

Es enthält eigenständige Beiträge von Autoren aus Industrie und Hochschule, und schließt die Lücke zwischen zahlreichen Lehrbüchern und andererseits viel zu umfangreichen Taschenbüchern. Obschon es sich um insgesamt 16 kürzere Beiträge handelt, die getrennt gelesen werden können, gibt es Querverbindungen zwischen Teilgebieten und auch eine gewisse Redundanz.

Automatisierungsprojekte werden heute nicht allein vom „Automatisierungsfachmann" abgewickelt, sondern von einer Gruppe von Spezialisten, die alle Aufgaben im Team umsetzen. Dazu gehören neben klassischen Mess-, Regelungs- und Steuerungstechnikern auch Informatiker, Softwareingenieure und Netzwerkspezialisten. Das Betriebs- und Wartungspersonal, das notwendige Kenntnisse über die Technologie des Industrieprozesses mitbringt, gehört ebenfalls dazu. Im Idealfall können sich alle in der Projektgruppe mit gleichen Begriffen verständigen und gleiche Werkzeugen benutzen. Um dies zu erreichen, muss sich jeder in benachbarte Teilgebiete einarbeiten. Die effektive Anwendung von Simulationsprogrammen und Prozessleittechnik ist jedoch ohne Grundlagen der Regelungs- und Steuerungstechnik undenkbar. So widmet sich der erste Teil des Buches den theoretischen Grundlagen der Regelungstechnik, im zweiten Teil schließt sich die Beschreibung von praxisnahen Entwurfsmethoden an die Anwendungen und digitalen Werkzeugen an.

Es ist selbstverständlich unmöglich, alle Bereiche eines Fachgebiets in einem Buch zu behandeln. Besonderer Wert bei der Wahl von Themen wurde auf eine Vereinheitlichung von „Automatisierung von Prozessen" und „Automatisierung von Automatisierung" gelegt. Das Erkennen dieser Zusammenhänge soll das Gesamtverständniss des Fachgebiets ermöglichen und die Darstellung der Automatisierungstechnik durch den Begriff *integrierte Automatisierungs- und Informationstechnik* (IAIT) fördern.

Die ersten vier Kapitel befassen sich mit theoretischen Grundlagen der linearen, nichtlinearen, digitalen Regelung sowie der Mehrgrößenregelung. Der Zugang zu intelligenten Regelungen wird in den Kapiteln 5 und 6 durch Fuzzy- und Neuro-Verfahren ermöglicht. In nachfolgenden Kapiteln stehen die praktischen Aspekte im Vordergrund: von Parametrierung der Regelkreise in Kapitel 7 bis Anwendungen für elektrische Antriebe (Kapitel 8) und für mechanische Systeme (Kapitel 10). Die traditionelle Projektabwicklung wird im Kapitel 9 mit systemtheoretischen Begriffen beschrieben und in Form von Entwurfsmethodik für technische Systeme anhand von Beispielen demonstriert.

Weiterhin werden die Methoden der offenen Industrieautomatisierung behandelt. Dies beginnt mit der Vorstellung der internationalen Norm IEC 1131 für Steuerungstechnik im Kapitel 11 und geht über die Werkzeuge der Prozessdateninformatik in Kapitel 12 und 14 (Bussysteme der Automatisierungstechnik und SCADA-Programme) bis hin zu Methoden und technischen Realisierungen von Prozessleitsystemen (Kapitel 13). Die Modelle und Schnittstellen von OLE (object linking and embedding) werden in verschiedenen

Kapiteln unter dem neuen Standard der PC-Automatisierung, sog. OPC-Spezifikation, betrachtet.

Den Abschluss des Buches bilden die Methoden der Einbindung des Menschen als Planer, Instandhalter und Entscheidungsträger an die Systeme der Industrieautomatisierung. Dabei handelt es sich im Kapitel 15 um die Sicherheit, Zuverlässigkeit und Risikoanalyse von Automatisierungssystemen. Das Kapitel 16 stellt die Systeme der PC-gestützten Engineering - sog. CAE - zusammen.

Die Autoren und der Herausgeber sind für Kritik, Hinweise und auch für Vorschläge der Leserinnen und Leser sehr dankbar.

Wiesbaden/Rüsselsheim, im April 2000 Der Herausgeber

Inhaltsverzeichnis

Kapitel 1

Lineare Regelung

von Alexander Weinmann

Viele industrielle Anlagen und Prozesse, die eine Automatisierung verlangen, werden durch lineare Zusammenhänge beschrieben. Diese Zusammenhänge sind Gleichungen im Energie-, Material- oder Informationsfluss. Schließt man ihre dynamischen Beziehungen ein, so resultieren lineare Differenzialgleichungen.

Auch selbsttätig wirkende Regler werden oft linear angesetzt.

Das Zusammenwirken genannter Systeme ergibt lineare automatische Regelungen, die in diesem Kapitel zeitkontinuierlich in Abhängigkeit von der Zeit t behandelt werden.

1.1 Grundstrukturen

Ein geräteorientiertes Schaltbild einer automatischen Raumtemperatur-Regelung zeigt die Abb. 1.1. Die Wirkungsweise der automatischen Regelung ist prinzipiell dem nachempfunden, was der Mensch in vergleichbarer Situation vornehmen würde: Wenn es im Raum zu kalt (heiß) ist, wird der Heizkörper stärker (schwächer) gestellt. An Stelle des Menschen arbeitet die automatische Regelung selbsttätig.

Die im Temperatursensor TS erfasste Temperatur Y_1 wird in einem Transducer TD auf geeignetes Signalniveau Y gebracht und mit einem Sollsignal verglichen, das (etwa von einem Potentiometer) als W_{ref} bereitgestellt wird. Der Vergleich entsteht durch vorzeichenrichtige Subtraktion. Die Differenz wird im Verstärker leistungsmäßig angehoben und über den Stellmotor SM zur Verstellung des Mischventils MV verwendet. In solcher Weise wird die Warmwasser-Vorlauftemperatur für

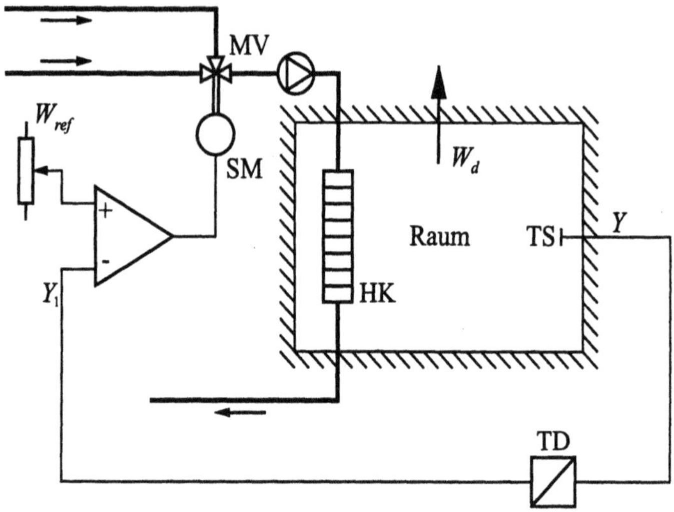

Abbildung 1.1 Gerätetechnisches Prinzipbild einer Raumtemperatur-Regelung

den Heizkörper HK und somit die Heizleistung für den Raum verändert. Eine erhöhte Wärmeabgabe W_d wird durch angepasste Mehrheizung kompensiert, sobald sie eine (zumeist nur geringe) Änderung der Isttemperatur Y_1 bewirkt hat.

Losgelöst von den gerätetechnischen Einzelheiten zeigt die Abb. 1.2 ein regelungstechnisches Blockschaltbild. Dieses ist auf die Funktionsweise, insbesondere die Dynamik der Geräte ausgerichtet und für verschiedenste apparative Ausführungen anwendbar.

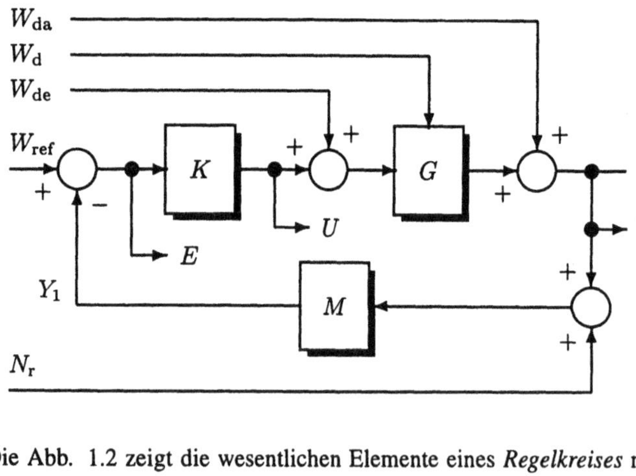

Abbildung 1.2 Grundstruktur eines Regelkreises

Regelkreis Die Abb. 1.2 zeigt die wesentlichen Elemente eines *Regelkreises* mit

Regler K, Regelstrecke G und Messeinrichtung M. Das Funktionsprinzip besteht in einem geschlossenen Wirkungsablauf. Eine Abweichung $E(t)$ zwischen dem Sollwert $W_{\mathrm{ref}}(t)$ und dem Istwert (der *Regelgröße*, dem Streckenausgang) $Y(t)$ werden im *Regler* K erfasst, verstärkt (oder andersartig verarbeitet) und als Stellgröße $U(t)$ ausgegeben. Die Stellgröße bewirkt in der *Regelstrecke* G eine Veränderung ihrer Ausgangsgröße $Y(t)$. Sie ist rückgekoppelt und wird mit dem Sollwert laufend verglichen. Die Informationsverarbeitung in den Elementen wirkt gleichzeitig. Bestehen Einwirkungen auf die Regelstrecke in Form von Last- oder Störgrößen W_{d}, so wird ihre Wirkung auf die Regelgröße $Y(t)$ erkannt und zur Ausregelung gebracht. Die *Störgröße* $W_{\mathrm{d}}(t)$ kann durch wirkungsgleiche Größen ersetzt werden, auch wenn diese an einem anderen Angriffspunkt einwirken sollten, wie W_{da} oder W_{de}. Das *Messrauschen* N_r rührt von Kupplungsungenauigkeiten, internen Quantisierungsfehlern, Netzbrumm und dgl. her. Es stellt eine vergleichsweise hochfrequente additive Störgröße dar.

Regelgröße

Regler

Regelstrecke

Störgröße

Messrauschen

Der Regelkreis befindet sich in einem stark angespannten Zustand und ist laufend auf Gegenwirkung gegen die Störgröße bedacht und auf Nachfolgen der Regelgröße an die Sollgröße.

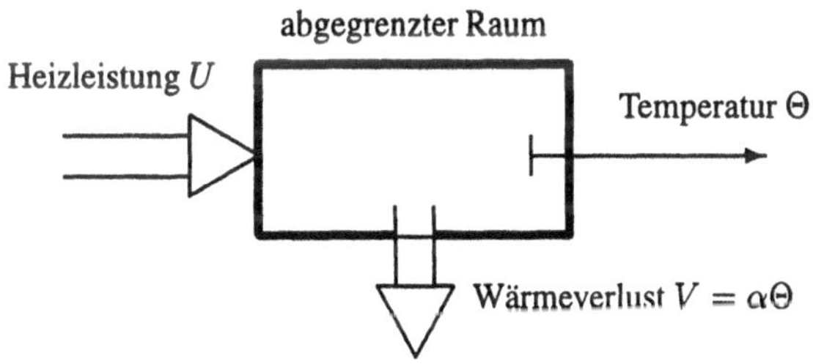

Abbildung 1.3 Temperatur-Regelstrecke

Für die mathematische Behandlung von Regelkreisen wird von deren Elementen und ihren Differenzialgleichungen ausgegangen. So wird z.B. für die gesteuerte Erwärmung eines Körpers (Abb. 1.3) von seiner *Energiebilanz* ausgegangen; die zugeführte Heizleistung U verteilt sich in die Aufheizung des Körpers entsprechend seiner Wärmekapazität C und in den zur Temperatur Θ proportionalen Wärmeverlust $V = \alpha\Theta$. Zwischen der steuernden Eingangsgröße U und der Ausgangsgröße Θ besteht daher die (näherungsweise) Beziehung

Energiebilanz

$$\frac{1}{C}\int_0^t (U - V)\,\mathrm{d}t = \Theta(t)\,. \qquad (1.1)$$

Differenzialgleichung

Werden nur die Änderungswerte $u(t)$ zum Wert eines Betriebspunkts U_o eingeführt, erhält man mit $U(t) = U_o + u(t)$, $V(t) = V_o + v(t)$,

$\Theta(t) = \Theta_o + \vartheta(t)$

$$\frac{1}{C}\int_0^t [u(t) - v(t)]\,\mathrm{d}t = \vartheta(t) \tag{1.2}$$

und durch einfache Differenzierung nach der Zeit t

$$u(t) - v(t) = u(t) - \alpha\vartheta(t) = C\dot{\vartheta}(t)\,. \tag{1.3}$$

Laplace-Transformation

Umreihen und Anwenden der *Laplace-Transformation*

$$\mathcal{L}\{x_\mathrm{a}(t)\} \stackrel{\triangle}{=} x_\mathrm{a}(s) \stackrel{\triangle}{=} \int_0^\infty x_\mathrm{a}(t)e^{-st}\mathrm{d}t \tag{1.4}$$

führt auf

$$\frac{C}{\alpha}\dot{\vartheta}(t) + \vartheta(t) = \frac{1}{\alpha}u(t) \tag{1.5}$$

$$T_1 s\vartheta(s) + \vartheta(s) = \frac{1}{\alpha}u(s)\,. \tag{1.6}$$

Zeitkonstante

Darin wird mit $T_1 \stackrel{\triangle}{=} C/\alpha$ eine *Zeitkonstante* definiert.

Übertragungsfunktion

Die Laplace-Transformation lässt die Differenzialgleichung in t in eine algebraische Gleichung in s übergehen. In ihr kann man die Laplace-Transformierten separieren und aus ihnen einen Quotienten bilden. Er wird als *Übertragungsfunktion* $G(s)$ bezeichnet

$$\frac{\vartheta(s)}{u(s)} = \frac{\frac{1}{\alpha}}{1 + T_1 s} \stackrel{\triangle}{=} G(s)\,. \tag{1.7}$$

Bei der Anwendung der Laplace-Transformation wurde auch die Beziehung verwendet, dass

$$\mathcal{L}\{\dot{\vartheta}(t)\} = -\vartheta\Big|_{t=0^+} + s\mathcal{L}\{\vartheta(t)\} = -\vartheta\Big|_{t=0^+} + s\vartheta(s) \tag{1.8}$$

gilt, was sich einfach mit partieller Integration nachweisen lässt. Bei obiger Anwendung wurde $\vartheta(0^+) = 0$ angenommen.

Zeitfunktion

Bildfunktion

Mit t als Zeit bezeichnet $x(t)$ die *Zeitfunktion*. Die Bezeichnung $x(s)$ in dieser unverwechelbaren Symbolzusammenstellung bedeutet $x(s) = \mathcal{L}\{x(t)\}$ die *Bildfunktion*, also nicht etwa die formale Substitution s durch t. Eine Tafel der Laplace-Transformation findet sich in Tabelle 3.1

Die Differenzialgleichung wird stets so geschrieben, dass die Ausgangsgröße und ihre Differenzialquotienten auf der linken Seite stehen und die Eingangsgröße auf der rechten. Im Beispiel der Gl. (1.7) handelt es sich um ein sogenanntes *Proportional-Element*, weil zwischen Eingang $u(t)$ und Ausgang $\vartheta(t)$ nach hinreichend langer Zeit zwischen den Ein- und Ausgangswerten Proportionalität eintritt. (Diesen Stationärzustand liefert Einsetzen von $\dot{\vartheta}(t) = 0$.) Da nur eine Zeitkonstante T_1 vorkommt, ist es ein Proportional-Element erster *Ordnung*.

Proportional-Element

Ordnung

Nimmt man in obgenanntem Beispiel an, dass kein Wärmeverlust auftritt, also $\alpha \to 0$ gilt, bekäme man ein sogenanntes *Integral-Element* mit der Übertragungsfunktion $\frac{1}{C \cdot s}$.

Integral-Element

Weitere wichtige Bausteine eines Regelkreises sind *Totzeit-Elemente*. Die Ein- und Ausgangsgröße unterscheidet sich bei ihnen nur durch eine Zeitverschiebung $x_\mathrm{a}(t) = x_\mathrm{e}(t - T_\mathrm{t})$. Durch Anwendung des *Verschiebungssatzes* der Laplace-Transformation findet man

Totzeit-Element

Verschiebungssatz

$$\mathcal{L}\{x_\mathrm{a}(t)\} = e^{-sT_\mathrm{t}}\mathcal{L}\{x_\mathrm{e}(t)\} \quad \rightsquigarrow \quad \frac{x_\mathrm{a}(s)}{x_\mathrm{e}(s)} = e^{-sT_\mathrm{t}} \; . \qquad (1.9)$$

Die Übertragungsfunktion liefert aufgrund ihrer Definition eine einfache Rechenregel: Die Laplace-Transformierte $x_\mathrm{a}(s)$ des Ausgangs ergibt sich aus dem Produkt der Laplace-Transformierten des Eingangs $x_\mathrm{e}(s)$ und der Übertragungsfunktion $G(s)$.

Diese Beziehung ist für die *Reihenschaltung* (Kettenschaltung) zweier oder mehrerer Bauteile sehr nützlich; wird nämlich der Ausgang eines ersten Elements 1 direkt als Eingang eines Elements 2 verwendet, so ergibt sich für die resultierende Übertragungsfunktion $G(s) = G_1(s) \cdot G_2(s)$.

Reihenschaltung
Kettenschaltung

In dem Blockbild Abb. 1.2 werden $w_\mathrm{d}, w_\mathrm{de}, w_\mathrm{du}, n_\mathrm{r}$ und w_ref als Eingangsgrößen angesehen, weil sie unabhängig einwirken. Als Ausgangsgrößen (Reaktionen des Regelkreises) werden bevorzugt y, u und e aufgefasst. Wichtige Übertragungsfunktionen und Frequenzgänge sind die Quotienten

$$\frac{y(s)}{w_\mathrm{d}(s)}, \; \frac{y(s)}{w_\mathrm{ref}(s)}, \; \frac{u(s)}{w_\mathrm{d}(s)}, \; \frac{u(s)}{w_\mathrm{ref}(s)}, \; \frac{u(s)}{n_\mathrm{r}(s)} \; . \qquad (1.10)$$

Die Regel $x_\mathrm{a}(s) = G(s)x_\mathrm{e}(s)$ wird auch zur Reduktion eines umfangreicheren *Blockschaltbildes* (Abb. 1.4) herangezogen.

Blockschaltbild

In ihm werden Signale v_1 und v_2 als Variable nach Bedarf eingeführt und mit den Teilübertragungsfunktionen verknüpft. Hernach kann das Blockbild mit einer resultierenden Übertragungsfunktion beschrieben werden, indem Variable geeignet auf analytischem Weg eliminiert werden.

Abbildung 1.4 Zweischleifiger Regelkreis

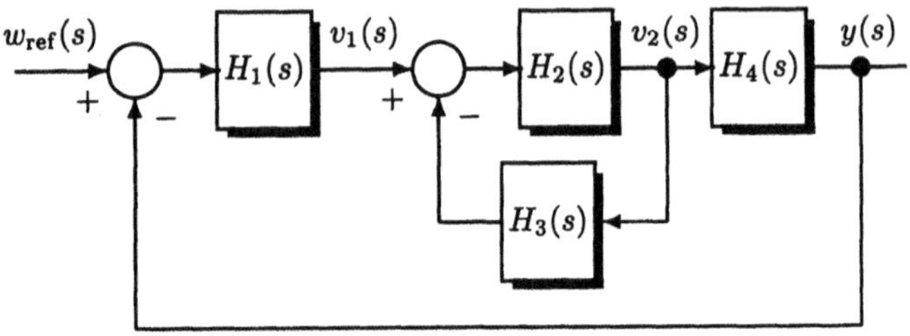

Zunächst wird also folgendes Gleichungssystem gemäß Blockschaltbild Abb. 1.4 aufgestellt

$$v_1 = H_1(w_{ref} - y) \tag{1.11}$$
$$v_2 = H_2(v_1 - H_3 v_2) \tag{1.12}$$
$$y = H_4 v_2 \,. \tag{1.13}$$

Nach Elimination von v_1, v_2 erhält man die resultierende Übertragungsfunktion

$$\frac{y(s)}{w_{ref}(s)} = \frac{H_1 \frac{H_2}{1+H_2H_3} H_4}{1 + H_1 \frac{H_2}{1+H_2H_3} H_4} = \frac{H_1 H_2 H_4}{1 + H_2 H_3 + H_1 H_2 H_4} \,. \tag{1.14}$$

Für die Reduktion bietet auch das Programmsystem MATLAB Reduktionshilfen wie `feedback` oder `cloop`, siehe spätere Beispiele mit Abb. 1.5 und ab Gl. (1.30).

1.2 Konvergenz des Laplace-Integrals

Die Konvergenz (Berechenbarkeit) des Laplace-Integrals ist für bestimmte Wertebereiche s gesichert. Enthält ein Signal $f(t)$ Komponenten $e^{s_o t}$, für $\Re e\, s_o > 0$, handelt es sich um eine aufklingende Bewegung; dann ist *Konvergenz* nur gesichert, wenn sowohl $t > 0$ garantiert ist als auch $\Re e\, s > \Re e\, s_o$. Nur bei hinreichend großem Realteil von s kann die Existenz des Laplace-Integrals erzwungen werden. Dies ist durch Lösung des Laplace-Integrals mit Produktintegration zu erkennen

Konvergenz

$$\int_0^\infty e^{s_o t} e^{-st}\, dt = \int_0^\infty e^{(s_o - s)t}\, dt = \frac{1}{s_o - s} e^{(s_o - s)t} \Big|_0^\infty \,; \tag{1.15}$$

nur bei $\Re e\, s > \Re e\, s_o$ ergibt sich ein endlicher Wert $\frac{1}{s - s_o}$. Das Laplace-Integral existiert nicht für Werte s in der s-Ebene, deren Realteil kleiner ist als der Realteil von s_o.

Setzt sich ein Signal aus einer Summe von Exponentialfunktionen mit Index i zusammen, so muss s größer sein als der größte Realteil von s_{oi}.

Für konvergente (stabile) Signale (Signale deren $\Re e\ s_{oi} < 0$) existiert das Laplace-Integral in der ganzen rechten s-Halbebene einschließlich der $j\omega$-Achse. Umgekehrt, besitzt eine Laplace-Transformierte in der rechten s-Halbebene eine Polstelle s_{oi}, so existiert das Laplace-Integral nicht in der ganzen rechten s-Halbebene. Das zugehörige Zeitsignal enthält eine aufklingende Bewegung $e^{s_{oi}t}$.

Trotz dieser Konvergenzbeschränkungen kann die Funktion in s analytisch auf die gesamte linke s-Halbebene ausgedehnt werden.

1.3 Frequenzgang

Werden ausschließlich sinusförmige Bewegungen zu untersuchen gewünscht, so wird der sogenannte *Frequenzgang* verwendet. Er resultiert aus einer Substitution $s = j\omega$ in der Übertragungsfunktion. Dabei ist ω die betrachtete Frequenz (Kreisfrequenz) der Ein- und Ausgangsschwingung. Der Ausdruck $x_e(s) = x_e(j\omega)$ stellt dann eine komplexe Amplitude nach Betrag und Phase dar. Der Frequenzgang $G(j\omega)$ ist nach Betrag und Phase das *Amplitudenverhältnis* und die *Phasendifferenz* zwischen der Ein- und Ausgangsschwingung mit der Kreisfrequenz ω.

Frequenzgang

Amplitudenverhältnis

Phasendifferenz

Im Hinblick auf die Fourier-Zerlegung jedes periodischen Signals in Grundschwingung und Harmonische ist der Frequenzgang eine wichtige Berechnungshilfe auch für nichtsinusförmige System-Anregungen und -Bewegungen.

Die Darstellung der Frequenzgangs-Ortskurve $G(j\omega)$ erfolgt nach Real- und Imaginärteil $\Re e$, $\Im m$ in der komplexen $G(j\omega)$-Ebene. Sie kann auch separat nach dem Logarithmus des Betrags $\log|G(j\omega)|$ und nach dem Argument $\arg G(j\omega)$ über dem Logarithmus der Frequenz $\log\omega$ erfolgen, was zumeist als *Bode-Diagramm* bezeichnet wird.

Bode-Diagramm

Für ein Proportionalsystem mit Verzögerung erster Ordnung (PT_1-System) nach Gl. (1.7) zeigt das (doppelt logarithmische) Bode-Diagramm bei kleinen Kreisfrequenzen einen horizontalen Verlauf, bei großen einen Abfall um den Faktor 10 je Frequenzdekade. Verlängert man die *Asymptoten* der logarithmischen Betrags-Frequenz-Kennlinie dieses PT_1-Elements in die Mitte zu und bringt sie zum Schnitt, so liefert dies die Knickfrequenz ω_k. Sie beträgt $\omega_k = 1/T_1$.

Asymptote

Beispiel. Regelstrecke, Regler, Regelkreis. Verfolgt man Gl. (1.7) als Regelstrecke mit $T_1 = 0,5$ und $\alpha = 1$, ergänzt um einen Integralregler

$$K(s) = \frac{1}{sT_\text{I}} \quad \text{mit} \quad T_\text{I} = 0,5 \tag{1.16}$$

und eine fehlerfreie Messeinrichtung $M(s) = 1$, so gilt für die Serienschaltung (für den aufgeschnittenen Regelkreis)

$$F_\text{o}(s) = K(s)G(s)M(s) = \frac{1}{sT_\text{I}(1 + sT_1)} \,. \tag{1.17}$$

Bei $w_{\text{d,i}} = 0$ werden aus Abb. 1.2 die folgenden Gleichungen aufgestellt

$$w_\text{ref} - y_1 = e, \quad Ke = u, \quad Gu = y, \quad My = y_1 \,. \tag{1.18}$$

Die Reduktion durch fortgesetzte Elimination liefert

$$F_\text{o}(s) = K(s)G(s)M(s) = \frac{1}{0,25s^2 + 0,5s} \tag{1.19}$$

und für den geschlossenen Regelkreis unter $y(s) = T(s)w_\text{ref}(s)$

$$T(s) = \frac{K(s)G(s)}{1 + K(s)G(s)M(s)} = \frac{1}{0,25s^2 + 0,5s + 1} \,. \tag{1.20}$$

Sprungantwort aufgeschnittener Kreis

In der Abb. 1.5 sind die *Sprungantworten* vom *aufgeschnittenen Kreis* $F_\text{o}(s)$ und vom geschlossenen Kreis $T(s)$ nach MATLAB

`step(1,[0.25 0.5 0])` und `step([1],[0.25 0.5 1])` (1.21)

verglichen; in der Abb. 1.6 die Frequenzgänge gemäß MATLAB

`bode(1,[0.25 0.5 0])` und `bode(1,[0.25 0.5 1])` (1.22)

mittels Bode-Diagramm.

MATLAB

In dem Programmsystem MATLAB [1.8] stehen statt der Polynomangaben in eckiger Klammer nur jene Zahlenfolgen als Vektor, die den Koeffizienten der Zähler- und Nennerpolynome von $T(s)$ und $F_\text{o}(s)$, geordnet nach fallenden Potenzen von s, entsprechen.

Ein Integralregler besitzt den Vorzug hoher Genauigkeit. Erst wenn die Abweichung e gänzlich verschwindet, wird die Ausgangsgröße u des Reglers durch Integration nicht weiter verändert; der Regelkreis erreicht ab $e = 0$ seinen stationären Zustand. Rechnerisch ist dies dadurch zu bestätigen, dass $T(s)$ für s klein zu exakt 1 wird.

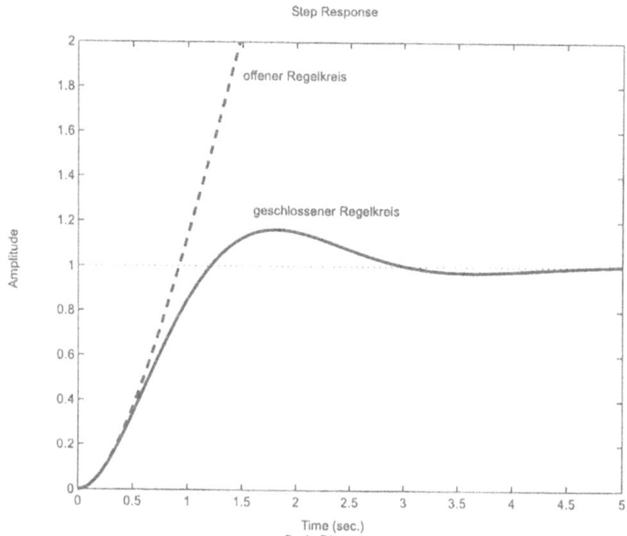

Abbildung 1.5
Sprungantworten von geöffnetem und geschlossenem Regelkreis nach Gl. (1.21)

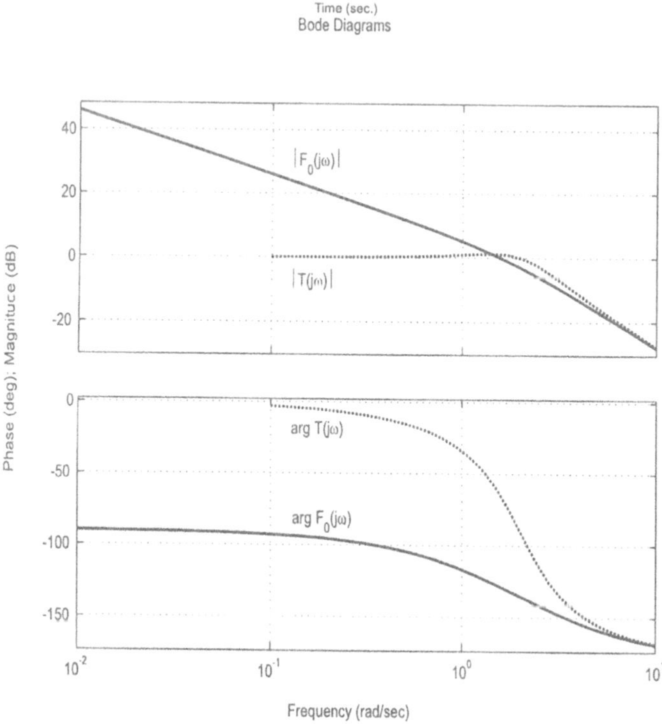

Abbildung 1.6
Bode-Diagramme von geöffnetem und geschlossenem Regelkreis nach Gl. (1.22)

1.4 Zeitbereich

Im Laplace-Bereich gestaltet sich die Analyse eines Regelkreises sehr einfach, weil nur algebraische Beziehungen gebraucht werden. Um aus dem Bildbereich in den Zeitbereich zurückzukehren, bedient man sich der *Laplace-Rücktransformation* mit Tabellen, Partialbruchentwicklung oder Computerunterstützung. Die Umkehrung von

Laplace-Rücktransformation

$$x_a(s) = \frac{a(s)}{b(s)} = \mathcal{L}\{x_a(t)\} \triangleq \int_0^\infty x_a(t)e^{-st}\mathrm{d}t \qquad (1.23)$$

ist die Laplace-Rücktransformation

$$x_a(t) = \mathcal{L}^{-1}\{x_a(s)\} = \frac{1}{2\pi j}\int_{c-j\infty}^{c+j\infty} x_a(s)e^{st}\,\mathrm{d}s\,. \qquad (1.24)$$

Dabei ist der Integrationsweg mit der Konstanten c derart zu wählen, dass er rechts von allen Polstellen von $x_a(s)$ liegt. Für stabile $x_a(s)$ reicht $c = 0$.

Partialbruch

Einfacher wird die Rücktransformation mit *Partialbruchentwicklung* besorgt. Die Nullstellen des Polynoms $a(s)$ sind die Nullstellen von $x_a(s)$, die Nullstellen des Polynoms $b(s)$ sind die Polstellen von $x_a(s)$. Für einfache Polstellen s_{bi} folgt die Partialbruchentwicklung (ohne Herleitung)

$$x_a(t) = \sum_{i=1}^{q} \frac{a(s_{bi})}{b'(s_{bi})}e^{s_{bi}t} \qquad (1.25)$$

Grad

($b' \triangleq \frac{\mathrm{d}}{\mathrm{d}s}b$, q als *Grad* des Polyoms $b(s)$), für eine Polstelle im Ursprung mit $b(s) = sb_1(s)$

$$x_a(t) = \frac{a(0)}{b_1(0)} + \sum_{i=2}^{q} \frac{a(s_{bi})}{s_{bi}\, b_1'(s_{bi})}e^{s_{bi}t} \qquad (1.26)$$

und für mehrfache Polstellen mit der Vielfachheit v_i

$$\mathcal{L}^{-1}\{\frac{1}{(s-s_{bi})^{\rho+1}}\} = \frac{t^\rho}{\rho!}e^{s_{bi}t} \qquad (1.27)$$

$$x_a(t) = \sum_{i=1}^{q}\sum_{k=1}^{v_i} \frac{1}{(k-1)!}\frac{d^{k-1}}{ds^{k-1}}[(s-s_{bi})^{v_i}\frac{a(s)}{b(s)}]\Big|_{s=s_{bi}} \frac{t^{v_i-k}}{(v_i-k)!}e^{s_{bi}t}\,. \qquad (1.28)$$

Wenn der zeitliche Grenzwert $x_a(\infty)$ existiert, kann das *Endwerttheorem* der Laplace-Transformation angewendet werden

Endwerttheorem

$$x_a(t=\infty) = \lim_{t\to\infty} x_a(t) = \lim_{s\to 0} s\,x_a(s)\,. \qquad (1.29)$$

1.5 Beispiel mit Grundaufgaben

Im Regelkreis mit dem PI-Regler und der PT_2-Regelstrecke

$$K(s) = V(\frac{0,2}{3} + \frac{1}{s}) \qquad G(s) = \frac{3}{(1+0,5s)(1+0,1s)} \tag{1.30}$$

sowie dem Messglied M mit $M(s) = 1$ wird ein spezielles V gewählt, und zwar $V = 10$. Damit resultiert für den aufgeschnittenen Regelkreis

$$F_o(s) = K(s)G(s) = \frac{2s+30}{s(1+0,5s)(1+0,1s)} = \frac{2s+30}{0,05s^3+0,6s^2+s}\,. \tag{1.31}$$

Ortskurven und Bode-Diagramm sind entsprechend MATLAB

```
nyquist([2  30],[0.05  0.6  1  0])
```
(1.32)

und

```
bode([2  30],[0.05  0.6  1  0])
```
(1.33)

den Abb. 1.7 und 1.8 zu entnehmen.

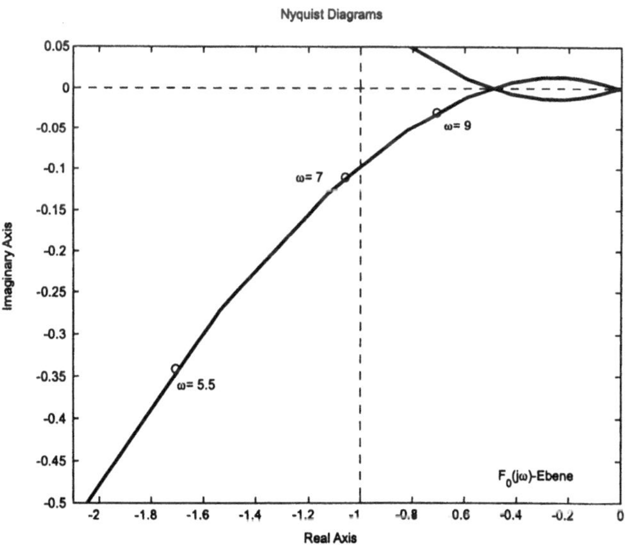

Abbildung 1.7 Frequenzgangsortskurve von $F_o(s)$ gemäß Gl. (1.32)

Wegen des Integralverhaltens von obigem $F_o(s)$ ist bei MATLAB `nyquist` zur Einschränkung eine zusätzliche Achsenangabe `axis([-2.1 0 -0.5 0.05])` erforderlich.

Führungsverhalten

Für das *Führungs-Übertragungsverhalten* des geschlossenen Regelkreises erhält man

$$\frac{y(s)}{w_{\mathrm{ref}}(s)} = T(s) = \frac{F_o(s)}{1+F_o(s)} = \frac{2s+30}{30+3s+0,6s^2+0,05s^3} \quad (1.34)$$

und die Frequenzgangs-Ortskurve, das Bode-Diagramm und die Sprungantwort in den Abb. 1.9, 1.10 und 1.11, und zwar gemäß

```
nyquist([2 30],[0.05 0.6 3 30])
```
(1.35)

```
bode([2 30],[0.05 0.6 3 30])
```
(1.36)

```
step([2 30],[0.05 0.6 3 30]) .
```
(1.37)

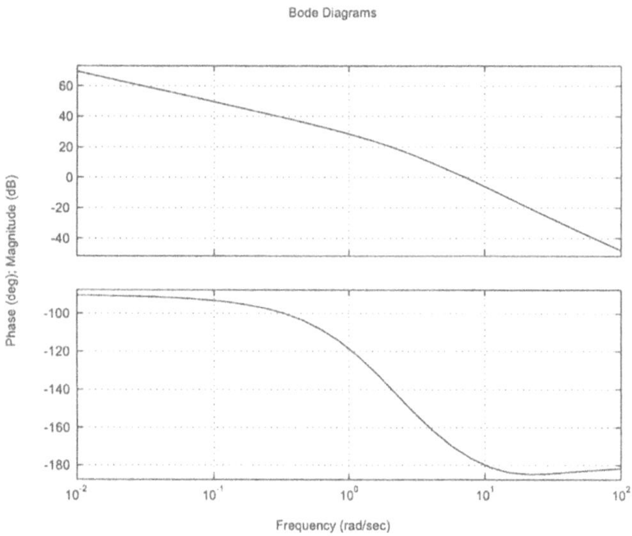

Abbildung 1.8 Bode-Diagramm von $F_o(s)$ gemäß MATLAB-Angabe Gl. (1.33)

Unter MATLAB kann für die Serienschaltung `series` und für die Einheits-Rückkopplung `cloop` verwendet werden. Für die Formulierung in MATLAB vgl. Abb. 1.5 [1.8, 1.10].

```
[numFo,denFo]=series([2 30],[3 0],[3],[0.05  0.6  1])
[numT,denT]=cloop(numFo,denFo).                    % hbp.m
```

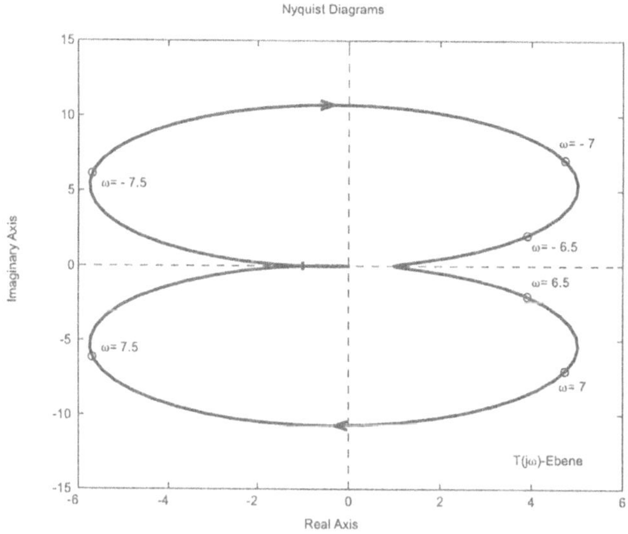

Abbildung 1.9 Frequenzgangsortskurve zu $T(s)$ des geschlossenen Regelkreises für positive und negative Frequenzen gemäß Gl. (1.35)

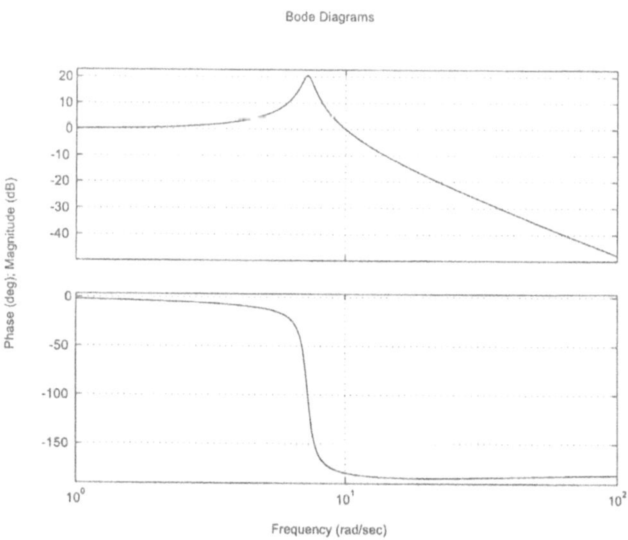

Abbildung 1.10 Bode-Diagramm des geschlossenen Regelkreises gemäß Gl. (1.36)

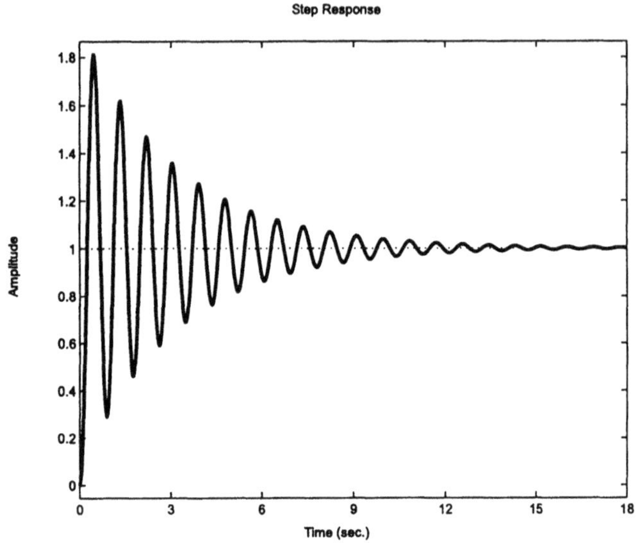

Abbildung 1.11 Führungssprungantwort des geschlossenen Regelkreises gemäß Gl.(1.37)

1.6 Zusammenhang zwischen Phasenrand und Überschwingweite

Durchtrittsfrequenz Phasenrand — Die *Durchtrittsfrequenz* ω_D ist durch $|F_o(j\omega_D)| = 1$ definiert; der *Phasenrand* als jener positiv gezählter Wert, der von $\arg F_o(j\omega_D) < 0$ auf die Phasennacheilung $-\pi$ fehlt, also

$$\alpha_R = \pi + \arg F_o(j\omega_D)\ . \tag{1.38}$$

Überschwingweite Dämpfungsgrad — Der Phasenrand stellt eine Phasenreserve (Stabilitätsreserve) dar. Die *Überschwingweite* Δh ist die unter bestimmten Bedingungen auftretende Überreaktion des geschlossenen Regelkreises auf Sprungeingang im Sollwert. Der *Dämpfungsgrad* D ist mit Gln. (1.39) und (1.40) durch Koeffizientenvergleich definiert.

Der Zusammenhang zwischen Phasenrand α_R der IT_1-Regelschleife (des aufgeschnittenen Regelkreises) und dem PT_{2s}-Verhalten des geschlossenen Regelkreises mit konjugiert komplexen Polstellen, insbesondere zum Regelkreis-Dämpfungsgrad D und zur Überschwingweite Δh des geschlossenen Regelkreises, ergibt sich aus folgender Rechnung.

Für die Angabe einer IT_1-Schleife gilt $F_o(s) = \frac{1}{T_I\, s(1+s/\omega_k)}$. Mit diesem $F_o(s)$ folgt für den Regelkreis

$$T(s) = \frac{F_o(s)}{1 + F_o(s)} = \frac{1}{1 + T_I s + \frac{T_I s^2}{\omega_k}} \triangleq \frac{1}{1 + \frac{2D}{\omega_N} s + \frac{1}{\omega_N^2} s^2} . \quad (1.39)$$

Aus obiger Gleichsetzung mit dem allgemeinen PT_2-Element mit dem Dämpfungsgrad D und der natürlichen Frequenz ω_N resultiert durch Koeffizientenverleich

$$\omega_N = \sqrt{\frac{\omega_k}{T_I}} \quad \text{und} \quad D = 0,5\sqrt{\omega_k T_I} . \quad (1.40)$$

Mit der Formel für die Überschwingweite gilt

$$\Delta h = e^{-\frac{\pi D}{\sqrt{1-D^2}}} = e^{-\pi\sqrt{\frac{\omega_k T_I}{4 - \omega_k T_I}}} \quad \text{solange} \quad \omega_k T_I < 4 . \quad (1.41)$$

Man erhält diese Formel aus $\mathcal{L}^{-1}\{\frac{1}{s}T(s)\}$ durch Aufsuchen des ersten Maximums der Sprungantwort bei der Zeit $t = T_{Ü}$ und Ermitteln der zugehörigen Überhöhung Δh. Vor Bestimmung des Phasenrandes α_R wird die *Durchtrittsfrequenz* ω_D berechnet

Durchtrittsfrequenz

$$|F_o(j\omega)|_{\omega=\omega_D} = 1 \quad \leadsto \quad \omega_D^4 + \omega_D^2\omega_k^2 - \frac{\omega_k^2}{T_I^2} = 0 \quad (1.42)$$

$$\omega_D = \omega_k \frac{1}{\sqrt{2}}\sqrt{\sqrt{\frac{4}{\omega_k^2 T_I^2} + 1} - 1} . \quad (1.43)$$

Der *Phasenrand* α_R ist gegeben durch

Phasenrand

$$\alpha_R = \pi + \arg F_o\Big|_{\omega=\omega_D} = \frac{\pi}{2} - \arctan\frac{\omega_D}{\omega_k} \quad (1.44)$$

$$\frac{\omega_D}{\omega_k} = \tan\left(\alpha_R - \frac{\pi}{2}\right) = \cot\alpha_R . \quad (1.45)$$

Daraus folgt mit Gl. (1.43)

$$\omega_k T_I = \frac{1}{\cot\alpha_R\sqrt{1 + \cot^2\alpha_R}} \equiv \frac{\sin^2\alpha_R}{\cos\alpha_R} \equiv \frac{1}{\cos\alpha_R} - \cos\alpha_R . \quad (1.46)$$

Aus Gl. (1.41) ergibt sich schließlich $\forall\ \alpha_R < 76,35^o$

$$\Delta h = \exp[-\frac{\pi\sin\alpha_R}{\sqrt{4\cos\alpha_R - \sin^2\alpha_R}}] \quad (1.47)$$

$$= \exp[-\frac{\pi}{\sqrt{\frac{4}{\frac{1}{\cos\alpha_R} - \cos\alpha_R} - 1}}] . \quad (1.48)$$

Überschwingzeit

Der Dämpfungsgrad D und die *Überschwingzeit* $T_{\ddot{U}}$ des Regelkreises befolgen die Beziehungen

$$D = 0,5\sqrt{\omega_k T_I} = \frac{1}{2}\frac{\sin\alpha_R}{\sqrt{\cos\alpha_R}} \tag{1.49}$$

$$T_{\ddot{U}} = \frac{\pi}{\omega_N}\frac{1}{\sqrt{1-D^2}} = \pi T_I \frac{2\sin\alpha_R}{\sqrt{4\cos\alpha_R - \sin^2\alpha_R}}\,. \tag{1.50}$$

Im Bereich zwischen 30° und 70° lassen sie sich gut durch die Formel $\alpha_R^{[o]} + \Delta h^{[\%]} = 70$ approximieren [1.4].

1.7 Weitere Kenngrößen und Zusammenhänge

Zwischen aufgetrenntem Regelkreis und geschlossenem Regelkreis bestehen bei zweiter Ordnung vor allem folgende weitere Beziehungen:

Anregelzeit

- Die *Anregelzeit*, das ist bei Sprunganregung (im Ruhezustand) die Zeit vom Ursprung bis zum erstmaligen Schnittpunkt mit dem Sollwert:

$$T_{an} = \frac{\pi - \arccos D}{\omega_N\sqrt{1-D^2}} \qquad D < 1; \tag{1.51}$$

Durchtrittsfrequenz

- die *Durchtrittsfrequenz* des Regelschleifen-Frequenzgangs durch die 0-dB-Linie, aussagegleich wie Gl. (1.43),

$$\omega_D = \omega_N\sqrt{-2D^2 + \sqrt{4D^4+1}}\,; \tag{1.52}$$

Phasenrand

- der *Phasenrand*

$$\alpha_R = \arctan\frac{2D\omega_N}{\omega_D}\,; \tag{1.53}$$

Resonanzfrequenz

- die *Resonanzfrequenz* des Regelkreisfrequenzgangs

$$\omega_{rz} = \omega_N\sqrt{1-2D^2} \qquad D < \frac{1}{\sqrt{2}}\,; \tag{1.54}$$

Resonanzüberhöhung

- die *Resonanzüberhöhung* des Regelkreisfrequenzgangs bei ω_{rz}

$$|T(j\omega_{rz})| = \frac{0,5}{D\sqrt{1-D^2}} \qquad D < \frac{1}{\sqrt{2}}\,; \tag{1.55}$$

- die *Bandbreite* des Regelkreisfrequenzgangs (Abfall von $|T(j\omega)|$ auf $\frac{1}{\sqrt{2}}$) Bandbreite

$$\omega_{\rm B} = \omega_{\rm N}\sqrt{1 - 2D^2 + \sqrt{4D^4 - 4D^2 + 2}}\,; \qquad (1.56)$$

- und schließlich für die *Knickfrequenz* $\omega_{\rm k}$, siehe Gl. (1.39), natürliche Frequenz $\omega_{\rm N}$ und Dämpfungsgrad D Knickfrequenz

$$\omega_{\rm k} = 2\omega_{\rm N} D\,. \qquad (1.57)$$

Man beachte, dass die Kennwerte sowohl dem Zeit- als auch dem Frequenzbereich entnommen sind und dass sie sowohl den geöffneten Regelkreis als auch den betriebsfertigen geschlossenen Regelkreis betreffen.

Drei Kenngrößen sind genau voneinander zu unterscheiden: *Dämpfungsgrad* D als relative Abklingeigenschaft bei einem System 2. Ordnung; *Dämpfungsfaktor* $\omega_{\rm N}D$ als Kehrwert der Zeitkonstante der Einhüllenden bei einem schwingungsfähigen System 2. Ordnung; *Dämpfung* (frequenzabhängiges Dämpfungsmaß) $|F(j\omega)|$ bzw. $\ln|F(j\omega)|$ für ein System beliebiger Ordnung

Dämpfungsgrad
Dämpfungsfaktor
Dämpfung

Beispiel: Mit den Zahlenwerten $T_{\rm I} = 0,5$; $\omega_{\rm k} = 2$ folgt $D = 0,5$, eine durchaus noch günstige Einstellung, sowie

$$\omega_{\rm D} = 0,79\omega_{\rm N};\quad \omega_{\rm N} = \omega_{\rm k};\quad T_{\rm \ddot{U}} = 3,63/\omega_{\rm N};\quad \Delta h = 0,16 \qquad (1.58)$$

$$\alpha_{\rm R} = \frac{\pi}{1} - \arctan 0,79 \rightsquigarrow 52^o;\quad \omega_{\rm rz} = 0,87\omega_{\rm N};\quad \omega_{\rm B} = 1,27\omega_{\rm N}\,. \qquad (1.59)$$

1.8 Zustandsraum

Das zu einem Eingrößensystem n-ter Ordnung gehörige System von Differenzialgleichungen 1. Ordnung in Matrizenschreibweise für die *Zustandsgröße* $\mathbf{x}(t)$ und für den Ausgang $y(t)$ lautet Zustandsgröße

$$\dot{\mathbf{x}}(t) = \mathbf{A}\mathbf{x}(t) + \mathbf{b}u(t) \qquad (1.60)$$

$$y(t) = \mathbf{c}^T\mathbf{x}(t) + d\cdot u(t)\quad . \qquad (1.61)$$

Darin gilt die Dimension $\mathbf{x}(t)$, $\mathbf{c} \in \mathcal{R}^n$, $\mathbf{A} \in \mathcal{R}^{n\times n}$. Bei verzögerungsbehafteten (nichtalgebraischen) Systemen ist der Faktor d stets $d = 0$.

Wird die Zustandsdifferenzialgleichung der Laplace-Transformation unterworfen, so erhält man unter Verwendung des Anfangswerts $\mathbf{x}(0^+)$ und Gl. (1.8) sowie der Einheitsmatrix $\mathbf{I}_n$

$$\mathcal{L}\{\dot{\mathbf{x}}(t)\} = s\mathbf{x}(s) - \mathbf{x}(0^+) = \mathbf{A}\mathbf{x}(s) + \mathbf{b}u(s) \qquad (1.62)$$

$$s\,\mathbf{I}_n\,\mathbf{x}(s) - \mathbf{A}\mathbf{x}(s) = (s\mathbf{I}_n - \mathbf{A})\mathbf{x}(s) = \mathbf{x}(0^+) + \mathbf{b}u(s)\,. \qquad (1.63)$$

Bei Nichtsingularität von $(s\mathbf{I}_n - \mathbf{A})$ folgt

$$\mathbf{x}(s) = (s\mathbf{I}_n - \mathbf{A})^{-1}\mathbf{x}(0^+) + (s\mathbf{I}_n - \mathbf{A})^{-1}\mathbf{b}\,u(s)\,. \qquad (1.64)$$

Transitionsmatrix

Die Kehrmatrix $(s\mathbf{I}_n - \mathbf{A})^{-1}$ heißt *Transitionsmatrix* oder Fundamentalmatrix $\mathbf{\Phi}(s)$ bzw. $\mathbf{\Phi}(t)$ im Frequenz- und Zeitbereich

$$\mathbf{\Phi}(t) \triangleq \mathcal{L}^{-1}\{(s\mathbf{I}_n - \mathbf{A})^{-1}\}\,. \qquad (1.65)$$

Mit ihr lautet die Lösung im Zeitbereich

$$\mathbf{x}(t) = \mathbf{\Phi}(t)\mathbf{x}(0^+) + \int_0^t \mathbf{\Phi}(t-\tau)\mathbf{b}u(\tau)\,\mathrm{d}\tau\,. \qquad (1.66)$$

Die Richtigkeit ist durch Einsetzen zu bestätigen.

Zustandsregler

Werden von einem *Zustandsregler* $\mathbf{K}$ alle Zustandsvariablen zur Regelung herangezogen so erhält man für die vom Regler gebildete Rückführung

$$u(t) = \mathbf{K}\mathbf{x}(t) = \mathbf{k}^T\mathbf{x}(t)\,. \qquad (1.67)$$

Der Zustandsregler benützt mit $\mathbf{x}(t)$ ein vollständiges Bild des dynamischen Systemzustands der Regelstrecke, der (zumeist ersten) Zustandsgröße und ihren zeitlichen Ableitungen entsprechend. Die *Zustandsregelung* bewirkt somit eine Proportional-Differenzial-Regelung (PD_n-Regelung).

Zustandsregelung

Mit dem Ansatz dieses Zustandsreglers $\mathbf{k}$ ergibt sich die Zustandsgleichung des Regelkreises

$$\dot{\mathbf{x}}(t) = \mathbf{A}\mathbf{x}(t) + \mathbf{b}u(t) = (\mathbf{A} + \mathbf{b}\mathbf{k}^T)\mathbf{x}(t) \triangleq \mathbf{A}_{cl}\mathbf{x}(t)\,. \qquad (1.68)$$

Daraus kann die für den geschlossenen Regelkreis zuständige Transitionsmatrix und die Regelgröße

$$\mathbf{\Phi}_{cl}(t) = \mathcal{L}^{-1}\{(s\mathbf{I} - \mathbf{A} - \mathbf{b}\mathbf{k}^T)^{-1}\} \qquad (1.69)$$

berechnet werden. Es gilt auch das Matrixexponential

$$\mathbf{\Phi}_{cl}(t) = \exp(\mathbf{A}_{cl}t) = \exp(\mathbf{A} + \mathbf{b}\mathbf{k}^T)t\,. \qquad (1.70)$$

Für das Führungsverhalten $y(t)$ ist noch ein *Vorfilter* v vorzusehen, über das der Sollwert w_{ref} eingebracht wird Vorfilter

$$y(t) = \mathbf{c}^T\mathbf{x}(t) = \mathbf{c}^T\mathbf{\Phi}_{\text{cl}}(t)\mathbf{x}(0^+) + \mathbf{c}^T\int_0^t \mathbf{\Phi}_{\text{cl}}(t-\tau)\mathbf{b}v w_{\text{ref}}(\tau)\,\mathrm{d}\tau\,. \tag{1.71}$$

Das Vorfilter ist derart zu bemessen, dass stationär die Beziehung $y(t\to\infty) \to w_{\text{ref}}(t\to\infty)$ resultiert; unter der Annahme, dass der Sollwert einen Stationärwert besitzt. Mit $\dot{\mathbf{x}} = \mathbf{0}$ im *Stationärzustand* findet man Stationärzustand

$$\mathbf{0} = \mathbf{A}\mathbf{x}_\infty + \mathbf{b}v w_{\text{ref},\infty} + \mathbf{b}\mathbf{k}^T\mathbf{x}_\infty \tag{1.72}$$

$$\mathbf{x}_\infty = -(\mathbf{A}+\mathbf{b}\mathbf{k}^T)^{-1}\mathbf{b}v w_{\text{ref},\infty}\,. \tag{1.73}$$

Wegen $y = \mathbf{c}^T\mathbf{x}$ und $y_\infty = \mathbf{c}^T\mathbf{x}_\infty = w_{\text{ref},\infty}$ gilt schließlich

$$-\mathbf{c}^T(\mathbf{A}+\mathbf{b}\mathbf{k}^T)^{-1}\mathbf{b}v = 1 \tag{1.74}$$

$$v = -[\mathbf{c}^T(\mathbf{A}+\mathbf{b}\mathbf{k}^T)^{-1}\mathbf{b}]^{-1}\,. \tag{1.75}$$

Beispiel Zustandsraum: Aus der Angabe

$$\mathbf{A} = \begin{pmatrix} 0 & 1 \\ -2 & -3 \end{pmatrix}, \mathbf{b} = \begin{pmatrix} 0 \\ 1 \end{pmatrix}, \mathbf{c} = \begin{pmatrix} 1 \\ 0 \end{pmatrix}, \mathbf{k} = \begin{pmatrix} -18 \\ -6 \end{pmatrix} \tag{1.76}$$

folgt

$$\mathbf{\Phi}(s) = (s\mathbf{I}_2 - \mathbf{A})^{-1} = \begin{pmatrix} s & -1 \\ 2 & s+3 \end{pmatrix}^{-1} = \frac{\begin{pmatrix} s+3 & +1 \\ -2 & s \end{pmatrix}}{s^2+3s+2} \tag{1.77}$$

$$G(s) = \mathbf{c}^T\mathbf{\Phi}(s)\mathbf{b} = \frac{1}{s^2+3s+2} = \frac{1}{(s+1)(s+2)} \tag{1.78}$$

$$\mathbf{A}_{\text{cl}} = \mathbf{A} + \mathbf{b}\mathbf{k}^T = \begin{pmatrix} 0 & 1 \\ -20 & -9 \end{pmatrix} \tag{1.79}$$

$$\mathbf{c}^T\mathbf{\Phi}_{\text{cl}}(s)\mathbf{b} = \frac{1}{s^2+9s+20} \qquad v = 20 \tag{1.80}$$

$$T(s) = \frac{20}{s^2+9s+20} = \frac{20}{(s+4)(s+5)}\,. \tag{1.81}$$

Die Eigenwerte von $\mathbf{A}$, d.h. die Pole von $G(s)$, bei -1, -2 werden durch den Zustandsregler auf die Eigenwerte von $\mathbf{A}_{\text{cl}}$, d.h. Pole von $T(s)$, bei -4, -5 verschoben.

1.9 Deskriptordarstellung

Wird eine bis ins letzte Detail systematische Modellierung der Regelstrecke vorgenommen, und zwar sogar unter Einschluss von algebraischen Gleichungen, dann müssen manche $\dot{x}_\mathrm{i}(t)$ mit null multipliziert werden. Auf der linken Gleichungsseite der Zustandsraumdarstellung ist eine Matrix $\mathbf{E}_\mathrm{n}$ anzusetzen

$$\mathbf{E}_\mathrm{n}\dot{\mathbf{x}}(t) = \mathbf{A}\mathbf{x}(t) + \mathbf{b}u(t) \tag{1.82}$$
$$y(t) = \mathbf{c}^T\mathbf{x}(t)\,. \tag{1.83}$$

Deskriptor-darstellung

Die Matrix $\mathbf{E}_\mathrm{n}$ ist häufig gleich $\mathbf{I}_\mathrm{n}$, besitzt aber zumindest eine Nullzeile, ist somit singulär, also nicht invertierbar. Diese Darstellungsform heißt *Deskriptordarstellung*. Die Ergebnisse sind formal den vorbeschriebenen sehr ähnlich, es ist nur $\mathbf{I}_\mathrm{n}$ durch $\mathbf{E}_\mathrm{n}$ zu ersetzen.

1.10 Stabilität in Zustandsraumdarstellung

linke s-Halbebene
Eigenwerte

Damit die Zustandsregelung stabil ist, müssen die Eigenwerte der Koeffizientenmatrix des geschlossenen Regelkreises in der *linken s-Halbebene* liegen. Die *Eigenwerte* entsprechen getreu den Polstellen der zugehörigen Übertragungsfunktion. Für Stabilität ist

$$\Re e\ s_\mathrm{cl,i} < 0 \quad \forall s_\mathrm{cl,i} : \{\det(s_\mathrm{cl,i}\mathbf{I}_\mathrm{n} - \mathbf{A} - \mathbf{b}\mathbf{k}^T) = 0\} \tag{1.84}$$

zu verlangen.

Zur Stabilität nach dem Lyapunov-Kriterium wird auf die Gl. (2.90) verwiesen.

1.11 Stabilitätsgrenze direkt

charakteristisches Polynom

Die charakteristische Gleichung $p_\mathrm{cl}(s) = 0$ eines Regelkreises erhält man aus dem Nullsetzen des Nennerausdrucks der Übertragungsfunktion des geschlossenen Regelkreises. Der Ausdruck $p_\mathrm{cl}(s)$ allein heißt *charakteristisches Polynom*.

An der oszillatorischen Stabilitätsgrenze ist eine (zumindest eine) Lösung der charakteristischen Gleichung des Regelkreises imaginär, also $s_\mathrm{cl} = j\omega_\mathrm{o}$. Das heißt, es gilt $p_\mathrm{cl}(j\omega_\mathrm{o}) = 0$ oder

$$1 + F_\mathrm{o}(j\omega_\mathrm{o}) = 1 + K(j\omega_\mathrm{o})G(j\omega_\mathrm{o}) = 0\,. \tag{1.85}$$

Bei welchem $V = V_{\text{krit}}$ ergibt sich in einem Beispiel für das Polynom des geschlossenen Regelkreises $p_{\text{cl}}(j\omega_{\text{o}}) = 0$? Man findet aus dem Beispiel mit Gl. (1.30)

$$[3\,V_{\text{krit}} + (0,2\,V_{\text{krit}} + 1)s + 0,6s^2 + 0,05s^3]\Big|_{s=j\omega_{\text{o}}} = 0\,, \qquad (1.86)$$

getrennt nach $\Re e$ und $\Im m$ die Beziehungen

$$\Im m: \quad -0,05\,\omega_{\text{o}}^3 + (0,2\,V_{\text{krit}} + 1)\,\omega_{\text{o}} = 0 \qquad (1.87)$$

$$\Re e: \quad -0,6\,\omega_{\text{o}}^2 + 3\,V_{\text{krit}} = 0\,. \qquad (1.88)$$

Daraus folgt unmittelbar $\omega_{\text{o}} = 10$, $V_{\text{krit}} = 20$. Diese Methode ist nur für $n \leq 4$ analytisch geschlossen anwendbar, weil man nur dann höchstens quadratische Gleichungen erhält.

1.12 Nyquist-Stabilitätskriterium

Das Nyquist-Kriterium ist aus folgenden Einzelschritten herzuleiten:

1. Für Stabilität ist zu verlangen, dass $y(s)$ keine Pole in der rechten s-Halbebene oder dass $1 + F_{\text{o}}(s)$ keine Nullstelle in der rechten s-Halbebene aufweist, dass also ihre Anzahl N null ist.

2. Die rechte s-Halbebene wird durch eine Kurve C_{s} umfahren. Sie enthält die imaginäre Achse der s-Ebene und einen Halbkreis mit unendlich großem Radius um die rechte Halbebene. Der Durchlaufsinn ist der Uhrzeigersinn.

3. Durch die *konforme Abbildung* von C_{s} mit der Funktion $1 + F_{\text{o}}(s)$ entsteht in der $[1 + F_{\text{o}}(s)]$-Ebene eine Kurve $C_{1+F_{\text{o}}(s)}$, die aus der Kurve $1 + F_{\text{o}}(j\omega)$ besteht, also aus der um eins nach rechts verschobenen Frequenzgangs-Ortskurve der Regelschleife und dem Punkt 1. Letzterer ergibt sich aus der Abbildung des unendlich großen Halbkreises und unter der praktisch immer gültigen Voraussetzung $F_{\text{o}}(s)\Big|_{s\to\infty} = 0$. konforme Abbildung

4. Als *Zählsinn* gilt der mathematisch negative Sinn (Uhrzeigersinn), wenn man (siehe Punkt 2) daran festhält, dass man die imaginäre Achse und die Kurve $1 + F_{\text{o}}(j\omega)$ nach steigendem ω durchläuft. Zählsinn

5. Nach dem *Satz von Cauchy* ist die Anzahl der Umläufe U der Kurve $1 + F_{\text{o}}(j\omega)$ um den Ursprung gleich der Differenz $N - P$ der Anzahl N der Nullstellen minus Anzahl P der Polstellen der Funktion $1 + F_{\text{o}}(s)$, die von der Kurve C_{s} eingeschlossen werden. Satz von Cauchy

Stabilitäts-bedingung

6. Da die Anzahl N laut Punkt 1 null zu sein hat, ist als *Stabilitätsbedingung*

$$U = -P \tag{1.89}$$

zu verlangen.

7. Die Anzahl P der Pole von $1 + F_o(s)$ ist gleich der Anzahl der Pole von $F_o(s)$.

Nyquist-Punkt

8. Anstelle der Umfahrungen von $1 + F_o(j\omega)$ um den Ursprung $(0, j0)$ der $[1 + F_o(s)]$-Ebene kann die Anzahl der Umfahrungen von $F_o(j\omega)$ um den *Nyquist-Punkt* $(-1, j0)$ gewählt werden.

Zusammenfassung: Für Stabilität muss die Anzahl der Umfahrungen der Ortskurve $F_o(j\omega)$ um den Nyquist-Punkt $(-1, j0)$ (gezählt im Uhrzeigersinn) gleich sein der negativ gewerteten Anzahl P der Polstellen von $F_o(s)$ in der rechten s-Halbebene.

Vereinfachung: Für stabile Regelschleifen, sogenannte eigenstabile Systeme, ist $P = 0$, und damit $U = 0$ zu verlangen. Die Anzahl null der Umfahrungen um den Nyquist-Punkt kann auch derart ausgelegt werden, dass man überprüft, ob der Punkt $(-1, j0)$ links liegen bleibt, wenn man sich als Beobachter nach steigenden Frequenzen auf der Ortskurve $F_o(j\omega)$ bewegt.

Stabilitätsreserve

Die Mindestentfernung der Ortskurve vom Nyquist-Punkt kann als *Stabilitätsreserve* aufgefasst werden.

Das Nyquist-Kriterium lässt sich auch ins Bode-Diagramm übertragen. Dem Nyquist-Punkt entspricht im Amplituden- und Phasendiagramm 0 dB bzw. $-\pi$.

1.13 Cremer-Leonhard-Michailow-Kriterium

Das Kriterium nach Cremer-Leonhard-Michailow verwendet das charakteristische Polynom $p_{cl}(s)$ des geschlossenen Regelkreises. Während das Polynom für die Pole s_{cl} gleich null ist, ist es für willkürlich gesetzte $s = j\omega$ einer komplexen Zahl $p_{cl}(j\omega)$ gleich. Wird ω von null bis unendlich gesteigert und $p_{cl}(j\omega)$ als Ortskurve in der komplexen Ebene dargestellt, so hat die Ortskurve, auf der reellen Achse beginnend, n Quadranten im mathematisch positiven Sinn zu durchlaufen, entsprechend einem monotonen Zuwachs des Arguments $\arg p_{cl}(j\omega)$.

Der Ursprung darf nicht auf dieser Ortskurve liegen. Dies würde nämlich dem Fall entsprechen, dass für ein bestimmtes ω_o die *charakteristische Gleichung* des Regelkreise erfüllt ist, der Regelkreis also für dieses ω_o grenzstabil wäre. charakteristische Gleichung

Der Beweis ist einfach zu erbringen: Denkt man sich das Polynom $p_{cl}(j\omega)$ faktorisiert, auch wenn man die Wurzeln $s_{cl,i}$ nicht kennt, also

$$p_{cl}(j\omega) = a_n \prod_{i=1}^{n} (j\omega - s_{cl,i}) \; , \qquad (1.90)$$

so bewirkt jeder Klammerausdruck bei Durchlaufen des obgenannten Frequenzbereichs eine Phasenzunahme von $\pi/2$, vorausgesetzt $s_{cl,i}$ liegt in der linken s-Halbebene und ist reell. (Für konjugiert komplexe Werte gilt eine ähnliche Überlegung.) Liegen alle Pole des Regelkreises in der linken Halbebene, so erhält man als resultierende Phasendrehung $n\pi/2$.

Das Kriterium kann auch derart formuliert werden, dass sich die Nullstellen von $\Re e\; p_{cl}(j\omega)$ und $\Im m\; p_{cl}(j\omega)$ bei monoton wachsendem ω abwechseln und von der Summenanzahl n sind.

Das Kriterium findet eine Erweiterung im Value-Set/Zero-Exclusion-Kriterium.

1.14 Wurzelorte

Die Lösungen $s_{cl,i}$ der charakteristischen Gleichung des geschlossenen Regelkreise resultieren aus $p_{cl}(s) = 0$ oder

$$1 + F_o(s) \triangleq 1 + \frac{p_o(s)}{q_o(s)} \triangleq 1 + \frac{V p_{o1}(s)}{q_o(s)} = 0 \, . \qquad (1.91)$$

Für ein bestimmtes V ergeben sich n Lösungen $s_{cl,i}\ \forall\, i = 1...n$. Für mehrere V eine ebensolche Anzahl $s_{cl,i}(V)$. Die Verbindungslinie dieser Punkte für ein bestimmtes i liefert einen Kurvenzug. Für alle i erhält man n Kurven. Alle n Kurven gemeinsam — als geometrischer Ort der Wurzeln $s_{cl,i}(V)$ mit V als Parameter — werden als *Wurzelort* benannt. Wurzclort

Sind sowohl $G(s)$ als auch $K(s, V)$ rationale Funktionen, so folgt aus Gl. (1.91)

$$K(s,V)G(s) = \frac{V(s - s_{N1})(s - s_{N2}).....(s - s_{Nr})}{(s - s_{P1})(s - s_{P2}).....(s - s_{Pn})} = -1 \, . \qquad (1.92)$$

Darin ist r die Anzahl der Nullstellen s_{Ni} und n die Anzahl der Polstellen s_{Pi} des aufgeschnittenen Regelkreises. Obenstehende komplexe Gleichung kann in zwei reelle umgeschrieben werden; eine für Betrag, eine für die Phase. Die Beziehung für die Phase ist die wichtigere, sie heißt auch Argumentbeziehung

$$\arg V + \arg(s - s_{\mathrm{N1}}) + ... + \arg(s - s_{\mathrm{Nr}}) -$$

$$-[\arg(s - s_{\mathrm{P1}}) + ... + \arg(s - s_{\mathrm{Pn}})] = -\pi \pm 2k\pi, \qquad (1.93)$$

wobei $\arg V = 0$ gilt. Darin ist k jede natürliche Zahl. Solche Punkte $s_{\mathrm{cl,i}}$ sind Lösungen, deren Pfeile $(s_{\mathrm{cl,i}} - s_{\mathrm{N}})$ und Pfeile $(s_{\mathrm{cl,i}} - s_{\mathrm{P}})$ obiger Argumentsbedingung genügen; unabhängig von V, daher für jedes V, weil es aus der Rechnung herausfällt.

Die Wurzelorte besitzen folgende Eigenschaften. Sie können wesentlich zum tieferen Verständnis der Dynamik des Regelkreises beitragen.

Ast

- Es gibt insgesamt n *Äste* des Wurzelorts.
- Da nur reelle oder konjugiert komplexe $s_{\mathrm{cl,ii}}$ existieren, ist der Wurzelort symmetrisch zur reellen Achse.
- Nur der Teil des Wurzelorts in der linken Halbebene entspricht stabilen Lösungen $s_{\mathrm{cl,i}}$. Der Schnittpunkt des Wurzelorts mit der imaginären Achse liefert V_{krit} an der *Stabilitätsgrenze*. Die Einhaltung einer Mindestdistanz lässt eine Stabilitätsreserve berücksichtigen.

Stabilitätsgrenze

- Zu Teil-Abschnitten des Wurzelorts zählen jene Bereiche der reellen Achse, die linksseitig einer ungeraden Anzahl von reellen Polstellen oder Nullstellen von $F_{\mathrm{o}}(s)$ liegen. Jede Stelle von ihnen liefert einen Argumentsbeitrag von $-\pi$, sodass nur in ungerader Anzahl die Argumentsbedingung der charakteristischen Gleichung erfüllt werden kann.
- Für V nahe null sind die Wurzelortspunkte $s_{\mathrm{cl,i}}$ mit den Polstellen s_{P} (kleine fette Kreuze) der Übertragungsfunktion $F_{\mathrm{o}}(s)$ des geöffneten Regelkreises identisch.
- Für $V \to \infty$ nähern sich die $s_{\mathrm{cl,i}}$ den Nullstellen s_{N} (kleine fette Ringe) der Übertragungsfunktion des geöffneten Regelkreises.

Ein Beispiel für die Angabe nach

$$F_{\mathrm{o}}(s) = \frac{2s + 30}{0,05s^3 + 0,6s^2 + s}, \quad \texttt{rlocus([2 30],[0.05 0.6 1 0])} \qquad (1.94)$$

ist in Abb. 1.12 gezeigt.

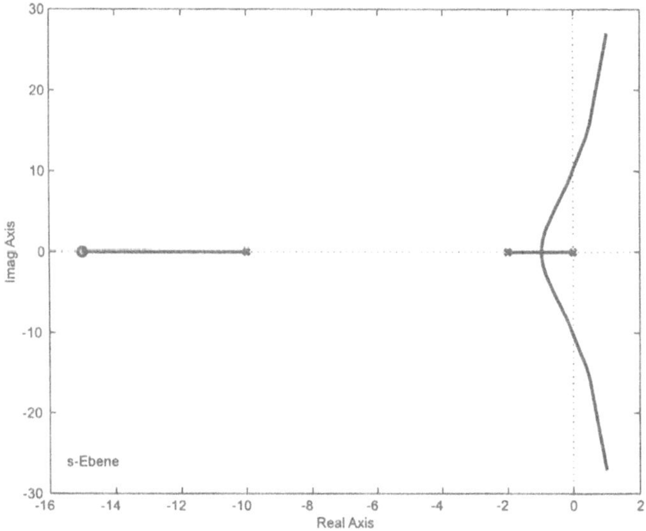

Abbildung 1.12 Wurzelort zu Gl. (1.94)

1.15 Hurwitz-Stabilitätskriterium

Ein Regelkreis ist stabil, wenn die Koeffizienten a_i seines charakteristischen Polynoms

$$p_{cl}(s) \triangleq \sum_{i=1}^{n} a_i s^i \tag{1.95}$$

die Bedingungen erfüllen, dass alle *nordwestlichen* Hauptdeterminanten der Matrix

$$\mathbf{H} = \begin{pmatrix} a_1 & a_0 & 0 & 0 & 0 \\ a_3 & a_2 & a_1 & a_0 & 0 \\ a_5 & a_4 & a_3 & a_2 & 0 \\ \vdots & \dots & \dots & \dots & 0 \\ 0 & 0 & \dots & a_{n-2} & a_{a-1} \end{pmatrix} \tag{1.96}$$

größer null sind. Koeffizienten im Schema mit Indizes größer n oder kleiner null werden durch Nullen ersetzt.

Beispiel: Für die Angabe Gl. (1.106) dritter Ordnung ($n = 3$) ergibt sich

$$\mathbf{H} = \begin{pmatrix} 0,2\,V + 1 & 3\,V \\ 0,05 & 0,6 \end{pmatrix} . \tag{1.97}$$

Aus $\det H_{11} = 0{,}2\,V+1 > 0$ folgt $V > -5$, aus $\det \mathbf{H} > 0$ schließlich $V < 20$.

1.16 Stabilitätskriterium nach Routh

Routh-Kriterium

Das *Routh-Kriterium* lässt wie das Hurwitz-Kriterium die Stabilität einer Differenzialgleichung (Übertragungsfunktion) beurteilen, ohne ihre charakteristische Gleichung lösen (ihre Polstellen suchen) zu müssen.

Die Koeffizienten a_i der charakteristischen Gleichung des Regelkreises

$$p_\mathrm{cl}(s) = \sum_{i=0}^{n} a_\mathrm{i} s^i = 0 \tag{1.98}$$

Routh-Schema

werden in ein *Routh-Schema* wie folgt eingebaut

$$\begin{array}{llll}
a_\mathrm{n} & a_\mathrm{n-2} & a_\mathrm{n-4} & \cdots\cdot \\
a_\mathrm{n-1} & a_\mathrm{n-3} & a_\mathrm{n-5} & \cdots\cdot \\
b_1 & b_2 & b_3 & \cdots\cdot \\
c_1 & c_2 & c_3 & \cdots\cdot \\
\vdots & \vdots & \vdots & \\
i_1 & i_2 & & \\
j_1 & & & \\
k_1\,. & & &
\end{array} \tag{1.99}$$

Es beginnt in den zwei ersten Zeilen mit den Koeffizienten der charakteristischen Gleichung des Regelkreises. Die weiteren Koeffizienten b_i, c_i usw. im Schema werden aus zweireihigen Determinanten unter Anwendung von Koeffizienten der darüber liegenden Zeilen der *ersten* Spalte und jener Spalte, die um eins weiter rechts liegt, berechnet

$$b_1 = -\frac{\det\begin{pmatrix} a_\mathrm{n} & a_\mathrm{n-2} \\ a_\mathrm{n-1} & a_\mathrm{n-3} \end{pmatrix}}{a_\mathrm{n-1}} \tag{1.100}$$

$$b_2 = -\frac{\det\begin{pmatrix} a_\mathrm{n} & a_\mathrm{n-4} \\ a_\mathrm{n-1} & a_\mathrm{n-5} \end{pmatrix}}{a_\mathrm{n-1}} \quad \text{usw.} \tag{1.101}$$

$$c_1 = -\frac{\det\begin{pmatrix} a_\mathrm{n-1} & a_\mathrm{n-3} \\ b_1 & b_2 \end{pmatrix}}{b_1} \tag{1.102}$$

$$c_2 = -\frac{\det\begin{pmatrix} a_\mathrm{n-1} & a_\mathrm{n-5} \\ b_1 & b_3 \end{pmatrix}}{b_1} \quad \text{usw.}. \tag{1.103}$$

Im Nenner steht stets das Element aus der Zählermatrix innerhalb der Determinante links unten. Für Stabilität müssen erstens alle a_i ($\forall i = 0...n$) ungleich null und positiv sein und zweitens müssen in der ersten Spalte des Schemas alle Koeffizienten größer null sein.

Beispiel Routh-Stabilitätskriterium: Für einen PI-Regler und eine PT_2-Regelstrecke, siehe Gl. (1.30),

$$K(s) = V(\frac{0,2}{3} + \frac{1}{s}) \qquad G(s) = \frac{3}{(1+0,5s)(1+0,1s)} \tag{1.104}$$

ist nach dem Routh-Kriterium die Stabilitätsgrenze bezüglich V gesucht. Aus $1 + G(s)K(s) = 0$ folgt die charakteristische Gleichung

$$3\,V(\frac{0,2}{3}s+1) + s(1+0,5s)(1+0,1s) \;\hat{=}\; p_{\text{cl}}(s) = 0 \tag{1.105}$$

$$3\,V + (0,2\,V+1)s + 0,6s^2 + 0,05s^3 = 0. \tag{1.106}$$

Damit lautet das Routh-Schema

$$\begin{array}{cc} 0,05 & 0,2\,V+1 \\ 0,6 & 3\,V \\ -0,05\,V+1 & 0\;\;. \end{array} \tag{1.107}$$

Letzterer Term $-0,05\;V+1$ resultiert aus der Determinante aus den darüber liegenden Koeffizienten

$$-\frac{0,05\cdot 3\,V - 0,6(0,2\,V+1)}{0,6}\,. \tag{1.108}$$

Alle Elemente in der ersten Spalte des Routh-Schemas müssen größer als null sein, woraus die Stabilitätsgrenze $V < V_{\text{krit}} = 20$ resultiert. Aus $a_1 > 0$ folgt $V > -5$.

1.17 Parameterbedingungen an der Stabilitätsgrenze

Die charakteristische Gleichung des geschlossenen Regelkreises $p_{\text{cl}}(s) = 0$ wird für mindestens zwei veränderliche Regler- oder Regelsteckenparameter $p_{\text{cl}}(s;p_1,p_2) = 0$ betrachtet. Einschränkend werden die Parameter p_1, p_2 nun gerade an der *Stabilitätsgrenze* untersucht, also $p_{\text{cl}}(j\omega_o;p_1,p_2) = 0$. Der sich ergebende Kurvenzug in der Ebene der Parameter p_1, p_2 interpretiert die Stabilitätsgrenze in Abhängigkeit der Oszillationsfrequenz ω_o.

Stabilitätsgrenze

Beispiel: Für den PI-Regler und PT_2-Regelstrecke

$$K(s) = V(\alpha + \frac{1}{s}) = \frac{V\alpha s + V}{s} \qquad G(s) = \frac{3}{(1+0,5s)(1+0,1s)} \tag{1.109}$$

Abbildung 1.13 Stabilitätsgrenze $\alpha_{\text{krit}}(V_{\text{krit}})$ und Stabilitätsbereich in der α-V-Ebene

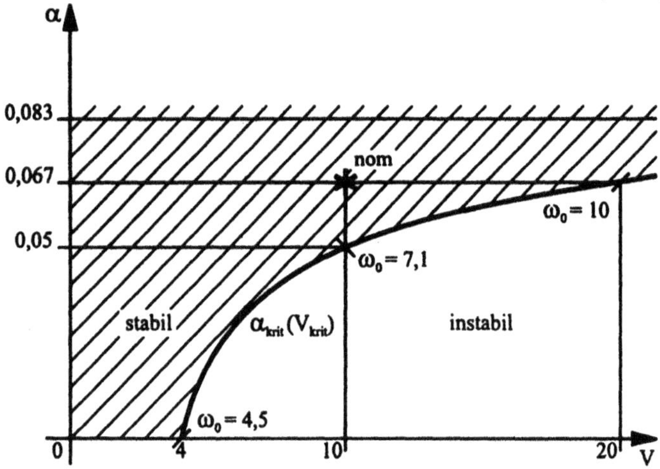

lautet die charakteristische Gleichung

$$3\,V + (3\,V\alpha + 1)s + 0,6s^2 + 0,05s^3 = 0\,. \tag{1.110}$$

Für $s = j\omega_0$ an der Stabilitätsgrenze erhält man, entsprechend nach Real- und Imaginärteil getrennt,

$$3\,V - 0,6\,\omega_0^2 \;=\; 0 \rightsquigarrow V_{\text{krit}} = 0,2\,\omega_0^2 \tag{1.111}$$

$$3\,V\alpha + 1 - 0,05\,\omega_0^2 \;=\; 0 \rightsquigarrow \alpha_{\text{krit}} = 0,083 - \frac{1,67}{\omega_0^2}\,. \tag{1.112}$$

Bei Elimination der Schwingungsfrequenz ω_0 resultiert

$$\alpha_{\text{krit}} = 0,083 - \frac{0,33}{V_{\text{krit}}}\,. \tag{1.113}$$

Für nur positive Reglerparameter liegt der Stabilitätsbereich innerhalb

$$\alpha > \alpha_{\text{krit}} \qquad 0 < V < V_{\text{krit}}\,. \tag{1.114}$$

Er ist in Abb. 1.13 gezeigt. Der nominelle Wert von Gl. (1.30), $\alpha = 0,067$ und $V = 10$ ist durch $*$ *nom* eingetragen. Nach Routh erhält man $0,15\,V - 1,8\,V\alpha - 0,6 < 0$ oder $\alpha > -0,33/V + 1/12$. Der Wert α ist für die Höhe des P-Anteils gegenüber dem I-Anteil verantwortlich. Deshalb bleibt Stabilität zwar für steigende α und V erhalten, aber nur unter immer kleiner werdendem Phasenrand.

1.18 Value-Set-Kriterium

Ausgegangen wird von einer Regelstrecke mit Parameterunsicherheiten im Parameter $\mathbf{p}_\mathrm{p}$. Unter verschwindenden Unsicherheiten, im sogenannten Nominalzustand der Regelstrecke, laute der Parameter $\mathbf{p}$. Die *Unsicherheiten* bestimmen im Parameterraum ein bestimmtes Gebiet. Für keinen Punkt dieses Gebiets darf sich Instabilität ergeben. Vorausgesetzt wird, dass das nominelle System, d.h. der Regler mit der nominellen Regelstrecke stabil ist, dass nach dem Cremer-Leonhard-Michailow-Kriterium $p_\mathrm{cl}(j\omega)$ den Ursprung in entsprechendem Sinne umfährt und auch nicht enthält (Zero-Exclusion). Wird nun ein anderer Parameter $\mathbf{p}_\mathrm{p}$ betrachtet, der im erwähnten *Unsicherheitsgebiet* liegt, so ist eine andere Kurve, aber mit denselben Stabilitätsvorgaben, zu beurteilen.

Unsicherheit

Unsicherheitsgebiet

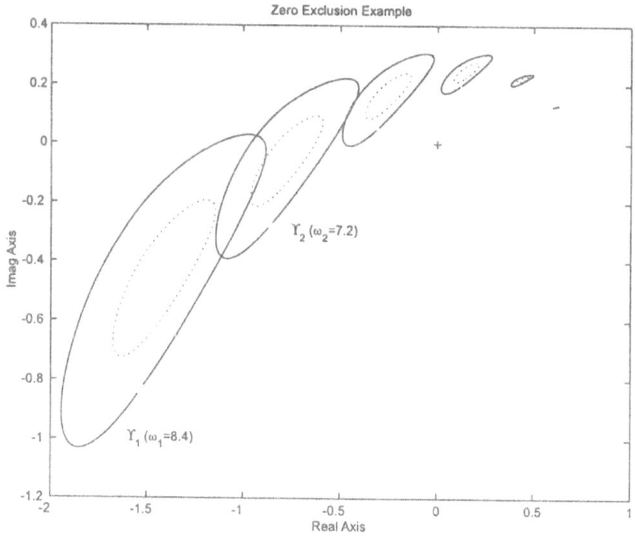

Abbildung 1.14 Value-Set-Theorem in der $p_\mathrm{cl}(j\omega)$-Ebene

Nunmehr wird nicht je Parameter eine komplette Kurve über alle ω betrachtet, sondern für einen Punkt ω_1 die gesamte Menge aller Parameter $\mathbf{p}_\mathrm{p}$ samt Unsicherheit, der sogenannte Value-Set. Somit folgt für jedes ω_1 ein Gebiet Υ_1 in der komplexen $p_\mathrm{cl}(j\omega)$-Ebene mit den komplexen Werten $p_\mathrm{cl}(j\omega_1, \Upsilon_1)$ für alle vorgegebenen Werte $\mathbf{p}_\mathrm{p}$ (Abb. 1.14). Üblicherweise braucht man nur die Punkte der Berandung zu untersuchen und nicht alle Punkte im Inneren zusätzlich. Keines der sich in der $p_\mathrm{cl}(j\omega)$-Ebene zufolge der Unsicherheit ergebenden Gebiete $p_\mathrm{cl}(j\omega_\mathrm{i}, \Upsilon_\mathrm{i})$ darf nun den Ursprung enthalten.

1.19 Kharitonov-Theorem

Neben dem nominalen Polynom des geschlossenen Regelkreises betrachtet man eine Familie von gestörten Polynomen (Regelkreisen mit

Unsicherheit

gestörten Regelstrecken, deren Parameter durch *Unsicherheiten* gekennzeichnet sind [1.9])

$$p_{\mathrm{cl,p}}(s) = a_{\mathrm{o}} + a_1 s + \ldots + a_n s^n \,, \qquad (1.115)$$

in denen jedes a_{i} zwar fest ist, aber innerhalb der Familie in vorgegebenen Grenzen $0 < l_{\mathrm{i}} \leq a_{\mathrm{i}} \leq h_{\mathrm{i}} \quad \forall i = [0, n]$ variieren kann. Dann ist nach Kharitonov, V.L., [1.6] die gesamte Familie der Polynome Hurwitz-stabil, wenn nur die folgenden vier *Extrempolynome* $p_{\mathrm{e,k}}$ Hurwitz-stabil sind

Extrempolynome

$$\begin{aligned}
p_{\mathrm{e},1}(s) &= h_{\mathrm{o}} + l_1 s + l_2 s^2 + h_3 s^3 + h_4 s^4 + l_5 s^5 + \ldots & (1.116)\\
p_{\mathrm{e},2}(s) &= h_{\mathrm{o}} + h_1 s + l_2 s^2 + l_3 s^3 + h_4 s^4 + h_5 s^5 + \ldots & (1.117)\\
p_{\mathrm{e},3}(s) &= l_{\mathrm{o}} + h_1 s + h_2 s^2 + l_3 s^3 + l_4 s^4 + h_5 s^5 + \ldots & (1.118)\\
p_{\mathrm{e},4}(s) &= l_{\mathrm{o}} + l_1 s + h_2 s^2 + h_3 s^3 + l_4 s^4 + l_5 s^5 + \ldots\,. & (1.119)
\end{aligned}$$

Es genügt, nur *vier* Extrempolynome zu untersuchen.

1.20 Kantensatz

Lässt sich das Polynom des geschlossenen Regelkreises $p_{\mathrm{cl}}(s)$ in seiner gestörten Form $p_{\mathrm{cl,p}}(s)$ wie folgt umschreiben

$$p_{\mathrm{cl,p}}(s) = p_{\mathrm{o}}(s) + \sum_{j=1}^{m} \mu_{\mathrm{j}} p_{\mathrm{j}}(s) \qquad 0 \leq \mu_{\mathrm{j}} \leq 1 \qquad j = 1, 2 \ldots m \,, \qquad (1.120)$$

dann sind $p_{\mathrm{j}} \triangleq p_{\mathrm{o}}(s) + p_{\mathrm{j}}(s) \;\; j = 1, 2 \ldots m$ die zugehörigen *Eckpolynome*.

Eckpolynom

Kantenpolynom

Wird μ_{j} variiert, erhält man die *Kantenpolynome* in Richtung von $p_{\mathrm{j}}(s)$. Die Kantenpolynome sind $\forall i,\; k > i,\; \lambda \in [0, 1]$ durch

$$\begin{aligned}
p_{\mathrm{ik}}(s) &= p_{\mathrm{i}}(s) + \lambda[p_{\mathrm{k}}(s) - p_{\mathrm{i}}(s)] = & (1.121)\\
&= (1 - \lambda) p_{\mathrm{i}}(s) + \lambda p_{\mathrm{k}}(s) & (1.122)
\end{aligned}$$

gegeben.

Polytop

Der Kantensatz [1.1] besagt, dass ein *Polytop* von Polynomen n-ter Ordnung Γ-stabil ist, d.h. daß alle Wurzeln innerhalb der Region Γ der komplexen Ebene liegen, wenn alle *exponierten Kanten* Γ-stabil sind. Die exponierten Kanten von Polynomen garantieren, dass die Lösungen von jedem Element der Menge von Polynomen stabil sind. Die exponierten Kanten werden nur nach einer einzigen Variablen parametriert, und zwar nach λ wie in obigen Gleichungen.

exponierte Kanten

Als Folge dieser nur eindimensionalen Abhängigkeit ist der Rechenaufwand bescheiden. Zumeist bedient man sich des Wurzelorts. Man erhält ihn in diesem Fall nach

$$p_i(s) + \lambda/(1-\lambda)\, p_k(s) \triangleq p_i(s) + V p_k(s)\,, \tag{1.123}$$

wobei $V = \lambda/(1-\lambda)$ von 0 bis ∞ variiert.

1.21 Robuste Eingrößenregelung bei unstrukturierter Unsicherheit

Die charakteristische Gleichung des geschlossenen Regelkreises bei additiver *unstrukturierter Unsicherheit* $\Delta G(s)$ lautet

unstrukturierte Unsicherheit

$$1+F_o(s) = 1+K(s)G_p(s) = 1+K(s)[G(s)+\Delta G(s)] = 0\,. \tag{1.124}$$

Ihre Nullstellen $s_{cl,i}$ müssen alle in der linken Halbebene liegen, egal welche Werte $\Delta G(s)$ annehmen mag, solange die Grenzbedingung $|\Delta G(s)| < g_o(\omega)$ erfüllt ist. Man geht von der Vorstellung aus, eine Regelstrecke betrachten zu können, die einer Familie von festen Übertragungsfunktionen angehört [1.3]. Die Parameter werden durch die additive aber in sich unstrukturierte Übertragungsfunktion $|\Delta G(j\omega)| < g_o(\omega)$ eingegrenzt. Stabilität ist dann für die ganze Familie gesichert, wenn vorausgesetzt werden kann, dass die Übergänge zwischen den Elementen der Familie sehr langsam erfolgen.

Auf der imaginären Achse dürfen keine Nullstellen existieren. Dies käme nämlich einem *Dauerschwingungszustand* gleich. Also folgt

Dauerschwingung

$$1 + F_o(s)\Big|_{s=j\omega} = 1 + K(s)G_p(s)\Big|_{s=j\omega} = \tag{1.125}$$

$$= \{1 + K(s)[G(s) + \Delta G(s)]\}\Big|_{s=j\omega} \neq 0 \quad \forall\, \omega\,. \tag{1.126}$$

Zur Abkürzung wird das Argument $s = j\omega$ im folgenden weggelassen. Der dem nominellen Regelkreis entsprechende Ausdruck $(1 + KG)$ wird herausgehoben. Wird der nominelle Regelkreis als selbstverständlich stabil vorausgesetzt, so ist $1 + KG \neq 0 \;\; \forall \omega$ und man erhält

$$(1+KG)[1+(1+KG)^{-1}K\Delta G] \neq 0 \qquad (1.127)$$
$$1+(1+KG)^{-1}K\Delta G \neq 0 \qquad (1.128)$$
$$(1+KG)^{-1}K\Delta G \neq -1 \qquad (1.129)$$
$$|(1+KG)^{-1}K\Delta G| = \begin{cases} >1 \\ <1 \end{cases} . \qquad (1.130)$$

Die Variante > 1 hat außer Acht zu bleiben, weil sie für entsprechend kleine ΔG nicht erfüllbar ist. Somit gilt nur

$$|(1+KG)^{-1}K\Delta G]| < 1 \qquad (1.131)$$

$$|\Delta G| < |\frac{1+KG}{K}| = |\frac{1}{K}+G| \qquad (1.132)$$

$$g_o(\omega) < |\frac{1}{K(j\omega)}+G(j\omega)| . \qquad (1.133)$$

Diese Beziehung ist mit zwei Kurven in Abb. 1.15 dargestellt.

Niederfrequenz-Genauigkeit

Wird noch eine bestimmte *Niederfrequenz-Genauigkeit* verlangt, und zwar mit dem Parameter p_o und das Beziehungs-Symbol $\Longleftarrow$ für die hinreichende Aussage verwendet [zum Beispiel $(x < 4) \Longleftarrow (x < 3)$], so folgt

$$|1+KG+K\Delta G| > p_o \quad \text{für} \quad \omega \doteq 0 \qquad (1.134)$$

$$\Longleftarrow \quad |1+KG| - |K\Delta G| > p_o \qquad (1.135)$$

$$\Longleftarrow \quad |KG| - 1 - |K|\cdot|\Delta G| > p_o \qquad (1.136)$$

$$|\Delta G| < \frac{1}{|K|}(-1-p_o+|KG|) \qquad (1.137)$$

$$|\Delta G| < g_o \quad \rightsquigarrow \quad g_o(0) < -\frac{1+p_o}{|K(0)|} + G(0). \qquad (1.138)$$

MATLAB

Beispiel. Robuste Eingrößenregelung: Für das Beispiel laut Gl. (1.104) gilt zur Auswertung ein MATLAB-Programm `haf.m`. Die Ergebnisse sind in der Abb. 1.15 dargestellt. Als Stationärbedingung resultiert wegen $K(0) \to \infty$ der Ausdruck $g_o < G(0)$. In dem Programm, das der Abb. 1.15 zugrundeliegt, wurde $G(s)$ noch etwas komplizierter angenommen.

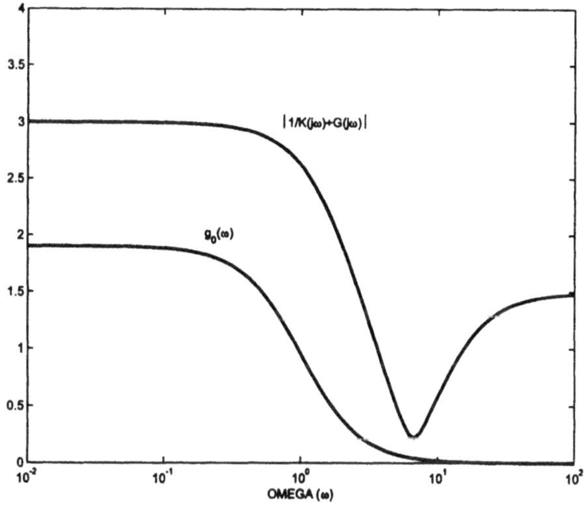

Abbildung 1.15 Bedingung für Stabilitätsrobustheit in grafischer Interpretation der Ungleichung Gl. (1.133)

```
% R o b u s t e r   R e g l e r          % haf.m
w=logspace(-2,2,101);    % zwischen 0,01 und 100
              % 101 Zwischenpunkte logarithmisch
for i=1:length(w)
    s=j*w(i);
    K=10*(0.067*s+1)/s;        % Regler
    G=3/((1+0.5*s)*(1+0.1*s)...
         *(1+0.05*s)*(1+0.02*s));  % Strecke
    go(i)=1.9/(1+abs(s)^2);    % Unsicherheit
    fomega(i)=abs((1+K*G)/K);
    wee(i)=w(i);
    semilogx(wee,fomega,wee,go,'.'); % halblog.
    axis([min(abs(w))  max(abs(w))  0  4])
    hold on
end
hold off
```

1.22 Robuste Stabilität von Mehrgrößenregelungen

1.22.1 Struktur einer additiven Unsicherheit

In der Abb. 1.16a wird eine Mehrgrößenstrecke und -regelung [1.7] betrachtet. Die Strecke weist eine zum Nominalfall parallelgeschaltete Unsicherheit $\Delta\mathbf{G}$ auf. Für sie findet man

$$-\mathbf{K}(\mathbf{G}\mathbf{u}+\mathbf{v})=\mathbf{u} \quad \rightsquigarrow \quad -(\mathbf{I}+\mathbf{K}\mathbf{G})^{-1}\mathbf{K}\mathbf{v}=\mathbf{u}\,. \qquad (1.139)$$

Nach Vereinfachung resultiert die Abb. 1.16b. Bei der Vereinfachung wird auch die Identität $(\mathbf{I}+\mathbf{KG})^{-1}\mathbf{K} \equiv \mathbf{K}(\mathbf{I}+\mathbf{GK})^{-1}$ angewendet.

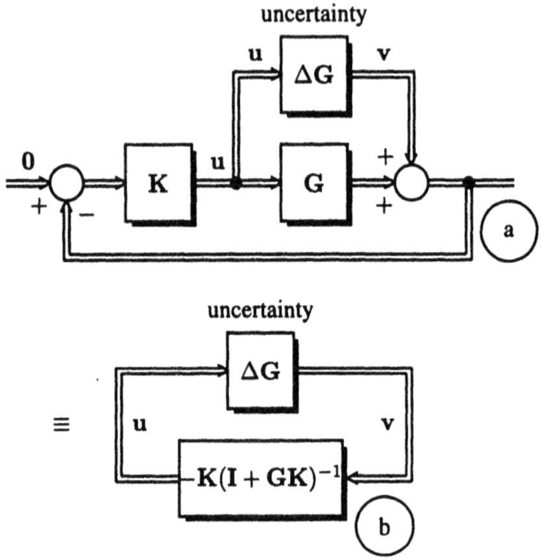

Abbildung 1.16 Regelung mit Betrachtung des Nominalregelkreises aus der Perspektive der Unsicherheit

Die Übertragungsmatrix $-(\mathbf{I} + \mathbf{KG})^{-1}\mathbf{K}$ stellt jene matrixwertige Übertragungsfunktion dar, die der Regelkreis aus der Perspektive der *Unsicherheit* der Regelstrecke besitzt, also zwischen $\mathbf{v}$ und $\mathbf{u}$. Bis auf das Vorzeichen entspricht die Übertragungsfunktion dem Nominalfall ($\Delta\mathbf{G} \equiv \mathbf{0}$) vom Sollwerteingang $\mathbf{w}_{\text{ref}}$ (anstelle von $\mathbf{0}$ in Abb. 1.16) zur Stellgröße $\mathbf{u}$

Unsicherheit

$$(\mathbf{I} + \mathbf{KG})^{-1}\mathbf{K}\mathbf{w}_{\text{ref}} = \mathbf{u}\,. \tag{1.140}$$

1.22.2 Robuste Stabilität

Nunmehr wird die Serienschaltung von $-\mathbf{K}(\mathbf{I} + \mathbf{GK})^{-1}$ und $\Delta\mathbf{G}$ betrachtet und als $\mathbf{F}_o(s)$ bezeichnet. Mit dem *Small-Gain-Theorem*, das bis zu gewissem Grad dem Nyquist-Kriterium entspricht, darf kein (frequenzabhängiger) Eigenwert von

Small-Gain-Theorem

$$\mathbf{F}_o(s) \stackrel{\Delta}{=} -\mathbf{K}(\mathbf{I} + \mathbf{GK})^{-1}\Delta\mathbf{G} \tag{1.141}$$

den Wert 1 überschreiten. Für $\max_i |\lambda_i[\mathbf{F}_o]| < 1 \;\; \forall\omega$ ist Stabilität in hinreichendem Sinn garantiert [1.3].

Verwendet werden häufig weitere Definitionen; zunächst der maximale *Singulärwert* $\sigma_{\max}[\cdot]$. Er bedeutet

Singulärwert

$$\sigma_{\max}[\mathbf{B}] \triangleq \max_{i} \sigma_i[\mathbf{B}] = \max_{i} \sqrt{\lambda_i[\mathbf{B}^H\mathbf{B}]}\,. \tag{1.142}$$

Das hochgestellte ^{H} ist die Abkürzung für Transponierung und Übergang zum konjugiert Komplexen. Dabei gilt stets die Relation $\max_i |\lambda_i[\mathbf{F}_o]| < \sigma_{\max}[\mathbf{F}_o]$. Die über ω maximale Verstärkung heißt H_∞*-Norm* und lautet $||\mathbf{F}_o(s)||_\infty \triangleq \sup_\omega \sigma_{\max}[\mathbf{F}_o(s)|_{s=j\omega}]$. Schließlich gilt für die H_∞-Norm die Submultiplikativ-Eigenschaft $||\mathbf{GH}||_\infty \leq ||\mathbf{G}||_\infty \cdot ||\mathbf{H}||_\infty$. H_∞-Norm

Somit erhält man

$$\sigma_{\max}[\mathbf{F}_o(s)] = \sigma_{\max}\Big[\Delta\mathbf{G} \cdot [-\mathbf{K}(\mathbf{I}+\mathbf{GK})^{-1}]\Big] < 1 \tag{1.143}$$

$$\Leftarrow \quad \sigma_{\max}[\Delta\mathbf{G}]\ \sigma_{\max}[-\mathbf{K}(\mathbf{I}+\mathbf{GK})^{-1}] < 1 \quad \forall\omega \in \mathcal{R} \tag{1.144}$$

oder

$$||\Delta\mathbf{G}||_\infty|| - \mathbf{K}(\mathbf{I}+\mathbf{GK})^{-1}||_\infty < 1\,. \tag{1.145}$$

Mit der Identität $\sigma_{\max}[\mathbf{K}^{-1}] \equiv 1/\sigma_{\min}[\mathbf{K}]$, vorausgesetzt $\mathbf{K}^{-1}$ existiert, folgt schließlich

$$\begin{aligned} \sigma_{\max}[\Delta\mathbf{G}] &< \frac{1}{\sigma_{\max}[\mathbf{K}(\mathbf{I}+\mathbf{GK})^{-1}]} = \sigma_{\min}[(\mathbf{I}+\mathbf{GK})\mathbf{K}^{-1}] \ \forall\omega \\ \sigma_{\max}[\Delta\mathbf{G}] &< \sigma_{\min}[\mathbf{K}^{-1}+\mathbf{G})] \doteq \begin{cases} \sigma_{\min}[\mathbf{G}] & \omega \ll \omega_D \\ \frac{1}{\sigma_{\max}[\mathbf{K}]} & \omega \gg \omega_D\,. \end{cases} \end{aligned} \tag{1.146}$$

Dabei ist ω_D die Durchtrittsfrequenz. Die Gl. (1.146) lässt eine grafische Abschätzung im Bode-Diagramm wie im skalaren Fall zu, siehe Gl. (1.133) [1.10].

Aus der Gl. (1.146) können jene Fälle sofort abgelesen werden, in denen auch große Unsicherheiten stabil bewältigt werden können. Es sind dies erstens $\sigma_{\min}[\mathbf{G}]$ nahe an $\sigma_{\max}[\mathbf{G}]$ bei niedrigen Frequenzen (gleichbedeutend mit einer gut konditionierten Regelstrecke); zweitens hohes $1/\sigma_{\max}[\mathbf{K}]$, also niedrige Regler-Verstärkung bei großen Frequenzen. Stabilität unter hohen Unsicherheiten steht also im Widerspruch zu hoher Regelgenauigkeit.

1.23 Zusammenfassung

Die Analyse des Verhaltens linearer Regelungen wurde mit Methoden des Zeit- und Frequenzbereichs besorgt. Wichtige Formelbeziehungen wurden angegeben. In Ortskurven und Bode-Diagrammen des aufgeschnittenen Regelkreises werden Zielvorstellungen des geschlossenen Regelkreises einbezogen. Diese Verfahren dienen sowohl zum

Überblick als auch zur Vereinfachung; sind doch die exakten Zusammenhänge von Regler und Strecke einerseits und geschlossenen Regelkreis andererseits oft zu komplex.

Die Stabilität wurde mit einfachen analytischen Methoden oder mit geometrischen Verfahren, wie Ortskurven und Bode-Diagrammen des geöffneten Regelkreises sowie Wurzelorten, veranschaulicht und auch auf Stabilitätsreserve ausgedehnt.

Die beschriebenen Verfahren wurden auch auf Systeme mit Toleranzen (Unsicherheiten) erweitert und eine Möglichkeit der Beherrschung mit robusten Reglern aufgenommen.

Simulationen wurden in der Programmierumgebung MATLAB dargestellt.

1.24 Literatur

[1.1] Bartlett, A.C., Hollot, C.V., and Lin, H.: *Root locations of an entire polytope of polynomials: it suffices to check the edges*, Proc. American Control Conf., 1987, S. 1611-1616

[1.2] Bode, H.: *MATLAB in der Regelungstechnik*, Teubner-Verlag, Stuttgart, 1998

[1.3] Doyle, J.C., and Stein, G.: *Multivariable feedback design for a classical/modern synthesis*, IEEE-Trans. AC-26, 1981, S. 4-16

[1.4] Gausch, F., Hofer, A., and Schlacher, K.: *Regelkreise mit Mikrorechnern — Beschreibung und Realisierung*, Regelungstechnik 32, 1984, S. A1-A12 und 33, 1985, S. A1-A31

[1.5] Hoffmann, J.: *MATLAB und SIMULINK, Beispielorientierte Einführung in die Simulation dynamischer Systeme*, Addison-Wesley, Bonn/Reading, Mass., 1998

[1.6] Kharitonov, V.L.: *Asymptotic stability of an equilibrium position of a family of systems of linear differential equations*, Differential Equations 14, 1979, S. 1483-1485

[1.7] Korn, U., und Wilfert, H.H.: *Mehrgrößenregelungen*, Verlag Technik, Berlin, 1982

[1.8] MATLAB *High-Performance Numeric Computation and Visualization Software, Reference Guide*, The MathWorks, Natick, Mass., 1992

[1.9] Weinmann, A.: *Uncertain Models and Robust Control*, Springer-Verlag, Wien/New York, 1991

[1.10] Weinmann, A.: *Computerunterstützung für Regelungsaufgaben*, Springer-Verlag, Wien/New York, 1999

Kapitel 2

Nichtlineare Regelung

von Alexander Weinmann

Nichtlineare Regelungen ergeben sich häufig durch Nichtlinearitäten der Regelstrecke. Neben diesen unerwünschten Eigenschaften werden jedoch auch oft im Regler Nichtlinearitäten eingesetzt, um besondere Effekte der automatischen Regelung erzielen zu können. Nichtlinearitäten kommen auch deshalb zum Einsatz, weil sie zumeist apparativ die einfachste und billigste Lösung darstellen. Beispiele sind Begrenzungen und Zweipunktregler.

2.1 Lineare Approximation (Kleinsignal-Linearisierung)

Ausgegangen wird von einem allgemeinen n-dimensionalen Zustandsvektorsignal $\mathbf{X} = \mathbf{X}_0 + \mathbf{x} \in \mathcal{R}^n$. Es wird nur ein lineares Eingrößensystem angenommen, d.h. nur eine Stellgröße $U = U_0 + u$ als Anregung und nur eine Ausgangsgröße $Y = Y_0 + y$. Dann gelte das Differenzialgleichungs-System mit den Vektoren $\mathbf{f}$, $\mathbf{g} \in \mathcal{R}^n$

$$\dot{\mathbf{X}} = \mathbf{f}(\mathbf{X}) + \mathbf{g}(\mathbf{X}) \cdot U \qquad (2.1)$$

$$Y = h(\mathbf{X}) \,. \qquad (2.2)$$

Für kleine Änderungen in der Umgebung des *Arbeitspunktes*, der mit einem Index $_0$ gekennzeichnet ist, gilt dann mit dem vollständigen Differenzial

Arbeitspunkt

$$\dot{\mathbf{X}} = \dot{\mathbf{x}} = \mathbf{f}(\mathbf{X}_0) + \left.\frac{\partial \mathbf{f}}{\partial \mathbf{X}}\right|_{\mathbf{X}_0} \mathbf{x} + [\mathbf{g}(\mathbf{X}_0) + \left.\frac{\partial \mathbf{g}}{\partial \mathbf{X}}\right|_{\mathbf{X}_0} \mathbf{x}](U_0 + u) \quad (2.3)$$

$$\dot{\mathbf{x}}(t) = \underbrace{(\left.\frac{\partial \mathbf{f}}{\partial \mathbf{x}}\right|_{\mathbf{X}_0} + \left.\frac{\partial \mathbf{g}}{\partial \mathbf{x}}\right|_{\mathbf{X}_0} U_0)}_{\mathbf{A}(\mathbf{X}_0)} \mathbf{x}(t) + \underbrace{\mathbf{g}(\mathbf{X}_0)}_{\mathbf{b}(\mathbf{X}_0)} u(t) \quad (2.4)$$

$$\dot{\mathbf{x}}(t) = \mathbf{A}(\mathbf{X}_0)\mathbf{x}(t) + \mathbf{b}(\mathbf{X}_0)u(t) \quad (2.5)$$

$$y(t) = \underbrace{\left.\frac{\partial \mathbf{h}}{\partial \mathbf{x}}\right|_{\mathbf{X}_0}}_{\mathbf{c}^T(\mathbf{X}_0)} \mathbf{x}(t) = \mathbf{c}^T(\mathbf{X}_0)\mathbf{x}(t)\,. \quad (2.6)$$

Ruhezustand

Berücksichtigt wurde, dass im Arbeitspunkt als *Ruhezustand* die Beziehung

$$\mathbf{0} = \mathbf{f}(\mathbf{X}_0) + \mathbf{g}(\mathbf{X}_0)U_0 \quad (2.7)$$

besteht. Der Ausdruck $\frac{\partial \mathbf{g}}{\partial \mathbf{X}}\Big|_{\mathbf{X}_0} \mathbf{x} \cdot u$ wird als klein zweiter Ordnung vernachlässigt. Die obstehend definierten Matrix $\mathbf{A}(\mathbf{X}_0)$ und die Vektoren $\mathbf{b}(\mathbf{X}_0)$ und $\mathbf{c}(\mathbf{X}_0)$ gelten nur in dem gewählten *Arbeitspunkt* $\mathbf{X}_0$ und auch nur für *kleine Auslenkungen* u, $\mathbf{x}$, y. Unter diesen Voraussetzungen kann mit ihnen die Zustandsraum-Darstellung der Gln. (1.60) und (1.61) verwendet werden.

Arbeitspunkt

kleine Auslenkungen

2.2 Schaltende Regelungen 2.Ordnung in der Zustandsebene

Die Zustandsebene ist der zweidimensionale Spezialfall des n-dimensionalen Zustandsraums (siehe Gl. (1.60)). An einem einfachen Beispiel der Abb. 2.1 wird dies erklärt. Es enthält einen hysteresefreien *Zweipunktregler* mit den beiden Stellgrößenausgängen $\pm u_o$ und eine I_2-Regelstrecke mit der Übertragungsfunktion $\frac{1}{s^2 T_I}$. Übersetzt man die Übertragungsfunktion der Regelstrecke in die Zustandsebene, so erhält man (für $+u_o$)

Zweipunktregler

$$\dot{x}_1 = x_2 \quad (2.8)$$

$$\dot{x}_2 = \frac{1}{T_I} u_o \quad (2.9)$$

$$y = x_1\,. \quad (2.10)$$

Die nachstehenden Berechnungen zeigen die Lösung des Differenzialgleichungssystems und seine Interpretation als *Trajektorie* in der Zu-

Trajektorie

standsebene

$$\frac{\mathrm{d}x_2}{\mathrm{d}x_1} = \frac{\mathrm{d}x_2}{\mathrm{d}t}\frac{\mathrm{d}t}{\mathrm{d}x_1} = \frac{\mathrm{d}x_2}{\mathrm{d}t}\frac{1}{\dot{x}_1} \tag{2.11}$$

$$\frac{\mathrm{d}x_2}{\mathrm{d}x_1} = \dot{x}_2\frac{1}{x_2} = \frac{1}{T_\mathrm{I}}u_\mathrm{o}\frac{1}{x_2} \tag{2.12}$$

$$x_2\frac{\mathrm{d}x_2}{\mathrm{d}x_1} = \frac{1}{T_\mathrm{I}}u_\mathrm{o} \tag{2.13}$$

$$\int_0^{x_1} x_2\frac{\mathrm{d}x_2}{\mathrm{d}x_1}\mathrm{d}x_1 = \int_0^{x_1}\frac{1}{T_\mathrm{I}}u_\mathrm{o}\mathrm{d}x_1 \tag{2.14}$$

$$\frac{x_2^2}{2} = \frac{1}{T_\mathrm{I}}u_\mathrm{o}x_1 + c\,. \tag{2.15}$$

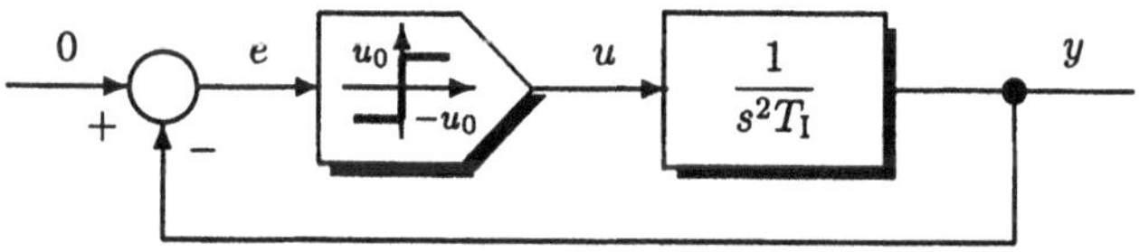

Abbildung 2.1
Zweipunktregler mit I_2-Regelstrecke

In der x_2, x_1-Zustandsebene entspricht dies Parabeln, die je nach Vorzeichen von u_o nach rechts oder links offen und je nach Anfangsbedingung verschoben sind (siehe späteres Beispiel).

Für einen beliebigen zeitlichen Anfangswert (Anfangspunkt) resultieren Systemzustände als aufeinanderfolgende Punkte auf der Trajektorie. Besitzt die Regelstrecke $G(s)$ in Abb. 2.1 statt I_2-Verhalten PT_2-Verhalten, dann sehen die Zustandskurven anders aus. Für $D = 0$, $D < 1$, $D > 1$ ergeben sich die Zustandskurven nach Abb. 2.2, 2.3, 2.4.

Jede Trajektorie kann nach der Zeit t beziffert und mit einem Pfeil in Richtung steigender Zeit versehen werden, doch ist die Zeit selbst für das *Schaltverhalten* der Zweipunktregelung unerheblich. Für die Zweipunktregelung ist nur entscheidend, wenn die Regelabweichung e durch null geht; dann nämlich schaltet der *Zweipunktregler*. Er schaltet von $-u_\mathrm{o}$ nach $+u_\mathrm{o}$, wenn die Regelabweichung e zunimmt, was gleichbedeutend ist mit der Abnahme der Regelgröße y oder Zustandsgröße x_1. Abnehmen von x_1 ist identisch mit negativem x_2. Das Schaltverhalten des Zweipunktreglers wird geometrisch durch Wechseln der *Zustandskurven* veranschaulicht [2.1, 2.2].

Schaltverhalten

Zweipunktregler

Zustandskurve

Die gegenständlichen Berechnungen sind nur für konstanten Sollwert oder das Verhalten auf Sollwertsprung anwendbar.

Aus Gl. (2.13) folgt, dass bei $x_2 \to 0$ der Anstieg $\frac{dx_2}{dx_1} \to \infty$ streben muss, dass die Trajektorie also die x_1-Achse immer senkrecht durchstößt. Schräges Zulaufen der Trajektorie auf die x_1-Achse (bei PT_2-Systemen mit $D > 1$ oder bei PT_1-Systemen $T_1\dot{x}_1 + x_1 = u_o$) ist Ausdruck eines aperiodischen Einlaufens in den Endzustand.

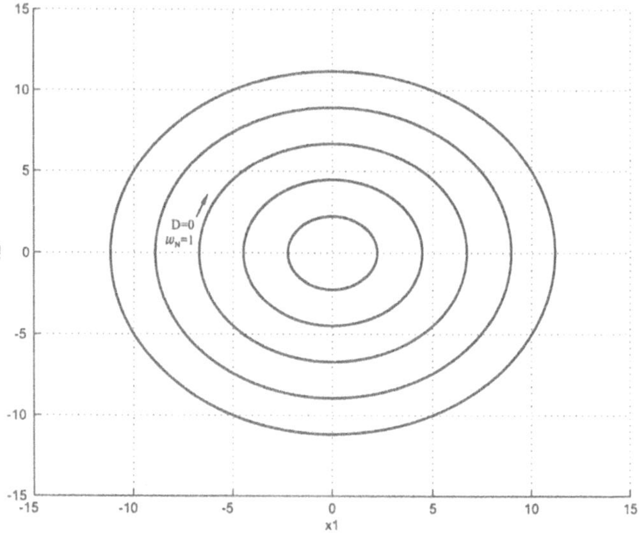

Abbildung 2.2
Trajektorien der PT_2-Regelstrecke mit $D = 0$

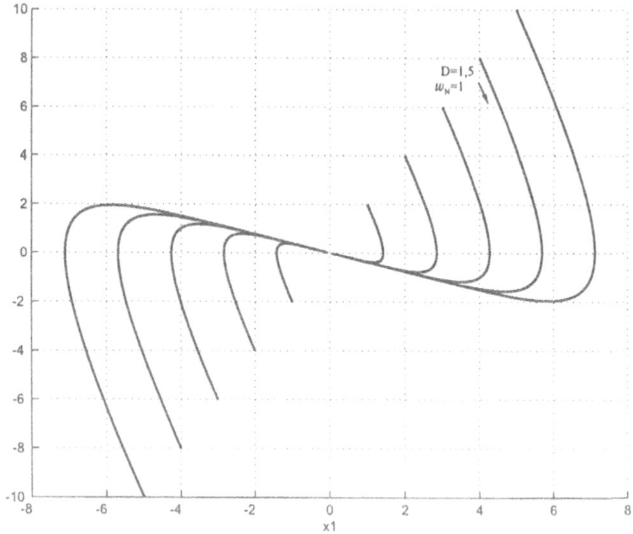

Abbildung 2.3
Trajektorien der PT_2-Regelstrecke mit $D = 1,5$

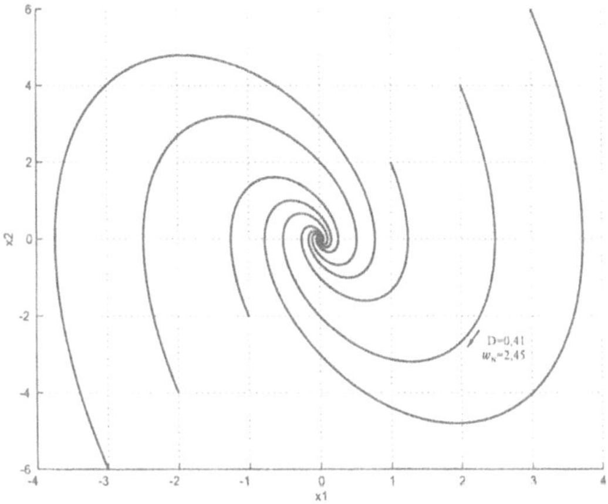

Abbildung 2.4 Trajektorien der PT_2-Regelstrecke mit $D = 0,41$

Beispiel Zweipunktregelung: Wird eine gezielte Rückführung von *beiden* Zustandsgrößen besorgt, so ergibt sich der Regelkreis nach Abb. 2.5.

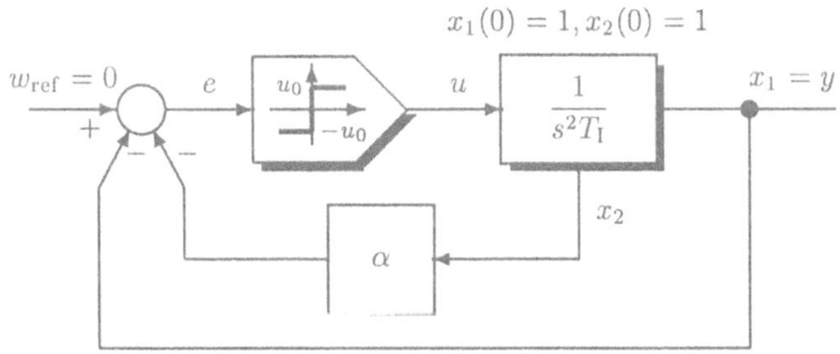

Abbildung 2.5 Zustandsregelung an einer zweifach integrierenden Strecke mit Rückführung beider Zustandsgrößen

Unter positiven Anfangswerten $x_1(0)$ und $x_2(0)$ folgt $e < 0$, die Stellgröße $u = -u_o$ und (wegen $\dot{x}_1 \triangleq x_2$)

$$x_2(t) = -\frac{u_o}{T_I}t + x_2(0) \quad \leadsto \quad t = \frac{x_2(0) - x_2(t)}{u_o}T_I \qquad (2.16)$$

$$x_1(t) = -\frac{u_o}{2T_I}t^2 + x_2(0)\,t + x_1(0)\,. \qquad (2.17)$$

Einsetzen von t aus Gl. (2.16) und Reduktion liefert

$$x_1(t) = -\frac{T_I}{2u_o}x_2^2(t) + \frac{T_I}{2u_o}x_2^2(0) + x_1(0)\,. \qquad (2.18)$$

Mit den Zahlenwerten $x_1(0) = x_2(0) = 1$, $u_o = 1$, $T_I = 12$ folgt $x_1(t) = -6x_2^2 + 7$ als Gleichung der Anfangsparabel.

Die Schalthandlung des Zweipunktreglers erfolgt bei Vorzeichenwechsel von $e(t)$. Die Abweichung $e(t)$ wird laut Abb. 2.5 als $e = x_1 + \alpha\ x_2$ angenommen. Entlang $x_1 + \alpha\ x_2 = 0$ wird geschaltet; diese Gerade heißt deshalb *Schaltlinie*.

Schaltlinie

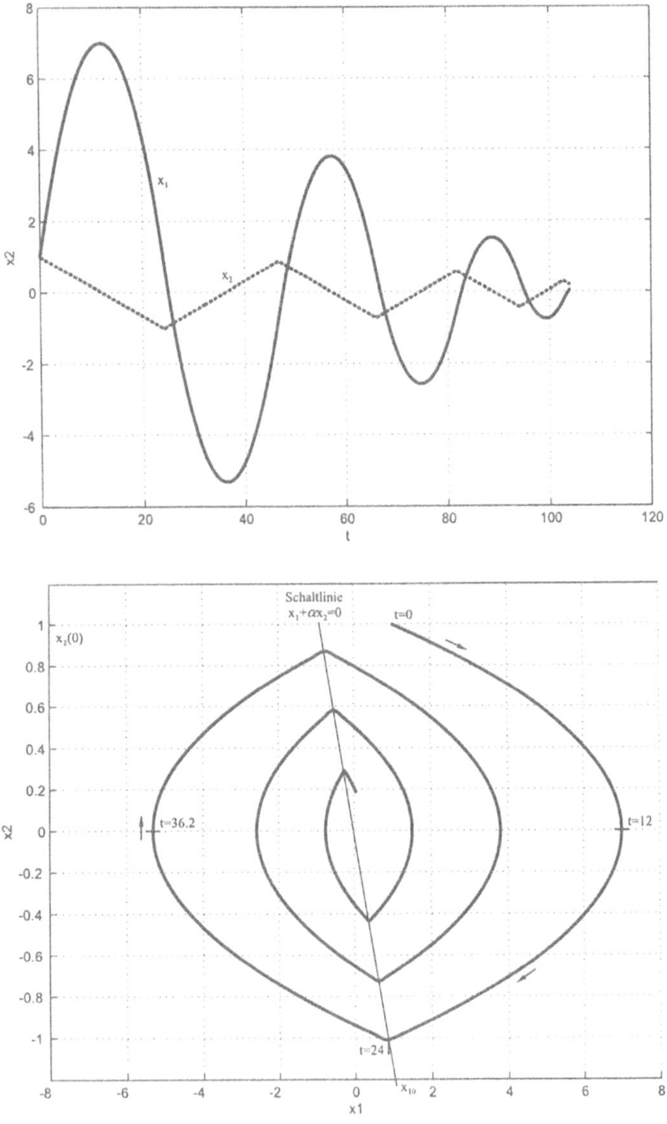

Abbildung 2.6
Zustandskurven bei Rückführung beider Zustandsvariablen

Der Regelkreis zeigt für $\alpha = 0,8$ Bewegungen nach Abb. 2.6

Bei $\alpha = 0$ befände sich das System nach zwei Schalthandlungen wieder an seinem Ausgangszustand, verfolgte also einen Dauerschwingungszustand. Unter den vorliegenden Annahmen fände die Zweipunktregelung einen Gleichgewichtszustand nur in Form von einer in sich geschlossenen Aneinanderreihung von Zustandskurvenabschnitten, eines sogenannten *Grenzzyklus*. Grenzzyklus

2.3 Isoklinen in der Zustandsebene

Das Verhalten von nichtlinearen Systemen (Regelungen) zweiter Ordnung mit allgemeiner Nichtlinearität

$$\ddot{x}(t) + p(x,\dot{x})\dot{x}(t) + q(x,\dot{x})x(t) = 0 \tag{2.19}$$

lässt sich durch die Beziehung

$$\ddot{x} = \frac{dx_2}{dt} = \frac{dx_2}{dx_1}\frac{dx_1}{dt} = \frac{dx_2}{dx_1}x_2 \tag{2.20}$$

auf

$$\frac{dx_2}{dx_1} = -\frac{p(x_1,x_2)x_2 + q(x_1,x_2)x_1}{x_2} \triangleq k \tag{2.21}$$

umschreiben. Wird dabei noch die Steigung durch k ersetzt, so liefert dies für ein bestimmtes k jene Linien in der x_1, x_2-Ebene, die angeben, wo Punkte auf den Trajektorien liegen, die durch gleiche Steigung k ausgezeichnet sind. Diese Kurven heißen *Isoklinen*. Ihre Gleichung ist algebraisch und sie lautet Isoklinen

$$[p(x_1,x_2) + k]x_2 + q(x_1,x_2)x_1 = 0\,. \tag{2.22}$$

2.4 Trajektorien der Zustandsebene als Vektorfeld

Mit dem Programmsystem *Scientific WorkPlace* können die Trajektorien als Vektorfeld aufgerufen werden. So liefert die Eingabe etwa von

$$[0.5y, -x - 0.5y] \quad \hookrightarrow \texttt{Markieren} \tag{2.23}$$

$$\hookrightarrow \texttt{Maple} \quad \hookrightarrow \texttt{Plot2D} \quad \hookrightarrow \texttt{VectorField} \tag{2.24}$$

eine Folge von Pfeilgrößen; sie liegen der Trajektorie zugrunde, die vom Gleichungssystem

$$\dot{x} = y \tag{2.25}$$
$$\dot{y} = -x - 0.5y \tag{2.26}$$

bestimmt wird.

2.5 Beschreibungsfunktion und Spektrum eines nichtlinearen Fuzzy-Reglers

Aus dem Momentanwert der Regelabweichung $e(t)$ wird nach Abb. 2.7a die fuzzifizierte Regelabweichung $\mathbf{e}_F$ als Vektor gewonnen. Für die Zugehörigkeit zu NG, ZE und PG findet man für e, so wie es in Abb. 2.7a für $0 < e < 1$ eingetragen ist, und weiters für $e > 1$

$$\mathbf{e}_F = \begin{cases} (0 \vdots 1 - e \vdots e)^T & \text{bei } 0 < e < 1 \\ (0 \vdots 0 \vdots 1)^T & \text{bei } 1 < e, \end{cases} \tag{2.27}$$

Zugehörigkeitsfunktion

entsprechend speziell gewählten *Zugehörigkeitsfunktionen* $m(e)$. Wegen der speziellen Annahmen 1 für die Grenzpunkte sind die Elemente von $\mathbf{e}_F$ so einfach formulierbar. Weiters werden WENN-DANN-Regeln als Regelbasis zur weiteren Auswertung verwendet,

WENN e =ZE, DANN soll u =ZE

WENN e =PG, DANN soll u =PM

Inferenz

sein (unscharfes Schließen, *Fuzzy-Inferenz*). (Innerhalb des WENN-Teils werden ODER- bzw. UND-Verknüpfungen mit MAX- bzw. MIN-Operatoren der Zugehörigkeitsfunktionen besorgt.) Für jede Regel ergibt sich ein *Erfüllungsgrad* α_i als Ergebnis der *Regelbasis*. Für den in Abb. 2.7a eingetragenen Punkt e findet man die Erfüllungsgrade $\alpha_{ZE} = 1 - e$ und $\alpha_{PM} = e$. Die sogenannte MAX-PROD-Methode besorgt die Kombination durch

Erfüllungsgrad

Regelbasis

$$m(u) = \text{Maximalwert aus allen Produkten } \alpha_i \cdot m_i(u)\,, \tag{2.28}$$

siehe Abb. 2.7b.

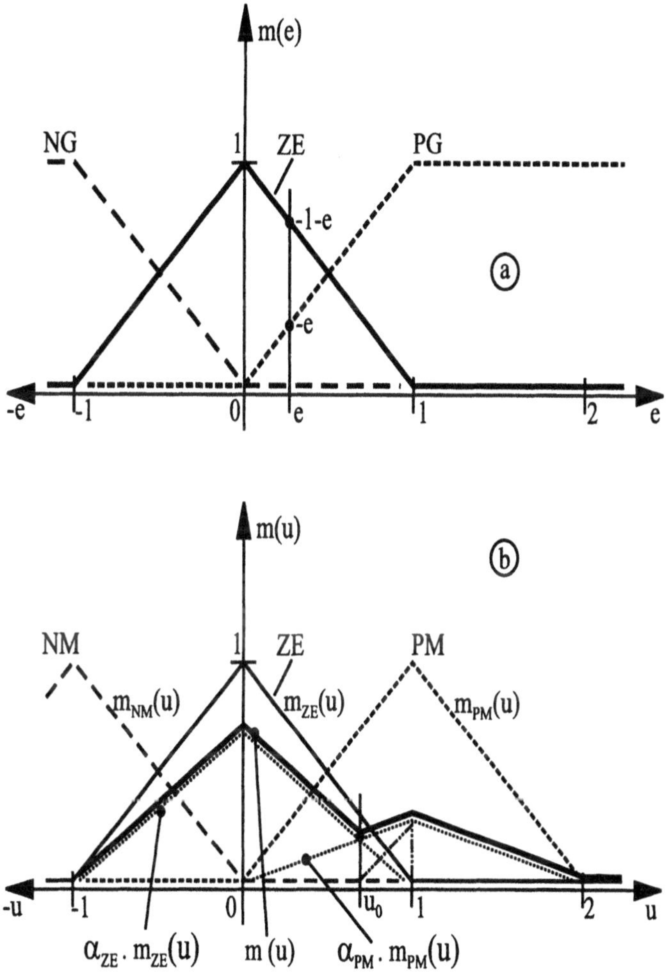

Abbildung 2.7
Zugehörigkeits-funktionen

Schwerpunkts-methode

Die solcherart ermittelte unscharfe Ausgangsgröße $m(u)$ wird nach der *Schwerpunktsmethode* in eine scharfe Ausgangsgröße u (die zu e gehört) umgewandelt, also $m(u)$ defuzzifiziert

$$u(e) = \frac{[u_o + (1-u_o)\frac{2}{3}](1-u_o)\frac{e}{2} + (1+\frac{1}{3})\frac{e}{2}}{\frac{2(1-e)}{2} + (1-u_o)\frac{e}{2} + \frac{e}{2}} \tag{2.29}$$

$$u(e) = \frac{e}{3}\,\frac{4+3e-e^2}{2-e+e^2} \qquad 0 < e < 1\,. \tag{2.30}$$

Dabei wurde die Größe u_o verwendet, die aus dem Schnittpunkt der

Teilkurven $\alpha_{ZE} m_{ZE}(u)$ und $\alpha_{PM} m_{PM}(u)$ resultiert. In diesem Punkt des Beispiels ergibt sich $u_o = 1 - e$. Die zugehörige statische *nichtlineare Kennlinie*, auch für die übrigen Bereiche von e, ist in Abb. 2.8 gezeigt.

nichtlineare Kennlinie

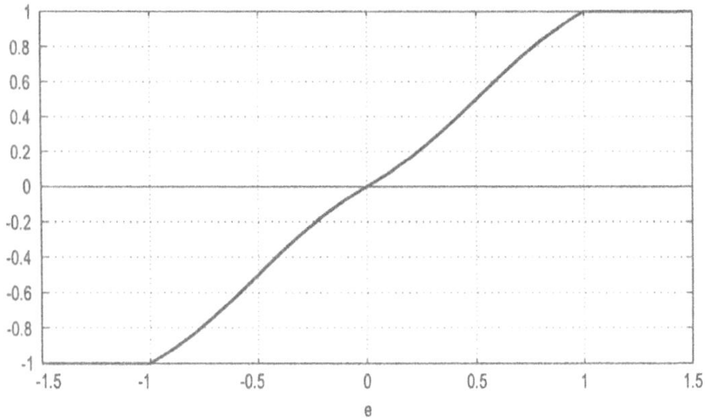

Abbildung 2.8 Statische Kennlinie $u(e)$ des Fuzzy-Reglers

Die Analyse eines Regelkreises mit Beschreibungsfunktion zielt auf Amplitude und Frequenz der *Grundschwingung* einer sich einstellenden Dauerschwingung ab. Es wird erwartet, dass die auftretenden Oberschwingungen vom Tiefpassverhalten der Regelstrecke hinreichend gedämpft werden. Die nichtlineare Kennlinie wird durch eine amplitudenabhängige Verstärkung $N(e_{sp})$ ersetzt, weil von der Ausgangsgröße $u(t)$ des nichtlinearen Elements nur die Grundschwingung betrachtet wird. Die *Beschreibungsfunktion* rechnet sich unter der Annahme $e(t) = e_{sp} \sin \omega t$ und $u(t) = u_{sp} \sin \omega t$ zu

Grundschwingung

Beschreibungsfunktion

$$N(e_{sp}) = \frac{u_{sp}}{e_{sp}} = \frac{1}{e_{sp}} \frac{1}{\frac{2\pi}{\omega}} 2 \int_0^{\frac{2\pi}{\omega}} u(t) \sin \omega t \, dt \,. \qquad (2.31)$$

Das *Spektrum* der Oberschwingungen erhält man, indem $\sin \omega t$ durch $\sin \nu\omega t$ ersetzt wird.

Spektrum

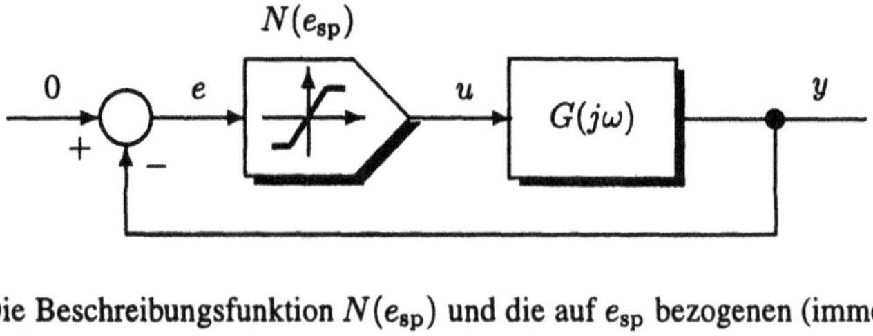

Abbildung 2.9 Regelkreis aus nichtlinearem Element und linearem Teil $G(j\omega)$

Die Beschreibungsfunktion $N(e_{sp})$ und die auf e_{sp} bezogenen (immer kleiner werdenden) Oberschwingungsamplituden der 3. und 5. Harmonischen des nichtlinearen Fuzzy-Reglers zeigt die Abb. 2.10.

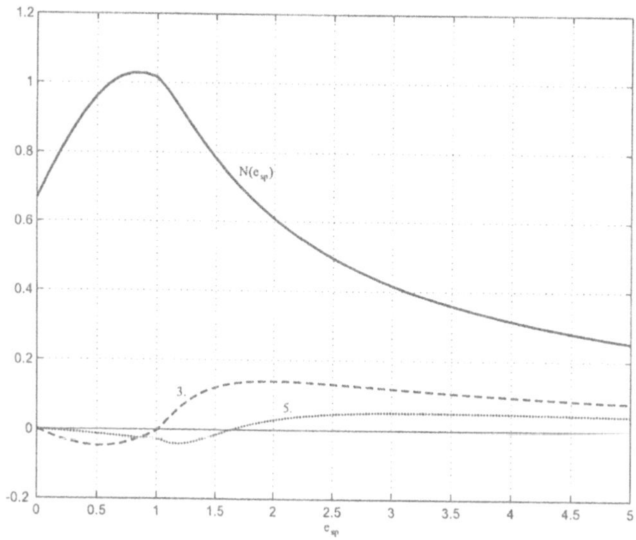

Abbildung 2.10 Beschreibungsfunktion $N(e_{\text{sp}})$ und bezogenes Spektrum

Die *Schließbedingung* eines nichtlinearen Regelkreises mit einem nichtlinearen Element, das durch seine Beschreibungsfunktion charakterisiert wird, und einem linearen Element $G(j\omega)$ (Abb. 2.9) wird aus $1 + F_o(s) = 0$ abgeleitet, und zwar für die harmonische Bewegung der Frequenz ω und der Amplitude e_{sp}

Schließbedingung

$$1 + F_o(j\omega) = 1 + N(e_{\text{sp}})G(j\omega) = 0 \,. \tag{2.32}$$

Daraus folgt für reelle $N(e_{\text{sp}})$

$$\Im m\ G(j\omega) = 0 \quad \rightsquigarrow \quad \omega \tag{2.33}$$

$$N(e_{\text{sp}}) \cdot \Re e\, G(j\omega) = -1 \quad \rightsquigarrow \quad e_{\text{sp}} \,. \tag{2.34}$$

Beispiel Beschreibungsfunktion: Für einen linearen Systemteil $G(s) = \frac{12}{s(s+1)(s+2)}$ folgt $\Im m\ G(j\omega) = 0$ bei $\omega = \sqrt{2}$. Daraus erhält man $G(j\sqrt{2}) = -2$ und aus Gl. (2.34) $N(e_{\text{sp}}) = 0,5$. Aus der Kennlinie der Beschreibungsfunktion Abb. 2.10 resultiert $e_{\text{sp}} = 2,5$.

2.6 Multimodell

Bei diesem Verfahren wird die nichtlineare Regelstrecke durch eine bestimmte Menge $\mathbf{G}_i$ fester, aber arbeitspunktabhängiger Übertragungsfunktionen (Übertragungsmatrizen) beschrieben. Zum Entwurf werden verschiedene Reglereinstellungen $\mathbf{K}_k$ gewählt. Für das im Regelkreis eintretende Zusammenwirken wird eine Fehlerindex-Bewertung $C(\mathbf{K}_k, \mathbf{G}_i)$ vorgenommen, die ausdrückt, wie der Regler $\mathbf{K}_k$ mit der Strecke in der Betriebsform $\mathbf{G}_i$ zusammenarbeitet. Gesucht wird nun jener Index $k^\star$, der unter allen vorgesehenen k die kleinste Fehlerindex-Bewertung C ergibt; aus einer Bewertung, die sich schlechtestenfalls für alle möglichen $\mathbf{G}_i$ ergeben kann

$$\mathbf{K}^\star = \mathbf{K}_{k^\star} , \quad \text{wobei } k^\star = \arg \min_k \max_i \{C(\mathbf{K}_k, \mathbf{G}_i)\} . \tag{2.35}$$

2.7 Exakte Linearisierung mit Zustandsrückführung

2.7.1 Definitionen

Lie-Ableitung

Die einfache *Lie-Ableitung* [2.4, 2.6] von $\mathbf{f}(\mathbf{x})$ entlang $\mathbf{g}(\mathbf{x})$ bedeutet

$$L_{\mathrm{g}}\mathbf{f}(\mathbf{x}) \triangleq \frac{\partial \mathbf{f}(\mathbf{x})}{\partial \mathbf{x}} \mathbf{g}(\mathbf{x}) . \tag{2.36}$$

Darin ist

$$\frac{\partial \mathbf{f}(\mathbf{x})}{\partial \mathbf{x}} \triangleq \mathrm{matrix}_{i,j}[\frac{\partial f_i}{\partial x_j}] \triangleq \begin{pmatrix} \frac{\partial f_1}{\partial x_1} & \frac{\partial f_1}{\partial x_2} & \cdots \\ \vdots & \vdots & \ddots \end{pmatrix} \tag{2.37}$$

Jacobi-Matrix

die *Jacobi-Matrix.*

Als mehrfache (k-fache) Ableitung von $\mathbf{f}$ entlang $\mathbf{g}$ gilt die Rekursion

$$L_{\mathrm{g}}^k\mathbf{f}(\mathbf{x}) \triangleq \frac{\partial L_{\mathrm{g}}^{k-1}\mathbf{f}(\mathbf{x})}{\partial \mathbf{x}} \mathbf{g}(\mathbf{x}) . \tag{2.38}$$

Für die Ableitung nach mehreren Vektoren resultiert

$$L_{\mathrm{g}}L_{\mathrm{f}}\mathbf{f}(\mathbf{x}) \triangleq L_{\mathrm{g}}[L_{\mathrm{f}}\mathbf{f}(\mathbf{x})] = \frac{\partial L_{\mathrm{f}}\mathbf{f}(\mathbf{x})}{\partial \mathbf{x}} \mathbf{g}(\mathbf{x}) . \tag{2.39}$$

Wenn $\mathbf{f} = f_1$ nur ein Skalar ist, gilt

$$L_{\mathrm{g}}\mathbf{f}(\mathbf{x}) = \frac{\partial f_1}{\partial \mathbf{x}} \mathbf{g}(\mathbf{x}) . \tag{2.40}$$

Anmerkung: Unter $\frac{\partial h(\mathbf{x})}{\partial \mathbf{x}}\mathbf{g}(\mathbf{x})$ wird das Innenprodukt der beiden Vektoren $\frac{\partial h(\mathbf{x})}{\partial \mathbf{x}}$ und $\mathbf{g}(\mathbf{x})$ verstanden. Um mit beiden Vektor-Multiplikanden eine dimensionsrichtige Schreibung sicherzustellen, müsste eigentlich $\frac{\partial h(\mathbf{x})}{\partial \mathbf{x}^T}\mathbf{g}(\mathbf{x})$ geschrieben werden; dann ist ersterer Term eine Zeilenmatrix und $\mathbf{g}(\mathbf{x})$ eine Spaltenmatrix (ein Vektor) und als Produkt verträglich. Demzufolge sollte in Gln. (2.36) bis (2.39) konsequenterweise auch $\frac{\partial \mathbf{f}(\mathbf{x})}{\partial \mathbf{x}^T}$ geschrieben werden, doch ist dies nicht üblich. Dass diese Schreibung mit $\partial \mathbf{x}^T$ im Nenner eigentlich notwendig wäre, erkennt man auch, wenn $\mathbf{f}(\mathbf{x}) = \mathbf{A}\mathbf{x}$ spezialisiert werden sollte. Die Ableitungsregel wird nur bei $\frac{\partial \mathbf{A}\mathbf{x}}{\partial \mathbf{x}^T} = \mathbf{A}$ bestätigt. Bei computeralgebraischen Berechnungen ist dies zur Dimensionsverträglichkeit von Bedeutung.

2.7.2 Nichtlineare Regelstrecke

Für die nichtlineare Eingrößen-Regelstrecke

$$\dot{\mathbf{x}}(t) = \mathbf{f}(\mathbf{x}) + \mathbf{g}(\mathbf{x}) \cdot u(t) \qquad \mathbf{x} \in \mathcal{R}^n \tag{2.41}$$

$$y(t) = h(\mathbf{x}) \tag{2.42}$$

wird eine *nichtlineare Transformation* definiert

nichtlineare Transformation

$$\mathbf{z} = \mathbf{\Phi}(\mathbf{x}) = \mathrm{vec}[\Phi_\mathrm{i}(\mathbf{x})] = \begin{bmatrix} \Phi_1(\mathbf{x}) \\ \vdots \\ \Phi_\mathrm{n}(\mathbf{x}) \end{bmatrix} \triangleq \begin{bmatrix} h(\mathbf{x}) \\ L_\mathrm{f}h(\mathbf{x}) \\ \vdots \\ L_\mathrm{f}^{n-1}h(\mathbf{x}) \end{bmatrix} \tag{2.43}$$

oder

$$z_\mathrm{i}(\mathbf{x}) = L_\mathrm{f}^{i-1}h(\mathbf{x}) \quad 1 \le i \le n\,. \tag{2.44}$$

Sie gilt in einem *Lokalbereich*, bezeichnet als Umgebung von $\mathbf{x}_\mathrm{o}$.

Lokalbereich

Unter Benützung von Gl. (2.36) resultiert

$$\dot{z}_1 = \frac{\mathrm{d}z_1(t)}{\mathrm{d}t} = \frac{\partial \Phi_1}{\partial \mathbf{x}}\frac{\mathrm{d}\mathbf{x}}{dt} = \frac{\partial h}{\partial \mathbf{x}}\frac{\mathrm{d}\mathbf{x}}{\mathrm{d}t} = \frac{\partial h}{\partial \mathbf{x}}\dot{\mathbf{x}} = \tag{2.45}$$

$$= \frac{\partial h}{\partial \mathbf{x}}(\mathbf{f} + \mathbf{g}u) = L_\mathrm{f}h(\mathbf{x}) + u\,L_\mathrm{g}h(\mathbf{x})\,. \tag{2.46}$$

Wird eine Bedingung

$$L_\mathrm{g}h(\mathbf{x}) = L_\mathrm{g}\Phi_1(\mathbf{x}) \triangleq 0 \tag{2.47}$$

gestellt, folgt

$$\dot{z}_1 = L_\mathrm{f}h(\mathbf{x}) + u \cdot 0 = L_\mathrm{f}h(\mathbf{x}) \triangleq z_2\,, \tag{2.48}$$

wobei zugleich z_2 definiert wurde.

Dieser Prozess wird für die zweite Zustandsvariable $\dot{z}_2$ und für weitere fortgesetzt. Bis hinauf zu $n-1$ gelte in der Nachbarschaft von $\mathbf{x}_o$

$$\dot{z}_{n-1} \triangleq z_n \quad \text{wenn} \quad L_g L_f^{n-2} h(\mathbf{x}) = 0 \,. \tag{2.49}$$

Für die n-te Zustandsvariable z_n wird allerdings $L_g L_f^{n-1} h(\mathbf{x}) \neq 0$ verlangt

$$\dot{z}_n = L_f^n h(\mathbf{x}) + L_g L_f^{n-1} h(\mathbf{x}) u \triangleq b(\mathbf{z}) + a(\mathbf{z}) u \triangleq v \,. \tag{2.50}$$

Regelungs-normalform

Dann gilt für das gesamte System die *Regelungsnormalform*

$$\dot{z}_1 = z_2 \tag{2.51}$$

$$\vdots$$

$$\dot{z}_{n-1} = z_n \tag{2.52}$$

$$\dot{z}_n \triangleq b(\mathbf{z}) + a(\mathbf{z}) u = v \,. \tag{2.53}$$

Nunmehr wird eine spezielle Rückführung angenommen, soferne $a(\mathbf{z}) \neq 0$, und in einer Linearisierungsvorschaltung in Abb. 2.11 implementiert,

$$u(z) \triangleq \frac{1}{a(\mathbf{z})}[-b(\mathbf{z}) + v] = \frac{-L_f^n h(\mathbf{x}) + v}{L_g L_f^{n-1} h(\mathbf{x})} \,. \tag{2.54}$$

Ersatzstellgröße

In ihr ist $v(t)$ eine *Ersatzstellgröße*. Aus $v(t)$ wird durch Rückführung von $\mathbf{x}(t)$ bzw. $\mathbf{z}(t)$ die Stellgröße $u(t)$ gebildet

$$\dot{z}_n = b(\mathbf{z}) + a(\mathbf{z}) \frac{1}{a(\mathbf{z})}[-b(\mathbf{z}) + v(t)] = v(t) \,. \tag{2.55}$$

lineares Ersatzsystem

Soferne alle obenstehenden Bedingungen erfüllt sind, hat man damit auf exakte Art und Weise ein *lineares Ersatzsystem* in $\mathbf{z}(t)$ und $v(t)$ gefunden

$$\dot{\mathbf{z}} = \begin{pmatrix} \dot{z}_1 \\ \vdots \\ \dot{z}_n \end{pmatrix} = \begin{pmatrix} \mathbf{0}_{n-1} & \mathbf{I}_{n-1} \\ 0 & \mathbf{0}_{n-1}^T \end{pmatrix} \mathbf{z} + \begin{pmatrix} \mathbf{0}_{n-1} \\ 1 \end{pmatrix} v \triangleq \mathbf{A}_z \mathbf{z} + \mathbf{b}_z v \tag{2.56}$$

$$y = \mathbf{c}^T \mathbf{z} = (1 \quad \mathbf{0}_{n-1}^T) \mathbf{z} \,, \tag{2.57}$$

siehe Abb. 2.11. Allerdings ist der Gültigkeitsbereich auf $a(\mathbf{z}) \neq 0$ eingeschränkt; für Signalamplituden beliebiger Höhe, solange nur die genannte Bedingung erfüllt ist.

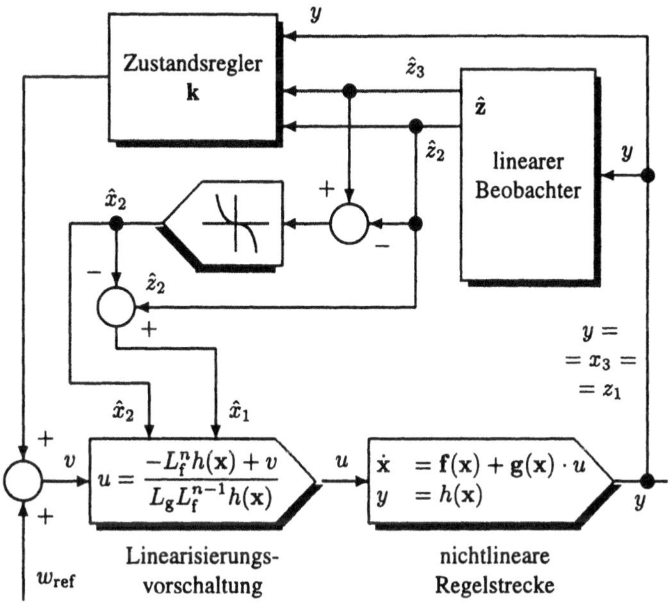

Abbildung 2.11 Exakte Linearisierung durch Zustandsrückführung

Beispiel. Exakte Zustandslinearisierung: Die Regelstrecke dritter Ordnung mit

$$\mathbf{f}(\mathbf{x}) = \begin{pmatrix} 0 \\ x_1 + x_2^3 \\ x_1 + x_2 \end{pmatrix} \qquad \mathbf{g}(\mathbf{x}) = \begin{pmatrix} 1 + x_2^2 \\ -1 - x_2^2 \\ 0 \end{pmatrix} \tag{2.58}$$

und $h(\mathbf{x}) = x_3$ verlangt

$$L_{\mathbf{g}}h(\mathbf{x}) = \begin{pmatrix} 0 \\ 0 \\ 1 \end{pmatrix}^T \mathbf{g} = 0 \tag{2.59}$$

$$L_{\mathbf{f}}h(\mathbf{x}) = \begin{pmatrix} 0 \\ 0 \\ 1 \end{pmatrix}^T \begin{pmatrix} 0 \\ x_1 + x_2^3 \\ x_1 + x_2 \end{pmatrix} = x_1 + x_2 \tag{2.60}$$

$$L_{\mathbf{g}}L_{\mathbf{f}}h(\mathbf{x}) = \begin{pmatrix} 1 \\ 1 \\ 0 \end{pmatrix}^T \begin{pmatrix} 1 + x_2^2 \\ -1 - x_2^2 \\ 0 \end{pmatrix} = 0 \tag{2.61}$$

$$L_{\mathbf{f}}^2h(\mathbf{x}) = \begin{pmatrix} 1 \\ 1 \\ 0 \end{pmatrix}^T \begin{pmatrix} 0 \\ x_1 + x_2^3 \\ x_1 + x_2 \end{pmatrix} = x_1 + x_2^3 \tag{2.62}$$

$$L_{\mathbf{g}}L_{\mathbf{f}}^2h(\mathbf{x}) = \begin{pmatrix} 1 \\ 3x_2^2 \\ 0 \end{pmatrix}^T \begin{pmatrix} 1+x_2^2 \\ -1-x_2^2 \\ 0 \end{pmatrix} = 1 - 2x_2^2 - 3x_2^4 \quad (2.63)$$

$$L_{\mathbf{f}}^3h(\mathbf{x}) = \begin{pmatrix} 1 \\ 3x_2^2 \\ 0 \end{pmatrix}^T \begin{pmatrix} 0 \\ x_1+x_2^3 \\ x_1+x_2 \end{pmatrix} = 3(x_1x_2^2 + x_2^5) \quad (2.64)$$

und für die Ersatzstellgröße v

$$u = \frac{-3(x_1x_2^2 + x_2^5) + v}{1 - 2x_2^2 - 3x_2^4}\,. \quad (2.65)$$

Der Lokalbereich $\mathbf{x}_0$ für die Gültigkeit ist durch die Beziehung $1 - 2x_2^2 - 3x_2^4 > 0$ oder $x_2 < \sqrt{3}/3$ charakterisiert. Die Kontrollrechnung ergibt

$$\dot{x}_1 = (1+x_2^2)u \quad (2.66)$$
$$\dot{x}_2 = x_1 + x_2^3 - (1+x_2^2)u \quad (2.67)$$
$$\dot{x}_3 = x_1 + x_2 \quad (2.68)$$

$$\mathbf{z} = \begin{pmatrix} z_1 \\ z_2 \\ z_3 \end{pmatrix} = \begin{pmatrix} h(\mathbf{x}) \\ L_{\mathbf{f}}h(\mathbf{x}) \\ L_{\mathbf{f}}^2h(\mathbf{x}) \end{pmatrix} = \begin{pmatrix} x_3 \\ x_1+x_2 \\ x_1+x_2^3 \end{pmatrix} \quad (2.69)$$

$$\dot{\mathbf{z}} = \begin{pmatrix} \dot{x}_3 \\ \dot{x}_1+\dot{x}_2 \\ \dot{x}_1+3x_2^2\dot{x}_2 \end{pmatrix} = \quad (2.70)$$

$$= \begin{pmatrix} x_1+x_2 \\ (1+x_2^2)u + x_1 + x_2^3 - (1+x_2^2)u \\ (1+x_2^2)u + 3x_2^2[x_1 + x_2^3 - (1+x_2^2)u] \end{pmatrix} = \begin{pmatrix} z_2 \\ z_3 \\ v \end{pmatrix}. \quad (2.71)$$

Letzterer Ausdruck entsteht nach Einsetzen von u aus Gl. (2.65).

Beobachter

In der Abb. 2.11 ist noch ein *Beobachter* hinzugefügt, der aus y einen Schätzvektor $\hat{\mathbf{z}}$ erstellt, weil $\mathbf{x}$ unzugänglich angenommen wurde. Der Vektor $\mathbf{x}$ wird durch den Ersatzvektor $\hat{\mathbf{x}}$ ersetzt, der aus dem geschätzten $\hat{\mathbf{z}}$ gemäß Gl. (2.69) rückgerechnet wird.

Der Beobachter wurde als

$$\mathbf{F}_z = \mathbf{A}_z - \mathbf{n}_z\mathbf{c}^T \;\text{ mit }\; \mathbf{c} = (1\;\;0\;\;0)^T\,,\;\; \mathbf{n}_z = (3f\;\;3f^2\;\;f^3)^T \quad (2.72)$$

und $f = 2$ angesetzt, um nach der Beobachtergleichung

$$\dot{\hat{\mathbf{z}}} = \mathbf{F}_z\hat{\mathbf{z}} + \mathbf{b}_z v + \mathbf{n}_z y \quad (2.73)$$

eine Beobachterdynamik eines Dreifachpols bei $-f$ zu erhalten. Von Gl. (2.56) wird noch

$$\mathbf{A_z} = \begin{pmatrix} 0 & 1 & 0 \\ 0 & 0 & 1 \\ 0 & 0 & 0 \end{pmatrix} \quad \mathbf{b_z} = \begin{pmatrix} 0 \\ 0 \\ 1 \end{pmatrix} \tag{2.74}$$

übernommen.

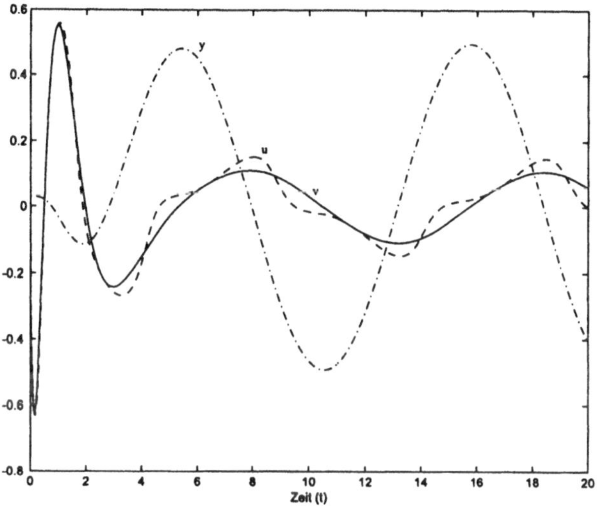

Abbildung 2.12 Ein- und Ausgangssignale der Regelstrecke mit Linearisierungsvorschaltung

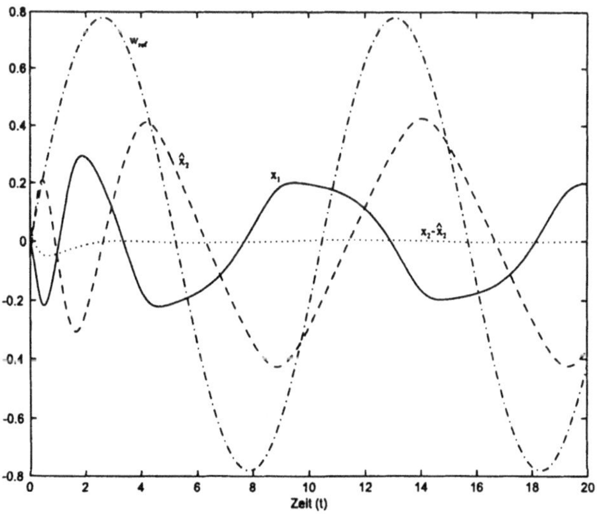

Abbildung 2.13 Sollwertverlauf sowie echte und geschätzte Zustandskomponenten

Die Wirkung der exakten Zustandslinearisierung wird in diesem Beispiel durch weitere Annahmen veranschaulicht. Ein stabilisierender Zustandsregler $\mathbf{k} = (-1 \quad -3 \quad -3)$ wird eingesetzt, um dem System die dynamischen Eigenschaften eines Dreifachpols bei -1 zu geben; die linearisierte Regelstrecke allein besitzt ja das Verhalten eines Dreifachintegrators. Ferner wird eine sinusförmige Sollwertanregung $w_{\text{ref}} = 0,78 \sin 0,6\, t$ vorgenommen.

Die Abb. 2.12 und 2.13 zeigen die zu Abb. 2.11 gehörenden Oszillogramme. Die Signale $u(t)$ und $x_1(t)$ weichen von der Sinusform stark ab, der resultierende Ein- und Ausgang $v(t)$ und $y(t)$ wegen vollzogener Linearisierung hingegen nicht. In Abb. 2.13 ist auch das Approximationsverhalten $\hat{x}_2 \to x_2$ aufgenommen.

Die nichtlineare Kennlinie zur Linearisierungsvorschaltung gemäß Gl. (2.69) ist schon in Abb. 2.11 enthalten, in der Abb. 2.14 aber noch im Detail gezeigt.

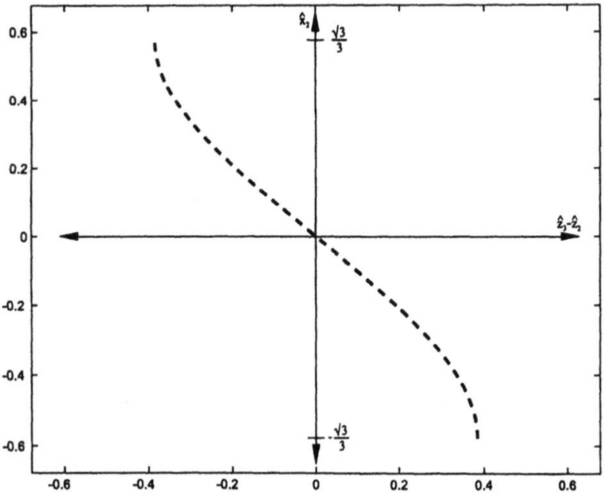

Abbildung 2.14 Nichtlineare Kennlinie zur Linearisierungsvorschaltung

2.8 Bedingungen für die exakte Zustandslinearisierung

Vektorfeld

In einem *Vektorfeld* ist jedem Punkt $\mathbf{x}$ ein Vektor $\mathbf{f}$ zugeordnet. Er wird mit $\mathbf{f}(\mathbf{x})$ bezeichnet. Eine glatte Vektorfunktion besitzt die Eigenschaft, dass alle Elemente des Vektors glatt sind, d.h., dass sie kontinuierliche partielle Ableitungen bis zu jeder Ordnung besitzen, also analytisch sind.

Als *Distribution* wird eine Menge von Vektorfeldern $\mathbf{f}_1(\mathbf{x})$, $\mathbf{f}_2(\mathbf{x}), \mathbf{f}_3(\mathbf{x}), \ldots, \mathbf{f}_n(\mathbf{x})$ bezeichnet. Dieser Vektorraum wird auch als Distribution

$$R(\mathbf{x}) = \mathrm{span}[\mathbf{f}_1(\mathbf{x}), \mathbf{f}_2(\mathbf{x}), \mathbf{f}_3(\mathbf{x}), \ldots, \mathbf{f}_n(\mathbf{x})] \tag{2.75}$$

benannt.

Eine glatte Distribution besteht aus durchwegs glatten Vektorfeldern.

Eine Distribution ist *involutiv*, wenn die *Lie-Klammer* jedes beliebigen Paars von Vektorfeldern, aus $R(\mathbf{x})$ herausgegriffen, auch zu $R(\mathbf{x})$ gehört. involutive Distribution

Unter der *Lie-Klammer* versteht man Lie-Klammer

$$\mathrm{ad}_\mathbf{f}^0\mathbf{g} = \mathbf{g} \tag{2.76}$$

$$\mathrm{ad}_\mathbf{f}^1\mathbf{g} \triangleq [\mathbf{f}, \mathbf{g}] \triangleq \frac{\partial \mathbf{g}}{\partial \mathbf{x}}\mathbf{f} - \frac{\partial \mathbf{f}}{\partial \mathbf{x}}\mathbf{g} \tag{2.77}$$

$$\mathrm{ad}_\mathbf{f}^2\mathbf{g} \triangleq [\mathbf{f}, [\mathbf{f}, \mathbf{g}]] \,. \tag{2.78}$$

Die Bedingungen für die Existenz einer exakten Zustandslinearisierung für ein System der Ordnung n lassen sich wie folgt formulieren

- Die Menge der Vektorfelder $\{\mathrm{ad}_\mathbf{f}^i\mathbf{g}; i = [1...n-1]\}$ muss linear unabhängig sein. (Die daraus gebildete Determinante $\det(\mathbf{g} \vdots \mathrm{ad}_\mathbf{f}^1\mathbf{g} \vdots \mathrm{ad}_\mathbf{f}^2\mathbf{g})$ muss ungleich null sein.)
- Die Menge der Vektorfelder $\{\mathrm{ad}_\mathbf{f}^i\mathbf{g}; i = [1...n-2]\}$ muss involutiv sein.

Im Beispiel mit Gln. (2.41) und (2.42) erhält man

$$\mathrm{ad}_\mathbf{f}\mathbf{g} \equiv \mathrm{ad}_\mathbf{f}^1\mathbf{g} = \begin{pmatrix} 0 \\ 1 - 2x_2^2 + 5x_2^4 + 2x_1x_2 \\ 0 \end{pmatrix} \tag{2.79}$$

und

$$\mathrm{ad}_\mathbf{f}^2\mathbf{g} = \begin{pmatrix} 0 \\ -4x_1x_2 + 2x_1^2 - 3x_2^2 - 13x_2^4 - 4x_1x_2^3 + 20x_2^6 \\ -1 + 2x_2^2 - 5x_2^4 - 2x_1x_2 \,. \end{pmatrix} \tag{2.80}$$

Die Bedingungen existieren, wie auch schon früher am Beispiel demonstriert. Man spricht auch davon, dass ein wohldefinierter Differenzengrad besteht oder dass eine umkehrbar-glatte Zustandstransformation existiert, ein sogenannter Diffeomorphismus.

2.9 Neuronales Netz mit Backpropagation-Learning

Nichtlineare Regelungen ergeben sich auch in künstlichen neuronalen Netzen. Aus einer Eingangsgröße $\mathbf{U}$ eines künstlichen neuronalen Netzes [2.5] soll die Gewichtsmatrix $\mathbf{W}$ derart bestimmt werden, dass die Ausgangsgröße $\mathbf{Y}$ möglichst nahe an den Sollwert $\mathbf{W}_{\text{ref}}$ herankommt. Die Abweichung $\mathbf{W}_{\text{ref}} - \mathbf{Y}$ wird über ein vorzugsweise quadratisches Gütekriterium C bewertet. Die Richtung des Gradienten $\frac{\partial I}{\partial \mathbf{W}}$ wird dazu verwendet, um die Gewichtsmatrix $\mathbf{W}$ zu verändern. Der Bias $\mathbf{B}$ wird dabei fix angenommen. Innerhalb des künstlichen neuronalen Netzes wird im wesentlichen

$$\mathbf{Y} = f_{\text{A}}(\mathbf{WU} + \mathbf{B}) \tag{2.81}$$

Aktivierungsfunktion

mit der nichtlinearen *Aktivierungsfunktion* f_{A} besorgt, siehe Abb. 2.15.

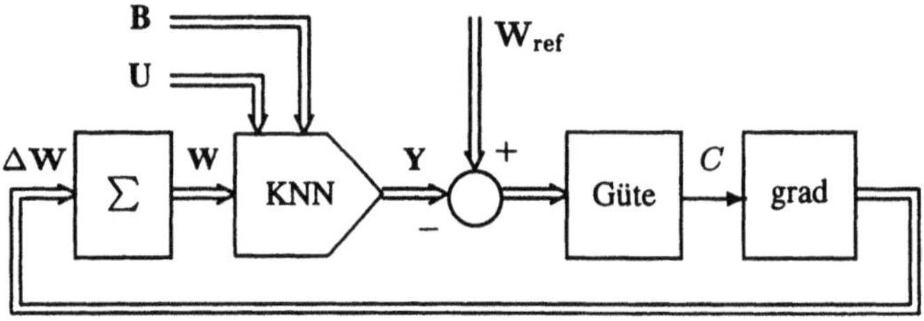

Abbildung 2.15 Regelung des Backpropagation-Learning

2.10 Hinreichendes Stabilitätskriterium nach Lyapunov

Dem nicht angeregten System

$$\dot{\mathbf{x}} = \mathbf{f}_{\text{cl}}(\mathbf{x}) \in \mathcal{R}^n \quad \text{mit der Ruhelage} \quad \mathbf{x} = \mathbf{0} \tag{2.82}$$

Lyapunov-Funktion

wird eine *Lyapunov-Funktion* V zugewiesen. Sie kann als verallgemeinerte Energiefunktion interpretiert werden. Sie hängt von allen Komponenten von $\mathbf{x}$ ab und sei positiv definit. Letzteres bedeutet, dass V stets größer null ist, ausgenommen den Wert $\mathbf{x} = \mathbf{0}$. V muss zumeist heuristisch angesetzt werden.

Von globaler asymptotischer Stabilität spricht man, wenn[1] die erste Ableitung von V nach der Zeit, also $\dot{V}$, negativ definit ist, d.h. für al-

[1]Sehr großen Normwerte von $\mathbf{x}$ soll auch ein sehr großes V entsprechen. Unter Normwerten wird zumeist die Frobenius-Norm (Euler-Norm) verwendet, d.i. $||\mathbf{x}||_{\text{F}} \triangleq \sqrt{\sum_i^n |x_i|^2}$

le Normwerte $||\mathbf{x}||_F \neq 0$ negativ ist. Die den Zustandskomponenten zugeordnete Energie nimmt also mit der Zeit sicher ab. Die zeitliche Ableitung lässt sich mit der Prozessangabe berechnen

$$\dot{V} = \frac{\mathrm{d}V}{dt} = (\frac{\partial V}{\partial \mathbf{x}})^T \dot{\mathbf{x}} = (\frac{\partial V}{\partial \mathbf{x}})^T \mathbf{f}_{\mathrm{cl}} < 0 \,. \qquad (2.83)$$

In obigem Ausdruck ist die Ableitung nach dem Vektor $\mathbf{x}$ der Gradient von V bezüglich $\mathbf{x}$.

Unter *asymptotischer Stabilität* im Großen versteht man einen ähnlichen Sachverhalt, bei dem obgenannte Ausführungen nur in einem endlichen Bereich B gültig sind. Asymptotische Stabilität im Kleinen liegt vor, wenn keine Kenntnisse über das Verhalten von großen $V(\mathbf{x})$ und über den Bereich B vorliegen. „Im Kleinen " wird verwendet, weil das vollständige Differenzial in Gl. (2.83) nur für einen kleinen Bereich in der Umgebung der Ruhelage gültig ist.

asymptotische Stabilität

Für den nichtlinearen Regelkreis ohne Anregung $\dot{\mathbf{x}} = \mathbf{f}_{\mathrm{cl}}(\mathbf{x})$ wird die Lyapunov-Funktion $\mathbf{f}_{\mathrm{cl}}^T \mathbf{f}_{\mathrm{cl}}$ angesetzt. Die Stabilitätsbedingung $\dot{V} < 0$ verlangt

$$\dot{V} = (\frac{\partial \mathbf{f}_{\mathrm{cl}}}{\partial \mathbf{x}} \frac{\mathrm{d}\mathbf{x}}{dt})^T \mathbf{f}_{\mathrm{cl}} + \mathbf{f}_{\mathrm{cl}}^T (\frac{\partial \mathbf{f}_{\mathrm{cl}}}{\partial \mathbf{x}} \frac{\mathrm{d}\mathbf{x}}{dt}) \qquad (2.84)$$

$$= \mathbf{f}_{\mathrm{cl}}^T (\frac{\partial \mathbf{f}_{\mathrm{cl}}}{\partial \mathbf{x}^T} + \frac{\partial \mathbf{f}_{\mathrm{cl}}^T}{\partial \mathbf{x}}) \mathbf{f}_{\mathrm{cl}} < 0 \qquad (2.85)$$

oder

$$(\frac{\partial \mathbf{f}_{\mathrm{cl}}}{\partial \mathbf{x}^T} + \frac{\partial \mathbf{f}_{\mathrm{cl}}^T}{\partial \mathbf{x}}) < 0 \text{ (negativ definit).} \qquad (2.86)$$

Für lineare Systeme ergeben sich weitreichende Vereinfachungen. Es gilt dann

$$\dot{\mathbf{x}} = \mathbf{A}\mathbf{x} \,. \qquad (2.87)$$

Die Lyapunov-Funktion wird zumeist quadratisch angesetzt

$$V(\mathbf{x}) = \mathbf{x}^T \mathbf{P} \mathbf{x} \quad \mathbf{P} > 0 \text{ (d.h. positiv definit)} \,. \qquad (2.88)$$

Positive Definitheit der Matrix $\mathbf{P}$ verlangt, dass $V > 0$ für beliebige $\mathbf{x} \neq \mathbf{0}$. Aus der Differenziation des Produkts folgt

positiv definit

$$\dot{V}(\mathbf{x}) = \dot{\mathbf{x}} \mathbf{P} \mathbf{x} + \mathbf{x}^T \mathbf{P} \dot{\mathbf{x}} = \mathbf{x}^T (\mathbf{A}^T \mathbf{P} + \mathbf{P}\mathbf{A}) \mathbf{x} \stackrel{\triangle}{=} \mathbf{x}^T (-\mathbf{Q}) \mathbf{x} \,. \qquad (2.89)$$

Die Beziehung

$$\mathbf{A}^T \mathbf{P} + \mathbf{P}\mathbf{A} = -\mathbf{Q} \qquad (2.90)$$

ist die sogenannte Lyapunov-Gleichung.

Die Stabilität wird üblicherweise derart überprüft, dass ein $\mathbf{Q} > 0$ vorgewählt, die Lyapunov-Gleichung gelöst und schließlich kontrolliert wird, ob $\mathbf{P} > 0$ erfüllt ist.

2.11 Zusammenfassung

Nichtlineare Regelungen sind in Analyse und Entwurf durch Methoden mit eher nur eng umrissener Aussagekraft charakterisiert.

Für kleine Systemabweichungen kommen lineare Approximationen in Frage und gewährleisten eine sehr gute, wenn auch arbeitspunktabhängige Beschreibung; lässt doch ein guter Regelkreis — vom Prinzip her — große Abweichungen gar nicht aufkommen.

Geometrische Veranschaulichungen sind in der Zustandsebene möglich. Die Fokussierung auf das Verhalten als Dauerschwingung besorgt die Methode der Beschreibungsfunktion.

Die exakte Zustandslinearisierung schließlich lässt in einem bestimmten Bereich durchaus großer Signale die nichtlinearen Beziehungen exakt linearisieren. Diese Methode wurde durch ein umfangreiches Beispiel illustriert.

Die Stabilitätsproblematik wurde auf die Methode nach Lyapunov beschränkt.

2.12 Literatur

[2.1] Böcker, J., Hartmann, I., und Zwanzig, Ch.: *Nichtlineare und adaptive Regelungssysteme*, Springer-Verlag, Berlin/Heidelberg/New York, 1986

[2.2] Cosgriff, R.L.: *Nonlinear Control Systems*, McGraw-Hill Book Company, 1958

[2.3] Föllinger, O.: *Nichtlineare Regelungen*, Band 1—3, Oldenbourg-Verlag, München/Wien, 1970

[2.4] Isidori, A.: *Nonlinear Control Systems: An Introduction*, Springer-Verlag, Berlin/Heidelberg/New York, 1989

[2.5] Ritter, H., Martinetz, T., und Schulten, K.: *Eine Einführung in die Neuroinformatik selbstorganisierender Netzwerke*, Addison-Wesley, Bonn, 1990

[2.6] Vidyasagar, M.: *Nonlinear Systems Analysis*, Prentice-Hall, Englewood Cliffs, 1993

Kapitel 3

Digitale Regelungen

von Alexander Weinmann

Digitale Regelungen sind sowohl durch *Zeitdiskretisierung* als auch durch Wert-(Amplituden)quantisierung gekennzeichnet. Die Zeitdiskretisierung betrifft die zumeist auf regelmäßige Abstände eingeschränkte Signalübertragung. Der Abstand T_A wird als Abtastperiode *(Abtastintervall)* bezeichnet. Die Amplitudenquantisierung bezieht sich auf die Amplitudenrasterung des Signals, dem gewählten digitalen Zahlensystem entsprechend.

Zeitdiskretisierung

Abtastintervall

Die zeitliche und amplitudenmäßige Rasterung wird zumeist bei der Analog-Digital-Umsetzung und Digital-Analog-Umsetzung erzeugt.

Einen Regelkreis mit Tastern vor dem Regler, vor der Strecke und vor dem Messglied zeigt die Abb. 3.3 (Seite 74). Seine Beschreibung erfolgt durch lineare Differenzengleichungen.

3.1 Rechnerische Beschreibung eines Tasters

Das Wesen des Tastens besteht darin, dass aus einem kontinuierlichen Signal $x(t)$ nur die Signalwerte $x(kT_A)$ zu Abtastzeitpunkten kT_A verarbeitet werden. Aus den bloßen Signalamplituden $x(kT_A)$ ist nun noch kein analytisch geschlossenes Signal zu bilden, denn die $x(kT_A)$ stellen nur eine Folge von Zahlenwerten dar. Es gibt aber ein analytisches Signal, das nur zu einem Zeitpunkt eine diskrete Information trägt, nämlich den *Dirac-Impuls* $\delta(t)$. Er ist als Grenzübergang eines

Dirac-Impuls

schmalen Rechteckimpulses zu interpretieren, dessen Breite nach null, dessen Höhe nach unendlich strebt, wobei das Produkt aus beiden den endlichen Wert 1 behält.

Dirac-Nadel

Will man nun die Zahlenfolge $x(kT_A)$ in ein analytisch geschlossenes Signal einbauen, so wird jedem Signalwert $x(kT_A)$ die *Dirac-Nadel* $\delta(t - kT_A)$, multipliziert mit der Intensität $x(kT_A)$, zugeordnet. Das daraus resultierende Gesamtsignal lautet somit

$$x^\star(t) \triangleq \sum_{k=0}^{\infty} x(kT_A)\delta(t - kT_A) . \tag{3.1}$$

Dieses Signal ist mit $x^\star(t)$ definiert worden. Dieses getastete Signal ist Laplace-transformierbar; unter der einfachen Relation

$$\mathcal{L}\{\delta(t)\} = 1 . \tag{3.2}$$

Bei Verwendung des Verschiebungssatzes im Zeitbereich aus der Laplace-Transformation ergibt sich hingegen

$$\begin{aligned} \mathcal{L}\{x^\star(t)\} = \mathcal{L}\{\sum_{0}^{\infty} x(kT_A)\delta(t - kT_A)\} &= \sum_{k=0}^{\infty} x(kT_A)e^{-kT_A s} = \\ &= \sum_{k=0}^{\infty} x(kT_A)z^{-k} . \end{aligned} \tag{3.3}$$

Operator z

Im letzten Ausdruck ist die Abkürzung $z = e^{sT_A}$ eingeführt worden. Mit z wird ein neuer *Operator*, der Operator der diskreten Laplace-Transformation (z-Transformation) eingeführt. Zusammengefasst ist zu schreiben

$$\mathcal{L}\{x^\star(t)\} \triangleq x^\star(s) \triangleq \mathcal{Z}\{x(kT_A)\} \triangleq x(z) = \sum_{k=0}^{\infty} x(kT_A)z^{-k} . \tag{3.4}$$

In der Gl. (3.4) ist zu erkennen, dass sie einerseits eine Transformierte $x(z)$ aus der Amplitudenfolge $x(kT_A)$ aufbaut, andererseits die Laplace-Transformierte des analytisch geschlossenen Signals $x^\star(t)$ darstellt.

Verweis auf die Bedeutung: Zwar ist $x(kT_A) = x(t)\Big|_{t=kT_A}$ eine bloße Substitution, doch $x(z)$ in dieser Symbolzusammenstellung bedeutet die z-Transformierte $x(z) = \mathcal{Z}\{x(kT_A)\}$.

Welche Übertragungsverhältnisse treten nun ein, wenn ein getastetes Signal $u^\star(t)$ als Eingang eines kontinuierlichen Systems $G(s)$ wirkt?

Welche analytische Beschreibung liegt dann vor? Wie sieht das kontinuierliche Ausgangssignal $y(t)$ aus und wie die daraus gewonnene getastete Folge $y(kT_A)$?

Bei einem einzelnen Dirac-Impuls als $u(t)$, also $u(t) = \delta(t)$ resultiert als Ausgang $y(t)$ bekanntlich die Gewichtsfunktion $g(t)$. Letztere folgt aus $g(t) \stackrel{\Delta}{=} \mathcal{L}^{-1}\{G(s)\}$. Der getastete Ausgang ist definitionsgemäß $y^\star(t) = g^\star(t)$. Besteht der Eingang $u(t)$ aus mehreren Dirac-Nadel der Intensität $u(kT_A)$, so folgt wegen der Linearität von $G(s)$ die mit $u(kT_A)$ bewertete Summe

$$y(t) = \sum_{k=0}^{\infty} u(kT_A)g(t - kT_A) \qquad y^\star(t) = \sum_{k=0}^{\infty} u(kT_A)g^\star(t - kT_A)\,. \tag{3.5}$$

Im Unterbereich resultiert daraus

$$y(s) = G(s)u^\star(s) \qquad y^\star(s) = G^\star(s)u^\star(s) \tag{3.6}$$

und insbesondere

$$y(z) = G(z)u(z)\,. \tag{3.7}$$

Für getastete Ein- und Ausgänge resultiert eine wie vom s-Bereich bekannte Beziehung, nach der sich die *z-Transformierte* des Ausgangs $y(z)$ aus dem Produkt der z-Transformierten des Eingangs $u(z)$ mit der z-Übertragungsfunktion $G(z)$ des Übertragungssystems ergibt [3.3]. z-Transformierte

3.2 Periodisches Spektrum

Das Signal $x^\star(t)$ nach Gl. (3.1) kann auch als Produkt von $x(t)$ mit einem *Dirac-Puls* $\delta_{\text{Puls}}(t)$ aufgefasst werden, der – in eine Fourier-Reihe zerlegt – ein konstantes Amplitudenspektrum besitzt Dirac-Puls

$$\delta_{\text{Puls}}(t) \stackrel{\Delta}{=} \frac{1}{T_A} \sum_{k=-\infty}^{\infty} e^{jk\omega_s t} \qquad \omega_s = 2\pi/T_A\,. \tag{3.8}$$

Der Dirac-Puls $\delta_{\text{Puls}}(t)$ ist der *Modulationsträger*, $x(t)$ das modulierende Signal. Wird vom getasteten Signal das Laplace-Bild gesucht, so ergibt sich aus den Gln. (3.1) und (3.8) und wegen $x(t) = 0$ für $t < 0$ Modulationsträger

$$\mathcal{L}\{x^\star(t)\} \stackrel{\Delta}{=} x^\star(s) = \mathcal{L}\{\sum_{k=0}^{\infty} x(kT_A)\delta(t - kT_A)\} \tag{3.9}$$

$$= \mathcal{L}\{x(t)\sum_{k=0}^{\infty}\delta(t - kT_A)\} = \mathcal{L}\{x(t)\delta_{\text{Puls}}(t)\} \tag{3.10}$$

$$= \mathcal{L}\{x(t)\frac{1}{T_\mathrm{A}}\sum_{k=-\infty}^{\infty} e^{jk\omega_s t}\} \qquad (3.11)$$

$$= \frac{1}{T_\mathrm{A}}\mathcal{L}\{\sum_{k=-\infty}^{\infty} x(t)e^{jk\omega_s t}\} . \qquad (3.12)$$

Unter Verwendung des aus der Theorie der Laplace-Transformation bekannten Satzes über die Verschiebung im Spektralbereich lässt sich aus Gl. (3.12) die folgende Formulierung angeben [3.7, 3.8]

$$\mathcal{L}\{x^\star(t)\} = \frac{1}{T_\mathrm{A}}\mathcal{L}\{\sum_{-\infty}^{\infty} x(t)e^{jk\omega_s t}\} = \frac{1}{T_\mathrm{A}}\sum_{-\infty}^{\infty} x(s - jk\omega_s) . \qquad (3.13)$$

Spektrum

Das getastete Signal besitzt daher ein periodisches *Spektrum.*

Die Periodizität liefert eine alternative Möglichkeit, zu bestätigen, dass Gl. (3.6) gilt.

Shannon-Theorem

Aus Gl. (3.13) ist wegen der Überlappung der Seitenbänder die wichtige Beziehung des *Shannon-Theorems* zu erkennen: Wird ein mit ω_{shn} bandbegrenztes Signal mit der Abtastkreisfrequenz ω_s abgetastet, so kann aus dem getasteten Signal das ursprüngliche ohne Informationsverlust nur dann gewonnen werden, wenn $\omega_s > 2\omega_{\mathrm{shn}}$ gilt.

3.3 Impuls-Tastung

Schrittmotor

Die Tastung, bei der aus dem kontinuierlichen Signal $x(t)$ ein Dirac-Signal $x^\star(t)$ entsteht, wird als Impuls-Tastung bezeichnet. Diese Form der Tastung kommt praktisch zum Einsatz, wenn kurze Impulse bestimmter Intensität bereitgestellt und verarbeitet werden, wie etwa bei *Schrittmotoren* als Stellgliedern. Die Dirac-Impulse wirken in solchen Fällen kurz ein, der Schrittmotor besorgt die zeitliche Streckung („Integration") bis zum nächsten Abtastaugenblick.

3.4 Tastung mit Rechteck-Halteglied

Rechteck-Tastung

Wird gewünscht (Abb. 3.1 auf Seite 63), dass eine Wirkung $x_\mathrm{h}(t)$ in konstanter Höhe $x(kT_\mathrm{A})$ entsteht, dann ist eine *Rechteck-Tastung* mit einem Rechteck-Halteglied zu besorgen. Die Rechteck-Tastung soll aus einer Dirac-Nadel der Intensität $x(kT_\mathrm{A})$, also aus $x(kT_\mathrm{A})\delta(t - kT_\mathrm{A})$, ein Signal $x_\mathrm{h}(t)$ der Höhe $x(kT_\mathrm{A})$ und der Dauer T_A bereitstellen. Solches ist durch einen zeitlich begrenzten Integrator zu erledigen. Er ist mit der Übertragungsfunktion

$$\frac{1}{s} - \frac{1}{s}e^{-sT_\mathrm{A}} \triangleq G_\mathrm{ho}(s) \tag{3.14}$$

auszustatten; denn der Integration folgt mit der Zeitverschiebung T_A eine ebensolche mit negativem Vorzeichen. Der Baustein $G_\mathrm{ho}(s)$ wird als *Halteglied* nullter Ordnung bezeichnet.

Halteglied

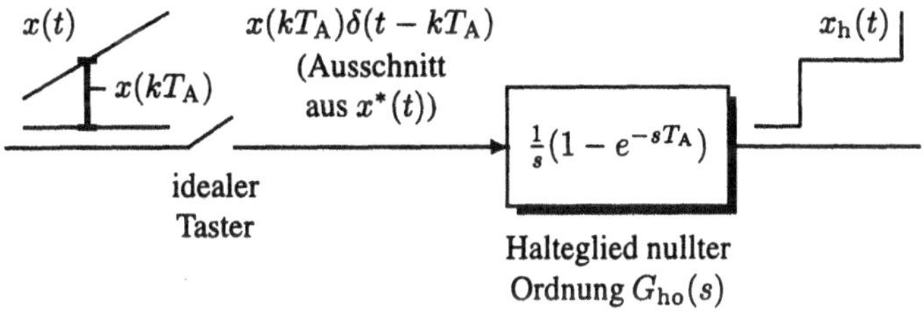

Abbildung 3.1 Rechteck-Tastung mit Eintragung eines einzelnen Signal-Impulses und seiner Rechteckdarstellung

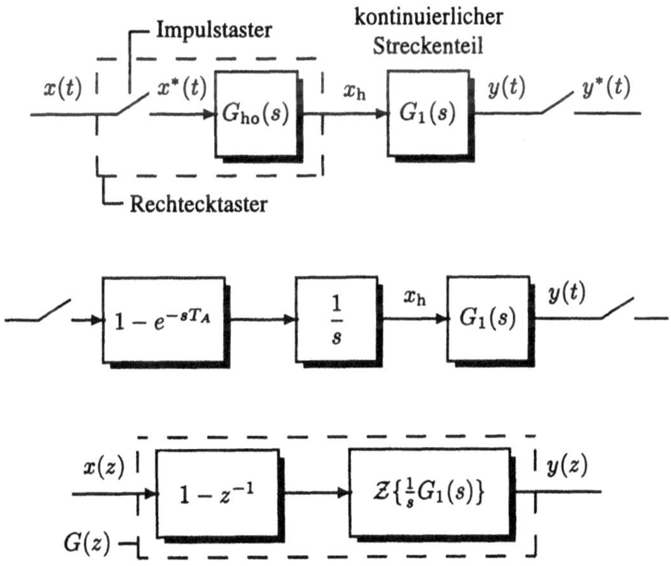

Abbildung 3.2 Entwicklung der Rechteck-Tastung aus der Impuls-Tastung

Liegt eine Impulsfolge $x^\star(t)$ vor, so wird das Halten mit jedem der Impulse besorgt und aus $x^\star(t)$ entsteht ein Signal $x_\mathrm{h}(t)$, das die Amplituden $x(kT_\mathrm{A})$ in horizontalen Abschnitten („Rechtecken") aufweist, siehe Abb. 3.1. Eine Rechteck-Tastung entsteht also aus einer Impuls-Tastung durch Zwischenschaltung eines Bausteins $G_\mathrm{ho}(s)$ nach Gl.

(3.14) zwischen Taster und nachfolgendem Übertragungselement, zu letzterem in zeitkontinuierlicher Verbindung.

Die einzelnen Schritte zur Entwicklung der Rechteck-Tastung aus der Impuls-Tastung und anschließender Verarbeitung in der zeitkontinuierlichen Regelstrecke $G_1(s)$ zeigt die Abb. 3.2. In ihr wird der Integratorteil $\frac{1}{s}$ dem kontinuierlichen Regelstreckenteil $G_1(s)$ zugeschlagen und die zeitliche Limitierung in $1 - e^{-sT_A}$ mit dem Verschiebungssatz der z-Transformation als $1 - z^{-1}$ behandelt.

3.5 Rechenoperationen des Digitalreglers

Innerhalb des Zeitintervalls zwischen zwei Abtastimpulsen (Clock-Impulsen des Digitalrechners) werden folgende Operationen ausgeführt: A/D-Umsetzung, Stellgrößen-Berechnung gemäß Regelalgorithmus, D/A-Umsetzung, Updaten der Variablen im Regelalgorithmus.

Regelalgorithmus

Im *Regelalgorithmus* des Reglers wird allgemein die Rechenoperation

$$\begin{aligned} u(kT_A) &= a_0 e(kT_A) + a_1 e(kT_A - T_A) + \ldots \\ &- b_1 u(kT_A - T_A) - b_2 u(kT_A - 2T_A) - \ldots \end{aligned} \qquad (3.15)$$

ausgeführt. Werden Signalwerte einbezogen, die bis nT_A Intervalle zurückliegen, so besitzt die *Differenzengleichung* die Ordnung n. Die Signalwerte

Differenzengleichung

$$e(kT_A - T_A), e(kT_A - 2T_A), \ldots, u(kT_A - T_A), u(kT_A - 2T_A), \ldots \qquad (3.16)$$

werden beim Updaten auf den aktuellen Stand gebracht, durch Umspeichern und Einbeziehung der jüngsten Daten

$$e[kT_A], e[(k-1)T_A], \ldots, u[kT_A], u[(k-1)T_A], \ldots . \qquad (3.17)$$

Wird die Differenzengleichung der z-Transformation unterworfen und benützt man die Beziehung Gl. (3.26) über die Zeitverschiebung, so erhält man aus Gl. (3.15)

$$(1 + b_1 z^{-1} + b_2 z^{-2} + \ldots)u(z) = (a_o + a_1 z^{-1} + a_2 z^{-2} + \ldots)e(z) . \qquad (3.18)$$

Der einfache PID-Regelalgorithmus eines Digitalreglers ähnelt der Differenzialgleichung des zeitkontinuierlichen *PID-Reglers* und lautet (mit $e_k \equiv e(kT_A)$)

PID-Regler

$$u(kT_A) = K_P\left[e(kT_A) + \frac{1}{T_I}[T_A \sum_{i=0}^{k-1} e(iT_A)] + T_D \frac{e_k - e_{k-1}}{T_A}\right] . \qquad (3.19)$$

Der Ausdruck $v(kT_A) \triangleq [T_A \sum_{i=0}^{k-1} e(iT_A)]$ kann aus der Summe beim vorhergehenden Rechenprozess gewonnen werden und man braucht ihn nur aufzufrischen, und zwar mit dem neu hinzugekommenen Wert $\frac{1}{T_I} T_A e(kT_A - T_A)$

$$v(kT_A) = v(kT_A - T_A) + \frac{1}{T_I} T_A e(kT_A - T_A) \,. \tag{3.20}$$

Um den PID-Algorithmus auf die Form der Gl. (3.15) zu bringen, ist die Gl. (3.19) noch einmal um T_A retardiert anzuschreiben als $u(kT_A - T_A) =$ usw., diese Gleichung von Gl. (3.19) abzuziehen und Gl. (3.20) zu berücksichtigen. Sodann lauten die Koeffizienten wie folgt

$$a_0 = K_P(1+\frac{T_D}{T_A}); \; a_1 = -K_P(1+2\frac{T_D}{T_A}-\frac{T_A}{T_I}); \; a_2 = K_P\frac{T_D}{T_A} \tag{3.21}$$

$$b_1 = -1 \,. \tag{3.22}$$

Obgenannter Algorithmus heißt *Stellungsalgorithmus*, weil er unmittelbar die Einstellung des Stellglieds liefert. Zum Unterschied liefert der Geschwindigkeitsalgorithmus das Inkrement der Stellgröße $\Delta u(kT_A)$. Stellungs-algorithmus

Die Differenzbildung kann über das zurückliegende Intervall erfolgen, was den Operator $\frac{1-z^{-1}}{T_A}$ bedeutet, oder über das Mittel aus zwei zurückliegenden Intervallen mit

$$\frac{1-z^{-1}}{T_A} + \frac{z^{-1}-z^{-2}}{T_A} = \frac{1-z^{-2}}{2T_A} = \frac{(1+z^{-1})(1-z^{-1})}{2T_A} \tag{3.23}$$

oder auch über mehrere. Die höhere Genauigkeit, den Differenzialquotienten durch den Differenzenquotienten zu nähern, wird über das Einschleppen stärker veralteter Werte erkauft.

3.6 Apparativer Aufbau eines Digitalreglers

Auf der Frontplatte von Digitalreglern industrieller Ausführungsform finden sich folgende Einstellmöglichkeiten: Taster zum Erhöhen oder Erniedrigen des Sollwerts, Umschalter für Hand/Automatik-Betrieb, Anzeige Umschalter für Sollwert, Istwert, oder Regelabweichung,

Parametrierung Strukturierung Schalter für das Aktivieren/Deaktivieren der *Parametrierung* und *Strukturierung*, Digitalanzeige für Stellgröße, Parameterwerte, Digitalanzeige für Regelgröße, Sollwert, Regelabweichung und Grenzwerte, Leuchtdioden für Überschreitung der Grenzwerte.

In der üblichen Bedienphase werden Sollwerte, Stellgrößen vorgegeben und die Hand/Automatik-Umschaltung verstellt. In der Parametrierphase können Reglerparameter verstellt werden. In der Strukturierphase wird festgelegt, ob etwa der Regler als Festwertregler oder Folgeregler eingesetzt werden soll [3.4].

3.7 z-Transformation

Die z-Transformation entsprechend Gl. (3.4) und der Tabelle 3.1 (Seite 68)

$$\mathcal{Z}\{x(kT_A)\} \stackrel{\triangle}{=} x(z) \stackrel{\triangle}{=} \sum_{0}^{\infty} x(kT_A) z^{-k} \tag{3.24}$$

besitzt eine Reihe von Rechenregeln, die zur Laplace-Transformation verwandt sind. Von großer praktischer Bedeutung sind dabei:

Linksverschiebung

- Die *Linksverschiebung* (Verfrühung) um nT_A verlangt

$$\mathcal{Z}\{x(kT_A + nT_A)\} = z^n[x(z) - \sum_{i=0}^{n-1} x(iT_A) z^{-i}] . \tag{3.25}$$

Retardierung

- Die *Retardierung* um ganzzahlige Vielfache von T_A, und zwar iT_A, wenn $x(t) = 0$ für $t < 0$, lautet

$$\mathcal{Z}\{x(kT_A - iT_A)\} = z^{-i}\mathcal{Z}\{x(kT_A)\} = z^{-i}x(z) . \tag{3.26}$$

Somit kann z^{-1} als Verschiebe-Operator angesehen werden.

Differenzenquotient

- Der *Differenzenquotient* $\frac{1}{T_A}[x(kT_A) - x(kT_A - T_A)]$ im Zeitbereich besitzt mit $x(t) = 0$ für $t < 0$ die Transformierte

$$\mathcal{Z}\{\frac{1}{T_A}[x(kT_A) - x(kT_A - T_A)]\} = \frac{1 - z^{-1}}{T_A} x(z) . \tag{3.27}$$

Der Faktor $(1 - z^{-1})/T_A$ ist der „Differenzier"-Operator. Bei kontinuierlichen Systemen wird er durch den Laplace-Operator s dargestellt.

- Für die der Integration entsprechende Summation $T_\mathrm{A}\sum_{i=0}^{k} x(iT_\mathrm{A})$ gilt

Integration

$$\mathcal{Z}\{[\sum_{i=0}^{k} x(iT_\mathrm{A}) - \sum_{i=0}^{k-1} x(iT_\mathrm{A})]\} = \mathcal{Z}\{x(kT_\mathrm{A})\} \quad (3.28)$$

$$T_\mathrm{A} \times \Big| \; (1-z^{-1})\mathcal{Z}\{\sum_{i=0}^{k} x(iT_\mathrm{A})\} = x(z) \quad (3.29)$$

$$\mathcal{Z}\{[T_\mathrm{A}\sum_{i=0}^{k} x(iT_\mathrm{A})]\} = \frac{T_\mathrm{A}}{1-z^{-1}}x(z)\,. \quad (3.30)$$

Der Faktor ist invers zum Differenzier-Operator.

- Das *Endwerttheorem* lautet

Endwerttheorem

$$\lim_{k\to\infty} x(kT_\mathrm{A}) = \lim_{z\to 1}(1-z^{-1})x(z)\,, \quad (3.31)$$

vorausgesetzt, der zeitliche Grenzwert existiert, d.h. Stabilität ist gesichert.

- Das *Anfangswerttheorem* hat die Form

Anfangswert-theorem

$$\lim_{k\to 0} x(kT_\mathrm{A}) = \lim_{z\to\infty} x(z)\,. \quad (3.32)$$

- Die *Faltungssumme* lautet

Faltungssumme

$$\mathcal{Z}\{\sum_{i=0}^{k} x_1(kT_\mathrm{A} - iT_\mathrm{A})x_2(iT_\mathrm{A})\} = x_1(z)x_2(z)\,. \quad (3.33)$$

- Das *Parseval-Theorem* besagt

Parseval-Theorem

$$\mathcal{Z}\{\sum_{0}^{\infty} x_1(kT_\mathrm{A})x_2(kT_\mathrm{A})\} = \frac{1}{2\pi j}\oint z^{-1}x_1(z)x_2(z^{-1})\;\mathrm{d}z\,. \quad (3.34)$$

Es gestattet somit die Berechnung der Summe eines quadratisch strukturierten Terms, ohne die z-Rücktransformation der Signale ausführen zu müssen.

Tabelle 3.1 Korrespondenzen der Laplace- und z-Transformation

$x(t)$	$x(s)$	$x(z)$
Impuls $\delta(t)$	1	1
Sprung $\sigma(t)$	$\frac{1}{s}$	$\frac{z}{z-1}$
e^{-at}	$\frac{1}{s+a}$	$\frac{z}{z-e^{-aT_A}}$
Rampe t	$\frac{1}{s^2}$	$\frac{T_A z}{(z-1)^2}$
$\sin\omega_o t$	$\frac{\omega_o}{s^2+\omega_o^2}$	$\frac{z\sin\omega_o T_A}{z^2-2z\cos\omega_o T_A+1}$
$1-e^{-at}$	$\frac{a}{s(s+a)}$	$\frac{(1-e^{-aT_A})z}{(z-1)(z-e^{-aT_A})}$
$a^{-2}(e^{-at}-1+at)$	$\frac{1}{s^2(s+a)}$	$\frac{(aT_A-1+e^{-aT_A})z^2+ +(1-aT_A e^{-aT_A}-e^{-aT_A})z}{a^2(z-1)^2(z-e^{-aT_A})}$
$\frac{1}{2!}t^2$	$\frac{1}{s^3}$	$\frac{T_A^2 z(z+1)}{2(z-1)^3}$
te^{-at}	$\frac{1}{(s+a)^2}$	$\frac{T_A z e^{-aT_A}}{(z-e^{-aT_A})^2}$

3.8 z-Rücktransformation

Für regelungstechnische Aufgabenstellungen reicht meist die Kenntnis einiger Amplitudenwerte zu Beginn des Regelvorganges aus. Dafür bietet sich an Stelle der geschlossenen z-Rücktransformation die sogenannte *offene Polynomdivision* an. Die Beziehung der z-Transformierten Gl. (3.4) wird auf das Ausgangssignal $y(t)$ angewendet

offene Polynomdivision

$$y(z) \quad = \quad \frac{\sum_{q-r}^{q} a_i z^{-i}}{\sum_0^q b_i z^{-i}} = \sum_0^\infty c_k z^{-k} = \sum_0^\infty y(kT_A) z^{-k} = \quad (3.35)$$

$$= \quad y(0) + y(T_A)z^{-1} + y(2T_A)z^{-2} + \ldots\ldots \quad . \tag{3.36}$$

Die Entwicklungskoeffizienten c_k, die sich bei Entwicklung von $y(z)$ nach negativen Potenzen von z ergeben, entsprechen schon den Amplitudenwerten $y(kT_A)$ zu den Abtastzeitpunkten.

Die Entwicklungskoeffizienten c_k lassen sich nicht nur durch offene Polynomdivision, sondern auch mit Rekursion ermitteln.

Das Verfahren der offenen Polynomdivision besitzt den Vorteil keiner Beschränkung in der Ordnung und keiner Genauigkeitsrückwirkung bei Abbruch.

3.9 Konvergenz der z-Summe

Die z-Transformierte der Sprungfunktion $\sigma(t)$ beträgt für alle z, deren $|z^{-1}| < 1$,

$$\mathcal{Z}\{\sigma(kT_A)\} = 1+z^{-1}+z^{-2}+z^{-3}+\ldots = \frac{1}{1-z^{-1}} = \frac{z}{z-1} \,. \tag{3.37}$$

Die Existenz ist nur für $|z^{-1}| < 1$ oder $|z| > 1$ gesichert. Die z-Transformierte der mit der Sprungfunktion $\sigma(t)$ multiplizierten Exponentialfunktion e^{-at} beträgt für alle $e^{-aT_A}z^{-1}$, deren $|e^{-aT_A}z^{-1}| < 1$,

$$\mathcal{Z}\{e^{-aT_A}\sigma(kT_A)\} = 1+e^{-aT_A}z^{-1}+e^{-2aT_A}z^{-2}+e^{-3aT_A}z^{-3}+\ldots = \tag{3.38}$$

$$= \frac{1}{1-e^{-aT_A}z^{-1}} = \frac{z}{z-e^{-aT_A}} \,. \tag{3.39}$$

Konvergenzbereich ist $|z| > e^{-aT_A}$. Für exponentiell abklingende Signale $e^{s_o kT_A}$, deren $\Re e\, s_o < 0$, ist nach

$$e^{s_o kT_A} = (e^{s_o T_A})^k \triangleq z_o^k \tag{3.40}$$

$|z_o| < 1$ und es existiert die z-Transformierte für alle z mit der Eigenschaft $|z| > |z_o|$.

Die Formel für die z-Transformierte ist für die Berechnung zulässig und dann Ausdruck von stabilen Signalen, wenn die z-Transformierte für alle $|z| > 1$ existiert, also keine Polstellen außerhalb des Einheitskreises der z-Ebene besitzt.

3.10 Lösung einer Differenzengleichung im Zeit- und Bildbereich

Zu lösen ist die (inhomogene) Differenzengleichung

$$a_n u(kT_A + nT_A) + a_{n-1} u(kT_A + nT_A - T_A) + \ldots +$$
$$+ a_1 u(kT_A + T_A) + a_o u(kT_A) = e(kT_A) . \tag{3.41}$$

Zunächst erhält man die homogene Differenzengleichung durch Nullsetzen der rechten Seite. Die gesamte Lösung erhält man aus der Lösung $u_{hom}(kT_A)$ der homogenen Differenzengleichung plus einem partikulären Integral $u_{part}(kT_A)$.

Die partikuläre Lösung wird zumeist mit $e(kT_A)$ strukturell gleich angesetzt, nur mit unbestimmten Koeffizienten. Die homogene Lösung wird mit $u_{hom}(kT_A) = c\,z^k$ angenommen. Daraus folgt $u_{hom}(kT_A + T_A) = c\,z^{k+1}$ usw. Eingesetzt in die homogene Differenzengleichung liefert

$$a_n c\,z^{k+n} + a_{n-1} c\,z^{k+n-1} + \ldots + a_1 c\,z^{k+1} + a_o c\,z^k = \tag{3.42}$$

$$= c \sum_{i=0}^{n} a_i z^i = 0 . \tag{3.43}$$

Die Gl. (3.43) heißt charakteristische Gleichung der Differenzengleichung. Ihre Lösungen (der Anzahl n) werden mit z_i bezeichnet. (Sie könnten auch als $e^{s_i T_A}$ geschrieben werden.) Somit ist die Lösung der homogenen Differenzengleichung

$$u_{hom}(kT_A) = \sum_{i=1}^{n} c_i z_i^k = \sum_{i=1}^{n} c_i e^{s_i k T_A} . \tag{3.44}$$

Resultierend gilt

$$u(kT_A) = u_{hom}(kT_A) + u_{part}(kT_A) . \tag{3.45}$$

Die Koeffizienten c_i folgen aus den Anfangsbedingungen.

Die Lösung ist nur dann stabil, wenn alle $|z_i| < 1$; nur dann wird für wachsende k und immer höher werdende Potenzen von z_i endliche Signalamplitude $u_h(kT_A)$ sichergestellt, was für Stabilität erforderlich ist.

Bei Anwendung der z-Transformation resultiert bei verschwindenden Anfangsbedingungen

$$a_n z^n u(z) + \ldots + a_o u(z) = e(z) . \tag{3.46}$$

Für nichtverschwindende Anfangsbedingungen wird auf das nachfolgende Beispiel verwiesen.

Beispiel. Digitaler PT$_1$-Regler mit Zeitverschiebung: Die Differenzengleichung laute

$$u(kT_A + T_A) - 0,5\,u(kT_A) = e(kT_A)\,, \tag{3.47}$$

wobei $e(kT_A) = 1 \;\forall\; k \geq 0$ und die Anfangsbedingung $u(0\,T_A) = u_o$ als Parameter in der Lösung erhalten bleiben soll. Die Lösung im Zeitbereich zeigt die charakteristische Gleichung

$$z - 0,5 = 0 \quad \rightsquigarrow \quad z_1 = 0,5\,. \tag{3.48}$$

Mit den Ansätzen $u_{\mathrm{hom}}(kT_A) = c\,z_1^k$ und $u_{\mathrm{part}}(kT_A) = \alpha$ erhält man $u(kT_A) = c_1 z_1^k + \alpha$; in die Differenzengleichung eingesetzt

$$c_1 z_1^{k+1} + \alpha - 0,5(c_1 z_1^k + \alpha) = 1 \quad \rightsquigarrow \quad \alpha = 2\,. \tag{3.49}$$

Der Anfangswert u_o bewirkt

$$u(0\,T_A) = c_1 z_1^0 + \alpha = u_o \quad \rightsquigarrow \quad c_1 = u_o - \alpha\,. \tag{3.50}$$

Die Gesamtlösung ist also

$$u(kT_A) = (u_o - 2)\cdot 0,5^k + 2 \quad \forall\, k \geq 0\,. \tag{3.51}$$

Bei Verwendung der z-Transformation wird der Satz über die Linksverschiebung (Verfrühung)

$$\mathcal{Z}\{u(kT_A + nT_A)\} = z^n[u(z) - \sum_{i=0}^{n-1} u(iT_A) z^{-i}] \tag{3.52}$$

benötigt, bzw. sein Spezialfall für $n = 1$

$$\mathcal{Z}\{u(kT_A + T_A)\} = zu(z) - zu_o\,. \tag{3.53}$$

Anwendung auf die Differenzengleichung liefert

$$zu(z) - zu_o - 0,5u(z) = \frac{z}{z-1}\,. \tag{3.54}$$

Partialbruchentwicklung und Rücktransformation führt auf

$$u(z) = \frac{z}{(z-1)(z-0,5)} + \frac{z\,u_o}{z-0,5} = \frac{2}{z-1} - \frac{1}{z-0,5} + \frac{z\,u_o}{z-0,5} \tag{3.55}$$

$$u(kT_A) = [2 - e^{-a(k-1)T_A}]\Big|_{k\geq 1} + u_o e^{-akT_A} \quad \text{wobei } e^{-aT_A} \triangleq 0,5\,. \tag{3.56}$$

Synthetische (algebraische) Division ergibt aus

$$\frac{z + zu_o(z-1)}{(z-1)(z-0,5)} = \frac{u_o + (1-u_o)z^{-1}}{1 - 1,5z^{-1} + 0,5z^{-2}} \tag{3.57}$$

mit dem Schema

$$\begin{array}{ll}
[u_o + (1-u_o)z^{-1}] : & (1 - 1,5z^{-1} + 0,5z^{-2}) = \quad \text{ERG} \\
-(u_o - 1,5u_o z^{-1} + 0,5u_o z^{-2}) & \\
\hline
\quad (1 + 0,5u_o)z^{-1} - 0,5u_o z^{-2} & \\
-[(1+0,5u_o)z^{-1} - 1,5z^{-2}(1+0,5u_o) & +0,5z^{-3}(1+0,5u_o)] \\
\hline
\quad \text{usw.} &
\end{array} \tag{3.58}$$

das Ergebnis ERG

$$\text{ERG} = u_o + (1 + 0,5u_o)z^{-1} + (1,5 + 0,25u_o)z^{-2} + \dots\,. \tag{3.59}$$

Die Sprungantwort ist für u_o in der Abb. 3.7 dargestellt.

Beispiel. Kontinuierlicher PID-Regler mit Halteglied nullter Ordnung am Eingang: Wird die Differenzialgleichung eines zeitkontinuierlichen PID-Reglers verwendet

$$K_1(s) = K_P\left(1 + \frac{1}{sT_I} + \frac{sT_D}{1 + sT_1}\right), \tag{3.60}$$

so erhält man für den digitalen Algorithmus

$$K(z) = \frac{z}{z-1} \mathcal{Z}\{\frac{1}{s} K_1(s)\} = \tag{3.61}$$

$$K(z) = \frac{a_o + a_1 z^{-1} + a_2 z^{-2}}{b_o + b_1 z^{-1} + b_2 z^{-2}}\,. \tag{3.62}$$

Darin lauten die Koeffizienten $b_o = 1$

$$b_1 = -e^{-T_A/T_1} - 1;\; b_2 = e^{-T_A/T_1};\; a_o = K_P\left(1 + \frac{T_D}{T_1}\right) \tag{3.63}$$

$$a_1 = -K_P\left(1 + e^{-T_A/T_1} + 2\frac{T_D}{T_1} - \frac{T_A}{T_I}\right) \tag{3.64}$$

$$a_2 = K_P\left[\frac{T_D}{T_1} - \left(\frac{T_A}{T_I} - 1\right)e^{-T_A/T_1}\right]. \tag{3.65}$$

3.11 Wahl der Abtastzeit

Durch die Wahl der Abtastzeit soll sichergestellt werden, dass das Verhalten des digitalen Regelkreises nicht wesentlich von dem des zeitkontinuierlichen abweicht. Als Richtwerte dienen folgende Angaben über die Größenordnung: Benützt man als Basis die Daten der Regelstrecke, so soll die Abtastzeit etwa nur 5 % der Übergangszeit der PT_n-Regelstrecke betragen. Benützt man die Daten des Regelkreises, so wird der digitale Regelkreis quasikontinuierlich arbeiten, wenn die Anregelzeit des Regelkreises, siehe Gl. (1.51), etwa 10 bis 20-mal größer ist als die Abtastzeit.

3.12 Shannon-Theorem und Alias-Effekt

Das getastete Signal besitzt ein mit $\frac{2\pi}{T_A}$ periodisches Spektrum. Um aus dem Spektrum des getasteten Signals das kontinuierliche Signal wiedergewinnen zu können, muss die Abtastfrequenz ω_s mehr als doppelt so hoch sein als die höchste im Signal vorkommende Frequenz, die sogenannte Shannon-Frequenz ω_{shn}, also

$$\omega_s = \frac{2\pi}{T_A} > 2\omega_{shn} \quad \rightsquigarrow \quad \omega_{shn} < \frac{\pi}{T_A} \,. \tag{3.66}$$

Ist nun wider Erwarten im zu tastenden Signal eine Oberschwingung oder ein Messrauschen enthalten, dessen Frequenz doch über der halben Abtastfrequenz liegt, so tritt der *Alias-Effekt* auf [3.5]. Durch die relativ niederfrequente Abtastung entsteht bei der Abtastung ein niederfrequentes Signal, vergleichbar mit einem Schwebungseffekt. Alias-Effekt

Nur durch ein analoges (zeitkontinuierliches) Filter (Anti-Aliasing-Filter) kann der hochfrequente Störanteil deutlich reduziert werden. Dazu werden meist Filter höherer Ordnung (Butterworth-Filter) eingesetzt.

3.13 Regelkreis

Für den in Abb. 3.3 dargestellten Regelkreis lauten die Beziehungen (mit Taster an der Stelle P_{GM})

$$e^\star = w^\star_{ref} - M^\star y^\star \,, \quad u^\star = K^\star e^\star \,, \quad y^\star = G^\star u^\star \tag{3.67}$$

bzw. im z-Bereich (Abb. 3.4)

$$e(z) = w_{\text{ref}}(z) - M(z)y(z)\,, \quad u(z) = K(z)e(z)\,, \quad y(z) = G(z)u(z)\,. \tag{3.68}$$

Nach Reduktion ergibt sich

$$y(z) = \frac{K(z)G(z)}{1 + K(z)G(z)M(z)} w_{\text{ref}}(z) \quad \text{mit Taster bei } \mathrm{P_{GM}}\,. \tag{3.69}$$

Wenn an der Stelle $\mathrm{P_{GM}}$ kein Taster vorhanden ist, sondern eine zeitkontinuierliche Durchverbindung besteht, so resultiert

$$y(z) = \frac{K(z)G(z)}{1 + K(z)GM(z)} w_{\text{ref}}(z) \quad \text{mit Taster bei } \mathrm{P_{GM}}\,. \tag{3.70}$$

Darin ist $GM(z) \triangleq \mathcal{Z}\{G(s)M(s)\}$.

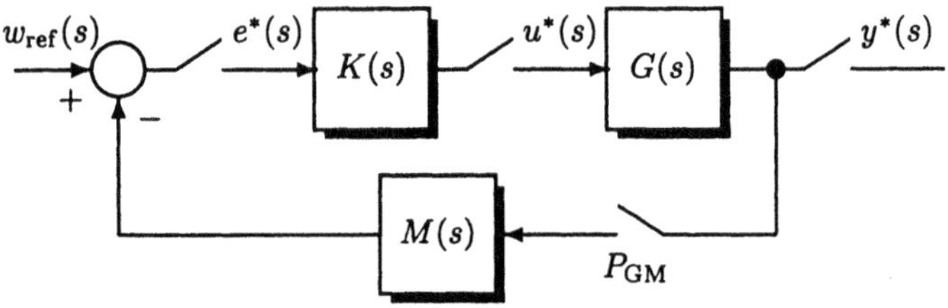

Abbildung 3.3 Regelkreis mit Tastern

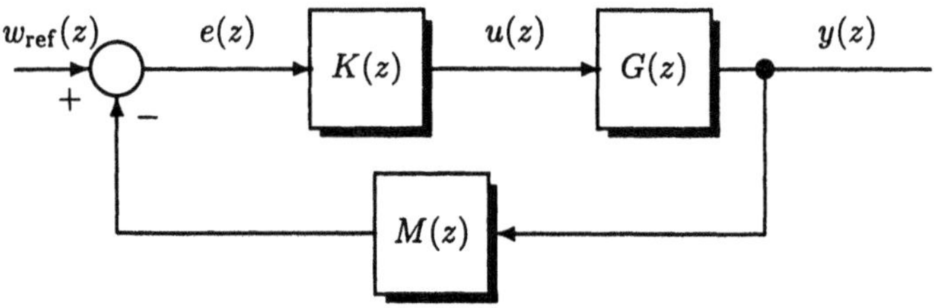

Abbildung 3.4 Regelkreis im z-Bereich

3.14 BIBO-Stabilität

Vorausgesetzt wird ein kausales Übertragungssystem mit $g(mT_{\text{A}}) = 0\ \forall m < 0$. Die Ausgangsgröße $y(kT_{\text{A}})$ eines zeitdiskreten Systems mit der kontinuierlichen Gewichtsfunktion $g(t)$ entspricht der Summe der Reaktionen auf die Dirac-Anregungen $u(iT_{\text{A}})\delta(t - iT_{\text{A}})$, also

$$y(kT_{\text{A}}) = \sum_{i=0}^{i=k} g(kT_{\text{A}} - iT_{\text{A}})u(iT_{\text{A}}) \ \forall k\,. \tag{3.71}$$

Die Stabilität wird untersucht, indem der Betrag des Ausgangssignals $|y(kT_\mathrm{A})|$ betrachtet wird. Schreibt man Gl. (3.71) auf Beträge um, so erhält man statt der obigen Gleichung eine Beziehung

$$|y(kT_\mathrm{A})| \leq \sum_{i=0}^{i=k} |g(kT_\mathrm{A} - iT_\mathrm{A})| \cdot |u(iT_\mathrm{A})| \quad \forall k\,. \tag{3.72}$$

Wenn der Eingang begrenzt ist („bounded input"), gilt die Beziehung $|u(iT_\mathrm{A})| < M$ und es folgt (in hinreichendem Sinne, ausgedrückt mittels $\Longleftarrow$)

$$\Longleftarrow \qquad |y(kT_\mathrm{A})| \leq M \sum_{i=0}^{i=k} |g(kT_\mathrm{A} - iT_\mathrm{A})| \quad \forall k\,. \tag{3.73}$$

Ferner gilt

$$\sum_{l=0}^{l=k} |g(lT_\mathrm{A})| < N \quad \Longleftarrow \quad \sum_{l=0}^{l=\infty} |g(lT_\mathrm{A})| < N\,; \tag{3.74}$$

denn die bis unendlich reichende Summe ist hinreichend für die nur bis k reichende. Wegen

$$\sum_{l=0}^{l=k} |g(lT_\mathrm{A})| = \sum_{i=0}^{i=\infty} |g(kT_\mathrm{A} - iT_\mathrm{A})| \tag{3.75}$$

folgt daraus

$$\Longleftarrow \quad |y(kT_\mathrm{A})| \leq MN \quad \forall k\,. \tag{3.76}$$

Die Ausgangsgröße ist also dann beschränkt und das System stabil, wenn die Bedingung (BIBO-Stabilitätsbedingung)

$$\sum_{l=0}^{l=\infty} |g(lT_\mathrm{A})| < \infty \tag{3.77}$$

erfüllt ist. In der Herleitung ist nur der hinreichende Charakter betrachtet worden. Die Bedingung ist aber auch notwendig.

Nach der in Gl. (3.3) gegebenen Definition der z-Übertragungsfunktion $G(z) = \sum_{l=0}^{l=\infty} g(lT_\mathrm{A}) z^{-l}$ ist die Gl. (3.77) auch dann (in hinreichendem Sinn) erfüllt, wenn $G(z)$ am Einheitskreis und außerhalb keine Polstelle besitzt; wenn die in Gl. (3.77) angeführte Summe über die Beträge $|g(lT_\mathrm{A})|$ limitiert ist, dann ist es umso eher die Summe, bei der die Vorzeichen durch nicht vorhandene Betragsbildung freigegeben sind. Dieser Sachverhalt gilt umso eher für $|z| > 1$. Geht man umgekehrt davon aus, dass $G(z)$ am Einheitskreis (und im Gebiet außerhalb) existiert, also keinen Pol besitzt, so ist

$$G(|z| > 1) = \sum_{l=0}^{l=\infty} g(lT_A)z^{-l} < \infty \quad \text{und} \quad \sum_{l=0}^{l=\infty} |g(lT_A)| < \infty, \tag{3.78}$$

erzwungen von der Bedingung der absoluten Konvergenz für holomorphe Funktionen.

3.15 Nyquist-Stabilitätskriterium

Die Stabilitätsüberlegungen nach Nyquist sind ähnlich herzuleiten wie im zeitkontinuierlichen Fall, siehe Gl. (1.89). Für Stabilität müssen alle Nullstellen des charakteristischen Polynoms innerhalb des Einheitskreises liegen, vgl. Gl. (3.44) oder keine außerhalb des Einheitskreises.

Einheitskreis

Der Bereich in der z-Ebene außerhalb des *Einheitskreises* ist als Gebiet B in Abb. 3.5 dargestellt. Die Kurve um das Gebiet B wird im Uhrzeigersinn durchlaufen, daher ist die Anzahl der Umläufe U von $F_o(z) = G(z)K(z)M(z)$ um den Nyquist-Punkt im Uhrzeigersinn zu zählen. Somit muss

$$U = N - P_o = 0 - P_o = -P_o \tag{3.79}$$

gelten. Die Anzahl U der Umläufe muss gleich sein der Anzahl P_o der Pole von $G(z)K(z)M(z)$ außerhalb des Einheitskreises.

Die Abbildung des Einheitskreises liefert die Frequenzgangs-Ortskurve $F_o(z)$, $z = e^{sT_A}$, $s = j\omega$, $-\omega_s/2 < \omega < \omega_s/2$. Der unendlich große Kreis um B wird bei praktischen Systemen in den Ursprung der F_o-Ebene abgebildet; aber die Abbildung der Wegstrecken v_1, v_2 muss separat untersucht werden.

Einfacher gestaltet sich die Herleitung, wenn alle Pole eines Regelkreises innerhalb des Einheitskreises verlangt werden, also $N = n$. Der Einheitskreis wird in mathematisch positivem Sinn durchlaufen. Besitzt $F_o(s)$ die Anzahl P_o von Polen außerhalb des Einheitskreises, also $n - P_o$ innerhalb, so gilt (mit Zählung der Umfahrungen U im mathematisch positiven Sinn)

$$U = N - P = n - (n - P_o) = P_o\,. \tag{3.80}$$

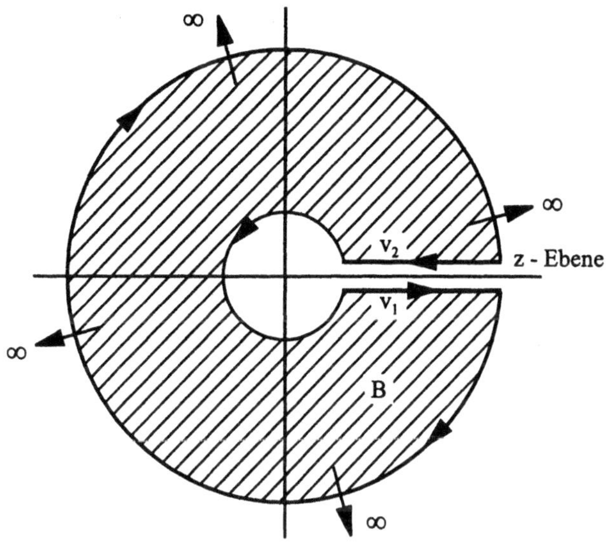

Abbildung 3.5
Gebiet B außerhalb des Einheitskreises

3.16 w-Ebene

Wird nach der z-Transformation noch eine bilineare Transformation

$$z = \frac{1 + 0,5T_{\mathrm{A}}w}{1 - 0,5T_{\mathrm{A}}w} \qquad w = \frac{2}{T_{\mathrm{A}}}\,\frac{z-1}{z+1} \tag{3.81}$$

ausgeführt, so werden alle z-Transformierten in w-Transformierte umgewandelt. Für imaginäre s folgt dann

$$z = e^{j\omega T_{\mathrm{A}}} \quad \rightsquigarrow \quad w = j\Omega \quad \rightsquigarrow \quad \Omega = \frac{2}{T_{\mathrm{A}}}\tan(\omega\frac{T_{\mathrm{A}}}{2})\,. \tag{3.82}$$

Für kleine Werte ω gilt dann $\omega \doteq \Omega$ und $G(j\omega) \doteq G(j\Omega)$.

Der Zweck der bilinearen Transformation besteht darin, dass durch sie das Innere des Einheitskreises der z-Ebene eineindeutig auf die gesamte linke ***w*-Ebene** abgebildet wird, während die Abbildung in die s-Ebene Eindeutigkeit nur zu einem Streifen liefert, der zwischen $\pm j\omega_s$ liegt. In der w-Ebene wird die Anwendung des Stabilitätskriteriums nach Hurwitz, Routh und Kharitonov möglich, siehe Gln. (1.96), (1.99), (1.116); ferner auch der Entwurf im doppeltlogarithmischen Bode-Diagramm. Der Kantensatz Gl. (1.122) gilt auch in der z-Ebene. w-Ebene

3.17 Stabilität unter Vereinfachungen

3.17.1 Stabilität für 2. Ordnung

Notwendige und hinreichende Stabilität für $n = 2$ liegt vor, wenn für die charakteristische Gleichung des zeitdiskreten Regelkreises unter $a_2 = 1$

$$p_{\mathrm{cl}}(z) = \sum_{i=0}^{i=n} a_i z^i = z^2 + a_1 z + a_o = 0 \tag{3.83}$$

die Lösungen $|z_i| < 1$ lauten. Dies ist der Fall, wenn

$$-1 - a_o < a_1 < 1 + a_o \quad \text{und} \quad a_o < 1 \tag{3.84}$$

zutreffen. Das zugehörige Gebiet in der Parameterebene zeigt die Abb. 3.6.

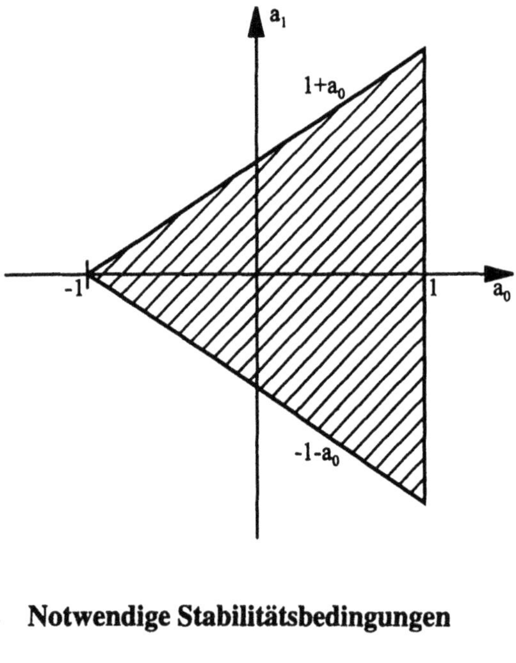

Abbildung 3.6 Stabilitätsgebiet in der (a_1, a_o)-Ebene

3.17.2 Notwendige Stabilitätsbedingungen

Unter der Beziehung zwischen charakteristischem Polynom $p_{\mathrm{cl}}(z)$ und Koeffizientenmatrix $\mathbf{\Phi}_{\mathrm{cl}}(T_{\mathrm{A}})$ des geschlossenen Regelkreises

$$p_{\mathrm{cl}}(z) = \sum_{i=0}^{i=n} a_i z^i = \det[z\mathbf{I} - \mathbf{\Phi}_{\mathrm{cl}}(T_{\mathrm{A}})] \tag{3.85}$$

folgt unter $z = 0$ und für beliebiges n

$$a_o = -\det \mathbf{\Phi}_{cl}(T_A) = -\prod_{i=1}^{i=n} \lambda_i[\mathbf{\Phi}_{cl}(T_A)]\,, \tag{3.86}$$

basierend auf dem Faktum, dass die Determinante einer Matrix dem Produkt ihrer Eigenwerte gleich ist. Da alle Eigenwerte von $\mathbf{\Phi}_{cl}(T_A)$ im Inneren des Einheitskreises liegen müssen, $|\lambda_i[\mathbf{\Phi}_{cl}(T_A)]| < 1 \;\; \forall i$, ist es notwendig, dass auch deren Produkt < 1 ist, und es gilt

$$|\prod_{i=1}^{i=n} \lambda_i| < 1 \;\Longleftarrow\; \prod_{i=1}^{i=n} |\lambda_i| < 1 \tag{3.87}$$

die nur notwendige Bedingung

$$|p_{cl}(0)| = |a_o| < 1\,. \tag{3.88}$$

Eine ähnliche auch nur notwendige Beziehung verwendet $\sum_{i=1}^{i=n} |\lambda_i[\mathbf{\Phi}_{cl}(T_A)]| < n$. Wegen $|\sum \lambda_i| < \sum |\lambda_i|$ folgt nur notwendig $|\sum \lambda_i[\mathbf{\Phi}_{cl}(T_A)]| < n$. Da die Spur tr einer quadratischen Matrix, definiert als die Summe der Werte in der Hauptdiagonale, gleich ist der Summe der Eigenwerte, folgt weiters

$$|\mathrm{tr}[\mathbf{\Phi}_{cl}(T_A)]| < n\,. \tag{3.89}$$

Nach Gl. (3.83) mögen die Lösungen z_k lauten, somit gilt nach einem Vieta-Wurzelsatz

$$a_{n-1} = \sum_{k=1}^{n} z_k = \sum_{i=1}^{n} \lambda_i[\mathbf{\Phi}_{cl}(T_A)] \tag{3.90}$$

und schließlich $|a_{n-1}| < n$.

Eine weitere nur notwendige Stabilitätsbedingung lautet für $n = 3$ und $a_3 = 1$ (also für ein monisches Polynom)

$$|a_o + a_2| - 1 < a_1 < 3 + |3a_o - a_2|\,. \tag{3.91}$$

3.17.3 Hinreichende Stabilitätsbedingungen

Wenn alle Koeffizienten a_i positiv sind, ist eine hinreichende Bedingung

$$0 < a_o < a_1 < \ldots a_n\,. \tag{3.92}$$

Eine alternative hinreichende Bedingung lautet

$$|a_n| > \sum_{k=0}^{k=n-1} |a_k| \, . \tag{3.93}$$

Schließlich gilt für $n = 3$ und monisches Polynom

$$|a_o + a_2| - 1 < a_1 < 0,5|3a_o - a_2| + 1 \, . \tag{3.94}$$

3.18 Windup-Effekt

Bei Einsatz eines PI-Reglers tritt kein bleibender Fehler, also Regelabweichung null auf. Stationär ist der P-Anteil nicht maßgebend, weil der Fehler null ist; die stätionäre Fehlerfreiheit wird vom I-Anteil sichergestellt. Bei zügig eingestellter Regelung folgt bei positivem Sollwertsprung zunächst eine positive Regelabweichung, dann eine negative usw. Die Differenz der Abweichungsflächen über der Zeit entspricht dem Integralteil. Dieser Sachverhalt trifft gleichermaßen für zeitkontinuierliche wie zeitdiskontinuierliche Regelkreise zu.

Ist während des Regelvorgangs eine Stellgrößenbegrenzung eingesetzt und wirksam (weil die Sollgröße sich stark ändert), so tritt eine Regelabweichung über einen eher langen Zeitraum und ein entsprechendes Integral in Erscheinung. Das Integral dieser langandauernden Regelabweichung muss durch eines mit umgekehrtem Vorzeichen wettgemacht werden, was einen langen unerwünschten Ausgleichsvorgang zur Folge hat. Dieser Effekt wird als Windup bezeichnet [3.6]. *Anti-Windup-Maßnahmen* werden zumeist in der Form realisiert, dass die Eingangsgröße zum Integrator im PI-Regler zu null gesetzt wird (oder der Integrator am Integrieren gehindert wird), wenn die Stellgröße an der Begrenzung liegt und die Regelabweichung und der PI-Regler-Ausgang gleiches Vorzeichen aufweisen.

Anti-Windup

3.19 Zeitdiskontinuierlicher Zustandsraum

Handelt es sich um eine zeitkontinuierliche Regelstrecke, die nur zu den Abtastzeitpunkten mit der Ausgangsgröße $y(kT_A)$ abgefragt und über ein Halteglied nullter Ordnung $G_{ho}(s)$ angesteuert wird, so wird die kontinuierliche Zustandsdifferentialgleichung der Regelstrecke Gl.

(1.66) entsprechend modifiziert. Die homogene Lösung lautet bei Stetigkeit der Zustandsvariablen

$$\mathbf{x}_{\text{hom}}(kT_{\text{A}} + T_{\text{A}}) = \mathbf{\Phi}(T_{\text{A}})\mathbf{x}_{\text{hom}}(kT_{\text{A}}^{+}) = \mathbf{\Phi}(T_{\text{A}})\mathbf{x}_{\text{hom}}(kT_{\text{A}}) \quad (3.95)$$

$$\mathbf{x}_{\text{hom}}(kT_{\text{A}}) = \mathbf{\Phi}^{k}(T_{\text{A}})\mathbf{x}(0) \,. \quad (3.96)$$

Sie nimmt nach einer geometrischen Reihe ab, die durch Multiplikation mit $\mathbf{\Phi}^{k}(T_{\text{A}})$ bestimmt wird.

Bei Anwendung der z-Transformation auf jede Vektorkomponente ergibt sich die geometrische Reihe

$$\mathbf{x}_{\text{hom}}(z) = \mathcal{Z}\{\mathbf{x}_{\text{hom}}(kT_{\text{A}})\} = \sum_{k=0}^{\infty} \mathbf{x}_{\text{hom}}(kT_{\text{A}})z^{-k} \quad (3.97)$$

$$\mathbf{x}_{\text{hom}}(z) = \sum_{k=0}^{\infty}[\mathbf{\Phi}(T_{\text{A}})z^{-1}]^{k} \ \mathbf{x}(0) \quad (3.98)$$

$$\mathbf{x}_{\text{hom}}(z) = [\mathbf{I} - \mathbf{\Phi}(T_{\text{A}})z^{-1}]^{-1}\mathbf{x}(0) \quad (3.99)$$

und im Zeitbereich

$$\mathbf{x}(kT_{\text{A}}) = \mathcal{Z}^{-1}\{[\mathbf{I} - \mathbf{\Phi}(T_{\text{A}})z^{-1}]^{-1}\}\mathbf{x}(0) \,. \quad (3.100)$$

Die charakteristische Gleichung der abgetasteten Regelstrecke lautet daher

$$\det[z\mathbf{I} - \mathbf{\Phi}(T_{\text{A}})] = 0 \,. \quad (3.101)$$

Sie muss für Stabilität Lösungen ausschließlich innerhalb des Einheitskreises besitzen. Diese Lösungen sind mit den Eigenwerten von $\mathbf{\Phi}(T_{\text{A}})$ identisch.

Die gesamte Lösung zur inhomogenen Gleichung lautet unter der Annahme der Konstanz von $\mathbf{u}(t)$ innerhalb des Abtastintervalls

$$\mathbf{x}(kT_{\text{A}} + T_{\text{A}}) = \mathbf{\Phi}(T_{\text{A}})\mathbf{x}(kT_{\text{A}}) + \mathbf{\Psi}(T_{\text{A}})\mathbf{u}(kT_{\text{A}}) \,, \quad (3.102)$$

wobei die Koeffizienten- und die *Steuermatrix* der getasteten (und mit einem Halteglied nullter Ordnung versehenen) Regelstrecke Steuermatrix

$$\mathbf{\Phi}(T_{\text{A}}) = e^{\mathbf{A}T_{\text{A}}} \quad \text{und} \quad \mathbf{\Psi}(T_{\text{A}}) = \mathbf{A}^{-1}[e^{\mathbf{A}T_{\text{A}}} - \mathbf{I}]\mathbf{B} \quad (3.103)$$

lauten und wegen $\mathbf{\Phi}(t) = e^{\mathbf{A}\,t}$ die Matrizen $\mathbf{A}$ und $\mathbf{B}$ der kontinuierlichen Regelstrecke enthalten. Dabei wurde $\mathbf{\Psi}(T_{\text{A}})$ nicht hergeleitet. Die Stellgröße $\mathbf{u}(kT_{\text{A}})$ wurde mehrdimensional angenommen.

Aus Gl. (3.102) kann die Übertragungsfunktion und Übertragungsmatrix hergeleitet werden. Mit $\mathbf{x}(0) = \mathbf{0}$ folgt

$$\begin{aligned} z\mathbf{x}(z) - \mathbf{\Phi}(T_A)\mathbf{x}(z) &= \mathbf{\Psi}(T_A)\mathbf{u}(z) && (3.104) \\ \mathbf{x}(z) &= [z\mathbf{I} - \mathbf{\Phi}(T_A)]^{-1}\mathbf{\Psi}(T_A)\mathbf{u}(z)\,. && (3.105) \end{aligned}$$

Unter Verwendung von $\mathbf{y}(z) = \mathbf{C}\mathbf{x}(z)$ folgt

$$\mathbf{y}(z) = \mathbf{C}[z\mathbf{I} - \mathbf{\Phi}(T_A)]^{-1}\mathbf{\Psi}(T_A)\mathbf{u}(z) = \mathbf{G}(z)\mathbf{u}(z) \qquad (3.106)$$

mit

$$\mathbf{G}(z) \triangleq \mathbf{C}[z\mathbf{I} - \mathbf{\Phi}(T_A)]^{-1}\mathbf{\Psi}(T_A)\ . \qquad (3.107)$$

Zustandsregler

Der *Zustandsregler* für eine Abtastregelung und ein Vorfilter $\mathbf{V}$ in der Sollwertleitung verlangt

$$\mathbf{u}(kT_A) = \mathbf{K}\mathbf{x}(kT_A) + \mathbf{V}\mathbf{w}_{ref}(kT_A)\ . \qquad (3.108)$$

In Verbindung mit Gln. (3.95) und (3.102) erhält man

$$\mathbf{x}(kT_A + T_A) = [\mathbf{\Phi}(T_A) + \mathbf{\Psi}(T_A)\mathbf{K}]\mathbf{x}(kT_A) + \mathbf{\Psi}(T_A)\mathbf{V}\mathbf{w}_{ref}(kT_A)\ . \qquad (3.109)$$

Die Transienten ergeben sich bei $\mathbf{w}_{ref}(kT_A) = \mathbf{0}$ mit der Linksverschiebungsregel der z-Transformation aus

$$z[\mathbf{x}(z) - \mathbf{x}(0)] = [\mathbf{\Phi}(T_A) + \mathbf{\Psi}(T_A)\mathbf{K}]\mathbf{x}(z) \qquad (3.110)$$

$$\mathbf{x}(z) = z[z\mathbf{I} - \mathbf{\Phi}(T_A) - \mathbf{\Psi}(T_A)\mathbf{K}]^{-1}\mathbf{x}(0)\ . \qquad (3.111)$$

Mit der Determinante

$$\det[z\mathbf{I} - \mathbf{\Phi}(T_A) - \mathbf{\Psi}(T_A)\mathbf{K}] \qquad (3.112)$$

werden die Eigenwerte (Polstellen) vorgegeben.

Das Vorfilter muss im stationären Zustand, d.h. bei Gleichheit $\mathbf{x}(kT_A + T_A) = \mathbf{x}(kT_A)$, $\mathbf{y} = \mathbf{C}\mathbf{x} = \mathbf{w}_{ref}$ erfüllen. Daraus folgt nach Gl. (3.109)

$$[\mathbf{I} - \mathbf{\Phi}(T_A) - \mathbf{\Psi}(T_A)\mathbf{K}]\mathbf{x} = \mathbf{\Psi}(T_A)\mathbf{V}\mathbf{w}_{ref} \qquad (3.113)$$

$$\mathbf{y} = \mathbf{C}\mathbf{x} = \mathbf{C}[\mathbf{I} - \mathbf{\Phi}(T_A) - \mathbf{\Psi}(T_A)\mathbf{K}]^{-1}\mathbf{\Psi}\mathbf{V}\mathbf{w}_{ref} = \mathbf{w}_{ref} \qquad (3.114)$$

Vorfilter

und das *Vorfilter* $\mathbf{V}$ aus

$$\mathbf{C}[\mathbf{I} - \mathbf{\Phi}(T_A) - \mathbf{\Psi}(T_A)\mathbf{K}]^{-1}\mathbf{\Psi}(T_A)\mathbf{V} = \mathbf{I}\ . \qquad (3.115)$$

3.19.1 Kürzeste (endliche) Ausregelzeit und Nachschwingfreiheit

Für eine Abtastregelung kann das Prinzip der fehlerfreien Ausregelung auf Sprungeingang $w_{\text{ref}}(z)$ innerhalb endlich vieler Abtastperioden dadurch verlangt werden, dass für $e(z)$ ein Polynom (endlicher Länge) in z^{-1} gefordert wird, anstatt einer unendlichen Folge. Zur Synthese wird von der Streckendarstellung mit Zähler- und Nennerpolynom in z^{-1} ausgegangen

$$G(z^{-1}) = \frac{b(z^{-1})}{a(z^{-1})} = \frac{\sum_1^n b_i z^{-i}}{\sum_1^n a_i z^{-i}} = \frac{y(z)}{u(z)} . \tag{3.116}$$

Als Regler stellt sich

$$K(z^{-1}) = \frac{u(z)}{w_{\text{ref}}(z) - y(z)} = \frac{a(z^{-1})q(z^{-1})}{\sum_1^n b_i - b(z^{-1})q(z^{-1})} \tag{3.117}$$

heraus, wie nachstehend leicht überprüft werden kann

$$\frac{e(z)}{w_{\text{ref}}(z)} = \frac{1}{1 + G(z)K(z)} = 1 - \frac{b(z^{-1})q(z^{-1})}{\sum_1^n b_i} . \tag{3.118}$$

Mit dem Polynom $q(z^{-1})$ kann man die Einstellzeit vorwählen, den Übergangsverlauf dehnen und dadurch die *Stellgrößenamplituden* klein halten. Stellgröße

Weiters wird $q(z^{-1}) \triangleq d(z^{-1})/\sum_1^m d_i$ verwendet und aus dem Polynom $d(z^{-1}) \triangleq d_0 + d_1 z^{-1} + \ldots . + d_m z^{-m}$ entwickelt

$$\frac{e(z)}{w_{\text{ref}}(z)} = 1 - \frac{b(z^{-1})d(z^{-1})}{(\sum_1^n b_i)\,(\sum_1^m d_i)} . \tag{3.119}$$

Nach dem Endwerttheorem Gl. (3.31) der z-Transformation ergibt sich in Gl. (3.119) wie gewünscht null.

3.20 Beispiel eines Regelkreises ohne und mit Halteglied

Zu einem digitalen Regelkreis Abb. 3.4 bestehen folgende Angaben: Für das Messglied $M(z) = 1$, für den Regler

$$K(z) = \frac{1}{z - 0,5} \tag{3.120}$$

und für die Regelstrecke

$$G(s) = \frac{1}{Is^2 + \zeta s} \equiv \frac{1}{Is(s+a)} \quad \text{bei } a = \frac{\zeta}{I} \tag{3.121}$$

Halteglied

in zwei Varianten (ohne und mit *Halteglied* $G_{\text{ho}}(s)$ nach Gl. (3.14)). Als Zahlenwerte gelten

$$T_{\text{A}} = 0,1; \;\; a = 9,163; \; \zeta = 4; \; I = 0,4365; \; e^{-aT_{\text{A}}} = 0,4\,. \tag{3.122}$$

Ohne Halteglied ergibt sich

$$G(z) = \mathcal{Z}\{\frac{\frac{1}{I}}{s(s+a)}\} \;\; = \;\; \frac{1}{Ia}\,\frac{(1-e^{-aT_{\text{A}}})z}{(z-1)(z-e^{-aT_{\text{A}}})} \tag{3.123}$$

$$= \;\; \frac{0,15\,z}{(z-1)(z-0,4)}\,. \tag{3.124}$$

Mit Halteglied findet man

$$G(z) \;\; = \;\; (1-z^{-1})\mathcal{Z}\{\frac{\frac{1}{I}}{s^2(s+a)}\} \tag{3.125}$$

$$= \;\; \frac{1}{z-1}\,\frac{z\frac{aT_{\text{A}}-1+e^{-aT_{\text{A}}}}{a\zeta} + \frac{1-(1+aT_{\text{A}})e^{-aT_{\text{A}}}}{a\zeta}}{z-e^{-aT_{\text{A}}}} \tag{3.126}$$

$$= \;\; \frac{0,0086\,z + 0,00637}{(z-1)(z-0,4)}\,. \tag{3.127}$$

Die Aufgabe wird mit MATLAB 5.3 weiterbehandelt, und zwar gemäß nachfolgendem Listing

```
%   D i g i t a l e r   R e g e l k r e i s
%   ohne/mit Halteglied vor der Strecke    % hcg.m

% Serienschaltung von Regler K(z) und Strecke G(z)
% o h n e  Halteglied:
% [numFo,denFo]=series([1],[1  -0.5],...
                [0.15  0],[1  -1.4  0.4])
% oder
% Serienschaltung von Regler K(z) und Strecke G(z)
% m i t  Halteglied:
  [numFo,denFo]=series([1],[1  -0.5],...
            [0.0086 0.00637],[1  -1.4  0.4])

% Regelkreis aus Fo mit Einheitsrueckfuehrung:
  [numT,denT]=cloop(numFo,denFo,-1)
```

```
% Sprungantwort des Reglers K(z) allein:
  figure(1)
  dstep([1],[1  -0.5])
  xlabel('Sprungantwort des Reglers')

% Antwort des Regelkreises auf Sollwertsprung:
  figure(2)
  dstep(numT,denT,60)
  xlabel('Sprungantwort des Regelkreises')

% Zeichnen des Einheitskreises:
  for p=1:1000
     x(p)=cos(2*pi*p/1000);
     y(p)=sin(2*pi*p/1000);  end
  figure(3)
  plot(x,y,':')         % Einheitskreis
  hold on
  rlocus(numFo,denFo)  % Wurzelort berechnen
  xlabel('Real Axis')
  title('Wurzelortskurve')
  axis on
  axis([-2 2 -2 2])
  axis square % gleiche Skalierung der Achsen
  hold off

% Vorgabe von Frequenzen fuer Nyquist-Plot:
  W=logspace(-0.1, 1.3);
  figure(4)           % Abtastzeit 0.1 Sekunden
  dnyquist(numFo,denFo,0.1,W)
  xlabel('Nyquist-Plot')

% Berechnung und Ausgabe des Bode-Diagramms
% bis zur Shannon-Frequenz 3,14/0,1  rad/Sek.:
  figure(5)
  dbode(numFo,denFo,0.1)

% Umwandlung: discrete transfer function
% to state space:
  [Adisc,Bdisc,Cdisc,Ddisc]=dtf2ss(numT,denT)
% Rueckumwandlung zur Kontrolle :
  [nn,dd]=ss2tf(Adisc,Bdisc,Cdisc,Ddisc)

% Sprungantwort des Regelkreises mit Zustandsraum-
% darstellung berechnen und ausgeben:
  figure(6)              % (wie figure(2))
  dstep(Adisc,Bdisc,Cdisc,Ddisc,1) % vom Ein-
gang 1 aus
```

Die Abb. 3.7 bis 3.11 zeigen die im MATLAB-Programm-Listing angekündigten Diagramme in der Variante mit Halteglied.

Im Fall ohne Halteglied ist nur ein Diagramm als Abb. 3.12 aufgenommen; in diesem Fall ist die Sprungantwort viel schwingungsfreudiger, der Phasenrand auch wesentlich kleiner.

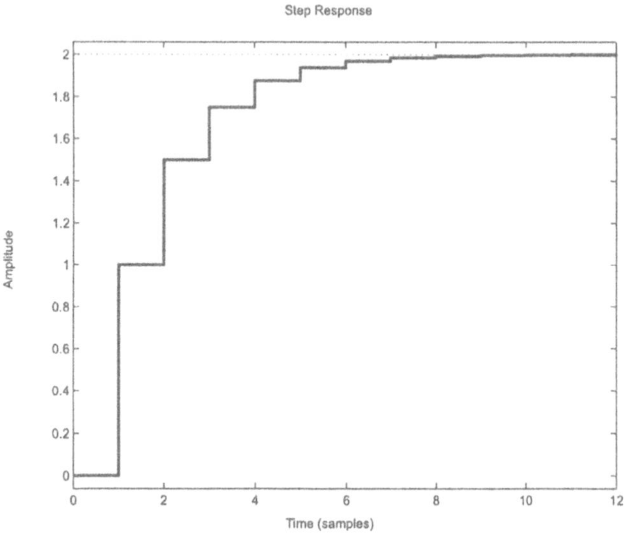

Abbildung 3.7 Sprungantwort des Reglers $K(z) = 1/(z - 0,5)$ allein

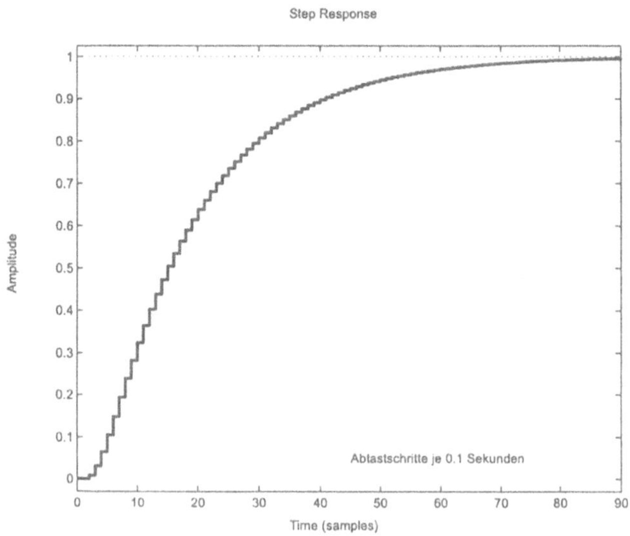

Abbildung 3.8 Sprungantwort des Regelkreises mit Halteglied auf Sollwertsprung

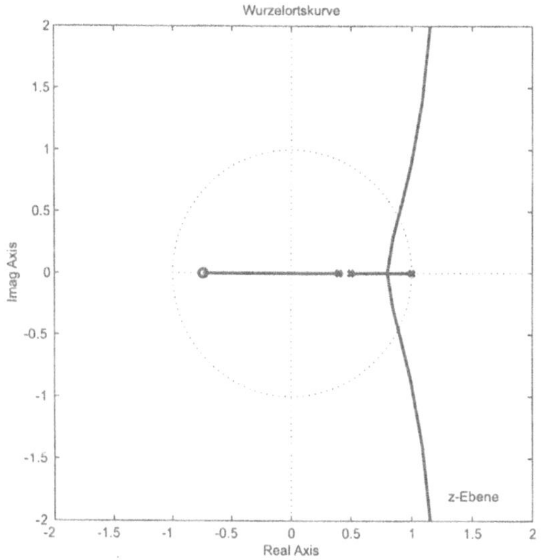

Abbildung 3.9
Wurzelort

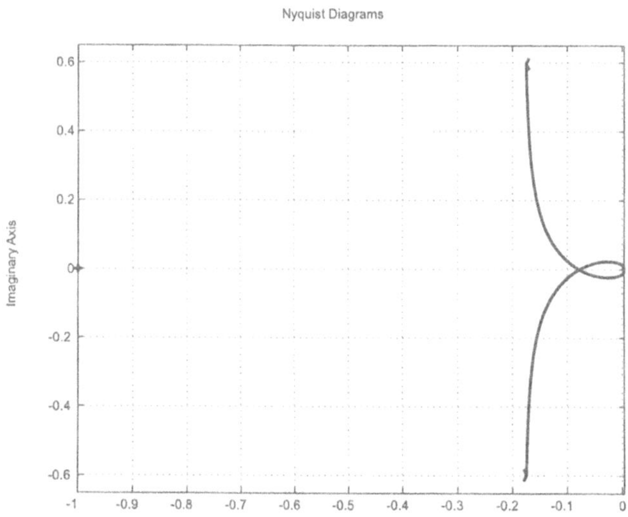

Abbildung 3.10
Frequenzgangs-Ortskurve des aufgeschnittenen Regelkreises mit Halteglied

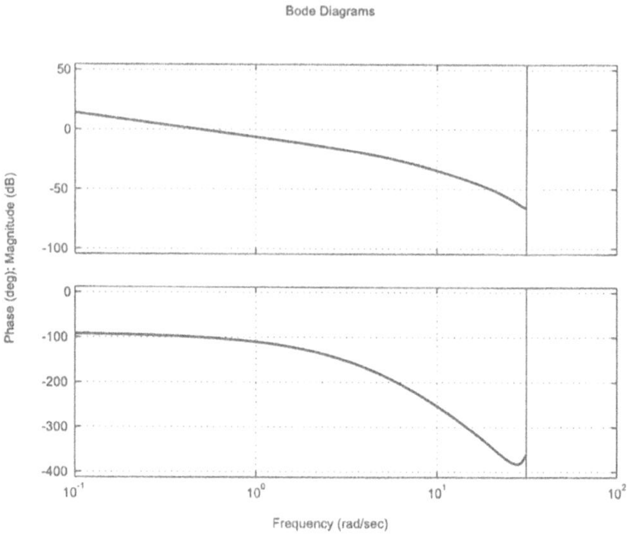

Abbildung 3.11 Bode-Diagramm des aufgeschnittenen Regelkreises mit Halteglied bis zur Shannon-Frequenz

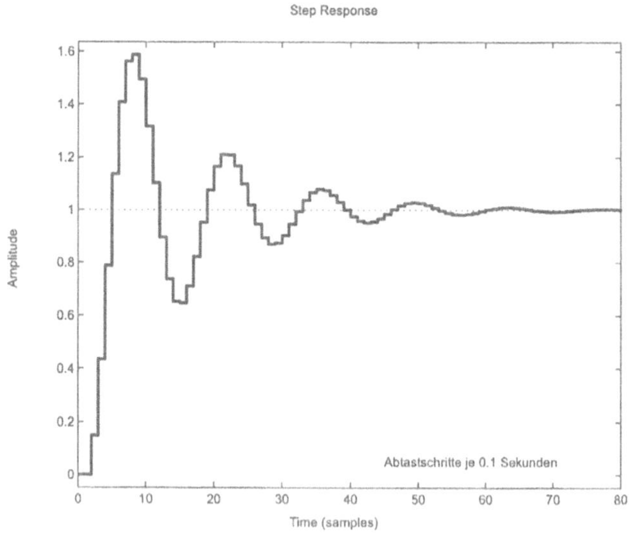

Abbildung 3.12 Sprungantwort des Regelkreises *ohne* Halteglied auf Sollwertsprung

3.21 Zusammenfassung

Mit Hilfe der z-Transformation und der Programmierumgebung MATLAB wurden digitale Regelkreise analysiert und simuliert. Stabilitätsuntersuchungen wurden im diskreten Bereich besorgt oder — nach Transformation — auf kontinuierliche Systeme zurückgeführt. Ähnlichkeiten digitaler Regelungen zu zeitkontinuierlichen linearen Regelungen (Kapitel 1) wurden dargestellt und genützt, die signifikanten Unterschiede aber genau herausgearbeitet.

3.22 Literatur

[3.1] Ackermann, J.: *Abtastregelungen,* Band 1 und Band 2, Springer-Verlag, Berlin/Heidelberg/New York, 1983

[3.2] Isermann, R.: *Digitale Regelsysteme,* Springer-Verlag, Berlin/Heidelberg/New York, 1977

[3.3] Latzel, W.: Einführung in die digitalen Regelungen, VDI-Verlag, Düsseldorf, 1995

[3.4] Lauber, R., und Göhner, P.: *Prozessautomatisierung 1*, Springer-Verlag, Berlin/Heidelberg/New York, 1999

[3.5] Lüke, H.D.: *Signalübertragung*, 3. Auflage, Springer-Verlag, Berlin/Heidelberg/New York, 1985

[3.6] Peng, Y., Vrancic, D., and Hanus, R.: *Anti-Windup, Bumpless, and Conditioned Transfer Techniques for PID Controllers,* IEEE Control Systems 16, No. 4, pp. 48-57, 1996

[3.7] Schüßler, H.W.: *Digitale Signalverarbeitung*, 2. Auflage, Springer-Verlag, Berlin/Heidelberg/New York, 1988

[3.8] Tou, J.T.: *Digital and Sampled-Data Control Systems,* McGraw-Hill, New York, 1959

[3.9] Weinmann, A.: *Computerunterstützung für Regelungsaufgaben,* Springer-Verlag, Wien/New York, 1999

Kapitel 4

Mehrgrößenregelung

von Ulrich Korn

Dieses Kapitel behandelt die Grundlagen für die Beschreibung sowie die Analyse von linearen Mehrgrößenregelungssystemen. Dazu wird die Zustandsbeschreibung und die Darstellung mit Übertragungsfunktionsmatrizen verwendet.

4.1 Wesen der Mehrgrößenregelung

In vielen Anwendungen der Prozessregelung treten Regelstrecken mit mehreren Regelgrößen auf:

Beispiele für Zweigrößenregelungen

- Spannung und Frequenz bei einem Kraftwerksturbosatz, Temperatur und Durchfluss bei der Mischung von Flüssigkeiten,
- Temperatur und Luftfeuchtigkeit bei Raumklimaanlagen.

Sollen die in diesen Beispielen vorliegenden $r = 2$ Regelgrößen simultan beeinflusst (geregelt) werden, so müssen dafür mindestens auch 2 Stellgrößen vorhanden sein (Abbildung 4.1).

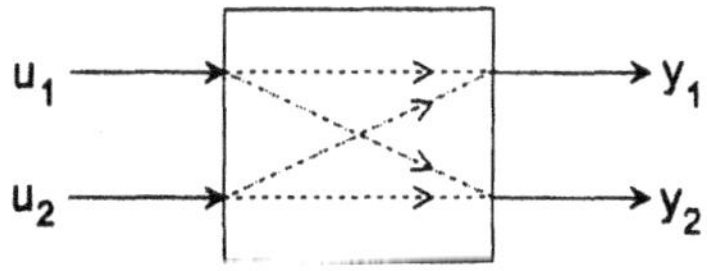

Abbildung 4.1 Regelstrecke mit 2 Regelgrößen y_1, y_2 und 2 Stellgrößen u_1, u_2

Im Beispiel der Zweigrößenregelstrecke in Abbildung 4.1 ist es nahe liegend, dass die Stellgröße u_1 so gewählt ist, dass sie die Regelgröße y_1 *in der gewünschten Weise beeinflusst*. Auf Grund der inneren Wirkungszusammenhänge in der Regelstrecke hat eine Änderung von u_1

nun aber nicht nur den gewünschten Einfluss auf y_1, sondern auch auf y_2. Ähnlich wird die Stellgröße u_2 nicht nur wie primär gewünscht y_2 beeinflussen; eine Veränderung von u_2 wird auch Auswirkungen auf y_1 haben. Man nennt dies innere Verkopplung der Stell- und Regelgrößen. Sie sind in Abbildung 4.1 angedeutet.

Merkmale einer Mehrgrößenregelung:

- Es liegen mehrere Regelgrößen und Stellgrößen vor.
- Es gibt wesentliche Kopplungen zwischen den Stell- und Regelgrößen im Inneren der Regelstrecke.

Kopplungen als Merkmale der Mehrgrößenregelung

Insbesondere die vorliegenden *Kopplungen* zwischen den $r > 1$ Regelgrößen und $m > 1$ Stellgrößen machen *das wesentliche Merkmal der Mehrgrößenregelung* aus.

Um r Regelgrößen unabhängig beeinflussen - steuern - zu können, müssen $m \geq r$ unabhängige Stellgrößen vorhanden sein. Da Stelleinrichtungen i.a. erhebliche technische und finanzielle Aufwendungen bedeuten, wird man bestrebt sein, mit

$$m = r \tag{4.1}$$

zu arbeiten. Nachfolgend werden nur solche "quadratischen" Mehrgrößenregelungsprobleme behandelt.

Beispiele für typische Mehrgrößenregelstrecken mit $m = r > 2$ sind Destillationskolonnen und Dampferzeuger.

Innere Kopplungen zwischen Stell- und Regelgrößen

Wegen der mehr oder weniger starken *inneren Kopplungen zwischen den Stell- und Regelgrößen* u_j und y_i gelingt es i.a. nicht, die Regelungsaufgabe dadurch zu lösen, dass man unabhängig voneinander für jede Regelgröße y_i unter Verwendung der ihr zugeordneten Stellgröße u_i eine Eingrößenregelung entwirft. Wegen der inneren Kopplungen in der Strecke beeinflussen sich die Eingrößenregelkreise wechselseitig, was i.a. zu unbefriedigendem Regelverhalten des Gesamtsystems bis hin zum Stabilitätsverlust führt.

Die Schwierigkeiten beim Entwurf von Mehrgrößenregelungen resultieren daher aus dem Vorhandensein von inneren Kopplungen in der Strecke.

4.2 Beschreibung und theoretische Grundlagen von Mehrgrößensystemen

Voraussetzung der Linearität und Zeitinvarianz

Es wird hier grundsätzlich davon ausgegangen, dass die Mehrgrößenregelstrecke im interessierenden Arbeitsbereich als *linear* und *zeitinvariant* angenommen werden kann. Die Modellabbildung und ggf. Linearisierung um einen Arbeitspunkt seien durchgeführt. Aus Umfangsgründen werden nachfolgend nur die mathematischen Beschreibungsformen

- Zustandsbeschreibung
- Übertragungsdarstellung in Gestalt von Übertragungsfunktions- bzw. Frequenzgangmatrix

behandelt und verwendet.

4.2.1 Zustandsbeschreibung

Bedeutung und Vorteil der Zustandsbeschreibung

Es ist ein Vorteil der in Kapitel 1 eingeführten Zustandsbeschreibung, dass Ein- und Mehrgrößensysteme auf der Grundlage von Zustandsgleichungen methodisch ziemlich einheitlich behandelt werden können. Außerdem steht mit MATLAB heute eine nahezu untrennbar mit der Zustandsdarstellung verwobene, vorzügliche Entwurfs- und Simulationsumgebung zur Verfügung. Damit ist die Praxisrelevanz des auf dem Zustandskonzept beruhenden sog. Zeitbereichsentwurfes von Mehrgrößenregelungen ständig gewachsen.

Die *Zustandsgleichungen* der Mehrgrößenstrecke lauten:

Zustandsmodell

$$\dot{\mathbf{x}}_S(t) = \mathbf{A}_S \mathbf{x}_S(t) + \mathbf{B}_S \mathbf{u}_S(t) + \mathbf{E}_S \mathbf{z}_S(t) \tag{4.2}$$

$$\mathbf{y}_S(t) = \mathbf{C}_S \mathbf{x}_S(t). \tag{4.3}$$

In der Ausgabegleichung (4.3) treten keine Durchgangsterme von den externen Eingangssignalen zum Ausgang auf, d.h. die Mehrgrößenstrecke wird auch in Übereinstimmung mit der praktischen Realität als nicht sprungfähiges System modelliert. (Beim späteren Mehrgrößenregler ist dies anders!). Es bedeuten:

$\mathbf{x}_s\ (n_s, 1)$ Zustandsvektor der Strecke

$\mathbf{y}_s\ (r, 1)$ – Regelgrößenvektor

$\mathbf{u}_s\ (r, 1)$ – Stellgrößenvektor unter Annahme (4.1)

$\mathbf{z}_s\ (p, 1)$ – Störgrößenvektor.

Die auftretenden Matrizen sind

$\mathbf{A}_s\ (n_s, n_s)$ – Dynamikmatrix

$\mathbf{B}_s\ (n_s, \mathrm{r})$ – Eingangsmatrix

$\mathbf{E}_s\ (n_s, \mathrm{p})$ – Störeingangsmatrix

$\mathbf{C}_s\ (r, n_s)$ – Ausgangsmatrix.

Sämtliche in dieser Beschreibung vorkommenden Signale sind i.a. als Abweichungsvariable vom betrachteten Arbeitspunkt zu verstehen und der Anfangszustand $\mathbf{x}_s(0)$, liege im Koordinatenursprung des Zustandsraumes.

4.2.2 Übertragungsfunktionsmatrix

Am Beispiel einer ungestörten ($\mathbf{x}_s = 0$) Zweigrößenregelstrecke (Abbildung 4.1) erkennt man: von den 2 Stellgrößen zu den 2 Regelgrößen existieren 2 x 2 = 4 einzelne Übertragungskanäle. Das Übertragungsverhalten jedes einzelnen Kanals kann wie bei Übertragungsgliedern mit einem Eingang und einem Ausgang durch eine Übertragungsfunktion im Bildbereich beschrieben werden. Die 4 *Übertragungsfunktionen des Zweigrößensystems* in Abbildung 4.1 werden durch Fußzeiger gekennzeichnet: Die Übertragungsfunktion von Stellgröße u_j zu Regelgröße y_i wird durch $G_{ij}(s)$ beschrieben :

Übertragungsfunktionen eines Zweigrößensystems

$$y_i(s) = G_{ij}(s) \cdot u_j(s).$$

Nach Übergang zur Vektor-Matrix-Schreibweise kann das Klemmenverhalten des Zweigrößensystems dann wie folgt beschrieben werden:

Übertragungsfunktionsmatrix

$$\begin{pmatrix} y_1(s) \\ y_2(s) \end{pmatrix} = \begin{pmatrix} G_{11}(s) & G_{12}(s) \\ G_{21}(s) & G_{22}(s) \end{pmatrix} \begin{pmatrix} u_1(s) \\ u_2(s) \end{pmatrix}$$

$$\mathbf{y}(s) \quad = \quad \mathbf{G}(s) \quad \cdot \quad \mathbf{u}(s) \tag{4.4}$$

Hier ist
$$\mathbf{G}(s) = \left(G_{ij}(s)\right) \tag{4.5}$$

die Übertragungsfunktionsmatrix. Bei gleicher Zahl von Regelgrößen und Stellgrößen $r = m$ ist diese quadratisch. Im Unterschied zu Zahlenwertmatrizen sind die Elemente von $\mathbf{G}(s)$ selbst Übertragungsfunktionen. Setzt man $s = j\omega$, so erhält man aus der Übertragungsfunktionsmatrix die *Frequenzgangmatrix*

$$\mathbf{G}(j\omega) = \left(G_{ij}(j\omega)\right) . \tag{4.6}$$

Der Vektor-Matrix-Schreibweise (4.4) entspricht folgende Signalflussbild-Darstellung der Zweigrößenstrecke, die als P-kanonische Darstellung bezeichnet wird (Abbildung 4.2).

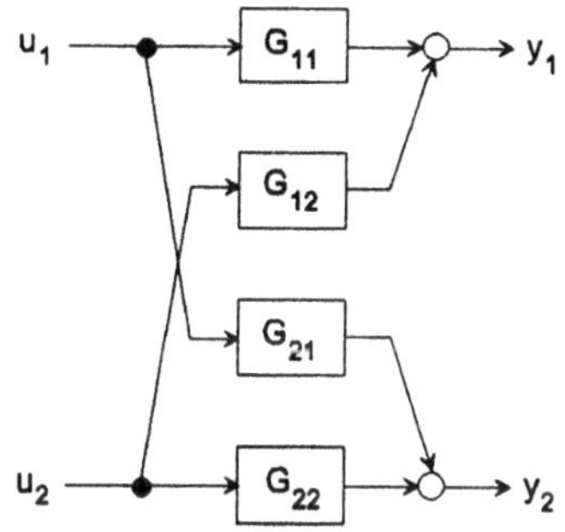

Abbildung 4.2 Zweigrößenregelstrecke in sog. P-kanonischer Darstellung

P-kanonische Struktur

Diese Abbildung macht deutlich, dass man die vier Einzelübertragungsfunktionen G_{ij} der *P-kanonischen Struktur* z.B. auch durch eine experimentelle Identifikation ermitteln könnte; um z.B. G_{21} zu ermitteln, muss u_1 erregt und y_2 gemessen/ausgewertet werden.

4.2.3 Gewinnung von G(s) aus dem Zustandsmodell

Gegeben sei das Zustandsmodell (zunächst ohne Störgrößen $\mathbf{z}_s$) der nichtsprungfähigen Mehrgrößenstrecke

$$\begin{aligned} \dot{\mathbf{x}}_S(t) &= \mathbf{A}_S \cdot \mathbf{x}_S(t) + \mathbf{B}_S \cdot \mathbf{u}_S(t), \quad \mathbf{x}_S(0) = 0 \\ \mathbf{y}_S(t) &- \mathbf{C}_S \cdot \mathbf{x}_S(t). \end{aligned} \tag{4.7}$$

Gesucht ist die Übertragungfunktionsmatrix **G**(s) des Stellverhaltens. Dieser Zusammenhang ist eindeutig und wird durch Anwenden der Laplacetransformation auf (4.7) erhalten:

$$\begin{aligned} s \cdot \mathbf{x}_S(s) &= \mathbf{A}_S \cdot \mathbf{x}_S(s) + \mathbf{B}_S \mathbf{u}_S(s) \\ \mathbf{y}_S(s) &= \mathbf{C}_S \cdot \mathbf{x}_S(s) \end{aligned}$$

Durch Eliminieren von $\mathbf{x}_s(s)$ aus der ersten Gleichung

$$\mathbf{x}_S(s) = (s\mathbf{I} - \mathbf{A}_S)^{-1} \cdot \mathbf{B}_S \cdot \mathbf{u}_S(s)$$

und Einsetzen in die zweite Gleichung erhält man

$$\mathbf{y}_S(s) = \underbrace{\mathbf{C}_S (s\mathbf{I} - \mathbf{A}_S)^{-1} \cdot \mathbf{B}_S}_{\mathbf{G}(s)} \cdot \mathbf{u}_S(s).$$

Aus dem Zustandsmodell der Mehrgrößenstrecke erhält man also auf eindeutigem Weg die Übertragungsfunktionsmatrix

Berechnungsvorschrift für die Übertragungsfunktionsmatrix

$$\mathbf{G}(s) = \mathbf{C}_S \left(s\mathbf{I} - \mathbf{A}_S\right)^{-1} \mathbf{B}_S . \tag{4.8}$$

Hierzu gibt es den MATLAB-Befehl

$$[N, den] = \text{mvss2tf}\,(\text{A}_S, \text{B}_S, \text{C}_S, 0)$$

Häufig stellt man den Zusammenhang (4.8) zwischen der zu einem Zustandsmodell mit den Matrizen $\mathbf{A}_s$, $\mathbf{B}_s$, $\mathbf{C}_s$, $\mathbf{D}_s = 0$ gehörenden Übertragungsfunktionsmatrix $\mathbf{G}(s)$ und dem Zustandsmodell durch die symbolische (!) Notation dar

$$\mathbf{G}(s) = \left[\begin{array}{c|c} \mathbf{A}_S & \mathbf{B}_S \\ \hline \mathbf{C}_S & 0 \end{array}\right], \tag{4.9}$$

deren rechte Seite die mathematische Operation (4.8) ausdrücken soll.

Der umgekehrte Weg der Umwandlung einer Übertragungsfunktionsmatrix in ein Zustandsmodell ist nicht eindeutig. Auf diesen Zusammenhang, hinter dem sich u.a. das systemtheoretisch anspruchsvolle Problem der sog. minimalen Realisierung (Berechnung eines Zustandsmodells der kleinstmöglichen Ordnung) verbirgt, wird nicht eingegangen.

4.2.4 Mehrgrößenstrecken in V-kanonischer Struktur

V-kanonische Struktur

Auf dem Wege der theoretischen Prozessanalyse für die Modell-Abbildung von Mehrgrößenregelstrecken erhält man häufig als primär vorliegendes Ergebnis eine Signalflussbildstruktur, die nicht der o.g. P-kanonischen Darstellung entspricht und als sog. *V-kanonische Struktur* bezeichnet wird.

Für eine Zweigrößenstrecke zeigt Abbildung 4.3 die V-kanonische Struktur mit den üblichen Bezeichnungen. Sie unterscheidet sich von der P-kanonischen Struktur formal dadurch, dass Summations- und Verzweigungsstellen in ihrer Lage zu Ein- und Ausgang vertauscht sind.

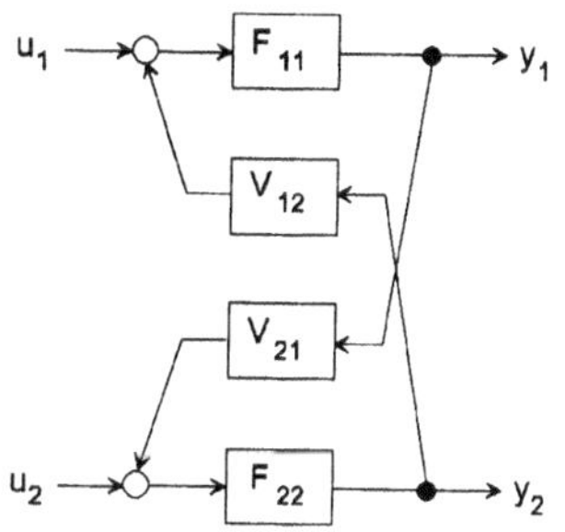

Abbildung 4.3 V-kanonische Struktur einer Zweigrößenstrecke

Die Übertragungsfunktionen der "vorwärts" gerichteten Kanäle werden mit F_{ij} bezeichnet, die "rückwärts" gerichteten mit V_{ij}. Für spätere Betrachtungen ist es zweckmäßig, sie zusammenzufassen:

Matrix-Beschreibung der V-kanonischen Struktur

$$\mathbf{F}(s) = \begin{pmatrix} F_{11}(s) & 0 \\ 0 & F_{22}(s) \end{pmatrix} \qquad \mathbf{V}(s) = \begin{pmatrix} 0 & V_{12}(s) \\ V_{21}(s) & 0 \end{pmatrix}. \tag{4.10}$$

Dies ermöglicht es, die aus Abbildung 4.3 abzulesenden Signalverknüpfungen

$$y_1(s) = F_{11}(s) \cdot \left(u_1(s) + V_{12}(s) \cdot y_2(s)\right)$$
$$y_2(s) = F_{22}(s) \cdot \left(u_2(s) + V_{21}(s) \cdot y_1(s)\right)$$

in kompakter Vektor-Matrix-Form auszudrücken:

$$\mathbf{y}(s) = \mathbf{F}(s) \cdot \left(\mathbf{u}(s) + \mathbf{V}(s)\,\mathbf{y}(s)\right). \tag{4.11}$$

Diese Gleichung kann nach $\mathbf{y}(s)$ aufgelöst werden

Umwandlung in die Beschreibung als P-kanonische Struktur

$$\mathbf{y}(s) = \mathbf{F}(s) \cdot \mathbf{u}(s) + \mathbf{F}(s) \cdot \mathbf{V}(s) \cdot \mathbf{y}(s)$$

$$\left(\mathbf{I} - \mathbf{F}(s) \cdot \mathbf{V}(s)\right) \cdot \mathbf{y}(s) = \mathbf{F}(s) \cdot \mathbf{u}(s) \tag{4.12}$$

$$\mathbf{y}(s) = \underbrace{\left(\mathbf{I} - \mathbf{F}(s) \cdot \mathbf{V}(s)\right)^{-1} \mathbf{F}(s)}_{\mathbf{G}(s)} \cdot \mathbf{u}(s),$$

was einer Umwandlung der V-kanonischen Struktur in eine P-kanonische mit der Übertragungsfunktionsmatrix $\mathbf{G}(s)$ entspricht :

$$\mathbf{G}(s) = \left(\mathbf{I} - \mathbf{F}(s) \cdot \mathbf{V}(s)\right)^{-1} \cdot \mathbf{F}(s) \tag{4.13}$$

Wie Abbildung 4.3 zeigt, können die Übertragungsfunktionen F_{ij} und V_{ij} nicht durch experimentelle Identifikation einzeln ermittelt werden.

Für das Klemmenverhalten z.B. $u_1 \rightarrow y_1$ ist nämlich maßgebend :

$$y_1 = \frac{F_{11}}{1 - F_{11}V_{12}F_{22}V_{21}} \cdot u_1 = G_{11} \cdot u_1, \qquad (4.14)$$

d.h. das Element G_{11} der gemäß (4.13) berechneten Übertragungsmatrix $\mathbf{G}(s)$ der durch Umwandlung erhaltenen, zu Abbildung 4.3 im Klemmenverhalten äquivalenten P-kanonischen Struktur.

4.2.5 Pole und Nullstellen von Mehrgrößensystemen

Die Übertragung der Begriffe Pol und Nullstelle vom Eingrößen- in den Mehrgrößenfall und die adäquate Definition von Polen und Nullstellen für Mehrgrößensysteme ist ein diffiziles systemtheoretisches Problem, das hier nicht tiefgründiger behandelt werden kann. Es werden daher nur einige Definitionen und Sachverhalte eingeführt, die im Folgenden gelegentlich benötigt werden.

Proper und streng proper Übertragungsfunktionsmatrix

Eine rationale Übertragungsfunktionsmatrix $\mathbf{G}(s)$ heißt *proper*, wenn $\mathbf{G}(\infty)$ eine konstante Matrix ist. $\mathbf{G}(s)$ heißt *streng proper*, wenn $\mathbf{G}(\infty) = \mathbf{0}$.

Eine Übertragungsfunktionsmatrix eines nichtsprungfähigen Mehrgrößensystems

$$\dot{\mathbf{x}} = \mathbf{A}\mathbf{x} + \mathbf{B}\mathbf{u}$$
$$\mathbf{y} = \mathbf{C}\mathbf{x}$$

ist immer streng proper

$$\mathbf{G}(s) = \mathbf{C}(s\mathbf{I} - \mathbf{A})^{-1}\mathbf{B} \quad ,$$

während für ein sprungfähiges System

$$\dot{\mathbf{x}} = \mathbf{A}\mathbf{x} + \mathbf{B}\mathbf{u}$$
$$\mathbf{y} = \mathbf{C}\mathbf{x} + \mathbf{D}\mathbf{u}$$

$\mathbf{G}(s)$ nur proper ist

$$\mathbf{G}(s) = \mathbf{C}(s\mathbf{I} - \mathbf{A})^{-1}\mathbf{B} + \mathbf{D}.$$

Pole und Polpolynom eines Mehrgrößensystems

Die *Pole* eines Mehrgrößensystems werden hier als die Nullstellen des *Pol-Polynoms* definiert. Das Pol-Polynom einer rationalen properen Übertragungsfunktionsmatrix $\mathbf{G}(s)$ ist der monische kleinste gemeinsame Nenner von allen nicht identisch Null seienden Minoren aller

Ordnungen von $\mathbf{G}(s)$. Der Grad des Pol-Polynoms wird häufig auch als Grad von $\mathbf{G}(s)$ bezeichnet.

Beispiel 4.1: Mehrgrößensystem mit $m = 3$ Eingängen und $r = 2$ Ausgängen

$$\mathbf{G}(s) = \frac{1}{(s+1)(s+2)(s-1)} \begin{pmatrix} (s-1)(s+2) & 0 & (s-1)^2 \\ -(s+1)(s+2) & (s-1)(s+1) & (s-1)(s+1) \end{pmatrix}$$

Minoren der 1. Ordnung sind die 6 Elemente $G_{ij}(s)$.

Minoren der 2. Ordnung sind:

$$G_{1,2}^{1,2} = \frac{1}{(s+1)(s+2)} \qquad G_{1,3}^{1,2} = \frac{2}{(s+1)(s+2)} \qquad G_{2,3}^{1,2} = \frac{-(s-1)}{(s+1)(s+2)^2}$$

Pol-Polynom: $p_G(s) = (s+1)\cdot(s+2)^2\cdot(s-1)$ Grad: 4

Pole: $s_1 = -1$; $s_2 = -2$ (2fach); $s_3 = 1$. □

Übertragungsnullstellen und Nullstellenpolynom eines Mehrgrößensystems

Als Nächstes wird der Begriff der *Übertragungsnullstellen* eines Mehrgrößensystems eingeführt. Diese werden als Nullstellen des sog. *Nullstellen-Polynoms* der Übertragungsfunktionsmatrix $\mathbf{G}(s)$ definiert. Dazu ist zunächst der (normale) Rang der Übertragungsfunktionsmatrix $\mathbf{G}(s)$ zu bestimmen, er sei ς, d.h. $\text{rang}\mathbf{G}(s) = \varsigma$. Es sind dann alle nichtverschwindenden Minoren der Ordnung ς von $\mathbf{G}(s)$ zu berechnen und so hinzuschreiben, dass sie alle das Pol-Polynom $p_G(s)$ als gleichen Nenner haben.

Das Nullstellenpolynom von $\mathbf{G}(s)$ ist der größte (monische) gemeinsame Teiler der in dieser Form notierten Zählerpolynome der Minoren der Ordnung ς.

Die Übertragungs-Nullstellen von $\mathbf{G}(s)$ sind die Nullstellen des Nullstellen-Polynoms.

Beispiel 4.2: $\mathbf{G}(s)$ aus Beispiel 4.1 mit rang $\mathbf{G}(s)=2$, d.h. $\varsigma = 2$.

Minoren der Ordnung $\varsigma = 2$ aus Beispiel 4.1 müssen in der vorgeschriebenen Form notiert werden:

$$G_{1,2}^{1,2} = \frac{(s-1)(s+2)}{p_G(s)} \qquad G_{1,3}^{1,2} = \frac{2(s-1)(s+2)}{p_G(s)} \qquad G_{2,3}^{1,2} = \frac{-(s-1)^2}{p_G(s)}$$

Nullstellen-Polynom: $n_G(s) = (s-1)$

Übertragungs-Nullstelle(n): $n_1 = 1$. □

Für eine quadratische Übertragungsfunktionsmatrix $\mathbf{G}(s)$ gilt

$$\det \mathbf{G}(s) = \text{konst} \cdot \frac{n_G(s)}{p_G(s)}. \tag{4.15}$$

Es können gemeinsame Wurzelfaktoren zwischen $n_G(s)$ und $p_G(s)$ existieren, die beim Bilden von det$\mathbf{G}(s)$ gar nicht in Erscheinung treten. Man sollte (4.15) nicht benutzen, um n_G, p_G zu berechnen!

Pol-Nullstellen-kürzungen, versteckte Pole

Wenn in n_G und p_G gemeinsame Wurzelfaktoren auftreten, dann bedeutet das, dass die zugehörigen Übertragungsnullstellen und Pole von $\mathbf{G}(s)$ an gleicher Stelle liegen und daher eine formale *Kürzungskompensation* möglich ist. Solche gegen Übertragungsnullstellen von $\mathbf{G}(s)$ kürzbaren Pole von $\mathbf{G}(s)$ haben zum Begriff der "*versteckten Pole*" geführt. Wie aus dem Eingrößenfall bekannt ist, sind Kürzungen grundsätzlich (aus Stabilitätsgründen) nur im Stabilitätsgebiet Re{e}<0 zulässig. Versteckte Pole sind weiterhin Eigenwerte der Dynamikmatrix eines zu $\mathbf{G}(s)$ gehörenden Zustandsmodells bzw. Nullstellen des Polpolynoms p_G. Diese sind für die Stabilitätsbetrachtungen entscheidend (siehe 4.2.7 und 4.4.2)! Bei einseitig gekoppelten Mehrgrößensystemen ist das Auftreten versteckter Pole strukturbedingt, da die Koppelstrecken hier nicht in det$\mathbf{G}(s)$ eingehen und p_G und n_G dann immer gemeinsame Wurzelfaktoren besitzen.

Beispiel 4.3: Einseitig gekoppelte Zweigrößenstrecke

$$\mathbf{G}(s) = \begin{pmatrix} \frac{1}{s^2 + 3{,}5s + 3{,}5} & 0 \\ \frac{-3}{s(s+5)} & \frac{2}{(s+1)(s+3)} \end{pmatrix}$$

Polpolynom: $p_G(s) = \underline{s}(s+1)(s+3)\underline{(s+5)}(s^2 + 3{,}5s + 3{,}5).$

Nullstellenpolynom: $n_G = s \cdot (s+5)$

$$\det\mathbf{G}(s) = \frac{2}{(s+1)(s+3)(s^2 + 3{,}5s + 3{,}5)}.$$

D.h. die versteckten Pole $s_1 = 0$ und $s_4 = 5$ sind in det$\mathbf{G}(s)$ nicht enthalten; das sind genau die individuellen Pole der Koppelstrecke $G_{21}(s)$, die hier nicht zu det$\mathbf{G}(s)$ beiträgt. Der Nenner von det$\mathbf{G}(s)$ ist also nicht das vollständige Pol-Polynom! Insbesondere ist der für die Stabilität entscheidende Pol $s_1 = 0$ darin nicht enthalten! □

4.2.6 Steuerbarkeit und Beobachtbarkeit

Steuerbarkeit und *Beobachtbarkeit* sind wie die Stabilität grundlegende Eigenschaften dynamischer Systeme. Für den Eingrößenfall wurden sie in Kapitel 1 behandelt. In Erweiterung auf mehrere Eingangs- und Ausgangssignale gelten sie sinngemäß im Mehrgrößenfall. Ausgehend vom Zustandsmodell der Mehrgrößenstrecke (4.2), (4.3) hat man u.a. folgende *Kriterien für die Steuerbarkeit*:

Steuerbarkeitskriterien

1) $(\mathbf{A}_s, \mathbf{B}_s)$ ist steuerbar, wenn die folgende (Kalmansche) Steuerbarkeitsmatrix $\mathbf{S}_s$ den Rang n hat :

$$\text{rang}\,\mathbf{S}_s = n \tag{4.16}$$

$$\mathbf{S}_S = \begin{pmatrix}\mathbf{B}_S & \mathbf{A}_S\mathbf{B}_S & \mathbf{A}^2{}_S\mathbf{B}_S \ldots \mathbf{A}_S{}^{n-1}\mathbf{B}_S\end{pmatrix} \tag{4.17}$$

2) Bei sämtlich verschiedenen Eigenwerten von $\mathbf{A}_s$ gilt das modale Steuerbarkeitskriterium: Mit Hilfe der Modalmatrix $\mathbf{V}$ (Matrix der Rechtseigenvektoren von $\mathbf{A}_s$) wird zunächst die transformierte Eingangsmatrix berechnet:

$$\widetilde{\mathbf{B}}_S = \mathbf{V}^{-1}\mathbf{B}_S\,. \tag{4.18}$$

$(\mathbf{A}_s, \mathbf{B}_s)$ ist (modal) steuerbar, wenn $\widetilde{\mathbf{B}}_S$ keine Nullzeile besitzt.

3) Nach *Hautus* ist $(\mathbf{A}_s, \mathbf{B}_s)$ steuerbar, wenn

$$\text{rang}\begin{pmatrix}\lambda\mathbf{I} - \mathbf{A}_S & \mathbf{B}_S\end{pmatrix} = n \tag{4.19}$$

für alle komplexen Werte λ erfüllt ist; geprüft werden muss die Bedingung (4.19) nur für die n Eigenwerte von $\mathbf{A}_s$: $\lambda = \lambda_i$.

Dual hierzu sind *Kriterien für die Beobachtbarkeit*:

Beobachtbarkeitskriterien

1) $(\mathbf{A}_s, \mathbf{C}_s)$ ist beobachtbar, wenn die folgende (Kalmansche) Beobachtbarkeitsmatrix $\mathrm{S_B}$ den Rang n hat, d.h.

$$\text{rang}\,\mathrm{S_B} = n \tag{4.20}$$

$$\mathrm{S_B} = \begin{pmatrix}\mathbf{C}_S \\ \mathbf{C}_S\mathbf{A}_S \\ \mathbf{C}_S\mathbf{A}_S{}^2 \\ . \\ . \\ \mathbf{C}_S\mathbf{A}_S{}^{n-1}\end{pmatrix}. \tag{4.21}$$

2) Das modale Beobachtbarkeitskriterium lautet:
($\mathbf{A}_s$, $\mathbf{C}_s$) ist beobachtbar, wenn die auf Modalkoordinaten transformierte Ausgangsmatrix

$$\tilde{\mathbf{C}}_S = \mathbf{C}_S \cdot \mathbf{V} \tag{4.22}$$

keine Nullspalte besitzt.

3) Nach *Hautus* ist ($\mathbf{A}_s$, $\mathbf{C}_s$) beobachtbar, wenn

$$\text{rang}\begin{pmatrix} \lambda \mathbf{I} - \mathbf{A}_S \\ \mathbf{C}_S \end{pmatrix} = n \tag{4.23}$$

für alle komplexen Werte λ erfüllt ist; geprüft werden muss diese Bedingung auch wieder nur für die Eigenwerte $\lambda = \lambda_i$ von $\mathbf{A}_s$.

4.2.7 Stabilität

Grundlegende Stabilitätsbedingung

Wie bei Eingrößenregelung lautet die *grundlegende Bedingung für die (Zustands-) Stabilität bei Mehrgrößensystemen*: Sämtliche Eigenwerte λ_i der Dynamikmatrix liegen in der linken komplexen Halbebene

$$\text{Re}\{\lambda_i\} < 0. \tag{4.24}$$

(4.24) stellt die Bedingung für die asymptotische Stabilität dar, weil - wenn sie erfüllt ist - alle Teilvorgänge (Modi) des Systems auf Null abklingen. Da alle Pole der Übertragungsfunktionsmatrix **G**(s) immer auch Eigenwerte der Dynamikmatrix sind, gilt: ist das Mehrgrößensystem asymptotisch stabil, dann ist es auch eingangs-ausgangs-stabil (E/A-stabil).

4.3 Strukturen der Mehrgrößenregelungen

4.3.1 Standard-Mehrgrößenregelkreis

In Verallgemeinerung der Grundstruktur des einschleifigen Regelkreises ergibt sich der Standard-Mehrgrößenregelkreis (Abbildung 4.4).

Abbildung 4.4 Standard-Mehrgrößenregelkreis

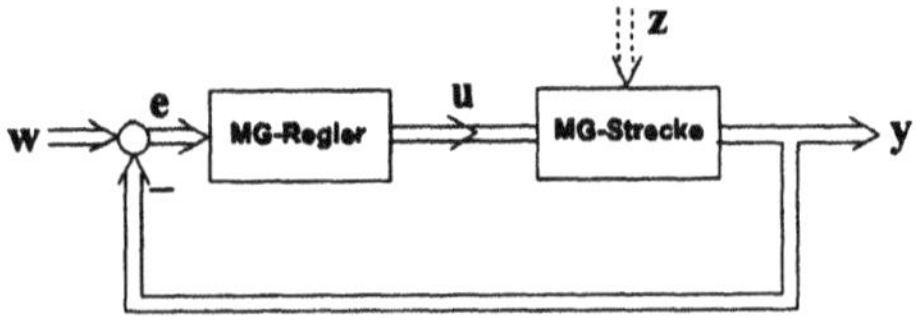

Die Signallinien stellen jetzt vektorielle Signale dar, also z.B. $\mathbf{u} = (u_1, u_2, \ldots, u_m)^T$.

Die Mehrgrößenregelstrecke sei bezüglich des Stellverhaltens durch ihre *Übertragungsfunktionsmatrix* $\mathbf{G}(s)$ beschrieben

Beschreibung durch Übertragungsfunktionsmatrizen

$$\mathbf{y}(s)_{(m,1)} = \mathbf{G}(s)_{(m,m)} \cdot \mathbf{u}(s)_{(m,1)} \tag{4.25}$$

und für den zugehörigen Mehrgrößenregler sei die Beschreibung des Klemmenverhaltens ebenfalls durch seine Übertragungsfunktionsmatrix $\mathbf{R}(s)$ wie folgt gegeben:

$$\mathbf{u}(s)_{(m,1)} = \mathbf{R}(s)_{(m,m)} \cdot \mathbf{e}(s)_{(m,1)} \tag{4.26}$$

Hier ist $\mathbf{e}$ die (vektorielle) Regelabweichung

$$\mathbf{e}(s)_{(m,1)} = \mathbf{w}(s)_{(m,1)} - \mathbf{y}(s)_{(m,1)}. \tag{4.27}$$

Sieht man zunächst von externen Störungen $\mathbf{z}$ ab, stellt die folgende Abbildung 4.5 den Ausgangspunkt für die Gewinnung der *Gleichungen für den geschlossenen Mehrgrößenregelkreis* dar:

Standard-Mehrgrößenregelkreis

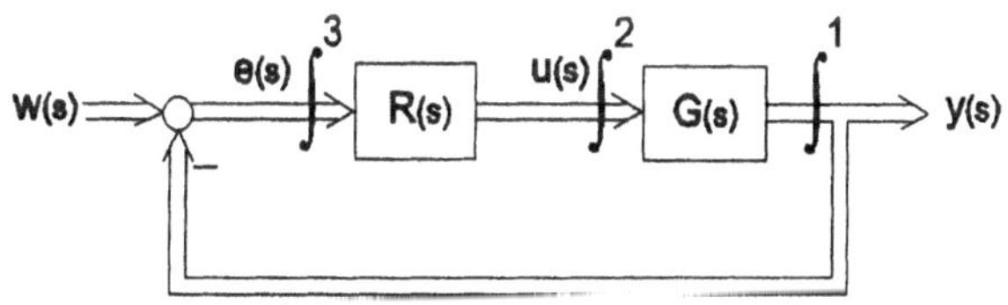

Abbildung 4.5 Mehrgrößenregelkreis mit unterschiedlichen fiktiven Schnittstellen

Schneidet man den Kreis fiktiv an der Stelle "1" auf, so kann man für das linke Schnittufer für $\mathbf{y}(s)$ aus der Abbildung ablesen

Fiktive Schnittbetrachtungen im Matrixsignalflussbild

$$\mathbf{y}(s) = \mathbf{G}(s) \cdot \mathbf{R}(s) \cdot (\mathbf{w}(s) - \mathbf{y}(s)). \tag{4.28}$$

Hierbei muss man ausgehend von der Schnittstelle entgegengesetzt zur Signalflussrichtung durch das "Vektor-Matrix-Blockschaltbild" gehen und die entsprechenden Matrizenmultiplikationen beim Ablesen aus der Abbildung in der sich so ergebenden Reihenfolge vornehmen! Nur so ist man in Einklang mit den Regeln der Matrizenmultiplikation, bei der bekanntlich die Reihenfolge der Faktoren in einem Produkt i.a. nicht vertauscht werden darf.

Um die Gleichung für das Führungsverhalten des Mehrgrößenregelkreises aus (4.28) zu erhalten, muss y(s) separiert und auf die linke Seite gebracht werden:

$$\begin{aligned} &\mathbf{y}(s)+\mathbf{G}(s)\cdot\mathbf{R}(s)\cdot\mathbf{y}(s)=\mathbf{G}(s)\cdot\mathbf{R}(s)\cdot\mathbf{w}(s) \\ &(\mathbf{I}+\mathbf{G}(s)\cdot\mathbf{R}(s))\mathbf{y}(s)=\mathbf{G}(s)\cdot\mathbf{R}(s)\cdot\mathbf{w}(s) \\ &\mathbf{y}(s)=(\mathbf{I}+\mathbf{G}(s)\mathbf{R}(s))^{-1}\mathbf{G}(s)\cdot\mathbf{R}(s)\cdot\mathbf{w}(s), \end{aligned} \tag{4.29}$$

Führungsverhalten

d.h. die Übertragungsfunktionsmatrix $\mathbf{G}_{yw}(s)$ des geschlossenen Mehrgrößenregelkreises für das *Führungsverhalten* **w→y** lautet

$$\mathbf{G}_{yw}(s)=(\mathbf{I}+\mathbf{G}(s)\cdot\mathbf{R}(s))^{-1}\cdot\mathbf{G}(s)\cdot\mathbf{R}(s). \tag{4.30}$$

Ein Vergleich mit der entsprechenden Gleichung eines Eingrößenregelkreises ist nützlich

$$g_{yw}(s)=\frac{g(s)\cdot r(s)}{1+g(s)\cdot r(s)}.$$

Rückführdifferenzmatrix

Die in (4.30) in invertierter Form vorkommende Matrix ($\mathbf{I}$+ $\mathbf{G}(s)\cdot\mathbf{R}(s)$) heißt *Rückführdifferenzmatrix* (RDM) des Mehrgrößenregelkreises und wird nachfolgend eine bedeutende Rolle spielen.

Interessiert man sich im Mehrgrößenregelkreis für die Stellgrößen **u**(s), so muss man in Abbildung 4.5 fiktiv an der Stelle "2" aufschneiden; hierfür liest man ab

$$\mathbf{u}(s)=\mathbf{R}(s)\cdot(\mathbf{w}(s)-\mathbf{G}(s)\cdot\mathbf{u}(s)), \tag{4.31}$$

so dass man nach obigem Muster schließlich erhält

$$\mathbf{u}(s)=(\mathbf{I}+\mathbf{R}(s)\cdot\mathbf{G}(s))^{-1}\cdot\mathbf{R}(s)\cdot\mathbf{w}(s). \tag{4.32}$$

Die hier vorkommende, für die Schnittstelle "2" geltende Rückführdifferenzmatrix ($\mathbf{I}$ + $\mathbf{R}$ · $\mathbf{G}$) unterscheidet sich von der oben für die Schnittstelle "1" gefundenen durch die Reihenfolge der Faktoren $\mathbf{G}(s)$ und $\mathbf{R}(s)$:

$$\begin{aligned} \mathrm{RDM}_1 &= (\mathbf{I}+\mathbf{G}\cdot\mathbf{R}) \\ \mathrm{RDM}_2 &= (\mathbf{I}+\mathbf{R}\cdot\mathbf{G}). \end{aligned} \tag{4.33}$$

Interessiert man sich für die Regelabweichung $\mathbf{e}(s)$ als Ausgang des geschlossenen Regelkreises, so müssen die Betrachtungen für die

Schnittstelle "3" in Abbildung 4.5 durchgeführt werden und man erhält

$$\mathbf{e}(s) = \left(\mathbf{I} + \mathbf{G}(s) \cdot \mathbf{R}(s)\right)^{-1} \cdot \mathbf{w}(s). \qquad (4.34)$$

Hier tritt die Rückführdifferenzmatrix wieder in der Form RDM_1 auf, d.h. so wie an der Schnittstelle "1".

In die Gleichungen des geschlossenen Mehrgrößenregelkreises (4.29), (4.32), (4.34) geht die jeweilige RDM in invertierter Form ein. Für die Inverse einer (quadratischen) Matrix **M** gilt

$$\mathbf{M}^{-1} = \frac{\operatorname{adj}\mathbf{M}}{\det\mathbf{M}}.$$

Auf Grund der Determinantenidentität gilt:

$$\det\left(\mathbf{I} \pm \mathbf{A}\,\mathbf{B}\right) = \det\left(\mathbf{I} \pm \mathbf{B}\,\mathbf{A}\right) \qquad (4.35)$$

Wichtige Eigenschaft der Determinante von Rückführdifferenzmatrizen

Die Determinanten sämtlicher (d.h. für beliebige Schnittstellen bildbarer) Rückführdifferenzmatrizen eines Mehrgrößenregelkreises sind gleich.

Diese Eigenschaft ist sehr wesentlich für spätere Stabilitätsprüfungen des geschlossenen Mehrgrößenregelkreises (siehe 4.4.2).

Wenn die Übertragungsfunktionsmatrix $\mathbf{R}(s)$ des Mehrgrößenreglers z.B. voll besetzt ist, dann liegt keine besondere oder ausgezeichnete Struktur des Mehrgrößenreglers vor. Sein Klemmenverhalten ist dann sinngemäß wie in Abbildung 4.2 als P-kanonische Struktur mit Einzelübertragungsfunktionen $R_{ij}(s)$ zu deuten:

$$\mathbf{R}(s) = \left(R_{i\,j}(s)\right). \qquad (4.36)$$

Struktur von Mehrgrößenreglern

Häufig treten jedoch in der praktischen Mehrgrößenregelung besonders strukturierte Mehrgrößenregler auf. Eine spezielle *Mehrgrößenreglerstruktur* äußert sich in der Übertragungsfunktionsmatrix $\mathbf{R}(s)$ durch eine spezielle Anordnung von weniger als m x m von Null verschiedenen Elementen. Aus Realisierungs- und Praxissicht haben solche Strukturen - insbesondere Diagonalregler und sog. dezentrale Regelungen - zweifellos eine hohe Transparenz; das Entwurfsproblem bleibt aber i.a. wegen der inneren Streckenkopplungen schwierig.

4.3.2 Strukturierte Mehrgrößenregler

4.3.2.1 Diagonalregler

Mehrgrößenregelungen mit *Diagonalregler* sind auch als nichtentkoppelte Mehrgrößenregelungen bekannt. Unter der Annahme gleicher Zahl von Stell- und Regelgrößen gilt für eine Zweigrößenregelung, d.h. $m = r = 2$, folgende Abbildung 4.6.

Abbildung 4.6 Struktur der nichtentkoppelten Zweigrößenregelung; Diagonalregler $R(s) = \text{diag}(R_{ii}(s))$ $i = 1,2$

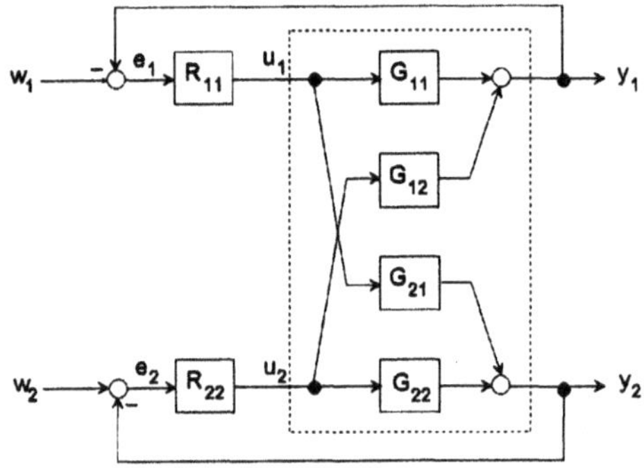

In der Beschreibung (4.36) sind die beiden Regler die von Null verschiedenen Hauptdiagonalelemente

$$\mathbf{R}(s) = \begin{pmatrix} R_{11}(s) & 0 \\ 0 & R_{22}(s) \end{pmatrix}. \tag{4.37}$$

Daraus ergibt sich eine weitere gebräuchliche Bezeichnung einer Reglerstruktur gemäß Abbildung 4.6: Zweigrößenregelung mit *Hauptreglern*. Die Streckenelemente G_{ii}, die in Abbildung 4.6 mit den Reglern R_{ii} jeweils quasi einen Regelkreis bilden, nennt man *Hauptstrecken*. Die beiden "Einzelregelkreise" (R_{ii}, G_{ii}) sind über die *Koppelstrecken* G_{ij} gekoppelt. Offenbar setzt eine Anordnung gemäß Abbildung 4.6 voraus, dass zunächst eine *Stellgrößen-/Regelgrößenzuordnung* getroffen wurde, hier u_1 zu y_1 und u_2 zu y_2. Bei den bei einer Zweigrößenregelung vorhandenen $m = 2$ Stell- und Regelgrößen hätte aber auch eine zweite andere Zuordnung getroffen werden können, nämlich u_1 zu y_2 und u_2 zu y_1. Dann wären die Hauptstrecken der Anordnung Abbildung 4.6 zu Koppelstrecken und die Koppelstrecken zu Hauptstrecken der neuen Zuordnung geworden. Bei einer Mehrgrößenstrecke mit m Stell- und Regelgrößen gibt es genau $m!$ mögliche Stell- und Regelgrößenzuordnungen für eine Struktur mit Diagonalregler! Häufig scheiden von den formal $m!$ denkbaren Strukturen aus technologischen Gründen schon einige

Hauptregler

Haupt- und Koppelstrecken

Stellgrößen-/Regelgrößenzuordnung

(viele) aus. Trotzdem ist die zweckmäßige Stellgrößen-/Regelgrößenzuordnung und damit der Strukturentscheid in einer Anordnung mit Diagonalregler eine nichttriviale und selten ganz eindeutig zu entscheidende Frage. In der Theorie und Praxis der nichtentkoppelten Mehrgrößenregelung fehlte es nicht an Bemühungen, diesen Entscheidungsprozess zu objektivieren. Mittlerweile gibt es dazu eine Reihe nützlicher Empfehlungen und Verfahren, auf die aus Umfangsgründen nicht eingegangen wird. Für $m > 3$ bleibt die Entscheidung diffizil, weil es schwierig ist, eindeutige Maße für die innere Verkopplung der Strecke anzugeben.

4.3.2.2 Dezentrale Mehrgrößenregelung

Der Übergang von der Struktur mit Diagonalregler zur dezentralen Mehrgrößenregelung ist gleitend, wenn man an Stelle einer reinen Diagonalreglermatrix eine Blockdiagonalmatrix für **R** zulässt. Abbildung 4.7 soll eine solche Struktur verdeutlichen; dabei haben die Teilregler i.a. - mindestens jedoch einer - selbst Mehrgrößencharakter ohne spezielle innere Struktur.

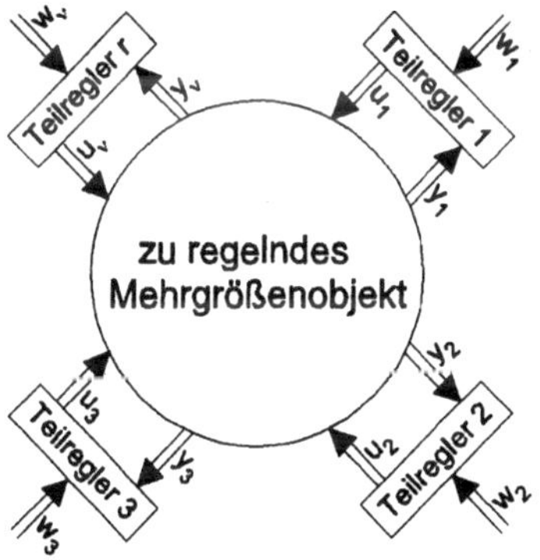

Abbildung 4.7 Dezentrale Mehrgrößenregelung mit υ Teilreglern

Nahe liegend ist eine solche Anordnung, wenn das zu regelnde Mehrgrößenobjekt in relativ selbstständige Teilsysteme mit technologisch begründeten separaten Anschlussstellen für lokale Mehrgrößenregler (Teilregler) gegliedert ist. Typisch sind z.B. geografisch gegliederte Versorgungsverbundsysteme. Hier bieten die lokalen Erzeugerstellen (z.B. Kraftwerke) die Teilregleranschlussstellen. Entwurfsverfahren für dezentrale Regelungen müssen die Verkopplungen, die über den Verbund, also im Gesamtsystem bestehen und mehr oder weniger stark ausgeprägt sind, berücksichtigen.

Hier lassen sich im Wesentlichen zwei Gruppen von Herangehensweisen unterscheiden:

Zwei Konzepte für den Entwurf dezentraler Regelungen

- Beim zentralen Entwurf dezentraler Regler erfolgt der Entwurf am Gesamtsystem unter Berücksichtigung der Dezentralisierung des Reglers in Teilregler. Dabei liegt die Schwierigkeit in der Berücksichtigung der gewollten dezentralen Teilreglerstruktur.
- Beim dezentralen Entwurf dezentraler Regler werden die relativ selbstständigen Teilsysteme des Gesamtsystems als nahezu entkoppelt angenommen. Für solche Teilsysteme werden Teilregler mit Verfahren der zentralen Mehrgrößenregelung entworfen. Die Schwierigkeit besteht in erster Linie in der Sicherung der Stabilität bzw. Mindestgüte für das gekoppelte Gesamtsystem. Oft gelingt dies nur durch die Einführung übergeordneter Regelungs-(Koordinierungs-)Ebenen, womit man zu hierarchischen Regelungssystemen gelangt.

Die skizzierte Idee der dezentralen Mehrgrößenregelung wird aber auch auf "konzentrierte" Mehrgrößenobjekte wie z.B. Destillationskolonnen, Industrieöfen usw. übertragen. Erfolgreich ist dies, wenn die Mehrgrößenregelstrecke in wechselseitig nicht stark gekoppelt zu betrachtende Teilsysteme mit z.B. Zweigrößencharakter separiert werden kann. Abbildung 4.8 versucht, den Unterschied der beiden umrissenen Herangehensweisen bei Entwurfsverfahren für dezentrale Regler darzustellen.

Abbildung 4.8 Zum Entwurf dezentraler Regler a) Zentraler Entwurf dezentraler Regler b) Dezentraler Entwurf dezentraler Regler

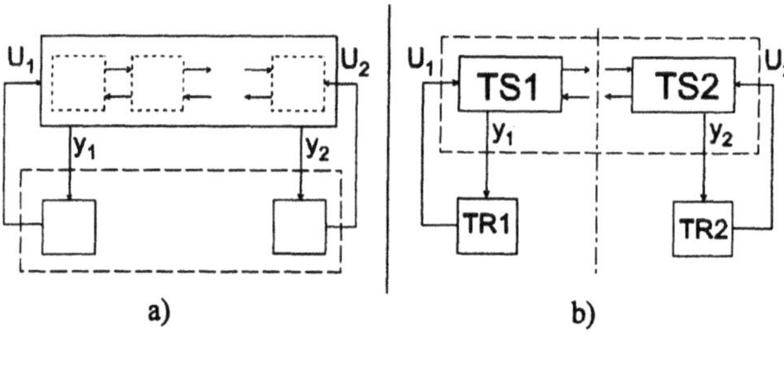

4.3.2.3 Speziell strukturierte Mehrgrößenregler

Entkopplungsregler in P-ähnlicher Struktur

Eine Reihe von Entwurfsverfahren für Mehrgrößenregelungen liefern im Ergebnis speziell strukturierte Regler. Beispielsweise führen Verfahren zum Entwurf *entkoppelter Mehrgrößenregelungen* auf P-ähnliche Reglerstrukturen. Eine solche ist für eine Zweigrößenregelung in Abbildung 4.9 dargestellt. In der mathematischen Beschreibung werden die erkennbaren beiden Bestandteile zweckmäßig durch getrennte Matrixübertragungsfunktionsblöcke notiert, die man entgegengesetzt zur Signalflussrichtung multipliziert.

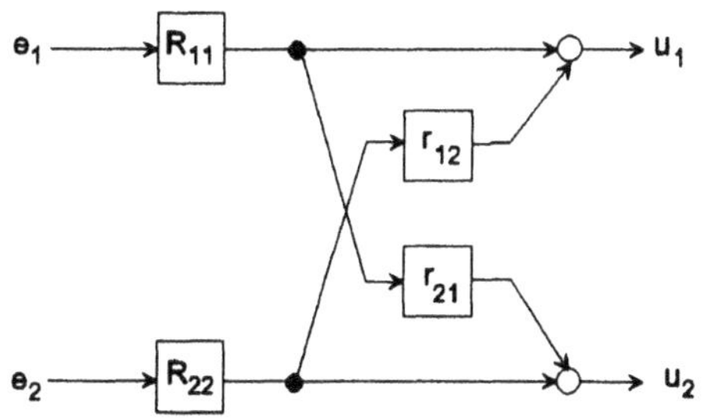

Abbildung 4.9 Mehrgrößenregler in P-ähnlicher Struktur:

a) Signalflussbild

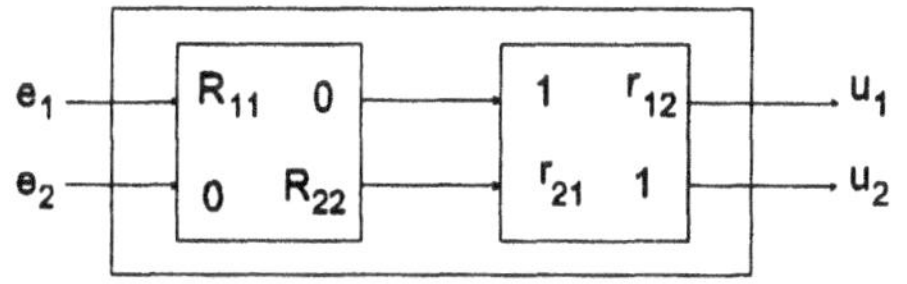

b) Zuordnung von Übertragungsfunktionsmatrizen

Es gilt

$$\begin{pmatrix} u_1 \\ u_2 \end{pmatrix} = \begin{pmatrix} 1 & r_{12} \\ r_{21} & 1 \end{pmatrix} \cdot \begin{pmatrix} R_{11} & 0 \\ 0 & R_{22} \end{pmatrix} \begin{pmatrix} e_1 \\ e_2 \end{pmatrix} = \begin{pmatrix} R_{11} & r_{12}R_{22} \\ r_{21}R_{11} & R_{22} \end{pmatrix} \begin{pmatrix} e_1 \\ e_2 \end{pmatrix}.$$

4.3.3 Zustandsrückführung

Die statische, *konstante Zustandsrückführung* stellt die "Urform" der Zustandsregelung dar, die gerade für Mehrgrößenregelungen in den letzten vierzig Jahren eine stürmische Entwicklung genommen hat. Sie ist die theoretische Plattform für den praxisrelevanten Übergang zur dynamischen Ausgangsrückführung mit Beobachtern und allgemeiner mit dynamischen Kompensatoren. Die Zustandsrückführung wurde für Eingrößensysteme bereits in Kapitel 1 eingeführt.

Statische oder konstante Zustandsrückführung als Urform der Zustandsregelung

Ausgangspunkt ist jetzt das Zustandsmodell (4.2), (4.3) einer Mehrgrößenregelstrecke. Unter der Annahme, dass alle Zustandsvariablen messbar sind, hat das Regelungsgesetz der konstanten Zustandsrückführung mit Vorfilter die Form

$$\mathbf{u}_S(t) = -\mathbf{K}\mathbf{x}_S(t) + \mathbf{V} \cdot \mathbf{w}(t). \tag{4.38}$$

Hier ist **K** die (r, n_s) -Reglermatrix mit konstanten Elementen und **V** eine ebenfalls konstante (r, r) - *Vorfiltermatrix*. **V** soll regulär sein, damit über die r Referenzgrößen w_i in **w** die Einstellung von unabhängigen Sollwerten für die r Regelgrößen möglich ist. Setzt man

Vorfiltermatrix

(4.38) in (4.2), (4.3) ein, ergibt sich für das zustandsrückgeführte System

$$\dot{\mathbf{x}}_S(t) = (\mathbf{A}_S - \mathbf{B}_S\mathbf{K}) \cdot \mathbf{x}_S(t) + \mathbf{B}_S\mathbf{V}\mathbf{w}(t) + \mathbf{E}_S\mathbf{z}_S(t) \tag{4.39}$$

$$\mathbf{y}_S(t) = \mathbf{C}_S\mathbf{x}_S(t). \tag{4.40}$$

Abb. 4.10 zeigt das Matrixsignalflussbild der Zustandsrückführung.

Abbildung 4.10 Vollständige Zustandsrückführung mit Vorfilter

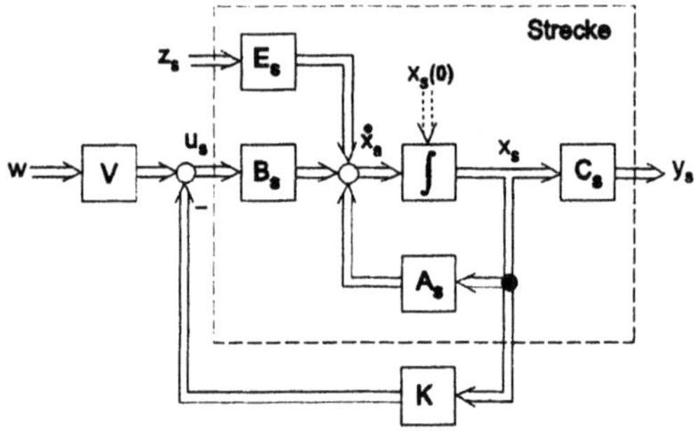

Abbildung 4.11 schafft den Übergang zur Bildbereichsbeschreibung.

Abbildung 4.11 Übergang zur Bildbereichsbeschreibung des zustandsrückgeführten Systems

a)

b)

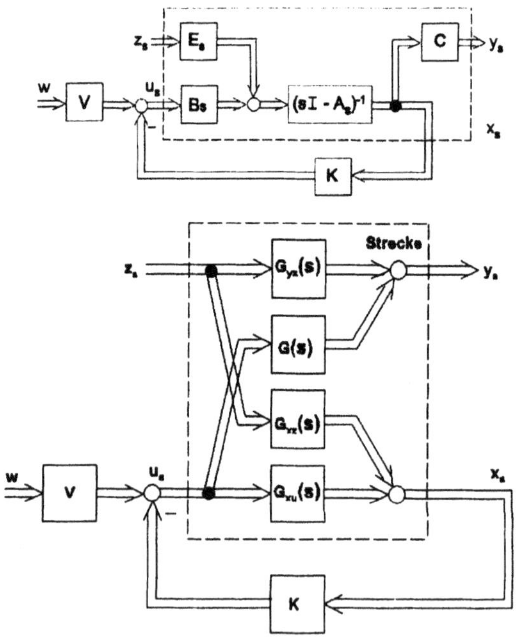

Gemäß 4.2.3 erhält man die Übertragungsfunktionsmatrizen in Abbildung 4.11b:

$$\mathbf{u}_S \rightarrow \mathbf{y}_S: \quad \mathbf{G}(s) = \mathbf{C}_S \left(s\mathbf{I} - \mathbf{A}_S\right)^{-1} \mathbf{B}_S \tag{4.41}$$

Bildbereichsbeschreibung der konstanten Zustandsrückführung

$$\mathbf{u}_S \rightarrow \mathbf{x}_S: \quad \mathbf{G}_{xu}(s) = \left(s\mathbf{I} - \mathbf{A}_S\right)^{-1} \mathbf{B}_S \tag{4.42}$$

$$\mathbf{z}_S \rightarrow \mathbf{y}_S: \quad \mathbf{G}_{yz}(s) = \mathbf{C}_S \left(s\mathbf{I} - \mathbf{A}_S\right)^{-1} \mathbf{E}_S \tag{4.43}$$

$$\mathbf{z}_S \rightarrow \mathbf{x}_S: \quad \mathbf{G}_{xz}(s) = \left(s\mathbf{I} - \mathbf{A}_S\right)^{-1} \mathbf{E}_S . \tag{4.44}$$

Aus (4.39), (4.40) erhält man die Bildbereichsbeschreibung des geschlossenen Systems mit Zustandsrückführung und Vorfilter:

$$\mathbf{y}_S(s) = \underbrace{\mathbf{C}_S \left(s\mathbf{I} - \mathbf{A}_S + \mathbf{B}_S \mathbf{K}\right)^{-1} \mathbf{B}_S \mathbf{V}}_{\mathbf{G}_{yw}(s)} \mathbf{w}(s) + \underbrace{+ \mathbf{C}_S \left(s\mathbf{I} - \mathbf{A}_S + \mathbf{B}_S \mathbf{K}\right)^{-1} \mathbf{E}_S}_{\tilde{\mathbf{G}}_{yz}(s)} \mathbf{z}_S \tag{4.45}$$

Das Führungsverhalten des geschlossenen Systems wird also im Bildbereich durch die Übertragungsfunktionsmatrix

$$\mathbf{G}_{yw}(s) = \mathbf{C}_S \left(s\mathbf{I} - \mathbf{A}_S + \mathbf{B}_S \mathbf{K}\right)^{-1} \mathbf{B}_S \mathbf{V} \tag{4.46}$$

Führungsverhalten

beschrieben. Eine alternative Darstellung findet man aus Abbildung 4.11 b), wenn man die in 4.3.1 erläuterte Methodik anwendet:

$$\mathbf{G}_{yw}(s) = \mathbf{G}_S(s) \left(\mathbf{I} - \mathbf{K} \mathbf{G}_{xu}(s)\right)^{-1} \mathbf{V}. \tag{4.47}$$

Nach längerer Zwischenrechnung und Anwendung spezieller Rechenregeln der Matrizenrechnung kann man die Identität von (4.46) und (4.47) zeigen. Für das Störverhalten des geschlossenen Systems gilt

$$\begin{aligned} \tilde{\mathbf{G}}_{yz}(s) &= \mathbf{C}_S \left(s\mathbf{I} - \mathbf{A}_S + \mathbf{B}_S \mathbf{K}\right)^{-1} \mathbf{E}_s \\ &= \left(\mathbf{G}_{yz}(s) - \mathbf{G}(s)(\mathbf{I} + \mathbf{K}\mathbf{G}_{xu}(s))^{-1} \mathbf{K} \mathbf{G}_{xz}(s)\right). \end{aligned} \tag{4.48}$$

Störverhalten

Die Entwurfsparameter des Regelungsgesetzes (4.38) sind die r, n_s Elemente k_{ij} der Rückführmatrix **K** und die r^2 Elemente v_{ij} der Vorfiltermatrix **V**. Nur **K** geht in die neue Dynamikmatrix $\mathbf{A}_s - \mathbf{B}_s \mathbf{K}$ des geschlossenen Systems (4.39) ein; damit beeinflusst **K** entscheidend den Charakter des Zeitverhaltens des geschlossenen Systems (Abbildung 4.10), das durch die externen Signale **w**, $\mathbf{z}_s$ oder durch Anfangs*auslenkungen* $\mathbf{x}_s(0)$ angeregt wird. Das schließt natürlich das Stabilitätsverhalten ein. **V** ist nur im Führungsverhalten, also bei

Grundsätzliche Entwurfsüberlegungen für Zustandsrückführung

Anregungen mit $\mathbf{w}$ wirksam und dient hier zur Erzielung stationärer Genauigkeit des Führungsverhaltens bei konstanten Sollwertvorgaben.

Konzepte der Eigenwertvorgabe und des LQR-Entwurfs

Da $\mathbf{K}$ den Charakter des Systemverhaltens über die neue Dynamikmatrix $\mathbf{A}_s - \mathbf{B}_s \mathbf{K}$ festlegt, ist die Bestimmung von $\mathbf{K}$ der entscheidende Schritt beim Entwurf der Zustandsrückführung (4.38). Mit der Änderung der Dynamikmatrix durch $\mathbf{K}$ ändern sich die Eigenwerte. Bei linearen Systemen bestimmt die Lage der Eigenwerte bekanntlich in sehr direkter Weise das Systemverhalten einschließlich der Stabilität. Ein nahe liegendes Prinzip für den Entwurf einer Zustandsrückführung ist daher eine gezielte *Eigenwertvorgabe*. Freie Eigenwertvorgabe gelingt, wenn $(\mathbf{A}_s , \mathbf{B}_s)$ steuerbar ist. Ein anderes verbreitetes Prinzip ist der *LQR-Entwurf* (auch "*Riccati-Entwurf*"), bei dem $\mathbf{K}$ so bestimmt wird, dass ein verallgemeinertes quadratisches Gütekriterium minimal und die Stabilität garantiert wird.

4.3.4 Zustandsregelungen mit Beobachter

Messbarkeit der Zustandsvariablen

Die im vorigen Abschnitt für die Zustandsrückführung getroffene Annahme, dass man alle n_s Zustandsvariablen der Mehrgrößenstrecke, d.h. den gesamten Zustandsvektor $\mathbf{x}_s$, messen kann, ist aus der Sicht der Praxis nicht realistisch. Tatsächlich messbar sind i.a. die Regelgrößen y_i und ggf. einige - meist wenige - zusätzliche Messgrößen. Um Weitschweifigkeiten zu vermeiden, wird nachfolgend davon ausgegangen, dass $\mathbf{y}_s$ (Abbildung 4.10) der Vektor der messbaren Größen ist.

Beobachter

Durch sog. *Zustandsbeobachter* - kurz Beobachter - gelingt es unter der Bedingung, dass $(\mathbf{A}_s , \mathbf{C}_s)$ beobachtbar ist, aus den gemessenen Regelgrößen $\mathbf{y}_s$ und den i.a. ebenfalls messbaren Stellgrößen $\mathbf{u}_s$ den gesamten Streckenzustand $\mathbf{x}_s$ zu rekonstruieren. Ein solcher Beobachter ist ein dynamisches System, das als Bestandteil der Zustandsregelung zu realisieren ist und damit zu einer dynamischen Ausgangsgrößenrückführung überleitet. Abbildung 4.12 zeigt die auf *Luenberger* zurückgehende Struktur. Der Rückführmatrix $\mathbf{K}$ wird an Stelle des Zustandsvektors $\mathbf{x}_s$ der Strecke der rekonstruierte Streckenzustand $\hat{\mathbf{x}}_S$ zugeführt.

Beobachter-struktur nach *Luenberger*

Das Regelungsgesetz lautet

$$\mathbf{u}_S(t) = -\mathbf{K} \cdot \hat{\mathbf{x}}_S(t) + \mathbf{V} \cdot \mathbf{w}(t) . \tag{4.49}$$

Der Beobachter wird durch

$$\dot{\hat{\mathbf{x}}}_S(t) = \left(\mathbf{A}_S - \mathbf{L}\mathbf{C}_S\right) \cdot \hat{\mathbf{x}}_S(t) + \mathbf{B}_S \mathbf{u}_S(t) + \mathbf{L}\mathbf{y}_S(t) \tag{4.50}$$

beschrieben. Sein Ausgang ist der in (4.49) eingehende rekonstruierte Streckenzustand $\hat{\mathbf{x}}_S(t)$.

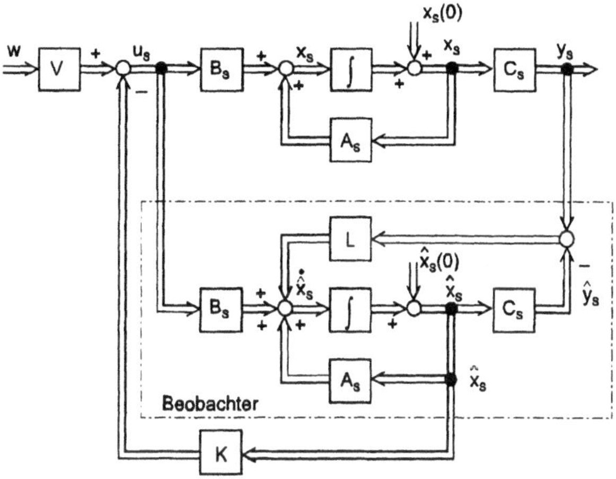

Abbildung 4.12 Zustandsrückführung mit Beobachter

Die $(n_s\ ,\ r)$ - Matrix $\mathbf{L}$ in der Beobachtergleichung (4.50) ist so zu bestimmen, dass ein Beobachtungsfehler

$$\mathbf{e}(t) = \mathbf{x}_S(t) - \hat{\mathbf{x}}_S(t) \tag{4.51}$$

ausreichend schnell abklingt und damit die gewünschte Gleichheit $\mathbf{x}_S = \hat{\mathbf{x}}_S$ erreicht wird. Dazu müssen die Eigenwerte der Dynamikmatrix $\mathbf{A}_s - \mathbf{LC}_s$ des Beobachters ausreichend weit links in der komplexen linken Halbebene liegen. Wenn $(\mathbf{A}_s\ ,\ \mathbf{C}_s\ )$ beobachtbar ist, kann dies immer erreicht werden. Gegenstand des Entwurfes eines Beobachters ist also die geeignete Festlegung von $\mathbf{L}$. Alle anderen in (4.50) eingehenden Matrizen sind mit dem Regelstreckenmodell (4.2), (4.3) bekannt. $\mathbf{K}$ und $\mathbf{V}$ im Regelungsgesetz (4.49) sind so zu bestimmen wie bei einer vollständigen Rückführung (4.38) des tatsächlichen Streckenzustandes $\mathbf{x}_s$ unter der Annahme, man könnte ihn messen. Ein solcher Entwurf, bei dem in getrennten Schritten zunächst eine "ideale" Zustandsrückführung (4.38) ermittelt wird und dann der Beobachter, d.h. $\mathbf{L}$ bestimmt wird, beruht auf der Gültigkeit des sog. *Separationsprinzips*.

Beobachterentwurf und Separationsprinzip

4.3.5 Konstante Ausgangsrückführung

Aus dem Blickwinkel der praktischen Realisierung ist eine *konstante proportionale Ausgangsrückführung* ggf. mit Vorfilter die nahe liegendste Variante

Konstante Ausgangsrückführung

$$\mathbf{u}_S(t) = -\mathbf{K}_Y \cdot \mathbf{y}_S(t) + \mathbf{V} \cdot \mathbf{w}(t). \tag{4.52}$$

Abbildung 4.13 zeigt die zugehörige, vergleichsweise einfache Regelungsstruktur. Sie stellt eine Mehrgrößen-P-Regelung dar, bei der aber nicht ein zunächst gebildetes Regelabweichungssignal ($\mathbf{w} - \mathbf{y}_s$) zurückgeführt, d.h. auf den P-Regler gegeben wird. Damit unterscheidet sich die konstante Ausgangsrückführung (4.52) bzw. Abbildung 4.13 vom Standardregelkreis mit P-Regler gemäß Abbildung 4.5.

Abbildung 4.13
Konstante Ausgangsrückführung mit Vorfilter

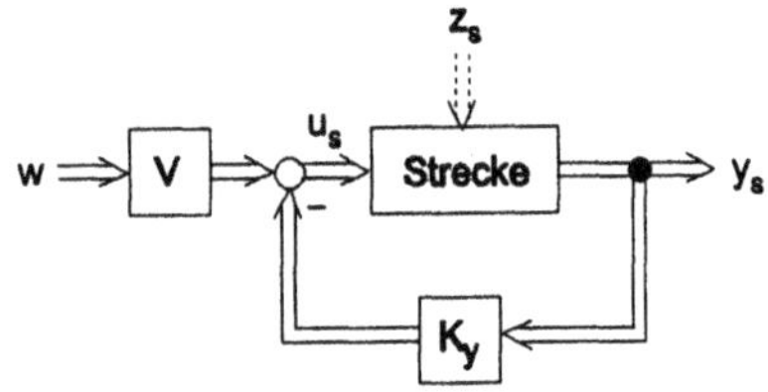

Verwendet man als Modellform für die Beschreibung der Strecke wieder die Zustandsgleichungen (4.2), (4.3), so findet man für den geschlossenen Kreis mit Ausgangsrückführung (4.52)

$$\dot{x}_S(t) = \left(\mathbf{A}_S - \mathbf{B}_S\mathbf{K}_Y\mathbf{C}_S\right) \cdot \mathbf{x}_S(t) + \mathbf{B}_S\mathbf{V}\mathbf{w}(t) + \mathbf{E}_S\mathbf{z}_S(t) \tag{4.53}$$

$$y_S(t) = \mathbf{C}_S\mathbf{x}_S(t). \tag{4.54}$$

Geht man ganz ähnlich wie in 4.3.3 zur *Bildbereichsbeschreibung* über, so findet man für das geschlossene System

Bildbereichsbeschreibung der Ausgangsrückführung

$$\begin{aligned} y_S(t) = \; & \mathbf{C}_S\left(s\mathbf{I} - \mathbf{A}_S - \mathbf{B}_S\mathbf{K}_Y\mathbf{C}_S\right)^{-1}\mathbf{B}_S\mathbf{V} \cdot \mathbf{w}(s) + \\ & + \mathbf{C}_S\left(s\mathbf{I} - \mathbf{A}_S - \mathbf{B}_S\mathbf{K}_Y\mathbf{C}_S\right)^{-1}\mathbf{E}_S \cdot \mathbf{z}_S(s) = \\ = & \left(\mathbf{I} + \mathbf{G}(s)\mathbf{K}_Y\right)^{-1}\mathbf{G}(s)\mathbf{V} \cdot \mathbf{w}(s) + \left(\mathbf{I} + \mathbf{G}(s)\mathbf{K}_Y\right)\mathbf{G}_{YZ}(s) \cdot \mathbf{z}_S(s) \end{aligned} \tag{4.55}$$

Grundsätzliche Entwurfsüberlegung für konstante Ausgangsrückführung

Der Entwurf einer Ausgangsrückführung (4.52) für eine gegebene Mehrgrößenstrecke beinhaltet die Bestimmung der r^2 Elemente der Rückführmatrix $\mathbf{K}_Y$ und der r^2 Elemente der Vorfiltermatrix $\mathbf{V}$. Wie die Gleichung des geschlossenen Systems (4.53) zeigt, hat nur $\mathbf{K}_Y$ Einfluss auf die Dynamikmatrix ($\mathbf{A}_s - \mathbf{B}_s\,\mathbf{K}_Y\,\mathbf{C}_s$) und damit auf den Charakter des entstehenden Systemverhaltens. Da nicht der gesamte Zustandsvektor zurückgeführt wird, sondern nur der messbare Ausgangsvektor $\mathbf{y}_s$, ist der Spielraum für die Gestaltung der Regelkreisdynamik bei einer Ausgangsrückführung deutlich geringer als bei einer Zustandsrückführung.

Obwohl für die Realisierung kein Beobachter notwendig ist, ist der Entwurf einer konstanten Ausgangsrückführung i.a. schwierig und erfordert anspruchsvollere systemtheoretische Kenntnisse.

4.3.6 Dynamischer Kompensator

Ersetzt man in Abbildung 4.13 die konstante Ausgangsrückführung durch ein dynamisches System der Ordnung n_R

$$\dot{\mathbf{x}}_R(t) = \mathbf{A}_R \mathbf{x}_R(t) + \mathbf{B}_R \mathbf{y}_s(t), \quad \mathbf{x}_R(0) = \mathbf{x}_{R0} \qquad (4.56)$$

$$\mathbf{y}_R(t) = \mathbf{C}_R \mathbf{x}_R(t) + \mathbf{D}_R \mathbf{y}_s(t) \qquad (4.57)$$

Gleichung eines dynamischen Kompensators

so erhält man die sehr allgemeine Struktur der dynamischen Kompensation (Abbildung 4.14).

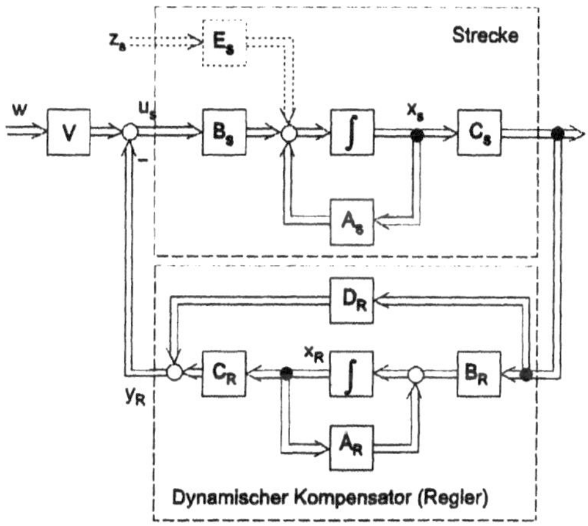

Abbildung 4.14 Dynamische Ausgangsrückführung oder dynamische Kompensation

Außer einem ggf. einzusetzenden Vorfilter **V** sind die zu bestimmenden *Entwurfsparameter* eines solchen dynamischen Kompensators die Elemente der Matrizen ($\mathbf{A}_R$, $\mathbf{B}_R$, $\mathbf{C}_R$, $\mathbf{D}_R$). Mit wachsender Ordnung n_R des dynamischen Kompensators nimmt die Zahl der Entwurfsparameter überproportional zu. Man wird n_R nur gerade so groß wählen, um genügend Freiheiten zu erhalten, so dass die anstehenden Entwurfsforderungen erfüllt werden können. Für die Dynamikmatrix des geschlossenen Systems aus Abbildung 4.14 gilt :

Entwurfsparameter und Ordnung des dynamischen Kompensators

$$\begin{pmatrix} \mathbf{A}_s - \mathbf{B}_s\mathbf{D}_R\mathbf{C}_s & -\mathbf{B}_s\mathbf{C}_R \\ \mathbf{B}_R\mathbf{C}_s & \mathbf{A}_R \end{pmatrix} =$$

$$= \underbrace{\begin{pmatrix} \mathbf{A}_s & \mathbf{0} \\ \mathbf{0} & \mathbf{0} \end{pmatrix}} + \underbrace{\begin{pmatrix} \mathbf{B}_s & \mathbf{0} \\ \mathbf{0} & \mathbf{I} \end{pmatrix}} \underbrace{\begin{pmatrix} -\mathbf{D}_R & -\mathbf{C}_R \\ \mathbf{B}_R & \mathbf{A}_R \end{pmatrix}} \underbrace{\begin{pmatrix} \mathbf{C}_s & \mathbf{0} \\ \mathbf{0} & \mathbf{I} \end{pmatrix}} = \tag{4.58}$$

$$= \quad \widetilde{\mathbf{A}} \quad + \quad \widetilde{\mathbf{B}} \quad \cdot \quad \widetilde{\mathbf{K}}_{\widetilde{\mathrm{y}}} \quad \cdot \quad \widetilde{\mathbf{C}} \quad .$$

Zurückführung auf den Entwurf einer konstanten Ausgangsrückführung

Die rechte Seite von (4.58) entspricht einer konstanten Ausgangsrückführung

$$\widetilde{\mathbf{u}}(t) = \widetilde{\mathbf{K}}_{\widetilde{y}} \cdot \widetilde{\mathbf{y}}(t) \tag{4.59}$$

eines fiktiven Systems der Ordnung $(n_S + n_R)$:

$$\dot{\widetilde{\mathbf{x}}}(t) = \begin{pmatrix} \dot{\mathbf{x}}_s(t) \\ \dot{\mathbf{x}}_R(t) \end{pmatrix} = \begin{pmatrix} \mathbf{A}_s & \mathbf{0} \\ \mathbf{0} & \mathbf{0} \end{pmatrix} \begin{pmatrix} \mathbf{x}_s(t) \\ \mathbf{x}_R(t) \end{pmatrix} + \begin{pmatrix} \mathbf{B}_s & \mathbf{0} \\ \mathbf{0} & \mathbf{I} \end{pmatrix} \widetilde{\mathbf{u}}(t) \tag{4.60}$$

$$\widetilde{\mathbf{y}}(t) = \begin{pmatrix} \mathbf{C}_s & \mathbf{0} \\ \mathbf{0} & \mathbf{I} \end{pmatrix} \begin{pmatrix} \mathbf{x}_s(t) \\ \mathbf{x}_R(t) \end{pmatrix} \tag{4.61}$$

mit

$$\widetilde{\mathbf{K}}_{\widetilde{\mathrm{y}}} = \begin{pmatrix} -\mathbf{D}_R & -\mathbf{C}_R \\ \mathbf{B}_R & \mathbf{A}_R \end{pmatrix}. \tag{4.62}$$

Damit gelingt es ggf., den Entwurf einer dynamischen Ausgangsrückführung - eines dynamischen Kompensators - auf ein Entwurfsproblem mit konstanter Ausgangsrückführung, allerdings für ein fiktives System (4.60), (4.61) zu reduzieren. Durch besondere Strukturvorgaben für die in (4.62) eingehenden Teilmatrizen des dynamischen Kompensators lassen sich ggf. praxisrelevante Realisierungen des dynamischen Mehrgrößenreglers erzeugen.

4.4 Stabilität linearer Mehrgrößenregelkreise

Wie im Eingrößenfall ist der geschlossene Mehrgrößenregelkreis so zu entwerfen, dass die Mindestforderung nach Stabilität erfüllt wird. Sie besitzt allein aus Gründen der Überprüfung der Betriebssicherheit sehr hohe Priorität.

4.4.1 Stabilität anhand des Zustandsmodells des geschlossenen Systems

Nach 4.2.7 ist die Überprüfung der Stabilität anhand der *Eigenwerte der Dynamikmatrix* $\mathbf{A}_0$ des Zustandsmodells des geschlossenen Mehrgrößenregelkreises möglich: Diese Eigenwerte müssen die grundlegende Stabilitätsbedingung (4.24) erfüllen, d.h.

Eigenwerte der Dynamikmatrix des geschlossenen Kreises

$$\operatorname{Re}\{\lambda_i(\mathbf{A}_0)\}<0 \quad i=1,2,\ldots,(n_S+n_R)\ . \tag{4.63}$$

Beispiel 4.4: Stabilitätsuntersuchung der Zustandsrückführung mit Beobachter aus Abbildung 4.12.

Für die Gleichungen des geschlossenen Systems findet man aus Abbildung 4.12:

$$\begin{pmatrix}\dot{\mathbf{x}}_S\\ \dot{\hat{\mathbf{x}}}_S\end{pmatrix}=\begin{pmatrix}\mathbf{A}_S & -\mathbf{B}_S\mathbf{K}\\ \mathbf{LC}_S & \mathbf{A}_S-\mathbf{LC}_S-\mathbf{B}_S\mathbf{K}\end{pmatrix}\begin{pmatrix}\mathbf{x}_S\\ \hat{\mathbf{x}}_S\end{pmatrix}+\begin{pmatrix}\mathbf{B}_S\mathbf{V}\\ \mathbf{B}_S\mathbf{V}\end{pmatrix}\mathbf{w} \tag{4.64}$$

$$\mathbf{y}_S=(\mathbf{C}_S\ \mathbf{0})\begin{pmatrix}\mathbf{x}_S\\ \hat{\mathbf{x}}_S\end{pmatrix}.$$

Durch Ähnlichkeitstransformation der Dynamikmatrix $\mathbf{A}_0$ aus (4.64) mit der gewiss regulären Transformationsmatrix

$$\mathbf{T}=\begin{pmatrix}\mathbf{I} & \mathbf{0}\\ \mathbf{I} & \mathbf{I}\end{pmatrix} \qquad \mathbf{T}^{-1}=\begin{pmatrix}\mathbf{I} & \mathbf{0}\\ -\mathbf{I} & \mathbf{I}\end{pmatrix}$$

findet man

$$\mathbf{T}^{-1}\mathbf{A}_0\mathbf{T}=\begin{pmatrix}\mathbf{A}_S-\mathbf{B}_S\mathbf{K} & -\mathbf{B}_S\mathbf{K}\\ \mathbf{0} & \mathbf{A}_S-\mathbf{LC}_S\end{pmatrix}=\widetilde{\mathbf{A}}_0.$$

Da bei einer solchen Ähnlichkeitstransformation die Eigenwerte nicht verändert werden, erkennt man aus der Blockdreiecksstruktur von $\widetilde{\mathbf{A}}_0$: Als Eigenwerte von $\mathbf{A}_0$ erhält man die Vereinigungsmenge der Eigenwerte von $(\mathbf{A}_s-\mathbf{B}_s\mathbf{K})$ und $(\mathbf{A}_s-\mathbf{LC}_s)$. Dies sind die Dynamikmatrizen einer (idealen) Zustandsrückführung (4.39) bzw. des Beobachters (4.50). Die hier eingehenden, beim Entwurf zu ermittelnden Matrizen **K**, **L** werden selbstverständlich so bestimmt, dass (4.39), (4.50) stabil sind. Damit ist auch das geschlossene System aus Abbildung 4.12 stabil. Mit diesem Beispiel wird u .a. das in 4.3.4 erwähnte Separationsprinzip deutlich. □

Wenn die Modellform "Zustandsbeschreibung" wie in diesem Beispiel und in Abschnitten 4.3.3 - 4.3.6 durchgängig verwendet wird, ist die

Stabilitätsprüfung des geschlossenen Systems durch Berechnung der Eigenwerte der zugehörigen Dynamikmatrix $\mathbf{A}_0$ des geschlossenen Systems direkt möglich. In MATLAB steht dafür der Befehl `eig(A0)` zur Verfügung. Das geschlossene System ist stabil, wenn alle $n_s + n_R$ Eigenwerte $\lambda_i(\mathbf{A}_0)$ in $\mathrm{Re}\{\lambda\}<0$ liegen, d.h. (4.63) erfüllt ist.

4.4.2 Stabilitätsprüfung im Bild- und Frequenzbereich

Definition der internen Stabilität eines Mehrgrößenregelkreises

Vielfach wird wie in 4.3.1 die Beschreibung des Mehrgrößenregelkreises und seiner Bestandteile Strecke und Regler im Bild- bzw. Frequenzbereich erfolgen. Dann ist eine Stabilitätsuntersuchung des geschlossenen Kreises zweckmäßig, die unmittelbar die Übertragungsfunktionsmatrizen $\mathbf{G}(s)$, $\mathbf{R}(s)$ verwendet. Aus praktischer Sicht ist es wichtig, dass alle Regelkreissignale (d.h. alle an einer beliebigen Stelle im Regelkreis Abbildung 4.5 fließenden Signale) beschränkt sind, und zwar unabhängig davon, ob beschränkte externe Eingangssignale oder beliebige von Null verschiedene Anfangsbedingungen den Regelkreis anregen. Man bezeichnet dies als Forderung nach *interner Stabilität*.

Dazu wird die folgende Kreisstruktur betrachtet:

Abbildung 4.15 Zur internen Stabilität des geschlossenen Mehrgrößenregelkreises

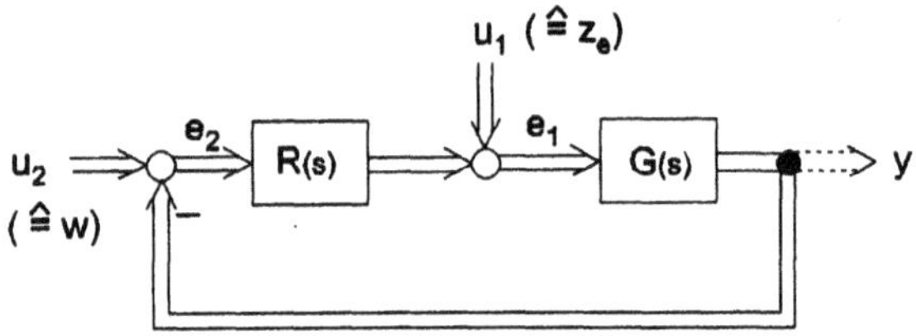

Der geschlossene Mehrgrößenregelkreis ist intern stabil, wenn die Übertragungsfunktionsmatrix in der folgenden Gleichung

Kriterium für interne Stabilität

$$\begin{pmatrix} \mathbf{e}_1 \\ \mathbf{e}_2 \end{pmatrix} = \begin{pmatrix} \mathbf{H}_{11} & \mathbf{H}_{12} \\ \mathbf{H}_{21} & \mathbf{H}_{22} \end{pmatrix} \begin{pmatrix} \mathbf{u}_1 \\ \mathbf{u}_2 \end{pmatrix} = \begin{pmatrix} (\mathbf{I}+\mathbf{RG})^{-1} & (\mathbf{I}+\mathbf{RG})^{-1}\mathbf{R} \\ -(\mathbf{I}+\mathbf{GR})^{-1}\mathbf{G} & (\mathbf{I}+\mathbf{GR})^{-1} \end{pmatrix} \begin{pmatrix} \mathbf{u}_1 \\ \mathbf{u}_2 \end{pmatrix} \tag{4.65}$$

(1) - proper (oder streng proper) ist und

(2) - nur Pole in $\mathrm{Re}\{s\} < 0$ besitzt.

Bedingung (1) ist erfüllt, wenn

$$\det(\mathbf{I} + \mathbf{G}(\infty) \cdot \mathbf{R}(\infty)) \neq 0. \tag{4.66}$$

Für den häufig vorkommenden Fall, dass die Mehrgrößenstrecke $\mathbf{G}(s)$ streng proper ist, d.h. $\mathbf{G}(\infty) = 0$, ist (4.66) gewiss erfüllt; (4.66) liefert dann den Wert Eins. Dann muss man nur noch Bedingung (2) überprüfen. Dazu sind die Pole der 4 Matrixelemente $\mathbf{H}_{ij}$ in (4.65) zu ermitteln (siehe 4.2.5) und zu prüfen, ob sie im Stabilitätsgebiet $\text{Re}\{s\}<0$ liegen. In folgenden Fällen vereinfacht sich die Überprüfung der internen Stabilität erheblich:

Praktisch relevante Spezialfälle

a) Die Mehrgrößenstrecke $\mathbf{G}(s)$ ist für sich intern stabil, d.h. alle $\mathbf{G}_{ij}(s)$ sind stabil. Dann sind nur die Pole der Matrix

$$\mathbf{H}_{12}(s) = \left(\mathbf{I} + \mathbf{R}(s) \cdot \mathbf{G}(s)\right)^{-1} \mathbf{R}(s)$$

zu ermitteln und auf Stabilität zu prüfen.

b) Der Mehrgrößenregler $\mathbf{R}(s)$ ist für sich intern stabil, d.h. alle $R_{ij}(s)$ sind stabil. Dann sind nur die Pole der Matrix (Minuszeichen ist nicht wesentlich):

$$\mathbf{H}_{21}(s) = \left(\mathbf{I} + \mathbf{G}(s) \cdot \mathbf{R}(s)\right)^{-1} \mathbf{G}(s)$$

zu ermitteln und auf Stabilität zu prüfen.

c) Sind $\mathbf{R}(s)$ und $\mathbf{G}(s)$ beide für sich intern stabil, so sind nur die Pole der Matrix

$$\mathbf{H}_{22}(s) = \left(\mathbf{I} + \mathbf{G}(s) \cdot \mathbf{R}(s)\right)^{-1}$$

zu ermitteln und auf Stabilität zu prüfen.

"instabile" Pol-Nullstellenkürzungen in der offenen Kette und interne Stabilität

Der Grund, dass der Test auf interne Stabilität im Bildbereich so diffizil und aufwändig ist, liegt darin, dass man *"instabile" Pol-Nullstellenkürzungen* in der offenen Kette

$$\mathbf{F}_0(s) = \mathbf{G}(s) \cdot \mathbf{R}(s)$$

nicht generell ausschließen kann; nur im Spezialfall c) weiß man, dass es solche nicht geben kann. In diesem Spezialfall und unter der Voraussetzung , dass (4.66) erfüllt ist, ist die interne Stabilität des geschlossenen Mehrgrößenregelkreises Abbildung 4.15 bzw. Abbildung 4.4 gesichert, wenn

$$\mathbf{H}_{22}(s) = \left(\mathbf{I} + \mathbf{G}(s) \cdot \mathbf{R}(s)\right)^{-1} = \frac{\text{adj}\left(\mathbf{I} + \mathbf{G}(s) \cdot \mathbf{R}(s)\right)}{\det\left(\mathbf{I} + \mathbf{G}(s) \cdot \mathbf{R}(s)\right)}$$

Zulässigkeit eines verkürzten Stabilitätstestes anhand der Determinante der Rückführdifferenzmatrix

stabil ist, d.h. $\mathbf{H}_{22}(s)$ nur Pole in $\mathrm{Re}\{s\} < 0$ hat. Und dies ist gesichert, wenn die Determinante der Rückführdifferenzmatrix des Regelkreises

$$\det(\mathbf{I} + \mathbf{F}_0(s)) \tag{4.67}$$

alle ihre Nullstellen in $\mathrm{Re}\{s\} < 0$ hat. D.h. im Spezialfall c) darf die Stabilitätsprüfung des geschlossenen Mehrgrößenregelkreises nur anhand der Determinante der Rückführdifferenzmarix durchgeführt werden.

Ein solcher verkürzter Stabilitätstest anhand der Nullstellen der Determinante der Rückführdifferenzmatrix (4.67) ist auch dann zulässig, wenn im jeweiligen Anwendungsfall instabile Pol-Nullstellenkürzungen in der offenen Kette mit Sicherheit ausgeschlossen sind.

Dann und nur dann kann die interne Stabilität des geschlossenen Mehrgrößenkreises auch mit einem multivariablen Nyquistkriterium überprüft werden. Im Unterschied zum Eingrößenfall ist der direkte praktische Nutzen eines solchen multivariablen Nyquistkriteriums vergleichsweise gering, so dass darauf nicht weiter eingegangen wird.

Beispiel 4.5: Interne Stabilität des Zweigrößenregelkreises (Abbildung 4.16).

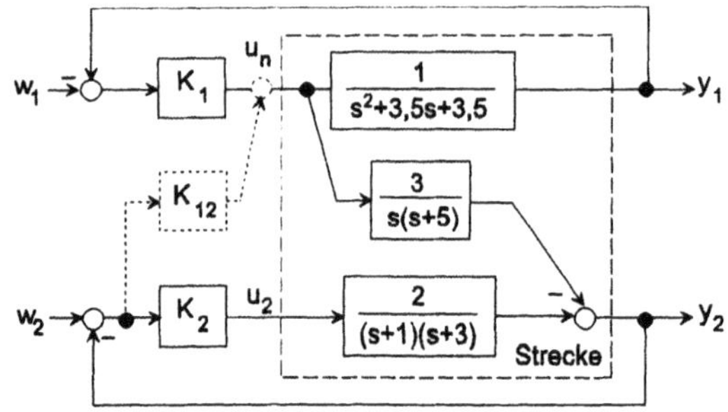

Abbildung 4.16 Einseitig gekoppelte Zweigrößenstrecke mit diagonalem P-Regler

Strecke: $$\mathbf{G}(s) = \begin{pmatrix} \dfrac{1}{s^2 + 3{,}5s + 3{,}5} & 0 \\ \dfrac{-3}{s(s+5)} & \dfrac{2}{(s+1)(s+3)} \end{pmatrix}, \text{streng proper.}$$

Regler: $$\mathbf{R}(s) = \begin{pmatrix} K_1 & 0 \\ 0 & K_2 \end{pmatrix}, \quad \text{proper, stabil.}$$

Für $K_1 = K_2 = 1$ ist der Mehrgrößenregelkreis auf interne Stabilität zu prüfen.

Offene Kette: $\mathbf{F}_0(s) = \mathbf{G}(s) \cdot \mathbf{R}(s) = \mathbf{G}(s) \cdot \begin{pmatrix} 1 & 0 \\ 0 & 1 \end{pmatrix} = \mathbf{G}(s)$

- Pol-Polynom der offenen Kette (siehe 4.2.5)

$$p_{F_0}(s) = s(s+1)(s+3)(s+5)(s^2+3{,}5s+3{,}5), \quad n_s = 6.$$

- Nullstellenpolynom der offenen Kette (siehe 4.2.5)

$$n_{F_0}(s) = s(s+5)$$

In der offenen Kette $\mathbf{F}_0(s)$ tritt eine PN-Kürzung bei $s = 0$ (also außerhalb des Stabilitätsgebietes $\mathrm{Re}\{s\} < 0$!!) und $s = -5$ auf. Daher darf die Stabilitätsprüfung nicht in verkürzter Form anhand der Nullstellen der Determinante der Rückführdifferenzmatrix durchgeführt werden! Für die Determinante der Rückführdifferenzmatrix erhält man

$$\det\left(\mathbf{I} + \mathbf{F}_0(s)\right) = \frac{s^4 + 7{,}5s^3 + 23{,}5s^2 + 35{,}5s + 22{,}5}{s^4 + 7{,}5s^3 + 20{,}5s^2 + 24{,}5s + 10{,}5} = \frac{Z(s)}{N(s)}.$$

Das Zählerpolynom $Z(s)$ ist nicht das (vollständige) Pol-Polynom oder charakteristische Polynom des geschlossenen Mehrgrößenregelkreises: Es hat nur die Ordnung 4 und nicht die Ordnung $n_s = 6$!

Es fehlen die bereits in der offenen Kette durch Kürzung herausgefallenen Wurzelfaktoren $s \cdot (s+5)$! D.h. $Z(s) = 0$ kann die beiden zugehörigen versteckten (und in dieser speziellen Regelkreisstruktur festen) Pole $s_1 = 0$, $s_2 = -5$ nicht liefern!

Gemäß o.g. Spezialfall b) erfordert ein korrekter Stabilitätstest die Ermittlung des Pol-Polynoms von

$$\mathbf{H}_{21}(s) = \left(\mathbf{I} + \mathbf{G}(s) \cdot \mathbf{R}(s)\right)^{-1} \cdot \mathbf{G}(s) =$$

$$= \begin{pmatrix} \dfrac{s^2 + 3{,}5s + 3{,}5}{s^2 + 3{,}5s + 4{,}5} & 0 \\ \dfrac{3 \cdot N(s)}{s(s+5) \cdot Z(s)} & \dfrac{s^2 + 4s + 3}{s^2 + 4s + 5} \end{pmatrix}.$$

Das Pol-Polynom lautet

$$\mathrm{p}_{\mathrm{H}_{21}}(s) = s(s+5) \cdot Z(s)$$
$$= s(s+5) \cdot (s^2 + 3{,}5s + 4{,}5) \cdot (s^2 + 4s + 5)$$

Die Pole des geschlossenen Regelkreises sind:

$s_1 \;\; = 0 \rightarrow$ instabil

$s_{2,3} = -1{,}75 \pm j\,1{,}1990$

$s_{4,5} = -2 \pm j$

$s_6 \;\; = -5$

Als Nullstellen der Determinante der Rückführdifferenzmatrix, d.h. aus $Z(s) = 0$ hätte man nur die beiden stabilen konjugiert-komplexen Polpaare gefunden. Wegen $s_1 = 0$ ist aber der geschlossene Kreis intern nicht stabil!

Ein geschärfter regelungstechnischer Blick auf das Blockschaltbild des Regelkreises zeigt, dass bei der vorliegenden Regelstreckenstruktur interne Stabilität mit einem diagonalen Regler grundsätzlich nicht erreichbar ist; es müsste mindestens ein Regler mit Nebendiagonalelement z.B. $R_{12}(s) = K_{12}$ eingesetzt werden, um den durch $G_{21}(s)$ eingebrachten kritischen Pol $s_1 = 0$ ins Stabilitätsgebiet zu verschieben. Auch die andere Möglichkeit der Stellgrößen/Regelgrößenzuordnung (siehe 4.3.2.1) würde die Schwierigkeit mit der internen Stabilität entschärfen. □

4.5 Literatur

[4.1] Föllinger, O.: *Regelungstechnik.* Hüthig-Verlag, Heidelberg, 1992

[4.2] Korn, U.; Wilfert, H.: *Mehrgrößenregelungen.* Verlag Technik, Berlin, 1982

[4.3] Lunze, J.: *Regelungstechnik 2.* Springer-Verlag, Berlin, 1997

[4.4] Maciejowski, J.M.: *Multivariable Feedback Design.* Addison-Wesley Publishing Company, New York, 1991

[4.5] Patel, R.V.; Munro, N.: *Multivariable System Theory and Design.* Pergamon Press, Oxford, 1982

[4.6] Raisch, J.: *Mehrgrößenregelungen im Frequenzbereich.* Oldenbourg-Verlag, München, 1994

[4.7] Roppenecker, G.: *Zeitbereichsentwurf linearer Regelungen.* Oldenbourg-Verlag, München, 1990

[4.8] Skogestad, S.; Postlethwaite, I.: *Multivariable Feedback Control.* John Wiley & Sons, New York, 1996

Kapitel 5

Fuzzy-Regelung

von Bernd Reusch und Kurt Liebermann

5.1 Einführung

Die Konzipierung von Reglern in der klassischen Regelungstechnik erfolgt auf Basis mathematischer Prozessmodelle. Dies setzt hinreichend genaue Kenntnisse über das Prozessverhalten der vorliegenden Regelstrecke voraus. Oftmals lässt sich ein solches Modell nur unvollständig oder überhaupt nicht angeben, wenn z.B. notwendige Systemparameter unbekannt sind. Manchmal gestaltet sich die Modellierung auf Grund der Kompliziertheit des vorliegenden Problems so mühsam, dass man gern auf ein einfacheres Verfahren zurückgreifen möchte.

Fuzzy-Regler (Regler mit Unschärfe) arbeiten *regelbasiert* durch Aufstellung *linguistischer Regeln.* Mit sprachlichen Mitteln wird das zumeist *unvollständige Expertenwissen* erfasst und so eine übersichtliche Darstellung des Regelproblems geschaffen. Das erhaltene *linguistische Modell* ist von Natur aus mit *Unschärfe* behaftet. Es bildet in seiner Gesamtheit die Grundlage für den Fuzzy-Regler in Form einer *unscharfen Regelbasis.* Die Auswertung der Regeln erfolgt durch ein *Fuzzy-Inferenzsystem,* welches durch *unscharfes Schlussfolgern* die Belegung der Ausgangsgrößen des Reglers vorschlägt.

Linguistische Regeln

Linguistisches Modell

Unscharfe Regelbasis, unscharfes Schlussfolgern

5.2 Die Regelbasis – ein linguistisches Modell

Die Regelbasis des linguistischen Modells besteht aus einer Menge von Regeln der Form

Wenn <Prämisse> *Dann* <Konklusion>. (5.1)

Grundform linguistischer Regeln

In der *Prämisse* einer Regel wird die Vorbedingung verankert, unter der die Regel anwendbar ist. Sie wird durch die *Inferenz* ausgewertet, welche ggf. die *Aktivierung* der Regel auslöst. Diese führt zur Anwendung der *Konklusion* (Schlussfolgerung), die einen oder mehrere Handlungsvorschläge für die erwartete Reaktion des Reglers liefert. Die Zusammenfassung mehrerer Konklusionen (Abbildung 5.1) zu einem generellen Handlungsvorschlag wird durch den zweiten Teil der Inferenz, der *Akkumulation*, durchgeführt.

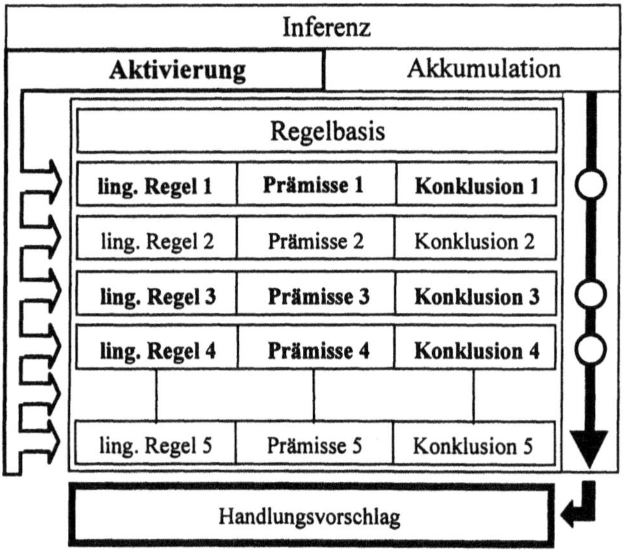

Abbildung 5.1 Inferenz und Regelbasis: Aktivierung linguistischer Regeln, Auswertung aktivierter Regeln zu einem generellen Handlungsvorschlag

linguistische Variable

Prämisse und Konklusion in linguistischen Regeln bestehen aus sprachlichen Konstrukten. Man unterscheidet *linguistische Variablen* und *linguistische Terme* bzw. *linguistische Werte.*

linguistischer Ausdruck

Ein Beispiel für einen linguistischen Ausdruck:

„Die Geschwindigkeit ist hoch.“ (5.2)

Die linguistische Variable ist hierbei „Die Geschwindigkeit“. Sie findet ihre Belegung im linguistischen Wert „hoch“. Eine Belegung mit weiteren linguistischen Werten wäre z.B. „mittel“ oder „gering“.

Belegung linguistischer Variablen

Die Anzahl möglicher *Belegungen einer linguistischen Variablen* ist grundsätzlich beliebig und von der Problemstellung abhängig. Aus der *menschlichen Wahrnehmung* heraus entstehen in der Regel drei bis sieben unterschiedliche Bewertungen pro Variablen. Durch die Nähe zur Umgangssprache entsteht natürlicherweise eine Vielfalt von möglichen Belegungen für linguistische Variablen mit linguistischen

Werten in Bezeichnung und Gewichtung. Der Entwickler hat bei der Beschreibung des Reglermodells einen hohen Grad an Flexibilität.

Beispiele für linguistische Regeln:

Beispiele für linguistische Regeln

Wenn Temperatur = hoch *Dann* Ventil geschlossen
Wenn Temperatur = mittel *Dann* Ventil etwas geschlossen

Standardisierung linguistischer Werte

Die Umsetzung dieses Modells wird in der Praxis häufig durch eine *Standardisierung linguistischer Werte* erleichtert, die die Qualität der linguistischen Aussagen nicht beeinflusst. Man unterscheidet linguistische Werte zunächst grob in die Werte *positiv* (*P*), *null* (*NU* oder *0*) sowie *negativ* (*N*). Als Verfeinerung der Wertskala werden die Begriffe *klein* (*K*), *mittel* (*M*) und *groß* (*G*) hinzugefügt. Die Kombination aus *positiv* und *klein* wird dann mit „*PK*" bezeichnet, diejenige aus *negativ* und *groß* mit „*NG*". Falls erforderlich, erhält man eine weitere *Nuancierung* des Modells mit der Einführung von Modifikatoren wie „*sehr*" oder „*ziemlich*". Dadurch können zusätzliche Ausdrücke wie „*positiv sehr klein*" (*PSK*) und „*negativ sehr groß*" (*NSG*) gebildet werden. Eine weitere *Verfeinerung linguistischer Ausdrücke* ist in der Regel nicht erforderlich.

Nuancierung, Verfeinerung linguistischer Ausdrücke

Im folgenden Beispiel ist eine *standardisierte Regelbasis* dargestellt. Die Aussagen in Prämisse und Konklusion sind *elementar*, d.h. sie beinhalten nur eine einzige linguistische Variable. Nach Einführung geeigneter Verknüpfungen sind auch Aussagen mit mehreren Variablen möglich. Um den Eingangswert $x = 0$ sind *verfeinernde Regeln* eingefügt:

Verfeinernde linguistische Regeln

$$\begin{array}{ll}
\textit{Wenn}\ x = NG & \textit{Dann}\ y = PG \\
\textit{Wenn}\ x = NM & \textit{Dann}\ y = PM \\
\textit{Wenn}\ x = NK & \textit{Dann}\ y = PK \\
\textit{Wenn}\ x = NSK & \textit{Dann}\ y = NU \\
\textit{Wenn}\ x = 0 & \textit{Dann}\ y = NU \\
\textit{Wenn}\ x = PSK & \textit{Dann}\ y = NU \\
\textit{Wenn}\ x = PK & \textit{Dann}\ y = NK \\
\textit{Wenn}\ x = PM & \textit{Dann}\ y = NM \\
\textit{Wenn}\ x = PG & \textit{Dann}\ y = NG
\end{array} \tag{5.3}$$

Erfahrungswissen, gefühlsorientierte Beschreibungen

Die Bildung des linguistischen Modells erfolgt auf Grund von *Erfahrungswissen* bzw. als *gefühlsorientierte Beschreibungen* der Regelstrecke durch den Experten. Die Umsetzung in ein technisches System erfordert darüber hinaus die Einführung von *Zuordnungsvorschriften*, die die Variablen und Werte des linguistischen Modells mit realen Werten verbinden.

Grundmengen, Teilmengen, Intervalle

Die Struktur einer linguistischen Regelbasis legt die Interpretation der linguistischen Variablen als *Grundmenge* von möglichen Werten nahe. Die linguistischen Werte stellen dann offensichtlich *Teilmengen* oder *Intervalle* auf dieser Grundmenge dar.

Die klassische, *boolesche* Aussagenlogik und die hierauf aufbauende Mengenlehre reichen nicht aus, um die *Inferenz* und das *linguistische Modell* umzusetzen. Sie bildet aber die Grundlage zur später benutzten mehrwertigen Fuzzy-Logik und der angewandten Theorie der Fuzzy-Mengen (*Fuzzy Sets*).

5.3 Zweiwertige Logik und scharfe Mengen

Wahrheitsgehalt

Aussagevariable

Prinzip vom ausgeschlossenen Dritten

Logisches Schließen im traditionellen Sinne baut auf der booleschen Aussagenlogik, auch *boolesche Logik*, *binäre* oder *zweiwertige Logik* genannt, auf. In der zweiwertigen Logik werden *Wahrheitsgehalte* von *Aussagen* untersucht. Dabei liegt zunächst eine rein syntaktische Struktur, *die Aussageform*, zugrunde. In ihr sind *Aussagenvariablen* (im folgenden kurz: Variablen) enthalten als formale Repräsentanten, die mit gültigen Wahrheitswerte*n* belegbar sind. Erst diese Belegung mit *Wahrheitswerten* lässt eine Aussageform zur Aussage werden. Dabei können Wahrheitswerte grundsätzlich nur die die Werte [*wahr*, *falsch*] annehmen. Je nach Anwendungsbereich existieren hierfür andere Bezeichnungen, z.B. [*1*, *0*], [*W*, *F*], [*T*,*F*] oder [*H*, *L*]. Ein weiterer Wert existiert nicht: In der zweiwertigen Logik gilt das *Prinzip vom ausgeschlossenen Dritten.*

5.3.1 Logische Verknüpfungen

Die Aussagenlogik kennt folgende *elementare Verknüpfungen*:

Verknüpfung	Bedeutung	Symbol	
Negation	*Nicht*	$\neg$ bzw. $\overline{}$	(5.4)
Konjunktion	*Und*	$\wedge$	(5.5)
Disjunktion	*Oder*	$\vee$	(5.6)

Darüber hinaus gibt es eine Vielzahl von Verknüpfungen, die durch

Kombinationen elementarer Verknüpfungen erzeugt werden können. Für das logische Schließen sind insbesondere interessant:

Implikation	*wenn – dann*	$\Rightarrow$	(5.7)
Äquivalenz	*genau dann, wenn*	$\Leftrightarrow$	(5.8)

Implikation

Äquivalenz

Die Verknüpfungen werden über Wahrheitstabellen beschrieben:

a	$\bar{a}$
1	0
0	1

a	b	$a \wedge b$	$a \vee b$	$a \Rightarrow b$	$a \Leftrightarrow b$
1	1	1	1	1	1
1	0	0	1	0	0
0	1	0	1	1	0
0	0	0	0	1	1

Tabelle 5.1 Verknüpfungstabellen

Es gelten folgende Rechengesetze:

Rechengesetze der zweiwertigen Logik

Kommutativgesetz $a \wedge b = b \wedge a$ (5.9)

$a \vee b = b \vee a$

Assoziativgesetz $a \wedge (b \wedge c) = (a \wedge b) \wedge c$ (5.10)

$a \vee (b \vee c) = (a \vee b) \vee c$

Distributivgesetz $a \wedge (b \vee c) = (a \wedge b) \vee (a \wedge c)$ (5.11)

$a \vee (b \wedge c) = (a \vee b) \wedge (a \vee c)$

Absorptionsgesetz $a \wedge (a \vee b) = a$ (5.12)

$a \vee (a \wedge c) = a$

Neutrales Element $a \wedge 1 = a \qquad a \vee 0 = a$ (5.13)

Weitere Theoreme: $a \wedge 0 = 0 \qquad a \vee 1 = 1$ (5.14)

$a \wedge \neg a = 0 \qquad a \vee \neg a = 1$ (5.15)

$a \wedge a = a \qquad a \vee a = a$ (5.16)

Die oben definierten Beziehungen bilden, als Axiome aufgefasst, *zusammen mit den booleschen Operatoren* $\neg$, $\wedge$ und $\vee$ und den logischen Werten 0 und 1 eine Algebra, die sog. *Boolesche Algebra.*

Boolesche Algebra

Dualitätsprinzip

Aus diesen Axiomen resultiert das *Dualitätsprinzip.* Es ermöglicht die äquivalente Überführung einer Aussage in eine andere durch Austausch der Operatoren $\wedge$ und $\vee$ bei gleichzeitiger Negierung aller Wahrheitswerte. Dieses Prinzip findet Ausdruck im *de morganschen Gesetz:*

De morgansches Gesetz

$$\neg(a \wedge b) = \neg a \vee \neg b \qquad \neg(a \vee b) = \neg a \wedge \neg b \tag{5.17}$$

Oftmals ist es hilfreich, mit logischen Ausdrücken „rechnen" zu können. Die Nachbildung der elementaren booleschen Verknüpfungen $\neg, \wedge, \vee$ durch Multiplikation, Addition bzw. Subtraktion ist möglich und zulässig. Weiterhin existiert für $\wedge$ und $\vee$ eine Entsprechung im Minimum bzw. Maximum – Operator:

Negation $\qquad \neg a = 1 - a \qquad$ (5.18)

Algebraisches Produkt $\qquad a \wedge b = a \cdot b \qquad$ (5.19)

Minimierung $\qquad a \wedge b = \min(a, b) \qquad$ (5.20)

Algebraische Summe $\qquad a \vee b = a + b - a \cdot b \qquad$ (5.21)

Maximierung $\qquad a \vee b = \max(a, b) \qquad$ (5.22)

5.3.2 Logisches Schließen

Beim *logischen Schließen* mit Regeln der bekannten Form

Wenn <Prämisse> *Dann* <Konklusion> (5.23)

Wahrheitswert *w(P)*

wird einer Prämisse *P* ein *Wahrheitswert w(P)* zugeordnet. Abhängig davon wird auf den Wahrheitsgehalt der Konklusion geschlossen.

Implikation

Zunächst liegt es nahe, sich beim logischen Schließen der logischen *Implikation* zu bedienen. Die Verknüpfungstabelle 5.1 zeigt die vier möglichen Kombinationen von Wahrheitswerten auf.

Normalfall

Möglichkeit 1 gilt als *Normalfall.* Es wird aus einer wahren Aussage auf etwas Wahres geschlossen.

Widersprüchliche Aussage

Irrtum

Fehlschluss

Möglichkeit 2 ist eine dazu *widersprüchliche Aussage*, da aus einer wahren Aussage ein falscher Schluss gezogen wird. Dies ist zwar eine logische Möglichkeit, ist aber als *Irrtum* oder *Fehlschluss* zu interpretieren und als solcher unerwünscht. Der Experte muss sicherstellen, dass diese Möglichkeit in einer technischen Anwendung nicht zugelassen wird bzw. nicht zur Anwendung kommt.

Unklarheit

In Möglichkeiten 3 und 4 wird aus der falschen Prämisse je einmal auf die Wahrheitswerte *wahr* und *falsch* geschlossen. Dies ist so zu interpretieren, dass bei falscher Prämisse die Schlussfolgerung *unklar* ist.

Offensichtlich ist die Implikation für die Auswertung einer Regelbasis im regelungstechnischen Sinne nicht geeignet. Zum einen soll die Prämisse das Kriterium liefern, nach dem die Regel zur Anwendung kommt. Zum anderen verbindet sich mit der Konklusion eher die Vorstellung von einer Anweisung, deren Ausführung durch die Prämisse aktiviert wird. Diese Anweisung muss vom Experten gewollt sein und wohl durchdacht. Ein Irrtum sollte ausgeschlossen sein.

Es genügt also, aus dem Wahrheitswert für die Prämisse P auf die *Aktivierung* der Konklusion K zu schließen. Die Aktivierung a der Konklusion K erfolgt dann unmittelbar durch Übertragung aus der Ermittlung des Wahrheitswertes $w(P)$:

Aktivierung

$$w(P) = \mathit{wahr},\ \text{dann}\ a(K) = \mathit{wahr} \tag{5.24}$$

$$w(P) = \mathit{falsch},\ \text{dann}\ a(K) = \mathit{falsch} \tag{5.25}$$

vereinfacht:

$$a(K) = w(P). \tag{5.26}$$

Dieser Sichtweise entspricht ein bekanntes Modell zum logischen Schließen, die Regel des *Modus Ponens*. Sie wird angegeben durch

Modus ponens

$$\mathrm{p} = (\mathrm{p} \Rightarrow \mathrm{k}) \wedge \mathrm{p}. \tag{5.27}$$

Nur dann, wenn die Prämisse *wahr* ist, liefert der Modus Ponens den Wert *wahr*. Umgekehrt muss auch hier der Fehlschluss verhindert werden. Damit ist eine Übereinstimmung mit dem Ansatz der *Aktivierung* gegeben.

5.3.3 Scharfe Mengen

Die klassische Mengenlehre behandelt scharfe Mengen und ihre Eigenschaften. Eine Menge M ist dadurch charakterisiert, dass sie *Träger* einer gewissen Anzahl von bestimmbaren *Elementen* ist. Dabei ist es zu jeder Zeit eindeutig, ob ein Element zu einer Menge gehört oder nicht.

Es gibt verschiedene Möglichkeiten, eine solche Menge zu beschreiben. Kleine, übersichtliche Mengen lassen sich verbal beschreiben, z.B.

„M ist die Menge aller ganzen Zahlen zwischen 1 und 4" (5.28)

Einfache Mengenbeschreibung

oder durch formale Aufzählung der Elemente:

$$M = \{2, 3\}. \tag{5.29}$$

Die algebraische Mengenbeschreibung benutzt logische Aussagen und lässt auch komplizierte Mengendefinitionen zu. Die obige Menge M

kann beschrieben werden, wie folgt:

$$M = \{x | x > 1 \wedge x < 4, x \in N\} \qquad (5.30)$$

Sprechweise:
„*M* ist die Menge aller *x*, für die gilt: *x* ist größer als eins und kleiner als vier, *x* ist Element der natürlichen Zahlen".

Menge der natürlichen Zahlen

Menge der reellen Zahlen

Leere Menge

Universalmenge

Die *Menge der natürlichen Zahlen N* ist die spezielle Menge der ganzzahligen positiven Zahlen. Ihre Angabe ist notwendig, um eine Grundmenge anzugeben, aus der die Menge aller *x* entnommen werden darf. Damit ist eindeutig geklärt, dass *x* ganzzahlig positiv ist und nicht etwa aus einer anderen speziellen Menge, z.B. *der Menge R der reellen Zahlen*. Die Menge *R* beinhaltet die Menge *N* als Untermenge, kennt aber auch die Zwischenwerte zwischen ganzen Zahlen sowie negative Zahlen. Weitere wichtige Mengen sind die *leere Menge* (∅ oder {}), die kein Element enthält, sowie die Universalmenge *E*, die Menge aller denkbaren Elemente.

Die obige Beispieldefinition benutzt einige Beziehungen zwischen Elementen und Mengen sowie von Mengen untereinander. Die wichtigsten Mengenbeziehungen sind im Folgenden aufgezählt:

Beziehungen Element – Menge

a ist Element in *M*	$a \in M$	(5.31)
a ist nicht Element in *M*	$a \notin M$	(5.32)

Beziehungen Menge – Menge

Mengengleichheit, beide Mengen enthalten dieselben Elemente	$A = B$	(5.33)
Teilmengenbeziehung, *A* ist enthalten in *B*, die Mengengleichheit ist eingeschlossen	$A \subseteq B$	(5.34)
Echte Teilmengenbeziehung, *A* ist echt enthalten in *B*, *B* hat mindestens ein Element, das nicht in *A* ist.	$A \subset B$	(5.35)
Geschlossenes Intervall, interpretierbar als Teilmenge. Auf der Grundmenge muss eine Ordnung existieren. Die Zahl *a* gibt das in der Ordnung kleinste, *b* das größte Element des Intervalls an.	$[a,b]$	(5.36)
Offenes Intervall, wie oben, jedoch sind *a* und *b* als Randelemente des Intervalls ausgeschlossen.	$]a,b[$	(5.37)

Mengenverknüpfungen

Komplementmenge von A, enthält alle Elemente der Grundmenge, die nicht in A enthalten sind $\neg A$ (5.38)

Schnittmenge, ist die Menge aller Elemente, die gleichzeitig in A und in B vorkommen: $A \cap B$ (5.39)

$$\{x | x \in A \wedge x \in B\}$$

Vereinigungsmenge, ist die Menge aller Elemente aus A und B zusammen $A \cup B$ (5.40)

$$\{x | x \in A \vee x \in B\}$$

Mengenausschluss, ist die Menge aller Elemente in A ohne die Elemente der Menge B A/B (5.41)

$$\{x | x \in A \wedge x \notin B\}$$

Korrespondenz von logischen Operationen und Mengenoperationen

Die obigen Mengendefinitionen basieren auf der Aussagenlogik. Es lässt sich zeigen, dass für jede Mengenoperation eine korrespondierende logische Operation existiert. Insbesondere *korrespondieren* die Operationen Negation, logische Konjunktion und Schnittmenge sowie logische Disjunktion und Vereinigungsmenge. Damit kann die *Axiomatik* der booleschen Algebra durch Austausch der Operatoren auf Mengen übertragen werden.

5.3.4 Die charakteristische Funktion

Eindeutige Wahrheitswerte

Zuordnungsvorschriften

Bei der Betrachtung von Regeln, insbesondere bei der Betrachtung der Prämissen, wurde bisher angenommen, dass den in ihnen getroffenen Aussagen *eindeutige Wahrheitswerte* zugeordnet werden können. Dies setzt die Existenz von geeigneten *Zuordnungsvorschriften* für die verwendeten linguistischen Ausdrücke voraus, die eine solche Auswertung ermöglichen.

Grundmenge

Partitionierung der Grundmenge

Eindeutigkeit

Unvollständigkeit

Linguistische Ausdrücke basieren allgemein auf intuitiven Einschätzungen und entsprechen eher einer Menge von Werten als einem eindeutig definierten, isolierten Wert. Es liegt nahe, die *Grundmenge* aller betrachteten in der Realität vorkommenden Werte geeignet zu partitionieren und die erhaltenen *Partitionen* den linguistischen Ausdrücken zuzuordnen. Zur Wahrung der *Eindeutigkeit* dürfen sich diese Partitionen nicht überlappen. Im Falle der Modellbeschreibung für eine Regelbasis muss diese Zuordnung zudem lückenlos sein. Andernfalls wäre der Regler strukturell unvollständig.

Intervall

In der Praxis handelt es sich bei der Grundmenge meist um die Menge der reellen Zahlen oder einer Teilmenge. Eine Partition auf dieser Grundmenge ist auf Grund ihrer Monotonieeigenschaft ein *Intervall.*

Jeder Partition wird eine zweiwertige, *charakteristische Funktion* μ zugewiesen, die die Zugehörigkeit eines Elementes zu einer Menge angibt. Die charakteristische Funktion dient zur Auswertung der linguistischen Ausdrücke:

Gegeben eine Menge M. Die charakteristische Funktion μ ist definiert durch:

Charakteristische Funktion

$$\mu_M(x) =_{def} \begin{cases} 0, \text{ falls } x \notin M \\ 1, \text{ falls } x \in M \end{cases} \tag{5.42}$$

Beispiel:

In einem Modell zur Einschätzung von Temperaturen T werden drei Mengen *Kalt*, *Warm* und *Heiß* definiert. Die Übergänge zwischen kalt/warm bzw. warm/heiß werden für 18 °C bzw. 36 °C angenommen. Die charakteristischen Funktionen sind dann definiert durch

Charakteristische Funktionen für die scharfen Mengen *Kalt*, *Warm* und *Heiß*

$$\mu_{Kalt}(T) =_{def} \begin{cases} 1, \text{ falls } T \le 18°\text{C} \\ 0, \text{ sonst} \end{cases} \tag{5.43}$$

$$\mu_{Warm}(T) =_{def} \begin{cases} 1, \text{ falls } T > 18°\text{C} \wedge T < 36°\text{C} \\ 0, \text{ sonst} \end{cases} \tag{5.44}$$

$$\mu_{Heiß}(T) =_{def} \begin{cases} 1, \text{ falls } T \ge 36°\text{C} \\ 0, \text{ sonst} \end{cases} \tag{5.45}$$

Die Konsequenz aus dieser Definition sind harte, scharfe Übergänge zwischen den Mengen *Kalt* und *Warm* bzw. *Warm* und *Heiß* (Abbildung 5.2). Diese Übergänge entsprechen nicht der intuitiven Vorstellung, die offensichtlich einen fließenden Übergang zwischen diesen Bereichen erwartet.

Es ist einfach nicht plausibel, warum Temperaturen von 17,9 °C und 18 °C zur Menge *Kalt* gehören, während 18,1 °C der Menge *Warm* zugeordnet sind.

Plausibilität des scharfen Modells

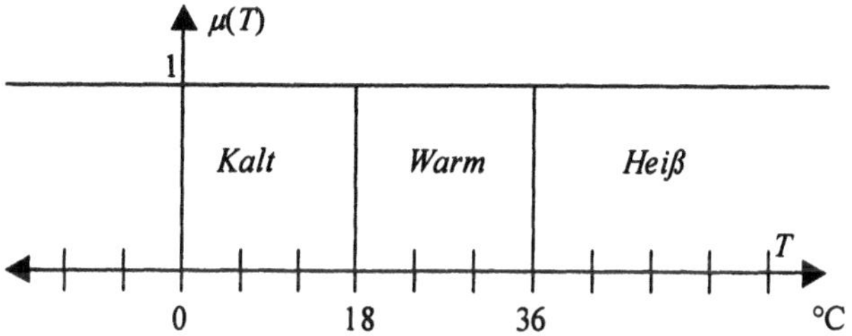

Abbildung 5.2 Darstellung der scharfen Mengen *Kalt*, *Warm* und *Heiß*

Der Einsatz der oben genannten charakteristischen Funktionen in einer einfachen regelbasierten Regelung führt die Problematik fort:

Wenn Messwert = *Kalt*, dann Ausgang = *PG*

Wenn Messwert = *Warm*, dann Ausgang = *NULL*

Wenn Messwert = *Heiß*, dann Ausgang = *NG*

Die Auswertung der Konklusion der Regeln erfolgt durch Zuordnung fest definierter Werte an die Ausgangsvariablen. Die Regelbasis erzeugt durch scharfe Übergänge im Reglerfunktional ausgangsseitige Sprünge, die unerwünscht sind. Das Problem lässt sich auch durch immer feinere Bemessung der Intervalle nicht beheben. Durch Verfeinerung werden die Sprünge in der Ausgangsfunktion nur verkleinert, aber nicht behoben. Dieser Ansatz ist insofern nicht praktikabel.

5.4 Fuzzy-Logik und Fuzzy-Mengen

Fuzzy-Logik und *Fuzzy-Mengen* (Zadeh 1965) als Erweiterung der klassischen zweiwertigen Methoden ermöglichen die Modellierung von Unschärfe. Die Grundidee besteht darin, alle Werte des gesamten Intervalls $0 \leq \mu \leq 1$ als Wahrheitswert zuzulassen und damit zu einer *weichen* Behandlung logischer Zustände zu kommen. Die Modellierung von Unschärfe wird dem linguistischen Modell gerecht. Das Modell des logischen Schließens ist ebenfalls erweiterbar auf das Modell des *unscharfen Schließens*, welches die Konstruktion regelbasierter Fuzzy-Regler vom Mamdani-Typ ermöglicht.

Unscharfes Schließen

5.4.1 Fuzzy-Logik

Algebraisches Produkt / Summe und Minimum/ Maximum stimmen in der Fuzzy Logik *nicht* mehr überein

Die *Fuzzy-Logik* (*unscharfe Logik*) stellt eine Verallgemeinerung der zweiwertigen Logik dar. Die booleschen UND (∧), ODER (∨) und NICHT (¬) – Operatoren und ihre Rechenregeln behalten für die weiterhin bestehenden Wahrheitswerte 0 und 1 ihre Gültigkeit. Während algebraisches Produkt und Summe sowie Minimum- und Maximum- Operatoren in der zweiwertigen Logik übereinstimmen, ist dies bei der *Fuzzy*-Logik in der Regel nicht mehr der Fall. Sie sind die gebräuchlichsten Verknüpfungen. Darüber hinaus existieren noch weitere Verknüpfungen, von denen einige nachstehend genannt sind. Ihre Anwendung ist problemabhängig auszuwählen.

Fuzzy – NICHT

$$\neg\ a =_{def} (1-a) \tag{5.46}$$

Fuzzy – UND

Algebraisches Produkt
$$a \wedge b =_{def} a \cdot b \tag{5.47}$$

Minimum
$$a \wedge b =_{def} \min\ (a,\ b) \tag{5.48}$$

Hamacher Produkt
$$a \wedge b =_{def} \frac{a \cdot b}{a+b-a \cdot b} \tag{5.49}$$

Einstein Produkt
$$a \wedge b =_{def} \frac{a \cdot b}{2 \cdot (a+b-a \cdot b)} \tag{5.50}$$

Fuzzy – ODER

Begrenzte Differenz
$$a \wedge b =_{def} \max\ (0,\ a+b-1) \tag{5.51}$$

Algebraische Summe
$$a \vee b =_{def} (a+b-a \cdot b) \tag{5.52}$$

Maximum
$$a \vee b =_{def} \max\ (a, b) \tag{5.53}$$

Hamacher Summe
$$a \vee b =_{def} \frac{a+b-2\,a \cdot b}{1-a \cdot b} \tag{5.54}$$

Einstein Summe
$$a \vee b =_{def} \frac{a+b}{1+a \cdot b} \tag{5.55}$$

Begrenzte Summe
$$a \vee b =_{def} \min\ (1,\ a+b) \tag{5.56}$$

Rechengesetze der Fuzzy-Logik

Für beide Normenklassen gelten (innerhalb des gleichen Typs) die folgenden Gesetze: Das *Assoziativgesetz*, das *Kommutativgesetz*, das *de morgansche Gesetz*, sowie die Verknüpfungen mit 0 und 1.

Darüber hinaus gilt für Wahrheitswerte a, b, c, d mit $a \leq c$ und $b \leq d$ die Monotonie:

$$a \wedge b \leq c \wedge d \quad \text{und} \quad a \vee b \leq c \vee d \tag{5.57}$$

Das Distributivgesetz, das Absorptionsgesetz sowie die Idempotenz gelten nur für das Minimum und das Maximum.

5.4.2 Fuzzy-Mengen

Fuzzy-Mengen sind *unscharfe Mengen* und werden auf einer klassischen, scharfen Grundmenge gebildet. Die Grundmenge wird häufig mit G oder U (für *Universum*) bezeichnet. Die charakteristische Funktion μ einer Fuzzy-Menge F ist mehrwertig und liefert Werte aus dem Intervall [0,1]. Sie ordnet den Elementen x der Grundmenge U ihren *Zugehörigkeitsgrad* zur Fuzzy-Menge F zu.

Unscharfe Menge

Universum

Zugehörigkeitsgrad

$$F =_{def} \{(x, \mu_F(x)) | x \in U\} \tag{5.58}$$

Die charakteristische Funktion μ wird daher auch *Zugehörigkeitsfunktion* (*membership-function*) von F genannt. Im Zusammenhang mit der Zugehörigkeitsfunktion μ stehen zwei scharfe Mengen, die eine Fuzzy-Menge charakterisieren:

Zugehörigkeitsfunktion

Der *Support SUPP(F)* der Fuzzy-Menge F, auch *Träger* von F, ist diejenige Menge aller Elemente x aus U, für die das Resultat der Zugehörigkeitsfunktion μ ungleich 0 ist. Der *Kern KER(F)* der Fuzzy-Menge F, auch *Toleranz* von F, ist diejenige Menge aller Elemente x aus U, für die das Resultat der Zugehörigkeitsfunktion μ gleich 1 ist:

Support, Träger

Kern, Toleranz

$$SUPP(F) =_{def} \{x | x \in U \wedge \mu_F(x) > 0\} \tag{5.59}$$

$$KER(F) =_{def} \{x | x \in U \wedge \mu_F(x) = 1\} \tag{5.60}$$

Für den Spezialfall *SUPP(F) = KER(F)* gilt: F ist eine scharfe Menge. Sonst existiert ein unscharfer Bereich in F, der in der Regel im Randbereich liegt. Häufig wird auf konvexe Fuzzy-Mengen zurückgegriffen, deren Zugehörigkeitsfunktion von 0 beginnend zunächst monoton steigend ist, bis der Maximalwert von 1 erreicht ist. Wird dieser Wert verlassen, ist die Zugehörigkeitsfunktion monoton fallend bis zum Wert 0. Beliebte konvexe Funktionstypen zur Modellierung einer Fuzzy-Menge sind Dreiecks- und Trapezfunktionen (Abbildung 5.3).

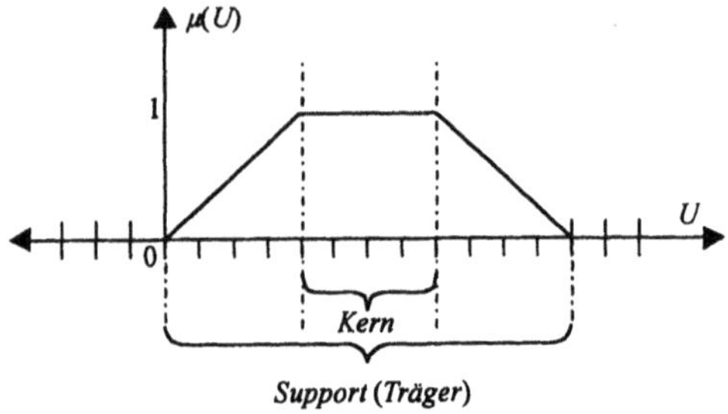

Abbildung 5.3
Unscharfe Menge über Universum U

Zur Charakterisierung einer Fuzzy-Menge gibt es eine Fülle weiterer Eigenschaften. Die wichtigsten seien im Folgenden genannt:

α-CUT

Der *α-CUT* oder auch *α-SCHNITT* liefert die Menge aller Elemente in F mit einem Zugehörigkeitsgrad größer als α und ist definiert durch

$$CUT\alpha(F) =_{def} \{x | x \in U \wedge \mu_F(x) \geq \alpha\} \tag{5.61}$$

HEIGHT

Die Höhe *(HEIGHT)* einer Fuzzy-Menge ist definiert durch den maximal auftretenden Zugehörigkeitswert bezüglich F

$$HEIGHT(F) =_{def} Sup\{\mu_F(x) | x \in U\} \tag{5.62}$$

DEPTH

Die Tiefe *(DEPTH)* einer Fuzzy-Menge ist definiert durch den minimal auftretenden Zugehörigkeitswert bezüglich F

$$DEPTH(F) =_{def} Inf\{\mu_F(x) | x \in U\} \tag{5.63}$$

Normalität einer Fuzzy-Menge F

Die *Normalität* einer Fuzzy-Menge F ist gegeben, wenn gilt:

$$HEIGHT(F) = 1 \tag{5.64}$$

Fuzzy-Teilmenge

Eine Fuzzy-Menge F_1 ist *Fuzzy-Teilmenge* einer Fuzzy-Menge F_2, genau dann, wenn gilt:

$$F_1 \subseteq F_2 =_{def} \forall x \in U : \mu_{F_1}(x) \leq \mu_{F_2}(x) \tag{5.65}$$

Fuzzy-Komplement

Das Bildung des Komplements C_F einer Fuzzy-Menge F wird entsprechend der Komplementmenge in der klassischen Mengenlehre durchgeführt:

$$C_F =_{def} \{(x, \mu_{C_F}(x)) | \mu_{C_F}(x) = 1 - \mu_F(x), x \in U\} \tag{5.66}$$

Singleton

Die einelementige Menge F_S mit $|SUPP(F)| = 1$ heißt *Singleton*.

Die *Schnittmenge* und die *Vereinigungsmenge* zweier Fuzzy-Mengen F_1 und F_2 werden analog zu den entsprechenden Mengenoperationen auf klassischen Mengen über Fuzzy-UND bzw. Fuzzy-ODER definiert. Diese Definition ist insofern nicht eindeutig, dass für Fuzzy-UND und Fuzzy-ODER die Benutzung verschiedener Operationen zulässig ist, was dann zu unterschiedlichen Ergebnissen führt.

Schnittmenge, Vereinigungsmenge

Durchschnitt zweier Fuzzy-Mengen:

$$\begin{aligned} &F_1 \cap F_2 =_{def} \{(x, \mu_{F_1 \cap F_2}(x)) | x \in U\} \\ &\text{mit } \mu_{F_1 \cap F_2}(x) = \mu_{F_1}(x) \wedge \mu_{F_2}(x) \end{aligned} \tag{5.67}$$

Vereinigung zweier Fuzzy-Mengen:

$$\begin{aligned} &F_1 \cup F_2 =_{def} \{(x, \mu_{F_1 \cup F_2}(x)) | x \in U\} \\ &\text{mit } \mu_{F_1 \cup F_2}(x) = \mu_{F_1}(x) \vee \mu_{F_2}(x) \end{aligned} \tag{5.68}$$

5.5 Fuzzy-Regler nach Mamdani

Der Fuzzy-Regler nach Mamdani benutzt das linguistische Modell und setzt die Existenz einer *linguistischen Regelbasis* voraus. Der Regler gilt als das Standardmodell eines Fuzzy-Reglers. Es ist Aufgabe des verantwortlichen Experten, während des Systementwurfs die Zusammenhänge der tatsächlichen, meist reellwertigen Eingangs- bzw. Ausgangsparameter mit den korrespondierenden linguistischen Eingangs- und Ausgangsgrößen des Reglers zu formulieren. Dies geschieht durch Modellierung der Fuzzy-Mengen für die linguistischen Variablen und Definition der entsprechenden Zugehörigkeitsfunktionen. In diesen äußeren Rahmen hinein kann der Regler modelliert werden.

Der Fuzzy-Regler vom Mamdani-Typ besteht aus drei Komponenten (Abbildung 5.4):

1. Die *Fuzzifizierung*, oft auch als *Fuzzifikation* bezeichnet, dient der Zuordnung der scharfen, reellen Eingangsgrößen zu den definierten Fuzzy-Mengen. Fuzzifizierung

2. Die *Inferenz* wertet die gegebenen Regeln durch unscharfes, plausibles Schließen aus. Dabei können verschiedene Strategien zur Anwendung kommen. Ergebnis sind ein oder mehrere Handlungsvorschläge für die Ausgangsgrößen des Reglers in Form unscharfer Mengen. Inferenz

Defuzzifizierung

3. Die *Defuzzifizierung*, auch *Defuzzifikation*, setzt die Handlungsvorschläge der *Inferenz* in einen scharfen, reellen Wert um. Für die Art und Weise der Umsetzung existieren verschiedene Alternativen, deren Einsatz die gewünschte Regelstrategie maßgeblich beeinflusst.

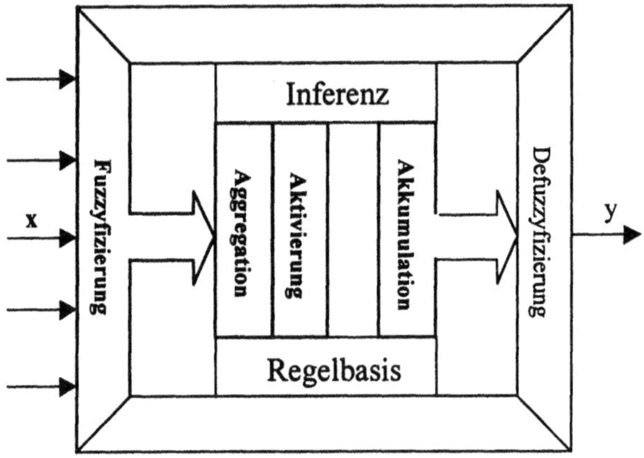

Abbildung 5.4 Struktur eines Fuzzy-Reglers nach Mamdani

5.5.1 Fuzzifizierung

Für jeden am Reglereingang existierenden Wert wird die Zugehörigkeit zu den korrespondierenden linguistischen Werten ermittelt. Dieser Vorgang heißt *Fuzzifizierung*. Da sich Fuzzymengen in ihren Wertebereichen überlappen können, ist eine unscharfe Zuordnung eines Eingangswertes zu mehr als einer Fuzzy-Menge möglich.

Am bereits bekannten Beispiel zur Bildung von Fuzzy-Mengen auf Basis der linguistischen Begriffe *Heiß*, *Warm* und *Kalt* wird ersichtlich, dass nur in den Bereichen unter 12 °C für *Kalt*, zwischen 24°C und 30°C für *Warm* und über 42°C für *Heiß* eine eindeutige Zuordnung eines Eingangswertes T mit Zugehörigkeit von 1 erreicht wird. So kann man für einen Eingangswert T = 18°C die Zugehörigkeiten

Beispiel anhand der unscharfen Mengen *Kalt*, *Warm* und *Heiß*

$$\begin{aligned} \mu_{\text{Kalt}}(T) &= 0{,}5 \\ \mu_{\text{Warm}}(T) &= 0{,}5 \\ \mu_{\text{Heiß}}(T) &= 0 \end{aligned} \tag{5.69}$$

ermitteln.

Für $T = 33°C$ ergibt sich

$$\mu_{\text{Kalt}}(T) = 0$$
$$\mu_{\text{Warm}}(T) = 0{,}75 \qquad (5.70)$$
$$\mu_{\text{Heiß}}(T) = 0{,}25$$

Die Bildung von Fuzzy-Mengen auf Basis der linguistischen Begriffe *Heiß*, *Warm* und *Kalt* ist in Abbildung 5.5 gezeigt.

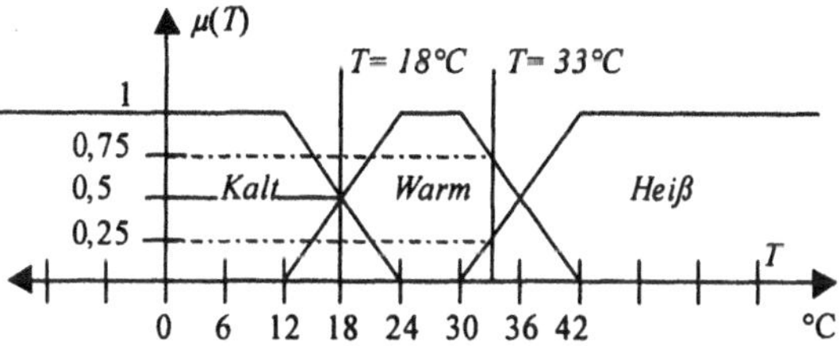

Abbildung 5.5
Fuzzifizierung bei T = 18 °C und T = 33 °C

5.5.2 Inferenz

Die *Inferenz* enthält den Mechanismus zum *unscharfen Schließen* und ist damit das Kernstück des Fuzzy-Reglers. Sie unterteilt sich in *Aggregation*, *Aktivierung* und *Akkumulation*. Die *Aggregation* ist ein rechnerisches Hilfsmittel zur Bestimmung des Erfüllungsgrades einer Prämisse. Die *Aktivierung* wertet diese Erfüllungsgrade aus und erzeugt für jede aktivierte Regel die Zugehörigkeitsfunktion bzw. die Ausgangsmengen der Konklusion. Die *Akkumulation* vereinigt diese Ausgangsmengen zu einer einzigen unscharfen Ausgangsmenge des Fuzzy-Reglers. Im Sinne der Regelungstechnik handelt es sich bei dieser Ausgangsmenge um eine unscharfe Darstellung der Stellgröße des Reglers.

Unscharfes Schließen
Aggregation
Aktivierung
Akkumulation

Aktivierung und *Akkumulation* nutzen unterschiedliche Fuzzy-Operatoren, aus deren Kombination die Namensgebung für die gebräuchlichen *Inferenzverfahren* (aus der umgekehrten Reihenfolge ihrer Anwendung, also *Akkumulation – Aktivierung*) resultiert. Die bekanntesten Verfahren sind die *Max-Prod-Inferenz* und die *Max-Min-Inferenz*. Darüber hinaus existieren noch weitere Verfahren wie die *Sum-Min-* und *Sum-Prod-Inferenz*. Die Inferenzen mit *Sum*-Akkumulation erzeugen ihr Ergebnis durch Aufsummierung aller Zugehörigkeitswerte der Konklusionen, welches in der Regel außerhalb des Intervalls [0,1] liegt. Die Interpretation der so erzeugten Zugehörigkeitsfunktion als Fuzzy-Menge ist daher nicht mehr möglich.

Inferenzverfahren
Max-Prod
Max-Min
Sum-Min
Sum-Prod

Sie kann nur unter Verzicht auf (fuzzy-) logische Operatoren ausgewertet werden.

5.5.2.1 Aggregation

Erfüllungsgrad

Die Aufgabe der *Aggregation* ist es, für jede Regel der Regelbasis bei gegebenen fuzzifizierten Eingangswerten ihren *Erfüllungsgrad* zu bestimmen, d.h. den Wahrheitswert der in der Prämisse enthaltenen Aussage. Liegt die Prämisse in der elementaren Form vor, wie z.B.

$$(x = PK), \tag{5.71}$$

so entspricht der Erfüllungsgrad $w(P)$ der Prämisse P trivialerweise dem bei der Fuzzifizierung ermittelten Zugehörigkeitswert:

$$w(P) = \mu_{PK}(x). \tag{5.72}$$

Teilaussagen
Teilprämissen

In der Realität ist es eher wahrscheinlich, dass eine Prämisse aus mehreren *Teilaussagen* (*Teilprämissen*) der elementaren Form zusammengesetzt ist. Der Erfüllungsgrad $w(P)$ einer Prämisse P berechnet sich dann aus den Erfüllungsgraden der einzelnen Teilprämissen. Die dabei verwendeten Fuzzy-Operatoren resultieren direkt aus den Verknüpfungen der Teilprämissen. Für die Prämisse P mit ihren elementaren Teilprämissen P_1 und P_2 und

$$P = P_1 \wedge P_2 \tag{5.73}$$

oder

$$P = P_1 \vee P_2 \tag{5.74}$$

gilt

$$w(P) = w(P_1) \wedge w(P_2) \tag{5.75}$$

bzw.

$$w(P) = w(P_1) \vee w(P_2). \tag{5.76}$$

Auswertung

Die *Auswertung* erfolgt in der Regel durch Minimum / Maximum – Operatoren, seltener durch Anwendung des algebraischen Produkts.

Für

$$w(P_1) = 0{,}4 \tag{5.77}$$

und

$$w(P_2) = 0{,}5 \tag{5.78}$$

ergibt sich der Erfüllungsgrad $w(P)$ bei Benutzung

- von (5.73) und Minimum-Operator: $w(P) = 0{,}4$ (5.79)
- von (5.73) und Algebraischem Produkt: $w(P) = 0{,}2$ (5.80)
- von (5.74) und Maximum-Operator: $w(P) = 0{,}5$ (5.81)
- von (5.74) und Algebraischer Summe: $w(P) = 0{,}7$ (5.82)

5.5.2.2 Aktivierung

Die Konklusion K einer Regel R mit Prämisse P enthält eine Anweisung, aus der ein *Handlungsvorschlag* in Form einer unscharfen Menge mit Zugehörigkeitsfunktion $\mu(K)$ resultiert.

Handlungsvorschlag

Beispiel: Wenn P dann $y = NG$ (5.83)

Für die (linguistische) Ausgangsvariable y wird die Ausgangsmenge NG vorgeschlagen.

Die *Aktivierung* sorgt für die Verknüpfung des Erfüllungsgrades $w(P)$ der Prämisse mit der Zugehörigkeitsfunktion $\mu(K)$ der Konklusion K. Damit wird erreicht, dass jede Regel mit $w(P) > 0$

1. einen Handlungsvorschlag liefert und
2. dieser Handlungsvorschlag entsprechend des Erfüllungsgrades $w(P)$ der Prämisse gewichtet wird.

Diese *Gewichtung* wird durch Fuzzy-UND – Operatoren berechnet. Die Belegung der Ausgangsmenge Y einer Regel lässt sich also angeben mit

Gewichtung des Handlungsvorschlags

$$\mu(Y) = w(P) \wedge \mu(K) \tag{5.84}$$

Üblich ist die Anwendung des *algebraischen Produkts* (*Prod*), welches eine Abschwächung der Ausgangsmenge bewirkt, sowie des *Minimums* (*Min*) mit begrenzendem Einfluss (Abbildung 5.6).

Abschwächung, Begrenzung

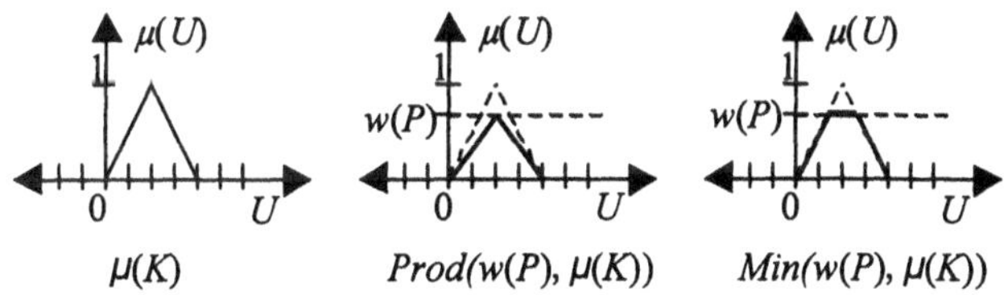

Abbildung 5.6 Aktivierung der Konklusion K mittels algebraischem Produkt bzw. Minimum-Operator

Die *Aktivierung* wird auf jede Regel der gegebenen Regelbasis angewendet. Das Ergebnis ist eine Menge von unscharfen Mengen repräsentiert durch linguistische Variablen. Abhängig vom Aktivierungsgrad stellt jede dieser unscharfen Mengen einen mehr oder weniger relevanten Vorschlag für die endgültige Ausgangsgröße dar.

5.5.2.3 Akkumulation

Die *Akkumulation* bildet die Vereinigungsmenge Y aller durch die *Aktivierung* aus der Regelbasis erzeugten Ausgangsmengen.

Vereinigungs-Menge Y

$$Y = \bigcup_{i=1}^{n} Y_i \tag{5.85}$$

Die Zugehörigkeitsfunktion $\mu(Y)$ der Vereinigungsmenge Y ergibt sich aus der Anwendung des Fuzzy-ODER-Operators auf alle n Ausgangsmengen Y_i :

Zugehörigkeits-funktion $\mu(Y)$

$$\mu(Y) = \bigvee_{i=1}^{n} \mu(Y_i) \tag{5.86}$$

Gegeben sei die folgende Regelbasis (Abbildung 5.7):

Regel R_1:	Wenn $x = NG$	Dann $y = NG$	
Regel R_2:	Wenn $x = NM$	Dann $y = NM$	
Regel R_3:	Wenn $x = NK$	Dann $y = NK$	
Regel R_4:	Wenn $x = NU$	Dann $y = NU$	(5.87)
Regel R_5:	Wenn $x = PK$	Dann $y = PK$	
Regel R_6:	Wenn $x = PM$	Dann $y = PM$	
Regel R_7:	Wenn $x = PG$	Dann $y = PG$	

Abbildung 5.7 Zugehörigkeits-funktionen aller Werte der Regelbasis (eingangsseitig)

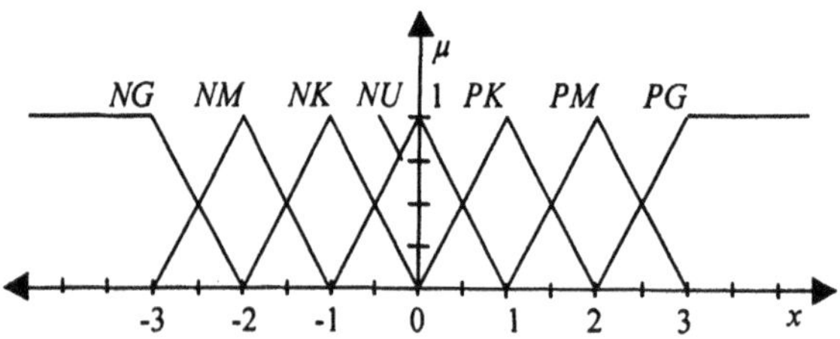

Fuzzyifizierung: Für einen Eingangswert von $x = 2{,}25$ liest man Zugehörigkeitsgrade zu PM und PG ab:

Ermittlung des Zugehörigkeitsgrades

$$\mu_{PM}(2{,}25) = 0{,}75 \quad (5.88)$$

$$\mu_{PG}(2{,}25) = 0{,}25 \quad (5.89)$$

Aggregation

Aggregation: Trivial. Die Regeln der Regelbasis enthalten nur Prämissen mit einer Variablen. Der Erfüllungsgrad der Prämissen ist daher identisch mit den während der *Fuzzifizierung* ermittelten Zugehörigkeitsgraden der Eingangsvariablen x zu den linguistischen Variablen.

Aktivierung

Aktivierung: Für die Regeln $R_1 - R_5$ erfolgt keine Aktivierung, da $\mu_{NG}(2{,}25) = \mu_{NM}(2{,}25) = \mu_{NK}(2{,}25) = \mu_{NU}(2{,}25) = \mu_{PK}(2{,}25) = 0$ ist.

Für R_6 und R_7 erhält man:

$$\mu(Y_6) = 0{,}75 \wedge \mu(K_6) = 0{,}75 \wedge \mu(PM) \quad (5.90)$$

$$\mu(Y_7) = 0{,}25 \wedge \mu(K_7) = 0{,}25 \wedge \mu(PG) \quad (5.91)$$

Akkumulation

Die anschließende *Akkumulation* vereinigt beide Ausgangsmengen zu

$$Y = Y_6 \cup Y_7 \quad (5.92)$$

mit der Zugehörigkeitsfunktion

$$\mu(Y) = \mu(Y_6) \vee \mu(Y_7). \quad (5.93)$$

Dies ist gleich bedeutend mit

$$\mu(Y) = (0{,}75 \wedge \mu(PM)) \vee (0{,}25 \wedge \mu(PG)). \quad (5.94)$$

Die resultierenden Zugehörigkeitsfunktionen $\mu(Y)$ bei alternativer Anwendung des *Maximum*-Operators zur *Akkumulation* mit verschiedenen Methoden sind in Abbildungen 5.8 und 5.9 dargestellt.

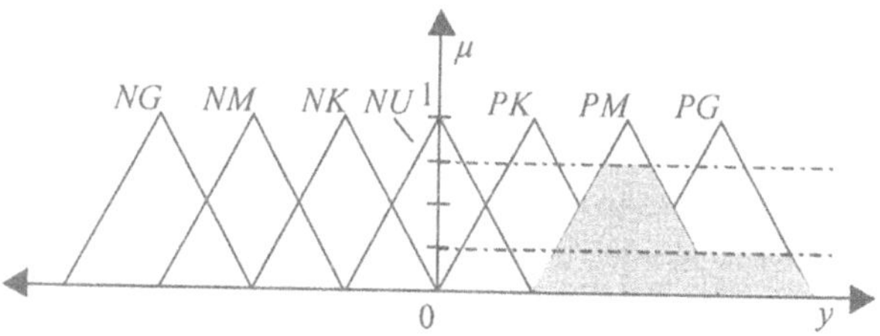

Abbildung 5.8 Die Anwendung des *Maximum*-Operators zur *Akkumulation* von *Minimum* (*Max-Min-Inferenz*)

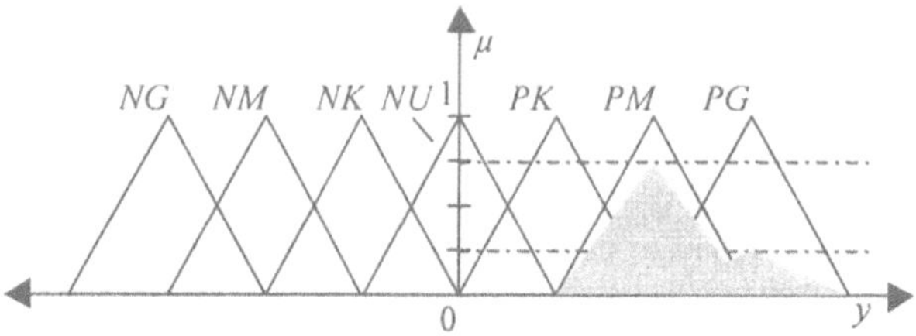

Abbildung 5.9 Die Anwendung des *Maximum*-Operators zur *Akkumulation* von *algebraischen Produkts* (*Max-Prod-Inferenz*) für die *Aktivierung*

Ausgangsmenge

Auf Grund der einfachen Regelbasis mit nur einer Variablen wurde im obigen Beispiel eine Ausgangsmenge erzeugt, die maximal aus zwei sich überlappenden Fuzzy-Mengen besteht. In diesem Fall ist das Ergebnis der *Inferenz* als ein einziger, unscharf beschriebener Lösungsvorschlag zu interpretieren, so dass mit einer gewissen Sicherheit der Stellgröße am Reglerausgang ein bestimmter *Lösungsraum* zugeordnet werden kann.

Lösungsraum

Bei nicht trivialen Regelbasen kann der Aufbau der Ausgangsmenge aus Kombinationen von Fuzzy-Mengen bestehen, die sich nicht zwingend überlappen müssen. Im Falle von echten Entscheidungsalternativen besteht die Ausgangsmenge sogar aus völlig getrennten Teilbereichen. In diesem Fall kann die Ausgangsmenge mehrere konkurrierende Lösungsvorschläge umfassen.

Konkurrierende Lösungsvorschläge

5.5.3 Defuzzifizierung

Ermittlung der Stellgröße

Die *Defuzzifizierung* hat die Aufgabe, aus der unscharfen Ausgangsmenge Y einen einzigen scharfen Wert y als *Stellgröße* des Reglers zu ermitteln. Jeder einzelne Wert in Y wird durch die *Akkumulation* potentiell als Ausgabe des Reglers empfohlen. Die Defuzzifizierung muss daher eine geeignete Strategie verwenden, die sicherstellt, dass im erzielten Ergebnis ein möglichst hoher Grad an Informationen erhalten bleibt. Die Auswahl einer solchen Strategie ist stark an die Regelaufgabe gebunden und erfordert eine sorgfältige Überprüfung im Hinblick auf ihre Einsatzfähigkeit.

Strategien zur Defuzzifizierung

Die *Strategien zur Defuzzifizierung* unterscheidet man grundsätzlich in die *Maximum-Methoden* und die *Schwerpunkt-Methoden*. Sie werden im Folgenden vorgestellt.

Maximum-Methode

Die *Maximum-Methode*, auch *Maximum-Height-Methode*, basiert auf der Annahme, dass Elemente mit höchstem Zugehörigkeitsgrad zur Ausgangsmenge auch im höchsten Grade als scharfer Ausgangswert empfohlen werden. Deshalb wird das Element der Ausgangsmenge ausgewählt, dessen Zugehörigkeitswert maximal ist.

Ein Vorteil dieser Methode liegt sicherlich im geringen Berechnungsaufwand. Sie hat aber zum Nachteil, dass die restliche Ausgangsmenge ignoriert wird und keinen Einfluss auf das Ergebnis der *Defuzzifizierung* hat. Darüber hinaus bekommt man Entscheidungsprobleme, wenn mehr als ein solches Maximum existiert. Zur Lösung dieses Problems existieren verschiedene Ansätze, die auf Heuristiken beruhen und das Entscheidungsproblem nur unbefriedigend lösen.

Behandlung mehrerer Maxima

First of Maxima (*FOM*), *Mean of Maxima* (*MOM*) und *Last of Maxima* (*LOM*) wählen jeweils das erste, das mittlere bzw. das letzte Maximum in der Ausgangsmenge aus. *MOM* versagt, wenn ein mittleres Maximum gar nicht existiert und ist daher nur eingeschränkt brauchbar. *FOM* und *LOM* liefern immer ein gültiges Ergebnis, welches aber grundsätzlich im Randbereich aller Maxima liegt. Ein weiterer Nachteil ist es, dass ein Positionswechsel eines Maximums einen Sprung in der Stellgröße bewirken kann, obwohl die Eingangsgrößen des Reglers sich stetig geändert haben.

Die *Maximum-Mittelwert-Methode* berechnet aus allen Elementen mit maximaler Zugehörigkeit zur Ausgangsmenge Y den Mittelwert. Diese Methode erfordert ebenfalls nur geringen Rechenaufwand und erzeugt keine „Randlösungen" wie *LOM* oder *FOM*. Die Erzeugung unerwünschter Sprünge in der Stellgröße ist mit der Maximum-Mittelwert-Methode aber ebenfalls möglich. Darüber hinaus ist es nicht unwahrscheinlich, dass der Ergebniswert selbst keine maximale oder sogar gar keine (i.e. $\mu(y) = 0$) Zugehörigkeit zur Ausgangsmenge hat.

Maximum-Mittelwert-Methode

Die *Schwerpunktmethoden* berücksichtigen die Gesamtheit aller in der Ausgangsmenge Y enthaltenen Werte. Y wird als Fläche interpretiert, deren Schwerpunkt den Referenzwert für die Stellgröße ergibt. Im Gegensatz zu den Mittelwertmethoden ermöglichen die Schwerpunktmethoden den stetigen Zusammenhang zwischen Eingangs- und Ausgangsgrößen des Reglers. Leider können auch diese Verfahren Ergebniswerte liefern, deren Zugehörigkeit zur Ausgangsmenge 0 ist.

Die Schwerpunktmethoden

Der Preis für die höhere Qualität liegt im höheren Berechnungsaufwand. Die *Flächenschwerpunkt-Methode* (*Center of Gravity*, *COG*) berechnet die Ausgangsgröße durch:

Flächenschwerpunkt-Methode (*COG*)

$$y_{COG} = \frac{\int_{y_{\min}}^{y_{\max}} \mu(y)\, y\, dy}{\int_{y_{\min}}^{y_{\max}} \mu(y)\, dy} \tag{5.95}$$

Flächenschwerpunktmethode für Singletons (*COS*)

Besteht die Ausgangsmenge ausschließlich aus Singletons, so kann eine einfachere Variante, die *Flächenschwerpunktmethode für Singletons*, (*Center of Singletons*, *COS*) angewendet werden. Vorausgesetzt, die Menge Y besteht aus einer Anzahl von n Singletons, dann wird y_{cos} berechnet durch:

$$y_{COS} = \frac{\sum_{i=1}^{n} \mu_i y_i}{\sum_{i=1}^{n} \mu_i} \tag{5.96}$$

5.5.4 Einordnung des Reglerkonzepts

Statischer Kennfeldregler

Bei dem vorgestellten Regler nach Mamdani handelt es sich um einen *statischen Kennfeldregler*. Dynamische Anteile wie Integrierer oder Differenzierer können mit einem Fuzzy-Regler vom Mamdani-Typ nicht erfasst werden. Abhilfe schafft hier die Kombination mit konventioneller Regelungstechnik (Abbildung 5.10). Häufig werden für

Fuzzy-PI
Fuzzy-PID

Fuzzy-Regler auch Bezeichnungen wie *Fuzzy-PI-Regler*, *Fuzzy-PID-Regler* benutzt. Die dynamischen Anteile dieser Regler sind immer konventionell realisiert.

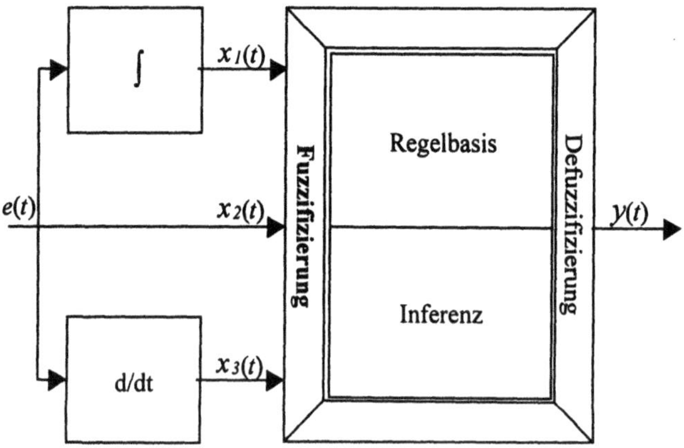

Abbildung 5.10 Hybrider Regler Fuzzy-Regler vom Mamdani-Typ in einer Kombination mit konventionellen Regelungsgliedern

Der Standard-Fuzzy-Regler nach Mamdani lässt grundsätzlich eine beliebige Anzahl von Eingangsparametern, aber nur einen Ausgangsparameter zu.

In der Praxis beschränkt man sich häufig auf Regler mit nur zwei Eingangsparametern. Durch parallele Anordnung und Kaskadierung weiterer Regler kann das Konzept auf eine größere Anzahl von Reglerein- und ausgängen ausgeweitet werden.

Die Erstellung einer linguistischen Regelbasis setzt neben einer sorgfältigen *Wissensakquisition* auch ein gewisses *Einfühlungsvermögen* voraus. Sie eröffnet dem Entwickler aber auch ein hohes Maß an Flexibilität. Dies gilt ebenso für die Auswahl des Inferenzverfahrens. Es ist eine Stärke des Regelkonzepts, dass das verwendete Wissen nicht notwendig vollkommen sein muss und dennoch ein passables Regelergebnis erreicht werden kann. Trotz dieses hohen Maßes an Robustheit sind Situationen nicht auszuschließen, in denen ein Fuzzy-Regler keinen Ausgangswert liefert. In diesem Zusammenhang spricht man von der *Unvollständigkeit* eines Reglers. Die Ursache kann zum einen strukturell sein, d.h. es fehlen eine oder mehrere Regeln in der Regelbasis bzw. die Zugehörigkeitsfunktionen sind über dem Universum U lückenhaft definiert. Andererseits kann auch in der Inferenz eine Auslöschung vorkommen. In diesen Fällen ist es ratsam, den Regler durch geeignete Regeln zu ergänzen.

Wissens-akquisition
Einfühlungs-vermögen
Unvollständigkeit

Eine weitere Sondersituation ist die *Mehrdeutigkeit*, fälschlicherweise oft auch als *Widersprüchlichkeit* des Reglers bezeichnet. In diesem Falle treten nach der *Akkumulation* in der Ausgangsmenge mehr als eine Alternative für die Stellgröße des Reglers auf. Es liegt demnach ein *Entscheidungsproblem* vor, dessen Lösung durch geeignete Auswahl der Defuzzifizierungsstrategie zu gewährleisten ist. Dabei muss, wie bereits gezeigt, in Kauf genommen werden, dass das Ergebnis der Defuzzifizierung von der Akkumulation nicht explizit als Möglichkeit angeboten wird und möglicherweise unerwünscht oder sogar schädlich ist.

Mehrdeutigkeit
Widersprüchlich-keit
Entscheidungs-problem

Eine wesentliche Verbesserung erzielt eine konzeptionelle Erweiterung, die in [5.7] vorgeschlagen wird. Grundlage des Konzepts ist die Betrachtung *positiven und negativen Wissens*.

Behandlung positiven und negativen Wissens

Der klassische Mamdani-Ansatz unterstützt nur positives Wissen: Aufgrund von Regeln wird eine Menge von Möglichkeiten definiert, die potenziell den Handlungsspielraum des Reglers beschreiben. Mit anderen Worten: die in der Ausgangsmenge der Akkumulation enthaltenen Handlungen sind *explizit erlaubt*. Über alle anderen Möglichkeiten außerhalb der Ausgangsmenge existiert in diesem Reglermodell keine Information.

explizite Erlaubnis

Verbotsregeln

Die konzeptionelle Erweiterung liegt in der parallelen Betrachtung von *Verbotsregeln*. Dazu wird ein zweiter Regler vom Mamdani-Typ benutzt. Die Regelbasis des zweiten Reglers beschreibt negatives Wissen, d.h. eine Menge von Handlungen, die *nicht erlaubt* sind und somit den Handlungsspielraum durch Verbote eingrenzen. Wissen über erlaubte Möglichkeiten liegen im „negativen" Regler nicht vor.

Hyperinferenz

Die Kombination beider Regler führt zu einem zweisträngigen Regler, der mittels der sog. *Hyperinferenz* ein Regler-Ergebnis erzeugt, das aus der gleichzeitigen Abwägung positiver und negativer Regeln entsteht (Abbildung 5.11). Die Handlungsvorschläge des zweisträngigen Reglers gewähren daher ein höheres Maß an Sicherheit. Insbesondere schließt dieses Konzept aus, dass durch Mittlung während der Defuzzifizierung Ausgaben erzeugt werden, die gänzlich unerwünscht sind.

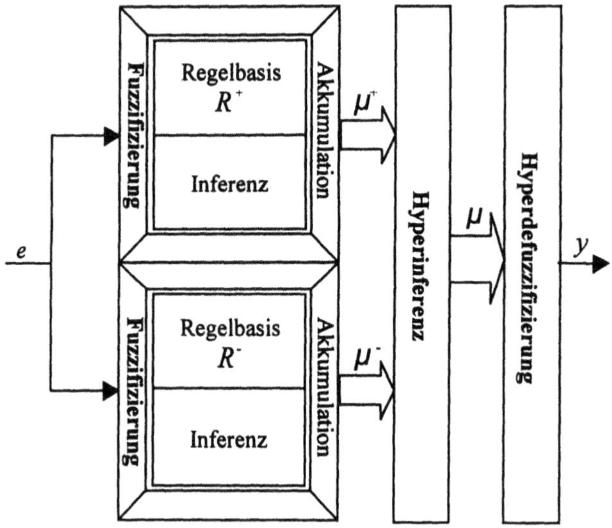

Abbildung 5.11 Zweisträngiger Fuzzy-Regler nach *Kiendl* mit Nutzung positiven und negativem Wissen in unterschiedlichen Regelbasen, Hyperinferenz, Hyperdefuzzifizierung

Grundsätzlich ist diese Vorgehensweise auch mit nur einem Regler möglich, erfordert aber wesentlich mehr Entwicklungsaufwand. Die Regelbasis muss dann positives und negatives Wissen in sich vereinen. Die Regelbasis wird dadurch unnötig kompliziert und unübersichtlich.

5.5.5 Reglerentwurf

Der Entwurf eines Fuzzy-Regelungssystems unterteilt sich in mehrere Phasen. Die erste Phase besteht aus der *Prozessanalyse* und ist vergleichbar mit der Vorgehensweise beim konventionellen Reglerentwurf. Durch Prozessbeobachtung, Befragung von Experten und Aufnahme verschiedener Messreihen werden alle relevanten Vorgänge und Wechselwirkungen des realen Systems erfasst. Ziel der Prozessanalyse ist es, ein möglichst realistisches Modell der Regelstrecke zu erstellen. Anders als konventionelle Regelungen erlauben Fuzzy-Regelungen die Verarbeitung unvollständiger bzw. ungenauer Informationen. Sie können auf Beobachtungen und Ahnungen beruhen und als unscharfes Wissen in die Regelbasis eines Fuzzy-Reglers einbezogen werden. Dennoch gilt es auch hier, die Genauigkeit des zugrundegelegten Modells möglichst hoch zu halten, da die grundsätzliche Unschärfe im Entwurf qualitative Auswirkungen auf das Regelergebnis nach sich zieht.

Prozessanalyse

Nach der Erstellung des Prozessmodells wird die *Strukturierung* der Regelung geplant. Dabei wird geklärt, ob das System einschleifig oder mehrschleifig ausgelegt werden soll oder ob Kaskaden eingeführt werden müssen, ob Störgrößenaufschaltungen notwendig werden oder ob der Regler ein adaptives Konzept braucht. Insbesondere ist beim Entwurf einer Fuzzy-Regelung zu klären, ob zur Behandlung dynamischer Eigenschaften zusätzlich konventionelle Regelungstechnik zum Einsatz kommen muss.

Strukturierung

Anschließend ist es notwendig, das *Regelziel* festzulegen, in dem festgeschrieben wird, welches Ergebnis durch den Einsatz der Regelung erzielt werden soll. Bei Erreichen dieses Ergebnisses liegt der nötige Optimierungsgrad vor und der Entwurfsvorgang wird abgeschlossen.

Regelziel

Die folgenden Entwurfsschritte beziehen sich auf den Entwurf des Fuzzy-Reglers selbst und werden ggf. mehrfach durchlaufen, um das Regelziel durch Optimierung zu erreichen.

Entwurfsschritte

1. *Erfassung aller Eingangsgrößen* aus dem Prozessmodell. Es ist zu klären, ob alle Größen bereits direkt vorhanden sind oder konventionelle Regelglieder (Differenzierer, Integrierer) zur Erzeugung der Eingangsgrößen hinzugenommen werden müssen.

2. *Erfassung aller Ausgangsgrößen*. Werden mehrere unabhängige Ausgangsgrößen benötigt, müssen ebenso viele Fuzzy-Regler entworfen werden. Wechselwirkungen unter diesen Reglern sind zu beachten und durch geeignete Modellierung, z.B. Einführung von Kaskaden, einzubringen.

3. *Fuzzifizierung*: Festlegung aller linguistischen Variablen und der dazugehörigen Belegungen mit linguistischen Werten. Definition der Zugehörigkeitsfunktionen. Es ist zu beachten, dass linguistische Variablen jeweils eine Grundmenge für linguistische Werte darstellen. Diese Grundmenge sollte durch die linguistischen Werte(mengen) vollständig abgedeckt sein, um keine Definitionslücken entstehen zu lassen. In der Praxis hat es sich bewährt, auf der Grundmenge eine sog. *Ruspini-Partitionierung* vorzunehmen, d.h. vollständige Abdeckung der Grundmenge und Überlappung aller linguistischen Werte mit dem gesamten Unschärfebereich, so dass die Summe aller Zugehörigkeitswerte für jeden Eingangswert immer 1 ist.
4. *Inferenz*: Aufstellung der Regelbasis und Auswahl der Inferenzstrategie. Wichtig ist auch hier die Erfassung aller möglichen Zustände zur Vermeidung von Definitionslücken in der Regelbasis.
5. *Defuzzifizierung*: Auswahl der Defuzzifizierungsstrategie.
6. *Weitere Fuzzy-Regler*: Der Entwurf eines Fuzzy-Reglers ist an dieser Stelle beendet. Besteht das System aus mehreren Fuzzy-Reglern, folgt nun der Entwurf eines weiteren Reglers.
7. *Testlauf* oder *Simulation*: Überprüfung des Reglerverhaltens. Ist das Regelziel erreicht, ist der Entwurfsvorgang abgeschlossen. Sonst Wiederholung vorangegangener Entwurfsschritte zum Zwecke der Optimierung.

5.5.6 Beispiel: Fuzzy-Regler nach Mamdani

Das folgende Beispiel zeigt die Realisierung eines Fuzzy-Reglers nach Mamdami mit 2 Eingängen und einem Ausgang. Es ist einem Beispiel in [5.5] nachempfunden.

Gegeben ist ein Versuchsaufbau mit einem Modellfahrzeug, das auf einer horizontal ausgerichteten Schiene mittig positioniert ist. Auf der Schiene kann das Modellfahrzeug leicht hin- und hergeschoben werden.

Mit einem Elektromotor ist das Fahrzeug in der Lage, selbst auf der Schiene vor und zurück zu fahren. Auf dem Fahrzeug ist ein Windfang angebracht. Ein Gebläse ist vor der Schiene so angebracht, dass das Modellfahrzeug durch den erzeugten Wind verschoben werden kann.

Drehzahlregelung

Die Regelaufgabe besteht nun darin, bei unterschiedlich starkem Gegenwind durch *Drehzahlregelung* des Elektromotors das Modellfahrzeug in seiner ursprünglichen Position auf der Schiene zu halten.

Als Messgrößen stehen die Windgeschwindigkeit v sowie die Position x des Modellfahrzeugs relativ zur Ausgangsposition zur Verfügung. Diese beiden Messgrößen x und v bieten sich als direkte und einzige Eingangsgrößen für den Fuzzy-Regler an.

Als Ausgangsgröße soll der Regler die Motordrehzahl n ausgeben. v, x und n sind demnach die linguistischen Variablen des Fuzzy-Reglers. Dazu sind die linguistischen Werte, wie in Tabelle 5.2 gezeigt ist, zu definieren.

Linguistische Variable	*Ling. Wert*	*Bedeutung*
Position x	NG	weit vorn
	NK	nah vorn
	NU	Ausgangsposition
	PK	nah zurück
	PG	weit zurück
Windgeschwindigkeit v	K	klein
	M	mittel
	G	groß
Motordrehzahl n	NG	rückwärts groß
	NM	rückwärts mittel
	NK	rückwärts klein
	NSK	rückwärts sehr klein
	NU	um Null
	PSK	vorwärts sehr klein
	PK	vorwärts klein
	PM	vorwärts mittel
	PG	vorwärts groß
	PSG	vorwärts sehr groß

Tabelle 5.2 Definition von linguistischen Variablen

Die Zugehörigkeitsfunktionen $\mu(x)$, $\mu(v)$ und $\mu(n)$ sind entsprechend in Abbildung 5.12 a) , b) und c) grafisch dargestellt:

Abbildung 5.12 Entwurf des Fuzzy-Drehzahlreglers:

a) Zugehörigkeitsfunktion $\mu(n)$

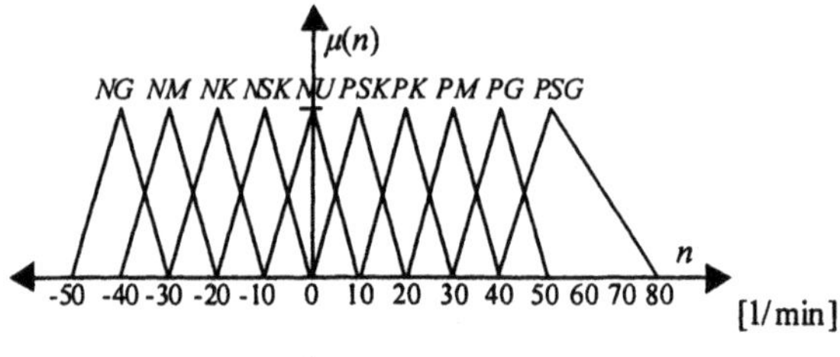

b) Zugehörigkeitsfunktion $\mu(x)$

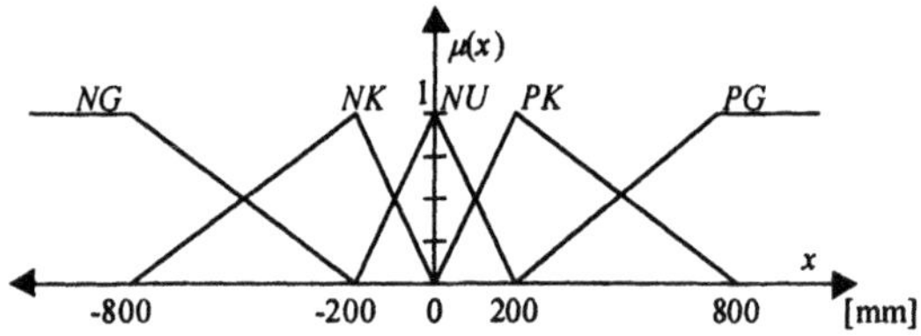

c) Zugehörigkeitsfunktion $\mu(v)$

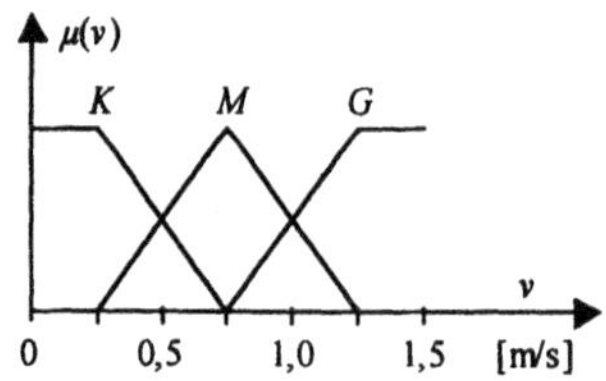

Die Regelbasis besteht aus Regeln der Form

$$Wenn\ P(X,V)\ Dann\ K(N) \tag{5.97}$$

Sie lässt sich am besten in tabellarischer Form darstellen. Die Regelbasis ist dann vollständig, wenn die Tabelle je eine Belegung für jedes Wertepaar (X,V) beinhaltet (Tabelle 5.3).

Tabelle 5.3 Darstellung der Regelbasis

X\V	*K*	*M*	*G*
NG	*NG*	*NM*	*NK*
NK	*NK*	*NSK*	*NU*
NU	*NU*	*NU*	*PSK*
PK	PK	PM	PG
PG	PG	PSG	PSG

Für die Auswahl des *Inferenzverfahrens* kommen sowohl die max-prod-Inferenz wie auch die max-min-Inferenz in Frage. In Kombination mit der Maximum-Mittelwert-Methode zur *Defuzzifizierung* erhält man in der Regel das gleiche Ergebnis. Anhand zweier angenommener Messwerte wird dies deutlich:

$$\text{Messwert für } X\text{: } + 350 \text{ mm} \tag{5.98}$$

$$\text{Messwert für } V\text{: } + 0{,}625 \text{ ms}^{-1} \tag{5.99}$$

Daraus folgt die Aktivierung

$$\mu_{PK}(X) = 0{,}75 \text{ und } \mu_{PG}(X) = 0{,}25 \tag{5.100}$$

und

$$\mu_K(V) = 0{,}25 \text{ und } \mu_M(V) = 0{,}75 \tag{5.101}$$

Die Auswirkung der Inferenz ist Abbildungen 5.13a,b zu entnehmen.

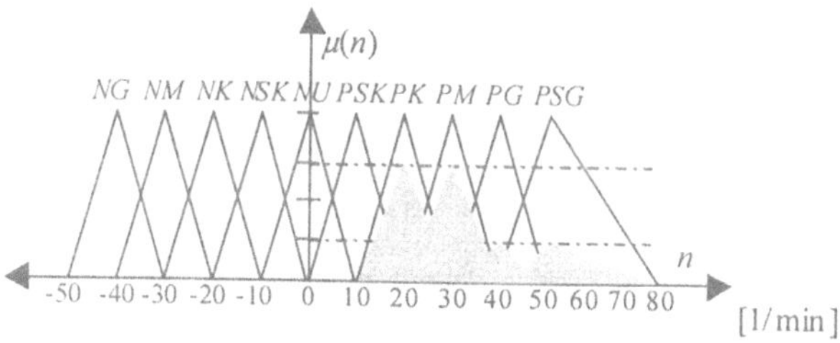

Abbildung 5.13 Zugehörigkeitsfunktion $\mu(n)$:

a) nach Anwendung der Max-Prod-Inferenz

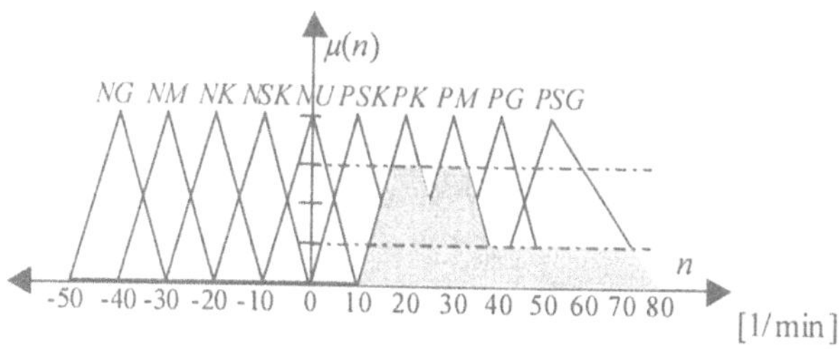

b) nach Anwendung der Max-Min-Inferenz

5.6 Fuzzy-Regler nach Sugeno und Takagi

Der Fuzzy-Regler nach Sugeno und Takagi baut ebenfalls auf einer unscharfen Regelbasis auf. Allerdings existiert ein linguistisches Modell nur für die Regelprämissen.

Die Konklusionen bestehen aus scharfen Zuweisungen. Regeln haben bei diesem Typ die Form

$$\text{Wenn } P(\mathbf{x}) \text{ Dann } y = f(\mathbf{x}) \tag{5.102}$$

Scharfe Zuweisung

Die Auswertung der Prämissen erfolgt analog zur *Aktivierung* beim Mamdani-Typ. Abweichend davon wird der scharfe Funktionswert der Konklusion *berechnet* und mit dem *Erfüllungsgrad* multipliziert. Eine aktivierte Regel liefert immer einen scharfen Wert.

Überlagerung von Funktionswerten

In der abschließenden *Akkumulation* werden alle errechneten Funktionswerte überlagert und die Stellgröße mit einem gewichteten Mittelwert berechnet. Die *Berechnung der Ausgangsgröße* ähnelt der Berechnung der Ausgangsgröße beim *Center-of-Singleton* Verfahren *COS* beim Fuzzy-Regler nach Mamdani. Sie erfolgt in der Regel durch

$$y = \frac{\sum_{i=1}^{n} \mu_i \cdot f_i(y_i)}{\sum_{i=1}^{n} \mu_i} \tag{5.103}$$

bzw. bezogen auf die Eingangsgrößen **x**:

$$y = \frac{\sum_{i=1}^{n} \mu_i \cdot f_i(\mathbf{x})}{\sum_{i=1}^{n} \mu_i} \tag{5.104}$$

Eine konkrete Anwendung des Reglertyps nach Sugeno und Takagi kann darin bestehen, lineare Steuergesetze von der Regelsituation abhängig zu überlagern bzw. weiche Übergänge von einem Steuergesetz zum anderen zu erzeugen. Die einzelnen Gesetze werden dabei durch die Funktionsgleichungen in den Konklusionen jeder Regel repräsentiert.

5.7 Literatur

[5.1] Bothe, H.-H.: *Fuzzy Logic, Einführung in Theorie und Anwendungen*. Springer-Verlag, Berlin, 1993

[5.2] Driankov, D.; Hellendoorn, H.; Reinfrank, M.: *An Introduction to Fuzzy Control*. Springer-Verlag, Berlin, 1993

[5.3] Dubois,D.; Prade, H.: *Fuzzy Sets and Systems: Theory and Applications*. Academic Press, Orlando, FL, 1980

[5.4] Hirota, H. (Hrsg.): *Industrial Applications of Fuzzy Technology*. Springer-Verlag, Tokyo, 1993

[5.5] Jaanineh, G.; Maijohann, M.: *Fuzzy Logic und Fuzzy-Control*. Vogel-Buchverlag, Würzburg, 1996

[5.6] Kahlert, J.; Frank, H.: *Fuzzy-Logic und Fuzzy-Control*. Vieweg-Verlag, Braunschweig/Wiesbaden, 1993

[5.7] Kiendl, H.: *Fuzzy Control methodenorientiert*. R. Oldenbourg-Verlag, München, 1997

[5.8] Lutz, H.; Wendt, W.: *Taschenbuch der Regelungstechnik*. Verlag Harri Deutsch, Thun/Frankfurt am Main, 1998

[5.9] Mamdani, E.H.; Procyk, T.; Baaklini, N.: *Application of Fuzzy Logic to Controller Design Based on Linguistic Protocol*. In: Mamdani, E.H.; Gaines, B.R. (Hrsg.): *Discrete Systems and Fuzzy Reasoning*, Queen Mary College, University of London, 1976, S. 125 - 149

[5.10] Mamdani, E.H.: *Advances in the Linguistic Synthesis of Fuzzy Controllers*. In: Mamdani, E.H., Gaines, B.R. (Hrsg.): *Fuzzy Reasoning and it's Applications*. Academic Press, London, 1981, S. 325 – 334

[5.11] Thiele, H.: *Skriptum zur Spezialvorlesung „Einführung in die Fuzzy Logik*. Universität Dortmund, Fachbereich Informatik, LS 1, 1997

[5.12] Reusch, B. (Hrsg.): *Fuzzy Logic – Theorie und Praxis*. Tagungsband 4. Dortmunder Fuzzy-Tage 1994, Springer-Verlag, Berlin, 1994

[5.13] Zadeh, L.A: *Fuzzy Sets*. In: Information and Control, 8 (1965) S. 338 – 353

[5.14] Zadeh, L.A.: *Fuzzy Sets as a Basis for a Theory of Possibility*. In: Fuzzy Sets and Systems, 1 (1978) S. 3 – 28

Kapitel 6

Neuro-Regelung

von Serge Zacher

6.1 Künstliche Neuronale Netze

6.1.1 Einführung

Der Begriff Künstliche Neuronale Netze (KNN) wird für mindestens 15 unterschiedliche Algorithmen verwendet, die sich im Wesentlichen auf Minimierung des Fehlers zwischen Ist- und Sollwerten des Netzausgangs durch Änderung von *Gewichten* stützen [6.9].

Gewichte

Die Eigenschaft des Netzes, einen stabilen Zustand mit minimalem Fehler zu suchen, - die so genannte *Lernfähigkeit* - hat die Anwendung von KNN für Bild- und Spracherkennung ermöglicht. Der Einsatz von KNN für die Automatisierungstechnik hat bereits seit Mitte der sechziger Jahre begonnen und verspricht einen großen Nutzen. Dies liegt vor allem an den Vorteilen, die dieses Verfahren im Vergleich zu klassischen Methoden aufweist, nämlich die *Generalisierbarkeit*, die Lernfähigkeit und die Fehlertoleranz. Den Vorteilen der KNN stehen als Nachteile die nicht gesicherte Konvergenz des Netzes, die Unterscheidung lokaler und globaler Minima der Fehlerfunktion und die fehlende Abbruchbedingungen des Lernverfahren gegenüber.

Lernfähigkeit

Generalisierbarkeit

Für die Automatisierungstechnik hat sich die *Backpropagation*-Lernregel herauskristallisiert. Ein einfaches Beispiel hierzu wird im Abschnitt 6.1.2 beschrieben.

Backpropagation

Stabilitätsgrenze

Identifikation

Die Anwendung von KNN für die Automatisierungstechnik basiert auf der Erkennung des Zustands der Regelstrecke und der Assoziation mit dem Stellsignal. Damit ist eine empirische Reglereinstellung durch die Erkennung der *Stabilitätsgrenze* wie das klassische Ziegler-Nichols-Verfahren (Abschnitt 6.2.1) oder eine *Identifikation* der Regelstrecke (Abschnitte 6.2.2 und 6.2.3) möglich [6.3, 6.5].

Prozessmodell-freier Regler-entwurf

Die Verwendung von KNN ist von Vorteil, wenn das mathematische Modell der Regelstrecke nicht gegeben ist. Dabei kann die Identifikation der Regelstrecke und eine optimale Reglereinstellung mit Hilfe von KNN in einem Schritt als *prozessmodellfreier Reglerentwurf* [6.6] erreicht werden (Abschnitt 6.2.4).

Emulator-/ Actor-Netze

Mit KNN als Regler sind mehrere neue Regelkreisstrukturen mit *Emulator- und Actor-Netzen* bekannt [6.2, 6.4]. Diese Strukturen sowie die neuronalen Verfahren der prädiktiven und adaptiven Regelung [6.1, 6.7] wie das Ein-Netz- oder Zwei-Netze-Verfahren werden im Abschnitt 6.3 beschrieben.

RT-Neuronen

Im Abschnitt 6.4 wird eine neue Klasse von Neuronen [6.8 - 6.10], die aus regelungstechnischen Grundgliedern aufgebaut und dementsprechend als *RT-Neuronen* bezeichnet sind, kurz vorgestellt.

6.1.2 Backpropagation

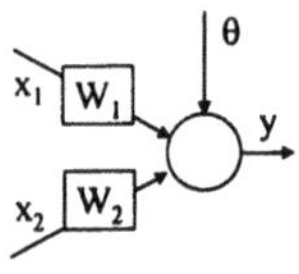

Struktur eines KNN mit einem binären Neuron

Die Lernfähigkeit beruht auf der Einstellung der Gewichte W_1, W_2 nach dem minimalen Fehler $E = (d-y)$ zwischen gewünschtem d und aktuellem y Ausgang des Netzes. Zur Lösung dieser Aufgabe werden die zahlreichen Minimum-Suchverfahren einbezogen.

Das einfache KNN nach dem Backpropagation-Algorithmus besteht aus einem binären künstlichen Neuron mit zwei Eingängen und einem Ausgang, das nur zwei Zustände (−1,+1) annehmen kann.

Schwellenwert

Der aktuelle Ausgang y des Neurons wird in zwei Schritten bestimmt. Im ersten Schritt wird der Aktivierungswert α mit den gegebenen Eingängen x_1, x_2 und *Schwellenwert* θ berechnet:

$$\alpha = W_1 \cdot x_1 + W_2 \cdot x_2 - \theta$$

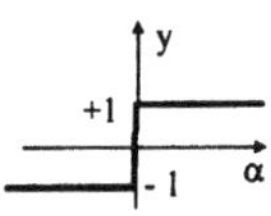

Aktivierungs-funktion

Im zweiten Schritt wird der Ausgangswert y mit Hilfe einer Aktivierungsfunktion $y = f(\alpha)$ berechnet. Als *Aktivierungsfunktion* $f(\alpha)$ kommen eine Reihe bekannter mathematischer Funktionen in Frage. Im vorliegendem Beispiel wird eine binäre Aktivierungsfunktion mit $y = +1$ für $\alpha \geq 0$ und $y = -1$ für $\alpha < 0$ betrachtet.

Das KNN soll „lernen“, die *Musterklassen* richtig zu „erkennen“. Die Einteilung der Eingangsmuster in zwei Klassen ist vorgegeben. Jede Kombination von Eingangswerten kann durch bestimmte Kriterien verarbeitet werden. Ein Kriterium kann z.B. sein, ob sich der Eingangspunkt oberhalb (Klasse A) oder unterhalb (Klasse B) einer Grenzgerade befindet, wobei der Sollwert des Neuronenausgangs für Eingangswerte aus der Klasse A $d = +1$ und für Klasse B $d = -1$ ist.

Musterklassen

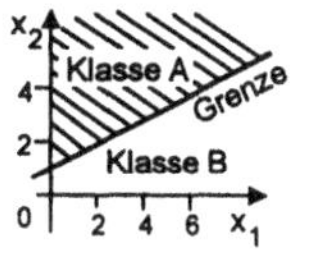

Die Grenze zwischen den Musterklassen, die dem KNN nicht gegeben wurde, ist eine Gerade mit der Gleichung $x_2 = a{\cdot}x_1 + b$. Im vorliegendem Beispiel wird angenommen: $a = 0{,}5$ und $b = 1$ sowie $\theta = 2$.

Für das Neuron wird die Grenze zwischen Musterklassen durch die Gleichung $\alpha = 0$ abgebildet, d.h. $\alpha = W_1 x_1 + W_2 x_2 - \theta = 0$ oder:

$$x_2 = -\frac{W_1}{W_2} x_1 + \frac{\theta}{W_2}$$

Aus dem Koeffizientenvergleich mit der Gerade $x_2 = a{\cdot}x_1 + b$ folgt:

$$\frac{\theta}{W_2} = b \qquad -\frac{W_1}{W_2} = a$$

Korrekt wird die Grenze mit den folgenden Gewichten abgebildet:

$$W_2 = \frac{\theta}{b} = \frac{2}{1} = 2$$

$$W_1 = -a \cdot W_2 = -0{,}5 \cdot 2 = -1$$

Die Musterklasse A ist damit durch die Aktivierung $\alpha > 0$ und den Ausgang $y = +1$ gekennzeichnet. Für die Klasse B ergibt sich $\alpha < 0$ und damit $y = -1$. Da dem KNN keine Gewichte vorgegeben werden, ist es die Aufgabe des Lernvorgangs, sie so lange zu verändern, bis die Grenzgerade korrekt abgebildet wird. Als Fehlermaß gilt dabei die Differenz zwischen dem Ist-Ausgang y und dem Soll-Ausgang d.

Der *Lernalgorithmus* besteht in Änderung von Gewichten W_1 und W_2:

Lernalgorithmus

$$W_1\,(t{+}1) = W_1\,(t) + \eta{\cdot}(d - y){\cdot}x_1(t)$$

$$W_2\,(t{+}1) = W_2\,(t) + \eta{\cdot}(d - y){\cdot}x_2(t)$$

Die Iterationsschrittweite (*Lernschrittweite*) η bestimmt die Konvergenzgeschwindigkeit. Normalerweise gilt: $0 < \eta < 1$.

Lernschrittweite

Meist wird das Fehlermaß jedoch nicht schrittweise, d.h. nach jedem Eingangspaar berechnet, sondern über alle Eingangs-Ausgangs-Paare aufsummiert, um den Gesamtfehler E zu minimieren.

6.2 Einstellregeln mit KNN

6.2.1 Erkennung der Stabilitätsgrenze

Setzt man die Netzeingänge den gesuchten Reglerparametern gleich - z.B. Eingang $x_1 = K_{PR}$ und Eingang $x_2 = T_n$ im Fall eines PI-Reglers - so entspricht die Klasse A mit $d = +1$ dem instabilen und die Klasse B mit $d = -1$ dem stabilen Regelkreisverhalten.

Um experimentell die Stabilitätsgrenze zu ermitteln, werden gleiche Wertepaare K_{PR} und T_n dem KNN und dem Regelkreis eingegeben. Die Sprungantworten des Kreises werden danach als Muster mit den d-Werten verifiziert und dem entsprechenden Netzausgang y zugeordnet. Nach dem oben beschriebenen Lernalgorithmus stellen sich dann die Gewichte W_1 und W_2 des Netzes ein.

Schwingungsversuch

Ziegler-Nichols-Tabelle

Auf konventionellem Weg ist eine empirische Reglereinstellung, falls die Regelstrecke mathematisch nicht beschrieben werden kann, nach dem bekannten experimentellen *Schwingungsversuch* vorstellbar: der Regelkreis mit einem P-Regler wird durch Ausprobieren an die Stabilitätsgrenze gebracht. Die Parameter des gewünschten Reglers werden nach bekannten Empfehlungen wie *Ziegler-Nichols-Tabelle* eingestellt. Zwar ist das Verfahren einfach, fordert jedoch eine Vielzahl von Versuchen. Da der Schwingungsversuch ohne Berücksichtigung der Nachstell- oder Vorhaltezeit durchgeführt wird, reduziert sich der gesamte Stabilitätsbereich auf einen einzigen Punkt mit den Koordinaten K_{PRkrit} und T_{krit}. Daraus folgt nur eine Parameterkombination für P-, PI- oder PID-Regler. Für PD-Regler fehlen die Hinweise.

Mit Hilfe von KNN kann der Regler ohne Fachkenntnisse schnell eingestellt werden. Die Aufnahme von Lerndaten für KNN ist genauso einfach und schnell durchzuführen wie ein Schwingungsversuch. Die Vorteile der KNN zeigen sich durch die Lernfähigkeit oder das schnelle Anpassungsvermögen an Strecken mit veränderlichen Parametern besonders deutlich. Die Anzahl der Versuche wird im Vergleich zu konventionellen Verfahren erheblich reduziert.

Beispiel: Regelkreis mit PD-Regler

Das Verfahren wird anhand eines *Regelkreises mit dem PD-Regler* und einer Regelstrecke mit veränderlichen Parametern demonstriert. Ein Roboterarm soll Teile auf einem Transportband positionieren. Bearbeitet werden zwei verschiedene Sorten von Teilen, woraus 2 unterschiedliche Streckensituationen P_1 und P_2 resultieren.

Der Wirkungsplan der Regelstrecke ist in Abbildung 6.1 gezeigt. Die Zeitkonstanten T_1, T_2 sowie die Parameter K_{PS} und K_{IS} sind von dem Zustand der Strecke, wie in Tabelle 6.1 gegeben, abhängig.

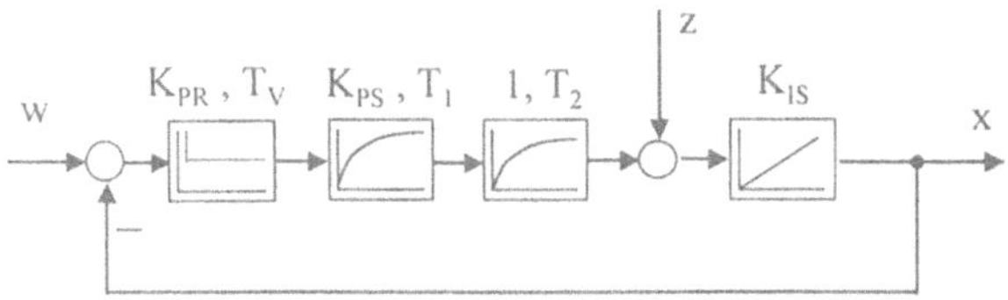

Abbildung 6.1 Wirkungsplan des Regelkreises mit PD-Regler

Streckenparameter	T_1 (sec)	T_2 (sec)	$K_{PS} \cdot K_{IS}$ (sec^{-1})
Situation P1	5	8	0,063
Situation P2	6	6,3	0,025

Tabelle 6.1 Parameter der Regelstrecke

Zuerst bildet man eine Lerndatei aus Versuchen mit dem Regelkreis, indem die Sollwerte $d = +1$ oder $d = -1$ bestimmt werden. Danach wird die Reglereinstellung mit PC nach der Backpropagation-Lernregel interaktiv [6.9] durchgeführt (Abbildung 6.2).

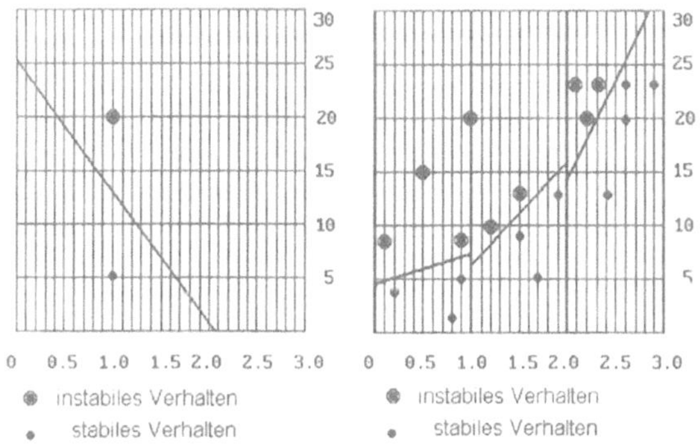

Abbildung 6.2 Stabilitätsgrenze für die Situation P1: links - nach ersten zwei Schritten; rechts - zum Abschluss des Lernverfahrens

Um die Nichtlinearität der Stabilitätsgrenze auszugleichen, ist der Eingangsbereich $x_2 = T_V$ in drei Teilstücke unterteilt. Für jedes Teilstück ist ein Neuron zuständig. Die nach dem Lernverfahren ermittelte Stabilitätsgrenze kann durch die Einstellung des Schwellenwertes θ in eine gewünschte Reglereinstellung transformiert werden. Es reicht hierzu nur eine einzige Kombination der Reglerparameter.

Stabilitätskriterium nach Hurwitz

Die Genauigkeit steigt mit der Anzahl der Versuche. Zum Vergleich sind die nach dem *Hurwitz-Kriterium* rechnerisch ermittelten Kurven für beide Situationen in Abbildung 6.3 gezeigt.

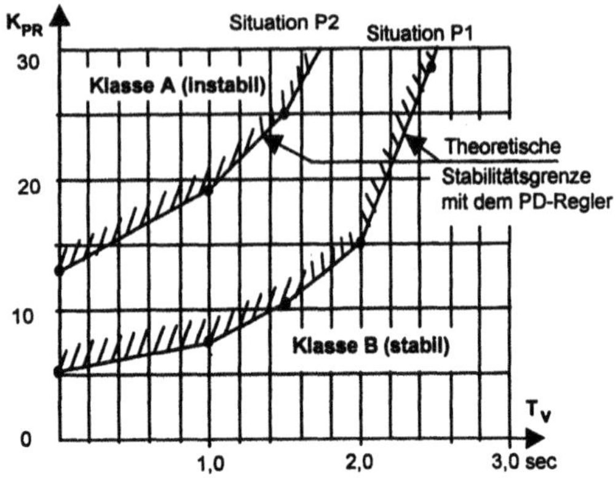

Abbildung 6.3 Rechnerisch ermittelte Stabilitätsgrenze für zwei Streckensituationen

Die Ergebnisse stimmen mit theoretisch zu erwartenden Kurven überein. Bei der Regelstrecke mit veränderlichen Parametern soll das Lernverfahren für alle Streckensituationen wiederholt werden.

6.2.2 Identifikation mit Backpropagation

Bei klassischen Identifikationsverfahren wird ein Modell bekannter Struktur (Polynome, Differenzengleichungen, Volterra-Reihen u.a.) [6.5] betrachtet. Das Beispiel unten zeigt ein *Polynommodell* 2.Ordnung zur Beschreibung des statischen Verhaltens einer nichtlinearen Regelstrecke mit zwei Eingängen u_1, u_2 und einem Ausgang y :

$$y = a_o + a_1 \cdot u_1 + a_2 \cdot u_2 + a_3 \cdot u_1^2 + a_4 \cdot u_2^2 + a_5 \cdot u_1 \cdot u_2$$

Die Abweichung $e(t) = y(t) - y_M(t)$ des System- und Modellausgangs bei gleichem Eingangssignal $u(t)$ wird ermittelt (Abbildung 6.4) und durch Modellkennwerte minimiert.

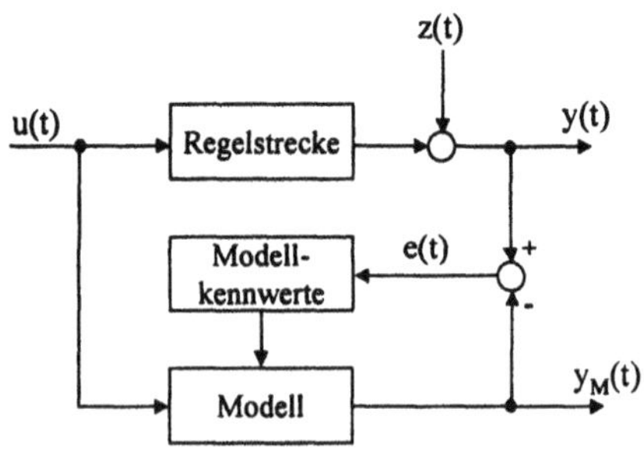

Abbildung 6.4 Identifikation durch Fehlerminimierung

Wird ein KNN als Modell für dynamische Identifikation benutzt, werden die Modellkennwerte durch Gewichte abgebildet. Die Aufgabe der Identifikation besteht in der Konfigurierung des Netzes und in der Festlegung eines Lernalgorithmus. Bei statischer Identifikation ist die Kenntnis der inneren Modellstruktur nicht erforderlich. Die Systemausgänge y werden dem KNN als Sollwerte d vorgegeben und den Netzausgängen y_M gegenübergestellt.

Mehrschicht-Perzeptron
DMPL
MADALINE
CMAC-Netz
Hopfield-Netz

Zur Identifikation von linearen und nichtlinearen Systemen mit Hilfe von KNN bietet sich die Backpropagation-Lernregel besonders an. Dabei handelt es sich meistens um *Mehrschicht-Perzeptronen* (Multilayer-Perzeptron MLP oder dynamische Perzeptron DMPL). Seltener werden modifizierte Strukturen von Perzeptronen, wie *MADALINE-* [7.8] und *CMAC-* [7.2] *-Netze* , eingesetzt. Die Identifikation linearer Systeme ist auch mit *Hopfield-Netzen* möglich.

Ein Mehrschicht-Perzeptron besteht aus mehreren einfachen Neuronen, die eine Schichtenstruktur bilden.

Die Topologie eines Mehrschicht-Perzeptrons mit einer Schicht verdeckter Neuronen ist in Abbildung 6.5 dargestellt. Als Aktivierungsfunktionen werden häufig die Sigmoidfunktionen verwendet.

Es reicht nur eine verdeckte Schicht, um die nichtlinearen Regelstrekken identifizieren zu können.

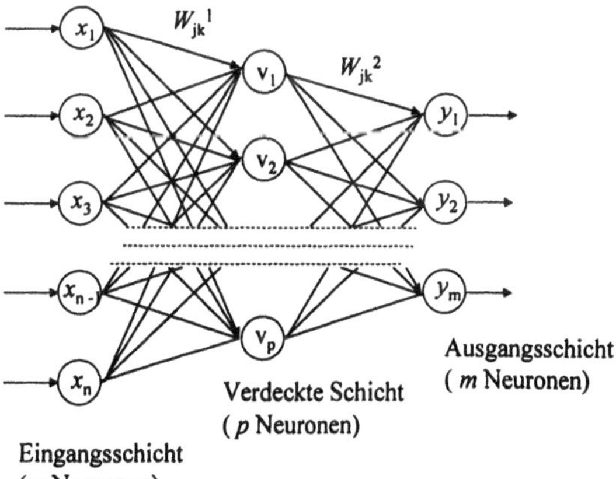

Abbildung 6.5 Mehrschicht - Perzeptron

Im Gegensatz zu konventionellen Identifikationsverfahren erfolgt die Modellbeschreibung in einem Mehrschicht-Perzeptron nicht durch das Wissen über Modellstruktur und Modellparameter, sondern durch die Gewichte, und damit ist über das ganze KNN verteilt.

Statische Identifikation mit Mehrschicht-Perzeptron nach Polynommodell

Beispiel: Das statische Verhalten einer Regelstrecke mit zwei Eingängen u_1, u_2 und einem Ausgang y wird durch ein Polynommodell 2.Ordnung beschrieben. Für die Identifikation wird ein Perzeptron mit $n = 2$ Neuronen in der Eingangs- und $m = 1$ Neuron in der Ausgangsschicht sowie mit einer verdeckten Schicht aus $p = 2$ Neuronen eingesetzt. Es entspricht der folgenden Gleichung des Polynommodells :

$$y = 0{,}5 \cdot (W_{11}^2 + W_{22}^2) + 0{,}25 \cdot W_{11}^2 \cdot (W_{11}^1 \cdot u_1 + W_{12}^1 \cdot u_2 + \theta_1^1) +$$
$$+ 0{,}25 \cdot W_{22}^2 \cdot (W_{21}^1 \cdot u_1 + W_{22}^1 \cdot u_2 + \theta_1^1)$$

Die Gewichte W_{jk}^1 und W_{jk}^2 sowie die Schwellenwerte θ_1^1 und θ_1^2 des Netzes sollen durch Trainieren bestimmt werden. □

Marktprodukte

Die folgenden *Marktprodukte* basieren auf KNN:

- *NeuroModel* (ATLAN-tec), das für Analyse von Prozessdaten oder - zusammen mit WINFACT (Ingenieurbüro Dr. Kahlert) - für die Fuzzy-Regelung eingesetzt werden kann
- *NEURO-Compiler* von Expert Informatik GmbH
- *Neural Network Toolbox* von MATLAB

Seit wenigen Jahren existieren mehrere spezielle Entwicklungen wie *Znet* mit CMAC-Netzen vom Zentrum für Neuroinformatik [6.2] oder *DMPL* mit dynamischen Mehrschicht-Perzeptronen vom Institut für Regelungstechnik der TU Darmstadt [6.3], um nur einige zu nennen.

Die Nachteile der KNN-Identifikation sind in erster Linie in der nicht gesicherten Konvergenz des Netzes und in der Übergeneralisierung zu suchen.

Um lange Lernzeiten oder falsche Minimumstellen des Fehlermaßes auszuschließen, sind die Programme durch entsprechende Algorithmen erweitert worden.

Übergeneralisierung

Von *Übergeneralisierung* spricht man, wenn das KNN nach einer bestimmten Lernzeit das Fehlermaß vergrößert. Dieses Problem lässt sich dadurch beseitigen, dass eine Abbruchbedingung des Lernvorganges festgelegt wird. Damit soll überwacht werden, ab wann sich der Fehler zwischen den System- und Netzausgängen nach anfänglicher Verringerung wieder vergrößert. Zur Bestimmung dieses Punkts müssen die vorliegenden - normalerweise störbehafteten - Betriebsdaten in zwei Sätze geteilt werden, nämlich in *Trainings- und Validierungsdaten*. Das Lernen des Netzes erfolgt mit den Trainingsdaten. Die Validierungsdaten, die in den Lernprozess nicht einbezogen werden, dienen der Überprüfung des trainierten Netzes. Das Lernen wird beendet, wenn der Fehler zuzunehmen beginnt.

Training- und Validierungsdaten

Um die Identifikation mit KNN durchzuführen, wird das KNN konfiguriert und mit den realen Betriebsdaten trainiert.

In der ersten Entwurfsstufe wird die Anzahl der Ein- und Ausgangsneuronen sowie die Art der Aktivierungsfunktion der einzelnen Neuronen frei gewählt. Bei statischer Identifikation entspricht normalerweise die Zahl von Neuronen der Zahl der Ein-/Ausgänge der Strecke.

Für dynamische Modelle ist die Abschätzung der Ordnung der Differenzengleichung sowie die Überdeckung der Sprungantwort entscheidend. Die Zahl der verdeckten Schichten und die Zahl der verdeckten Neuronen werden so gewählt, dass die Nichtlinearität des Systems ausreichend nachgebildet wird. Es reicht manchmal dafür eine einzelne verdeckte Schicht. Die weiteren Einstellungen - wie Wahl der Lernschrittweite η, des Schwellenwerts θ oder des Minimumsuchverfahrens - sind den Empfehlungen des benutzten Programms zu entnehmen.

In der zweiten Entwurfstufe werden die Betriebsdaten aufgenommen und in zwei Sätze geteilt: die Trainings- und die Validierungsdaten.

Abbruchbedingung beim Lernen mit Backpropagation

Beispiel: Aus Sprungantworten einer Regelstrecke bildet man die Trainings- und Validierungsdateien aus je 21 Messpunkten. Für dynamische Identifikation wird ein KNN als Mehrschicht-Perzeptron mit Hilfe von MATLAB konfiguriert. Das KNN besteht aus $n = m = 21$ Eingangs-/Ausgangsneuronen sowie aus $p_1 = 5$ Neuronen der ersten verdeckten und $p_2 = 2$ Neuronen der zweiten verdeckten Schicht. Der zugelassene Fehler wird zunächst schätzungsweise auf den Wert von 0,01 gesetzt. Damit ist die Abbruchbedingung des Lernverfahrens festgelegt. Der Lernprozess wird mit der Trainingsdatei durchgeführt und mit der Validierungsdatei getestet. Die Änderung des Fehlers während des Lernprozesses ist in Abbildung 6.6 gezeigt.

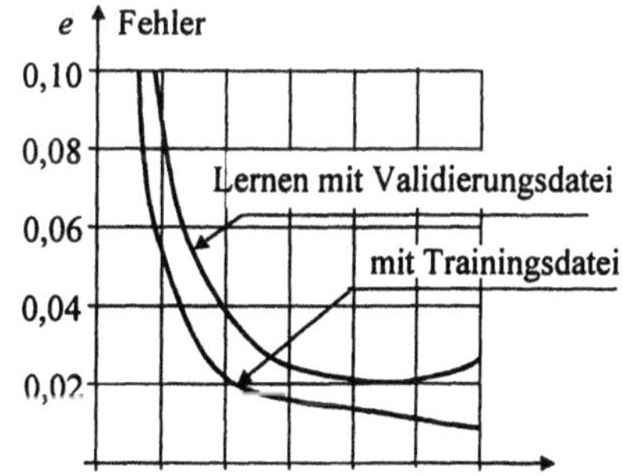

Abbildung 6.6 Änderung des Fehlers bei Training und Validierung

Da der Validierungsfehler einen minimalen Wert von 0,02 nach 450 Lernschritten erreicht, werden die Gewichte zum 450.Lernschritt aus dem Training-Ergebnis übernommen. Die Abbruchbedingung wird von 0,01 auf 0,15 erhöht. □

Trainingszeit

Die *Trainingszeit* ist von der zu minimierenden Funktion e und der Dimension des Modells abhängig. Beispielsweise benötigt ein Mehrschicht-Perzeptron mit $n = 2$ Eingängen und $p = 5$ Neuronen für die Einstellung von 51 Gewichten eine Trainingszeit von 30 sec bis 14 min [6.3].

6.2.3 Identifikation mit Hopfield-Netz

Eine Alternative zum Backpropagation ist das Hopfield-Netz. Die Voraussetzung ist, dass das zu identifizierende System mit n Ausgängen $\mathbf{x}(t)$ und m Eingängen $\mathbf{u}(t)$ durch folgender Gleichungssystem mit den Matrizen **A** und **B** beschrieben werden kann (Abbildung 6.7):

$$\dot{\mathbf{x}}(t) = \mathbf{A} \cdot \mathbf{x}(t) + \mathbf{B} \cdot \mathbf{u}(t)$$

Abbildung 6.7 Grundstruktur des linearen dynamischen Systems

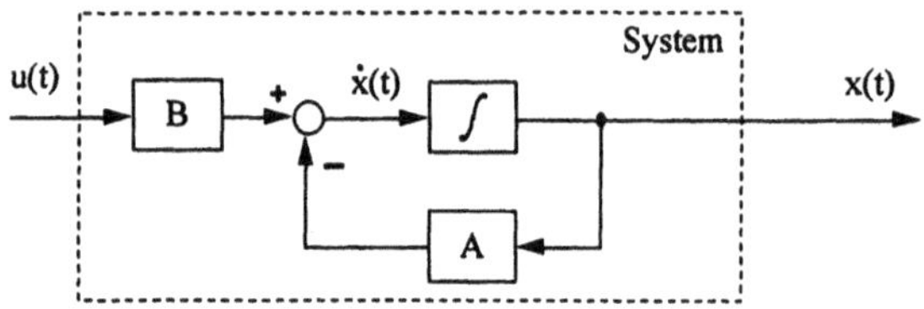

Der Aufbau eines Hopfield-Netzes ist in Abbildung 6.8 dargestellt. Alle n Neuronen sind vollständig miteinander verbunden. Die Gewichte sind symmetrisch aufgebaut, d.h. $W_{ij} = W_{ji}$. Oft wird angenommen, dass die eigenen Gewichte bei $i = j$ fehlen ($W_{ii} = 0$).

Abbildung 6.8 Hopfield-Netz mit 3 Neuronen und 3 x 3 = 9 Gewichten

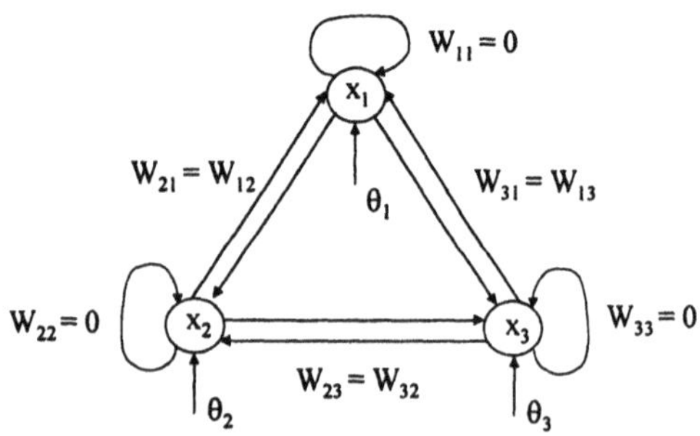

Energie des Hopfield-Netzes

Ein wichtiges Merkmal ist die *Energie E* des Netzes, die als Produkt von Neuronenwerten und Gewichten wie folgt bezeichnet wird:

$$E(W_{ij}) = -\frac{1}{2}\sum_{i=1}^{N}\sum_{j=1}^{N} W_{ij} x_i x_j - \frac{1}{2}\sum_{i=1}^{N}\theta_i x_i$$

Die Gewichte W_{ij} müssen durch das Trainieren des Netzes so gewählt werden, dass die Energiefunktion $E(W_{ij})$ des KNN minimal wird.

In der Lernphase werden an das Netz hintereinander M Muster $(x_1\ x_n)^1$, ...$(x_1\ x_n)^M$ angelegt und damit eine Gewichtsmatrix W gebildet. Jedem Muster entspricht ein Energiewert. Damit lassen sich die Muster nach den Energiewerten klassifizieren und später erkennen.

In der Erkennungsphase wird dem Netz ein verrauschtes Muster eingegeben. Aus dem Anfangszustand berechnet das Netz nach bestimmten Regeln die Folgezustände, bis es zu einem stabilen Zustand konvergiert. Die Netzenergie $E(W_{ij})$ ist in diesem Zustand minimal und entspricht dem gelernten Energiewert.

Konvergenz des Hopfield-Netzes

Das Hopfield-Netz ist sehr einfach, jedoch ist die *Konvergenz* des Netzes nicht gewährleistet. Die überlappenden Muster werden vom Netz nicht erkannt. Das Netz aus n Neuronen kann nur für eine begrenzte Anzahl M von Mustern konvergieren: $M < 0{,}15 \cdot n$.

Das Modell der Regelstrecke mit dem Hopfield-Netz soll den Ausgang $x_M(t)$ durch die gleiche DGL, jedoch mit den Matrizen $\underline{A}_M$ und $\underline{B}_M$ sowie der gegebenen Matrix $\underline{K}$ beschreiben:

$$\dot{\mathbf{x}}_M(t) = \mathbf{A}_M \cdot \mathbf{x}(t) + \mathbf{B}_M \cdot \mathbf{u}(t) - \mathbf{K} \cdot \mathbf{e}(t)$$

Der Fehler $\mathbf{e}(t)$ zwischen $\mathbf{x}(t)$ und $\mathbf{x}_M(t)$ bei gleichen Stellsignalen $\mathbf{u}(t)$ für die Gesamtperiode P der Identifikation ergibt sich aus

$$E(e) = \frac{1}{P}\int_0^P \left[\mathbf{x}(t) - \mathbf{x}_M(t)\right]^2 dt$$

Die Aufgabe der Identifikation besteht darin, die Parameter $\mathbf{A}_M$ und $\mathbf{B}_M$ so zu bestimmen, dass die Fehlerfunktion $E(e)$ minimal wird. Diese Funktion $E(e)$ wird der Energie des Hopfield-Netzes $E(W)$ gleichgesetzt. Dafür werden die Neuronen des Hopfield-Netzes x_{ij} den Elementen a_{ij} der Matrix $\underline{A}_M$ zugeordnet, d.h. $x_{ij} = a_{ij}$. Die Gewichte W_{ij} zwischen den Neuronen werden aus Produkten $(\mathbf{x}\ \mathbf{x}^T)$, $(\mathbf{u}\ \mathbf{u}^T)$, $(\mathbf{x}\ \mathbf{u}^T)$ zusammengestellt. Die Schwellenwerte θ_i werden als Vektoren mit Komponenten $(\mathbf{x}\ \mathbf{x}^T)$, $(\mathbf{x}\ \mathbf{x}^T)$ und $(\mathbf{u}\ \mathbf{x}^T)$ dargestellt.

Die Identifikation wird nach folgenden Schritten durchgeführt. Zuerst werden die Gewichtsmatrizen **W** mit Elementen W_{ij} aus den aufgenommenen Messdaten **x** und **u** berechnet. Danach wird ein Eingangsvektor mit den Komponenten a_{ij}, b_{ij} dem Netz vorgegeben. Aus diesem Anfangszustand soll das Hopfield-Netz zu einem stabilen Zustand, bei dem die Energiefunktion $E(W)$ - und folglich auch die Fehlerfunktion $E(e)$ - minimal wird, konvergieren.

Identifikation mit Hopfield-Netz mit 2 Neuronen

Ein Identifikationsbeispiel eines dynamischen Systems mit einem Eingangs- und zwei Ausgangsvektoren mit je 5 Komponenten ist in [6.9] beschrieben. Eingesetzt wird ein Hopfield-Netz mit 2 Neuronen. Daraus wird eine Gewichtsmatrix mit 6 x 6 Komponenten gebildet. Nach 5 Iterationsschritten konvergiert das Hopfield-Netz zu einem stabilen Zustand und identifiziert die Strecke mit 9 Kennwerten.

6.2.4 Prozessmodellfreier Reglerentwurf

Ein Verfahren der optimalen Einstellung des Parameters eines PID-Reglers mit Hilfe von KNN ist in [6.6] entwickelt. Das Verfahren ist erfolgreich mit einer SIMATIC S7-300 realisiert und auf aperiodische Regelstrecken begrenzt.

Für den Reglerentwurf wird ein Mehrschicht-Perzeptron mit einer einzigen verdeckten Neuronenschicht nach der Backpropagation-Lernregel eingesetzt. Um das KNN zu trainieren, werden die Sprungantworten der untersuchten Strecke aufgenommen und auf n Werte aufgeteilt (Abbildung 6.9).

Abbildung 6.9 Eingangssprung $\hat{y}$ und Sprungantwort $x(t)$ der Regelstrecke

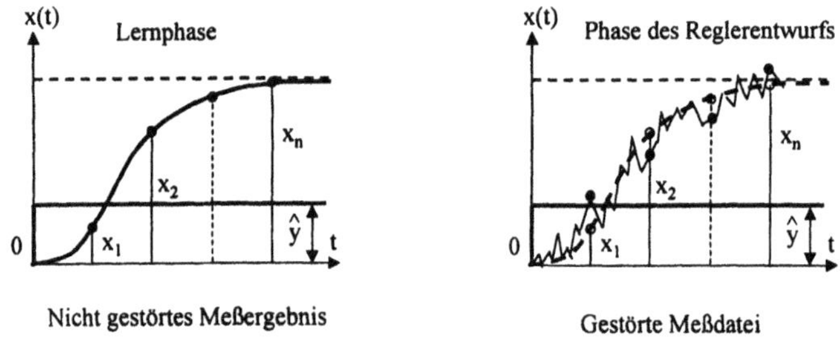

Diese Werte werden dem KNN als n Eingangsgrößen zugeführt. Die aktuellen Ausgänge des Netzes sind den Reglerparametern K_{PR}, T_n und T_v gleichgestellt.

Die Sollwerte von Netzausgängen K_{PRopt}, T_{nopt} und T_{vopt} werden entweder nach einem optimalen Entwurfsverfahren berechnet oder auf Grund eines Streckenmodells bestimmt.

Ein KNN mit drei Ausgängen ist in Abbildung 6.10 gezeigt

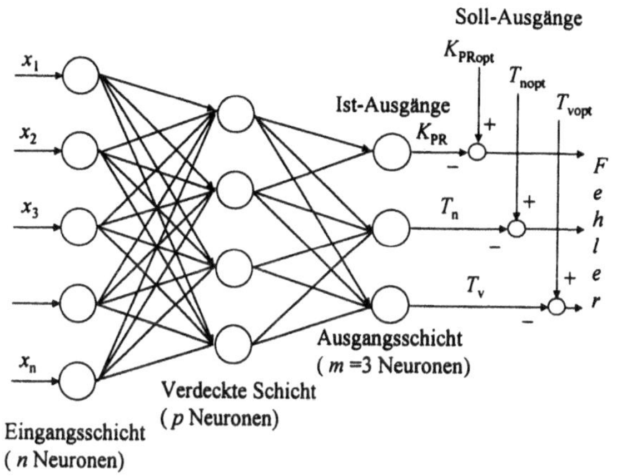

Abbildung 6.10 Mehrschicht-Perzeptron zum Reglerentwurf

Für eine P-Tn-Regelstrecke mit gegebenen Zeitkonstanten T_1, T_2 ... T_n erfolgt die Bestimmung der optimalen Parameter problemlos und eindeutig. Da die Parameter der Regelstrecke eben nicht gegeben sind, soll die Bestimmung der optimalen Reglerparameter für alle möglichen Kombinationen von Zeitkonstanten der Regelstrecke wiederholt werden. Die Zahl der Kombinationen kann jedoch in praktisch realisierbaren Grenzen gehalten werden, weil das KNN wie ein verteilter assoziativer Speicher funktioniert. Wird ein KNN z.B. mit M Kombinationen von Zeitkonstanten trainiert, so gibt das KNN auch für eine neue ($M+1$).Kombination optimale Reglerparameter aus, wie in Abbildung 6.11 schematisch dargestellt ist.

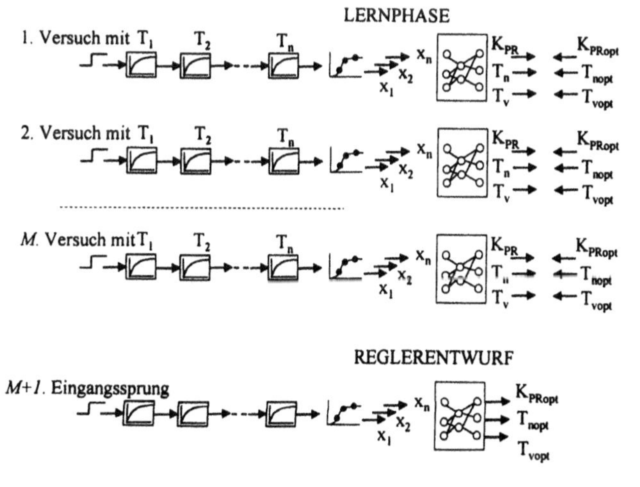

Abbildung 6.11 Schematische Darstellung des Reglerentwurfes mit dem KNN

Ein wesentlicher Vorteil dieses Verfahrens besteht darin, dass das Lernen des Netzes vor dem eigentlichen Reglerentwurf erfolgt und damit zeitlich nicht begrenzt ist. Während des Reglerentwurfs oder der Inbetriebnahme des Reglers ist kein weiteres Lernverfahren mehr nötig. Dabei soll jedoch beachtet werden, dass die Erkennung von Eingangssituationen außerhalb des vorgegeben Bereichs nicht gewährleistet werden kann. Ein KNN kann nur die Parameterkombinationen innerhalb des trainierten Bereichs erkennen. Gerade diese Netzeigenschaften wurden in [6.6] ausgenützt, indem man als neue Eingangssituation dem KNN die gestörten Messdaten von der Regelstrecke zuführte.

Anwendung des Verfahrens

Die Realisierung des Verfahrens unter industriellen Bedingungen am Beispiel einer Füllstandsregelung hat die Einfachheit und hohe Qualität des Reglerentwurfs bestätigt [6.6]. Dazu benötigt das Verfahren keine leistungsfähige Software und kann auf SPS realisiert werden.

6.3 Regelungsstrukturen mit KNN

Betriebsarten: Lernen / Regeln

Netzrückführung

Die Fähigkeit der KNN, der Zustand von dynamischen Systemen zu erkennen, wird weiterhin für die Regelung angewendet. Obwohl daraus mehrere Strukturen entstehen, besitzt ein Regelkreis mit KNN grundsätzlich zwei *Betriebsarten*: das *Lernen* und das *Regeln*. Dementsprechend entsteht im Regelkreis eine neue Rückführung, nämlich die *Rückführung des Netzes*, die jedoch zeitlich getrennt und vor der Rückführung des Regelkreises abläuft.

Ein KNN als Bestandteil einer Regeleinrichtung wird nach einer der folgenden zwei Möglichkeiten mit dem Regelkreis verbunden:

- Die Eingänge des KNN sind Zustandsgrößen der Regelstrecke (Ein-/Ausgänge der Strecke) oder die Stellgrößen des Reglers.
- Die Ausgänge des KNN sind entweder die Kennwerte des Reglers oder die Stellgrößen des Reglers.

Hierzu gibt es wiederum zwei Möglichkeiten, eine Fehlerfunktion zu bilden, nämlich zwischen:

a) Soll- und Ist-Ausgang des Regelkreises;

b) zwei hintereinander folgenden Ist-Werten des Kreises.

Überwachtes und unüberwachtes Lernen

Im ersten Fall handelt es sich um ein *überwachtes* Lernen, da die Sollwerte von Betriebspersonal vorgegeben werden. Im Fall b) soll das System automatisch die Eingangssprünge eingeben, sie auswerten und dem KNN als Soll-Ausgang übergeben. Dabei handelt es sich um ein *unüberwachtes* Lernen.

KNN lassen sich nach folgenden *Regelarten* einsetzen:

Regelarten

- Zustandsregelung
- Prädiktive Regelung
- Adaptive Regelung

Dabei entstehen folgende *Regelungsstrukturen*:

Regelstrukturen

- Ein-Netz-Verfahren
- Zwei-Netze-Verfahren
- Regler-Netz-Verfahren

Die in diesem Abschnitt betrachteten Strukturen sind in Abbildung 6.12 systematisiert.

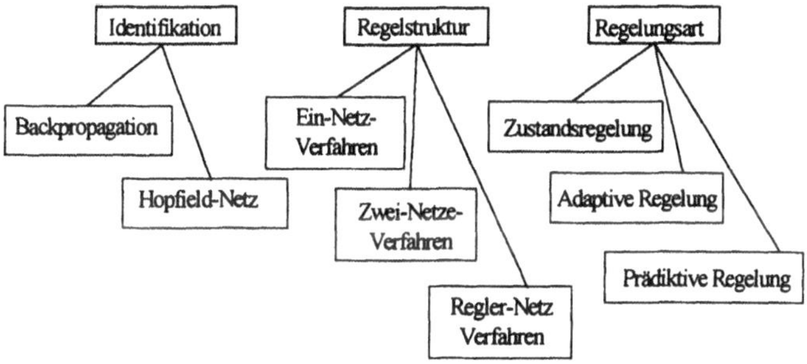

Abbildung 6.12 Einteilung der automatisierungstechnischen Anwendungen von KNN

Bei dem *Ein-Netz-Verfahren* kann das KNN nach einer der oben erwähnten Möglichkeiten mit dem Regelkreis verbunden werden. Der Netzausgang wird entweder als Stellgröße $y(t)$ der Regelstrecke oder als Reglerparameter ausgegeben.

Ein-Netz-Verfahren

Im ersten Fall redet man über eine „neuronale Zustandsregelung" (Abbildung 6.13).

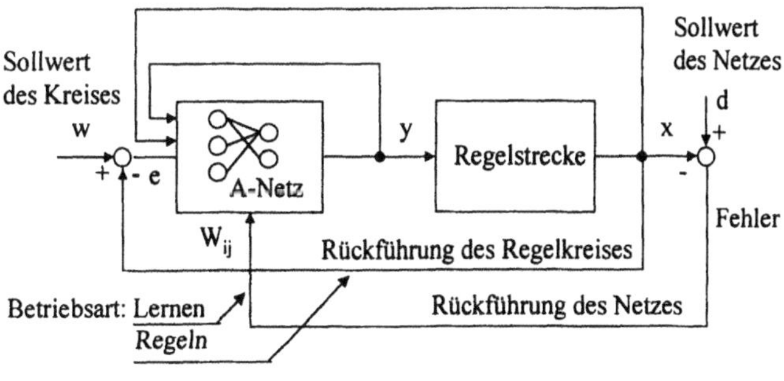

Abbildung 6.13 Neuronale Zustandsregelung mit einem KNN

A-Netz

Das KNN wird als „Aktionsnetz", „Aktornetz" oder kurz „*A-Netz*" bezeichnet. Die Aufgabe des A-Netzes besteht darin, die eigenen Gewichte W_{ji} nach dem überwachten Lernen so einzustellen, dass die Differenz zwischen dem gewünschten Ausgang *d* und dem aktuellen Ausgang *x* minimal wird.

Zur Optimierung des Regelvorgangs kann das Lernen nicht nach der Fehlerminimierung sondern nach anderen Kriterien durchgeführt werden. Beispielsweise soll das in Abbildung 6.14 gezeigte A-Netz so trainiert werden, dass das KNN eine inverse Übertragungsfunktion $G_R(s)$ gegenüber der Übertragungsfunktion der Strecke $G_S(s)$ bildet, d.h. $G_R(s) = G_S^{-1}(s)$.

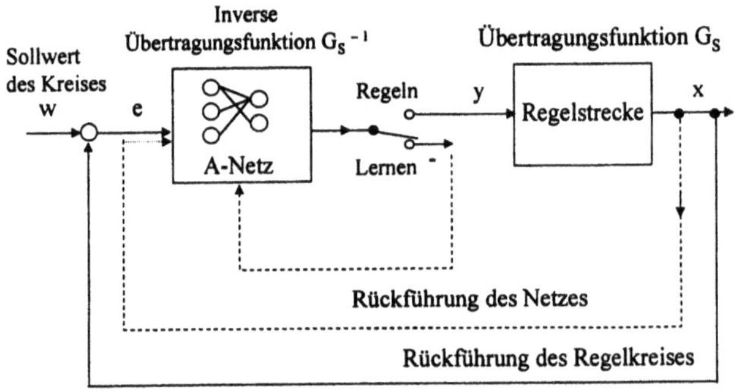

Abbildung 6.14 Optimale neuronale Regelung mit einem KNN

Regler-Netz-Struktur

Im zweiten Fall, wenn die Netzausgänge den Reglerparametern gleichgestellt sind, entsteht eine *Regler-Netz-Struktur*, die wie eine adaptive Regelung funktioniert (Abbildung 6.15).

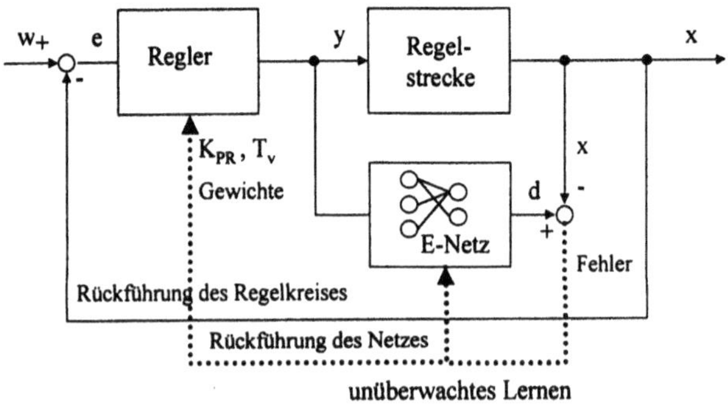

Abbildung 6.15 Neuronale adaptive Regelung mit einem KNN

Die Gewichte W_{ji} werden nach einem unüberwachten Lernen so eingestellt, dass die Differenz zwischen dem Netzausgang *d* und dem aktuellen Ausgang *x* minimal wird. Das KNN funktioniert wie ein Prozessmodell und wird als *Emulatornetz* oder *E-Netz* bezeichnet.

E-Netz

Beim *Zwei-Netze-Verfahren* wird der konventionelle Regler durch ein KNN ersetzt. Das Trainieren von zwei Netzen verlangt längere Lernzeiten, obwohl im Endeffekt daraus ein leistungsfähiges Verfahren entsteht.

Zwei-Netze-Verfahren

Mit Hilfe der Regelstrecke wird zuerst das E-Netz trainiert, das danach dem Training des A-Netzes dient. Es handelt sich dabei um ein unüberwachtes Lernen.

Da das E-Netz wie ein Prozessmodell funktioniert, wird mit dieser Struktur eine prädiktive Regelung realisiert (Abbildung 6.16).

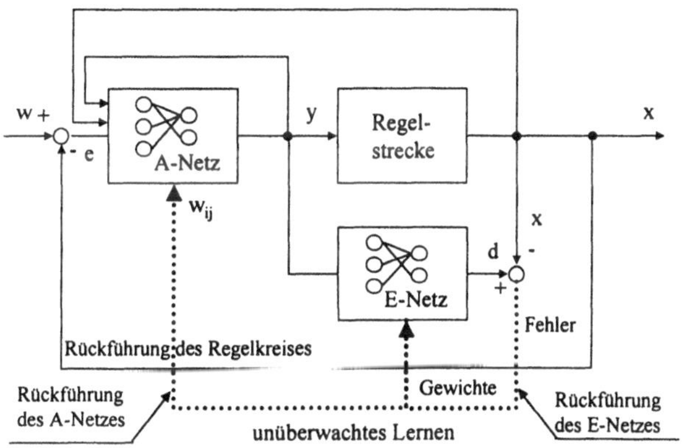

Abbildung 6.16 Neuronale prädiktive Regelung mit zwei KNN

Diese Regelstruktur, auch *Model Predictive Control* genannt [6.4], kann weiterhin modifiziert werden, indem das A-Netz nicht von dem E-Netz, sondern durch ein überwachtes Lernen unmittelbar von der Regelstrecke zu einer inversen Übertragungsfunktion trainiert wird. So ein Verfahren stellt eine Kombination von Strukturen der Abbildungen 6.14 und 6.16 dar und wird als *Internal Model Control* [6.4] bezeichnet.

Model Predictive Control

Internal Model Control

Die Anwendung der oben beschriebenen Regelstrukturen ist in [6.1] anhand einiger Beispiele, wie Positionsregelung, Drehwinkelregelung und Pendelstabilsierung, demonstriert.

6.4 Regelungstechnische Neuronen

Aus einer einheitlichen Idee, die biologischen Neuronen zu simulieren und damit eine künstliche Intelligenz zu synthesieren, sind im Laufe der Zeit mehrere Typen von KNN entstanden, die sich in zwei Gruppen einteilen lassen. Beide bestehen aus einfachen parallel geschalteten Bauelementen - Neuronen - und realisieren den Lernvorgang durch iterative Änderung von Gewichten. Jedoch während die Netzmodelle der ersten Gruppe (z.B. Perzeptron, Cognitron, Neocognitron und Kohonen-Netz) ihren biologischen Ursprung beibehalten, stellen die Neuromodellen der zweiten Gruppe mehr oder weniger ingenieurtechnische Entwicklungen im Bereich der adaptiven Systeme dar. Dazu gehören z.B. Adaline- und Madaline-Netze, Hopfield- und Hamming-Netze, Kosko's BAM [6.9]. Man bewertet die KNN der zweiten Gruppe nicht nach ihrem Abstand zum biologischen Ursprung, sondern nach ihrer Aufgabenerfüllung.

RT-Neuronen

Auch die regelungstechnischen Neuronen – kurz: *RT-Neuronen* - beanspruchen keine Ähnlichkeit zu den Netzwerken des Gehirns, sondern realisieren mit analogen regelungstechnischen Grundelementen die Backpropagation-Lernregeln ohne Iterationen.

In diesem Abschnitt wird nur eine kurze Einleitung zum Aufbau von RT-Neuronen dargelegt. Das Konzept und die Arbeitsweise wurde in [6.9] vorgestellt und mit einigen Übungsaufgaben in [6.10] ergänzt. Die Anwendung dieser Neuronen bei SPS wird detailliert in [6.8] beschrieben.

In Abbildung 6.17 ist die Gewichtsänderung von zwei Gewichten W_1 und W_2 nach Backpropagation in Form eines Wirkungsplanes gezeigt.

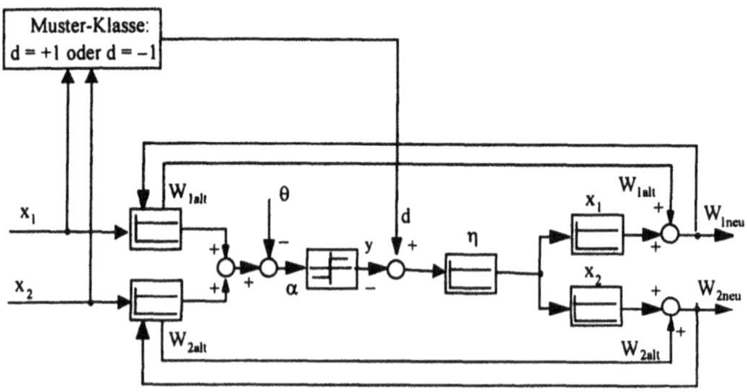

Abbildung 6.17 Wirkungsplan des Lernverfahrens nach Backpropagation

Dieser Wirkungsplan lässt sich modifizieren und in einen Regelkreis umsetzen (Abbildung 6.18). Der Regelkreis entspricht hierbei einem binären KNN mit zwei Neuroneneingängen, die als P- und P-T1-Glieder mit Proportionalbeiwerten $K_{PS1} = x_1$ (1. Neuron) und $K_{PS2} = x_2$ (2. Neuron) strukturiert sind.

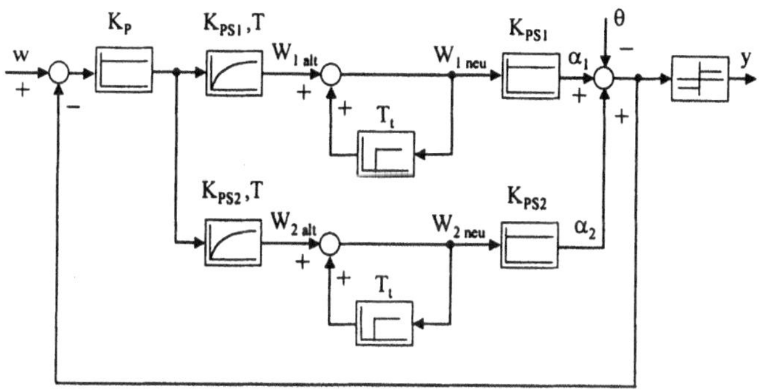

Abbildung 6.18 Wirkungsplan eines KNN mit zwei RT-Neuronen

Die Lernschrittweite η ist ebenfalls durch ein P-Glied mit $K_P = \eta$ abgebildet. Am Eingang des Zweipunktgliedes wirken die Aktivität α und der Schwellenwert θ des Neurons, die den Wert des binären Ausgangs y bestimmen.

Die Gewichte $W_{1(alt)}$, $W_{2(alt)}$ und $W_{1(neu)}$, $W_{2(neu)}$ vor und nach der Gewichtsänderung sind über Lernregeln miteinander verbunden:

$$W_{1(neu)} = W_{1(alt)} + \eta \cdot x_1 \cdot (d - \alpha)$$

$$W_{2(neu)} = W_{2(alt)} + \eta \cdot x_2 \cdot (d - \alpha)$$

Das Lernen wird damit gemäß Abbildung 6.18 durch das Führungsverhalten des Regelkreises mit dem Eingangssprung der Führungsgröße $w = d$ von der Höhe $d = +1$ oder $d = -1$ abgebildet. Damit ist das Lernverfahren als Mitkopplung dargestellt. Der Wirkungsplan besteht aus zwei parallel geschalteten RT-Neuronen. Die periodischen gedämpften Schwingungen des Kreises, die einem einzelnen Lernschritt entsprechen, unterliegen der zugehörigen Übertragungsfunktion

$$G_0(s) = \frac{K_P \cdot (K_{PS1}^2 + K_{PS2}^2)}{(1 + sT) \cdot (1 - e^{-sT_t})}$$

Ein Regler aus RT-Neuronen stellt damit eine parallele Schaltung mehrerer Baugruppen dar. Da jedes RT-Neuron nur aus analogen Grundelementen besteht, ist der Entwurf eines solches Reglers mit den konventionellen Methoden der linearen Regelungstechnik möglich. Ein Fuzzy-Regler mit RT-Neuronen stellt einen nichtlinearen Regler dar, der die Bildung der gewünschten Kennlinie mit optimalen Einstellregeln wie Betragsoptimum ermöglicht. Die RT-Neuronen lassen sich mit PC sowie mit SPS sicher realisieren [6.8].

6.5 Literatur

[6.1] Draeger, A.; Engell, S. : *Prädiktive Regelung verfahrenstechnischer Anlage mit Neuronalen Netzen.* In: Automatisierungstechnische Praxis, 37 (1995), H4, S.55-61

[6.2] Gehlen, S.; Hormel, M.; Kopecz, J.: *Einsatz Neuronaler Netze zur Kontrolle industrieller Prozesse.* In: Automatisierungstechnik, 43 (1995), H2, S. 85-91

[6.3] Nelles, O. u.a.: *Identifikation mit einem Hammersteinmodell und neuronalen Netzen am Beispiel eines Abgasturboladers.* In: Automatisierungstechnik, 46 (1998), H9, S. 411-419

[6.4] Neumerkel, D.; Lohnert, F.: *Anwendungsstand Künstlicher Neuronaler Netze in der Automatisierungstechnik.* Teil 2: Regelungs- und systemtechnische Anwendungen, In: Automatisierungstechnische Praxis, 34 (1992), H11, S. 640-645

[6.5] Otto, P.: *Identifikation nichtlinearer Systeme mit Künstlichen Neuronalen Netzen.* In: Automatisierungstechnik, 43 (1995), H2, S. 62-68

[6.6] Phillipsen, H.-W.; *Neuronale Netze für die Inbetriebnahme industrieller Regler.* Messeprospekt der Hannover-Messe'98, Halle 13, Stand A12, Hochschule Bremen, 1998

[6.7] Rigoll, G.: *Neuronale Netze. Eine Einführung für Ingenieure, Informatiker und Naturwissenschaftler.* expert-Verlag, Kontakt & Studium, Band 446, 1994

[6.8] Zakharian, S.: *Einsatz von neuronalen Netzen im Rahmen der Lehrveranstaltung „Automatisierungstechnik“.* In: Virtuelle Instrumente in der Praxis, Jamal, R; Heinze, R (Hrsg), VDE-Verlag, Berlin/Offenbach, 1998, , S. 316-326

[6.9] Zakharian, S.; Ladewig-Riebler, P.; Thoer, S.: *Neuronale Netze für Ingenieure.* Vieweg-Verlag, Braunschweig / Wiesbaden, 1998

[6.10] Zakharian, S.: *Automatisierungstechnik, Aufgaben.* Vieweg-Verlag, Braunschweig / Wiesbaden, 1998

Kapitel 7

Praktische Einstellregeln für lineare Regelkreise

von Serge Zacher

7.1 Einteilung von Einstellverfahren

Der Regler soll so an die Strecke angepasst werden, dass das geschlossene System vor allem ein stabiles Verhalten annimmt. Ein stabiler Regelkreis, der zu nahe an der Stabilitätsgrenze liegt, führt jedoch gedämpfte Schwingungen aus, die einem P-T2-Verhalten entsprechen:

$$G_w(s) = \frac{K_{Pw}}{s^2 \cdot \frac{1}{\omega_0^2} + s \cdot \frac{2\vartheta}{\omega_0} + 1}$$

Ein wünschenswertes Regelverhalten kann mit Hilfe von verschiedenen *Gütekriterien* oder Merkmalen, gekennzeichnet werden wie Dämpfungsgrad ϑ, Überschwingweite $\ddot{u}_{max}$, Periodendauer T_d, Eigenkreisfrequenz ω_d, Amplituden- und Phasenreserve A_R und α_R, An- und Ausregelzeit T_{An} und T_{Aus}, bleibende Regeldifferenz $e(\infty)$.

Wünschenswerte Gütekriterien:
$\vartheta = 0{,}5 - 0{,}7$
$\ddot{u}_{max} = 5\% - 25\%$
$A_R = 3$ dB - 12 dB
$\alpha_R = 20° - 60°$

Einige Merkmale lassen sich aus der Sprungantwort des Regelkreises direkt ablesen, wie in der Abbildung 7.1 gezeigt ist.

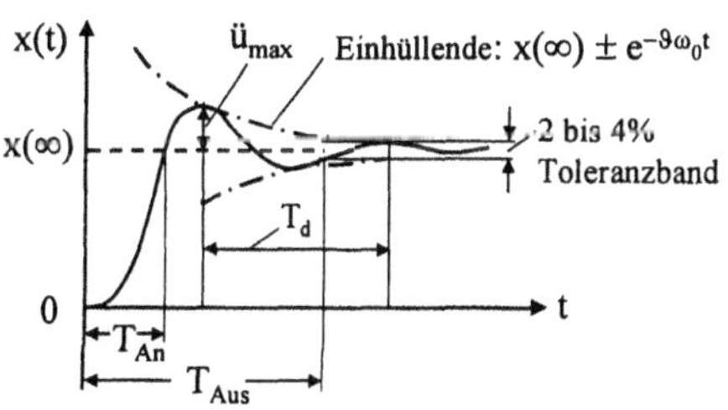

Abbildung 7.1 Sprungantwort des Führungsverhaltens

Einige Hinweise zur Bestimmung von Gütekriterien:

Indirekt kann man die Gütekriterien aus den Zusammenhängen zwischen Übertragungsfunktion und Sprungantwort bestimmen. Beispielsweise wird der Dämpfungsgrad ϑ aus der Anzahl n der Halbwellen der Schwingung berechnet:

$$\vartheta \approx \frac{1}{n}$$

$$n = \sqrt{\frac{1}{\vartheta^2} - 1}$$

Weiterhin können die Eigenkreisfrequenz ω_d und Kennkreisfrequenz ω_0 sowie die Ausregelzeit T_{aus} bestimmt werden:

$$T_{aus} \approx \frac{3{,}22}{\vartheta\omega_0}$$

$$\omega_d = \frac{2\pi}{T_d} \qquad \omega_0 = \frac{\omega_d}{\sqrt{1-\vartheta^2}} \qquad T_{aus} = \frac{\ln 25}{\vartheta\omega_0}$$

Parameteroptimierung

Die Aufgabe der Einstellverfahren ist die Bestimmung der Reglerparameter nach vorgegebenen Gütekriterien. Durch die *Parameteroptimierung* wird das Gütekriterium an einen optimalen Wert gebracht (Abbildung 7.2).

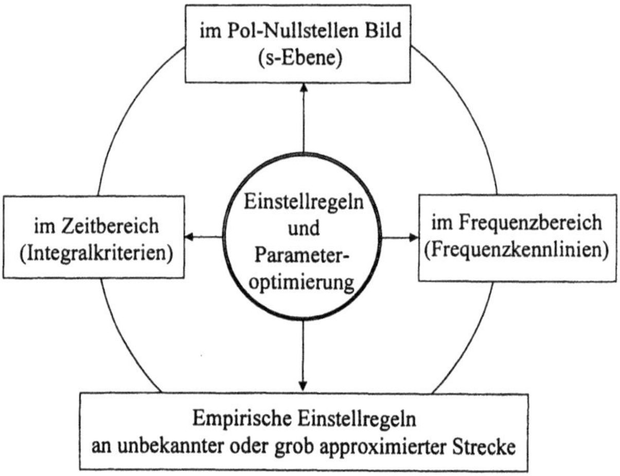

Abbildung 7.2 Einteilung von Verfahren der Parameteroptimierung

Strukturoptimierung

Die Optimierung nach Gütekriterien durch Strukturveränderung mit nachfolgender Reglereinstellung gehört zu Aufgaben der *Strukturoptimierung*. Zu diesen Verfahren gehören Regelungen mit Stör- und Hilfsregelgrößen sowie die Entwurfsverfahren, bei denen das dynamisches Modell der Regelstrecke verwendet wird. Man unterscheidet die Verfahren mit dem Streckenmodell als Bestandteil des Reglers (Modellbasierte Regelung) von Verfahren, bei denen das

Modell im Regleralgorithmus nicht enthalten ist und nur für die Wahl der Reglerparameter verwendet wird (Abbildung 7.3).

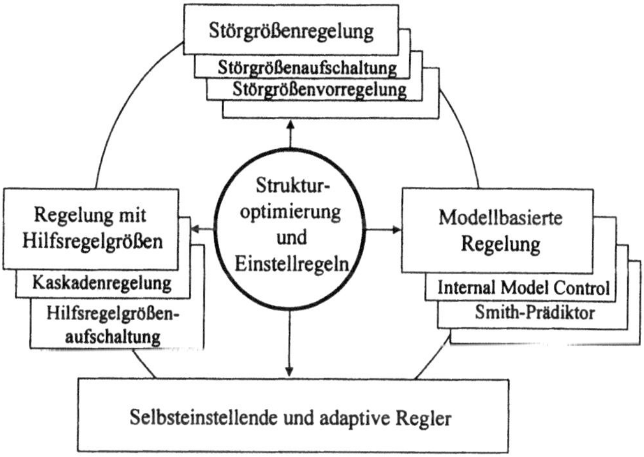

Abbildung 7.3 Einteilung von Verfahren der Struktur-optimierung

Abschließend ist auf einige Lehrbücher verwiesen (Tabelle 7.1).

Literatur	Empirische Regeln	Simula-tions-	Zeitbereich	PN-Bereich	Frequenz-bereich	Hilfsregel-grössen	Störgrößen-regelung	Modell-basierte Regelung
[7.1]	17*	4				3		14
[7.3]	7 / 8*	2	6	5	36	4	2	4
[7.5]	8*	72				4		20
[7.7]	19*				40	15		
[7.8]	5	10		22	26	5	3	22
[7.9]	11 / 9*	70	14		25	22	1	
[7.10]	4 / 10*	2	5	9	10	5	6	1
[7.11]	7 / 9*	44	10		27	5	4	5
[7.12]	14		7	15	54			
[7.14]	3	11	3	18	31	8	3	
[7.16]	3	3	23	7	37	6	5	126

Tabelle 7.1 Seitenumfang von Einstellregeln (* Anzahl der Seiten von Einstellregeln für digitale Regler)

7.2 Einstellen nach Fachwissen

7.2.1 Einstellen von Hand

Die optimale Reglereinstellung kann grundsätzlich mit den mathematischen Modellen der Regelstrecke erreicht werden. Dafür sollte zuerst die Identifikation durchgeführt werden. In der Praxis versucht man jedoch oft auf mathematischen Aufwand zu verzichten und die Reglerparameter vom Hand einzustellen. Beispielsweise stellt man die Kennwerte des Reglers in einem Fenster der Bedienoberfläche des Prozessleitsystems (PLS) ein und beobachtet die Sprungantwort im Trendfenster, bis eine „gute" Sprungantwort erreicht ist, wie es in der Abbildung 7.4 gezeigt ist.

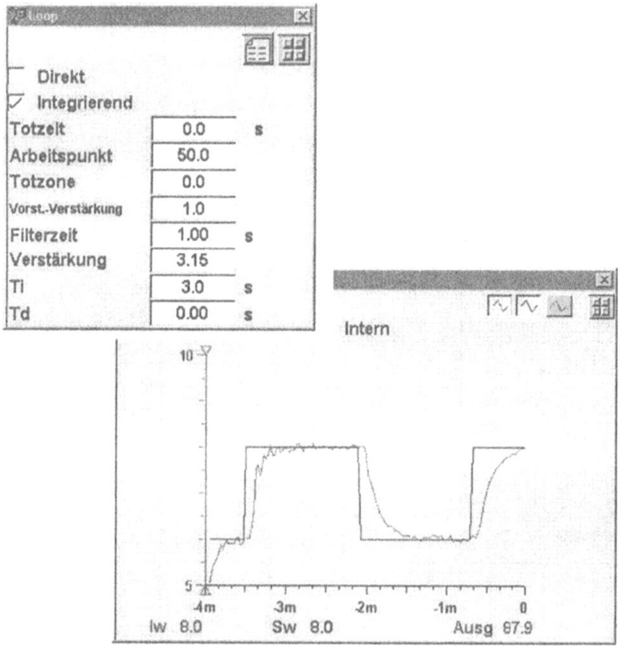

Abbildung 7.4 Einstellung von Reglerparametern mit dem PLS SattLine

Solches Einstellen durch Ausprobieren ist bei schnellen oder komplizierten Regelstrecken unerlässlich und kann nur in der Inbetriebnahmephase oder im Notfall vorgenommen werden. Jedoch kann das im täglichen Umgang mit Regelkreisen gewonnene Erfahrungswissen bei neuen Aufgaben wertvolle Hilfe leisten.

Einige Hinweise zur Wahl des Reglers in der chemischen Industrie sind im Folgenden gemäß [7.15] wiedergegeben:

- Für die Regelstrecken mit Ausgleich (Strecken ohne I-Anteil) werden P-Regler wegen bleibender Regeldifferenz selten eingesetzt. Die Anwendung von P-Reglern für Strecken ohne Ausgleich ist auch begrenzt, da dies eine manuelle Einstellung von Arbeitspunkten verlangt.
- Etwa 90% der Regelstrecken mit und ohne Ausgleich werden mit PI-Regler geregelt. Die Anwendung von I-Reglern für Regelstrekken ohne Ausgleich ist wegen instabiler Wirkung ausgeschlossen.
- Ein D-Anteil kann den Regelvorgang beschleunigen, führt jedoch zu drastischen Änderungen des Stellsignals und zur Instabilität, falls das Messsignal mit Störungen übertragen wird. Also kann die Anwendung von PD-T1- oder PID-Regler nur mit Zurückhaltung empfohlen werden.

7.2.2 Einstellen durch Simulation

Wenn geeignete Informationen über Struktur und Parameter der Regelstrecke vorhanden sind, kann der Regelkreis mit einem PC-Programm simuliert werden.

Die Parametrierung des Reglers erfolgt mit Hilfe der folgenden Kompromisslösung:

- Das Simulationsprogramm übernimmt die numerische Lösung von Systemgleichungen sowie die grafische Ausgabe von Sprungantworten auf dem Bildschirm.
- Die Entscheidung über Reglerparameter wird vom Benutzer selbst getroffen. Auch die Anwendung von entsprechenden Entwurfsmethoden, wie Integralkriterien, Bode-Diagramme oder Wurzelortskurven, wird dem Benutzer überlassen.

Davon unterscheiden sich die Methoden des *rechnergestützten Entwurfes* [7.8], wobei ein PC als Werkzeug zum Erstellen der Kennlinien des Regelkreises im Zeit-, Frequenz- oder PN-Bereich benutzt wird.

Wenn beide Aufgaben – die numerische oder grafische Darstellung von Systemverhalten und die Auswertung von Ergebnissen – von einem PC übernommen werden, spricht man von *Selbstparametrierung* oder *Autotuning*. Dieses Entwurfsverfahren, das aus zwei nacheinander folgenden Phasen – Identifikation und Parametereinstellung - besteht, schließt den Benutzer völlig aus.

Beispiel: Ein Regelkreis (Abbildung 7.5) soll mit Hilfe von Gewichtskoeffizienten g_1 und g_2 optimal eingestellt werden.

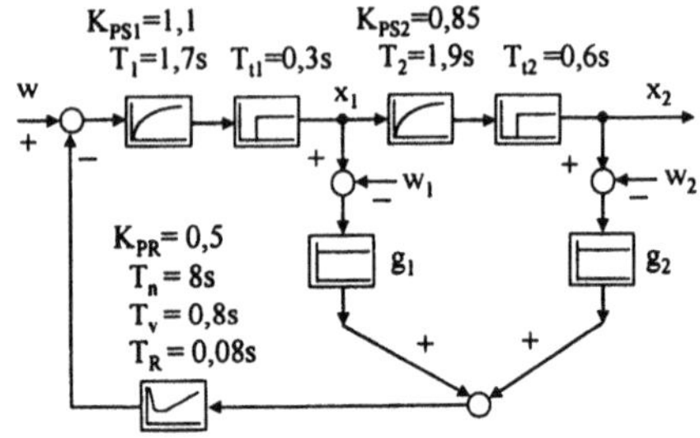

Abbildung 7.5 Wirkungsplan des Regelkreises mit dem PID-Regler und der Strecke mit verteilten Parameter

Zum Simulationsbeginn (Abbildung 7.6) nimmt man $g_1 = 6$ und $g_2 = 5$ an und optimiert danach beide Werte (Abbildung 7.7).

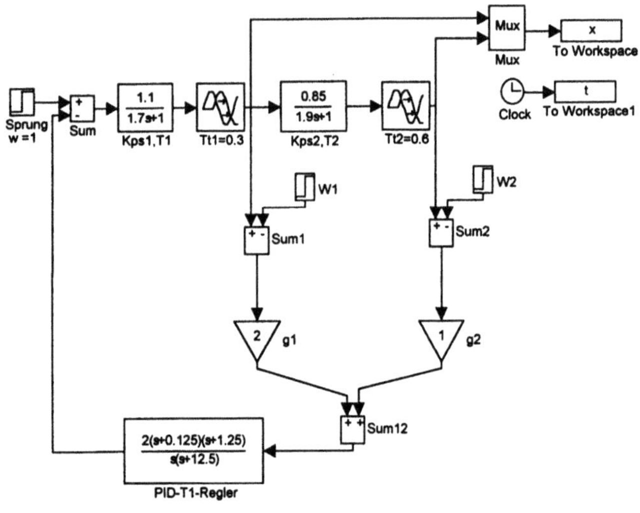

Abbildung 7.6 Simulation des Regelkreises mit Matlab/Simulink

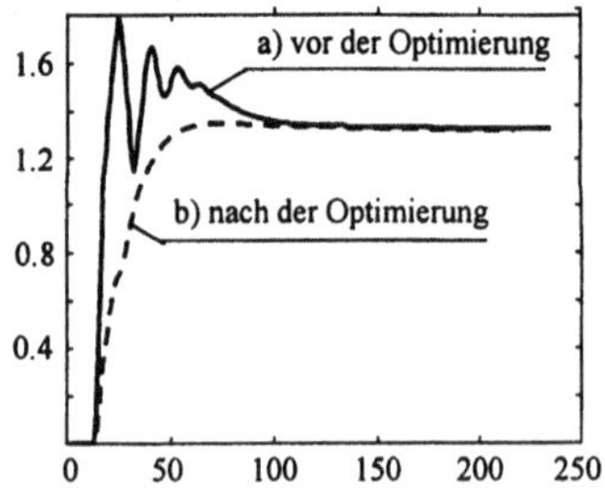

Abbildung 7.7 Sprungantworten der Größe $x_1(t)$ bei $w = w_1 = 1$ und $w_2 = 1.5$
a) $g_1 = 6$, $g_2 = 5$
b) $g_1 = 2$, $g_2 = 1$

7.3 Empirische Einstellregeln

7.3.1 Einstellung an unbekannter Regelstrecke

Die zahlreichen empirischen Einstellverfahren für Regelstrecken mit unbekannter mathematischer Beschreibung oder approximierten Parametern sind in Abbildung 7.8 zusammengefasst.

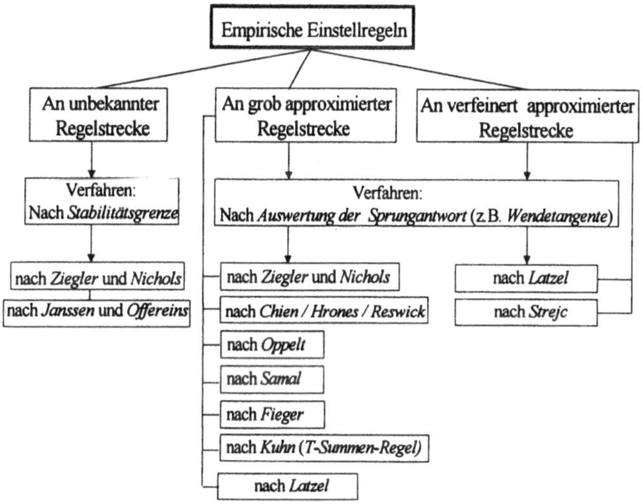

Abbildung 7.8 Einteilung von empirischen Verfahren

Ziegler und Nichols Einstellregel

Ist ein Schwingungsversuch des Kreises mit unbekannter Strecke möglich, so kommt die Einstellregel nach *Ziegler und Nichols* in Frage. Die Regelstrecke soll sich wie ein Totzeitglied Tt und ein Verzögerungsglied 1.Ordnung P-T1 oder ein P-T3-Glied verhalten. Die Einstellregel nach diesem Verfahren ist weitgehend bekannt: Zunächst den Proportionalbeiwert K_{PR} des als P-Regler einstellenden Reglers solange erhöhen, bis der Regelkreis eine Dauerschwingung bei K_{PRkrit} mit der Schwingungsdauer T_{krit} ausführt, und danach den gewählten Regler je nach dem Reglertyp nach Tabelle 7.2 einstellen.

Parameter	P-Regler	PI-Regler	PID-Regler
K_{PR}	$0{,}5 \cdot K_{PRkrit}$	$0{,}45 \cdot K_{PRkrit}$	$0{,}6 \cdot K_{Prkrit}$
T_n	-	$0{,}83 \cdot T_{krit}$	$0{,}5 \cdot T_{krit}$
T_V	-	-	$0{,}125 \cdot T_{krit}$

Tabelle 7.2 Reglereinstellung für P-T1-Tt-Strecke nach Ziegler und Nichols [7.9]

Einstellregel von Janssen und Offereins

Um mit diesem Verfahren die Periodendauer T_{krit} zu ermitteln, muss der Regelkreis über einige Perioden an der Stabilitätsgrenze gehalten werden. Da es nicht immer zugelassen ist, wurde diese Einstellregel von *Janssen* und *Offereins* modifiziert. Wenn die Stabilitätsgrenze erreicht und K_{PRkrit} ermittelt ist, wird der Regler als PI- oder PID-Regler eingestellt (Tabelle 7.3).

Im Fall eines PI-Reglers folgt man zuerst der Ziegler-Nichols-Tabelle (Tabelle 7.2), d.h. $K_{PR} = 0{,}45 \cdot K_{PRkrit}$. Mit diesem Wert von K_{PR} soll die Nachstellzeit T_n des Reglers solange verringert werden, bis eine neue die Dauerschwingung erreicht und damit $T_{n\,krit}$ ermittelt werden kann. Daraus folgt die Einstellung des PI-Reglers mit $T_n = 3 \cdot T_{n\,krit}$.

Im Fall eines PID-Reglers wird K_{PR} möglichst wenig von K_{PRkrit} verringert, um die Dauerschwingungen zu vermeiden. Mit diesem Wert von K_{PR} wird die Vorhaltzeit T_V des Reglers solange erhöht, bis die maximale Dämpfung erreicht und die entsprechende $T_{v\,max}$ abgelesen wird. Der Regler wird mit $T_V = 0{,}33 \cdot T_{V\,max}$ und $T_n = 4{,}5 \cdot T_V$ eingestellt. Die endgültige Einstellung erfolgt durch die Verringerung von K_{PR} , bis die gewünschte Dämpfung entsteht.

Tabelle 7.3 Einstellung nach Janssen und Offereins [7.12]

Parameter	PI-Regler	PID-Regler
K_{PR}	$0{,}45 \cdot K_{PRkrit}$	bis gewünschte Dämpfung
T_n	$3 \cdot T_{n\,krit}$	$4{,}5 \cdot T_V = 1{,}5 \cdot T_{V\,max}$
T_V	-	$0{,}33 \cdot T_{V\,max}$

7.3.2 Einstellung an grob approximierter Regelstrecke

Viele industrielle Regelstrecken lassen sich angenähert als P-Tn- oder I-Tn- Strecken darstellen. Aus den Sprungantworten können Verzugs- und Ausgleichszeit T_u und T_g sowie Proportional- und Integrierbeiwerte K_{PS} und K_{IS} durch eine grobe Approximation – z.B. die Methode der Wendetangenten - bestimmt werden (Abbildung 7.9).

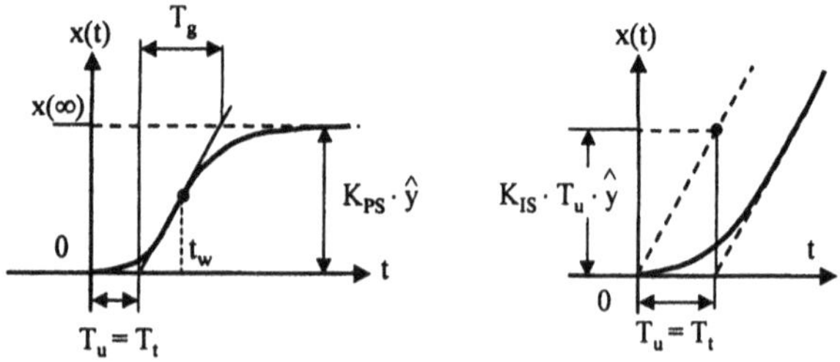

Abbildung 7.9 Approximation von Strecken mit P-Tn- oder I-Tn-Verhalten

Für die P-T1-oder I-T1-Strecken mit Totzeit T_t ist T_u durch T_t zu ersetzen. Wenn die beiden Zeitkonstanten (T_u und T_t) vorhanden sind, tritt die Summenzeitkonstante $T_E = T_u + T_t$ an Stelle von T_u.

Eine der einfachsten Empfehlungen zur günstigen Einstellung ist von *Samal* angegeben. Für PI-Regler gilt noch $T_n \approx 3{,}3 \cdot T_u$ sowie für PID-Regler $T_n \approx 2 \cdot T_u$ und $T_V \approx 0{,}5 \cdot T_u$.

Einstellregel nach Samal für alle Regelarten:

$$K_{PR} \approx \frac{\pi \cdot T_g}{4 K_{PS} T_u}$$

Die weiteren Einstellregeln sind in Tabellen 7.4 bis 7.7 dargestellt.

Parameter	P-Regler	PI-Regler	PID-Regler
$K_{PR} \cdot K_{PS}$	T_g / T_u	$0{,}9 \cdot T_g / T_u$	$1{,}2 \cdot T_g / T_u$
T_n	-	$3{,}3 \cdot T_u$	$2{,}0 \cdot T_u$
T_V	-	-	$0{,}5 \cdot T_u$

Tabelle 7.4 Einstellregeln nach Ziegler und Nichols [7.9]

Regelverlauf		ohne Überschwingen		20% Überschwingen	
Regler	Parameter	Führungsverhalten	Störverhalten	Führungsverhalten	Störverhalten
P	$\frac{K_{PR} K_{PS} T_u}{T_g}$	0,3	0,3	0,7	0,7
PI	$\frac{K_{PR} K_{PS} T_u}{T_g}$	0,35	0,6	0,6	0,7
	T_n	$1{,}2 \cdot T_g$	$4 \cdot T_u$	$1{,}0 \cdot T_g$	$2{,}3 \cdot T_u$
PID	$\frac{K_{PR} K_{PS} T_u}{T_g}$	0,6	0,95	0,95	1,2
	T_n	$1{,}0 \cdot T_g$	$2{,}4 \cdot T_u$	$1{,}35 \cdot T_g$	$2{,}0 \cdot T_u$
	T_V / T_u	0,5	0,42	0,47	0,42

Tabelle 7.5 Einstellregeln nach Chien, Hrones und Reswick [7.9]

Parameter	P-Regler	PI-Regler	PD-Regler	PID-Regler
$K_{PR} \cdot K_{PS} \cdot T_u / T_g$	1	0,8	1,2	1,2
T_n / T_u	-	3	-	2
T_V / T_u	-	-	0,25	0,42

Tabelle 7.6 Einstellregeln nach Oppelt [7.12]

Tabelle 7.7 Einstellregeln nach Fieger [7.1] und Oppelt [7.12] für I-T-Strecken

Parameter	Strecke	P-Regler	PD-Regler	PI-Regler	PID-Regler
$K_{PR} \cdot K_{IS} \cdot T_u$	I-T1-	0,5	0,5	0,42	0,4
	I-T2-	2			
	I-Tn-	1			
T_n	I-T1-	-	-	$5{,}8 \cdot T_u$	$3{,}2 \cdot T_u$
T_V	I-T1-	-	$0{,}5 \cdot T_u$	-	$0{,}8 \cdot T_u$

Die bisher beschriebenen historischen Einstellregeln wurden mit den damals zur Verfügung stehenden Reglern und Messwerterfassungs-Methoden gewonnen, obwohl sie im Allgemeinen nicht weniger gute Ergebnisse bringen. Davon unterscheiden sich die Einstellverfahren (Tabellen 7.8 und 7.9), die anhand der Wendetangenten- oder der Frequenzkennlinienmethode entwickelt worden sind.

Tabelle 7.8 Einstellregeln nach Latzel [7.7] mit Phasenreserve von $\varphi_R = 60°$ für Führungsverhalten und $\varphi_R = 45°$ für Störverhalten

Parameter	Verhalten	PI-Regler	PID-Regler
$K_{PR} \cdot K_{PS}$	Führung	$\dfrac{0{,}28 \cdot T_g}{T_u + 0{,}1 \cdot T_g}$	$\dfrac{0{,}39 \cdot T_g}{T_u - 0{,}08 \cdot T_g} \leq 6{,}5$
	Störung	$\dfrac{0{,}42 \cdot T_g}{T_u + 0{,}1 \cdot T_g}$	$\dfrac{0{,}58 \cdot T_g}{T_u - 0{,}08 \cdot T_g} \leq 10$
T_n		$0{,}53 \cdot T_g$	$0{,}74 \cdot T_g$
T_V		-	$0{,}14 \cdot T_u$
T_R		-	$0{,}024 \cdot T_g$

Tabelle 7.9 Einstellung nach Betragsoptimum [7.1]

Regler	$K_{PR}\ K_{PS}$	T_n	T_V
P-	$\dfrac{(T_g/T_u)^2}{1+2\cdot(T_g/T_u)}$	-	-
PI-	$T_g/2T_u + T_u/12T_g$	$T_g + T_u^2\ /\ 6T_g$	-
PID-	$1/4 + 3T_g/4T_u$ $+ T_u/80T_g$	$T_g + T_u\ /3$	$T_g/4 + T_u^2/80T_g$

Die Regelstrecke kann auch anders als durch die Wendetangente identifiziert werden. Daraus folgt ein neues Einstellverfahren, das von *Kuhn* in [7.6] veröffentlicht und als die *T-Summen-Regel* bezeichnet wurde. Die Summe der Zeitkonstanten T_Σ der P-Tn-Strecke wird aus der Sprungantwort mit Hilfe einer senkrechten Linie bestimmt, die zwei gleiche Flächen F_1 und F_2 bildet.

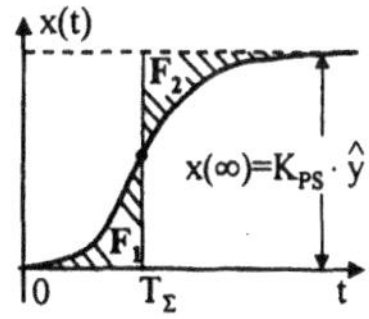

Approximation nach *T*-Summenregel [7.6]

Mit der Zeitkonstante T_Σ und den Proportionalbeiwert K_{PS} der Strecke lassen sich die Reglerparameter nach der Tabelle 7.10 berechnen.

Parameter	P-Regler	PD-Regler	PI-Regler	PID-Regler
$K_{PR}\, K_{PS}$	1	1	0,5	1
T_n	-	-	0,5 T_Σ	0,66 T_Σ
T_V	-	0,33 T_Σ	-	0,167 T_Σ

Tabelle 7.10 Einstellung nach *T*-Summenregel

Die daraus folgende etwas langsamere Einstellung kann durch andere Einstellvarianten [7.6] für PI-Regler ($T_n = 0{,}5\ T_\Sigma$) und PID-Regler ($K_{PR}\, K_{PS} = 2$; $T_n = 0{,}8\ T_\Sigma$ und $T_V = 0{,}194\ T_\Sigma$) schneller werden.

7.3.3 Einstellung an fein approximierter Regelstrecke

Durch eine verfeinerte Approximation kann die Strecke als ein P-T2-Glied mit zwei verschiedenen Zeitkonstanten T_1 und T_2 bzw. *n* gleichen Zeitkonstanten T_1 mit eine Totzeit T_t beschrieben werden. Die Einstellverfahren von *Strejc* sind in Tabellen 7.11 und 7.12 angegeben.

Parameter	P-Regler	PI-Regler
K_{PR}	$\dfrac{1}{K_{PS}} \cdot \dfrac{T_1^2 + T_2^2}{2 \cdot T_1 \cdot T_2}$	$\dfrac{1}{K_{PS}} \cdot \dfrac{T_1^2 + T_2^2}{2 \cdot T_1 \cdot T_2}$
T_n	-	$\dfrac{(T_1^2 + T_2^2) \cdot (T_1 + T_2)}{T_1^2 + T_1 \cdot T_2 + T_2^2}$

Tabelle 7.11 Einstellung nach Strejc [7.12] für P-T2 -Strecke

Tabelle 7.12 Einstellung nach Strejc [7.12] für P-Tn-Strecke mit *n* gleichen Zeitkonstanten *T*

Parameter	P-Regler	PI-Regler	PID-Regler
$K_{PR} \cdot K_{PS}$	$\frac{1}{n-1}$	$\frac{n+2}{4 \cdot (n-1)}$	$\frac{7n+16}{16 \cdot (n-2)}$
T_n / T	-	$\frac{n+2}{3}$	$\frac{7n+16}{15}$
T_V / T	-	-	$\frac{(n+1)(n+3)}{7n+16}$

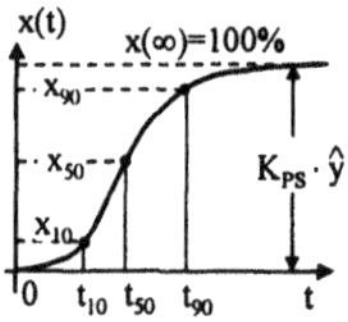

Approximation nach Zeit-Prozent-kennwert-Methode

$$G_S(s) = \frac{K_{PS}}{(1+sT_M)^n}$$

Mit dem Verfahren nach *Latzel* kann man die Regelstrecke als P-Tn-Glied mit *n* gleichen Zeitkonstanten nach der Zeit-Prozentkennwert-Methode nach *Schwarze* identifizieren und gleichzeitig den Regler nach der Methode der Betragsanpassung einstellen.

Aus der gemessenen Sprungantwort der Regelstrecke werden die Zeitpunkte t_{10}, t_{50} und t_{90} bestimmt, bei denen die Regelgröße 10%, 50% und 90% ihres stationäres Wertes x(∞) erreicht. Die Ordnung der Regelstrecke wird auf Grund der berechneten Kennzahl $\mu = t_{10}/ t_{90}$ der Tabelle 7.13 entnommen. Die entsprechende Spalte lässt die Zeitkonstante der Strecke als gewichtete Summe von Zeit-Prozent-Kennwerten zu bestimmen $T_M = (\alpha_{10} \cdot t_{10} + \alpha_{50} \cdot t_{50} + \cdot \alpha_{90} \cdot t_{90}) / 3$. Zusammen mit dem aus der Sprungantwort ermittelten Proportionalbeiwert K_{PS} ergeben sich aus Tabelle 7.13 die Kennwerte des Reglers.

Tabelle 7.13 Einstellung nach *Latzel* für P-Tn- Strecken mit gleichen Zeitkonstanten (Ausschnitt aus Tabellen [7.10] für 10% Überschwingen)

Parameter	Streckenkenngrößen					
μ	0,207		0,304		0,438	
n	3		5		10	
α_{10}	0,907		0,374		0,188	
α_{50}	0,411		0,214		0,125	
α_{90}	0,161		0,103		0,070	
Kenn-werte	PI-Regler	PID-Regler	PI-Regler	PID-Regler	PI-Regler	PID-Regler
$K_{PS}\, K_{PS}$	0,884	2,543	0,540	1,109	0,325	0,559
T_n / T_M	1,96	2,47	2,59	3,31	3,73	4,80
T_V / T_M	-	0,66	-	0,99	-	1,57

Beispiel: Gegeben ist die Sprungantwort der Strecke mit $K_{PS} = 0{,}5$, $t_{10} = 5$sec, $t_{50} = 12$sec, $t_{90} = 25$sec. Nach $\mu = t_{10} / t_{90} = 0{,}2$ wird die Strecke als P-T3-Strecke (Tabelle 7.13) mit $n = 3$ gleichen Zeitkonstanten $T_M = (0{,}907\cdot 5\text{sec} + 0{,}411\cdot 12\text{sec} + 0{,}161\cdot 25\text{sec}) / 3 = 4{,}497$sec identifiziert.

Die Strecke soll mit einem PI-Regler mit 10% Überschwingen geregelt werden. Aus der Tabelle 7.13 folgt die Reglereinstellung nach *Latzel*: $K_{PR} = 0{,}884 / K_{PS} = 1{,}77$ und $T_n = 1{,}96\cdot T_M = 8{,}8$sec.

7.3.4 Einstellen von digitalen Reglern

Wenn die Zykluszeit T_z kleiner als 10% der Verzugszeit T_u bzw. der Ersatzverzugszeit $T_E = T_u + T_t$ ist, kann der Regelkreis quasikontinuierlich betrachtet werden. Die Abtastzeit T_a wird nach Kenngrößen der Strecke oder des Regelkreises empfohlen (Tabelle 7.14), wobei T_{95} die Zeit ist, bei der die Regelgröße 95% des Endwerts x(∞) erreicht.

Parameter	Anzahl der Abtastungen innerhalb der Zeitperiode	Abtastzeit T_a
T_u	von 2 bis 5	$T_a = 0{,}2\cdot T_u$ bis $0{,}5\cdot T_u$ wenn $T_g / T_u < 12$
T_g	10 und mehr	$T_a < 0{,}1\cdot T_g$
T_{95}	von 10 bis 20	$T_a = 0{,}05\cdot T_{95}$ bis $0{,}1\cdot T_{95}$

Tabelle 7.14 Bestimmung der Abtastzeit des digitalen Reglers aus Streckenparameter [7.9]

Wenn die Zykluszeit T_z länger als 10% der Gesamtverzugszeit T_E ist, wird sie bei den empirischen Einstellverfahren berücksichtigt. Auf diese Weise sind die Einstellregeln nach *Takahasi* aus dem Ziegler-Nichols-Verfahren ausgeführt (Tabelle 7.15).

Parameter	P-Regler	PI-Regler	PID-Regler
$K_{PR}\, K_{PS}$	$\dfrac{T_g}{T_u + T_a}$	$0{,}9\cdot\dfrac{T_g}{T_u + 0{,}5\cdot T_a}$	$1{,}2\cdot\dfrac{T_g}{T_u + T_a}$
T_n	-	$3{,}33\cdot(T_u + 0{,}5\cdot T_a)$	$2\cdot\dfrac{(T_u + 0{,}5\cdot T_a)^2}{T_u + T_a}$
T_V	-	-	$0{,}5\cdot(T_u + T_a)$

Tabelle 7.15 Einstellung nach Takahashi [4.9] für eine P-Tn-Strecke und einen Regler mit Abtastzeit T_a , wobei $T_a \leq 2\cdot T_a$ ist.

7.4 Einstellregeln im Zeitbereich

Integralkriterien

Bei der Optimierung von Reglerparametern im Zeitbereich geht man von *Integralkriterien* aus. Für deren Bildung verwendet man das Integral der Regeldifferenz $e(t) = w(t) - x(t)$ (Abbildung 7.10). Da dieses Integral für Regelungssysteme mit bleibender Regeldifferenz einen unendlich großen Wert erhalten würde, soll das Integral mit Hilfe von Beharrungszustand $x(\infty)$ gebildet werden: $x_d(t) = x(\infty) - x(t)$.

Um bessere Regelgüte zu erreichen, soll das Integral durch die Reglerparameter-Einstellung zu einem Minimum führen. Je kleiner das Integral ist, desto besser sind die Gütekriterien $\ddot{u}_{max}$, T_{An} und T_{Aus}.

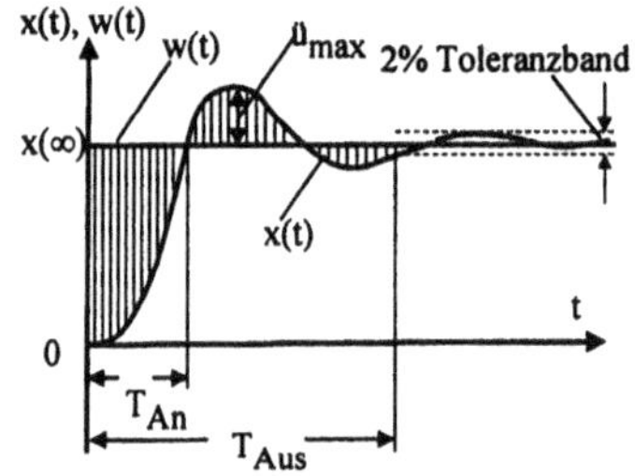

Abbildung 7.10 Sprungantwort der Regelgröße beim Führungsverhalten

Benutzt werden folgende Typen von Integralkriterien:

- *Lineare Regelfläche* A_{Lin}:

Lineares Kriterium

$$A_{Lin} = \int_0^\infty [x(\infty) - x(t)]\, dt$$

- *Betragsregelfläche* A_{abs} oder betragslineare Regelfläche:

IAE-Kriterium (Integral of Absolute Error)

$$A_{abs} = \int_0^\infty |x(\infty) - x(t)|\, dt$$

- *Zeitgewichtete Betragsregelfläche* A_{ITAE}:

ITAE-Kriterium (Integral of Time multiplied by Absolute Error)

$$A_{ITAE} = \int_0^\infty |x(\infty) - x(t)| \cdot t\, dt$$

- *Quadratische Regelfläche* A_{sqr}:

Quadratisches Kriterium

$$A_{sqr} = \int_0^\infty [x(\infty) - x(t)]^2\, dt$$

- *Quadratische Regelfläche mit Zeitgewichtung* A_{sqr-t} oder zeitbeschwerte quadratische Regelfläche :

$$A_{sqr-t} = \int_0^\infty [x(\infty) - x(t)]^2 \cdot t \; dt$$

Gewichtetes quadratisches Kriterium

- *Zeitquadratisch gewichtete quadratische Regelfläche* A_{sqr-t^2} :

$$A_{sqr-t^2} = \int_0^\infty [x(\infty) - x(t)]^2 \cdot t^2 dt$$

Quadratisch gewichtetes Kriterium

- *Verallgemeinerte quadratische Regelfläche* A_V [4.12] mit konstanten Koeffizienten a_0, a_1 und a_2 :

$$A_V = \int_0^\infty [a_2 \cdot \ddot{x}_d(t)^2 + a_1 \cdot \dot{x}_d(t)^2 + a_0 \cdot x_d(t)]^2 \; dt$$

Verallgemeinertes quadratisches Kriterium

Die Integralkriterien sind in Abbildung 7.11 zusammengefasst.

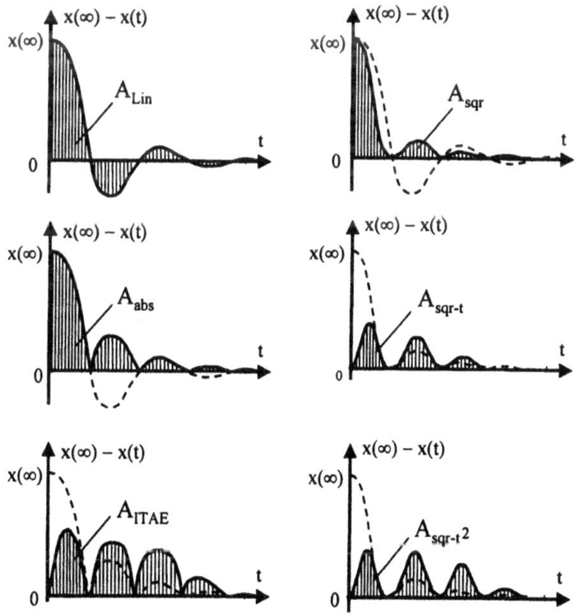

Abbildung 7.11
Integralkriterien

Um die umfangreichen Berechnungen des Integralkriteriums im Zeitbereich zu vermeiden, werden entweder die Simulation des Regelkreises mit PC oder die Berechnung des Integrals und die nachfolgende Optimierung im Frequenzbereich durchgeführt.

Als Beispiel werden die optimalen Einstellregeln von *Graham und Lathrop* in Tabelle 7.16 aufgeführt, wobei k eine frei wählbare Konstante ist. Die Konstanten a_n , a_{n-1} , ... a_0 sind die optimalen Koeffizienten der folgenden charakteristischen Gleichung des geschlossenen Regelkreises in Normalform, d.h. mit $a_n = 1$:

$$a_n \cdot s^n + a_{n-1} \cdot s^{n-1} + a_{n-2} \cdot s^{n-2} + \ldots + a_2 \cdot s^2 + a_1 \cdot s^1 + a_0 = 0$$

Tabelle 7.16 Einstellregeln nach dem ITAE-Kriterium von Graham und Lathrop [7.10]

n	a_6	a_5	a_4	a_3	a_2	a_1	a_0
1	0	0	0	0	0	1	k
2	0	0	0	0	1	$1{,}4 \cdot k$	k^2
3	0	0	0	1	$1{,}75 \cdot k$	$2{,}15 \cdot k^2$	k^3
4	0	0	1	$2{,}1 \cdot k$	$3{,}4 \cdot k^2$	$2{,}7 \cdot k^3$	k^4
5	0	1	$2{,}8 \cdot k$	$5{,}0 \cdot k^2$	$5{,}5 \cdot k^3$	$3{,}4 \cdot k^4$	k^5
6	1	$3{,}25 \cdot k$	$6{,}6 \cdot k^2$	$8{,}6 \cdot k^2$	$7{,}45 \cdot k^2$	$3{,}95 \cdot k^2$	k^6

Beispiel: Eine P-T2-Strecke $K_{PS} = 1{,}2$, $T_1 = 0{,}6\text{sec}$ und $T_2 = 2{,}5\text{sec}$ soll mit dem PI-Regler geregelt werden. Aus der Übertragungsfunktion des offenen Kreises

$$G_0(s) = \frac{K_{PR} \cdot K_{PS} \cdot (1 + sT_n)}{sT_n \cdot (1 + sT_1) \cdot (1 + sT_2)}$$

ergibt sich die Führungsübertragungsfunktion nach der Kompensation der größten Zeitkonstante $T_n = T_2 = 2{,}5\text{sec}$ in folgender Form:

$$G_w(s) = \frac{G_0(s)}{1 + G_0(s)} = \frac{K_{PR} \cdot K_{PS}}{K_{PR} \cdot K_{PS} + sT_n \cdot (1 + sT_1)}$$

Man bildet aus dem Nennerpolynom die charakteristische Gleichung

$$s^2 + s \cdot \frac{T_n}{T_n \cdot T_1} + \frac{K_{PR} \cdot K_{PS}}{T_n \cdot T_1} = 0$$

und bestimmt aus dem Koeffizientenvergleich $a_2 = 1$, $a_1 = 1/T_1 = 1{,}4 \cdot k$ und $a_0 = (K_{PR} \cdot K_{PS}) / (T_n \cdot T_1) = k^2$ die optimale Einstellung mit $k = 1{,}19$ und $K_{PR} = 2{,}67$. □

7.5 Einstellregeln im Frequenzbereich

7.5.1 Einteilung

Die Einstellung von Reglerparametern im Frequenzbereich erfolgt nach dem Frequenzgang der offenen Kette $G_0(j\omega)$. Ausgehend davon gilt der Reglerentwurf für geschlossene Regelkreise beim Führungsverhalten $G_W(j\omega)$ bzw. Störverhalten $G_Z(j\omega)$. Eine grobe Einteilung von Einstellverfahren nach Art der verwendeten Kennlinien und vorgegebenen Gütekriterien erhält Abbildung 7.12.

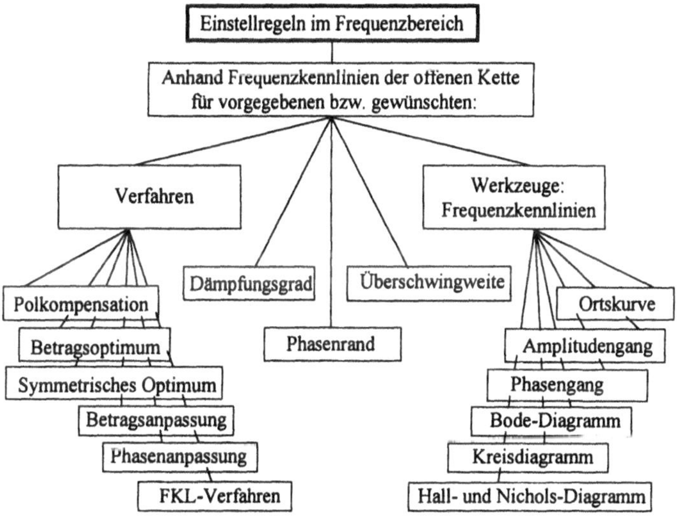

Abbildung 7.12 Verfahren der Parameteroptimierung im Frequenzbereich

Es ist empfohlen, die im Frequenzbereich ermittelte Ergebnisse der Reglereinstellung durch eine PC-Simulation zu prüfen.

7.5.2 Betragsoptimum

Eine Optimierung im Frequenzbereich liegt dann vor, wenn der Betrag des Führungsfrequenzgangs des geschlossenen Regelkreises $G_w(j\omega)$ möglichst nahe bei eins liegt, d.h. $|G_w(\omega)| = 1$. Da bei technischen Systemen das nicht realisierbar ist, soll diese Bedingung nur näherungsweise für eine möglichst große Bandbreite ω_b des Frequenzgangs erfüllt sein. Es wird gefordert, dass die Tangente des Amplitudenganges im Punkt $\omega = 0$ horizontal abläuft.

Optimale Bedingung nach dem Betragsoptimum

$$\frac{d|G_W(j\omega)|}{d\omega} = 0$$

So ein Verfahren wird als Betragsoptimum bezeichnet. Es gestattet die Berechnung der Reglerparameter direkt aus den Streckenparametern.

Ein Beispiel von idealen und realisierbaren Amplitudengängen ist in Abbildung 7.13 gezeigt. Die Kenngrößen sind: ω_R - Resonanzfrequenz, ω_D – Durchtrittsfrequenz, ω_B – Bandbreite, M_{max} - Betrag des Frequenzgangs an der Resonanzstelle.

Abbildung 7.13 Amplitudengänge des geschlossenen Regelkreises für Führungsverhalten

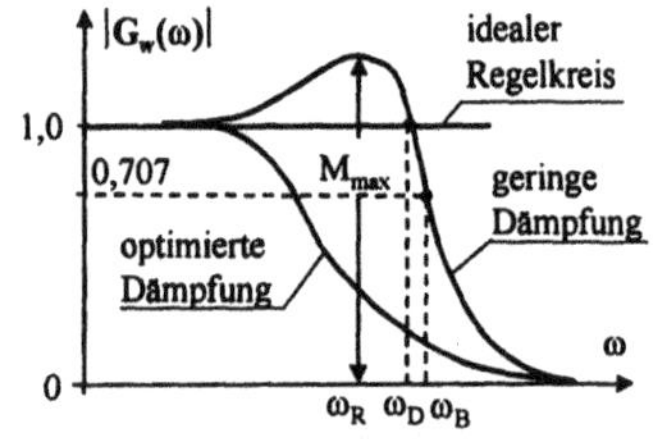

Bei bestimmten Regelstrukturen 2.Ordnung (Abbildung 7.14) mit Übertragungsfunktionen der Form (offenen Kette)

$$G_0(s) = \frac{K_{PR} K_{PS} K_{IS}}{s \cdot (1 + sT_E)} \quad \text{oder} \quad G_0(s) = \frac{K_{PR} K_{PS}}{(1 + T_1)(1 + sT_E)}$$

führt das Betragsoptimum zu einer Dämpfung von

$$\vartheta_{opt} = \frac{1}{\sqrt{2}} = 0{,}707$$

und einer Überschwingweite $ü_{max}$ =4,3%.

Abbildung 7.14 Regelstrukturen zum Betragsoptimum

Die folgenden Zusammenhänge gelten für Regelkreisparameter des geschlossenen Kreises:

- für Grundtyp A: $K_{PR} K_{PS} K_{IS} = \dfrac{1}{4 \cdot \vartheta^2 \cdot T_E}$

- für Grundtyp B: $K_{PR} K_{PS} = \dfrac{(T_1 + T_E)^2}{4 \cdot \vartheta^2 \cdot T_1 \cdot T_E} - 1$

Die Reglereinstellung nach dem Betragsoptimum entspricht dem theoretisch optimalen Wert des Dämpfungsgrades $\vartheta_{opt} = 0{,}707$:

- für Grundtyp A: $$K_{PR} = \frac{1}{2 \cdot K_{PS} \cdot K_{IS} \cdot T_E}$$
- für Grundtyp B: $$K_{PR} = \frac{(T_1 + T_E)^2}{2 \cdot K_{PS} \cdot T_1 \cdot T_E} - \frac{1}{K_{PS}}$$

Die Übergangsfunktionen der damit eingestellten geschlossenen Regelkreise beim Führungsverhalten sind in Abbildung 7.15 skizziert.

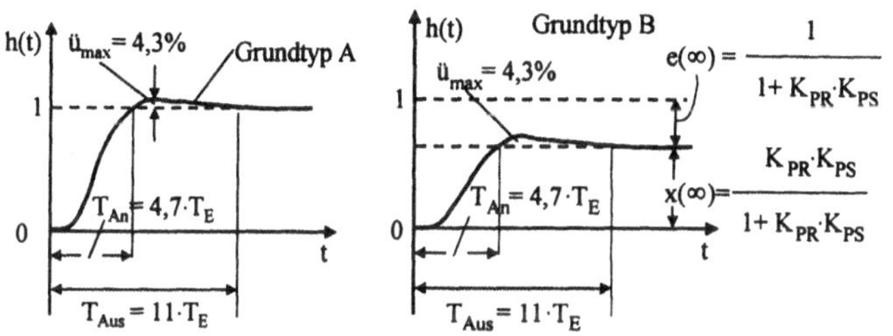

Abbildung 7.15 Übergangsfunktionen des Führungsverhaltens nach dem Betragsoptimum

Beispiel: Eine P-T3-Strecke mit gegebenen Parametern

$K_{PSy} = 0{,}08 \quad T_1 = 8{,}5$ sec $\quad T_2 = 6{,}5$ sec $\quad T_3 = 1{,}2$ sec

soll mit einem PI-Regler geregelt werden.

Die Übertragungsfunktion des offenen Kreises lautet:

$$G_0(s) = \frac{K_{PR} \cdot K_{PSy} \cdot (1 + sT_n)}{sT_n \cdot (1 + sT_1) \cdot (1 + sT_2) \cdot (1 + sT_3)}$$

Nach der Kompensation mit $T_n = T_{größte} = T_1 = 8{,}5$ sec werden die beiden restlichen Zeitkonstanten durch eine Zeitkonstante T_E ersetzt, da die Bedingung $T_2 \geq 5 \cdot T_2$ erfüllt ist: $T_E = T_2 + T_3 = 7{,}7$ sec.

Den Proportionalbeiwert des Reglers erhält man für Grundtyp „A" nach dem Betragsoptimum:

$$G_0(s) = \frac{K_{PR} \cdot K_{PSy}}{sT_n \cdot (1 + sT_E)} \quad \Rightarrow \quad K_{PR} = \frac{T_n}{2 \cdot K_{PSy} \cdot T_E} = 6{,}9$$

Die Ausregelzeit des Regelkreises beträgt $T_{Aus} = 84{,}7$ sec. □

7.5.3 Symmetrisches Optimum

Bei Regelkreisen 3.Ordnung mit zwei I-Gliedern (Abbildung 7.16) mit Übertragungsfunktionen

$$G_0(s) = \frac{K_{PR} \cdot K_{PS} \cdot K_{IS} \cdot (1 + sT_n)}{s^2 \cdot T_n \cdot (1 + sT_E)}$$

kann die Bedingung des Betragsoptimums nicht mehr erfüllt werden.

Abbildung 7.16 Wirkungsplan der offenen Kette mit zwei I-Gliedern

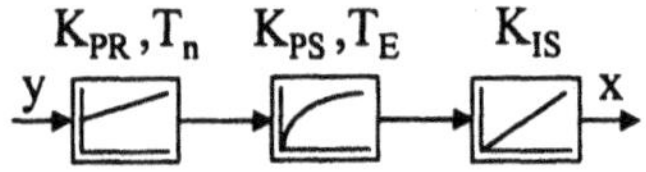

Die Optimierung besteht nun darin, dass das Maximum der Phase des offenen Regelkreises $\varphi_0(\omega)$ bei der Durchtrittsfrequenz ω_D gesucht wird. Wegen symmetrischer Form des Bode-Diagramms (Abbildung 7.17) sowie der Pol-Null-Stellen-Darstellung des offenen Kreises ist dieses Verfahren als symmetrisches Optimum bekannt.

Abbildung 7.17 Das Bode-Diagramm zur Reglereinstellung nach dem symmetrischen Optimum

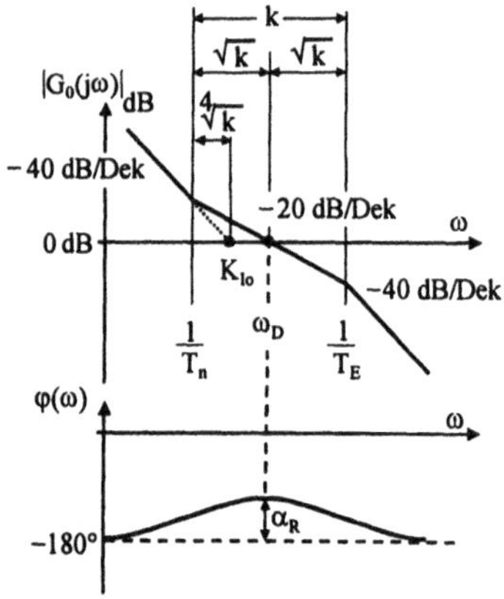

Optimale Bedingung nach dem symmetrischen Optimum

$$\frac{d|\varphi_0(\omega)|}{d\omega} = 0$$

im Punkt $\omega = \omega_D$

Die Durchtrittsfrequenz ω_D bestimmt man als Schnittpunkt des Amplitudengangs mit der Horizontale $|G_w(\omega)| = 1$. Damit können die maximal erreichbare Phasenreserve φ_{max} und die optimalen Reglerparameter berechnet werden.

Um die Bandbreite zu definieren, wird eine Konstante $k = T_n / T_E$ eingeführt, die auch den maximalen Betrag des geschlossenen Kreises M_{max} bestimmen lässt: $M_{max} = (k+1) / (k-1)$. Damit gilt die Bedingung $k > 1$, da sich für $k \leq 1$ eine instabile Einstellung ergibt. Für $k = 4$ entsteht ein Betrag von $M_{max} = 1{,}7$ und eine Sprungantwort mit Überschwingweite von $ü_{max} = 42{,}4\%$.

Die Zusammenhänge zwischen den Kenngrößen des Regelkreises sind dabei durch folgende Formeln beschrieben:

$$T_n = k \cdot T_E \qquad k = \cot^2\left(\frac{90° - \alpha_R}{2}\right) \qquad K_{PR} = \frac{1}{\sqrt{k} \cdot K_{PS} \cdot K_{IS} \cdot T_E}$$

Soll eine Phasenreserve α_R vorgegeben werden, ergibt sich die Konstante k aus der entsprechenden optimalen Bedingung. Ist jedoch die Konstante k vorgegeben, kann die Phasenreserve einen maximalen Wert nicht überschreiten. Beispielsweise entsteht für $k = 4$ eine maximale Phasenreserve von $\alpha_R = 37°$. Die optimale Reglereinstellung wird dabei durch folgende Formeln definiert:

Bedingung $\frac{d|\varphi_0(k)|}{dk} = 0$ zur Bestimmung von k nach der Phasenreserve α_R

$$T_n = 4 \cdot T_E \qquad K_{PRopt} = \frac{1}{2 \cdot K_{PS} \cdot K_{IS} \cdot T_E} \qquad \omega_D = \frac{1}{2T_E}$$

Die Sprungantwort des geschlossenen Regelkreises beim Führungsverhalten mit Sprunghöhe $w = 1$ ist in Abbildung 7.18 gezeigt.

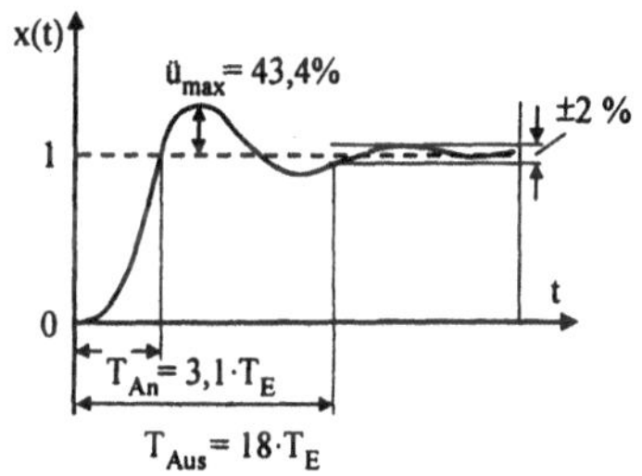

Abbildung 7.18 Sprungantwort des Führungsverhaltens beim symmetrischen Optimum

7.5.4 Einstellung für vorgegebene Überschwingweite

Bei dem Betragsoptimum wird der Amplitudengang benutzt, ohne die Phasenreserve zu berücksichtigen. Die Überschwingweite ist durch optimale Bedingungen festgelegt und kann nicht frei gewählt werden.

Dagegen werden beide Frequenzkennlinien benutzt, falls die Überschwingweite vorgegeben ist. Die Zeitkonstanten des Reglers werden aus dem Amplitudengang, der Proportionalbeiwert aus dem Phasengang ermittelt. Die rechnergestützten Reglerentwurfsmethoden für quasikontinuierliche Abtastregelung sind in [7.7] beschrieben.

Polkompensation

Nach der Methode der *Polkompensation* werden zuerst die größten Zeitkonstanten der Regelstrecke mit der Nachstellzeit und der Vorhaltzeit des Reglers kompensiert. Die Phasenreserve α_R wird aus der Tabelle 7.17 [7.7] für die vorgegebene Überschwingweite $\ddot{u}_{max}$ bestimmt. Diese Tabelle gilt für Regelkreise mit PI-Regler für $m = n - 1$ und mit PID-Regler für $m = n - 2$, wobei n die Ordnung der P-Tn-Strecke ist.

Danach wird die Durchtrittsfrequenz ω_D aus dem Phasengang berechnet. Dafür sucht man die Lösung der Gleichung $\varphi(\omega) = 0$, wobei die Funktion $\varphi(\omega) = \varphi_0(j\omega) + 180° - \alpha_R$ aus der vorgegebenen Phasenreserve α_R und dem Phasenwinkel $\varphi_0(j\omega)$ des offenen Kreises besteht.

Tabelle 7.17 Werte der Phasenreserve für vorgegebene Überschwingweite $ü_{max}$ für verschiedene Streckenordnungen bei der Polkompensation nach [7.7]

$ü_{max}$ \ m	1	2	3	4	5	7	10	20	100
5%	64,6	63,0	62,4	62,0	61,8	61,5	61,2	60,9	60,7
10%	58,6	57,8	57,6	57,4	57,3	57,2	57,1	57,0	56,8
15%	53,2	53,0	53,2	53,3	53,3	53,4	53,4	53,4	53,4
20%	48,1	48,5	49,0	49,4	49,6	49,8	49,9	50,1	50,3
25%	43,6	44,1	45,0	45,5	45,9	46,3	46,6	47,2	47,2

Beispiel: Eine Strecke mit $K_{PS} = 0{,}7$, $T_1 = 15$ sec, $T_2 = 7{,}5$ sec, $T_3 = 5{,}5$ sec wird mit dem PI-Abtastregler mit Abtastzeit $T_A = 0{,}2$ sec geregelt. Für die vorgegebene Überschwingweite von 20% und m = 2 entsteht die Phasenreserve von $\alpha_R = 48{,}5°$ (Tabelle 7.17).

Nach der Kompensation mit $T_n = T_1 = 15$ sec wird die Funktion $\varphi(\omega) = 90° - [\arctan(7{,}5\cdot\omega) + \arctan(5{,}5\cdot\omega) + (T_A/2)\cdot\omega]\cdot 180°/\pi - \alpha_R$ gebildet. Die Reglereinstellung ergibt sich aus der Lösung der Gleichung $\varphi(\omega) = 0$ nach dem Programm [7.7]: $K_{PR} = 1{,}4$. □

Betragsanpassung: Kompensation des PI-Reglers nach

$$\frac{|G_S(j\omega_{03})|}{K_{PS}} = \frac{1}{\sqrt{2}}$$

Nach der *Betragsanpassung* werden die Nachstell- und Vorzugszeit des Reglers nicht durch die Zeitkonstanten der Regelstrecke sondern durch $1/\omega_{03}$ kompensiert. Die Absenkungskreisfrequenz ω_{03} wird aus dem gewünschten Regelverhalten gewählt. Die Ermittlung der Phasenreserve α_R erfolgt mit Hilfe der Tabelle 7.18 für vorgegebene Überschwingweite $ü_{max}$.

Tabelle 7.18 Phasenreserve für vorgegebene Überschwingweite $ü_{max}$ für P-Tn-Strecken mit *n* gleichen Zeitkonstanten und PI-Regler bei der Betragsanpassung nach [7.7]

$ü_{max}$ \ n	2	3	4	5	7	10	20	100	∞
5%	63,7	63,2	62,9	62,5	61,8	61,2	60,6	60,5	60,5
10%	57,7	58,3	58,8	58,8	58,4	57,8	57,1	56,8	56,7
15%	52,2	53,4	54,7	55,1	55,1	54,7	53,9	53,4	53,4
20%	47,1	48,6	50,5	51,4	51,8	51,6	50,9	50,3	50,3
25%	42,4	43,9	46,2	47,5	48,5	48,5	47,9	47,3	47,2

7.5.5 Einstellung für vorgegebene Phasenreserve

Die *optimale Reglereinstellung beim Führungsverhalten* mit vorgegebener Phasenreserve wird anhand des *Hall-Diagramms* diskutiert. In diesem Kreisdiagramm kann man die Zusammenhänge zwischen Kennwerten des geschlossenen Regelkreises für Führungsverhalten

$$G_w(j\omega) = \frac{G_0(j\omega)}{1+G_0(j\omega)} = |G_w(j\omega)| \cdot e^{-j\varphi_w(\omega)} = R_w(\omega) + j \cdot I_w(\omega)$$

bei gegebenem Frequenzgang des offenen Regelkreises

$$G_0(j\omega) = R_0(\omega) + j \cdot I_0(\omega) = |G_0(j\omega)| \cdot e^{-j\varphi_0(\omega)}$$

veranschaulichen. Hierzu zeichnet man ein Kurvennetz in die komplexe Ebene der Ortskurven $G_0(j\omega)$, die auch die L-Ebene genannt wird, mit einem rechtwinkligen Koordinatensystem ($R_0(\omega)$, $I_0(\omega)$) ein (Abbildung 7.19). Für jeden Kreis mit Index M bzw. N nimmt $|G_w(\omega)|$ bzw. $|\varphi_w(\omega)|$ einen konstanten Wert an: $|G_w(\omega)| = M$ bzw. $|\varphi_w(\omega)| = N$.

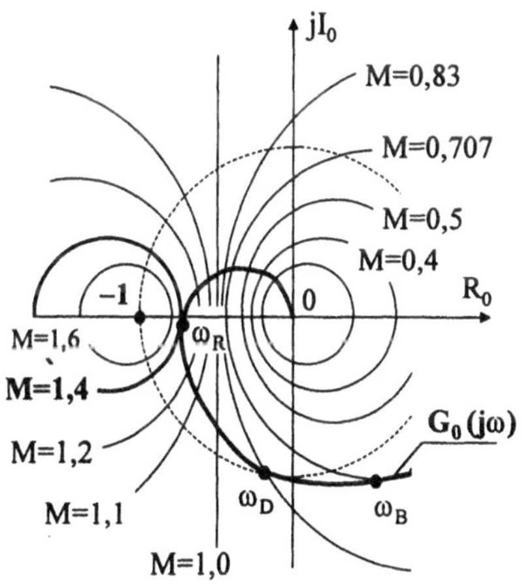

Abbildung 7.19 Das Hall-Diagramm mit Ortskurve und M-Kreisen in der L-Ebene (N-Kreise sind nicht gezeigt)

Der Mittelpunkt des M-Kreises, der den Radius $M/(M^2-1)$ hat, liegt auf der reellen Achse R_0 und hat den Abstand $-M^2/(M^2-1)$ vom Koordinatenursprung.

Die N-Kreise besitzen den Radius $(N^2+1)^{1/2}/2N$ und gehen durch den Koordinatenursprung und den Punkt (-1,j0). Die Koordinaten des Kreismittelpunkts sind $R_0 = -0{,}5$ und $I_0 = 1/2N$.

Die Schnittpunkte der Ortskurve $G_0(j\omega)$ mit den M-Kreisen bzw. N-Kreisen geben somit an, welchen Betrag bzw. welchen Phasenwinkel der geschlossene Regelkreis $G_w(j\omega)$ bei der betreffenden Schnittfrequenz ω besitzt.

Die Durchtrittsfrequenz ω_D sowie die Güteparameter kann man aus dem Hall-Diagramm einfach ablesen: Die Bandbreite ω_B ergibt sich als Schnittpunkt mit dem Bandbreitenkreis mit Index M = 0,707, der Resonanzwert des Betrags M_{max} und die entsprechende Resonanzfrequenz ω_R werden als maximaler Index des die Ortskurve $G_0(j\omega)$ tangierenden M-Kreises ermittelt (Abbildung 7.19).

Um eine Entwurfsaufgabe mit der vorgegebenen Phasenreserve α_R für Führungsverhalten mit Hall-Diagramm in der L-Ebene optimal zu lösen, wird zunächst der entsprechende Betrag M_c definiert:

$$M_c^2 = \frac{1}{2\cdot(1-\cos\alpha_R)}$$

Die beste erreichbare Einstellung erfolgt, wenn der Resonanzbetrag $M_{max} = M_c$ ist. Dann tangiert die Ortskurve den Resonanzkreis genau bei der Durchtrittsfrequenz, d.h. es gilt $\omega_c = \omega_D = \omega_R$. Weil das nicht immer realisierbar ist, wird eine Einstellung als optimal betrachtet, wenn die Ortskurve einen Kreis möglichst nahe von M_c tangiert.

Durch die Übertragung dieser Idee auf das Bode-Diagramm entsteht ein praktischer Algorithmus der *Phasenanpassung*. Die M-Kreise werden in logarithmischer Skalierung $|G_0(j\omega)|_{dB} = 20\cdot\log G_0(j\omega)$ für

$$\frac{M}{M+1} < |G_0(j\omega)| < \frac{M}{M-1}$$

dargestellt (Tabelle 7.19). Damit bildet jeder M-Kreis ein „nicht erlaubtes Phasengebiet" im Bode-Diagramm, in das der gewünschte Phasengang nicht hineingelegt werden darf. Bei einer günstigen Reglereinstellung soll der Phasengang das „nicht erlaubte Phasengebiet" mit dem Index M_c tangieren. Ist eine solche Lage nicht erreichbar, muss versucht werden, den Phasengang entsprechend zu verändern, indem man den Regelkreis durch Korrekturglieder ergänzt oder die Reglereinstellung durch die Polkompensation bzw. durch den Kennwert K_{PR} geeignet modifiziert.

Die Reglereinstellung läuft nach folgenden Schritten ab:

- Aus der vorgegebenen Phasenreserve α_R wird die Überschwingweite bzw. der Betrag M_c bestimmt.
- Eine Polkompensation wird zunächst vorgenommen.
- Unter Annahme von $K_{PR} = 1$ werden Amplituden- und Phasengang des offenen Kreises in das Bode-Diagramm eingetragen.

- Auf Grund des Amplitudenganges wird das Bode-Diagramm durch den logarithmischen M_c - Bereich aus der Tabelle 7.19 ergänzt.
- Durch geeignete Reglereinstellung wird der Phasengang solange verschoben, bis der *M*-Bereich mit dem Index M_c oder mit dem nahe liegendem Index tangiert wird.

M / $\lvert G_0(j\omega)\rvert_{dB}$	1,0	1,1	1,2	1,3	1,5	2,0
– 6,00	0°					
– 5,71	11,8°	0°				
– 5,29	21,2°	12,3°	0°			
– 5,06	29,4°	20,0°	10,0°	0°		
– 4,58	34,7°	25,9°	20,0°	11,1°	0°	
– 3,71	41,2°	29,4°	30,6°	27,1°	15,9°	0°
– 2,00	50,0°	42,9°	40,0°	35,3°	30,6°	20,6°
0,00	60,0°	51,2°	47,0°	42,9°	31,8°	27,1°
2,00	63,5°	56,5°	51,7°	47,0°	34,1	27,6°
4,00	71,8°	61,8°	55,9°	50,0°	41,7°	24,7°
6,00	75,0°	62,9°	56,5°	47,1°	35,3°	0°
8,00	77,6°	64,7°	55,3°	42,9°	24,4°	
9,71	80,0°	64,1°	52,9°	36,5°	0°	
10,00	81,2°	63,5°	51,2°	35,3°		
12,00	82,9°	61,8°	42,8°	20,0°		
13,00	83,5°	60,0°	35,9°	0°		
14,00	84,1°	57,6°	27,6°			
15,70	85,2°	54,1°	0°			
16,00	85,3°	51,1°				
18,00	85,9°	38,8°				
20,00	86,5°	20,0°				
20,90	87,1°	0°				

Tabelle 7.19
Die Werte von Phasenwinkeln für die Abbildung der *M*-Kreise aus dem Hall- in das Bode-Diagramm

Beispiel: eine P-T3-Regelstrecke mit $K_{PS} = 1$, $T_1 = 1$ sec, $T_2 = 2$ sec und $T_3 = 5$ sec wird mit dem PI-Regler geregelt. Die Phasenreserve α_R soll 45° betragen.

Die minimal mögliche Überschwingweite entspricht einem *M*-Kreis mit dem Index *c* :

$$M_c = \sqrt{\frac{1}{2\cdot(1-\cos 45°)}} = 1{,}3 \quad .$$

Man beginnt mit der Reglereinstellung nach dem Ziegler-Nichols-Verfahren (Abbildung 7.20, Kurve 1) mit Kennwerten $K_{PR} = 5{,}9$ und $T_n = 6{,}8$ sec. Diese Reglereinstellung ist nicht optimal, da der Phasengang in das „nicht erlaubte Phasengebiet“ hineintritt.

Durch die Veränderung von K_{PR} wird der Phasengang des offenen Kreises dem M-Gebiet mit dem Index M_c =1,3 angepasst (Abbildung 7.20, Kurve 2). Daraus ergibt sich die optimale Reglereinstellung mit den Kennwerten K_{PR} = 2,4 und T_n = 6,8 sec.

Abbildung 7.20 Einstellung des PI-Reglers für vorgegebenen Phasenrand (durch K_{I0} sind Werte von K_{PR} / T_n bezeichnet)

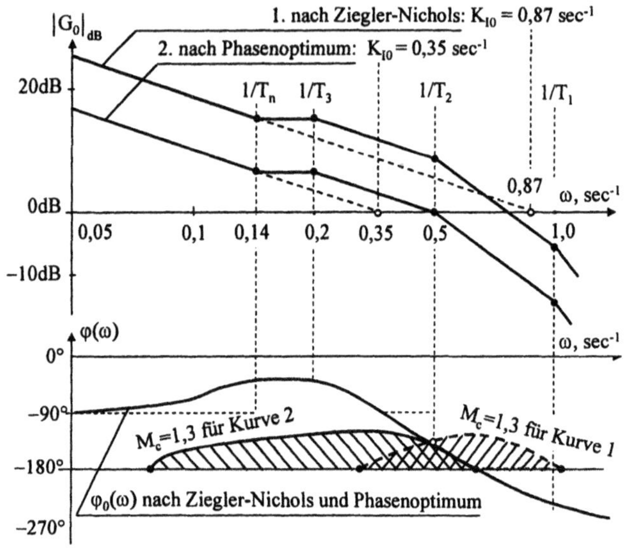

Durch die Simulation des Kreises beim Führungsverhalten entsteht eine „gute" Sprungantwort mit $\ddot{u}_{max}$ = 25% und mit An- und Ausregelzeiten von T_{An} = 5,8 sec und T_{Aus} = 24 sec. □

Für die *optimale Reglereinstellung beim Störverhalten* mittels Hall-Diagramm ist es günstig, nicht von $G_0(j\omega)$, sondern von der inversen Ortskurve $G_0(j\omega)^{-1}$ auszugehen. Damit kann der Zusammenhang zwischen den Übertragungsfunktionen $G_w(j\omega)$ und $G_0(j\omega)^{-1}$ in der Form

$$G_w(j\omega) = \frac{G_0(j\omega)}{1+G_0(j\omega)} = \frac{1}{1+G_0(j\omega)^{-1}}$$

dargestellt werden. Bezeichnet man zur Abkürzung, $G_0(j\omega)^{-1} = F(j\omega)$ und setzt man

$$G_0(j\omega)^{-1} = R_F(\omega) + j\cdot I_F(\omega) = |F(j\omega)|\cdot e^{-j\varphi_F(\omega)},$$

wird statt der L-Ebene eine so genannte L^{-1}-Ebene oder F-Ebene mit Koordinatenachsen R_F und I_F betrachtet. In dieser Ebene bilden die M-Kreise mit konstanten Werten $|F(\omega)| = M$ eine Schar konzentrischer

Kreise, die den Radius $1/M$ und ihren Mittelpunkt bei (-1, $j0$) haben (Abbildung 7.21).

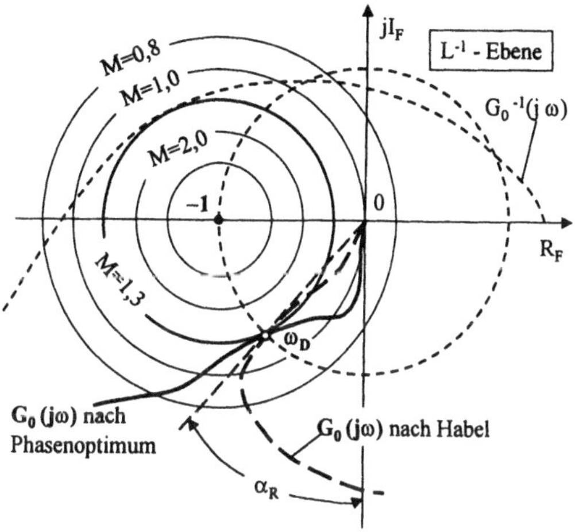

Abbildung 7.21 Reziprokes Kreisdiagramm in der L^{-1}-Ebene mit optimaler Einstellung für Führungsverhalten $G_0(j\omega)^{-1}$ und Störverhalten $G_0(j\omega)$ bei M = 1,3

Trägt man in die L^{-1}-Ebene eine inverse Ortskurve $F(j\omega)$, so ergeben sich die Güteparameter des geschlossenen Regelkreises für Führungsverhalten. Betrachtet man jedoch das reziproke Kreisdiagramm zusammen mit $G_0(j\omega)$, so ergeben sich die Güteparameter des Störverhaltens $G_Z(j\omega)$ einer auf den Streckenausgang bezogenen Störgröße:

$$G_z(j\omega) = \frac{1}{1 + G_0(j\omega)}$$

In der L^{-1}-Ebene gilt dieselbe optimale Bedingung wie in der L-Ebene: Die Ortskurve soll den geeigneten M_c-Kreis bei ω_D tangieren.

Beim Phasenrand von $\alpha_R = 45°$ entspricht die Richtung der Tagente an den M-Kreis genau der Richtung des zum Punkt ω_D durchgezogenen Radius-Vektors. Darauf basiert die Idee des *Verfahrens nach Habel* [7.4] für Störverhalten nach der Laststörung. Es erfordert, dass die Phasenänderung $d\varphi/d\omega$ der Ortskurve $G_0(j\omega)$ im L^{-1}-Ebene in der Umgebung der Durchtrittsfrequenz ω_D möglichst klein bleibt. Die optimalen Güteparameter werden im Störverhalten für die Phasenreserve um 45° erreicht. Bei den anderen 45° Werten ist eine kleine Abweichung der optimalen Einstellung zu erwarten (Abbildung 7.21). Für die Reglereinstellung im Führungsverhalten ist das Verfahren nach Habel nicht geeignet.

Beispiel: ein Regelkreis mit dem PI-Regler soll nach *Habel* mit dem vorgegebenen Phasenrand $\alpha_R = 45°$ eingestellt werden. Die Parameter der P-T3-Regelstrecke: $K_{PS} = 1$, $T_1 = 1$ sec, $T_2 = 2$ sec und $T_3 = 5$ sec.

Die Reglereinstellung nach *Habel* mit $K_{PR} = 1{,}30$ und $T_n = 4{,}1$ sec (Kurve 1) und nach Phasenanpassung mit $K_{PR} = 1{,}49$ und $T_n = 5{,}0$ sec (Kurve 2) sowie die *M*-Gebiete mit $M_c = 1{,}3$ für den vorgegebenen Phasenrand sind in Abbildung 7.22 dargestellt.

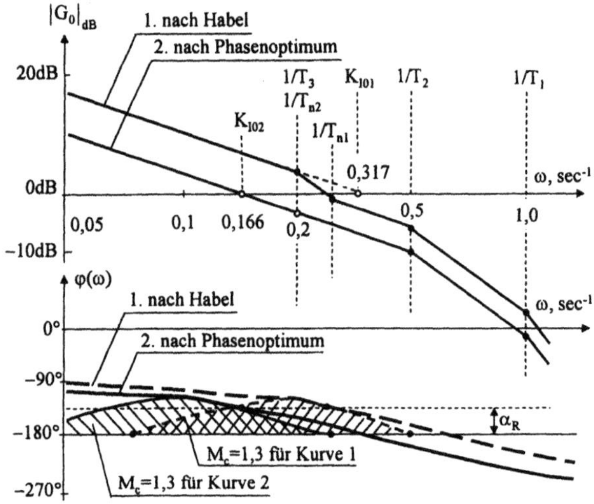

Abbildung 7.22 Beispiel der Einstellung nach Habel des PI-Reglers für vorgegebenen Phasenrand (durch K_{I0} sind Werte von K_{PR} / T_n bezeichnet)

Die Sprungantwort des nach *Habel* eingestellten Regelkreises erreicht eine Überschwingweite von $ü_{max} = 25\%$, während die Phasenanpassung unter gleicher Anregelzeit von 7 sec zu einer optimalen Überschwingweite von $ü_{max} = 20\%$ führt. Tabelle 7.20 enthält die Werte zu den verschiedenen Einstellungsverfahren.

Tabelle 7.20 Verschiedene Einstellverfahren beim Führungsverhalten (B.O. - Betragsoptimum, P.A. - Phasenanpassung)

Reglertyp und Einstellverfahren	Reglerkennwerte			Gütekriterien	
	K_{PR}	T_n sec	T_V sec	$ü_{max}$ %	A_{An} sec
PD-T1-Regler, nach Habel	6,1	-	1,17	15	4
PD-T1-Regler, nach P.A.	6,1	-	5	15	2
PID-T1-Regler, nach Habel	3,7	3,36	1,71	25	3
PID-T1-Regler, nach B.O.	2,5	5	2	4,3	7

Die besten Ergebnisse liefert das Verfahren der Phasenanpassung. □

7.5.6 Reglerentwurf anhand von Frequenzkennlinien

Korrekturglieder

Das Ziel des Verfahrens ist die Anpassung des Reglers an das gewünschte Regelverhalten durch Einsatz von *Korrekturgliedern*. Der Frequenzgang der offenen Kette $G_0(j\omega)$ setzt sich aus der Reihenschaltung des Reglers mit den Korrekturgliedern $G_K(j\omega)$ zusammen:

$$G_0(j\omega) = G_R(j\omega) \cdot G_K(j\omega) \cdot G_S(j\omega)$$

FKL-Verfahren

Das Frequenzkennlinien-Verfahren (*FKL-Verfahren*) wird mit Hilfe des Bode-Diagramms der offenen Kette durchgeführt und ist für Führungs- und Störverhalten des geschlossenen Kreises geeignet. Durch Auswahl der Korrekturglieder wird der Frequenzgang des Reglers so verändert, dass das Bode-Diagramm der offenen Kette eine gewünschte Form $G_{0soll}(j\omega)$ erhält. Dazu gehören zum Beispiel die Forderungen eines I-Verhaltens für kleine Frequenzen oder einer Neigung der Ampitudenkennlinie von –20dB/Dekade bei der Durchtrittsfrequenz.

Das Bode-Diagramm des Korrekturgliedes $G_K(j\omega)$ entsteht aus der Gleichsetzung beider Kennlinien:

$$|G_K(j\omega)|_{dB} = |G_{0soll}(j\omega)|_{dB} - |G_0(j\omega)|_{dB}$$
$$\varphi_K(\omega) = \varphi_{0soll}(\omega) - \varphi_0(\omega)$$

Das FKL-Verfahren läuft in folgenden Schritten ab :

- Aus den Anforderungen an den geschlossenen Regelkreis werden die Gütekriterien (Durchtrittsfrequenz ω_D, Phasenreserve φ_R, maximale Überschwingweite $\ddot{u}_{max}$, Anstiegszeit T_{An}, bleibende Regeldifferenz $e(\infty)$, Kreisverstärkung K_o) für das Bode-Diagramm der offenen Kette abgeleitet.
- Das Bode-Diagramm des aufgeschnittenen Kreises mit einem P-Regler für Kreisverstärkung K_o wird ermittelt und durch Addition der Frequenzkennlinien von Korrekturglieder so ergänzt, dass die gewünschten Anforderungen an Gütekriterien erfüllt werden.
- Auf Grund des Frequenzganges $G_K(j\omega)$ werden die Korrekturglieder mit passiven Bauelementen realisiert.

Beispiel: Eine Regelstrecke besteht aus einem I-Glied mit $K_{IS} = 2\ sec^{-1}$ und zwei P-T1-Glieder mit $K_{PS} = 0{,}25$, $T_1 = 2$ sec und $T_2 = 0{,}5$ sec.

Die Gütekriterien für das Führungsverhalten sind vorgegeben: Überschwingweite $\ddot{u}_{max} = 20\%$, Anstiegszeit $T_{a,50} = 0{,}8$ sec, bleibende Regeldifferenz $e(\infty) = 0{,}2$ für ein rampenförmiges Führungssignal.

Als erster Entwurfsschritt werden die weiteren Gütekriterien nach [7.16] abgeleitet:

- Durchtrittsfrequenz

$$\omega_D \approx \frac{1}{T_{a,50}} \cdot \left(1{,}5 - \frac{\ddot{u}_{max}}{250}\right) \approx 1{,}1\,\sec^{-1}$$

- Phasenreserve $\varphi_R \approx 70 - \ddot{u}_{max} \approx 50°$
- Kreiskonstante $K_{10} = K_{PR} \cdot K_{PS} \cdot K_{IS} = 5\ \sec^{-1}$

Um die letzte Forderung zu erfüllen, soll der Regler als reines P-Glied mit $K_{PR} = 10$ eingesetzt werden.

Das Bode-Diagramm der offenen Kette mit der Übertragungsfunktion

$$G_0(s) = \frac{K_{PR} \cdot K_{PS} \cdot K_{IS}}{s \cdot (1 + sT_1)(1 + sT_2)}$$

sowie das gewünschte Bode-Diagramm $G_{0soll}(j\omega)$ sind in Abbildung 7.23 eingetragen.

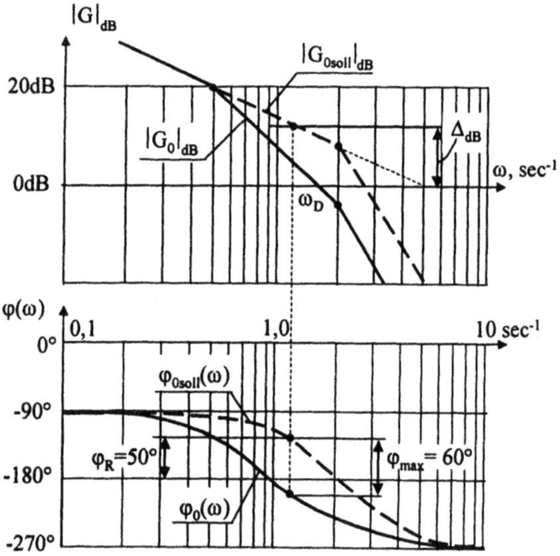

Abbildung 7.23 Das Bode-Diagramm der offenen Kette $G_0(j\omega)$ und des gewünschten Regelkreises $G_{0soll}(j\omega)$

Das phasenanhebende Korrekturglied soll einen maximalen Phasenwinkel von $\varphi_{max} \approx 60°$ bei der Durchtrittsfrequenz besitzen, um die geforderte Phasenreserve zu erzielen. Aus dem Amplitudengang entnimmt man die erforderliche Betragssenkung von $\Delta_{dB} \approx 15$dB, woraus sich der Proportionalbeiwert $K_{PK} = 0{,}17$ sec ergibt (Abbildung 7.23).

Das Bode-Diagramm des Korrekturgliedes $G_K(j\omega)$ entspricht einem PD-T1-Verhalten (Abbildung 7.24) mit der Übertragungsfunktion

$$G_K(s) = K_{PK} \cdot \frac{(1+sT_{VK})}{(1+sT_{RK})}$$

mit Zeitkonstanten $T_{VK} = 2$ sec und $T_{RK} = 0{,}5$ sec.

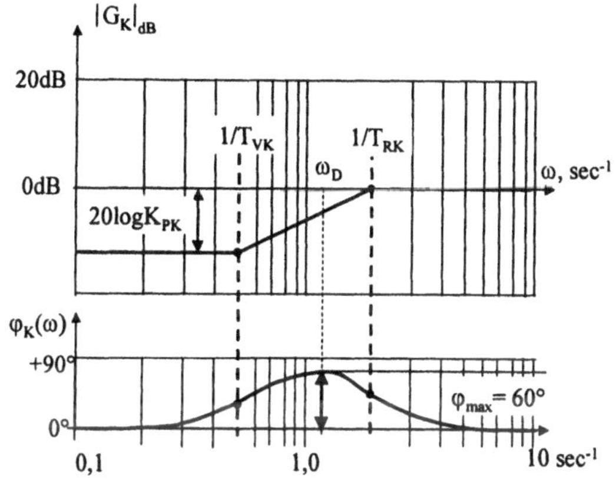

Abbildung 7.24 Bode-Diagramm des phasenanhebenden Übertragungsgliedes

Die Realisierung der Übertragungsfunktion $G_K(j\omega)$ erfolgt anhand eines Standard-Korrekturgliedes mit passiven Bauelementen. Geeignet ist dafür ein Lead-Glied mit $T_{VK} > T_{RK}$. Die Kennwerte des Korrekturgliedes lassen sich aus folgenden Zusammenhängen des elektrisches Netzwerkes errechnen:

$$T_{VK} = R_1 \cdot C$$

$$T_{RK} = \frac{R_1 \cdot R_2 \cdot C}{R_1 + R_2}$$

$$K_{PK} = \frac{R_2}{R_1 + R_2}$$

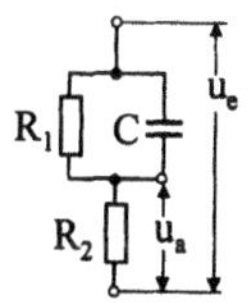

Realisierung eines Lead-Gliedes nach [7.10]

Die Simulation des Regelkreises nach der Korrektur weist das gewünschte Regelverhalten mit der Anregelzeit von 2,5 sec auf. □

7.6 Einstellregeln im Pol-Nullstellen-Bild

Der Reglerentwurf im Pol-Nullstellen-Bild (PN-Bereich) beruht auf der Übertragungsfunktion $G_w(s)$ oder auf der charakteristischen Gleichung $1 + G_0(s) = 0$ des geschlossenen Regelkreises. Im Gegensatz zu Einstellverfahren im Frequenzbereich darf die Übertragungsfunktion des offenen Kreises kein Totzeitglied enthalten.

Bei Einstellung anhand Übertragungsfunktion handelt es sich um analytische Verfahren, die durch streng systematisches Vorgehen aus gegebenen Forderungen zur Lösung führen (direkte Verfahren [7.16]). Der Regler kann damit wie ein Kompensationsregler entworfen werden, wenn seine Übertragungsfunktion die reziproke Übertragungsfunktion der Strecke $1/G_S(s)$ enthält.

Bei Einstellung anhand charakteristischer Gleichung wird die Lage der Pole des geschlossenen Kreises durch die Kreisverstärkung oder einen anderen Reglerparameter verändert. Das grafische Verfahren, das mit Hilfe von Wurzelortskurven (WOK) durch Probieren zur Lösung führt, wird als indirektes Verfahren bezeichnet (Abbildung 7.25).

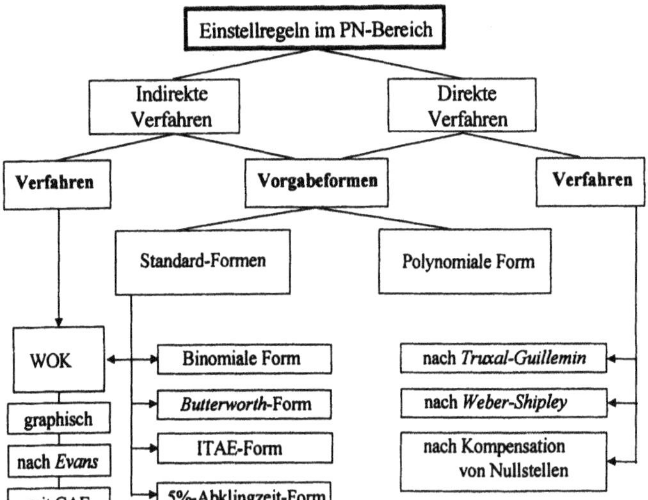

Abbildung 7.25 Einteilung von Reglerentwurfsverfahren im PN-Bereich nach [7.9] und [7.16]

Die Zusammenhänge zwischen Polstellen und Gütekriterien gestatten es, die Anforderungen an ein gutes Führungs- oder Störverhalten zu formulieren. Damit wird ein geeignetes Gebiet in der komplexen s-Ebene definiert. Den Reglerentwurf beginnt man mit einem einfachen Regler - zum Beispiel mit dem P-Regler mit $K_{PR} = 1$ - und versucht die WOK solange zu verändern, bis alle Pole im erlaubten Gebiet liegen.

Ist eine günstige Lage der Polstellen mit dem P-Regler nicht erreichbar, werden die Kennwerte verändert oder geeignete Korrekturglieder eingesetzt.

Mit Hilfe von CAE-Programmen, wie MATLAB mit Control System Toolbox, kann WOK schnell verändert werden.

Beispiel: Eine Strecke besteht aus zwei P-T1-Gliedern mit $K_{PS} = 20$, $T_1 = 0{,}5$ sec, $T_2 = 0{,}1$ sec und einem P-T2-Glied mit gegebener Dämpfung $\vartheta_S = 0{,}95$ und Kennfrequenz $\omega_{0S} = 1/T_{0S} = 3{,}17\ \text{sec}^{-1}$.

Dominierendes Polpaar in der s-Ebene mit Koordinaten $Re = -\vartheta \cdot \omega_0$ und $Im = \omega_d$.

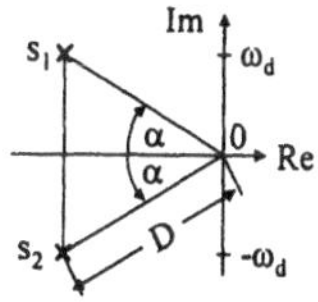

$$D = \omega_0$$

$$\cos\alpha = \vartheta$$

$$\omega_d = \omega_0 \sqrt{1-\vartheta^2}$$

Der PID-Regler soll nach folgenden Gütekriterien eingestellt werden: Überschwingweite $\ddot{u}_{max} \geq 10\%$ und Anstiegszeit $T_{a,50} = 0{,}6$ sec. Daraus entsteht ein erlaubtes Gebiet der s-Ebene [7.16] mit $\vartheta \geq 0{,}7$ und $\omega_0 = 3{,}08\ \text{sec}^{-1}$. Die mögliche Lage des dominierenden Polpaares P_1 und P_2 ist in Abbildung 7.26 dargestellt, wobei die Dämpfung den Winkel $\alpha \geq 60°$ und ω_0 den Abstand D vom Koordinatenursprung definiert.

Nach der Kompensation mit $T_n = T_1 = 0{,}5$ sec und $T_V = T_2 = 0{,}1$ sec entsteht WOK (Abbildung 7.26) aus der charakteristischen Gleichung

$$1 + \frac{K_{PR} \cdot K_{PS}}{s \cdot T_n \cdot (s^2 \cdot T_{0S}^2 + s \cdot 2 \cdot \vartheta_S \cdot T_{0S} + 1)} = 0,$$

indem man den Proportionalbeiwert K_{PR} von 0 bis ∞ verändert.

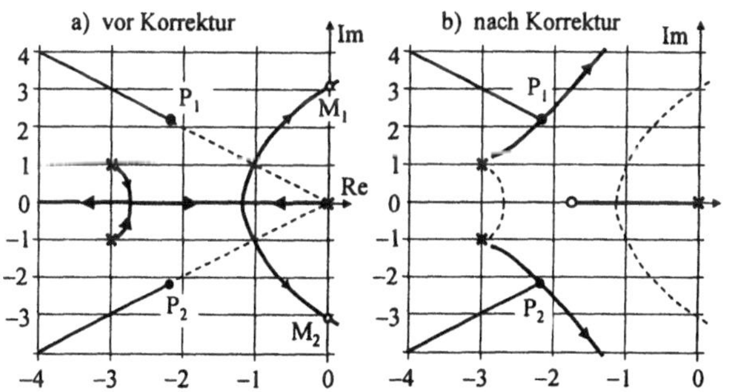

Abbildung 7.26 WOK des Regelkreises 3.Ordnung: a) mit dem vollkompensierten PID-Regler b) nach der Optimierung (gezeigt ist auch das dominierende Polpaar P_1 und P_2)

Für kleine Werte von K_{PR} ist der geschlossene Kreis stabil. Der kritische Wert ist $K_{PRkrit} = 3{,}75$, wenn zwei Wurzelorte auf der Imaginärachse in den Punkten M_1 und M_2 liegen. Um das gewünschte Regelverhalten zu erreichen, soll WOK die beiden Halbgeraden P_1 und P_2 schneiden. Mit dem vollkompensierten PID-Regler ist es nicht möglich (Abbildung 7.26a). Fügt man eine Nullstelle bei $T_n = 1{,}6$ sec ein und verlegt die Pole durch die Kompensation $T_V = T_1 = 0{,}5$ sec, so schneidet die WOK bei $K_{PR} = 10{,}8$ die Halbgeraden in den Punkten P_1 und P_2 (Abbildung 7.26b). □

7.7 Synthese durch Strukturoptimierung

7.7.1 Einteilung von Verfahren

In den bisher behandelten einschleifigen Regelkreisen greift der Regler bei Beseitigung von Störgrößen immer erst dann korrigierend ein, wenn eine Regeldifferenz vorliegt. Zur Vermeidung dieser Nachteile kann die Struktur des Regelkreises jedoch so verändert werden, dass die Störungen stark reduziert und ohne große Zeitverzögerung auf den Reglereingang übertragen werden.

Die Veränderung der Struktur führt zu einer vermaschten Regelung, die sich dann realisieren lässt, wenn die Störungen oder Hilfsregelgrößen messbar und über ein Stellglied beeinflussbar sind. Diese Verfahren können bei großen Störungen oder großen Zeitverzögerungen der Strecke besonders effektiv werden, ohne dabei die Reglereinstellung nach den bisher behandelten Verfahren der Parameteroptimierung zu beeinflussen. Die Verfahren der Strukturoptimierung sind in Abbildung 7.27 nach den Wegen zwischen Störung und Stell- oder Messglied klassifiziert.

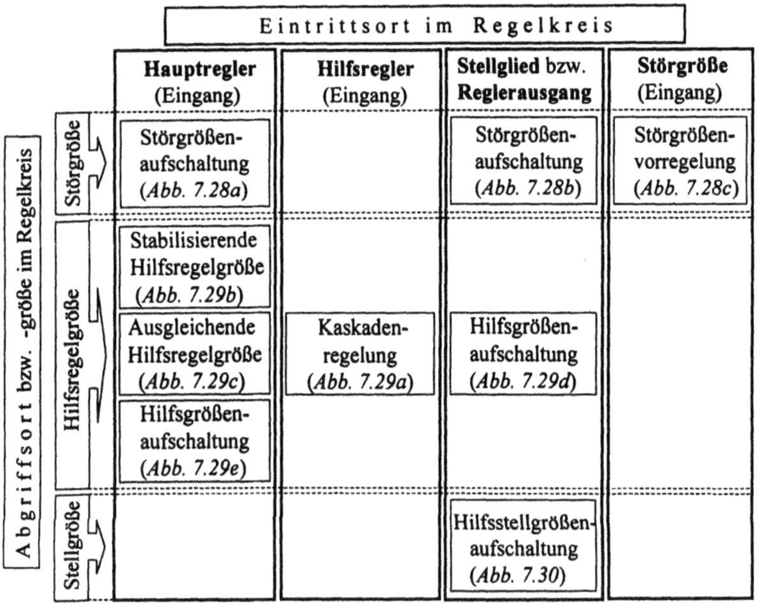

Abbildung 7.27 Einteilung von Verfahren der Strukturoptimierung

7.7.2 Störgrößenaufschaltung und –vorregelung

Um eine Auswirkung der Störgröße auf die Regelgröße völlig zu kompensieren, schaltet man die Störgröße über ein korrigierendes Glied $G_K(s)$ vor dem Regler (Abbildung 7.28a) oder vor dem Stellglied (Abbildung 7.28b) auf. Die Bedingung zur Bestimmung der Übertragungsfunktion $G_K(s)$ lautet

$$G_Z(s) = \frac{G_{VZ}(s)}{1+G_0(s)} = 0 \quad \Rightarrow \quad G_{VZ}(s) = 0,$$

wobei $G_{VZ}(s)$ die Übertragungsfunktion des Vorwärtszweigs ist.

a) Störgrößenaufschaltung auf Regler [7.16]

$G_{VZ}=G_{S2}-G_R\cdot G_K\cdot G_{S2}\cdot G_{S2}$

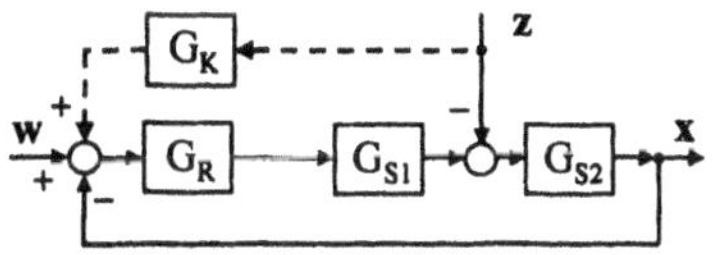

b) Störgrößenaufschaltung auf Stellglied [7.14]

$G_{VZ} = G_{S2} - G_K\cdot G_{S2}\cdot G_{S2}$

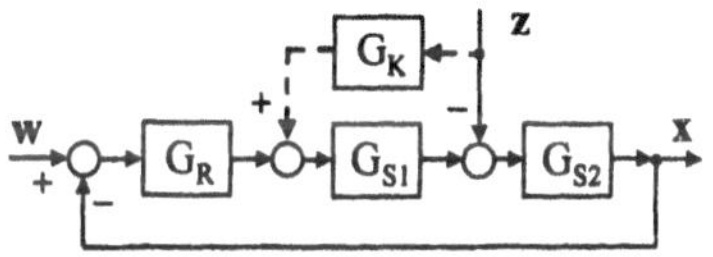

Abbildung 7.28 Strukturoptimierung durch Störgrößeneingriff

c) Störgrößenvorregelung [7.10]

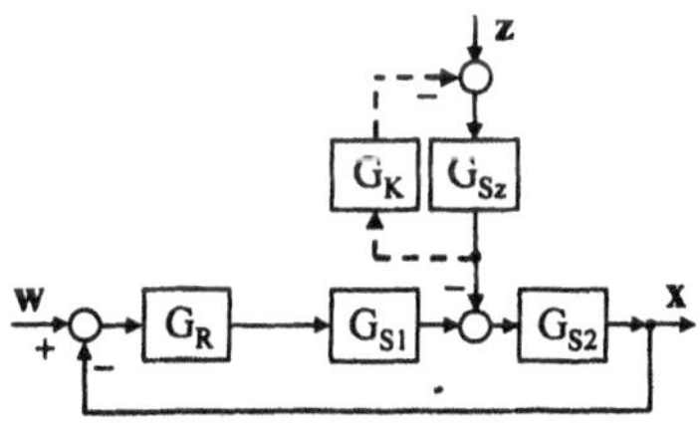

Ein wesentlicher Vorteil besteht darin, dass die Stabilität des Kreises durch diese Maßnahme nicht beeinflusst wird. Die Regelparameter können so eingestellt werden, als sei $G_K(s)$ nicht vorhanden. Die Aufschaltung erfolgt oft über ein differenzierendes Glied, um eine Verfälschung der Regeldifferenz im Beharrungszustand zu vermeiden.

Falls die Störgröße messbar und beeinflussbar ist, kann sie anhand eines Hilfsregelkreises noch vor Eintritt in den Hauptregelkreis konstant gehalten werden, wie in Abbildung 7.28c gezeigt ist. Die beiden Regelkreise sind entkoppelt und können getrennt eingestellt werden.

7.7.3 Regelung mit Hilfsregelgrößen

Bei Regelstrecken mit großen Zeitkonstanten ist es oft schwierig, mit einer einschleifigen Regelung ein befriedigendes Ergebnis zu erzielen. In diesen Fällen versucht man, die Regelstrecke zu unterteilen. Auf diese Weise entstehen neben der Hauptregelgröße x eine oder mehrere Hilfsregelgrößen x_H, denen jeweils ein eigener Regler $G_{R1}(s)$ oder ein Korrekturglied $G_K(s)$ zugeordnet wird (Abbildung 7.29).

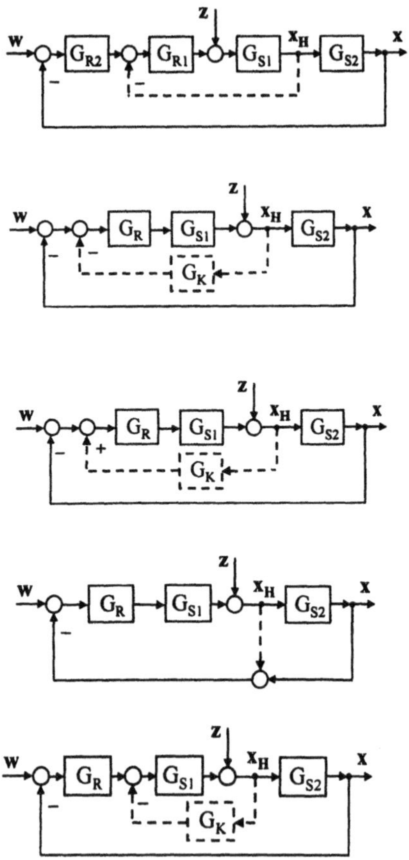

a) Kaskadenregelung [7.3, 7.13, 7.16]

b) Stabilisierende Hilfsregelgröße [7.12]

c) Störgrößenausgleichende Hilfsregelgröße [7.12]

d) Aufschaltung der Hilfsregelgröße auf Regler [7.10]

e) Aufschaltung der Hilfsregelgröße auf Stellglied [7.8, 7.14, 7.16]

Abbildung 7.29 Strukturoptimierung anhand von Hilfsregelgrößen

Im Fall der Kaskadenregelung (Abbildung 7.29a) wirkt der übergeordnete Hauptregler G_{R2} (Führungsregler) nicht direkt auf die Teilstrecke G_{S1}, sondern gibt dem Folgeregler G_{R1} die Führungsgröße vor.

Der Entwurf der Kaskadenregelung beruht auf drei Schritten: Zunächst wird der Folgeregler eingestellt, dann erfolgt die Zusammenfassung des inneren Kreises zu einem Block, und zum Schluss wird der Hauptregelkreis optimal eingestellt.

7.7.4 Regelkreise mit Hilfsstellgrößen

Mit einer Hilfsstellgröße y_H kann der Regler der Störgröße in der Nähe des Ausgangs der Strecke eingreifen und folglich die auftretenden Regeldifferenzen schneller ausregeln. Dabei entsteht ein zweiter Signalflussweg mit einem Korrekturglied G_K (Abbildung 7.30a) oder einem Teilregler G_{R2} (Abbildung 7.30b), der die Störgröße ausregeln soll (Abbildung 7.30a). Die Regelung wird dann wirksam, wenn sich die Eintrittstelle der Störgröße nicht weit von dem Streckenausgang befindet und die Teilstrecke G_{R2} keine große Verzögerungen besitzt. Die Wirkung der Hilfsstellgröße soll jedoch im stationären Zustand verschwinden.

Wenn die Regelstrecke sich so unterteilen lässt, dass die Teilstrecken unterschiedliche dynamische Eigenschaften besitzen, können diese Anteile mit unterschiedlichen Stellgrößen geregelt werden (Abbildung 7.30c). Die Voraussetzung dafür ist ein weiteres Stellglied mit der Hilfsstellgröße y_H, die aus dem Teilregler G_{R1} zusätzlich zum „normalen" Stellsignal y gebildet wird.

a) Hilfsstellgröße mit dem Korrekturglied G_K [7.12]

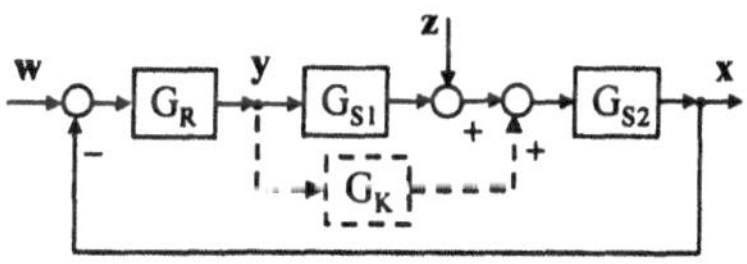

b) Hilfsstellgröße mit dem Teilregler G_{R2} [7.14]

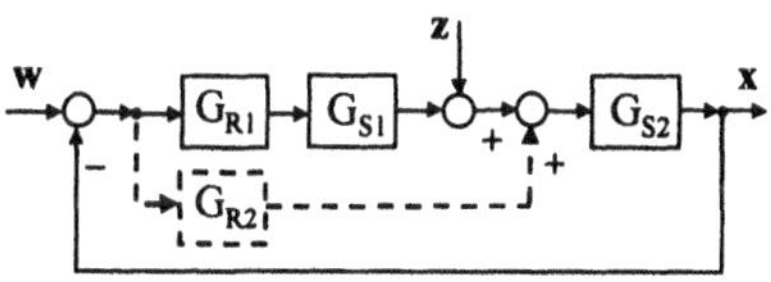

c) Hilfsstellgröße mit dem Hilfsstellglied G_{S1} und Teilregler G_{R1} [7.8, 7.16]

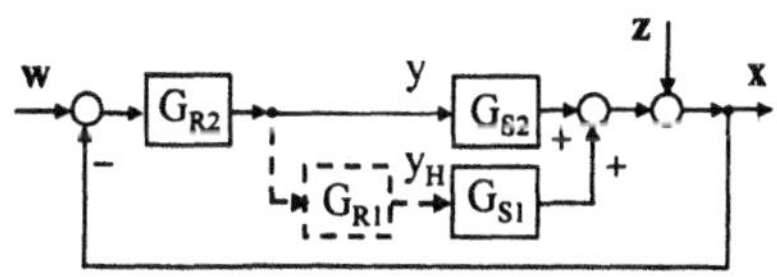

Abbildung 7.30 Strukturoptimierung mit Einführung einer Hilfsstellgröße

7.8 Modellbasierte Reglerentwurfsverfahren

7.8.1 Einteilung von Verfahren

Ein dynamisches Modell der Regelstrecke bildet die Grundlage für eine optimale Reglereinstellung. Dabei kann das vorgegebene Modell als Entwurfswerkzeug (*model matching*) oder als Bestandteil des Reglers (*internal model control*) verwendet werden (Abbildung 7.31). Je nach Streckenverhalten und geforderter Güte besteht die Möglichkeit, einen entsprechenden Reglertyp auszuwählen und an die Strecke anzupassen.

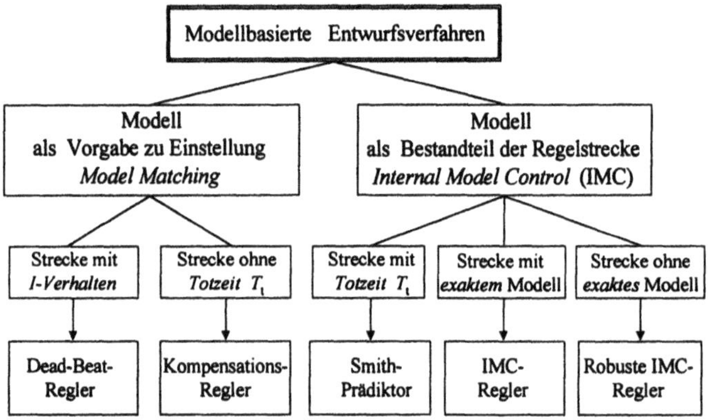

Abbildung 7.31 Einteilung von Entwurfsverfahren mit explizit vorhandenem Streckenmodell

7.8.2 Kompensationsregler

Der Regler $G_R(s)$ besteht aus zwei Teilen (Abbildung 7.32). Ein Teil des Reglers beinhaltet den reziproken Faktor $1/G_S(s)$, mit dem die Übertragungsfunktion der Strecke kompensiert wird. Der zweite Teil wird anhand der gewünschten Übertragungsfunktion $G_w(s)$ bestimmt:

$$G_w(s) = \frac{G_R(s)\cdot G_S(s)}{1+G_R(s)\cdot G_S(s)} = \frac{1}{N_w(s)} \quad \Rightarrow \quad G_R(s) = \frac{G_S^{-1}(s)}{N_w(s)-1}$$

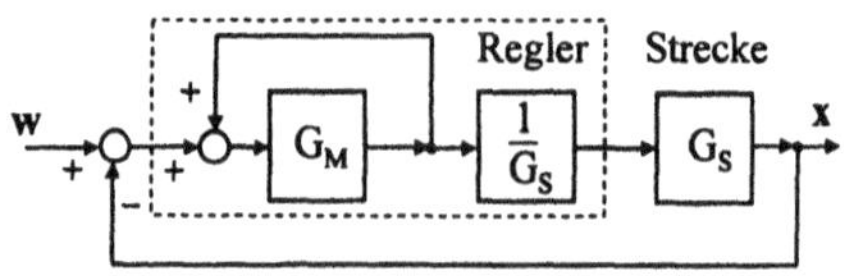

Abbildung 7.32 Wirkungsplan des Regelkreises mit Kompensationsregler

Der Kompensationsregler [7.3, 7.8, 7.14, 7.16] ist nur für Führungsverhalten und nur für Strecken ohne Totzeit anwendbar .

Für Realisierbarkeit des Reglers gilt r = Grad $N_S(s)$–Grad $Z_S(s)$, wobei

Grad $N_w(s)$, Grad $N_S(s)$ und Grad $Z_S(s)$ die Grade des $N_w(s)$-Polynoms, des Nennerpolynoms $N_S(s)$ und des Zählerpolynoms $Z_S(s)$ der Regelstrecke $G_S(s)$ sind.

Beispiel: Eine P-T2-Regelstrecke mit $K_{PS} = 5$, $T_1 = 1$ sec, $T_2 = 0{,}2$ sec soll ohne Überschwingung mit Anregelzeit von 0,1 sec geregelt werden. Da r = Grad $N_S(s)$ − Grad $Z_S(s)$ = 2 − 0 = 2 ist, soll die gewünschte Übertragungsfunktion nach [7.16] als P-T2-Verhalten mit $T_w = 0{,}02$ sec realisiert werden:

$$G_w(s) = \frac{1}{N_w(s)} = \frac{1}{(1+sT_w)^2} \quad \Rightarrow \quad N_w(s) = (1+sT_w)^2$$

Daraus wird die Übertragungsfunktion des Reglers bestimmt:

$$G_R = \frac{G_S^{-1}(s)}{N_w(s)-1} = \frac{(1+sT_1)(1+sT_2)}{K_{PS}\cdot 2sT_w(1+s\cdot 0{,}5T_w)} = \frac{K_{PR}(1+sT_n)(1+sT_V)}{sT_n\cdot(1+sT_R)}$$

Man benötigt also einen PID-T1-Regler mit Kennwerten $K_{PR} = 6{,}25$, $T_n = T_1 = 1$ sec, $T_V = T_2 = 0{,}2$ sec und $T_R = 0{,}5\cdot T_w = 0{,}01$ sec. □

7.8.3 Smith-Prädiktor

Die Erweiterung der Idee des Kompensationsreglers auf Strecken mit Totzeit wird als Smith-Prädiktor bezeichnet und ist in [7.3, 7.8] ausführlich beschrieben.

Das Prinzip der Prädiktorregelung ist kurz in Abbildung 7.33 erläutert.

a) Die Regelstrecke wird als ein Totzeitglied e^{-sTt} und eine Teilstrecke ohne Totzeit $G_S(s)$ dargestellt

b) Durch die Verschiebung der Rückführung wird die Wirkung des Totzeitgliedes aufgehoben und folglich die Kompensationsregelung möglich

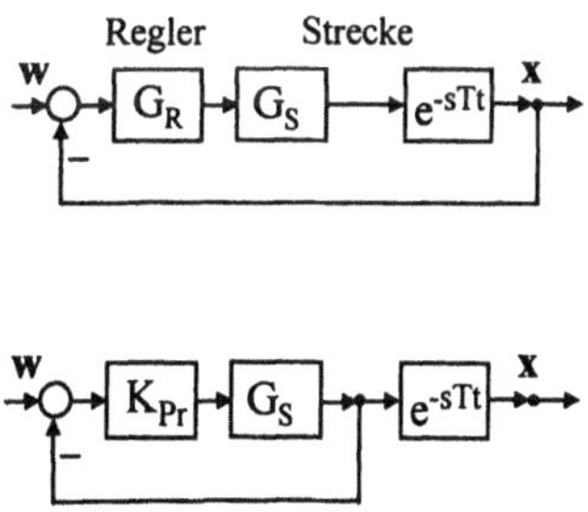

Abbildung 7.33 Erläuterung zur Grundidee des Smith-Prädiktors

Die Struktur des Reglers und die Übertragungsfunktion $K_{Pr}(s)$ werden so gewählt, dass der Kreis äquivalent der ursprünglichen Struktur *bleibt. Die Übertragungsfunktionen* des Regelkreises nach Abbildung 7.33a und 7.33b sind:

$$G_W(s) = \frac{G_R(s) \cdot G_S(s) \cdot e^{-sT_t}}{1 + G_R(s) \cdot G_S(s) \cdot e^{-sT_t}} \Leftrightarrow G_W(s) = \frac{K_{Pr}(s) \cdot G_S(s)}{1 + K_{Pr}(s) \cdot G_S(s)} \cdot e^{-sT_t}$$

Wenn beide Übertragungsfunktionen identisch sein sollen, muss gelten:

$$G_R(s) = \frac{K_{Pr}(s)}{1 + K_{Pr}(s) \cdot G_S(s) \cdot (1 - e^{-sT_t})}$$

Damit entsteht für den Smith-Prädiktor die in Abbildung 7.34 gezeigte Struktur, wobei der Reglers $K_{Pr}(s)$ nach allen bekannten Verfahren eingestellt werden kann.

Abbildung 7.34 Wirkungsplan des Regelkreises mit Smith-Prädiktor

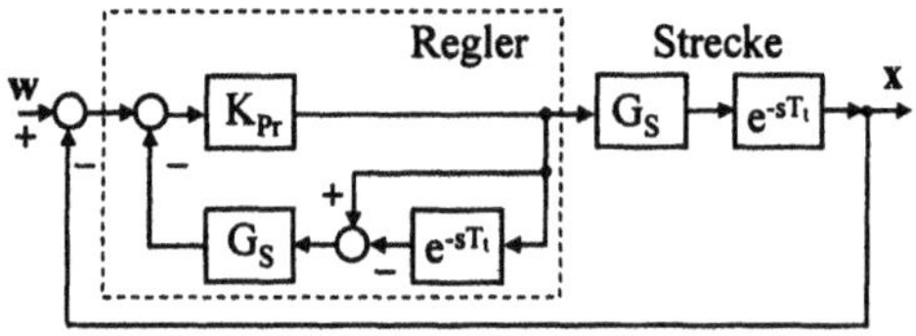

Für die praktische Realisierung des Verfahrens ist ein exaktes Modell der Regelstrecke erforderlich.

7.8.4 Dead-Beat-Regler

Ein digitaler Kompensationsregler, der die Regelgröße in endlicher (minimaler) Zeit zum Sollwert bringt, wird als Dead-Beat-Regler bezeichnet. Da die Stellgröße dabei nur die Grenzwerte der Stellreserve, d.h. die drei Werte y_{max}, 0 und y_{min} annehmen kann, handelt es sich um einen Dreipunktregler. Dieser Reglertyp ist für Regelstrecken mit *I*-Verhalten oder mit großem Dämpfungsgrad geeignet. Instabile Strecken können mit dem Dead-Beat-Regler nicht ausgeregelt werden, weil eine exakte Kompensation von positiven Polstellen praktisch nicht realisierbar ist.

Beispiel: Die Regelgröße $x(t)$ einer Regelstrecke, die aus zwei *I*-Gliedern mit K_{IS1} = 1,6 sec^{-1} und K_{IS2} = 2,5 sec^{-1} besteht, soll mit einem Dead-Beat-Regler nach der Zeit t_{aus} = 0,8sec aus dem Anfangszustand $x(0) = 0$ in einen Endzustand $x(t_{aus}) = H = 2$ umgestellt werden. Es ist die Stellreserve der Stellgröße $\pm y_{max}$ zu bestimmen.

Die Lösung ist in Abbildung 7.35 erläutert. Die mathematische Beschreibung der gewünschten Sprungantwort für $t = 0{,}5 \cdot t_{aus}$ ist:

$$x(t) = \frac{1}{2} \cdot K_{IS} \cdot t^2 \cdot y_{max} \qquad x\left(t_{aus}/2\right) = \frac{1}{2} \cdot K_{IS} \cdot \left(t_{aus}/2\right)^2 \cdot y_{max}$$

Daraus ergibt sich die gesuchte Stellreserve:

$$\frac{H}{2} = \frac{1}{2} \cdot 4\,\text{sec}^{-1} \cdot \left({}^{0{,}8\,\text{sec}}\!/_{2} \right)^2 \cdot y_{\max} \quad \text{oder} \quad y_{\max} = 3{,}125$$

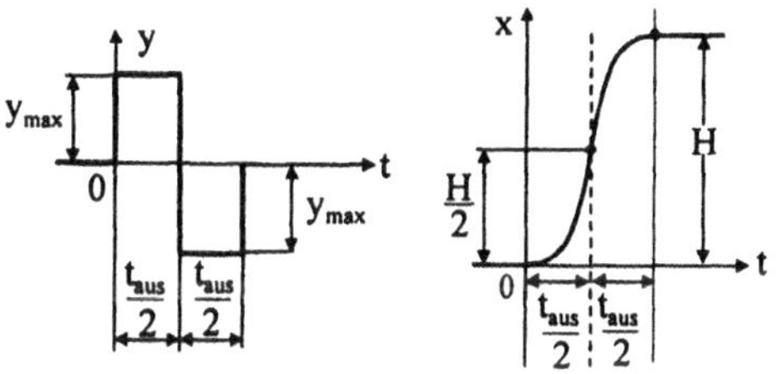

Abbildung 7.35 Stellsignal und Sprungantwort des Regelkreises mit zwei *I*-Gliedern und Dead-Beat-Regler

7.9 Zusammenfassung

Die Vielzahl von Einstellverfahren für *lineare einschleifige* und für *vermaschte* Regelkreise wurde klassifiziert und im *Zeit*, *Frequenz-* und *Bildbereich* dargestellt. Weiterhin wurden die Einstellregeln in jedem Bereich unterteilt, beschrieben und mit Hinweisen auf vorhandene detaillierte Verfahrensbeschreibungen in der Literatur versorgt.

Betrachtet wurden sowohl klassische *empirische* und *modellgestützte* Einstellverfahren als auch die Reglereinstellung nach Fachwissen mittels digitaler Technik wie *Prozessleitsysteme* oder *Simulationsprogramme*. Grundsätzlich wurden die Einstellverfahren für *analoge* Regler diskutiert, die jedoch mit allgemeinen Hinweisen für empirische oder modellbasierte Einstellregeln zu *digitalen* Reglern ergänzt wurden.

Neben weit verbreiteten Entwurfsverfahren wie *Wurzelortskurve* oder *Bode-Diagramm* wurden

- historische Methoden der *Hall-Diagramme*
- Methoden der optimalen Einstellung für vorgegebene Phasenreserve
- moderne Methoden wie *T-Summenregel* oder *Zeit-Prozent-Kennwert-Methode*

behandelt.

Einige Entwurfsverfahren wurden mit numerischen Beispielen oder Simulationsprogrammen veranschaulicht.

7.10 Literatur

[7.1] Baumgarh, S.; Karbach, A.; Otto, D.; Schernus, G.-P.; Treusch, W.: *Digitale Regelung und Steuerung in der Versorgungstechnik.* Springer-Verlag, Berlin / Heidelberg, 1995

[7.2] Bergmann, J.: *Lehr- und Übungsbuch Automatisierungs- und Prozessleittechnik.* Fachbuchverlag Leipzig im Carl Hansen Verlag, München / Wien, 1999

[7.3] Föllinger, O.: *Regelungstechnik.* Hüthig, Heidelberg, 1994

[7.4] Habel, F.: *Ein Verfahren zur Bestimmung der Parameter von PI-, PD- und PID-Reglern.* In: Regelungstechnik 28 (1980), H.6, S. 199-205

[7.5] Hoffmann, J.: *MATLAB und SIMULINK.* Addison-Wesley-Longman-Verlag, Bonn; 1998

[7.6] Kuhn, U.: *Eine praxisnahe Einstellregel für PID-Regler: Die T-Summen-Regel.* In: Automatisierungstechnische Praxis 37 (1995), H.5, S.10-16

[7.7] Latzel, W.: *Einführung in die digitale Regelungen.* VDI-Verlag, Düsseldorf, 1995

[7.8] Lunze, J.: *Regelungstechnik 1.* Springer-Verlag, Berlin / Heidelberg, 1996

[7.9] Lutz, H.; Wendt, W.: *Taschenbuch der Regelungstechnik.* Harri Deutsch Verlag, Frankfurt am Main, 1998

[7.10] Mann, H.; Schiffelgen, H.; Froriep, R.: *Einführung in die Regelungstechnik.* Hanser-Verlag, München / Wien, 1997

[7.11] Orlowski, R.F.: *Praktische Regelungstechnik.* Springer-Verlag, Berlin / Heidelberg, 1994

[7.12] Reinisch, K.: *Analyse und Synthese kontinuierlicher Steuerungssysteme.* Hüthig-Verlag, Heidelberg, 1980

[7.13] Schulz, D.: *Praktische Regelungstechnik.* Hüthig-Verlag, Heidelberg, 1994

[7.14] Schulz, G.: *Regelungstechnik.* Springer-Verlag, Berlin / Heidelberg, 1995

[7.15] Strohrmann, G.: *Automatisierungstechnik.* Band 1-2, Oldenbourg-Verlag, München / Wien, 1996

[7.16] Unbehauen, H.: *Regelungstechnik.* Band 1-3, Vieweg-Verlag, Braunschweig / Wiesbaden, 1996

Kapitel 8

Regelungen in der elektrischen Antriebstechnik

von Michael Braun

8.1 Trend zum drehzahlvariablen Drehstromantrieb

Elektrische Antriebe sind heute in fast allen Bereichen der Technik als Stell- oder Arbeitsorgane unverzichtbar. Durch die Fortschritte in der Digitaltechnik und Leistungselektronik sind Umrichtergeräte zur Drehzahl- und Drehmomentregelung so preisgünstig geworden, dass Festdrehzahlantriebe fast nur noch dort eingesetzt werden, wo die Verstellbarkeit nicht gefragt ist. Energieeinsparung, Produktqualität und Anpassungsfähigkeit sprechen für den *drehzahlveränderbaren Antrieb.* Die Vorteile durch die Steuerung der Drehzahl und des elektrisch erzeugten Drehmoments können aber nur genutzt werden, wenn der Antrieb abhängig von der Art der elektrischen Maschine optimal gesteuert und geregelt wird. Obwohl die maschinennahe Signalverarbeitung meist im Umrichtergerät bereits realisiert ist, sollte der Anwender die eingesetzten Verfahren kennen, um das optimale Gerät auszuwählen und die aufgabenspezifischen Parameter optimal einstellen. Dies gilt für Antriebe mit Gleichstrommaschinen und insbesondere Antriebe mit Drehstrommaschinen, da hier bei den Reglerverfahren eine wesentlich größere Variantenvielfalt angeboten wird. Die Gleichstrommaschine verliert stark an Bedeutung, da Asynchron- und Synchronmaschinen mit sehr robusten und trägheitsarmen Läufern ausgeführt werden.

drehzahlveränderbarer Antrieb

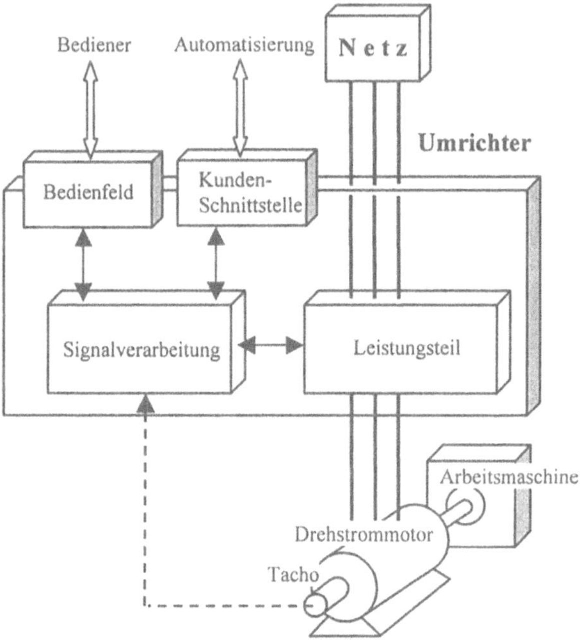

Abbildung 8.1 Blockschaltbild eines umrichtergespeisten Drehstromantriebs

8.2 Grundfunktionen drehzahlveränderbarer Antriebe

motorspezifische Regelschaltungen

Die Steuerung der Arbeitsbewegung erfolgt nach der Vorgabe des Bedieners oder der übergeordneten Automatisierung. Diese Vorgaben werden von der Signalverarbeitung, die *motorspezifische Regelschaltungen* enthält, in Steuerbefehle für den Leistungsteil umgesetzt. Leistungshalbleiter im Schaltbetrieb steuern den Stromfluss. Durch eine hohe Schaltgeschwindigkeit und hohe Schaltfrequenz werden die Verluste im Leistungsteil niedrig gehalten und trotz des Schaltbetriebs wird ein glattes Drehmoment bei geringen Geräuschen erzeugt. Für netzgespeiste Gleichstromantriebe werden Thyristoren als Leistungshalbleiter eingesetzt. Für Drehstromantriebe und gleichspannungsgespeiste Gleichstromantriebe müssen die Leistungshalbleiter über den Steueranschluss abschaltbar sein. Im Bereich kleiner bis mittlerer Umrichterleistung (1 kW bis 1 MW) werden *Isolated*

Gate Bipolar Transistoren (IGBT) im Modulgehäuse eingesetzt, die aufwandsarm angesteuert werden können (bis 1200 A/3,3 kV).

IGBT - Isolated Gate Bipolar Transistoren

Im Bereich hoher Leistung über 1 MW dominieren *Gate-Turn-off-Thyristoren* (GTO) im Scheibengehäuse mit aufwändigerer Montagetechnik und Ansteuerungselektronik (bis 4 kA/6 kV).

GTO - Gate-Turn-off-Thyristoren

Durch die fortschreitende Entwicklung verschieben sich diese Grenzen nach oben, sodass im Bereich der drehzahlveränderbaren Antriebe überwiegend IGBT's eingesetzt werden [8.1]. Abbildung 8.2 zeigt ein typisches Schaltspiel.

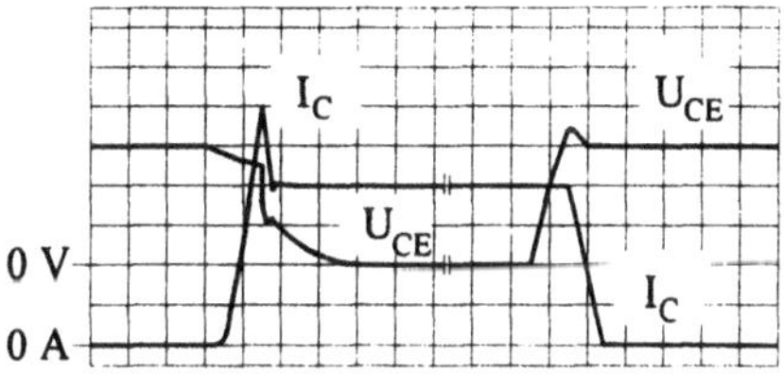

U_{CE}: 250V/div I_C : 200A/div t: 500ns/div

Abbildung 8.2 Einschalt- und Ausschaltvorgang eines 1600V/800A-IGBT

8.3 Gleichstromantriebe

8.3.1 Netzgeführter Stromrichter

Zur Speisung eines Gleichstromantriebs wird die Wechsel- oder Drehspannung mit einer *Drehstrombrückenschaltung* gleichgerichtet (Abbildung 8.3) [8.2].

Drehstrom-brückenschaltung

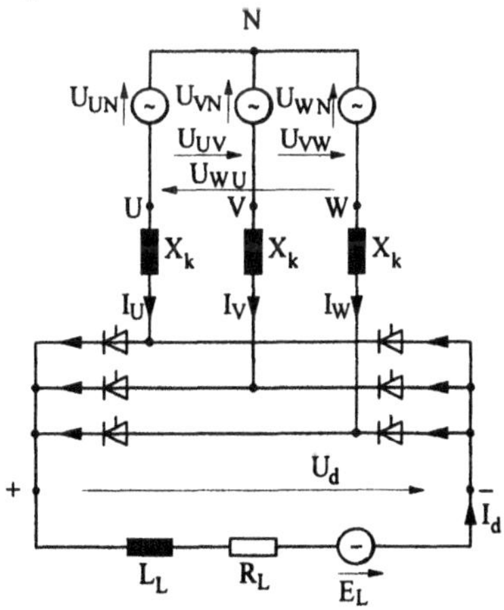

Abbildung 8.3 Prinzipschaltbild eines Stromrichters in Sechspuls-Brückenschaltung mit ohm'sch-induktiver Last und Gegenspannung

Der Mittelwert der Ausgangsspannung U_d wird durch die Verzögerung der Zündung um den Steuerwinkel α gesteuert (Abbildung 8.4).

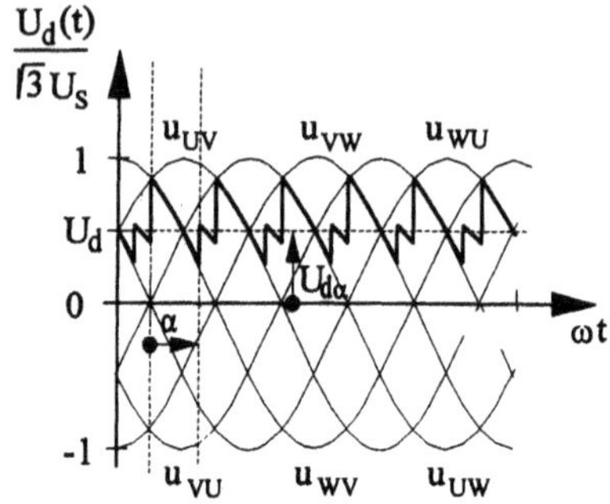

Abbildung 8.4
Zeitverlauf der Ausgangsspannung $U_d(t)$ bei dem Steuerwinkel $\alpha = 45°$

Strang-Spannungseffektivwert

Die Kommutierungsdrosseln mit dem Blindwiderstand X_k wirken auf die Gleichspannung U_d wie ein scheinbarer ohm´scher Innenwiderstand. Im Bereich nichtlückenden Gleichstroms I_d arbeitet die netzgeführte Drehstrombrückenschaltung als gesteuerte Spannungsquelle, die vom Netz mit dem *Strangspannungseffektivwert* U_s gespeist wird:

$$U_d = 2.\sqrt{\frac{3}{2}} \cdot \frac{3}{\pi} \cdot U_S - \frac{3}{\pi} \cdot X_k \cdot I_d \tag{8.1}$$

8.3.2 Gleichstromsteller

Wenn die Gleichstrommaschine aus einem Gleichspannungsnetz gespeist werden soll, wird ein Gleichstromsteller benutzt, z.B. der Einquadrantensteller im Falle reinen Motorbetriebs der Gleichstrommaschine [8.2]. Das Prinzipschaltbild eines Einquadrantenstellers mit GTO - Thyristor für *eine* Polarität der Lastspannung U_{d2} und des Laststroms I_{d2} ist in Abbildung 8.5 gezeigt.

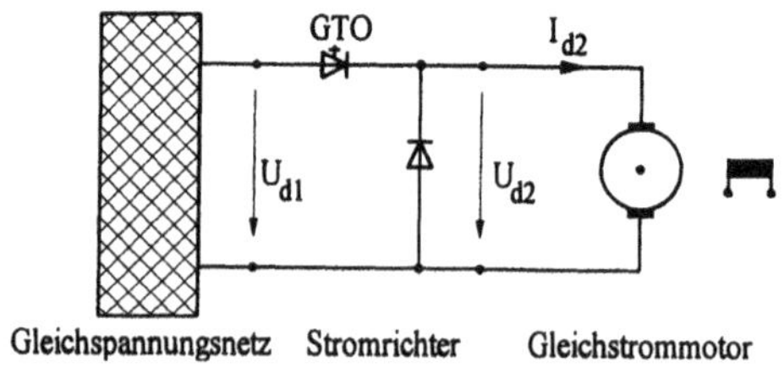

Abbildung 8.5
Einquadrantensteller

Die Ausgangsspannung $U_{d2}(t)$ wird durch periodisches Ein- und Ausschalten des abschaltbaren Leistungshalbleiters, hier des GTO-Thyristors, gesteuert.

Der Mittelwert U_{d2}

$$U_{d2} = \frac{Te}{T_p} \cdot U_{d1} \tag{8.2}$$

ist proportional zur Eingangsspannung U_{d1} und zum Verhältnis zwischen Einschaltdauer T_e und Periodendauer T_p (Abbildung 8.6).

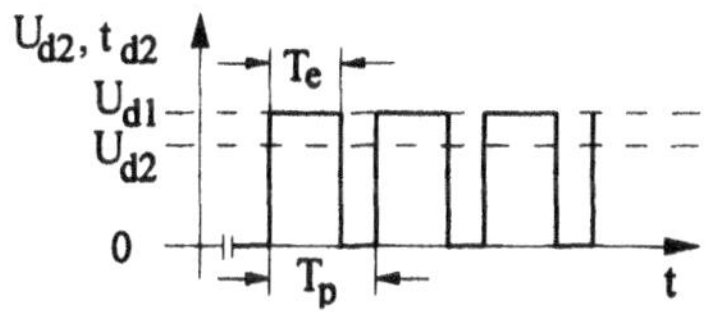

Abbildung 8.6 Zeitverlauf der Ausgangsspannung $U_{d2}(t)$

8.3.3 Regelung des Gleichstromantriebs

Der Stromrichter wird als Stellglied für die Ankerspannung der Gleichstrommaschine benutzt. Der Vorgabewert für die Ankerspannung wird von der Regelschaltung für Drehmoment, Drehzahl oder Rotorlage ermittelt. In der Mehrzahl der Fälle wird eine *Kaskadenregelung* für den Ankerstrom I_{d2} (entsprechend dem Drehmoment), die Drehzahl n_W und ggf. die Lage benutzt (Abbildung 8.7) [8.3].

Kaskadenregelung

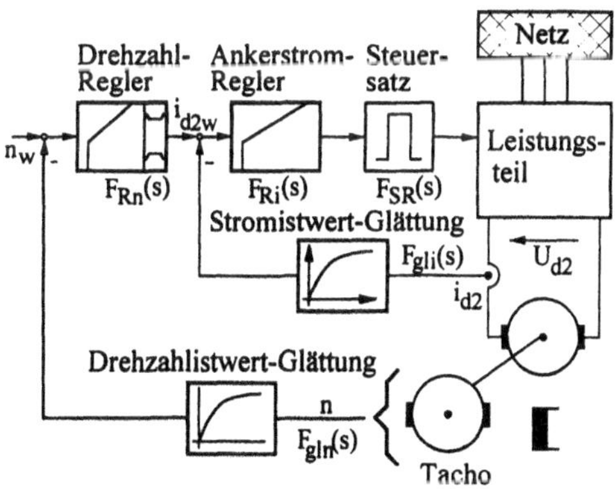

Abbildung 8.7 Regelungsstruktur der Drehzahlregelung eines Gleichstromantriebs

Die Vorteile dieser Struktur sind:

- übersichtliche, modulare Auslegung der Regler
- schrittweise Inbetriebnahme möglich

- getrennte Begrenzungen für Strom und Drehzahl möglich
- Eingriffsmöglichkeiten für Zusatzsollwerte und Störgrößenaufschaltungen
- leichte Umschaltung der Betriebsweise

Regelkreis für den Ankerstrom

Zunächst wird der innere *Regelkreis für den Ankerstrom* ausgelegt, vorteilhaft als Kompensationsregler: Der offene Regelkreis soll, abgesehen von den nicht kompensierbaren Verzögerungen $F_{\mathrm{N\,k}}(s)$, einfach integrierendes Verhalten erhalten:

$$F_0(s) = F_{\mathrm{Ri}}(s) \cdot F_{\mathrm{GM}}(s) \cdot F_{\mathrm{SR}}(s) \cdot F_{\mathrm{gli}}(s) \overset{!}{=} \frac{1}{sT_0} \cdot F_{\mathrm{Nk}}(s) \qquad (8.3)$$

Unter dieser Bedingung gibt es keine bleibende Regelabweichung. Nicht kompensierbare Verzögerungen sind zum Beispiel die Stromistwertglättung und steuerungsbedingte Totzeiten.

Für einen betragsoptimalen Einschwingvorgang nach einem Führungsgrößensprung wird die Integrierzeitkonstante des offenen Kreises T_0 auf die zweifache Summe der nicht kompensierbaren Zeitkonstanten $T_{\sigma \mathrm{i}}$ festgelegt :

$$T_0 = 2 \cdot T_{\sigma \mathrm{i}} \qquad (8.4)$$

Die Übertragungsfunktion des Ankerkreises der Gleichstrommaschine $F_{\mathrm{GM}}(s)$ ist ein Verzögerungsglied erster Ordnung :

$$F_{\mathrm{GM}}(s) = \frac{I_{\mathrm{A}}(s)}{U_{\mathrm{A}}(s)} = \frac{1}{R_{\mathrm{A}} + sL_{\mathrm{A}}} = V_{\mathrm{A}} \cdot \frac{1}{1 + sT_{\mathrm{A}}} \qquad (8.5)$$

Steuersatz und Stromrichter werden durch ein Totzeitglied mit der mittleren Reaktionszeit beschrieben. In guter Näherung kann hier die halbe Pulsperiode benutzt werden :

$$F_{\mathrm{SR}}(s) = V_{\mathrm{T}} \cdot e^{-s \cdot \frac{T_{\mathrm{P}}}{2}} \approx V_{\mathrm{T}} \cdot \frac{1}{1 + s \cdot \frac{T_{\mathrm{P}}}{2}} \qquad (8.6)$$

Die Istwerterfassung und Glättung wird durch ein Verzögerungsglied 1.Ordnung mit der Zeitkonstante T_{gli} und der Verstärkung V_{i} modelliert:

$$F_{\mathrm{gli}}(s) = V_{\mathrm{i}} \cdot \frac{1}{1 + s \cdot T_{\mathrm{gli}}} \qquad (8.7)$$

Durch Auflösen von (8.3) nach $F_{Ri}(s)$ und Einsetzen von (8.4) bis (8.7) erhält man einen PI-Regler mit der Übertragungsfunktion

$$F_{Ri}(s) = \frac{T_A}{V_A \cdot V_T \cdot V_i \cdot 2 \cdot \left(T_{gli} + \frac{T_p}{2}\right)} \cdot \left(1 + \frac{1}{sT_A}\right). \quad (8.8)$$

Die Anregelzeit bei einem Sollwertsprung beträgt dann etwa die 4,5-fache Summe der nicht kompensierbaren Zeitkonstanten. Der Ankerstrom schwingt um 4,3% über.

Für die Optimierung des Drehzahlregelkreises (Abbildung 8.8) wird der geschlossene Stromregelkreis mit der Übertragungsfunktion $F_{wi}(s)$ als nicht kompensierbares Verzögerungsglied 1.Ordnung angenähert.

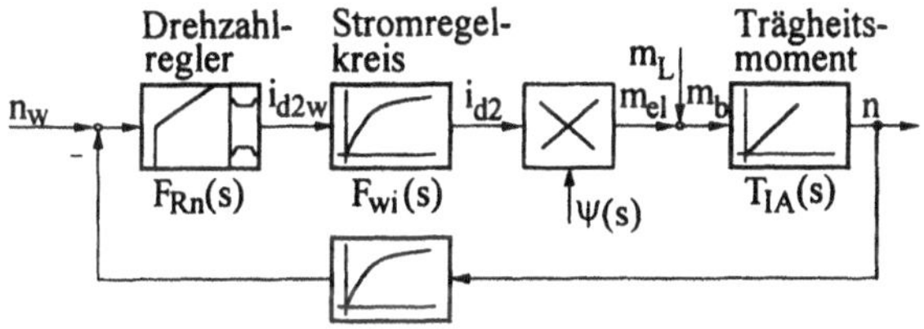

Abbildung 8.8 Regelungstechnisches Strukturbild des Drehzahlregelkreises

Ersatzzeitkonstante

Die *Ersatzzeitkonstante* des geschlossenen Stromregelkreises beträgt

$$T_{ers} = 2 \cdot \left(T_{gli} + \frac{T_p}{2}\right) = 2 \cdot T_{\sigma i} \ . \quad (8.9)$$

Das Übertragungsverhalten des geschlossenen Stromregelkreises und der Drehzahlistwert-Glättung werden für die Auslegung des Drehzahlregelkreises durch ein Verzögerungsglied erster Ordnung mit der Zeitkonstanten $T_{\sigma n}$ berücksichtigt:

$$T_{\sigma n} = 2 \cdot T_{\sigma i} + T_{gln} \quad (8.10)$$

Die Bewegungsgleichung des Motors führt auf das Übertragungsverhalten:

$$\frac{n(s)}{i_{d2}(s)} = \frac{1}{sT_{IA}} \quad (8.11)$$

Wenn auch hier die bleibende Regelabweichung nach einem Führungsgrößensprung verschwinden soll, muss der Regler integrierendes Verhalten aufweisen.

Vorteilhafterweise wird ein PI-Regler eingesetzt, der nach dem symmetrischen Optimum eingestellt wird.

Drehzahlregler

Der *Drehzahlregler* mit der Übertragungsfunktion

$$F_{\mathrm{Rn}}(s)=V_{\mathrm{Rn}}\cdot\left(\frac{1}{1+sT_{\mathrm{nn}}}\right) \tag{8.12}$$

erhält daraus die Regelverstärkung

$$V_{\mathrm{Rn}}=\frac{T_{\mathrm{IA}}}{2\cdot T_{\sigma\mathrm{n}}} \tag{8.13}$$

und die Nachstellzeit

$$T_{\mathrm{nn}}=4\cdot T_{\sigma\mathrm{n}}=4\cdot(2\cdot T_{\sigma\mathrm{i}}+T_{\mathrm{gln}})\ . \tag{8.14}$$

Das Überschwingen der Regelgröße nach einem Drehzahlsollwertsprung beträgt 43,2%, die Anregelzeit beträgt $3\cdot T_{\sigma\mathrm{n}}$. Das Überschwingen der Regelgröße kann durch ein Führungsgrößenfilter verringert werden, ohne das Störverhalten des Drehzahlregelkreises zu verschlechtern.

minimale Anregelzeit für den Ankerstrom

Die Reglerauslegung zeigt, dass die erreichbare Regelgeschwindigkeit im Wesentlichen von den nicht kompensierbaren Zeitkonstanten abhängt, d.h. je mehr Glättungsglieder und Signalverzögerungen berücksichtigt werden müssen, desto langsamer wird die Reaktion auf Sollwert- und Störgrößenänderungen. Bei einem netzgeführten Stromrichter in Drehstrombrückenschaltung liegt die *minimale Anregelzeit* für den Ankerstrom und dementsprechend für das Drehmoment bei etwa 10 ms. Dieser Wert kann nur noch durch optimale direkte Vorberechnung der Zündzeitpunkte der Thyristoren verringert werden. Mit Gleichstromstellern kann der Ankerstrom auf Grund der wesentlich kürzeren Pulsperiode (100 µs bis 1 ms) deutlich schneller dem Sollwert nachgeführt werden. Die theoretisch erreichbare Regelgeschwindigkeit wird aber nur erreicht, wenn eine ausreichende Gleichspannung U_{d1} zur Verfügung steht, da die innere Spannung E_{L} der Gleichstrommaschine dem Stromaufbau entgegenwirkt:

$$\left.\frac{di_{\mathrm{d2}}}{dt}\right|_{\max}\le\frac{1}{L_L}\left(U_{\mathrm{d1}}-E_{\mathrm{L}}\right) \tag{8.15}$$

Selbsteinstellungsfunktionen

Geräte mit Gleichstromsteller werden vorwiegend für Servoantriebe im Bereich kleinerer Leistung (Kilowattbereich) eingesetzt. Geräte mit Drehstrombrückenschaltung decken den Leistungsbereich von etwa 10 kW bis 10 MW ab. Die Reglereinstellung wird vielfach durch PC-Anschlussmöglichkeit und *Selbsteinstellungsfunktionen* unterstützt.

8.4 Drehstromantriebe

Aus den Vorgabewerten für das Drehmoment oder die Drehzahl ermittelt eine Regelschaltung die Amplitude, Frequenz und Phasenlage des an die Maschine anzulegenden Drehspannungssystems. Diese Vorgaben werden in einer Recheneinheit, die Steuersatz genannt wird, in die Ansteuerpulse für die Leistungshalbleiter umgesetzt [8.4].

8.4.1 Der Leistungsteil und seine Steuerung

Die dominierende Schaltung ist heute der *Pulswechselrichter* mit Gleichspannungszwischenkreis (Abbildung 8.9).

Pulswechselrichter

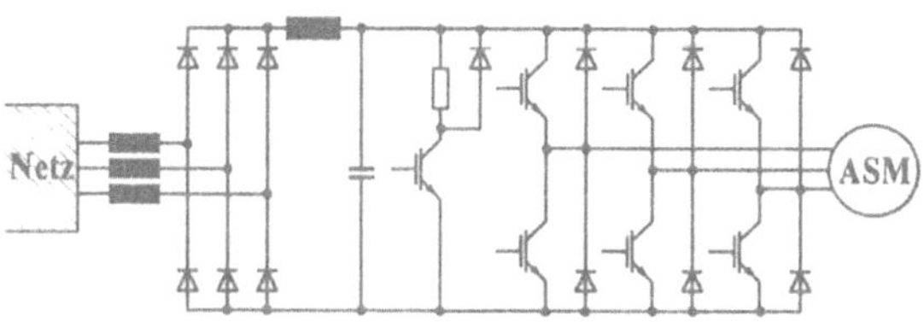

Abbildung 8.9 Zwischenkreisumrichter mit Pulswechselrichter, Brems-Chopper und Diodengleichrichter

Die Netzspannung wird gleichgerichtet und geglättet. Der selbstgeführte Wechselrichter in Drehstrombrückenschaltung erzeugt daraus ein dreiphasiges Spannungssystem, indem der meist sinusförmige Sollwert jeder der drei Phasenspannungen durch schnelles Hin- und Hertakten zwischen dem positiven und dem negativen Pol der Zwischenkreisspannung nachgebildet wird (Abbildung 8.10) [8.5].

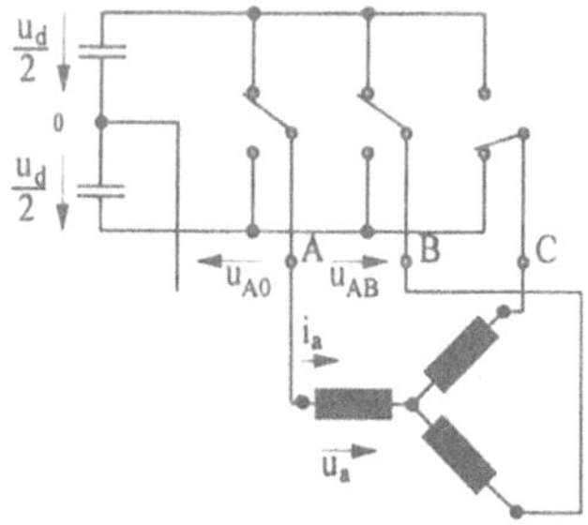

Abbildung 8.10 Vereinfachte Darstellung eines Pulswechselrichters mit angeschlossener Drehstrommaschine

Das für die analoge Realisierung besonders geeignete *Unterschwingungsverfahren* bestimmt die Schaltzeitpunkte der Leistungshalbleiter durch den Vergleich der Sollspannung jeder Phase mit einer Dreieckhilfsspannung (Abbildung 8.11). Die Grundschwingung der gepulsten

Unterschwingungsverfahren

Phasenspannung entspricht dann exakt der gewünschten Sollspannung U_{AOW}.

Abbildung 8.11 Pulsmodulation nach dem Unterschwingungsverfahren (Dreiecksmodulation)

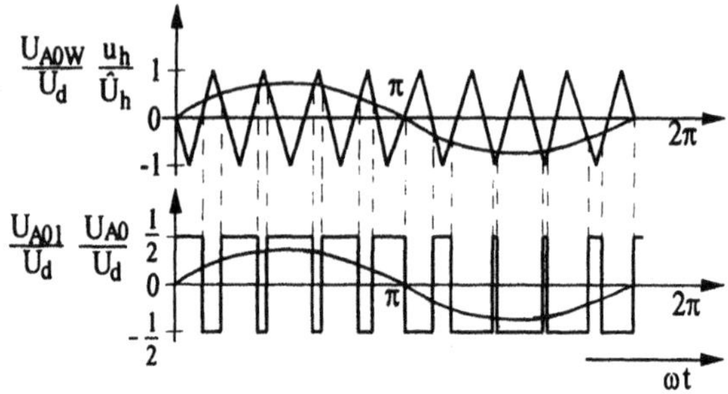

Die maximale Amplitude der Grundschwingung einer Phasenspannung beträgt $U_\mathrm{d} / 2$, kann aber durch Zusatzmaßnahmen auf $U_\mathrm{d} / \sqrt{3}$ erhöht werden [8.5].

Die Pulsperiode T_p für einmaliges Ein- und Ausschalten eines Leistungshalbleiters ist der Kehrwert der Dreieckhilfsspannungsfrequenz.

Raumzeigermodulation

Für die digitale Realisierung ist das Verfahren der *Raumzeigermodulation* besser geeignet. Die Schaltzustände des Pulswechselrichters werden durch Raumzeiger beschrieben (Abbildung 8.12, Tabelle 8.1).

Tabelle 8.1 Zuordnung der Spannungsraumzeiger zu den Schaltzuständen des Pulswechselrichters

Schaltzustand Klemmen				Spannungen verkettet		Spannungen Phase		Spannungs-Raumzeiger rechtwinklige α–β–Kompon.		Spannungs-Raumzeiger Betrag und Winkel	
Nr.	A	B	C	u_{AB}/U_d	u_{BC}/U_d	u_a/U_d	u_b/U_d	u_α/U_d	u_β/U_d	$\lvert\underline{u}\rvert/U_d$	arc($\underline{u}$)
1	+	-	-	1	0	2/3	-1/3	2/3	0	2/3	0°
2	+	+	-	0	1	1/3	1/3	1/3	$1/3\sqrt{3}$	2/3	60°
3	-	+	-	-1	1	-1/3	2/3	-1/3	$1/3\sqrt{3}$	2/3	120°
4	-	+	+	-1	0	-2/3	1/3	-2/3	0	2/3	180°
5	-	-	+	0	-1	-1/3	-1/3	-1/3	$-1/3\sqrt{3}$	2/3	240°
6	+	-	+	1	-1	1/3	-2/3	1/3	$-1/3\sqrt{3}$	2/3	300°
7	+	+	+	0	0	0	0	0	0	0	-
8	-	-	-	0	0	0	0	0	0	0	-

Der kontinuierlich rotierende Sollspannungszeiger wird durch anteilige Beiträge der benachbarten Schaltzustandsraumzeiger vektoriell zusammengesetzt. Die Länge der Raumzeiger entspricht dann dem zeitlichen Anteil des jeweiligen Schaltzustands an einer Pulsperiode.

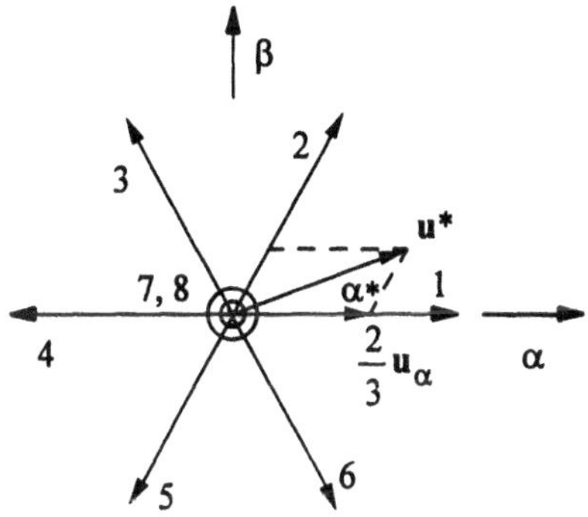

Abbildung 8.12 Raumzeiger der acht möglichen Schaltzustände und des Sollwerts der Drehspannung am Umrichterausgang für $\omega \cdot t = \alpha^*$

Einschaltdauer

Aus der Geometrie folgen die Berechnungsformeln für die *Einschaltdauern* t_1 und t_2 der beteiligten Schaltzustände 1 und 2 gemäß Abbildung 8.12 für einen Spannungsraumzeiger mit der Amplitude u^* und dem Phasenwinkel α^* :

$$\frac{t_1}{T_\mathrm{p}} = \frac{\left|\underline{u}^*\right|}{U_\mathrm{d}} \cdot \sqrt{3} \cdot \sin(60° - \alpha^*) \tag{8.16}$$

$$\frac{t_2}{T_\mathrm{p}} = \frac{\left|\underline{u}^*\right|}{U_\mathrm{d}} \cdot \sqrt{3} \cdot \sin \alpha^* \tag{8.17}$$

Die restliche Zeit der Pulsperiode wird durch Einschalten der Schaltzustände 7 und 8 aufgefüllt, welche die Spannungsamplitude Null haben:

$$\frac{t_0}{T_\mathrm{p}} = 1 - \frac{t_1}{T_\mathrm{p}} - \frac{t_2}{T_\mathrm{p}} \tag{8.18}$$

Die Pulsfrequenz liegt heute bei etwa 500 Hz im Megawattbereich und geht bis etwa 15 kHz im Bereich weniger Kilowatt Antriebsleistung.

8.4.2 Drehzahlsteuerung

Leerlaufdrehzahl

Die *Leerlaufdrehzahl* der Asynchronmaschine n_{sy} wird ebenso wie die Drehzahl der Synchronmaschine n_{sy} durch die Frequenz des Netzes und die Polpaarzahl p' bestimmt:

$$n_{sy} = \frac{f_{\text{Netz}}}{p'} \tag{8.19}$$

Das maximal erreichbare Kippmoment M_k der Asynchronmaschine tritt bei einer Drehzahl n_k auf, die in der Nähe der Synchrondrehzahl n_{sy} liegt (Abbildung 8.13).

Abbildung 8.13 Drehzahl-Drehmoment-kennlinie der Asynchronmaschine und Synchronmaschine

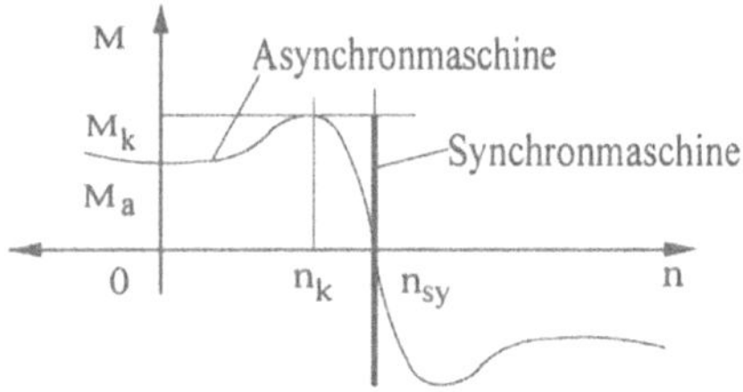

Drehzahlsteuerung

Ein einfaches Verfahren zur *Drehzahlsteuerung* besteht darin, die Speisefrequenz mit einem Pulswechelrichter entsprechend der gewünschten Drehzahl vorzugeben, um die Drehmomentkennlinien auf der Drehzahlachse zu verschieben (Abbildung 8.14).

Abbildung 8.14 Drehzahlveränderbarer Drehstrommaschinenantrieb mit Pulswechselrichter und Spannungs-Frequenzkennliniensteuerung

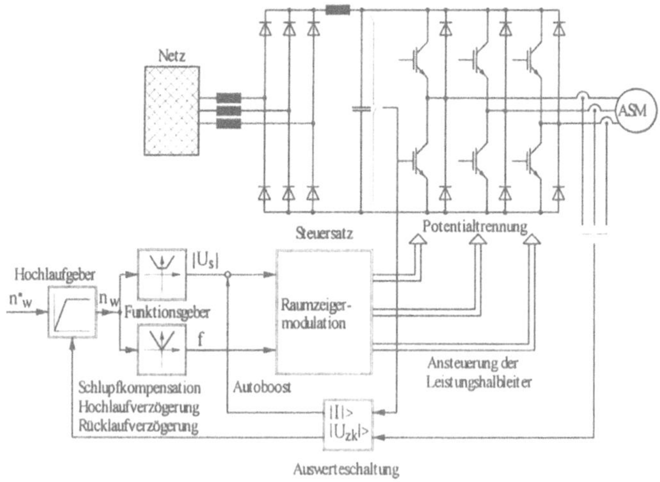

Die Amplitude des Drehspannungssystems ist frequenzproportional vorzugeben und im unteren Drehzahlbereich um die Spannungsabfälle am Ständerwiderstand und der Streuinduktivität anzuheben. Unter diesen Voraussetzungen bleibt der magnetische Fluss gleich wie im Netzbetrieb und die Gestalt der Drehmomentkennlinie bleibt erhalten.

Spannungs-Frequenz-Kennliniensteuerung

Diese *Spannungs-Frequenz-Kennliniensteuerung* ist vergleichsweise unkompliziert einzustellen, weit verbreitet und für einfachere Anwendungen vollkommen ausreichend. Schutzfunktionen wie Hoch- und Rücklaufverzögerung bei Überlast sind meist serienmäßig eingebaut. Komfortfunktionen wie z.B. die *Selbsteinstellung* der Kennlinienanhebung (Auto-boost) werden zunehmend angeboten.

Selbsteinstellung

8.4.3 Die Drehzahlregelung mit unterlagerter Drehmomentsteuerung

Die Genauigkeit und die Dynamik der Drehzahlsteuerung können stark verbessert werden, wenn ein Drehzahlregler mit unterlagerter Drehmomentsteuerung eingesetzt wird [8.6]. Die Steuerung des Drehmoments wird von der fremderregten kompensierten Gleichstrommaschine abgeleitet (Abbildung 8.15) [8.7].

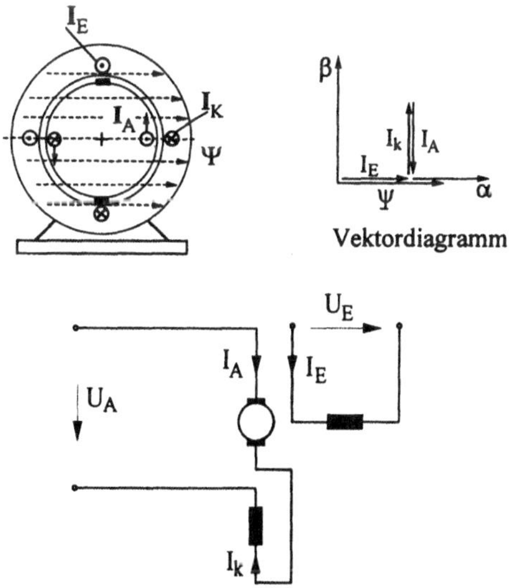

Abbildung 8.15 Die kompensierte Gleichstrommaschine:
a) Gegenständliche Darstellung (Schnittbild) und Vektordiagramm

b) Schaltbild der fremderregten, kompensierten Gleichstrommaschine

Der Erregerstrom I_E erzeugt das Feld; die Kraftwirkung entsteht durch den Strom I_A in der Ankerwicklung, die um 90° gegenüber der Feldwicklung gedreht ist. Der Kommutator hält diese räumliche

Zuordnung aufrecht, auch wenn sich der Läufer bewegt. Der Strom I_k in der Kompensationsentwicklung eliminiert die magnetische Rückwirkung des Ankerstroms auf das Erregerfeld.

Bei der Synchronmaschine ist die Lage des Erregerfeldes mit der Lage des Läufers identisch (Abbildung 8.16)

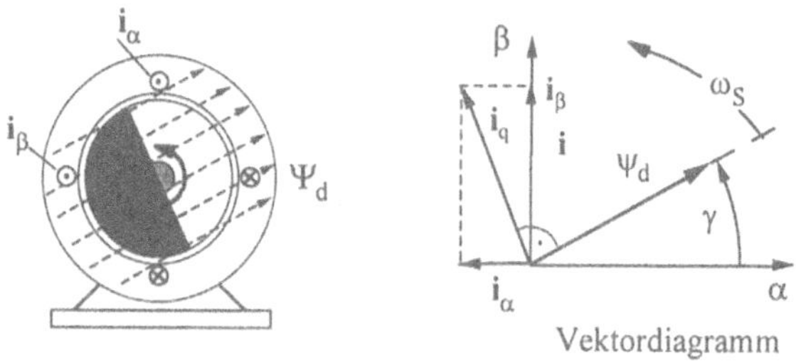

Abbildung 8.16 Die idealisierte, permanenterregte Synchronmaschine: Momentaufnahme nach Drehung

Daher sollte der drehmomentbildende Ständerstrom i_q abhängig von der Läuferstellung durch diejenigen Wicklungen fließen, die optimal im Magnetfeld liegen.

Diese Forderung wird bei der Drehstrommaschine dadurch erfüllt, dass der Phasenwinkel des Ständerstromsystems um 90° gegenüber dem räumlichen Winkel γ des Polrads erhöht oder erniedrigt wird. Die Amplitude und die Lage des Stromraumzeigers $\underline{i}_q$ wird durch die vektorielle Addition der Ströme i_α und i_β in den Ständerwicklungen eingestellt. Ebenso wie in dieser zweiphasigen Prinzipdarstellung gilt dies für ein äquivalentes dreiphasiges Ständerstromsystem. Das leistungselektronische Stellglied mit seiner Stromregelung übernimmt sozusagen die Funktion des Kommutators. Damit hat die Stromkomponente $i_q(t)$ dieselbe Funktion wie der Ankerstrom I_A bei der Gleichstrommaschine und das Drehmoment ist direkt proportional zu deren Amplitude (Abbildung 8.17).

läuferbezogenes Koordinatensystem

Der Ständerstrom wird im *läuferbezogenen Koordinatensystem* geregelt, weil hier im quasistationären Fall nur Gleichgrößen zu verarbeiten sind und bei Verwendung eines I-Anteils keine bleibende Regelabweichungen in Amplitude und Betrag des Ständerstromsystems auftreten.

Die Koordinatenwandlung übernehmen Vektordreher, die jeweils vier Multiplikationen mit Sinus bzw. Kosinus des Winkels γ ausführen. Die Umwandlung der Drehstromgrößen in die zweiphasige Darstellung und zurück geschieht in 2/3 und 3/2-Wandlern, die nur Additionen, Subtraktionen und Proportionalglieder enthalten.

Als Beispiel ist in Abbildung 8.17 die polradorientierte Regelung einer permanenterregten Synchronmaschine *Brushless dc-Motor* gezeigt.

Abbildung 8.17 Polradorientierte Regelung

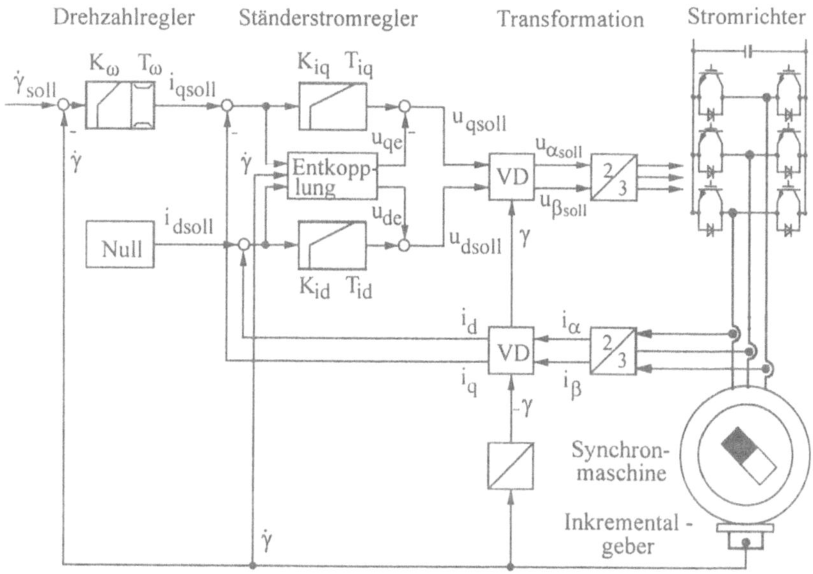

Bei der Asynchronmaschine ist die Lage des Feldes weder durch die Ständergeometrie noch durch die Läufergeometrie bestimmt, sondern hängt von Phasenlage und Amplitude des Ständer- und Läuferstromsystems ab (Abbildung 8.18).

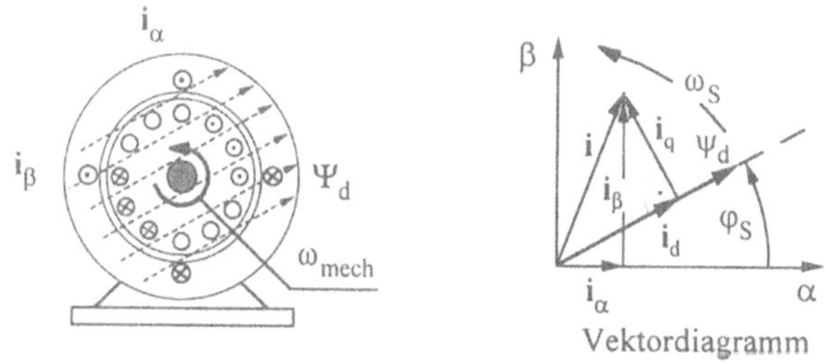

Abbildung 8.18 Die idealisierte Asynchronmaschine: Momentaufnahme nach Drehung des Feldes um den Winkel φ_s

feldorientierte Regelung

Die sehr komplizierten dynamischen Verhältnisse werden stark vereinfacht, wenn die Ströme und Spannungen an der Richtung des Felddes orientiert werden, welches um den Winkel φ_s gegenüber dem ständerfesten Koordinatensystem gedreht ist. Der Ständerstromanteil

i_d erzeugt das Feld Ψ_d, vergleichbar mit dem Erregerstrom der Gleichstrommaschine. Durch die Drehung des Läufers relativ zum Feld (Schlupf) wird in der Läuferwicklung eine Spannung induziert, die einen Strom durch die Läuferwicklung treibt, vergleichbar mit dem Ankerstrom der Gleichstrommaschine. Die Rückwirkung dieses Stromes auf das Magnetfeld wird durch den entgegengesetzten Ständerstromanteil i_q kompensiert. Dementsprechend wird die Magnetisierung durch die erste Komponente eingestellt (Magnetisierungsstrom) und das Drehmoment durch die Schlupffrequenz und die zweite Komponente (drehmomentbildender Strom) gesteuert (Abbildung 8.19). Dies gilt für jede momentane Lage des Feldes, also sowohl im Stillstand wie auch in der Bewegung.

verzögerungsfreie Drehmomentsteuerung

Die exakte Analyse der Asynchronmaschine ergibt, dass die Magnetisierung mit einer Verzögerung erster Ordnung im Bereich von einigen 100 ms dem Magnetisierungsstrom folgt und das Drehmoment unverzögert der Amplitude des drehmomentbildenden Stroms entspricht. Damit hängt die Regelgeschwindigkeit des Drehmoments wie bei einer Gleichstrommaschine nur von der Verzögerungszeit und Stellreserve des Stromrichters ab. Die Auslegung der Stromregler erfolgt wie bei der Gleichstrommaschine, wobei statt des Ankerwiderstands und der Ankerkreisinduktivität Wicklungswiderstände und Streuinduktivitäten berücksichtigt werden.

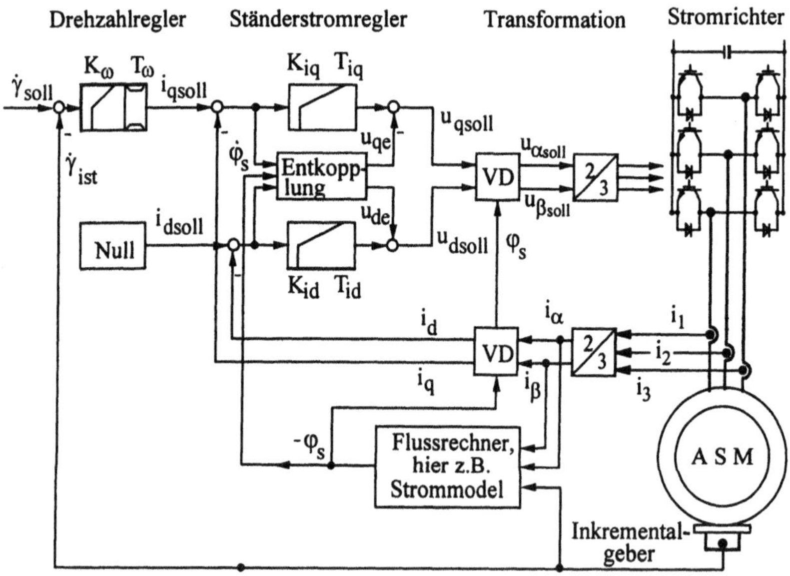

Abbildung 8.19 Feldorientierte Regelung einer Asynchronmaschine mit Drehgeber

Die feldorientierte Regelung der Asynchronmaschine unterscheidet sich von der Synchronmaschinenregelung dadurch, dass die Lage des Feldes nicht direkt aus der Polradlage abgeleitet werden kann, sondern mit einem Teilmodell der Asynchronmaschine errechnet werden muss.

Die Lage des Flusses kann aus den im Ständer induzierten Spannungen e_α und e_β errechnet werden, indem die Klemmenspannungen auf eine äquivalente zweiphasige Darstellung umgerechnet und um die Spannungsabfälle vermindert werden (Abbildung 8.20).

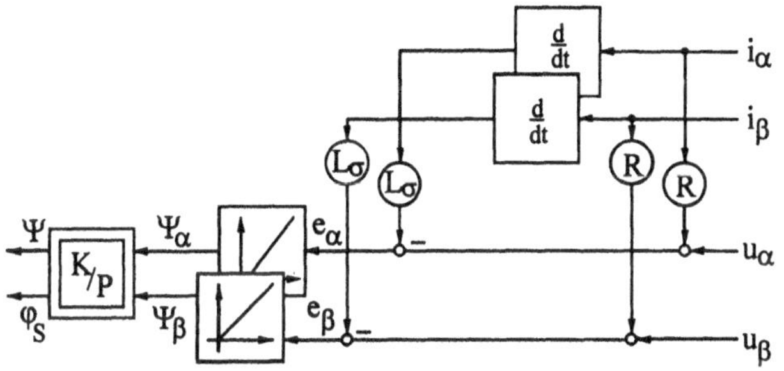

Abbildung 8.20 Spannungsmodell zur Berechnung der Flusslage und Amplitude (K/P = kartesisch-polar-Wandler)

Spannungsmodell

Dieses so genannte *Spannungsmodell* kann ohne zusätzlichen mechanischen Messgeber als Rechenschaltung im Umrichter realisiert werden. Leider versagt es jedoch im Bereich um Ständerfrequenz Null. Alternativ kann die Lage des Flusses aus dem Strom und der Drehzahl ω_{mech} bzw. Läuferstellung γ errechnet werden (Abbildung 8.21).

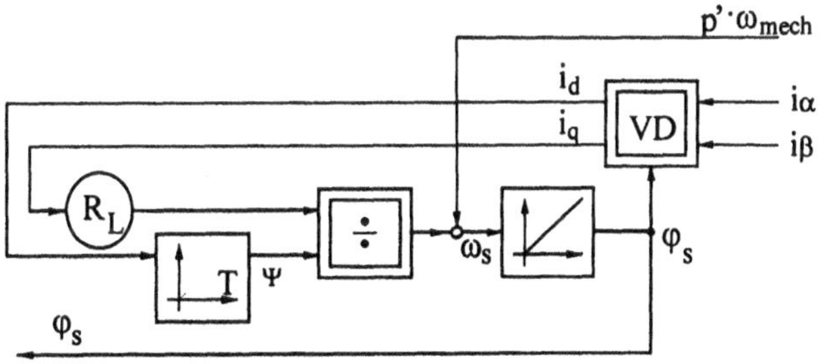

Abbildung 8.21 Strommodell zur Berechnung der Flusslage und Amplitude mit Drehzahlgeber

Strommodell

Dieses *Strommodell* funktioniert bei allen Drehzahlen, hängt aber in der Genauigkeit stark von der richtigen Einstellung des Läuferwiderstands R_L ab und benötigt einen mechanischen Geber an der Maschine. Entweder muss die Drehzahl gemessen werden, um den Drehzahlistwert für die Regelschaltung zu erhalten, oder die Rotorlage muss detektiert werden (z.B. optischer Drehgeber mit 2048 Strichen). Im

Falle der Läuferstellungsmessung wird die Summationsstelle in Bild 8.21 an den Ausgang des Integrators für die Flusslage verlegt.

Flussberechnungen ohne mechanischen Geber

Derzeit werden große Anstrengungen gemacht, die *Flussberechnungen* im gesamten Drehzahlbereich *ohne mechanischen Geber* zu erreichen. Die Ansätze liegen in der Parameteradaption, Einsatz von Testsignalen und der Kombination beider Modelle.

Direkte Selbstregelung

Als Alternative zum Verfahren der feldorientierten Regelung kann eine direkte Drehmomentregelung (*Direkte Selbstregelung* [8.8]) benutzt werden, die hier nur grob im Bereich konstanten Ständerflusses (Grunddrehzahlbereich) beschrieben werden soll (Abb. 8.22).

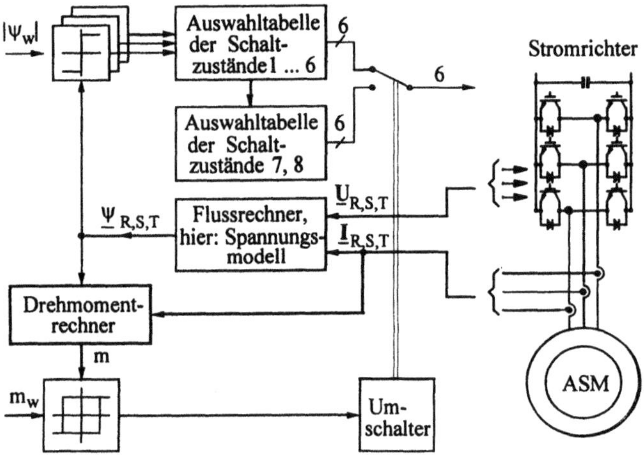

Abbildung 8.22 Direkte Selbstregelung der Asynchronmaschine

Bei der direkten Selbstregelung wird die Auswahl der einzuschaltenden Leistungshalbleiter durch den Vergleich der Ständerflusskomponenten $\underline{\Psi}_{R,S,T}$ mit einem Sollwert $|\Psi_W|$ bestimmt, wodurch die Magnetisierung der Asynchronmaschine geregelt wird. In einem zweiten Regelkreis wird das Drehmoment durch einen Zweipunktregler eingestellt: Ist das Drehmoment zu niedrig, wird der auf Grund des Flusses ausgewählte Schaltzustand eingestellt, das Drehmoment steigt. Überschreitet das Drehmoment die obere Schwelle, wird die Maschine durch Einschalten der oberen oder unteren drei Schalter der Brücke kurzgeschlossen. Das Drehmoment sinkt wieder ab. Das Verfahren beeindruckt durch die hohe Robustheit gegenüber Spannungsschwankungen und die hohe Dynamik der Drehmomentsteuerung. Der Signalverarbeitungsaufwand und die Probleme bei der Flussberechnung ohne Geber sind im Prinzip vergleichbar mit der Feldorientierung.

8.4.4 Aktuelle Produkte

Die *Regelschaltungen* sind fast ausnahmslos in die Umrichtergeräte integriert. Typischerweise sind die Geräte im mittleren Leistungsbereich (5...100 kW) folgendermaßen aufgebaut:

Regelschaltungen in den Umrichtergeräten

Auf dem Kühlkörper an der Geräterückseite sind die Leistungshalbleitermodule aufgeschraubt. Die Kontaktierung und Verbindung mit den Zwischenkreiskondensatoren besteht aus einem sandwichartigen Stapel aus Kupfer und Isolierschichten für eine geringe Induktivität im Wechselrichter und Zwischenkreis. Über diesen Platten, teilweise in gleicher Ebene, befinden sich die Treiberschaltungen mit der Potenzialtrennung, die Regelschaltungen (Mikrocontroller) und Schnittstellenbausteine. Weitere wesentliche Elemente des Umrichteraufbaus sind die Zwischenkreiskondensatoren, Sicherungen, evtl. Drosselspulen und Stromwandler. Die Bedienung erfolgt über ein Bedienfeld an der Frontseite, das in vielen Fällen aufgesteckt werden kann und in mehreren Komfortstufen erhältlich ist. Für die unterschiedlichsten Antriebsaufgaben werden quaderförmige Universalgeräte im Bereich von wenigen kVA bis etwa 1MVA angeboten, von den Abmessungen eines Schuhkartons über die Größe eines Hängeschranks bis zu den Dimensionen eines Kleiderschranks.

Die Spannungs- Frequenzkennliniensteuerung ist Standard; Qualitätsunterschiede bestehen darin, wie gut die Geräte den Bereich um Drehzahl Null beherrschen. In zunehmendem Maße werden Geräte mit Feldorientierung bzw. Direkter Selbstregelung mit und ohne Geber für anspruchsvolle Antriebsaufgaben angeboten, die sich durchaus im Einstellkomfort unterscheiden können.

Für die Anwendung bei Servoantrieben mit mehreren Achsen haben die Umrichtereinheiten eine sehr flache Bauform wie mehr oder minder große Bücher mit der Möglichkeit zum Anreihen und zur Versorgung über ein gemeinsames Gleichrichtermodul.

Am unteren Ende des Leistungsbereichs etwa von 250W Antriebsleistung bis 3kW sind die Umrichtergeräte so klein geworden, dass sie sich für die Hutschienenmontage eignen.

Auf Grund der geringen Abmessungen werden die Umrichtergeräte zunehmend mit Asynchronmaschinen zu einer Baueinheit zusammengefasst, teilweise als Universalantrieb, teilweise aufgabenspezifisch, z.B. für Heizungspumpen. Die *Integration des Frequenzumrichters* in die Maschine erfolgt häufig als „Huckepack", seltener axial, teilweise im separaten Gehäuse.

Integration des Frequenzumrichters

In Pulswechselrichtern über 1MW Antriebsleistung werden auf Grund der höheren Anschlussspannung GTO-Thyristoren eingesetzt; es gibt aber auch schon Lösungen mit IGBT-Transistoren.

8.5 Ausblick auf zukünftige Entwicklungen

Leistungsfähigere oder bei gleicher Leistung billigere Signalverarbeitungsbausteine ermöglichen eine Verbesserung des Bedienkomforts und der Regelqualität.

Selbsteinstellung
Selbstanpassung

Durch die *Selbsteinstellung* und *Selbstanpassung* der Regelparameter können leistungsfähigere und kompliziertere Regelalgorithmen benutzt werden, ohne dass die Inbetriebnahme erschwert oder der Regler falsch eingestellt wird. Die Qualität der Regelung ohne mechanischen Geber wird im Bereich des Stillstandes weiter verbessert werden.

Der Einsatz neuer Motorkonzepte ist im Bereich der industriellen Antriebsaufgaben in nächster Zeit kaum zu erwarten; der Linearmotor könnte als Vorschubantrieb interessant werden ebenso wie der geschaltete Reluktanzmotor als robuster, trägheitsarmer Stell- und Positionierantrieb.

Pulswechselrichter
auf Netzseite

Die heute weit verbreitete Einspeisung über Diodengleichrichter erzeugt niederfrequente Harmonische im Netzstrom, die das Netz in zunehmendem Maße belasten. In größerem Umfang als bisher werden daher *Pulswechselrichter* auch *auf Netzseite*, eventuell mit zusätzlichem Filter eingesetzt.

Die steilen Schaltflanken des Pulswechselrichters mit IGBT können unter ungünstigen Bedingungen Schäden an der Wicklungsisolation hervorrufen, insbesondere bei langen Motoranschlussleitungen zu Resonanzüberhöhungen führen.

Diese Effekte werden durch Schaltungen mit weniger steilen Flanken oder den Einsatz von Filtern reduziert oder eliminiert werden.

Im Bereich sehr großer Leistungen werden Umrichter für Mittelspannung mit IGBT-Transistoren ausgeführt.

Im Bereich sehr kleiner Leistungen wird die Entwicklung zu noch kompakteren Lösungen gehen, wobei aus vorentwickelten Teilkomponenten kundenspezifische Lösungen ableitbar sind.

8.6 Literatur

[8.1] Nicolai, U.: *Applikationshandbuch IGBT- und MOSFET.* Hrsg.: Martin, P.; Ilmenau, 1998

[8.2] Meyer, M.: *Leistungselektronik.* Springer-Verlag, Berlin, 1990

[8.3] Meyer, M.: *Elektrische Antriebstechnik, Bd. 2.* Springer-Verlag, Berlin, 1987

[8.4] Jenni, F.; Wüest, D.: *Steuerverfahren für selbstgeführte Stromrichter.* Teubner-Verlag, Stuttgart, 1995

[8.5] Gekeler, M.: *Raumzeigermodulation bei Frequenzumrichtern.* In: antriebstechnik 27, 1988, Nr.4, S. 38-42

[8.6] Braun, M.: *Vektorregelung: Qualitätsmerkmal drehzahlveränderbarer Drehstromantriebe.* In: antriebstechnik 33, 1994, Nr. 5, S. 29-33

[8.7] Blaschke, F.: *Das Prinzip der Feldorientierung, die Grundlage für die Transvector-Regelung von Drehfeldmaschinen.* In: Siemens-Zeitschrift 45, 1971, S. 757-760

[8.8] Depenbrock, M.: *Direkte Selbstregelung (DSR) für hochdynamische Drehfeldantriebe mit Stromrichterspeisung.* In: etz Archiv 7, 1985, Nr.7, S. 211-218

[8.9] Leonhard, W.: *Control of Electrical Drives.* Springer-Verlag, Berlin, 1996

Kapitel 9

Systemtechnik

von Jürgen Kopainsky

9.1 Einführung

Gegenstände mit Beziehungen untereinander bezeichnet man als System oder *Aggregat*. Meist bestehen Systeme aus vielen Komponenten mit mehrfachen Beziehungen untereinander, was sie sehr unübersichtlich macht. Um ein derartiges System zu verstehen, untersucht man seine Aspekte getrennt statt simultan wie in der Wirklichkeit.

Man teilt die *Wirklichkeit* gedanklich längs der Systemgrenze in *System* und *Umgebung* auf (Abbildung 9.1).

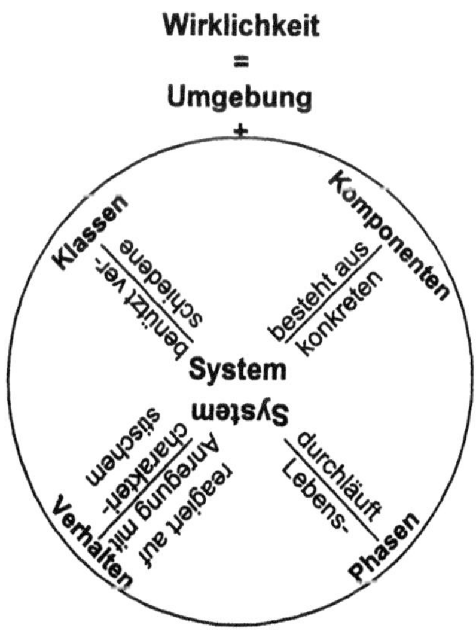

Abbildung 9.1 Modellierung der Wirklichkeit nach wesentlichen Aspekten

Für Systemkomponenten und -funktionen mit Gemeinsamkeiten bildet man eine Klasse (Oberbegriff) und reduziert dadurch die Anzahl der Systemelemente.

Zusammengehörige Systemkomponenten fasst man begrifflich oder gerätetechnisch zu einem Aggregat zusammen.

Für jedes System gibt es einen Lebenslauf mit mehreren Phasen, in denen es jeweils ein anderes *Verhalten* aufweist, z.B. Planung, Erstellung, Betrieb, Entsorgung. Verhalten

Ein System reagiert auf eine Anregung (Eingangssignal) mit einem charakteristischen Verhalten, das sich für eine große Klasse praktischer Systeme durch *nichtlineare Differenzialgleichungen* (DGL) in den Ortskoordinaten und in der Zeit beschreiben lässt.

nichtlineare, partielle DGL

Jeden erwähnten Aspekt kann man hierarchisch gliedern. Der Abschnitt 9.2 beschreibt die Schritte zum Verstehen eines vorhandenen Systems von der Analyse bis zu seiner gedanklichen Synthese (Vorstellung seiner Funktionsweise). Der Abschnitt 9.3 behandelt den umgekehrten Fall, d.h. das Erstellen eines Systems von der Analyse des Lastenheftes (Vorstellung) bis zur realen Synthese.

9.2 Vorhandenes System verstehen

9.2.1 Übersicht

Ziel: Verstehen eines vorhandenen Systems durch Aufteilen in seine Aspekte, Absteigen in jeder Aspekthierarchie bis zu jeweils Bekanntem und Synthese zu einer Systemmetapher.

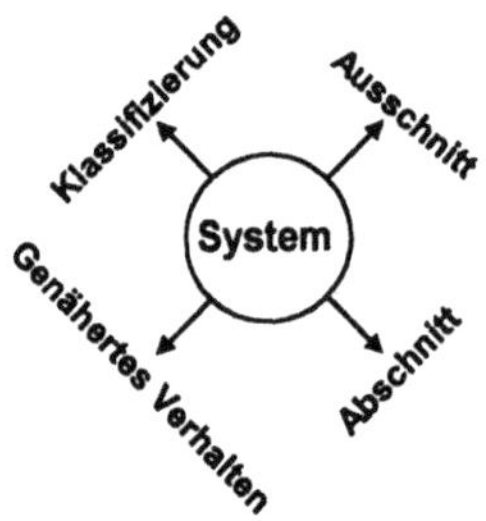

Abbildung 9.2 Stoßrichtungen

Das Verhaltensmodell einer realen Anlage lässt sich mittels der Methoden *Klassifizierung, Ausschnitt, Abschnitt* und *Näherung* (Abbildung 9.2) vereinfachen.

Manchmal ist der bekannte „Grund" nicht erreichbar, z.B. ein innerer Messpunkt einer integrierten Schaltung. Dieser Fall erfordert separate Identifikationstechniken, auf die hier nicht eingegangen wird [9.1].

9.2.2 Klassifizierung

Objekte: Eine oder mehrere Eigenschaften definieren ein Objekt. Eine Eigenschaft ist unselbstständig im Gegensatz zum Objekt. Die Klassifikation eines Objekts erfordert die Kenntnis der gemeinsamen Eigenschaft oder Eigenschaften einer Klasse. Während die Klasse ein abstrakter Begriff ist, ist ein Objekt oder eine sog. *Instanz* von ihr - konkret. Die Klasse besitzt die klassifizierende Eigenschaft; für jede Instanz hat sie einen Wert. Man sagt, die Klasse vererbt die klassifizierende(n) Eigenschaft(en) an ihre Instanzen. Die Instanzen können sich in anderen Eigenschaften unterscheiden.

Instanz

Klassifizieren bedeutet Vergleichen eines neuen Gegenstandes oder Begriffes mit bekannten Klassen und Erkennen des Gegenstandes als Objekt einer Klasse. Dieser *Analogieschluss* erlaubt das Einordnen der vielfältigen Alltagseindrücke, so dass man auf Gelerntes zurückgreifen kann ohne sich jedes Mal einen neuen Begriff merken zu müssen. Für die Systemanalyse ist die Klassifikation ein mächtiges Hilfsmittel, da sie die vielen Systemobjekte auf wenige Klassen zurückführt.

Analogieschluss

Beispiel: Ein System besteht aus folgenden Objekten (Abbildung 9.3): Antenne ANT, Fernseher TV1 und TV2, Videokassettenrecorder VCR, Fernbedienung (telecontrol) TC und Benützer.

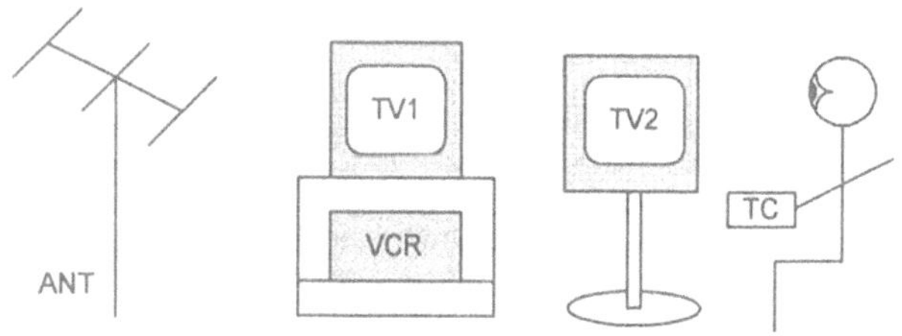

Abbildung 9.3 Videoanlage als Beispiel für ein System

Der Bildschirm ein gemeinsames Kennzeichen der Klasse Fernseher. Die Instanzen von Objekten dieser Klasse sind beispielsweise die verschiedenen TV-Untersätze: TV1 ruht auf einem Gestell, TV2 auf einem Fuß. Im Klassendiagramm (Abbildung 9.4) sind Klasse und Instanzen dargestellt.

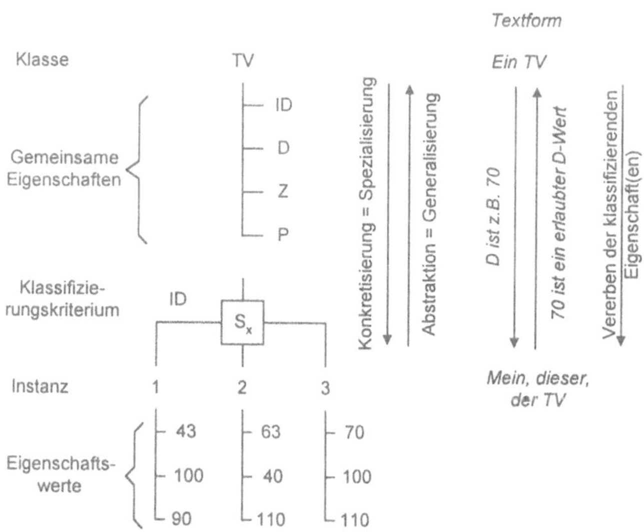

Abbildung 9.4 Klassendiagramm des Fernsehers: *ID*- Identnummer, *D* - Bilddiagonale, *Z* - Kanalzahl, *P* - elektrische Leistung in W, S_x -überlappungsfreie Spezialisierung

Von den 3 TV-Instanzen benützt die Beispielvideoanlage nur *ID* = 1 und *ID* = 2.

Da Spezifikationen oft in Textform vorliegen, ist sie auch angegeben. Man beachte, dass das Hilfsverb „sein" verwendet wird. Die Unterscheidung zwischen Klasse und Instanz erfolgt in einem Text anhand des Artikels (unbestimmt/bestimmt) oder des Pronomens („mein", „dieser" für die Instanz). Spezialisierung und Generalisierung sind nicht eindeutig, sondern hängen vom Klassifizierungskriterium ab, hier der Identnummer *ID*. □

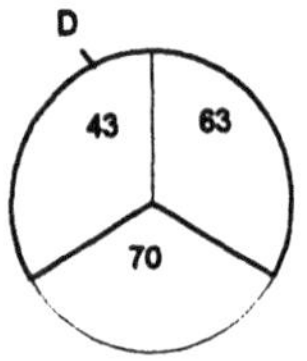

Die Spezialisierung ist exklusiv (Index x für XOR) oder nichtexklusiv (Index o für OR). Sie lässt sich grafisch leicht im Euler-Vennschen Diagramm unterscheiden und kompakt in Tabellenform angeben.

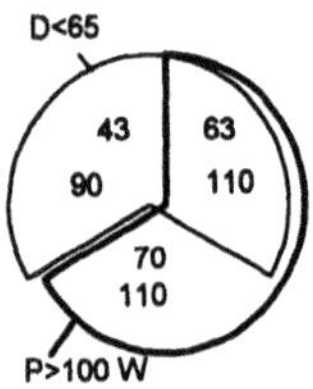

Beispiel: Videoanlage (Abb. 9.3, 9.4) Spezialisiert man die obige TV-Klasse nach dem *D*-Wert, erhält man 3 überlappungsfreie Bereiche, wobei jeder für ein Objekt steht. Klassifiziert man hingegen einmal nach D <65cm und einmal nach P > 100W, so überlappen beide Kriterien im rechten, oberen Bereich (Tabelle 9.1).

Tabelle 9.1 Tabellenform des Klassendiagramms

Klasse *TV*			
Identnummer <u>*ID*</u>	Bilddiagonale *D* (cm)	Kanalzahl *Z*	Leistung *P* (W)
1	43	100	90
2	63	40	110
3	70	100	110

Zum Vermeiden von Doppelzählungen bzw. Nichtzählungen ist unbedingt die exklusive Spezialisierung zu wählen, d.h. nur nach *einem* Kriterium mit überlappungsfreien Wertebereichen oder diskreten Werten zu spezialisieren. □

Objektdarstellung: Standardrichtung, -orientierung, -form (vgl. In*form*ation) sowie Normsymbole und -einheiten erleichtern uns das Verständnis, weil die mathematische Abbildung des fraglichen Objekts auf die zugehörige Klasse entfällt.

Schlüssel: Neben den klassifizierenden Eigenschaften spielen die identifizierenden eine wichtige Rolle. Jede Instanz besitzt einen anderen Wert dieser Eigenschaft und lässt sich deshalb durch ihn eindeutig bezeichnen. Der Schlüssel soll während des ganzen Lebenszyklus wertestabil sein. Gibt es mehrere Schlüssel, sog. *Schlüsselkandidaten*, wählt man einen von ihnen.

Schlüsselkandidaten

Verknüpft man so viele nichtidentifizierende Eigenschaften bis Eindeutigkeit erreicht ist, erhält man einen sog. *verketteten Schlüssel.*

Beispiel: Videoanlage (Abbildung 9.3, 9.4). Die identifizierende Eigenschaft *D* nennt man auch den Schlüssel und kennzeichnet sie in der Tabellenform durch Unterstreichen (siehe Tabelle 9.1). *Z* und *P* sind verkettete Schlüssel. Statt aus den Eigenschaften kann man den Schlüssel durch Ergänzen einer Spalte mit der Identnummer erzeugen.

9.2.3 Ausschnitt

Abgrenzung: Durch Weglassen nicht interessierender Objekte sinkt die Zahl der verbleibenden Objekte und die Übersicht steigt. Man legt die Systemgrenze fest und schneidet dann bei Bedarf ein Objekt aus. Das System kann aus Objekten der gleichen Klasse oder verschiedener Klassen bestehen. Der erste Fall heißt *Mengenaggregation A**, der zweite *Rollenaggregation* A_r.

Mengen- und Rollenaggregation

Die Analyse verwendet die *Dekomposition* oder Zerlegung, während die Aggregation, Integration oder Zusammensetzung mit der Kapselung der Objekte bei der Synthese zum Zuge kommt. In einem Text erkennt man die Dekomposition am Hilfsverb „haben", die Aggregation an „ist Teil von" oder „gehört zu". Dekomposition und Aggregation sind anwendungsabhängig.

Dekomposition

Man beachte, dass uns die *Umgebung* (Hintergrund, Kontext) als Orientierungshilfe dient, da sie die Suchraumdimension reduziert. Dadurch erfolgt die Klassifikation nicht nur schneller, sondern auch eindeutiger. Ein konstanter Hintergrund kann aus Gründen der Informationsökonomie abgedeckt werden.

Umgebung

Beziehungen: Zwischen zwei oder mehreren Objekten der Wirklichkeit können keine, eine oder mehrere Beziehungen bestehen. Damit wird die Systemstruktur festlegt.

Eine Beziehung ist *ungerichtet* und besitzt keine Eigenschaft. Sie kann für zwei Objekte die Anordnung zueinander bezeichnen wie beispielsweise eine gemeinsame Klemme der elektrischer Schaltung. Weist man einer Beziehung eine Eigenschaft zu, entsteht ein weiteres Objekt.

Objekte und Beziehungen stellt man grafisch im *Entitäten-Relationen-Diagramm* (ERD) und mathematisch in der *Adjazenzmatrix* dar.

ERD - Entitäten-Relationen-Diagramm und Adjazenzmatrix

Systemdarstellung: Grafisches Hervorheben der Objekte eines Teilsystems (Rahmen, Schraffierung, Farbe, räumliche Nähe), klare räumliche Trennung (horizontale/vertikale Verbindungslinien mit minimalen Überschneidungen) und Standardanordnung der Teilsysteme zueinander beschleunigen die Klassifizierung erheblich.

Beispiel: Videoanlage als Objekte mit Beziehungen (Abbildung 9.5).

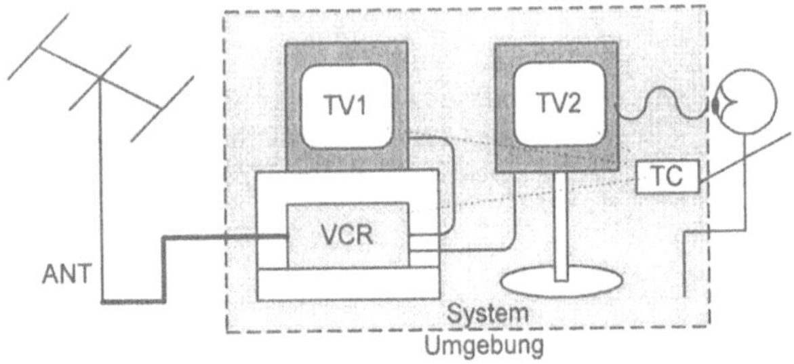

Abbildung 9.5 Abgrenzen der Videoanlage von der Umgebung

Man legt die Systemgrenze fest und schneidet ein System mit Objekten TV1, TV2, VCR und TC aus. Weiterhin erfolgt die Klassifikation durch Mengen- und Rollenaggregation (Abbildung 9.6).

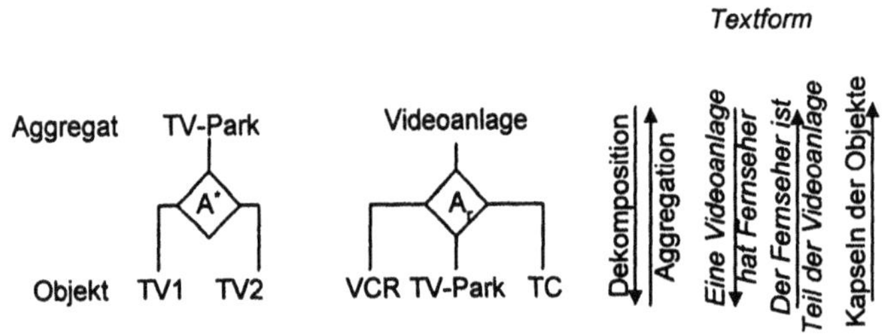

Abbildung 9.6 Mengenaggregation A^* und Rollenaggregation A_r

Zwischen Objekten (Abbildung 9.5) entstehen mehrere Beziehungen, nur einige davon sind grafisch gezeigt: Das Nachrichtenkabel ist eine Beziehung zwischen VCR und TV1 neben nicht dargestellten Beziehungen wie Netzkabeln oder Eigentumsverhältnissen.

Kardinalitäten

Man unterteilt die Beziehungen nach Arten, sog. *Kardinalitäten*, wie in Abbildung 9.7 gezeigt ist.

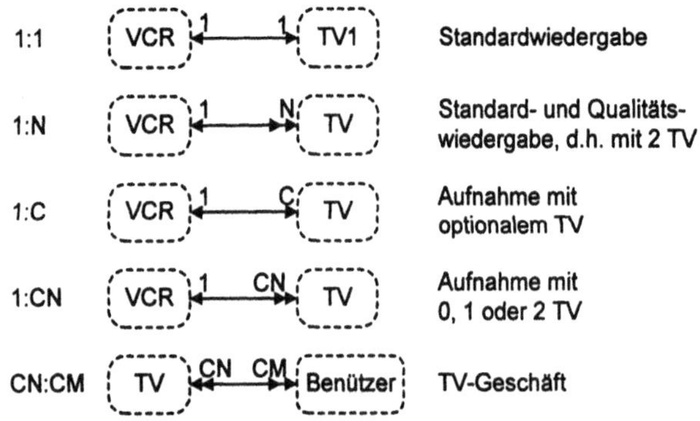

Abbildung 9.7 Arten von Beziehungen für die Videoanlage: 1 und N bzw. M sind fakultativ, da redundant; C ist obligatorisch.

Die Unterteilung erfolgt nach der Zahl der betroffenen Objekte:

Objektzahl	Abkürzung	Symbol im ERD
0 oder 1	C	C
Genau 1	1	Pfeil
Mindestens 1	N	Doppelpfeil
Beliebig viele inkl. 0	CN	Doppelpfeil mit C

Die Systemstruktur der Videoanlage ohne TC ist grafisch in Form von ERD (Abbildung 9.8) und tabellarisch als Adjazenzmatrix (Tabelle 9.2) dargestellt.

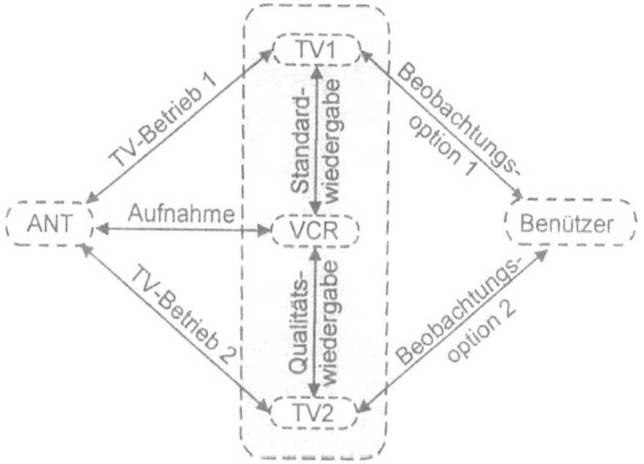

Abbildung 9.8 ERD der Videoanlage ohne TC. System: TV1,VCR, TV2 Umgebung: ANT, Benützer

Objekte	System			Umgebung	
	TV1	**TV2**	**VCR**	**ANT**	**Benützer**
TV1		-	Standard-wiedergabe	TV-Betrieb 1	Beobachtungs-option 1
TV2			Qualitäts-wiedergabe	TV-Betrieb 2	Beobachtungs-option 2
VCR				Aufnahme	-
ANT					-
Benützer					

Tabelle 9.2 Adjazenzmatrix der Videoanlage ohne TC

9.2.4 Abschnitt

Systemlebenslauf: Ein System durchläuft während seines Lebens verschiedene Abschnitte, die es in spezifischer Weise verändern.

Disposition

Der Lebenslauf (Abbildung 9.9) beginnt mit der Planung oder *Disposition*, in der die Reduktion der Fehlerzahl vorweggenommen wird.

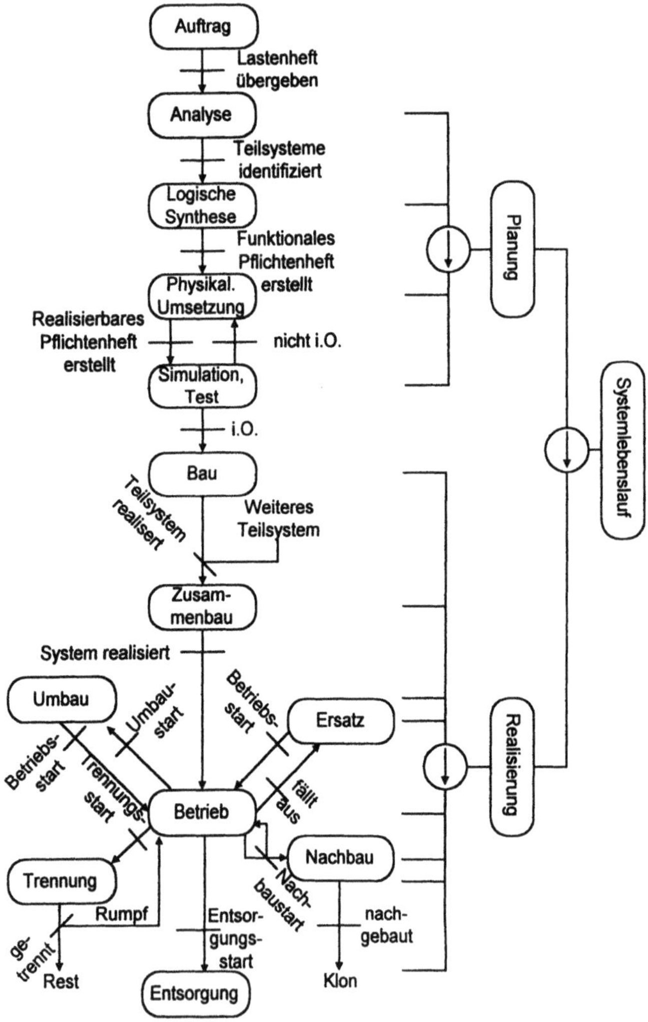

Abbildung 9.9 Typischer Systemlebenslauf

Beide Lebensabschnitte zerfallen in Lebensphasen. Die Realisierungsphasen unterscheiden sich hinsichtlich der Teilsystemerhaltung.

Zusammenbau, Nachbau und Trennung sind Phasen mit Nebenläufigkeit, d.h. sie verändern die Teilsystemzahl so, dass gleichzeitig mehr als ein Teilsystem zu betrachten ist. Ihre Behandlung erfordert Petri-Netze und sprengt den Rahmen dieses Beitrages [9.2]. In jeder anderen Realisierungsphase entsteht, verbleibt oder verschwindet ein Teilsystem als Ganzes. Das Teilsystem kann während der Phase verschiedene Zustände mit unterschiedlichem Verhalten einnehmen. Dieser Fall lässt sich durch ein Zustandsdiagramm beschreiben.

Zustandsdiagramm: Es besteht aus aufeinander folgenden, zeitbehafteten Zuständen (den Methoden der Objektorientierung), zwischen denen sich jeweils ein momentaner, gerichteter Übergang befindet. Das Eintreten eines Ereignisses (einer Nachricht der Objektorientierung) aktiviert einen Übergang. Ein Zustand wird durch die Werte oder Wertebereiche der Zustandsvariablen bezeichnet.

Beispiel: Die Betriebsphase eines Videorecorders (Abbildung 9.10).

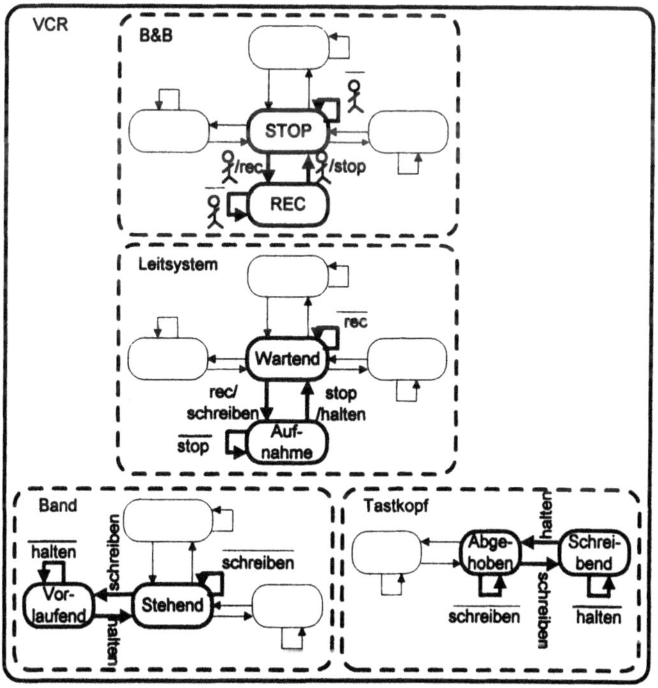

Abbildung 9.10 Aufnahmeablauf eines Videorecorders (VCR)

Der VCR besteht im wesentlichen aus Bedieneroberfläche B&B (Bedienen und Beobachten), Leitsystem, Band und Tastkopf. Jedes Objekt ist durch einen gestrichelten Rahmen dargestellt. B&B enthält Taster auf der Gerätefrontseite bzw. auf der Fernbedienung für die 4

Abläufe *Feed forward* FF, *Rewind* REW, *Record* REC und PLAY sowie für den Ruhezustand STOP. Von den 4 Abläufen ist die Aufnahme herausgegriffen und optisch durch Fettdruck hervorgehoben, während die anderen 3 Tasten abgedeckt sind. Zur Aufnahme drückt der Benützer auf die REC-Taste, worauf die Aktion (Befehl) *rec* an das Leitsystem abgegeben wird. Eine Aktion wird durch einen vorgestellten Schrägstrich, ein Ereignis ohne einen solchen gekennzeichnet. Die Aktion *rec* wirkt beim Empfänger, dem Leitsystem, als Ereignis *rec*, das ihn vom Zustand „Wartend" in den Zustand „Aufnahme" überführt. „Rücklauf", „Vorlauf" und „Wiedergabe" sind wiederum abgedeckt. Das Ereignis *rec* löst nun seinerseits die Aktion „schreiben" aus, die das Band von „Stehend" zu „Vorlaufend" („Schnell vorlaufend" und „Rücklaufend" abgedeckt) und den Tastkopf von „Abgehoben" zu „Schreibend" („Lesend" abgedeckt) befördert. Der Benützer beendet die Aufnahme durch Betätigen der Taste STOP, worauf zunächst das Leitsystem, dann das Band und der Tastkopf in der skizzierten Weise in ihren jeweiligen Ausgangszustand übergehen.

9.2.5 Genähertes Verhalten

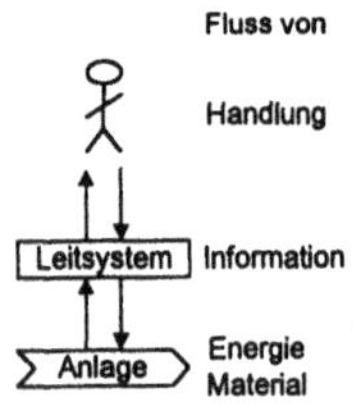

Prozess: Ein System ist selten statisch, vielmehr laufen in ihm Prozesse ab. Prozessmedium können so unterschiedliche Dinge wie physikalische Größen, Vertragsgegenstände, Finanzen, Mitarbeiter usw. sein. In der Automatisierungstechnik sind für technische Fragestellungen mehrere Flüsse von Bedeutung: Der geführte physikalische Prozess der Anlage beinhaltet den Energiefluss, meist von einem Materialfluss begleitet. Das die Anlage führende Leitsystem umfasst den Informationsfluss, und der Bediener des Leitsystems verkörpert den Fluss von Handlungen. Die drei genannten Flüsse unterscheiden sich erheblich in ihrem Verhalten. Aus Platzgründen wird hier exemplarisch nur der physikalische Fluss untersucht.

Prozessmodell: Das Verhaltensmodell einer realen Anlage vereinfacht man mittels der bereits beschriebenen Methoden Klassifizierung, Ausschnitt und Abschnitt sowie der noch nicht behandelten Näherung. Letztere bedeutet Weglassen (z.B. eines Phänomens, eines Bauteils oder einer Beziehung), die ersten drei Verschieben (der Systemgrenze bei exakter Berücksichtigung des Innenbereichs).

MIMO-Typ

Sicht: Ein realer Prozess ist im allgemeinen Fall vom *MIMO-Typ* (multiple input/multiple output): Mehrere Eingangsgrößen regen mehrere Phänomene an. Beispielsweise führen das Anschalten der Versorgungs- und der Eingangsspannung beim Verstärker eines VCR zu einer Ausgangsspannung, zur Erwärmung der Verstärkerplatine und zur Spannungsinduktion in benachbarten Leiterbahnen.

Für eine konkrete Aufgabenstellung interessiert meist nur ein Phänomen. Diese Sicht des Systems wirkt als Phänomenfilter, das den Prozess auf den *MISO-Typ* reduziert (multiple input/single output). Zum Beispiel ist ein Foto der Videoanlage eine Vereinfachung gegenüber der wirklichen Anlage.

MISO-Typ

System: Wirkliche Prozesse sind oft *stochastisch.*

stochastische Prozesse

Beispiel: Eine Verstärkerschaltung weist Überfunktionen (Ausgangssignal ohne vorgesehenes Eingangssignal wie Rauschen) und Unterfunktionen (Bauteileausfall: Trotz Eingangssignal kein Ausgangssignal) auf. Beide sind durch geeignete Maßnahmen wie durch hoch verfügbare Bauteile, Serien- bzw. Parallelredundanz beherrschbar, weshalb nur der deterministische Fall weiter verfolgt wird. □

Jedes reale System *altert*, d.h. seine Kenngrößen verändern sich langsam. Hier wird lediglich ein Abschnitt aus dem Lebenslauf betrachtet, für den das Systemverhalten zeitinvariant ist: Der Zeitnullpunkt ist willkürlich wählbar ohne Einfluss auf das Verhalten.

Alterung

Anregung: Wie bereits erwähnt, ist ein Phänomen eines realen Systems im allgemeinen Fall vom MISO-Typ. Das einfachste Prozessverhalten erhält man im *SISO-Fall* (single input/single output), d.h. wenn alle Eingangsgrößen außer einer konstant sind. Wir wollen uns auf diesen Fall beschränken.

SISO-Fall

Beispiel Videoanlage (Abbildung 9.5): Eine Verstärkerschaltung ist vom MISO-Typ und hängt von Eingangsspannung, Temperatur, Feuchtigkeit usw. ab. Das Prozessverhalten kann man im SISO-Fall vereinfachen. Wellenlänge, Amplitude und Frequenz des Eingangssignals im Verhältnis zu entsprechenden Prozesskenngrößen legen die Komplexität des Prozessmodells fest.

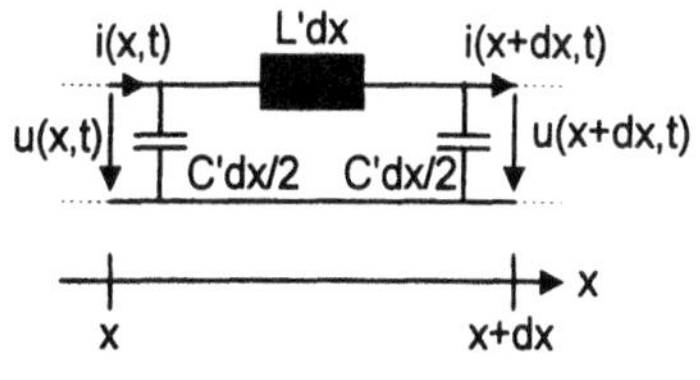

Abbildung 9.11 Ausschnitt aus einem Koaxkabel

Die erste aus dem Eingangssignal ableitbare Kenngröße ist der Quotient aus der dominanten Wellenlänge λ des Eingangssignals und der Systemausdehnung l. Für die Augen des Benützers in Abbildung 9.5 ist der Fuß vernachlässigbar, weil kein Licht aus dem Fernseher am Fuß reflektiert wird. Hingegen spielt der Fuß für seine Ohren eine Rolle, da er die viel kürzeren akustischen Wellen beugt. Am Beispiel des Koaxkabels der Länge l zwischen VCR und Fernseher in Abbildung 9.11 erfolgt nun die quantitative Untersuchung dieses Verhaltens.

Für ein beliebiges λ lauten die Knoten- und Maschengleichung mit dem induktiven bzw. kapazitiven Leitungsbelag L' in H/m bzw. C' in F/m:

$$-\frac{\partial i(x,t)}{\partial x} = C'\frac{\partial u(x,t)}{\partial t} \text{ und } -\frac{\partial u(x,t)}{\partial x} = L'\frac{\partial i(x,t)}{\partial t}. \tag{9.1}$$

Sind Spannung und Strom am Kabelende (Index 2, bei $x = l$) als periodische Zeitsignale mit der Kreisfrequenz ω gegeben:

$$\underline{U}(l,t) = \underline{U}_2 e^{j\omega t} \text{ und } \underline{I}(l,t) = \underline{I}_2 e^{j\omega t}\ , \tag{9.2}$$

so erhält man am Kabelanfang (Index 1) mit Phasenkonstante $\beta = 2\pi / \lambda = \omega\sqrt{L'C'}$ und Wellenwiderstand $Z_W = \sqrt{L'/C'}$:

$$\underline{U}_1 = \underline{U}_2 \cos\beta l + j\underline{I}_2 Z_W \sin\beta l \text{ und } \underline{I}_1 = \underline{I}_2 \cos\beta l + j\frac{\underline{U}_2}{Z_W}\sin\beta l \tag{9.3}$$

Die Ersatzschaltung für das gesamte Kabel hat die gleiche Π-Glied-Topologie wie die des differenziellen Ausschnittes. Die Ersatzschaltungselemente sind punktförmig und die Leiter ideal. Die geometrische Kabelausdehnung l, die sog. *Topografie*, geht nur in die Elemente ein. Die Ersatzschaltung ist also ein topologietreues Modell ohne räumliche Dimension des realen, eindimensionalen Kabels mit verteilten Leitungsbelägen.

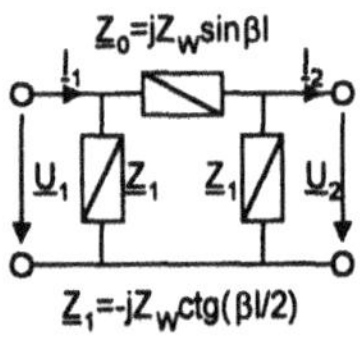

Der allgemeine Fall ($\lambda << l$, sog. langes Kabel) erfordert die Lösung der partiellen DGLn des Systems mit gekoppelter Orts- und Zeitintegration. Die (obere) Ersatzschaltung besteht aus konzentrierten oder punktförmigen Elementen, deren Größe *nicht* aus der Ortintegration des Leitungsbelages längs des Kabels folgt. Es treten Wellen auf: Spannungs- und Stromzeiger drehen sich längs des Kabels; es gibt keine systemweite Gleichzeitigkeit.

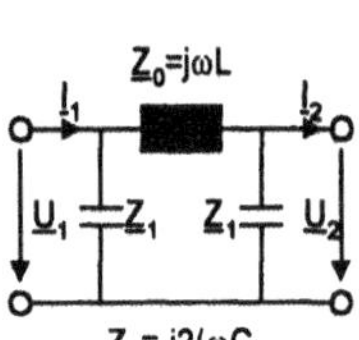

Im Falle $\lambda >> l$ (sog. kurzes Kabel; untere Ersatzschaltung) lassen sich Orts- und Zeitintegration *entkoppeln*. Die Gleichung (9.1) liefert wie die Entwicklung von (9.3) für kleine βl:

$$\underline{U}_1 = \underline{U}_2(1-\frac{\omega^2 LC}{2}) + \underline{I}_2 j\omega L;\quad \underline{I}_1 = \underline{U}_2 j\omega C + \underline{I}_2(1-\frac{\omega^2 LC}{2}) \tag{9.4}$$

Die Ersatzschaltung fürs ganze Kabel ist identisch mit derjenigen für einen differenziellen Ausschnitt, wenn man $L'dx$ durch $L=\int L'dx$ und $C'dx/2$ durch $C/2=\int(C'/2)dx$ ersetzt. Die Beläge L' und C' treten nicht kombiniert in einem Ersatzschaltungselement auf. Es gibt keine Wellen und es herrscht systemweit *Gleichzeitigkeit*. Nach der räumlichen Integration verbleibt eine gewöhnliche DGL in der Zeit.

Gleichzeitigkeit

Zweite Kenngröße ist die *Nichtlinearität* des Prozessmodells im Wertebereich der Amplitude des Eingangssignals. Als Beispiel dient ein Ausschnitt aus dem VCR, und zwar der Verstärker in Abbildung 9.12.

Nichtlinearität

Im Gegensatz zu Widerständen und Kondensatoren verhält sich der Transistor extrem nichtlinear. Für eine kleine Eingangsspannung $u_{be} << U_T$, wobei U_T die Temperaturspannung ist, lassen sich die Transistorkennlinien um den Arbeitspunkt (I_B, U_{CE}) zu

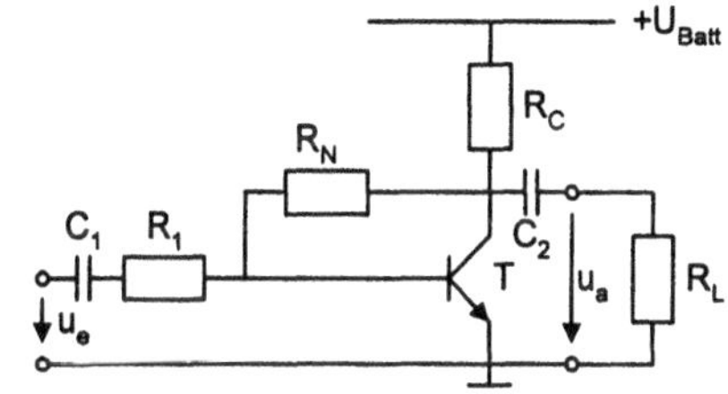

Abbildung 9.12 Schema eines Verstärkers mit spannungsgegengekoppelter Emitterschaltung

$$i_c(i_b, u_{ce}) = \beta i_b + \frac{u_{ce}}{r_{ce}} \text{ und } u_{be}(i_b, u_{ce}) = r_{be} i_b + v_r u_{ce} \quad (9.5)$$

linearisieren. Die Bezeichnungen sind: Strom i, Spannung u, differenzieller Stromverstärkungsfaktor β, differenzieller Widerstand r, Spannungsrückwirkungsfaktor v_r und Kollektor, Basis, Emitter $_{c,b,e}$.

Für ein lineares Modell gilt das Superpositions- oder Überlagerungsprinzip.

Die Spannungsrückwirkung ist so klein (typischer Wert 10^{-5} ... 10^{-4}), dass man dieses *Phänomen* im zulässigen Wertebereich von i_b und u_{ce} *vernachlässigen* kann (Rollenaggregation).

Vernachlässigbares Phänomen

Üblicherweise wählt man $R_C << r_{ce}$, so dass r_{ce} vernachlässigbar ist (Mengenaggregation) und sich die sog. *Kleinsignalersatzschaltung* Abbildung 9.13 ergibt.

Kleinsignalersatzschaltung

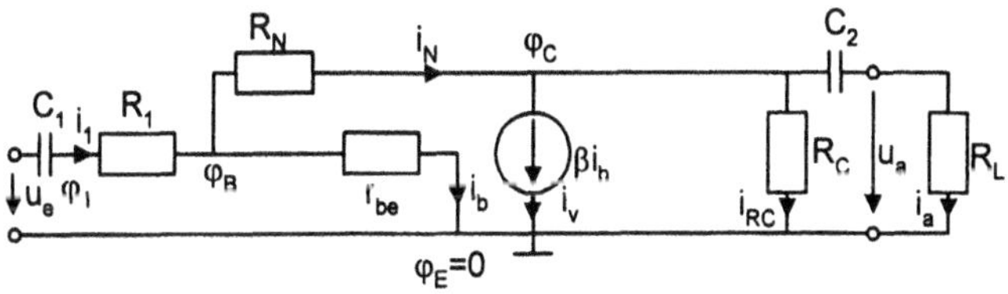

Abbildung 9.13 Kleinsignalersatzschaltung des Verstärkers für $U_{Batt} = 0$ mit vernachlässigtem r_{ce}

Die dritte, aus dem Eingangssignal ableitbare Kenngröße ist dessen

Frequenz des Eingangssignals

Frequenz im Vergleich zu den Zeitkonstanten des Prozesses. Statische Bauteile wie Widerstand, Spannungs- oder Stromquelle sind näherungsweise unabhängig von der Frequenz des Eingangssignals. Eine Kapazität C verhält sich hingegen wegen $i = C \cdot du/dt$ bei niedrigen Eingangsfrequenzen wie ein Leerlauf und bei hohen wie ein Kurzschluss. Diese Frequenzabhängigkeit erfordert die Unterscheidung von aperiodischen und periodischen Eingangssignalen.

Der allgemeine Fall besitzt ein aperiodisches Eingangssignal (Signalpuls; Einheitssprung), das ein kontinuierliches Frequenzspektrum hat. Damit lässt sich die Schaltung von Abbildung 9.13 nicht vereinfachen.

Liegt hingegen ein periodisches Eingangssignal vor, so besitzt es i.a. eine dominante Frequenz. Die Schaltung ist so ausgelegt, dass sich die Kondensatoren C_1 und C_2 bei dieser Frequenz als Kurzschluss verhalten. Für ein Eingangssignal von mittlerer Frequenz vereinfacht sich die Ersatzschaltung zu Abbildung 9.14.

Abbildung 9.14 Kleinsignal-ersatzschaltung des Verstärkers für mittlere Frequenzen

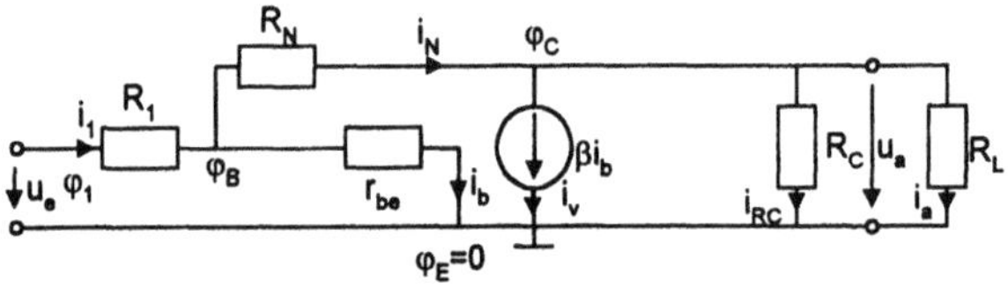

Systemgleichungen: Wählt man in Abbildung 9.13 Potenziale statt Spannungen, entfallen die globalen Maschengleichungen. Als einzige globale Größe verbleibt das Massepotenzial, das i.a. gleich Null gesetzt wird. Pro Bauteil existiert eine Beziehung zwischen Klemmenspannung und -strom.

Dazu kommen die Potenzial- und Strombeziehungen für verbundene Bauteilklemmen, sog. Knoten, die die Prozessstruktur widerspiegeln (Kirchhoffscher Knotensatz):

$$i_1 = C_1 \frac{d(u_e - \varphi_1)}{dt}; \quad i_N = \frac{\varphi_B - \varphi_C}{R_N}; \quad i_1 = \frac{\varphi_1 - \varphi_B}{R_1};$$
$$i_b = \frac{\varphi_B}{r_{be}}; \quad i_{RC} = \frac{\varphi_C}{R_C}; \quad i_a = C_2 \frac{d(\varphi_C - u_a)}{dt}; \quad (9.6)$$
$$i_a = \frac{u_a}{R_L}; \quad i_v = \beta i_b; \quad i_1 = i_N + i_b; \quad \beta i_b - i_N + i_{RC} + i_a = 0.$$

Objektform

Die Gleichungen (9.6) sind in *Objektform*, d.h. sie enthalten alle Klemmenpotenziale und alle Bauteilströme. Aus mathematischer Sicht sind sie ein differenzial - algebraisches Gleichungssystem.

Kapseln der Systemgleichungen: Die Systemgleichungen lassen sich in verschiedenster Hinsicht kapseln, wobei diejenigen in *Zustandsform* sowie jene in *Klemmenform* besondere Bedeutung haben. Um kompakte Ausdrücke zu erhalten, wird die Dimensionierung betrachtet:

Zustands- und Klemmenform

$$R_1 = R_N = r_{be} = R_C = R_L = R\,; \quad C_1 = C_2 = C\,; \quad T = RC \qquad (9.7)$$

Die Zustandsform entsteht, wenn man in (9.6) alle Variablen ohne Zeitableitung eliminiert. Jede Ableitung steht für einen Speicher, im elektrischen Fall einen Kondensator bzw. allgemein eine Spule:

$$\begin{aligned} i_1 &= C_1 \frac{du_1}{dt}; \quad i_a = C_2 \frac{du_2}{dt}; \\ u_1 &= u_e - \varphi_1; \quad u_2 = \varphi_C - u_a; \quad u_L = \frac{di_L}{dt}, \end{aligned} \qquad (9.8)$$

wobei u_1 und u_2 (sowie allgemein i_L) Zustandsvariablen heißen. Ihr Momentanwert gibt den Füllungsgrad der Ladung $\int i dt$ bzw. des magnetischen Flusses $\int u_L dt$ an. Die Wahl der Zustandsvariablen ist mathematisch nicht eindeutig. Die angegebene Wahl bietet den Vorteil des kontinuierlichen Verlaufes der Zustandsvariablen selbst bei Anlegen eines Eingangssprunges.

Setzt man in (9.6) die Zustandsvariablen ein, entstehen bei n Speichern n Zustandsgleichungen 1. Ordnung:

$$\begin{aligned} \dot{u}_1 &= \frac{1}{T(\beta+8)}[-(\beta+5)u_1 - u_2 + (\beta+5)u_e]; \\ \dot{u}_2 &= \frac{1}{T(\beta+8)}[(\beta-1)u_1 - (\beta+5)u_2 - (\beta-1)u_e]; \end{aligned} \qquad (9.9)$$

Zustands-gleichungen

oder in Matrixform (siehe Kapitel 4): $\dot{\mathbf{x}} = \mathbf{A}\mathbf{x} + \mathbf{b}u_e$ sowie für jede Ausgabegröße eine *Ausgabegleichung*, z.B. für u_a :

$$u_a = \frac{1}{\beta+8}[(\beta-1)u_1 - (\beta+5)u_2 - (\beta-1)u_e] = \mathbf{c}^{\mathrm{T}}\mathbf{x} + du_e \qquad (9.10)$$

Ausgabegleichung

wobei: Transponierter Zustandsvektor $\mathbf{x}^{\mathrm{T}} = [u_1 \quad u_2]$;

Systemmatrix $\mathbf{A} = \frac{1}{T(\beta+8)}\begin{bmatrix} -\beta-5 & -1 \\ \beta-1 & -\beta-5 \end{bmatrix}$;

Steuervektor $\mathbf{b} = \frac{1}{T(\beta+8)} \begin{bmatrix} \beta+5 \\ -\beta+1 \end{bmatrix};$

Beobachtungsvektor $\mathbf{c}^{\mathrm{T}} = \frac{1}{\beta+8} [\beta-1 \quad -\beta-5];$

Durchgangsfaktor $d = \frac{-\beta+1}{\beta+8}.$

Die Zustandsvariablen ermöglichen eine Zustandsregelung mit besseren dynamischen Eigenschaften im Vergleich zu herkömmlichen einschleifigen PID-Reglern, die für SISO- genau so wie für MIMO-Systeme, also z.B. für Mehrfachregler (siehe Kapitel 4), geeignet sind.

Durch Eliminieren aller Variablen außer der gesuchten Größe u_a in (9.9) und (9.10) erhält man eine DGL n-ter Ordnung für u_a:

Klemmenform

$$\ddot{u}_a + \frac{2}{T(\beta+8)}(\beta+5)\dot{u}_a + \frac{\beta^2+11\beta+24}{T^2(\beta+8)^2} u_a = -\frac{\beta-1}{\beta+8}\ddot{u}_e \quad (9.11)$$

Diese Form ist optimal, wenn nur u_a interessiert. □

Qualitatives Verhalten: Kenngrößen beschreiben das quantitative Systemverhalten. Vereinfacht man sie zu qualitativen Regeln, verliert man zwar Präzision, gewinnt dafür jedoch Verständlichkeit in Form verbaler WENN-DANN-Regeln für statische und JE-DESTO-Regeln für dynamische Bauteile. Sie sind verständlicher, weil wir uns Wissen in Form dieser Regeln merken (Metapher). Pro idealem Bauteil gibt es eine Regel, die ein physikalisches Phänomen beschreibt.

Beispiel: Bauteile und Regeln (Tabelle 9.3).

Tabelle 9.3 Qualitatives Verhalten (Legende: ↑ für „wächst“)

Bauteil	Kennzeichen	Regel		Gleichung
		WENN	**DANN**	
Verstärker	lineare Näherung	i_b ↑	i_v ↑	$di_v = \beta di_b$ $i_v = \beta i_b$
Diode	nichtlinear	u ↑	i ↑	$di = \frac{i}{U_T} du$
		JE	**DESTO**	
Konden-sator	linear	schneller u ↑	größer i	$i = C\frac{du}{dt}$

Beispiel: Untersuchung des Einflusses des Rückkopplungswiderstandes R_N für Abbildung 9.14.

Für den Prozess reiht man Bauteile-Regeln zu Argumentationsketten aneinander (Tabelle 9.4).

Schritt	WENN	DANN	Gleichung
1	$i_l \uparrow$	$i_b \uparrow$	$i_b = i_1 - i_N$; $i_b(R_N = \infty) = i_1$
2	$i_b \uparrow$	$i_v \uparrow$	$i_v = \beta i_b$
3	$i_v \uparrow$	$(\varphi_B\text{-}\varphi_C) \uparrow$	$(\varphi_B - \varphi_C) = \varphi_B - u_a \approx -u_a$; $(\varphi_B\text{-}\varphi_C) = R_C // R_L // R_N \cdot i_v$
4	$(\varphi_B\text{-}\varphi_C) \uparrow$	$i_N \uparrow$	$i_N = \frac{\varphi_B - \varphi_C}{R_N}$; $i_N(R_N = \infty) = 0$
5	$i_N \uparrow$	$i_b \uparrow$ weniger als für $i_N = 0$	$i_b = i_1 - i_N$

Tabelle 9.4 Argumentationskette

Die Rückkopplung führt zu einer schleifenförmigen Argumentationskette und reduziert die Störwirkung von i_l auf i_b. □

Verallgemeinerung auf andere Transportvorgänge: Die Energiebilanz gilt in allen Gebieten der klassischen Physik (Tabelle 9.5), und für jeden Transportvorgang gibt es einen Erhaltungssatz für die Flussgröße (Summe aller Knotenflüsse gleich Null).

Prozess	**Träger q** [Menge]	**Fluss i** [Menge/s]	**Potenzialdifferenz $\Delta\varphi$** [J/Menge]
Elektrizität	Ladung q [C]	Elektrischer Strom i [C/s = A]	Spannung u [J/C = V]
Hydraulik	Volumen V [m³]	Volumenstrom i_V [m³/s]	Druck Δp [J/m³ = Pa]
Wärme	Wärmemenge Q [J]	Wärmestrom $i_t = q$ [J/s]	Temperatur $\Delta\vartheta$ [K]

Tabelle 9.5 Vergleich von Elektrizität, Hydraulik und Thermodynamik

Für jeden Prozess kann man eine (thermische, hydraulische usw.) *Ersatzschaltung* mit Quelle, Induktivität, Widerstand und Kapazität

Ersatzschaltung

angeben. Die Ersatzschaltung stellt die gemeinsame (grafische) Sprache für Spezialisten unterschiedlicher technischer Disziplinen dar. In der Tabelle 9.6 sind elektrische Größen im Vergleich mit verschiedenen physikalischen Größen dargestellt.

Tabelle 9.6 Einige elektrische, hydraulische und thermodynamische Größen und Einheiten

Kenngröße, Dimension	**Kennlinie**		
	für Elektrizität	für Hydraulik	für Wärme
1/Kapazität $\frac{1}{C}=\frac{\Delta\varphi}{q}$ $\left[\frac{J}{Menge^2}\right]$	$\frac{1}{C}=\frac{u}{q}$ $\left[\frac{J/C}{C}=\frac{1}{F}\right]$	$\frac{1}{C_V}=\frac{\Delta p}{V}$ $\left[\frac{Pa}{m^3}\right]$	$\frac{1}{C_t}=\frac{\Delta\vartheta}{Q}$ $\left[\frac{K}{J}\right]$
Widerstand $R=\frac{\Delta\varphi}{\dot{q}}$ $\left[\frac{Js}{Menge^2}\right]$	$R=\frac{u}{i}$ $\left[\frac{V}{A}=\Omega\right]$	$R_V=\frac{\Delta p}{\dot{V}}$ $\left[\frac{Pa\cdot s}{m^3}\right]$	$R_t=\frac{\Delta\vartheta}{\dot{Q}}$ $\left[\frac{Ks}{J}\right]$
Induktivität $L=\frac{\Delta\varphi}{\ddot{q}}$ $\left[\frac{Js^2}{Menge^2}\right]$	$L=\frac{u}{di/dt}$ $\left[\frac{Vs}{A}=H\right]$	$L_V=\frac{\Delta p}{\ddot{V}}$ $\left[\frac{Pa\cdot s^2}{m^3}\right]$	$L_t=\infty$

Beispiele:

a) Die Schwingungsfrequenz einer Wassersäule in einem U-förmigen Rohr lässt sich aus der Eigenfrequenz eines elektrischen Serienschwingkreises ableiten.

b) Eine Pumpe erzeugt eine Druckdifferenz; sie verhält sich wie eine reale Spannungsquelle.

c) Eine Heizung erzeugt einen Wärmestrom, entsprechend einer elektrischen Stromquelle.

d) Beim Wärmetransport ist die Entropie S der Träger. An ihrer Stelle verwendet man die Wärmemenge Q mit $\Delta Q = \vartheta \Delta S$, da sie anschaulicher ist und thermische Kennlinien linear sind, während auf die Entropie bezogene nichtlinear sind. □

Lösung der Systemgleichungen: Man unterscheidet zwischen geschlossener und numerischer Lösung. Die *geschlossene Lösung* dient dem Verständnis, da sie leicht interpretierbar ist und die Abhängigkeit von Eingangssignal- und Prozessparametern liefert. Man kann sie erst nach Vorliegen des Eingangsverlaufes bestimmen, was fürs Auswerten keine Einschränkung bedeutet. Sie ist nur für lineare Prozesse mit konstanten Parametern und spezifische Anregungen (z.B. Sprung, Sinus) angebbar.

geschlossene Lösung

Die Aufgabe vereinfacht sich erheblich, wenn man die Lösung nur für die *zeitlichen Grenzfälle* statt im gesamten Zeitverlauf benötigt, nämlich zu $t = 0$ und $t \to \infty$.

zeitliche Grenzfälle

Zur Bestimmung des gesamten Zeitverlaufs wendet man bei aperiodischem Eingang mit Vorteil die *Laplace-Transformation* (Kapitel 1) an. Periodische Eingangssignale behandelt man am Besten mit komplexen Zeigern, d.h. mit der *Fouriertransformation*.

Laplace- und Fouriertransformation

Die Rechnersimulation liefert die *numerische Lösung*. Sie ist in Echtzeit möglich. Die Güte der geschlossenen bzw. numerischen Lösung bestimmt man durch Vergleich mit Messungen am realen System. Objekt-, Zustands- und Klemmenform lassen sich numerisch lösen. Bei Verwenden eines Programmes mit Unterstützung des *Funktionsplans* (FUP) ist die Lösung durchgängig aus dem Schema generierbar. Besonders günstig ist die Objektform, da sie die maximale Wiederverwendbarkeit der Software ermöglicht.

numerische Lösung

Funktionsplan FUP

Beispiel: Um die Objektform (9.6) geschlossen zu lösen, wandelt man sie in die Zustandsform (9.9) und (9.10) oder in die Klemmenform (9.11) um. Die Sprungantwort auf $u_e\,(t > 0) = U$ lautet ohne Vorbelastung, d.h. für $\mathbf{x}^T(0+) = \mathbf{x}^T(0-) = \mathbf{x}^T(0) = [0 \quad 0]$:

$$\mathbf{x}(\infty) = -\mathbf{A}^{-1}\mathbf{b}u_e = U\begin{bmatrix}1\\0\end{bmatrix} \tag{9.12}$$

$$\frac{d\mathbf{x}(0+)}{dt} = \mathbf{b}u_e = \frac{U}{T(\beta+8)}\begin{bmatrix}\beta+5\\-\beta+1\end{bmatrix} \tag{9.13}$$

Man transformiert die DGL in eine algebraische Gleichung im Bildbereich, löst die Gleichung nach der Unbekannten auf und transformiert sie in den Zeitbereich zurück:

$$u_1(t) = U[-e^{-\frac{\beta+5}{\beta+8}\frac{t}{T}} \cos(\frac{\sqrt{\beta-1}}{\beta+8}\frac{t}{T}) + 1] \tag{9.14}$$

$$u_2(t) = -U\sqrt{\beta-1}e^{-\frac{\beta+5}{\beta+8}\frac{t}{T}} \sin(\frac{\sqrt{\beta-1}}{\beta+8}\frac{t}{T}) \tag{9.15}$$

Die Lösung ist schwingend gedämpft (Abbildung 9.15). Die niedrige Eigenfrequenz wird allerdings durch die hohe Dämpfung verdeckt. □

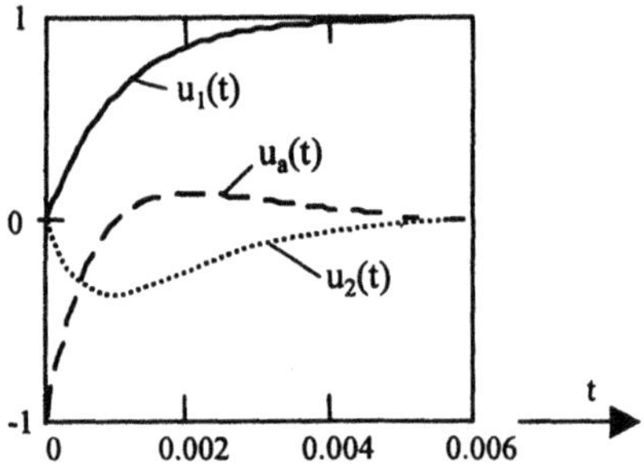

Abbildung 9.15 Zeitverlauf von u_1, u_2, u_a für $\beta = 250$ und $T = 10^{-3}\,s$

Beispiel: Numerische Lösung aufgrund von Objektform (9.6). Abbildung (9.16) zeigt das zugehörige Schema und den FUP, wobei Bauteile mit mehr als einem Funktionsblock (FB) eingerahmt sind.

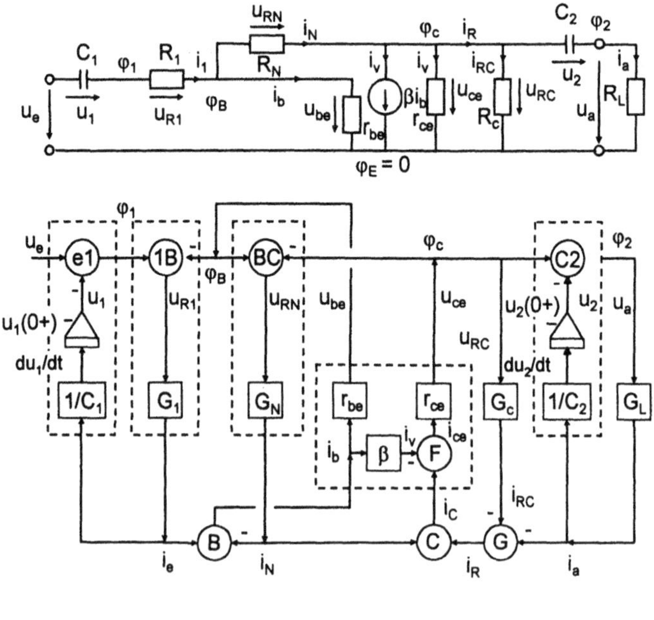

Abbildung 9.16 Schema und zugehöriger Funktionsplan

Oben befinden sich die Potenziale, darunter die Spannungen (allgemein zusätzlich spannungsgesteuerte Spannungsquelle). An sie schließen nach unten die *u-i*-Wandler (Widerstand und Kondensator) an (allgemein außerdem Spule, spannungsgesteuerte Stromquelle und stromgesteuerte Spannungsquelle). Schließlich folgen ganz unten die Ströme mit den stromgesteuerten Stromquellen. Ein Schaltungsknoten erscheint als Stromsammelpunkt im FUP. Ein Potenzialsammelpunkt kennzeichnet den Spannungsabfall über einem Bauteil. Für jede Bauteilklasse wird ein FB programmiert und in der FB-Bibliothek abgelegt, z.B. für den bipolaren Transistor (BIT). Kapseln der Objektdetails erhöht die Übersichtlichkeit des FUP (Abbildung 9.17).

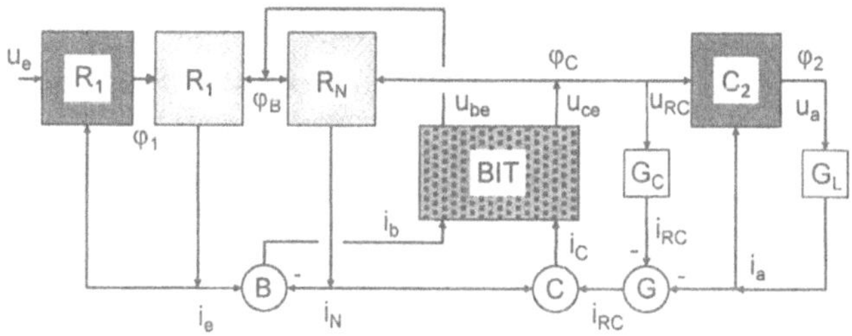

Abbildung 9.17 Funktionsplan mit gekapselten Bauteilen

Für einen konkreten BIT - eine Instanz - wird der FB aus der FB-Bibliothek geholt und parametriert. Dadurch muss jeder FB nur einmal programmiert werden. Will man ihn erweitern, z.B. vom Kleinsignal- aufs Großsignalverhalten, erfolgt das an einer Stelle des Programmes. Bei Verwenden einer grafischen Programmiersprache, z.B. Matlab mit Simulink, reduziert sich das Programmieren auf Anwählen der FB per Mausklick, Parametrieren und Verknüpfen. □

Algebraische Schleife: Ein wesentlicher Nachteil der Objektform ist das mögliche Auftreten von Schleifen ohne Integration (algebraischen Schleifen) im FUP, wie die Schleife G_1-B-r_{be}-1B-G_1 in Abbildung 9.16. Da eine algebraische Schleife abhängig von den Parameterwerten divergieren kann, erfordert sie spezielle numerische Verfahren, die Rechenzeit kosten. Bei einem System mit wenigen Variablen oder großer zulässiger Rechenzeit ist dieser Nachteil tolerierbar.

Bei unzulässig großen Rechenzeiten für die Objektform ergänzt man in jeder algebraischen Schleife eine „Streukapazität", wodurch ein Tiefpass entsteht, der unterhalb seiner Grenzfrequenz bzw. nach seiner Einschwingzeit wirkungslos ist. Alternativ wandelt man die Objektform in die Zustandsform um [9.3]. In beiden Fällen entsteht ein DGL-System mit kurzen Rechenzeiten selbst bei hoher Prozessordnung.

9.3 System erstellen

9.3.1 Übersicht

Ziel: Realisieren eines Projektes gemäß Spezifikation.

Das Verstehen eines vorhandenen, funktionierenden Systems und das Erstellen eines neuen Systems weisen einige Gemeinsamkeiten auf. Klassifizierung, Kapselung, Phasen und Näherung helfen bei beiden Aufgaben. Jede Aufgabe zerfällt in Analyse und anschließende Synthese. Es gibt aber auch wesentliche Unterschiede.

Das Verstehen:

- ist prinzipiell immer möglich, da das System ja existiert und funktioniert; die Realisierbarkeit einer Spezifikation ist hingegen nicht gesichert.
- beginnt mit der Analyse des realen Systems und endet mit der Synthese, während das Erstellen mit der Analyse einer Vorstellung - dem Lastenheft - anfängt und mit der Synthese zum realen System aufhört.

Wegen der genannten Unterschiede ist die Lösungsfindung bei einem Projekt im ersten Anlauf unmöglich. Sie bedingt geplante Iterationen.

9.3.2 Projektphasen

Ein Fehler während der Analyse wirkt sich i.a. erst bei der gleichen Stufe der Synthese aus (Abbildung 9.18).

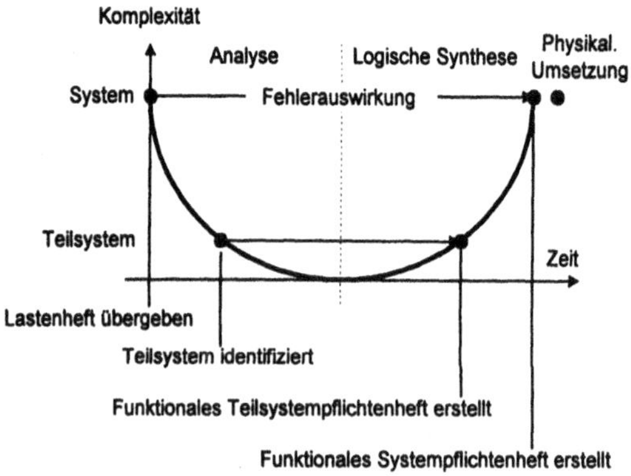

Abbildung 9.18 Typische Fehlerauswirkungskurve, Typ „Badewanne“

Projekte mit Hardware (HW) weisen eine relativ kleine Komplexität auf. Man wickelt ihre Planungsphasen sequenziell ab (sog. *HW-Wasserfall*) [9.4, 9.5] und korrigiert Fehler beim Auftreten nach dem Versuchs-und-Irrtums-Prinzip. Bei der komplexeren Software (SW) verbietet sich dieses Vorgehen wegen der vielen möglichen Versuche. Man plant sie nach der sog. *SW-Spirale*: Inkremental, nebenläufig und bewusst iterativ, um schnell eine grobe Vorstellung von der Lösung zu gewinnen, das sog. *Fast Prototyping*. In nachfolgenden, definierten Iterationsschritten verfeinert man die Lösung laufend.

HW-Wasserfall

SW-Spirale

Fast Prototyping

Da Systeme meist aus HW und SW bestehen, kombiniert man beide Verfahren (Abbildung 9.19).

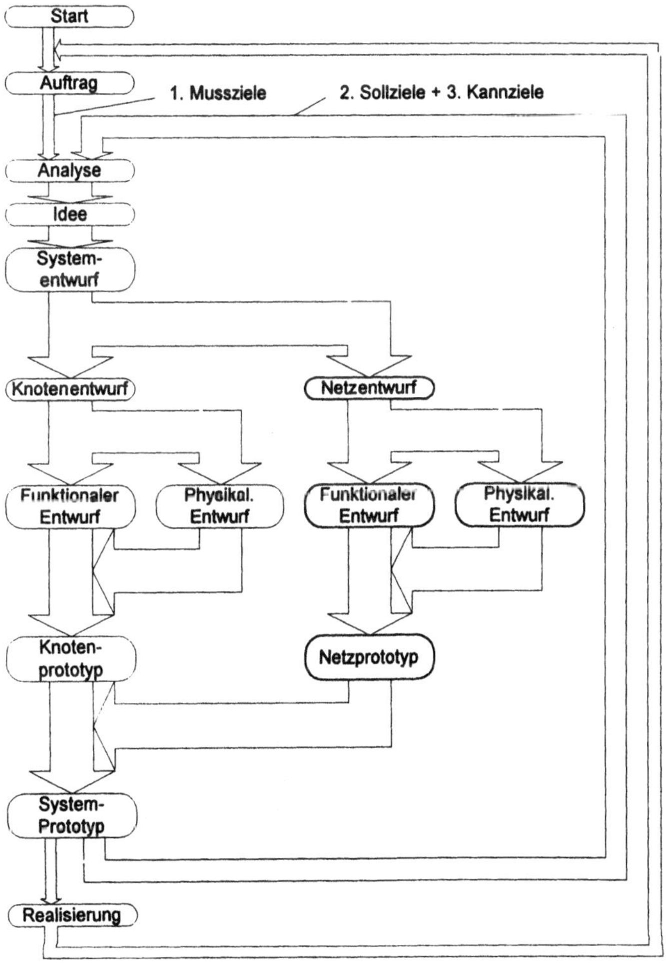

Abbildung 9.19 Projektphasen mit der Kombination von HW-Wasserfall und SW-Spirale

Während der Planung geht man nach der SW-Spirale vor, bei der Realisierung nach dem HW-Wasserfall mit dem Einfrieren des Systems nach Projektabschluss. Eine Weiterentwicklung (wozu auch eine neue SW-Version gehört) erfolgt nur nach Freigabe eines weiteren Projektes.

9.3.3 Erster Durchlauf: Mussziele

Auftrag: Er beschreibt das Ziel mit den gewünschten Merkmalen. Stark vereinfachtes Beispiel: Erstellen eines Fernsehnetzes mit 4 Sendern und wenigen Fernsehgeräten. Die Fernseher stehen auf Anhöhen. Jeder Fernseher soll jeden Sender empfangen können. In der zweiten Phase sollen Fernseher in Tälern zugeschaltet werden und in der dritten sollen weitere Sender empfangen werden können. In einem Folgeprojekt soll das Netz auch Daten übertragen können.

Analyse: Das Zielsystem wird in Teilaufgaben und –systeme zerlegt. Die Analyse ist beendet, wenn beide Zerlegungen durch vorhandene Komponenten realisierbar sind. Im Beispiel ist das System ein Fernsehnetz mit den Aufgaben Senden, Übertragen, Empfangen und Verstärken. Ein Netz besteht aus Knoten und Verbindungen. Das Senden erfolgt in 4 Quellknoten und das Empfangen sowie das Verstärken in den Zielknoten.

Muss-, Soll-, Kannziele

Auftragsziele nach Verbindlichkeit einstufen: Man stuft die Ziele nach *Muss-*, *Soll-* und *Kannzielen* ein. Im Beispiel ist der Empfang von 4 Sendern von jedem Fernseher auf einer Anhöhe ein Muss, im Tal ein Soll und der Empfang weiterer Sender ein Kann.

Iterationen: Der erste Durchlauf dient dem Auffinden einer Lösung für die Mussziele, während der zweite und dritte die Erfüllung der Soll- bzw. Kannziele aufzeigt.

Idee: Eine Idee ist spontan, weshalb keine (deterministische) Methodik sie erzeugen kann. Im Beispiel ist der Einsatz einer Empfangsantenne bei jedem Fernseher eine Lösungsidee.

Systementwurf: Die Idee führt zu Relaisstationen zwischen Sendern und Empfängern sowie zur herkömmlichen Empfangsantenne ohne Verstärker. Die Quellknoten sind gegeben. Knoten- und Netzaufgaben sind damit klar getrennt.

Knotenentwurf: Der funktionale Knotenentwurf bedeutet das Definieren von Relaisstationen zum Empfangen, Verstärken und Senden, während der physikalische Knotenentwurf ihre Platzierung auf Anhöhen bzw. Masten festlegt.

Knotenprototyp: Auf Grund des funktionalen und physikalischen Knotenentwurfs wird der Knotenprototyp erstellt.

Netzentwurf: Das Entwurfsprinzip lautet: Einfach, einfach, einfach! Für den funktionalen Netzentwurf bedeutet das z.B. einen Stern mit einer Relaisstation in der Mitte oder einen Baum mit Sendern und Empfängern in der untersten Ebene sowie mit Relaisstationen in den darüber liegenden Ebenen. Da nicht jeder Empfänger Sichtkontakt mit jedem Sender hat, ist eine Relaisstation mit Sichtkontakt zu allen Sendern und Empfängern unvermeidbar. Der physikalische Netzentwurf favorisiert deshalb aus Kostengründen die Sternstruktur.

Netzprototyp: Er kann nun definiert werden.

Systemprototyp: Knoten- und Netzprototyp erfüllen die Mussziele.

9.3.4 Zweiter Durchlauf: Sollziele

Idee: Nur wenige Fernseher im Tal haben Sichtkontakt mit einer zentralen Relaisstation. Deshalb erhöht man die Anzahl der Relaisstationen.

Knotenentwurf: Funktional ändert sich nichts, während physikalisch neben die abstrahlende die über Kabelnetz sendende Relaisstation tritt.

Netzentwurf: Funktional führt die Idee zur Baumstruktur. Physikalisch ist die Verbindung zwischen der jeweils untersten Relaisstation und den zugehörigen Empfängern als Kabelnetz auszuführen, während die Relaisstationen untereinander über Funk kommunizieren.

Systemprototyp: Knoten- und Netzentwurf erfüllen sowohl die Muss- als auch die Sollziele.

9.3.5 Dritter Durchlauf: Kannziele

Idee: Bei Erhöhung der Senderzahl steigt automatisch auch die Zahl der betroffenen Empfänger. Damit wird die Idee der Kommunikation über Satellit preislich konkurrenzfähig.

Knotenentwurf: Ein Satellit ist funktional eine Relaisstation. Seine (physikalische) Position gewährleistet die Sichtverbindung zu sehr vielen Empfängern. Die herkömmliche Empfangsantenne ohne Verstärker ist wegen des schwachen Signals durch eine Parabolantenne mit einem Verstärker zu ersetzen.

Netzentwurf: Man beachte, dass die Mussziele zu einer Sternstruktur führten, während die Sollziele eine Baumstruktur lieferten. Erfüllt man nun die Kannziele, resultiert wieder eine Baumstruktur. Allerdings ist der physikalische Netzentwurf verschieden: Die Mussziele lassen sich mit einer Relaisstation auf einer Anhöhe oder auf einem Mast mit wenigen Kilometern Übertragungsdistanz erfüllen; die

Kannziele hingegen durch einen Satellit in einer Umlaufbahn in großer Entfernung von den Empfängern.

Systementwurf: Knoten- und Netzentwurf decken Muss-, Soll- und Kannziele ab. Der Entwurf ist erfolgreich abgeschlossen.

9.3.6 Funktionalität erhöhen

Die Erweiterung des Fernsehnetzes um die Übertragung von Daten bedeutet nicht einfach einen Zusatz. Vielmehr sind die Übertragungsanforderungen so unterschiedlich, dass sie einen neuen Projektauftrag erfordern.

Das führt unter anderem dazu, dass das Netz vermascht wird. Allgemein führt ein zunehmender Vermaschungsgrad zu mehr Funktionalität und zu weniger Ordnung (= weniger Verständnis). Verzichtet man auf die zentrale Festlegung der Systemstruktur und gibt den Komponenten nur noch einfache Regeln vor, erzeugen sie selbst unter gewissen Bedingungen eine Struktur (sog. *Selbstorganisation* [9.6, 9.7]. Beispiel: In einem künstlichen Neuronalen Netz gibt es eine Lernstrategie. Ohne „Führungsneuron" organisiert sich das Netz in der Lernphase (siehe Kapitel 6). Selbst organisierte Strukturen sind besser an die Aufgabenstellung angepasst als fremd organisierte, da sie deren Komplexität wiedergeben und nicht verringern. Aus diesem Grunde sind sie auch nicht nachvollziehbar. Es bleibt abzuwarten, ob man damit künftig der zunehmenden Systemkomplexität begegnen kann.

9.4 Schlusswort

Die Komplexität von Automatisierungssystemen nimmt ständig zu. Ihre Beherrschung erfordert für alle Lebensphasen geeignete Methoden. Exemplarisch wurde die Mächtigkeit von Klassifizierung, hierarchischer Kapselung, Phasen und Näherung gezeigt. Die Erstellung eines Systems erfordert während der Planungsphasen das Abgehen von der bei materiellen Produkten erfolgreichen sequenziellen Bearbeitung. An ihre Stelle tritt die nebenläufige Bearbeitung von funktionalem und physikalischem Entwurf einerseits sowie von Systemknoten und Systemnetz andererseits. In bewussten Iterationen entsteht der Systemprototyp, der zunächst nur die Muss-, dann die Soll- und schließlich die Kannziele erfüllt. Das bedingt ein interdisziplinäres Projektteam mit hohem Koordinationsaufwand.

9.5 Literatur

[9.1] Möller, D.: *Modellbildung, Simulation und Identifikation.* Springer-Verlag, Berlin, 1992

[9.2] Hering, E.; Gutekunst, J.; Dyllong, U.: *Informatik für Ingenieure.* VDI Verlag, Düsseldorf, 1995, S.231

[9.3] Otter, M.: *Objektorientierte Modellierung Physikalischer Systeme, Teil 1 bis 6.* at 47(1):A1, (2):A5, (3):A9, (4):A13, (5):A17, (6):A21, 1999

[9.4] Booch, G.: *Object Oriented Design.* Benjamin/Cumming, Redwood City, California, 1991, S.198 ff

[9.5] Rechtin, E.: *The Synthesis of Complex Systems.* In: IEEE Spectrum July, 51, 1997

[9.6] Warnecke, H.-J.: *Selbstorganisation im Produktionsbereich.* In: TR TRANSFER, 10(4), 1995

[9.7] Gottschalk, E.: *Wohin entwickeln sich Unternehmensstrukturen?* In: etz 8 (13-14), 1995

Kapitel 10

Mechatronik

von Bolli Björnsson

10.1 Einführung

Mechatronische Systeme sind technische Geräte, Maschinen oder Anlagen, die aus einer Kombination von mechanischen Elementen und elektrotechnischen bzw. elektronischen Komponenten bestehen. Sie sind meist in ihrer Natur maschinenbautechnische Produkte. Ihre wesentlichen funktionellen Eigenschaften werden jedoch durch moderne steuerungs- und regelungstechnische Verfahren erzeugt, die auf digitaler Basis mit Hilfe einer Informationsverarbeitung realisiert werden. Beispiele solcher Produkte sind Anti-Blockier- bzw. Anti-Schlupf-Systeme und intelligente Getriebe in der Fahrzeugtechnik oder mikromechanische Geräte in der Medizintechnik.

mechatronische Systeme

Bei Herstellung von Gütern des täglichen Bedarfs, wie Textilien, Leder-, Papier-, Holz-, Kunststoff- und Metallerzeugnisse, werden Rohstoffe verschiedenster Art umgeformt, verarbeitet, verpackt und transportiert. Auch der Automobilbau ist ohne verschiedene Typen von Werkzeugmaschinen, Pressen, Lackierautomaten und Industrierobotern heute nicht denkbar. Das typische Merkmal dieser Produktionsprozesse ist, dass die zu verarbeitenden Güter durch eine Kette von Arbeitsprozessen, wie Trennen, Fügen, Formen, Dosieren, Spannen, Bohren, Beschichten, geführt werden. Bei praktisch allen diesen Arbeitsprozessen werden *mechanische Bewegungsvorgänge* benötigt, die von einem geeigneten mechanischen System bereitgestellt werden. Auch solche Verarbeitungsmaschinen sind mechatronische Systeme.

mechanische Bewegungsvorgänge

Der Begriff *Mechatronik* (engl. Mechatronics) bringt die Verbindung von *Mechanik* (engl. Mecanics) und *Elektronik* (engl. Electronics) zum Ausdruck [10.1, 10.2, 10.3]. Es wurde erstmalig etwa 1971 in Japan im Zusammenhang mit der Entwicklung von Robotern geprägt. In [10.4] wird dieser Begriff wie folgt definiert:

Mechatronik

Definition Mechatronik

Mechatronik ist ein interdisziplinäres Gebiet der Ingenieurwissenschaften, das auf den klassischen Disziplinen Maschinenbau, Elektrotechnik und Informatik aufbaut.

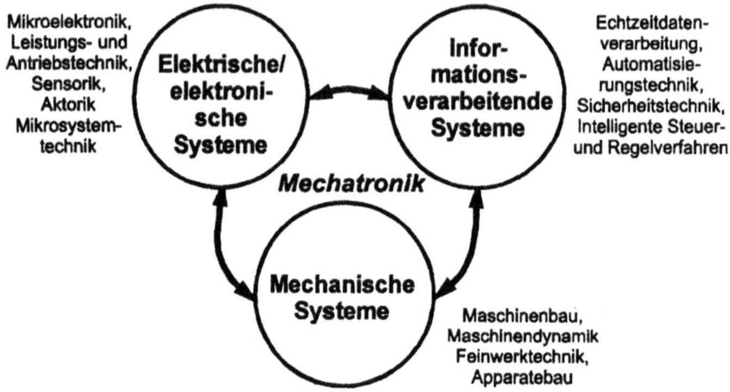

Abbildung 10.1 Wechselwirkung zwischen Mechanik, Elektrotechnik und Informationsverarbeitung zu interdisziplinären Gebiet Mechatronik

In Rahmen der Mechatronik wirken somit folgende Disziplinen zusammen (Abbildung 10.1):

- *Mechanische Systeme* (Maschinenbau, Maschinendynamik, Feinwerktechnik und Apparatebau),
- *Elektrische/elektronische Systeme* (Mikroelektronik, Leistungselektronik und elektrische Antriebstechnik, Sensorik, Aktorik, Mikrosystemtechnik),
- *Informationsverarbeitungssysteme* (Systemtheorie, Automatisierungstechnik, Echtzeitdatenverarbeitung, Signalverarbeitung, intelligente Steuer- und Regelverfahren sowie Sicherheitstechnik).

10.2 Teilsysteme mechatronischer Systeme

10.2.1 Grundsätzlicher Aufbau

mechanisches System

Einen Überblick über die Elemente mechatronischer Systeme gibt die Abbildung 10.2 an. Der Kern eines solchen Systems ist dabei immer ein *mechanisches System*, das sein Bewegungszustand gezielt durch Aufbringen äußerer Kräfte und Drehmomente verändern kann. Bei mechatronischen Systemen steht daher immer die Frage im Vordergrund, welche äußere Kräfte und Drehmomente auf das mechanische System ausgeübt werden müssen, damit es vorgegebene Bewegungen mit einer erforderlichen Genauigkeit bis in den Nanometerbereich (10^{-9} m), z.B. bei numerisch gesteuerten Werkzeugmaschinen, oder bis Pikometerbereich (10^{-12} m) bei mikromechanischen Systemen ausführt [10.3, 10.5].

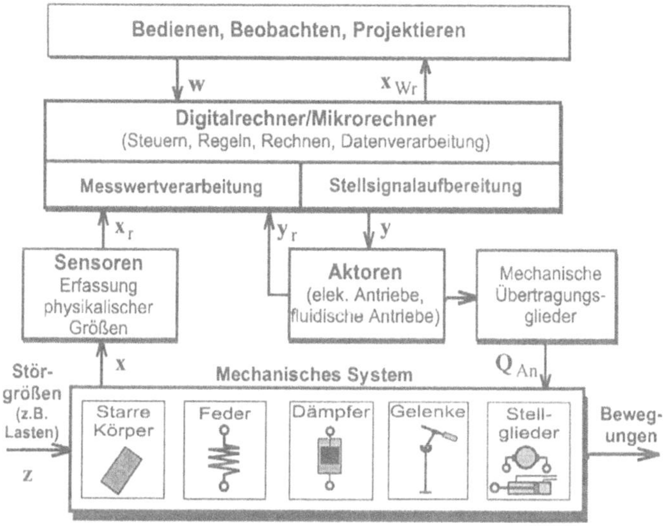

Abbildung 10.2 Grundsätzlicher Aufbau und eingesetzte Komponenten mechatronischer Systeme

Die technische Umsetzung setzt einen geschlossenen Wirkungskreis voraus. Um die erforderlichen äußere Kräfte und Drehmomente $\mathbf{Q}_{An}$ zu erzeugen, müssen entsprechende *Aktoren* eingesetzt werden. Zur Erfassung der physikalischen Größen $\mathbf{x}$ des mechanischen Systems werden geeignete *Sensoren* benötigt. Eine in Software realisierte Steuerungs- und Regelungstechnik bestimmt aus den erfassten Messgrößen und vorgegebenen Führungsgrößen die erforderlichen Stellbefehle $\mathbf{y}$, die als Eingangsgrößen auf die Aktoren wirken. Das dabei eingesetzte *Rechnersystem* kann, je nach benötigter Rechenleistung, von einer einfachen Mikrocontrollerschaltung bis zu einem modular aufgebauten Automatisierungssystem reichen. Es muss jedoch über geeignete Prozessschnittstellen verfügen, um effizient mit Sensoren und Aktoren kommunizieren zu können.

Aktoren

Sensoren

Rechnersystem

Über dem geschlossenen Wirkungskreis kann eine *Projektierungs- und Bedienebene* liegen. Hier können Führungsgrößen $\mathbf{w}$ vorgegeben (z.B. durch Programmierung von Bewegungsprofilen) oder Rückmeldungen und Istzustände $\mathbf{x}_{Wr}$ von Bewegungsabläufen angezeigt werden.

Projektierungs- und Bedienebene

10.2.2 Sensoren

Informationsgewinnung

Sensoren haben die Aufgabe, die analogen und binären Größen des mechatronischen Systems zu erfassen, sowie die Aufbereitung dieser Größen für die Informationsverarbeitung im Rechnersystem vorzunehmen. Sie dienen somit der *Informationsgewinnung*.

elektrische und mechanische Größen

Typische Messgrößen bei mechatronischen Systemen sind vor allem *elektrische Größen* (z.B. Strom, Spannung) und *mechanische Größen* (z.B. Weg bzw. Winkel, Geschwindigkeit, Drehzahl, Beschleunigung, Kraft, Drehmoment). Auch andere physikalische Größen wie Temperatur und Druck müssen erfasst werden.

Bei mechatronischen Systemen werden binäre Sensoren vielseitig eingesetzt. Von grundsätzlicher Bedeutung für die eingesetzten Sensoren ist ihre Integrationsfähigkeit in das mechanische System.

Abbildung 10.3 Grundsätzlicher Aufbau von Sensoren

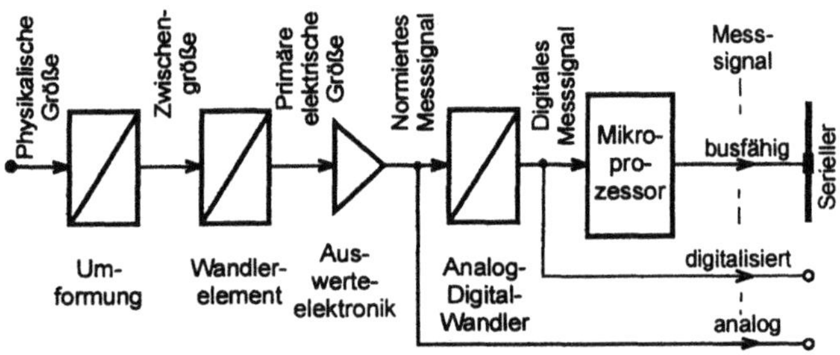

integrierte Elektronik

Abbildung 10.3 zeigt den grundsätzlichen Aufbau von Sensoren. Das wesentliche Prinzip besteht dabei darin, eine zu messende physikalische Größe in eine elektrische Größe umzuwandeln. Zur Verarbeitung der gewonnenen elektrischen Größe dient eine *integrierte Elektronik*, die zunächst in erster Linie die Verstärkung des meist sehr leistungsschwachen Signals vornimmt. Des Weiteren kann eine Anpassung des Messbereiches auf ein genormtes Ausgangssignal (etwa ± 10 V für den gesamten Messbereich) und ggf. eine Nullpunktkompensation stattfinden.

Für die Verarbeitung des Messsignals im Rechnersystem muss eine Umwandlung des elektrischen Signals in einen vom Rechner interpretierbaren Zahlenwert stattfinden. Hierzu werden Analog-Digital (A/D) - Wandler eingesetzt, die den festgelegten Messbereich auf einen n - Bit breiten Digitalwert umwandelt. Es ergibt sich dabei eine Auflösung mit typisch 2^{-n} (mit $n = 8, ..., 16$) Inkrementen.

Die fortschreitende Entwicklung mikroelektronischer Bauelemente hat dazu geführt, dass z.B. *Mikrocontroller* oder *ASIC* (Application Specific Integrated Circuit) als digitale Auswerteeinheit in den Sensor integriert werden. Dadurch entstehen *intelligente Sensoren.* Es lassen sich dann eine Reihe weiterer Funktionen in den Sensor integrieren. Beispiele hierfür sind selbstständige Überwachung der Messgröße und Auslösen von Alarmen bei Erreichen von Grenzzuständen oder Linearisierung und Filterung des Messsignals vor Ort. Des Weiteren bietet die digitale Auswerteeinheit die Möglichkeit das Messsignal auf digitalem Wege zu übertragen. Hier kommen in wachsendem Maße busfähige Sensoren zum Einsatz, d.h. Sensoren, die als Teilnehmer an einem Feldbussystem betrieben werden können.

Mikrocontroller
ASIC
intelligente Sensoren

Von grundsätzlicher Bedeutung für mechatronische Systeme sind auch *inkrementelle* oder *absolute Wegmesssysteme*, die auf Basis einer fotoelektrischen Abtastung einer codierten Scheibe arbeiten. Der zu messende Weg oder Winkel wird in eine Vielzahl von Inkrementen aufgeteilt oder meist absolut in *Gray-Code* codiert. Mit Hilfe der Abtastung wird jeweils ein Inkrement oder der jeweilige Code erfasst. Der Messwert liegt sofort als digitaler Wert vor, entwender als Ergebnis einer Zählung einzelner inkrementeller Impulse oder als digitaler Code.

inkrementelle oder absolute Wegmesssysteme
Gray-Code

10.2.3 Aktoren

Die mit Hilfe der Informationsverarbeitung erzeugten Stellbefehle werden durch Aktoren in entsprechende leistungsstarke physikalische Stellgrößen umgesetzt (Abbildung 10.4).

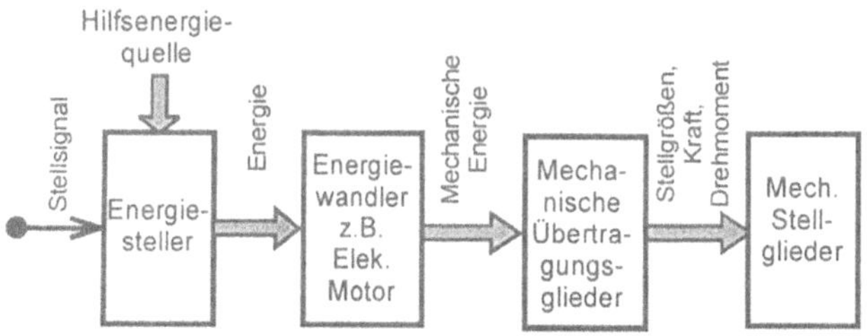

Abbildung 10.4 Typische Wirkungskette eines Aktors für mechatronische Systeme

Die erforderliche Stellenergie wird als *mechanische Translations- oder Rotationsenergie* benötigt, die meist aus elektrischer Energie durch elektrische Antriebe, in anderen Fällen aus fluidischer Energie durch hydraulische oder pneumatische Antriebe gewonnen wird. Die mechanischen Stellgrößen müssen an der Schnittstelle zum mechanischen System oft hohe Anforderungen erfüllen. Beispielsweise muss

Mechanische Translations- oder Rotationsenergie

ein exakter zeitlicher Verlauf der aufgeprägten Drehmomente bzw. Kräfte eingehalten werden, damit ein gewünschter Bewegungsverlauf zu Stande kommt. Dies erfordert meist zusätzliche *mechanische Übertragungsglieder* wie Kopplungen, Getriebe, Spindel-Mutter-Systeme, Zahnstange-Ritzel- bzw. Schnecke-Systeme und verschiedene Bindungselemente zur Übertragung der bereitgestellten Stellenergie an die Wirkstellen des mechanischen Systems.

Für die typischen mechatronischen Anwendungen im Bereich der Produktionstechnik sind hochdynamische elektrische Servoantriebe im Leistungsbereich von 100 W bis 25 kW die wichtigsten Aktoren.

10.2.4 Die Informationsverarbeitung

Die Eigenschaften mechatronischer Systeme werden wesentlich durch die übergeordnete Informationsverarbeitung bestimmt. Die aus den vorgegebenen Führungsgrößen w(t) und den erfassten Sensorgrößen x(t) berechneten Stellsignale y(t) müssen dabei *zu richtigen Zeitpunkten* bestimmt und an die Aktoren übertragen werden. Damit wird sichergestellt, dass die vorgesehenen Bewegungsvorgänge im mechanischen System mit der gewünschten Genauigkeit ablaufen. Die Informationsvorgänge können daher nicht losgelöst von den dynamischen Vorgängen des mechanischen Systems betrachtet werden. Vielmehr müssen sich die Abläufe der Programme im Rechner nach den echten Zeitabläufen des mechanischen Systems richten. Eine Zeit-Dehnung oder -Raffung ist nicht zulässig [10.6, 10.7]. Man spricht von *Programmabarbeitung in Echtzeit* oder *Echtzeitdatenverarbeitung*. Neben den Führungs- und Sensorgrößen ist die *Zeit* eine wesentliche Einflussgröße.

Programmierung in Echtzeit

Die Echtzeitdatenverarbeitung ist somit die Erstellung von Programmen in der Weise, dass

- die Erfassung der erforderlichen Führungs- und Sensorgrößen
- ihre Verarbeitung im Rechner
- die Ausgabe der Stellsignale

die gestellten Zeitanforderungen erfüllt. Dabei wird für die zeitliche Abarbeitung eines Programms der Begriff *Rechenprozess* (Task) eingeführt. Ein Rechenprozess ist dabei der zeitliche Vorgang der Abarbeitung eines sequenziellen Programms auf einem Rechner.

Rechenprozess

Bei mechanischen System laufen bei Änderung des Bewegungszustandes meist mehrere Bewegungsabläufe *parallel* und *zeitgleich* ab. Es müssten daher zu gleichen Zeitpunkten jeweils mehrere Rechenprozesse, die mehrere unterschiedliche Stellbefehle erzeugen, parallel ablaufen. Andererseits kann ein Rechnersystem auf Grund seiner sequenziellen Arbeitsweise lediglich nur einen Rechenprozess zu

parallele und zeitgleiche Bewegungsabläufe

einem Zeitpunkt abarbeiten. Es muss daher ein Weg gesucht werden, mehrere konkurrierende Rechenprozesse quasi zu gleicher Zeit in einem Rechner zu bearbeiten.

Es können auch externe Ereignisse, z.B. von Sensoren, auftreten, die es erforderlich machen, dass das Rechnersystem mit möglichst geringer Verzögerung darauf reagiert. Bei Auftreten solcher Ereignisse, die bei mechatronischen Systemen sehr vielseitig sein können, muss das Rechnersystem bei einer Echtzeitverarbeitung in der Lage sein, unabhängig von Art und Umfang des gerade zu bearbeitenden Programms, auf ein in beliebiger Zeit auftretendes äußeres Ereignis höherer Dringlichkeit in programmierter Weise zu reagieren. Dabei muss eine *maximal vorgebbare Reaktionszeit* eingehalten werden.

Es müssen somit bei der Informationsverarbeitung von mechatronischen Systemen folgende wesentliche Anforderungen erfüllt werden:

- Die Forderung nach *Rechtzeitigkeit*, d.h. das Ergebnis muss rechtzeitig in Bezug auf das Zeitverhalten des angeschlossenen mechatronischen Systems vorliegen. Dies bedeutet, dass garantierte *Zyklus-* und *Abtastzeiten* eingehalten werden müssen. Rechtzeitigkeit
- Die Forderung nach *Gleichzeitigkeit*, d.h. es müssen mehrere Ergebnisse gleichzeitig in Bezug auf die parallel ablaufenden Teilprozesse im mechanischen System vorliegen. Dies bedeutet, dass mehrere Rechenprozesse quasi gleichzeitig bearbeitet werden müssen. Gleichzeitigkeit
- Die Forderung nach *Reaktion auf äußere Ereignisse*, d.h. es muss auf äußere Ereignisse hoher Dringlichkeit spätestens nach einer vorgebbaren maximalen Zeit in programmierbarer Weise reagiert werden können. Reaktion auf äußere Ereignisse

Rechnersysteme, die diese Anforderungen erfüllen, arbeiten *im Echtzeitbetrieb*. Diese Betriebsweise wird im Wesentlichen durch folgende drei Eigenschaften des Rechnersystems gewährleistet: Echtzeitbetrieb

Prioritätssteuerung: Einzelne konkurrierende Rechenprozesse erhalten eine *Priorität*. In Abhängigkeit dieser Priorität werden dann die Rechenprozesse vom Rechnersystem bearbeitet. Sollen mehrere Rechenprozesse zu gleichem Zeitpunkt bearbeitet werden, wird immer der Rechenprozess bearbeitet, der die höchste Priorität besitzt. Priorität von Rechenprozessen

Multi-Tasking-Betrieb: Die Abarbeitung einzelner Rechenprozesse wird vom Rechner *kurz hintereinander* und *mehrfach nacheinander* durchgeführt. Die Forderung nach Gleichzeitigkeit ist dann näherungsweise erfüllt, wenn die Bearbeitungszeit einzelner Rechenprozesse klein im Verhältnis zu den Zeitanforderungen des mechatronischen Systems sind. Multi-Tasking von Rechenprozessen

Unterbrechbarkeit von Rechenprozessen: Kann die Bearbeitung eines Rechenprozesses zu Gunsten eines anderen Rechenprozesses mit höherer Dringlichkeit unterbrochen werden, wird die Forderung nach Reaktion auf schnelle Ereignisse erfüllt. Dabei muss sichergestellt sein, dass die Unterbrechung nach einer fest definierten Zeitspanne nach dem Auftreten des Ereignisses erfolgt. Es muss auch sichergestellt sein, dass der unterbrochene Rechenprozess an der unterbrochenen Stelle später weiterverarbeitet werden kann. Die Festlegung, ob ein Rechenprozess unterbrochen werden soll, wird meist durch eine *Priorität* festgelegt. Diese Eigenschaft wird *Präemption* genannt und ist eine sehr wichtige Eigenschaft bei Echtzeitdatenverarbeitung.

Priorität

Präemption

Der Echtzeitbetrieb ist keine Besonderheit mechatronischer Systeme. Vielmehr wird diese Betriebsweise bei allen digital verarbeitenden Automatisierungsgeräten in ein oder anderer Weise benötigt. Bei mechatronischen Systemen liegen jedoch auf Grund von sehr hohen Verfahrgeschwindigkeiten und Beschleunigungen, sowie auf Grund der i.a. kleinen Zeitkonstanten des mechanischen Systems, Anforderungen vor, die besonders kurze Reaktions- und Verarbeitungsgeschwindigkeiten des Rechnersystems verlangen. Dabei müssen *harte Echtzeitbedingungen* mit Reaktionszeiten in Bereich von µs bis ms eingehalten werden.

harte Echtzeitbedingungen

10.2.5 Das mechanische System

Die Bewegungseigenschaften des mechatronischen Systems sind wesentlich durch ihre *mechanische Struktur* bestimmt. Die mechanische Struktur setzt sich dabei meist aus mehreren *massebehafteten Körpern* zusammen. Die einzelnen Körper, die in seiner materiellen Eigenschaft starr oder elastisch sein können, sind durch verschiedene *Bindungselemente* miteinander verbunden. Beispiele solcher Bindungselemente sind kinematische Bindungen (z.B. Schub- und Dreh- oder Kugelgelenke, Führungen, Koppelstangen), Bindungen, deren Eigenschaften durch die Kraftgesetzte der Mechanik beschrieben werden (Feder, Dämpfer) und Bindungen, die aktive Stellglieder enthalten (elektrische oder fluidische Antriebe). Beispielsweise besteht ein sechsarmiger Knickarmroboter nach Abbildung 10.5 aus sechs als starr angenommenen und massebehafteten Gelenkkörpern K_1, K_2, ..., K_6, die jeweils miteinander über Drehgelenke G_1, G_2, ..., G_6 gebunden sind. Auf die Drehgelenke wirken elektrische Antriebe, meist über zwischengeschaltete und hochuntersetzende Getriebe. Dadurch können einzelne Gelenkkörper relativ zueinander bewegt werden.

massebehaftete Körper

Bindungselemente

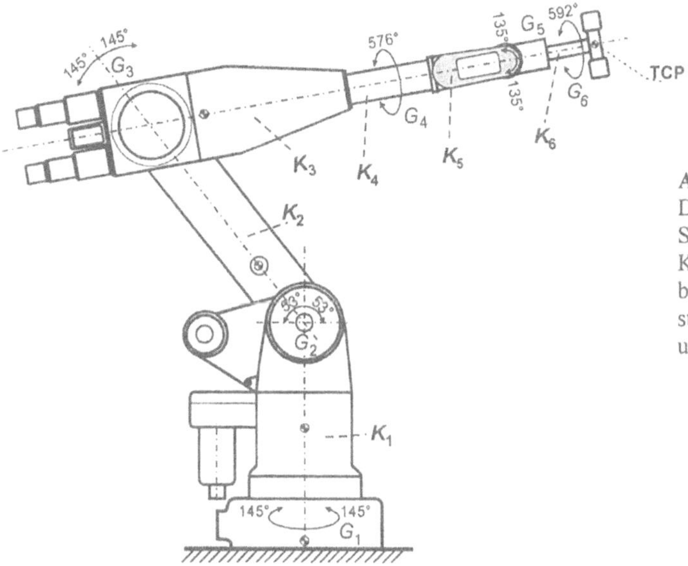

Abbildung 10.5
Das mechanische System eines Knickarmroboters bestehend aus 6 starren Körpern und 6 Gelenken

10.3 Modellbildung des mechanischen Systems

10.3.1 Mehrkörpersysteme

Bei der Analyse mechatronischer Systeme ist eine *mathematische Modellbildung* des mechanischen Systems von elementarer Bedeutung. Das mathematisches Modell beschreibt dabei alle wichtigen statischen und dynamischen Eigenschaften des mechanischen Systems durch eine Differenzialgleichung bzw. durch Systeme von Differenzialgleichungen.

mathematische Modellbildung

Bei der *theoretischen Modellbildung*, die bei mechatronischen Systemen von elementarer Bedeutung ist, werden ausreichende Systemkenntnisse über das mechanische System vorausgesetzt. Sie ermöglicht dann die wesentlichen Eigenschaften des mechanischen Systems durch Grundgleichungen der Physik, z.B. aus den Bereichen technische Mechanik, Elektrotechnik, Hydraulik oder Thermodynamik, mathematisch zu beschreiben. Bei einem einfachen mechanischen System mit einem Freiheitsgrad ist dies meist eine relativ einfache Aufgabe. Besteht jedoch das mechanische System, wie bei mechatronischen Systemen üblich, aus mehreren massebehafteten, über

theoretische Modellbildung

Bindungselemente gekoppelten Körpern, müssen vorher gewisse Annahmen und teilweise starke Vereinfachungen getroffen werden, um eine theoretische Modellbildung zum Erfolg führen. Dabei werden meist die massebehafteten Elemente als *starre Körper* angenommen, die *Bindungselemente* wie Gelenke, Feder oder Dämpfer dagegen als masse- und trägheitslos vorausgesetzt.

Mehrkörpersystem

Es entsteht somit ein Ersatzsystem, das so genannte *Mehrkörpersystem* (*MKS*) des mechanischen Systems mit folgenden Eigenschaften [10.2, 10.8]:

- MKS besteht aus einer endlichen Anzahl N von masse- und trägheitsbehafteten starren Körpern. Jeder starrer Körper hat, ohne Berücksichtigung vorhandener Bindungen, *drei translatorische* und *drei rotatorische Freiheitsgrade* im Raum.
- Durch vorhandene *kinematische Bindungen* wird die Bewegungsfreiheit der starren Körper eingeschränkt. Es entstehen so genannte Zwangsbedingungen. Sind k solche Zwangsbedingungen vorhanden, hat das MKS den Freiheitsgrad

$$n = 6 \cdot N - k\,. \tag{10.1}$$

- Auf die massebehafteten Körper können *äußere Kräfte* F_i und *äußere Drehmomente* M_i als gerichtete Größen einwirken.

aktiver Freiheitsgrad

Ein Freiheitsgrad heißt *aktiv*, wenn er über ein Stellglied gezielt bewegt werden kann. Dies trifft z.B. allgemein bei Robotern und Werkzeugmaschinen zu. Solche aktive Freiheitsgrade werden dann meist *Achsen* oder *Bewegungsachsen* genannt und können gezielt mit Hilfe der Informationsverarbeitung bewegt werden. Von besonderer Bedeutung sind MKS mit *Baumstrukturen* oder *offenen Ketten*. Dies sind MKS, die über einen offenen Wirkungskreis verfügen. Bei Robotern ist dies beispielsweise meist gegeben. Die Modellbildung kann sich dann relativ einfach gestalten, wobei hauptsächlich die Methoden der *Kinematik* und der *Kinetik* der technischen Mechanik Anwendung finden.

Achsen
Bewegungsachsen
Baumstrukturen
oder offene Ketten

Beispiel: Ein MKS für den oben betrachteten Knickarmroboter zeigt die Abbildung 10.6. Es handelt sich um ein MKS als *offene kinematische Kette* mit sechs starren Körpern und sechs aktiven Freiheitsgraden. Am Endpunkt einer offenen Kette sitzt meist der so genannte *Endeffektor*, bei Robotern meist *TCP* (Tool Center Point) genannt. Er entspricht etwa der Werkzeugspitze bei Werkzeugmaschinen oder Greifermittelpunkt bei Robotern. Bei den meisten mechatronischen Anwendungen besteht die Hautpaufgabe darin, die Lage und Orientierung des Endeffektors längs einer Bahn zu führen bzw. in vorgegebene Lagen exakt zu positionieren.

Endeffektor
TCP

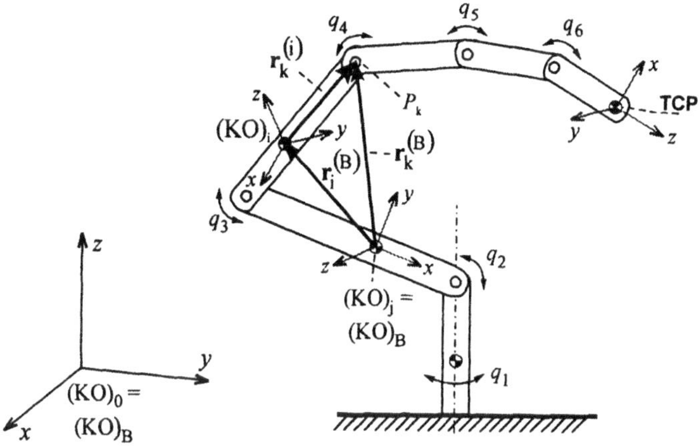

Abbildung 10.6 Darstellung eines Knickarmroboters als kinematische Kette eines MKS in Baumstruktur

MKS in Baumstruktur besitzen die angenehme Eigenschaft, dass sich zu jeder Struktur des Systems mit f Freiheitsgraden auch stets f *verallgemeinerte Koordinaten* q_i, i = 1, 2,..., f angeben lassen. Eine solche Koordinate beschreibt die Bewegung des einzelnen Freiheitsgrades. Durch diese Koordinate kann die Lage des MKS auch eindeutig bestimmt werden. In Abbildung 10.6 sind die verallgemeinerten Koordinaten q_i, i = 1, 2,...,6 des Knickarmroboters eingezeichnet. In der Robotertechnik werden diese verallgemeinerten Koordinaten meist als *Gelenkkoordinaten* bezeichnet.

verallgemeinerte Koordinaten

Gelenkkordinaten

10.3.2 Die Kinematik von Mehrkörpersystemen

Die *Kinematik* beschreibt den geometrischen Ort, sowie den zeitlichen Verlauf von Bewegungen, d.h. den Verlauf vom Lage, Geschwindigkeit und der Beschleunigung einzelner starrer Körper (genauer eines bestimmten Punktes des Körpers) in einem Bezugskoordinatensystem. Dabei werden die Ursachen der Bewegungen, nämlich aufgeprägte Kräfte und Drehmomente nicht berücksichtigt [10.9].

Kinematik

Koordinatensysteme: Für die Beschreibung der räumlichen Bewegung eines starren Körpers K_i werden zunächst zwei Koordinatensysteme benötigt:

- Ein *Bezugskoordinatensystem* (KO)$_B$ mit den Einheitsvektoren $\vec{e}_{Bx}$, $\vec{e}_{By}$, $\vec{e}_{Bz}$.

  Bezugskoordinatensystem

- Ein *körperfestes Koordinatensystem* (KO)$_i$ mit den Einheitsvektoren $\vec{e}_{ix}$, $\vec{e}_{iy}$, $\vec{e}_{iz}$, das mit dem Körper K_i fest verankert ist. Für

  körperfestes Koordinatensystem

den Gelenkkörper K_i des Knickarmroboters in Abbildung 10.6 wird dieses Koordinatensystem eingeführt.

Die Aufgaben der Kinematik beziehen sich dann auf die Beschreibung der Bewegungsgrößen eines Punktes des starren Körpers K_i in seinem körperfesten Koordinatensystemen $(KO)_i$ sowie die Bestimmung der Transformationsgleichungen zwischen diesen Koordinatensystemen und dem Bezugskoordinatensystem $(KO)_B$. Bei der Wahl des Bezugskoordinatensystems sind dabei zwei unterschiedliche Möglichkeiten gegeben:

Inertialsystem

- Das Bezugskoordinatensystem ist ein *Inertialsystem* $(KO)_0$. In praktischem Fall ist dies ein festes Koordinatensystem, z.B. ein in der Bodenplatte verankertes Koordinatensystem beim Knickarmroboter. Die Bewegungsgrößen des starren Körpers K_i werden bezüglich dieses Inertialsystems absolut beschrieben. Bei 6 Freiheitsgraden ist die Position und die Orientierung des Punktes P_k durch die drei Koordinaten x, y, z und durch drei Winkeln ψ, φ, ϑ eindeutig bestimmt. In Vektorform schreibt man häufig

$$\mathbf{x}^{(0)} = [x, y, z, \psi, \varphi, \vartheta]^T . \quad (10.2)$$

bewegtes Koordinatensystem

- Das Bezugskoordinatensystem ist ein *bewegtes Koordinatensystem* z.B. ein mit einem Körper K_j des MKS verbundenes Koordinatensystem $(KO)_j$. In diesem Fall wird die Bewegung des Körpers K_i relativ zu dem ebenfalls bewegten Bezugskörper K_j beschrieben.

Koordinatentransformation: Die Position eines Punktes P_k im Koordinatensystem $(KO)_i$, das mit dem starren Körper K_i verankert ist (siehe Abbildung 10.6), ist durch den (3x1)-Ortsvektor $\mathbf{r}_k^{(i)}$ gegeben. Er wird in kartesischen Koordinaten angegeben und kann durch

$$\mathbf{r}_k^{(i)} = x_k \cdot \vec{e}_{ix} + y_k \cdot \vec{e}_{iy} + z_k \cdot \vec{e}_{iz} \quad \text{bzw.} \quad \mathbf{r}_k^{(i)} = [x_k \ \ y_k \ \ z_k]^T \quad (10.3)$$

Position und Orientierung

dargestellt werden. Im einem Bezugskoordinatensystem $(KO)_B$ wird die *Position und Orientierung* des gleichen Punktes durch einen (3x1)-Ortsvektor $\mathbf{r}_k^{(B)}$ und durch eine (3x3)-Drehmatrix $\mathbf{D}^{(B,i)}$ festgelegt. Es gilt die Transformationsgleichung

$$\mathbf{r}_k^{(B)} = \mathbf{r}_i^{(B)} + \mathbf{D}^{(B,i)} \cdot \mathbf{r}_k^{(i)} \quad (10.4)$$

Der Ortsvektor $\mathbf{r}_i^{(B)}$ ist durch drei kartesische Koordinaten charakterisiert und gibt die Position des Koordinatenursprungs des Koordinatensystems $(KO)_i$ im Bezugskoordinatensystem $(KO)_B$ an. Er ist durch

$$\mathbf{r}_i^{(B)} = \left[x_{Bi} \;\; y_{Bi} \;\; z_{Bi}\right]^T \tag{10.5}$$

gegeben. Die Drehmatrix $\mathbf{D}^{(B,i)}$ gibt die Orientierung des Koordinatensystems $(KO)_i$ gegenüber dem Koordinatensystem $(KO)_B$ an.

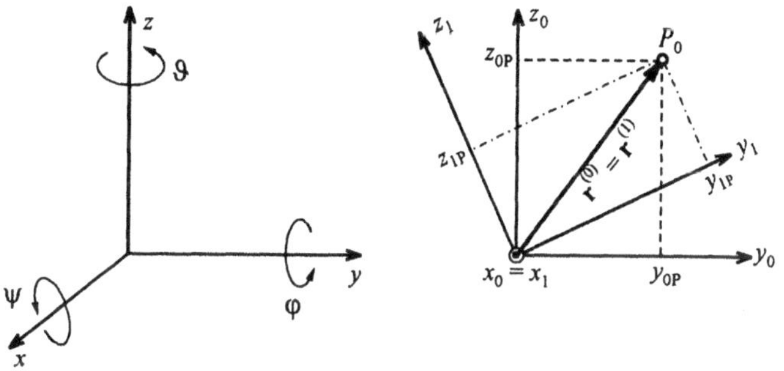

Abbildung 10.7 Elementardrehung um die x-Achse

Elementardrehungen

Sie lässt sich aus drei aufeinander folgenden *Elementardrehungen* aufbauen, wobei jede Elementardrehung jeweils einer positiven Drehung um eine Koordinatenachse entspricht. Mit dem Winkel ψ um die x-Achse, erhält man mit Hilfe der Abbildung 10.7 die Drehmatrix

$$\mathbf{r}^{(0)} = \begin{bmatrix} x_{0P} \\ y_{0P} \\ z_{0P} \end{bmatrix} = \begin{bmatrix} 1 & 0 & 0 \\ 0 & \cos\psi & -\sin\psi \\ 0 & \sin\psi & \cos\psi \end{bmatrix} \cdot \begin{bmatrix} x_{1P} \\ y_{1P} \\ z_{1P} \end{bmatrix} = \mathbf{D}_{x(\psi)} \cdot \mathbf{r}^{(1)} . \tag{10.6a}$$

Für Winkel φ bzw. ϑ um die y-Achse bzw. z-Achse erhält man in gleicher Weise:

$$\mathbf{D}_{y(\varphi)} = \begin{bmatrix} \cos\varphi & 0 & \sin\varphi \\ 0 & 1 & 0 \\ -\sin\varphi & 0 & \cos\varphi \end{bmatrix} \text{bzw. } \mathbf{D}_{z(\vartheta)} = \begin{bmatrix} \cos\vartheta & -\sin\vartheta & 0 \\ \sin\vartheta & \cos\vartheta & 0 \\ 0 & 0 & 1 \end{bmatrix} \tag{10.6b}$$

nichtkommutative Drehungen

Da mehrere nacheinander ausgeführte Drehungen um einzelne Achsen *nicht kommutativ* sind, muss eine eindeutige Reihenfolge eingehalten werden. In der Praxis werden meist folgende Regeln zur Wahl der Drehwinkel eingesetzt:

Euler-Winkel: Die Elementardrehungen werden nacheinander um z-, x- und z-Achse, jeweils um die Winkel ϑ, ψ und ζ ausgeführt. Es ergibt sich folgende Drehmatrix für Euler – Winkel:

$$\mathbf{D}_{\text{EUL}(\vartheta,\psi,\zeta)} = \mathbf{D}_{z(\vartheta)} \cdot \mathbf{D}_{x(\psi)} \cdot \mathbf{D}_{z(\zeta)} \cdot \tag{10.7}$$

Kardan-Winkel: Die Elementardrehungen werden nacheinander um *x*-, *y*- und *z*-Achse jeweils um die Winkel ψ, φ und ϑ ausgeführt. Es ergibt sich folgende Drehmatrix für Kardan – Winkel:

$$\mathbf{D}_{\text{KARD}(\psi,\varphi,\vartheta)} = \mathbf{D}_{x(\psi)} \cdot \mathbf{D}_{y(\varphi)} \cdot \mathbf{D}_{z(\vartheta)} \cdot \tag{10.8}$$

Die gesuchte Drehmatrix kann jetzt aus Elementardrehungen hergeleitet werden. Führt man die Drehungen nach Kardan-Winkeln nacheinander aus, erhält man

$$\mathbf{D}^{(\text{B,i})} = \mathbf{D}_{\text{KARD}(\psi,\varphi,\vartheta)} \cdot \tag{10.9}$$

Mit einer solchen Transformation nach Gleichung (10.4) kann jeder Punkt im Bewegungsraum des MKS in einem Bezugskoordinatensystem $(\text{KO})_\text{B}$ beschrieben werden.

inhomogene Transformation

Homogene Transformation: Die Transformation nach Gleichung (10.4) von $(\text{KO})_\text{i}$ auf $(\text{KO})_\text{B}$ ist mathematisch eine lineare *inhomogene Transformation* der Form

$$\mathbf{y} = \mathbf{A} \cdot \mathbf{x} + \mathbf{b}. \tag{10.10a}$$

Jede linear inhomogene Transformation kann jedoch durch Dimensionserweiterung um eins, d.h. um

$$\mathbf{y}_\text{h} = \begin{bmatrix} \mathbf{y} \\ 1 \end{bmatrix}, \quad \mathbf{x}_\text{h} = \begin{bmatrix} \mathbf{x} \\ 1 \end{bmatrix}, \quad \mathbf{A}_\text{h} = \left(\begin{array}{c|c} \mathbf{A} & \underline{\mathbf{b}} \\ \hline \mathbf{0}^\text{T} & 1 \end{array} \right) \tag{10.10b}$$

in eine *homogene Transformation* der Form

$$\mathbf{y}_\text{h} = \mathbf{A}_\text{h} \cdot \mathbf{x}_\text{h} \tag{10.10c}$$

überführt werden, was man leicht erkennen kann, wenn die Gleichung 10.9c ausmultipliziert wird. In Bezug auf die Gleichung (10.3) ergibt sich die folgende *homogene Transformationsmatrix*:

$$\mathbf{T}^{(\text{B,i})} = \left(\begin{array}{c|c} \text{Dreh –} & \text{Translations -} \\ \text{matrix} & \text{vektor} \\ \hline \mathbf{0}^\text{T} & 1 \end{array} \right) = \left(\begin{array}{c|c} \mathbf{D}^{(\text{B,i})} & \mathbf{r}_\text{i}^{(\text{B})} \\ \hline \mathbf{0}^\text{T} & 1 \end{array} \right) \tag{10.11a}$$

sowie folgende homogene Koordinaten:

$$\mathbf{r}_\text{hk}^{(\text{B})} = \begin{bmatrix} \mathbf{r}_\text{k}^{(\text{B})} & 1 \end{bmatrix}^\text{T} \text{ und } \mathbf{r}_\text{hk}^{(\text{i})} = \begin{bmatrix} \mathbf{r}_\text{k}^{(\text{i})} & 1 \end{bmatrix}^\text{T}. \tag{10.11b}$$

Die Gleichung (10.4) kann dann wie folgt:

$$\mathbf{r}_{hk}^{(B)} = \mathbf{T}^{(B,i)} \cdot \mathbf{r}_{hk}^{(i)} \tag{10.11c}$$

als *homogene Transformationsgleichung* geschrieben werden. Der Vorteil dieser Schreibweise liegt darin, dass die Matrix $\mathbf{T}^{(B,i)}$ die Information sowohl über die Orientierung als auch über die Position des körperfesten Koordinatensystems $(KO)_i$ in Bezug auf das Bezugskoordinatensystem $(KO)_B$ enthält. Die Ausführung einer Transformation zwischen zwei Koordinatensystemen lässt sich somit auf eine Matrizenmultiplikation zurückführen. Dies hat speziell bei Kinematiken in Baumstruktur große Vorteile, da die Beschreibung der kinematischen Verhältnisse auf nacheinander auszuführende Multiplikationen zurückgeführt werden kann. Dies erlaubt daher die Entwicklung von rekursiven Algorithmen.

homogene Transformationsgleichung

Betrachtet man die zwei benachbarten Körper i und $i - 1$ in der kinematischen Kette des Knickarmroboters nach Abbildung 10.6 mit insgesamt $N = 6$ Körpern, erfolgt die Abbildung $(KO)_i$ auf $(KO)_{i-1}$ durch

$$\mathbf{r}_{hk}^{(i-1)} = \mathbf{T}^{(i-1,i)} \cdot \mathbf{r}_{hk}^{(i)}, \quad i = 1, 2, \ldots, N. \tag{10.12}$$

Durch eine sukzessive Anwendung dieser Gleichung kann man die Transformationsgleichungen zwischen einem ortsfesten Inertialsystem $(KO)_0$ und dem Koordinatensystem des Endeffektors $(KO)_N$, z.B. des TCP eines Roboters mit $N = 6$, durch

$$\mathbf{r}_{hk}^{(0)} = \mathbf{T}^{(0,1)}\mathbf{T}^{(1,2)} \cdots \mathbf{T}^{(N-1,N)} \cdot \mathbf{r}_{hk}^{(i)} = \mathbf{T}^{(0,N)} \cdot \mathbf{r}_{hk}^{(i)} \tag{10.13}$$

bestimmen. Liegt der Ursprung des Koordinatensystems $(KO)_N$ im Endeffektor, dann stellt die Drehmatrix in $\mathbf{T}^{(0,N)}$, d.h. $\mathbf{D}^{(0,N)}$, die Orientierung, und der Translationsvektor in $\mathbf{T}^{(0,N)}$, d.h. $\mathbf{r}_N^{(0)}$, die Position vom TCP in Inertialsystem $(KO)_0$ dar.

Für eine effektive Vorgehensweise zur Bestimmung der Transformationsmatrix ist es zweckmäßig, speziell bei rein kinematischen Betrachtungen, die körperfesten Koordinatensysteme $(KO)_i$ jeweils in die Gelenke zwischen zwei Körpern anzuordnen. In diesem Falle tritt dann eine *verallgemeinerte Koordinate* q_i als Parameter in der Transformationsmatrix $\mathbf{T}^{(i-1,i)}$ auf. In dieser Weise ist es dann möglich, den geometrischen Zusammenhang zwischen den verallgemeinerten Koordinaten $\mathbf{q}$ und der Koordinate $\mathbf{x}^{(0)}$ im Inertialsystem eines MKS herzuleiten. Dieser Zusammenhang wird, wie noch später besprochen wird, für die Steuerung und Regelung von elementarer Bedeutung.

verallgemeinerte Koordinate

Direkte Kinematik: Betrachtet man die Abbildung 10.6, gibt es zu jedem Vektor $\mathbf{q} = \left[q_1, q_2, \ldots, q_N\right]^T$ in verallgemeinerten Koordinaten eine eindeutige Abbildung für die Lage und Orientierung des Endeffektors im Inertialsystem $\mathbf{x}^{(0)} = [x, y, z, \psi, \varphi, \vartheta]^T$ einer MKS. Der Zusammenhang ist durch eine Gleichung der Form

$$\mathbf{x}^{(0)} = \mathbf{f}_T(\mathbf{q}) \tag{10.14}$$

bestimmt, wobei die meist nichtlineare algebraische Funktion $\mathbf{f}_T(\ldots)$ mit Hilfe der Transformationsgleichungen nach (10.13) hergeleitet werden kann.

direkte Kinematik
Hintransformation

Die *direkte Kinematik* (bei Robotern wird meist die Bezeichnung *Hintransformation* verwendet) ermöglicht die Bestimmung der aktuellen Position und Orientierung des Endeffektors aus den verallgemeinerten Koordinaten. Wie noch besprochen wird, werden jeweils die aktuellen Werte der verallgemeinerten Koordinaten q_i als Istwerte für einzelne Lageregler benötigt. Sie werden daher mit Hilfe entsprechender Wegmesssysteme erfasst. Die aktuelle Lage und Orientierung des Endeffektors im Inertialsystem $\mathbf{x}^{(0)}$ kann dann von der Informationsverarbeitung durch Auswertung der Gleichung (10.14) aus der Messung der verallgemeinerten Koordinaten bestimmt werden.

Inverse Kinematik: Wenn zu einer gewünschten Position und Orientierung des Endeffektors $\mathbf{x}^{(0)} = [x, y, z, \psi, \varphi, \vartheta]^T$ im Inertialsystem die verallgemeinerten Koordinaten $\mathbf{q} = \left[q_1, q_2, \ldots, q_N\right]^T$ gesucht sind, wird die Umkehrfunktion der direkten Kinematik

$$\mathbf{q} = \mathbf{f}_T^{-1}\left(\mathbf{x}^{(0)}\right) \tag{10.15}$$

inverse Kinematik
Rücktransformation

benötigt. Diese Funktion wird *inverse Kinematik* bezeichnet (bei Robotern wird der Begriff *Rücktransformation* verwendet). Ihre Herleitung direkt als Umkehrfunktion der Gleichung (10.14) liefert nur in Ausnahmefällen eine eindeutige Lösung. Es können in der Praxis mehrere Konfigurationen der MKS vorliegen, die eine Lösung der Umkehrfunktion bilden. In der Praxis ist man daher darauf angewiesen, zusätzliche Nebenbedingungen einzuführen, die sich aus der Struktur der MKS ergeben. Man kann dann eindeutige Gleichungen explizit herleiten. Speziell in der Robotertechnik existieren hierfür eine Reihe von verschiedenen Verfahren.

10.3.3 Die Kinetik von Mehrkörpersystemen

Durch die Kinetik wird der Zusammenhang zwischen den Kräften und Drehmomenten und den kinematischen Größen mathematisch beschrieben. Für jeden Freiheitsgrad des mechanischen Systems ergibt sich mit Hilfe der Kinetik eine *Differenzialgleichung zweiter Ordnung*. Für *n* Freiheitsgrade des mechanischen Systems ergeben sich somit *n* meist stark nichtlineare Differenzialgleichungen, die man als *Bewegungsgleichungen des mechanischen Systems* bezeichnet. Sie beschreiben das dynamische Verhalten des mechanischen Systems in verallgemeinerten Koordinaten $\mathbf{q}$. In Matrizenschreibweise lautet die allgemeine Form [10.2, 10.8]:

Bewegungsgleichungen

$$\underbrace{\mathbf{M}(\mathbf{q})\cdot\ddot{\mathbf{q}}}_{\text{Trägheitskräfte}} + \underbrace{\mathbf{c}(\mathbf{q},\dot{\mathbf{q}})}_{\text{Coriolis- und Zentrifugalkräfte}} + \underbrace{\mathbf{g}(\mathbf{q})}_{\text{Gewichtskräfte}} + \underbrace{\mathbf{Q}_{\mathrm{R}}(\mathbf{q},\dot{\mathbf{q}})}_{\text{Reibungskräfte}} = \underbrace{\mathbf{Q}_{\mathrm{An}}(t)}_{\text{äußere Antriebskräfte}}\,. \qquad (10.16)$$

Zu ihrer Aufstellung bietet die Kinetik zwei grundsätzlich unterschiedliche Methoden [10.2, 10.9] an:

- Die synthetische Methode nach *Newton-Euler*
- Die analytische Methode nach *Lagrange*

Für die praktische Anwendung ist die Bewegungsgleichung in der Matrizenschreibweise noch wenig vorteilhaft und muss jeder MKS angepasst und ggf. den Einsatzbedingungen entsprechend vereinfacht werden. Für den bereits in der Abbildung 10.5 betrachteten Knickarmroboter kann die Bewegungsgleichung für jeweils einen Freiheitsgrad *i* mit $i = 1, \ldots, N$ wie folgt allgemein angegeben werden [10.9, 10.10]:

$$\begin{aligned}(\Theta_{\mathrm{Gi}} + \Theta_{\mathrm{Ani}})\cdot\ddot{q}_{\mathrm{i}} + \sum_{\mathrm{j}} a_{\mathrm{ij}}\cdot\ddot{q}_{\mathrm{j}} + \sum_{\mathrm{j}} c_{\mathrm{ij}}\cdot\dot{q}_{\mathrm{i}}\cdot\dot{q}_{\mathrm{j}} + \sum_{\mathrm{j}} z_{\mathrm{ij}}\cdot\dot{q}_{\mathrm{j}}^{2} + \\ (k_{\mathrm{RGi}} + k_{\mathrm{RAni}})\cdot\dot{q}_{\mathrm{i}} + M_{\mathrm{Sti}} = M_{\mathrm{Ani}}\end{aligned} \qquad (10.17)$$

Hierbei ist:

$\Theta_{\mathrm{Gi}}(\mathbf{q}) + \Theta_{\mathrm{Ani}}$	Resultierendes Gelenkkörperträgheitsmoment und Antriebsträgheitsmoment des Gelenkkörpers *i*.
$a_{\mathrm{ij}}(\mathbf{q})$	Faktor der Abstützmomente vom Körper *j* auf Körper *i*.
$c_{\mathrm{ij}}(\mathbf{q})$	Faktor der Coriolismomente vom Körper *j* auf Körper *i*.

$z_{ij}(\mathbf{q})$	Faktor der Zentrifugalmomente vom Körper *j* auf Körper *i*.
$M_{\mathrm{Sti}}(\mathbf{q})$	Statistische Momente (Coulombreibung, Gewichtsmoment).
$k_{\mathrm{RGi}} + k_{\mathrm{RAni}}$	Einfluss der geschwindigkeitsproportionalen Reibung vom Gelenkkörper *i* und Antrieb.

Es ist zu beachten, dass einzelne Koeffizienten nicht konstant sondern nichtlineare Funktionen der verallgemeinerten Koordinaten $\mathbf{q}$ sind.

10.4 Steuerung und Regelung mechatronischer Systeme

10.4.1 Grundsätzlicher Aufbau

Die Führung mechatronischer Systeme besteht darin, das mechanische System in einen gewünschten Bewegungszustand zu versetzen, bzw. in einen bestimmten Bewegungszustand in geeigneter Weise zu beeinflussen. Meistens wird aus mehreren Einzelbewegungen ein resultierender *mehrdimensionaler Bewegungsablauf* erzeugt, der durch geeignete Ansteuerung der Aktoren aller aktiver Freiheitsgrade erreicht wird. Bei dem in Abbildung 10.5 dargestellten Knickarmroboter besteht z.B. die Führungsaufgabe darin, Endeffektor (TCP) in vorgegebene Punkte des Arbeitsraumes exakt zu positionieren, bzw. diesen entlang definierter Bahnen im Arbeitsraum bei Einhaltung vorgegebener Geschwindigkeiten und Beschleunigungen zu bewegen.

mehrdimensionaler Bewegungsablauf

Der typische Aufbau der steuerungs- und regelungstechnischen Grundfunktionen mechatronischer Systeme weist meist die in Abbildung 10.8 dargestellten Merkmale auf:

- Zur Vorgabe des gewünschten Bewegungsverlaufs wird eine Steuerung als eine *Führungsgrößenerzeugung* vorgesehen.
- Zur genauen Einhaltung des gewünschten Bewegungsablaufs werden die *Einzelbewegungen* aktiver Freiheitsgrade exakt geregelt.

Führungsgrößenerzeugung: Diese hat die Aufgabe, den gewünschten Bewegungsverlauf nach vorgegebenen Kriterien zu bestimmen. Dabei muss eine *Bahntrajektorie* bestimmt werden, die sowohl eine *geometrische Bahn* festlegt, als auch den *zeitlichen Verlauf der Bewegung* beim Durchfahren der Bahn vorgibt. Es wird eine Solltrajektorie $\mathbf{q}_S(t)$ in verallgemeinerten Koordinaten bzw. $\mathbf{x}_S(t)$ in Inertialsystem

Bahntrajektorie

aus vorgegebenen Bahnparametern erzeugt. Bei dem oben betrachteten Knickarmroboter ist die Solltrajektorie meist als Position und Orientierung des TCP durch einen Vektor

$$\mathbf{x}_S^{(0)}(t) = [x_S(t), y_S(t), z_S(t), \psi_S(t), \varphi_S(t), \vartheta_S(t)]^T \quad (10.18)$$

im Inertialsystem vorgegeben.

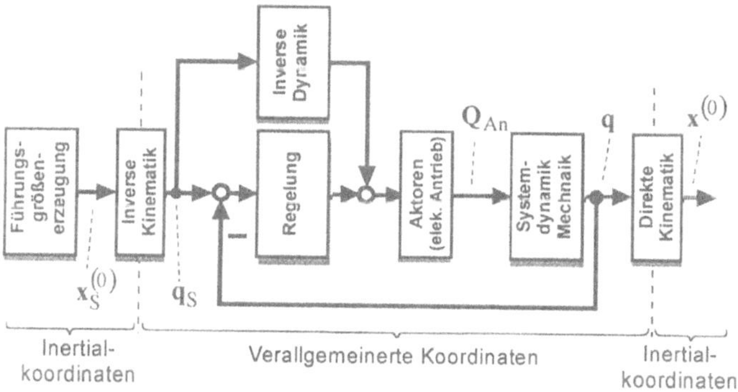

Abbildung 10.8 Prinzipieller Aufbau der steuerungs- und regelungstechnischen Grundfunktionen eines mechatronischen Systems

Da bei der Bestimmung der Trajektorie, selbst bei kurzen Trajektorien, sehr große Datenmengen zu Stande kommen können, kann sie nur selten vor der Bewegung bestimmt und abgespeichert werden. In der Regel muss sie *online in Echtzeit* berechnet werden, was jedoch i.a. hohe Rechenleistung voraussetzt.

Regelung der Einzelbewegungen: Eine mehrdimensionale Solltrajektorie kann nur dann exakt eingehalten werden, wenn einzelne Bewegungen $q_i(t)$ einzelner beteiligter Freiheitsgrade (Bewegungsachsen) einen genau vorgeschriebenen Verlauf einhalten. Dieser Verlauf ist jeweils durch eine Komponente $q_{iS}(t)$ der Solltrajektorie $\mathbf{q}_S(t)$ in verallgemeinerten Koordinaten vorgegeben. Durch eine Regelung der Einzelbewegungen aller Achsen i in verallgemeinerten Koordinaten wird dies sichergestellt. Die Position bzw. der Winkel $q_i(t)$ ist die Hauptregelgröße, der Sollwert ist $q_{iS}(t)$. Es handelt sich um einen *Lageregelkreis*.

Lageregelkreis

Um damit jedoch auch den zeitlichen Verlauf der Trajektorie einzuhalten, wird ein dem Lageregler unterlagerter *Geschwindigkeits- bzw. Drehzahlregler* zusätzlich in aller Regel vorgesehen. Dies gilt insbesondere dann, wenn der Aktor ein elektrischer Antrieb ist. Bei elektrischen Antrieben ist ein Strom- bzw. Drehmomentenregler dem Geschwindigkeits- bzw. Drehzahlregler untergelagert, so dass die jeweiligen Antriebsmomente $M_{Ani}(t)$ des Steuervektors $\mathbf{Q}_{An}(t)$ der Gleichung (10.17) geregelte, und somit aufgeprägte Größen sind. Es handelt sich um eine *Kaskadenregelung* mit ineinander geschachtelten Regelkreisen für Strom, Drehzahl und Position.

entkoppelte Einzelachs-regelung

Die klassische Ausführung der Lageregelung ist die *entkoppelte Einzelachsregelung*, die noch später behandelt wird. Die meisten mechatronischen Systeme im industriellen Einsatz arbeiten nach diesem Prinzip. Es gibt jedoch andere Konzepte:

- Zustandsregler nach verschiedenen Entwurfskriteren
- Regelbasierende Regelung

Sie werden in der Praxis eingesetzt oder sind Gegenstand verschiedener Forschungs- und Entwicklungsarbeiten.

Neben den hier beschriebenen Funktionen können je nach Anforderungen an den Funktionsumfang und Regelgüte folgende zusätzliche Funktionen vorhanden sein, die in Abbildung 10.8 eingezeichnet sind:

Direkte und inverse Kinematik: Werden Solltrajektorien, wie z.B. bei Industrierobotern üblich, in einem ortsfesten Inertialsystem bestimmt, muss ein eindeutiger Zusammenhang zu den verallgemeinerten Koordinaten bekannt sein. Dieses ist durch die Transformationsgleichungen der *inversen* bzw. der *direkten Kinematik* nach Gleichungen (10.14) und (10.15) gegeben.

Inverse Dynamik zur Systementkopplung: Aufgrund starker nichtlinearer, statischer und dynamischer Kopplungen einzelner Bewegungsachsen kann es bei hohen Anforderungen an die Regelgüte notwendig sein, die Lageregelkreise dynamisch zu entkoppeln. Eine Möglichkeit dazu ist die nichtlineare Systementkopplung durch ein *inverses Dynamikmodell.* Es erzeugt als Vorsteuerung zusätzliche Sollkräfte und –drehmomente, die den Steuergrößen der Lageregler hinzuaddiert werden [10.2, 10.10, 10.11].

inverses Dynamikmodell

10.4.2 Die entkoppelte Einzelachsregelung

entkoppelte Regelstrecke

In diesem Fall betrachtet man jeden einzelnen aktiven Freiheitsgrad, d.h. jede Bewegungsachse, des mechatronischen Systems als *entkoppelte Regelstrecke.* Nichtlinearitäten und Querkopplungen durch Coriolis-, Zentrifugal- und Abstützmomente sowie die Lasten werden zu einem Widerstandsmoment zusammengefasst, das als Störgröße wirkt und jederzeit ausgeregelt werden muss. Mit Hilfe der Gleichung (10.17) ergibt sich dann als Widerstandsmoment

$$M_{Wi} = \sum_j g_{ij} \cdot \ddot{q}_j + \sum_j c_{ij} \cdot \dot{q}_i \cdot \dot{q}_j + \sum_j z_{ij} \cdot \dot{q}_j^2 + M_{Sti} . \quad (10.19)$$

Führt man zusätzlich auch die Zustandsgrößen $\varepsilon_i = q_i$ und $\omega_i = \dot{q}_i$ hinein, so kann die Bewegungsgleichung jeweils einer Achse i in eine lineare Zustands-Differenzialgleichung

$$\frac{\mathrm{d}}{\mathrm{d}t}\begin{bmatrix}\varepsilon_i\\ \omega_i\end{bmatrix} = \begin{pmatrix}0 & 1\\ 0 & -\dfrac{(k_{RGi}+k_{RAni})}{\Theta_{Gi}+\Theta_{Ani}}\end{pmatrix}\cdot\begin{bmatrix}\varepsilon_i\\ \omega_i\end{bmatrix} + \begin{pmatrix}0 & 0\\ \dfrac{1}{\Theta_{Gi}+\Theta_{Ani}} & -\dfrac{1}{\Theta_{Gi}+\Theta_{Ani}}\end{pmatrix}\cdot\begin{bmatrix}M_{Ani}\\ M_{Wi}\end{bmatrix} \tag{10.20}$$

überführt werden. Das lageabhängige Trägheitsmoment Θ_{Gi} ist der einzige variable Streckenparameter. Wird das Antriebsmoment M_{Ani} durch einen *Servoantrieb* aufgebracht, wie z.B. heute bei den meisten mechatronischen Systemen üblich, sind die vorgenommenen Vereinfachungen meist aus folgenden Gründen zulässig:

Servoantrieb

- Servoantriebe sind für schnelle Beschleunigungs- und Bremsvorgänge ausgelegt. Sie können kurzfristig hohe Beschleunigungsmomente aufbringen, die Mehrfaches des Nennmomentes betragen. Damit können Widerstandsmomente als Störgrößen schnell ausgeregelt werden.
- Oft werden hochuntergesetzte Getriebe zwischen dem Antrieb und dem Gelenk zwischengeschaltet. Dadurch wird der Einfluss des lageabhängigen Trägheitsmomentes Θ_{Gi} auf das wirksame Gesamtträgheitsmoment gering.

Es ergibt sich somit das im Abbildung 10.9 dargestellte Blockschaltbild einer entkoppelten Achse.

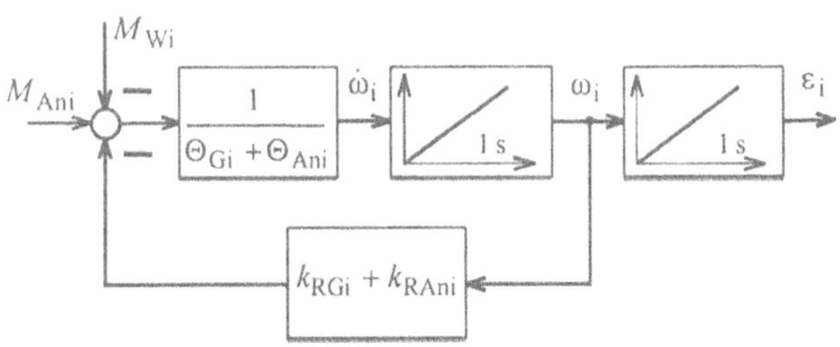

Abbildung 10.9 Blockschaltbild einer entkoppelten Achse *i*

10.4.3 Regelkreissynthese

Ausgehend von der in Abbildung 10.9 dargestellten Regelstrecke einer Achse kann man das in Abbildung 10.10 dargestellte Blockschaltbild für die Regelung einer entkoppelten Achse angeben. Die Regelstrecke wird dabei in ein Übertragungsglied zusammengeführt und anschließend auf die regelunstechnische Normalform überführt. Dabei gilt:

$$K_{SD} = \frac{1}{k_{RGi} + k_{RAni}}\,, \quad T_{SD} = \frac{\Theta_{Gi} + \Theta_{Ani}}{k_{RGi} + k_{RAni}}\,. \qquad (10.21)$$

Anregelzeit

Die unterlagerte Strom- bzw. Drehmomentenregelung hat in der Praxis eine *Anregelzeit* von T_{Anrl} = 0,5...2,0 ms, da hier die elektromagnetischen Eigenschaften des Motors überwiegen. Sie folgt daher dem Ausgang des überlagerten Drehzahlreglers nahezu verzögerungsfrei. Die vorhandenen Verzögerungen können durch ein PT1 – Glied mit der Ersatzzeitkonstante $T_{EM} \approx$ 1,0 ms zusammengefasst werden [10.11].

Die dynamischen Eigenschaften des Drehzahl- und des Lagereglers sind daher überwiegend durch die elektromechanischen Eigenschaften des Antriebs bzw. des mechanischen Systems bestimmt. Die Regelung wird heute grundsätzlich digital realisiert. Wird die jeweilige Abtastzeit kleiner als 10% der dominanten Zeitkonstanten der Regelstrecken gewählt, was in der Praxis meist gegeben ist, so kann eine *quasikontinuierliche Betrachtung* vorgenommen werden. Die Synthese der Regelkreise kann dann in der s-Ebene erfolgen.

Abbildung 10.10 Vereinfachtes Blockschaltbild eines entkoppelten Lageregelkreises mit unterlagerter Drehzahlregelung

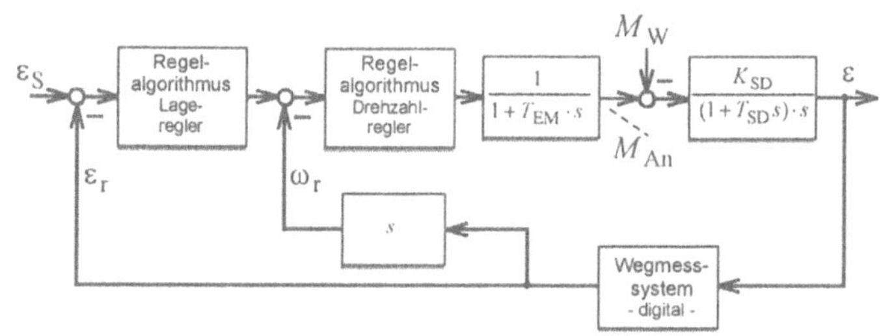

Berechnung des Drehzahlreglers: Als Regler wird in der Praxis ein PI-Regler mit der Übertragungsfunktion

$$F_{RD}(s) = K_{RD} \cdot \frac{1 + T_N \cdot s}{T_N \cdot s} \qquad (10.22).$$

eingesetzt. Die Übertragungsfunktion der Regelstrecke folgt aus dem Blockschaltbild der Abbildung 10.10 zu

$$F_{SD}(s) = \frac{K_{SD}}{(1 + s \cdot T_{EM}) \cdot (1 + s \cdot T_{SD})} . \qquad (10.23)$$

Als Entwurfskriterium für den geschlossenen Regelkreis wird zweckmäßig das *Betragsoptimum* eingesetzt [10.2, 10.11], das im folgenden Fall die Bemessungsvorschrift

Betragsoptimum

$$T_N = T_{SD}, \quad K_{RD} = \frac{T_{SD}}{2 \cdot K_{SD} \cdot T_{EM}} \qquad (10.24)$$

liefert. Eine wichtige Kenngröße des geschlossenen Drehzahlregelkreises ist seine Kennkreisfrequenz ω_{0D} und seine Dämpfung D_D. Diese Größen kann man aus der Übertragungsfunktion des geschlossenen Regelkreises $F_{WD}(s)$ ermitteln, wenn zunächst die in Gleichungen (10.24) ermittelten Reglerkoeffizienten eingesetzt werden. Daraus folgt:

$$F_{WD} = \frac{\omega(s)}{\omega_S(s)} = \frac{1}{1 + 2 \cdot T_{EM} \cdot s + 2 \cdot T_{EM}^2 \cdot s^2} . \qquad (10.25)$$

Ein Koeffizientenvergleich mit der normierten Übertragungsfunktion

$$F_{WD} = \frac{\omega(s)}{\omega_S(s)} = \frac{1}{1 + \frac{2 \cdot D_D}{\omega_{0D}} \cdot s + \frac{1}{\omega_{0D}^2} \cdot s^2} \qquad (10.26)$$

liefert die Kenngrößen

$$\omega_{0D} = \frac{1}{\sqrt{2} \cdot T_{EM}} \quad \text{und} \quad D_D = \frac{1}{\sqrt{2}} \approx 0{,}707 . \qquad (10.27)$$

Der optimal eingestellte Drehzahlregelkreis besitzt somit ein leichtes Überschwingen. Seine typische Anregelzeit liegt mit Sprung als Anregefunktion bei

$$t_{AnrD} = \frac{3\pi}{2} \cdot T_{EM} \approx 4{,}7 \cdot T_{EM} . \qquad (10.28)$$

Moderne Servoantriebe haben kleine Ersatzzeitkonstanten im Bereich von ms. Die Anregelzeit beträgt daher in der Praxis einige ms.

Berechnung des Lageregelkreises: Eine wesentliche Forderung an die Auslegung des Lageregelkreises besteht darin, das Überschwingen der Regelgröße auf jedem Fall zu verhindern. Da in der Regelstrecke bereits ein I-Anteil vorliegt, kann dies mit der Wahl eines P-Reglers verhindert werden. Der Ausgangspunkt der Reglersynthese ist die Führungsübertragungsfunktion des optimal eingestellten Drehzahlreglers nach Gleichung (10.25). Zur Vereinfachung wird sie jedoch durch ein PT1 – Glied nach

$$F_{WD} = \frac{\omega(s)}{\omega_S(s)} = \frac{1}{1 + 2 \cdot T_{EM} \cdot s + 2 \cdot T_{EM}^2 \cdot s^2} \approx \frac{1}{1 + 2 \cdot T_{EM} \cdot s} \quad (10.29)$$

angenähert. Ausgehend von Abbildung 10.10 ergeben sich für den Lageregelkreis folgende Regler- und Streckenübertragungsfunktionen:

$$F_{RL}(s) = K_{RL}, \qquad F_{SL} = \frac{1}{(1 + 2 \cdot T_{EM} \cdot s) \cdot s}. \quad (10.30)$$

Für den geschlossenen Regelkreis erhält man anschließend die folgende Führungsübertragungsfunktion:

$$F_{WL}(s) = \frac{\varepsilon(s)}{\varepsilon_S(s)} = \frac{K_{RL}}{2 \cdot T_{EM}} \cdot \frac{1}{s^2 + \frac{1}{2 \cdot T_{EM}} \cdot s + \frac{K_{RL}}{2 \cdot T_{EM}}}. \quad (10.31)$$

Schleppabstand

Der Lageregler ist dann optimal ausgelegt, wenn zum einen vorhandene Lageregelfehler, der meist als *Schleppabstand* genannt wird, möglichst schnell ausgeregelt werden, zum anderen ein Überschwingen des Istwertes auf jedem Fall verhindert wird. Dafür soll das *charakteristische Polynom* des Lageregelkreises, d.h. das Nennerpolynom von $F_{WL}(s)$, eine doppelte reelle Nullstelle besitzen. Dies ist dann gegeben, wenn

charakteristisches Polynom

$$s_{P1/2} = -\frac{1}{4 \cdot T_{EM}} \pm \underbrace{\sqrt{\left(\frac{1}{4 \cdot T_{EM}}\right)^2 - \frac{K_{RL}}{2 \cdot T_{EM}}}}_{=0} \overset{!}{=} -\frac{1}{4 \cdot T_{EM}} \quad (10.32)$$

gilt. Für den Verstärkerfaktor K_{RL} des Lageregelkreises ergibt sich:

$$\left(\frac{1}{4 \cdot T_{EM}}\right)^2 - \frac{K_{RL}}{2 \cdot T_{EM}} = 0 \Rightarrow K_{RL} = \frac{1}{8 \cdot T_{EM}}. \quad (10.33)$$

aperiodisches Grenzverhalten

Mit diesem Verstärkerfaktor K_{RL} stellt sich ein *aperiodisches Grenzverhalten* ein.

In der Praxis muss häufig am realen System auf Grund der vielen Vereinfachungen eine Nachoptimierung der ermittelten Reglerparameter stattfinden. Sind auch die Voraussetzungen einer quasikontinuierlichen Betrachtung nicht vollständig erfüllt, führt dies zu einer Entdämpfung des Regelkreises und somit zu Überschwingungen. Dies kann durch die Wahl eines kleineren Verstärkerfaktors K_{RL} vermieden werden, allerdings auf Kosten einer längeren Anregelzeit.

Führungsverhalten der Drehzahl- und Lageregelung: Typische Bewegungsabläufe bei mechatronischen Systemen setzen sich aus Wegstrecken zusammen, die mit konstanter Geschwindigkeit durchgefahren werden, oder bei denen Beschleunigungs- oder Bremsvorgänge stattfinden. Die Drehzahlsollwerte bzw. die Lagesollwerte setzen sich daher aus Anteilen zusammen, die stückweise konstant sind, stückweise *lineare Funktionen der Zeit* sind, oder stückweise Anteile enthalten, die mindestens eine *quadratische Funktion der Zeit* sind. Für den Drehzahlregelkreis ergeben sich konstante oder linear ansteigende Geschwindigkeitssollwerte:

lineare oder quadratische Funktion der Zeit

$$\omega_S(t) = \omega_{S0} \quad \text{bzw.} \quad \omega_S(t) = \gamma_{S0} \cdot t\,, \tag{10.34a}$$

Für den Lageregelkreis ergeben sich linear ansteigende bzw. quadratisch ansteigende Lagesollwerte:

$$\varepsilon_S(t) = \omega_{S0} \cdot t \quad \text{bzw.} \quad \varepsilon_S(t) = \frac{\gamma_{S0}}{2} \cdot t^2\,. \tag{10.34b}$$

Untersucht man das Führungsverhalten der beiden Regelkreise, stellt man mit dem *Endwertsatz der Laplace-Transformation* fest, dass bei diesen Anregefunktionen eine bleibende Regelabweichung $\omega_d(t)$ für den Drehzahlregelkreis bzw. $\varepsilon_d(t)$ für den Lageregelkreis auftritt. In Tabelle 10.1 sind die Ergebnisse für die Anregefunktionen nach Gleichungen (10.34) zusammengefasst.

Endwertsatz der Laplace-Transformation

	Sollwert als konstante Geschwindigkeit	Sollwert als zeitlich lineare Geschwindigkeitsfunktion
Drehzahl- bzw. Lagesollwerte	$\omega_S(t) = \omega_{S0}$ $\varepsilon_S(t) = \omega_{S0} \cdot t$	$\omega_S(t) = \gamma_{S0} \cdot t$ $\varepsilon_S(t) = \frac{\gamma_{S0}}{2} \cdot t^2$.
Auftretende Geschwindigkeitsfehler	$\omega_d(t \to \infty) = 0$	$\omega_d(t \to \infty) = 2 \cdot T_{EM} \cdot \gamma_S$
Auftretende Lagefehler	$\varepsilon_d(t \to \infty) = 8 \cdot T_{EM} \cdot \omega_S$	$\varepsilon_d(t \to \infty) = \infty$

Tabelle 10.1 Bleibende Regelabweichung des Drehzahl- bzw. des Lageregelkreises bei häufig auftretenden Anregefunktionen

Eine bleibende Regelabweichung tritt bei Beschleunigungs- und Bremsvorgängen praktisch immer auf. Bei einer konstanten Sollgeschwindigkeit tritt dies bei der Lageregelung auf. Bei Fahren einer beliebigen Bahn führt dies zu Bahnfehlern, die speziell bei schnellen Bewegungen mit vielen Beschleunigungs- und Bremsphasen zu beträchtlichen Bahnungenauigkeiten führen können.

10.4.4 Kompensation des Bahnfehlers

Korrektursignale

inverse Dynamikmodell

Zur Kompensation der auftretenden Bahnfehler können *Korrektursignale* als zusätzliche Stellgrößen des Lageregelkreises oder des Drehzahlregelkreises aufgeschaltet werden. Diese Korrektursignale gewinnt man aus dem *inversen Dynamikmodell* der Regelstrecke entsprechend Abbildung 10.8. Das inverse Dynamikmodell des Lageregelkreises ist demnach seine inverse Übertragungsfunktion. Ausgehend von Gleichung (10.30) gilt dann:

$$F_{\mathrm{VRL}}(s) = \frac{1}{F_{\mathrm{SL}}(s)} = (1 + 2 \cdot T_{\mathrm{EM}} \cdot s) \cdot s \approx s\,. \qquad (10.35)$$

Es handelt sich um zweifach differenzierendes Glied, das jedoch in der praktischen Realisierung als reines D-Glied ausgeführt wird.

Geschwindigkeitsfehler

Mit dieser in der Praxis sehr häufig eingesetzten Maßnahme können Bahnfehler weitgehend eliminiert werden. Will man zusätzlich noch den *Geschwindigkeitsfehler* eliminieren, kann man die gleiche Betrachtung für den Drehzahlregelkreis vornehmen. Das inverse Dynamikmodell entspricht auch hier der inversen Übertragungsfunktion der Drehzahlregelstrecke.

10.4.5 Die Führungsgrößenerzeugung

10.4.5.1 Prinzipielle Vorgehensweise

analytische Form der Trajektorie

Die Aufgabe der Führungsgrößenerzeugung ist die Bestimmung einer Trajektorie in einem vorgegebenen Bezugskoordinatensystem. Im Idealfall liegt sie als mathematische Funktion in *analytischer Form* vor, etwa als Funktion der Zeit

$$\mathbf{x}(t) \quad \text{mit} \quad t_{\mathrm{A}} \le t \le t_{\mathrm{E}} \qquad (10.36\text{a})$$

oder als Funktion des Ortsvektors

$$\mathbf{x}(\mathbf{r}) \quad \text{mit} \quad \mathbf{r}_{\mathrm{A}} \le \mathbf{r} \le \mathbf{r}_{\mathrm{E}}\,. \qquad (10.36\text{b})$$

Segmente

Im zweiten Fall müssen die Zeitbedingungen aus den Anforderungen an den Geschwindigkeits- und Beschleunigungsverlauf gewonnen werden. Meist sind jedoch nur Stützpunkte der Trajektorie bekannt. Dann muss sie durch entsprechende mathematische Verfahren approximiert werden. Sie wird zweckmäßig in mehrere *Segmente* zerlegt.

Jedes dieser Segmente wird dann für sich bearbeitet. An Segmentübergängen muss durch besondere Maßnahmen sichergestellt werden, dass es nicht zu abrupten Sprüngen im Geschwindigkeits- und Beschleunigungsverlauf kommt.

Die direkte Bestimmung der Trajektorien mit Zeit als Parameter entsprechend Gleichung (10.36a) führt bei der notwendigen *Interpolation* oft zu Einschränkungen. Daher ist es zweckmäßig einen Weg zu suchen, der es ermöglicht, die Bestimmung des Geschwindigkeitsverlaufs *unabhängig* von der Bestimmung der Bahngeometrie vorzunehmen. Interpolation

Dies wird durch die Einführung eines *Bahnparameters* s, z.B. als Bogenlänge der Bahn erreicht. Es ist dann möglich, zunächst den Bahnparameter s als Funktion der Zeit t bei Einhaltung eines vorgegebenen Geschwindigkeitsprofils $\dot{s} = \dot{s}(t)$ und eines festgelegten Beschleunigungsverlaufs $\ddot{s} = \ddot{s}(t)$ zu bestimmen. Anschließend erfolgt eine Interpolation der Trajektorie mit Hilfe eines festgelegten Interpolationspolynoms in Bahnparameter s. Bahnparameter

Abbildung 10.11 zeigt die notwendigen Abläufe, von der Vorgabe der Geometriedaten bis hin zu der Lageregelung.

Um möglichst sanften Bewegungsablauf sicherzustellen, wird häufig die *Stetigkeit* der Trajektorieparameter bis zur zweiten Ableitung nach der Zeit verlangt. Hieraus folgt mit Stetigkeit

$$\dot{\mathbf{x}} = \frac{d\mathbf{x}}{ds} \cdot \dot{s} = \mathbf{x}' \cdot \dot{s} \quad \text{und} \quad \ddot{\mathbf{x}} = \frac{d^2\mathbf{x}}{ds^2} \cdot \dot{s} + \frac{d\mathbf{x}}{dt} \cdot \ddot{s} = \mathbf{x}'' \cdot \dot{s} + \mathbf{x}' \cdot \ddot{s}, \qquad (10.37)$$

dass sowohl die zweite Ableitung des Bahnparameters s nach der Zeit als auch die zweite Ableitung der Trajektorienparameter nach dem Bahnparameter s stetig sein müssen.

Dies ist dann erfüllt, wenn sowohl die Bahngeschwindigkeit als auch die Bahnbeschleunigung stetige Funktionen der Zeit sind. Die geometrische Bahn weist dann weder Ecken noch Knicke auf. Dies verlangt, dass beispielsweise direkte Übergänge von einem Kreis auf eine Gerade nur mit einer Geschwindigkeit gleich Null möglich sind.

10.4.5.2 Eingesetzte Geschwindigkeitsprofile

Geschwindigkeitsprofile geben den Verlauf der Bahngeschwindigkeit eines Bahnsegmentes als Funktion der Zeit zwischen Anfangs- und Endpunkt an. Sie beschreiben somit die Funktion

$$\dot{s} = \dot{s}(t) \quad \text{mit} \quad \dot{s}(t_A) = v_{BA} \quad \text{und} \quad \dot{s}(t_B) = v_{EA}. \qquad (10.38)$$

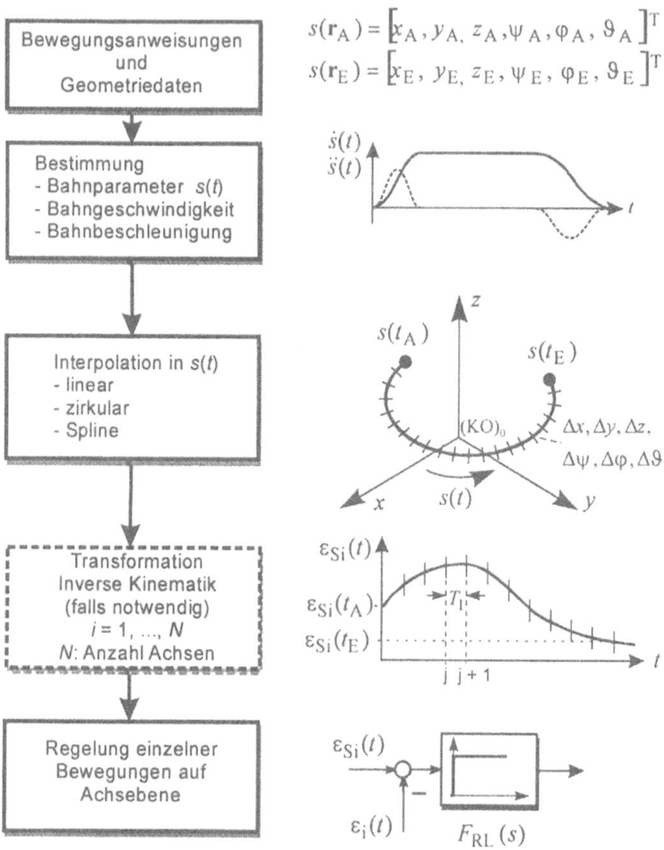

Abbildung 10.11 Funktioneller Ablauf der Führungsgrößenerzeugung bei mechatronischen Systemen

zeitliche Verläufe der Beschleunigung

Meist unterscheiden sich eingesetzte Geschwindigkeitsprofile durch die Wahl der *zeitlichen Verläufe der Beschleunigung* in der Anfahr- und Bremsphase. In der Praxis werden die in Abbildung 10.12 dargestellten Geschwindigkeitsprofile eingesetzt.

Profil mit Konstantbeschleunigung: Es gilt $\ddot{s}(t) = a_B$ (Abbildung 10.12a). Hier ist der Geschwindigkeitsverlauf am Übergang von der Beschleunigungsphase zu konstanter Geschwindigkeit nicht stetig differenzierbar, so dass die obigen Anforderungen nicht erfüllt sind. Trotzdem wird dieses Profil häufig eingesetzt, da es einfach zu realisieren ist und keine zu großen Rechenzeiten erfordert.

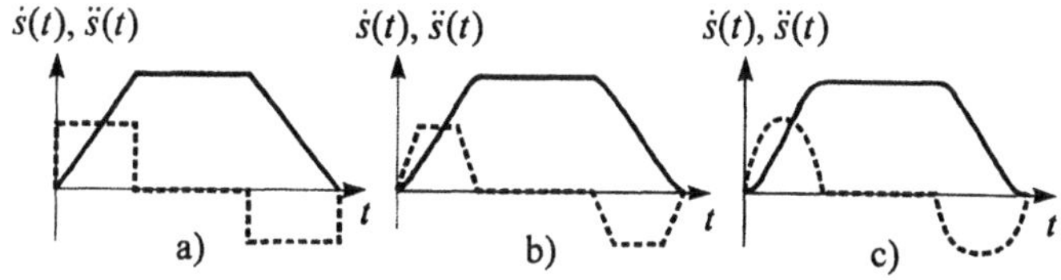

Abbildung 10.12 Geschwindigkeitsprofile bei mechatronischen Systemen

Profil mit konstanten Ruck: Es gilt $\dddot{s}(t) = r_B$ (Abbildung 10.12b). Der Beschleunigungsverlauf ist hier trapezförmig und der Geschwindigkeitsverlauf ist stetig differenzierbar. Die obigen Anforderungen an den Zeitverlauf sind somit erfüllt.

Profil mit sin² – Verlauf: Der Verlauf der Geschwindigkeit soll in der Anfahrphase der Funktion

$$\dot{s}(t) = v_B \cdot \sin^2(\omega t) = v_B \cdot \sin^2\left(2\pi \cdot \frac{t}{T}\right) \tag{10.39a}$$

genügen (Abbildung 10.12c). Dabei sind:

v_B Sollgeschwindigkeit bei Fahrt mit konstanter Geschwindigkeit nach der Beschleunigungsphase und vor der Bremsphase;

$T = 2\pi/\omega$ Periodendauer der den Anfahrvorgang bestimmenden Sinusfunktion.

Für die Beschleunigung folgt:

$$\ddot{s}(t) = v_B \cdot \frac{2\pi}{T} \cdot \sin\left(4\pi \cdot \frac{t}{T}\right). \tag{10.39b}$$

Der Geschwindigkeitsverlauf ist stetig differenzierbar. Dieses Geschwindigkeitsprofil wird bei sehr hohen Anforderungen an sanftes Anfahren bzw. Bremsen und weichen Übergängen zwischen einzelnen Segmenten eingesetzt.

10.4.5.3 Die geometrische Bahnbeschreibung

Die mathematische Beschreibung der geometrischen Bahn zwischen Anfangs- und Endpunkt $\mathbf{r}_{Ai}$ und $\mathbf{r}_{Ei}$ eines Bahnsegmentes i wird durch einen Ortsvektor

$$\mathbf{r}_i = \mathbf{r}_i(s), \qquad 0 \le s \le s_{Li} \tag{10.40}$$

als Polynom des Bahnparameters s ausgedruckt. Aus solchen Polynomen können notwendige *Interpolationsalgorithmen* hergeleitet werden.

Interpolationsalgorithmen

Für technisch wichtige Bahngeometrien, wie Gerade, Kreise, Ellipsen, Hyperbeln und spiralförmige Bahnen, gibt es eine Reihe einsetzbarer Interpolationspolynome.

Als Beispiel werden folgende Interpolationsverfahren besprochen:

Segment durch eine Gerade

Linearinterpolation: Kann die geometrische Bahn eines *Segmentes durch eine Gerade* beschrieben werden (Abbildung 10.13a), wird eine Linearinterpolation eingesetzt.

Abbildung 10.13 Linearinterpolation (a) und Zirkularinterpolation (b)

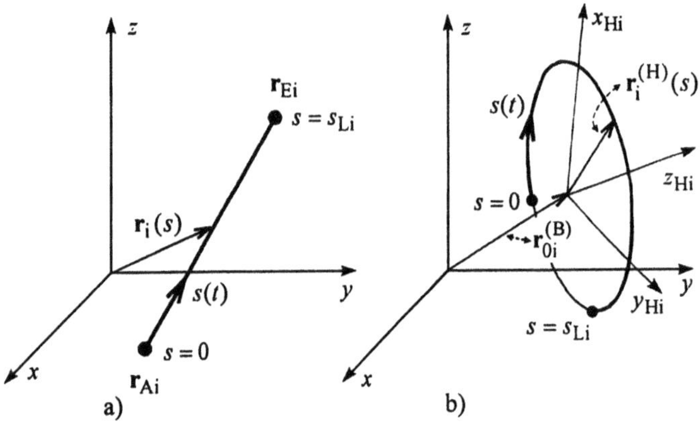

Das Interpolationspolynom lautet:

$$\mathbf{r}(s) = \mathbf{r}_{Ai} + \frac{s}{s_{Li}} \cdot \left(\mathbf{r}_{Ei} - \mathbf{r}_{Ai}\right) \tag{10.41a}$$

mit

$$s_{Li} = \sqrt{\left(x_{Ei} - x_{Ai}\right)^2 + \left(y_{Ei} - y_{Ai}\right)^2 + \left(z_{Ei} - z_{Ai}\right)^2}\ . \tag{10.41b}$$

Die erste und zweite Ableitung nach s ergeben

$$\mathbf{r}' = \frac{1}{s_{Li}} \cdot \left(\mathbf{r}_{Ei} - \mathbf{r}_{Ai}\right) \text{ bzw. } \mathbf{r}'' = 0\ . \tag{10.41c}$$

Die Linearinterpolation weist innerhalb des Intervalls die erforderliche Stetigkeit auf. An den Übergängen zwischen einzelnen Segmenten liegt jedoch eine *Unstetigkeit* bereits in der ersten Ableitung vor. Trotz dieser Eigenschaften wird Linearinterpolation bei Werkzeugmaschinen und Robotern, aber auch bei verschiedenen Handhabungsaufgaben eingesetzt, da die Interpolationsalgorithmen einfach zu realisieren sind.

Zirkularinterpolation: Speziell bei Werkzeugmaschinen und Robotern werden oft *kreisförmige Bahnen* benötigt. Zur Herleitung eines Interpolationspolynoms in s wird zunächst in den Mittelpunkt eines Kreisabschnittes i ein Hilfskoordinatensystem $(KO)_{Hi}$ eingeführt (Abbildung 10.13b). In diesem Koordinatensystem wird der Kreisabschnitt durch

kreisförmige Bahnen

$$\mathbf{r}_i^{(H)}(s) = \begin{bmatrix} x_{Hi} \\ y_{Hi} \\ z_{Hi} \end{bmatrix} = r_i \cdot \begin{bmatrix} \cos \vartheta_i \\ \sin \vartheta_i \\ 0 \end{bmatrix} = r_i \cdot \begin{bmatrix} \cos(s/r_i) \\ \sin(s/r_i) \\ 0 \end{bmatrix} \tag{10.42}$$

beschrieben, wobei $s = \vartheta \cdot r_i$ die Bogenlänge festlegt. Dabei ist r_i der Radius des Kreises. Durch das Intervall $0 \le s \le s_{Li}$ wird der entsprechende Kreisabschnitt festgelegt. Die Darstellung des Polynoms im Bezugskoordinatensystem $(KO)_B$ erfolgt durch die Transformationsgleichung (10.4). Es gilt hier:

$$\mathbf{r}_i^B(s) = \mathbf{r}_{0i}^{(B)} + \mathbf{D}_i^{(B,H)} \cdot \mathbf{r}_i^{(H)}(s) \quad \text{mit} \quad 0 \le s \le s_{Li}. \tag{10.43}$$

Dabei ist $\mathbf{r}_{0i}^{(B)}$ der Ortsvektor zum Kreismittelpunkt und $\mathbf{D}_i^{(BH)}$ die entsprechende Drehmatrix, die die Orientierung von $(KO)_{Hi}$ gegenüber $(KO)_B$ beschreibt. Auch hier liegt die geforderte Stetigkeit innerhalb des Intervalls vor. An den Übergängen treten die gleichen Probleme wie bei Linearinterpolation auf.

Spline-Interpolation: Sollen stetige Bahnen über beliebig viele Stützpunkte hinweg generiert werden oder liegt die gewünschte Bahn nur als Stützpunkte vor, bietet sich eine Interpolation mit *kubischen Spline-Funktionen* an [10.2, 10.10].

kubische Spline-Funktionen

Die kubische Spline-Interpolation zwischen n Stützpunkten $\mathbf{r}_j$ im Raum besteht aus n - 1 kubischen Polynomen $P_j(s)$, die jeweils in einem Stützpunktenintervall gültig sind. Die Koeffizienten werden so gewählt, dass sich Stetigkeit an den Stützstellen bis zur zweiten Ableitung nach Bahnparameter ergibt. Ein kubisches Polynom hat dabei die Form

$$P_j(s) = a_j + b_j(s - s_j) + c_j(s - s_j)^2 + d_j(s - s_j)^3 \tag{10.44}$$

mit $s_j \leq s \leq s_{j+1}$ und $j = 1, 2, \ldots, n-1$. Die $4(n-1)$ Koeffizienten a_j, b_j, c_j und d_j müssen so gewählt werden, dass die obigen Stetigkeitseigenschaften der Spline - Funktionen an Stützstellenübergängen erfüllt sind. Hieraus ergeben sich $4n-6$ algebraische Bestimmungsgleichungen. Zwei zusätzliche Nebenbedingungen folgen aus Randbedingungen für die erste und zweite Ableitung am Bahnsegmentanfang und -ende. Somit sind die Koeffizienten bestimmbar.

Die Spline-Interpolation findet immer dann eine Anwendung, wenn sehr hohe Anforderungen an die Bahnverlauf und -genauigkeit bestehen, z.B. bei Freiformfräsen von Werkzeugmaschinen oder bei Lackierrobotern.

10.5 Beispiele mechatronischer Systeme

10.5.1 Werkzeugmaschinen

Für die metallverarbeitende Industrie haben Werkzeugmaschinen wie Drehmaschinen, Fräsmaschinen, Schleifmaschinen, Bohrmaschinen usw. eine zentrale Bedeutung [10.5]. Ihre Aufgabe besteht darin, ein oder mehrere in der Maschine integrierte Werkzeuge so zu führen und anzutreiben, dass ein oder mehrere befestigte, meist metallische Werkstücke in gewünschter Weise gefertigt werden. Sie verwenden dabei bestimmte *Fertigungsverfahren und -methoden*, wie Drehen, Bohren, Fräsen, Walzen, Hobeln usw. an. Abbildung 10.14 zeigt in vereinfachter Darstellung eine Werkzeugmaschine und gibt ihre wichtigsten Bestandteile an.

Fertigungsverfahren und -methoden

Die Werkzeuge von Werkzeugmaschinen sind meist aus festen Stoff. Es können aber auch andere Werkzeuge wie ein Wasserstrahl, ein Laserstrahl oder eine Flamme eines Brenners eingesetzt werden. Werkzeug und Werkstück müssen jedoch immer durch die mechanische Einrichtung, die so genannte *Vorschubeinrichtung*, gegenseitig geführt werden. Die dabei erzeugten Bewegungen des Werkzeugs gegenüber dem Werkstück bestimmen den Fertigungsvorgang und die Gestalt des Werkstückes. Die notwendige Energie wird dabei meist durch elektrische Antriebe (Servo- und Spindelantriebe) bereitgestellt.

Vorschubeinrichtung

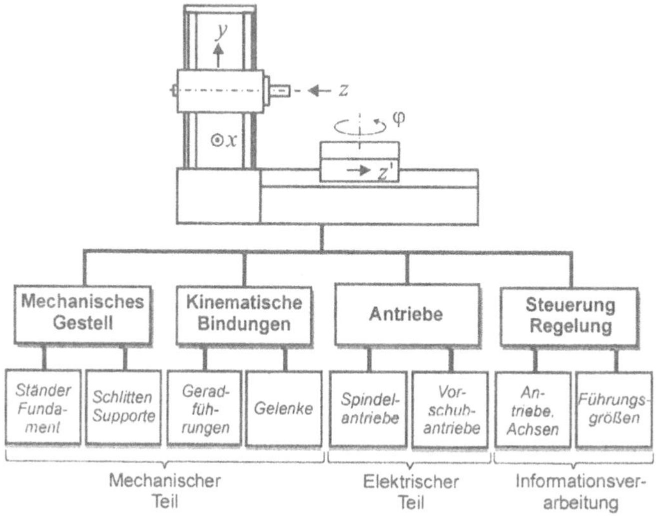

Abbildung 10.14 Merkmale von Werkzeugmaschinen für die metall- und holzverarbeitende Industrie

Die *Werkzeugmaschinensteuerung* erzeugt die notwendigen Stellgrößen zur Generierung der erforderlichen Bewegungen, die auf die elektrischen Antriebe wirken. Sie wird im täglichen Sprachgebrauch als *Numerische Steuerung* oder *NC-Steuerung* bzw. *CNC-Steuerung* bezeichnet. Heute wird sie ausschließlich digital realisiert.

NC-Steuerung, CNC-Steuerung

Die eingesetzten Steuerungsverfahren sind auf Grund der aufwändigen numerischen Verfahren, die für eine komplexe Geometrie-Verarbeitung bereitgestellt werden müssen, rechenintensiv. Inzwischen werden in die Werkmaschinensteuerung auch Programme zur CAD-Konstruktion integriert. Damit lassen sich komplizierte Werkstücke durch eine grafische Konstruktion vorgeben. Das entsprechende Steuerungsprogramm wird dann aus der Konstruktionszeichnung generiert.

Die Entwicklung von numerisch gesteuerten Werkzeugmaschinen begann Ende der 50er Jahre. Sie gelten als die ersten marktfähigen mechatronischen Systeme. Moderne Werkzeugmaschinen stellen heute komplexe mechatronische Systeme dar, wobei der Anteil der Software bereits bis zu 40% der Gesamtkosten einnimmt.

10.5.2 Lackieranlagen in der Automobilindustrie

In der Automobilindustrie ist eine Produktionsstätte typisch in die vier Grundbereiche Presswerk, Rohbau, Lackierung und Montage gegliedert.

Des Weiteren sind Teilefertigungsanlagen, z.B. Motorenfertigung, Getriebe- und Achsfertigung, wichtige Bestandteile der Fertigung.

Bei praktisch allen Fertigungsarbeiten im Automobilbau kommen immer mehr typische mechatronische Systeme verschiedenster Art zum Einsatz.

mehrachsige Lackspritzautomaten

Ein typisches Beispiel eines solchen mechatronischen Systems zeigt die Abbildung 10.15 einen *mehrachsigen Lackspritzautomaten.* Hier müssen Lackspritzdüsen jeweils für die beiden Seiten einer Karosserie sowie für das Dach mit jeweils zwei translatorischen (y, z) und zwei rotatorischen Freiheitsgraden (α, β) bahngetreu bewegt werden. Dabei müssen unterschiedlichste Anforderungen erfüllt sein, z.B. muss der Spritzdüsenkopf immer im konstanten Abstand von der Karosserieoberfläche bewegt werden. Der Lackspritzstrahl muss immer senkrecht zu der Karosserieoberfläche stehen und in Bezug auf die Karosserie immer mit konstanter Geschwindigkeit bewegt werden.

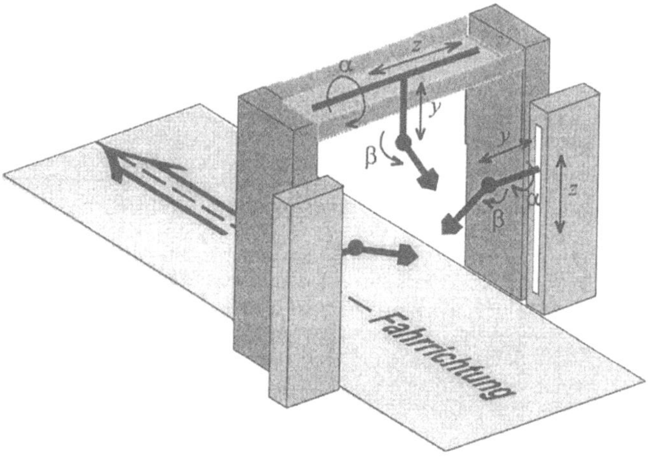

Abbildung 10.15 Typischer Aufbau eines Lackierspritzautomaten für die Oberflächenlackierung im Automobilbau

Zur Steuerung der Bewegungsabläufe der Spritzdüsen, müssen alle geometrischen Daten einer Karosserie vollständig bekannt sein, damit die Bahn in jedem Zeitpunkt berechnet werden kann. Des Weiteren muss die Steuerung des Lackierautomaten einen festen Bezugspunkt auf jeder Karosserie, sowie die Geschwindigkeit des Förderbandes erfassen, damit einzelne Bewegungen der Spritzdüsen mit der Bewegung der Karosserie synchronisiert werden können. Nur dadurch kommen die erforderlichen Relativbewegungen zwischen Düse und Karosserie entsprechend den vorliegenden Forderungen zu Stande.

Steuerungstechnisch werden diese Bewegungen mit *typischen Robotersteuerungen* realisiert, die jedoch häufig mit speziellen Interpolationsalgorithmen ausgestattet werden müssen. Da auch in einer solchen Anlage noch zusätzlich sehr viele konventionelle Steuerungsaufgaben anfallen, werden hier konventionelle Steuerungsgeräte für die Automatisierung auf Basis speicherprogrammierbarer Steuerungen (SPS, siehe Kapitel 11) benötigt, die im Verbund mit einer Robotersteuerung zusammenarbeiten müssen.

typische Robotersteuerungen

10.5.3 Schlauchbeutelmaschine für die Verpackungstechnik

Eine kontinuierlich verarbeitende Schlauchbeutelmaschine, die schematisch in Abbildung 10.16 dargestellt ist, wird hier als ein Beispiel aus dem Bereich der Lebensmittel- und Verpackungsindustrie betrachtet [10.12].

Über ein vertikales Zuführrohr wird das Verpackungsgut (z.B. Lebensmittel in zähflüssiger Form) durch einen Dosiervorgang einer Verpackungsvorrichtung zugeführt. Das bahnförmig vorliegende Verpackungsmaterial wird mit Hilfe einer angetriebenen Vorabzugseinrichtung über eine Packmittelrolle der Verpackungsmaschine zugeführt. Den Hauptzug realisiert die Bewegung der Packmittelbahn, die für die Bildung des Schlauches über die so genannte Formschulter bewegt werden muss.

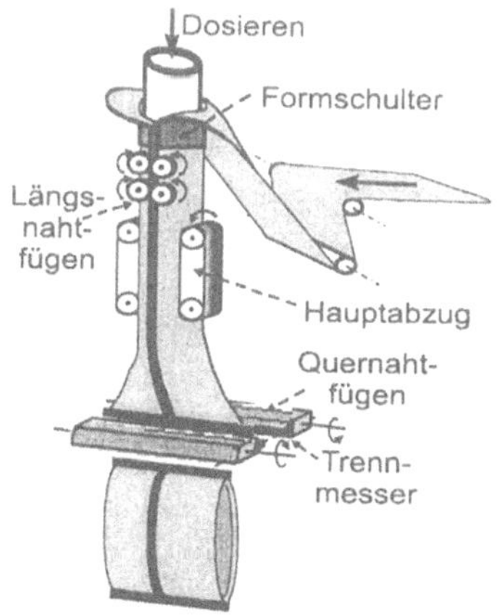

Abbildung 10.16 Verarbeitungsprinzip einer vertikalen Schlauchbeutelmaschine für Lebensmittel

Über einen parallel mitlaufenden Längsnahtfügen-Antrieb wird der verformte Schlauch geschlossen. Beide Verarbeitungsvorgänge sind der packmittelspezifischen Siegelzeit abhängig. Außerdem muss noch die Zentrierung von Druckbildern auf der Packbahn berücksichtigt werden. Der Dosiervorgang muss in Abhängigkeit von Menge und Fließverhalten des Füllgutes einstellbar sein. Beim Quernahtfügen werden die Kopf- und Bodennaht eines jeden Beutels zusammengeschweißt. Die einzelnen Packbeutel werden dabei getrennt.

synchronisierte Bewegungen

Es müssen somit insgesamt vier, *eng aufeinander synchronisierte* und *parallel laufende* Bewegungen, für Vorabzug, Hauptzug und Längsnahtfügen, sowie für Dosieren und Quernahtfügen realisiert werden.

zentrales Antriebssystem

Eine ***konventionelle maschinenbautechnische Lösung*** sieht für solche Systeme, wie in Abbildung 10.17 dargestellt, ein *zentrales Antriebssystem* vor. Alle Einzelbewegungen werden von einer zentralen mechanischen Welle, der so genannten *Königswelle*, abgeleitet, die von einem elektrischen Antrieb angetrieben wird.

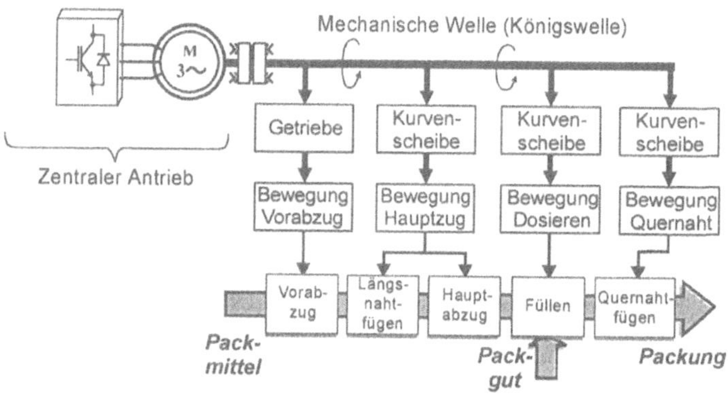

Abbildung 10.17 Konventionelle Lösung durch zentralen Antrieb

Dazu werden typische mechanische Übertragungsglieder wie Getriebe, Kopplungen und Kurvenscheiben sowie Nockenwellen eingesetzt, die jeweils die abgeleiteten Bewegungen durch ihre mechanische Übertragungsgesetze erzeugen. Alle erzeugten Bewegungen der Arbeitsorgane werden daher in Abhängigkeit des *Drehwinkels der Königswelle* erzeugt. Eine Umdrehung dieser Welle wickelt einen kompletten Arbeitsvorgang ab.

Der Vorteil dieser aus Sicht des Maschinenbaus technisch ausgereiften Lösung besteht darin, dass die mechanische Kopplung für einen sicheren Zwangslauf aller Arbeitsorgane sorgt. Dies garantiert die Bewegungskoordination, die Synchronität der Einzelbewegung und alle Gleichlaufforderungen. Der Nachteil ist allerdings die geringe Flexibilität.

Eine Änderung der Zuordnung der Einzelbewegungen z.B. bei Umstellung auf ein anderes Produkt verlangt i.a. den maschinentechnischen Umbau. Des Weiteren ist der Wirkungsgrad solcher Anordnungen i.a. sehr schlecht.

In letzter Zeit wird eine *mechatronische Lösung* untersucht und verstärkt im Produktionsprozess eingesetzt. Sie sieht eine *dezentrale Antriebsstruktur* vor (Abbildung 10.18). Hier werden die einzelnen Arbeitsorgane durch getrennte, energetisch gut angepasste und gut regelbare elektrische Servoantriebe bewegt und über die übergeordnete Informationsverarbeitung in den Arbeitsablauf eingebunden. Der mechanische Zwangslauf zu einer mechanischen Königswelle fehlt. Ihre Bewegung wird jetzt elektronisch in einem Master-Antrieb, meist dem Hauptantrieb, erzeugt. Alle Einzelbewegungen werden steuerungstechnisch durch entsprechende Algorithmen synchronisiert.

dezentrale Antriebsstruktur

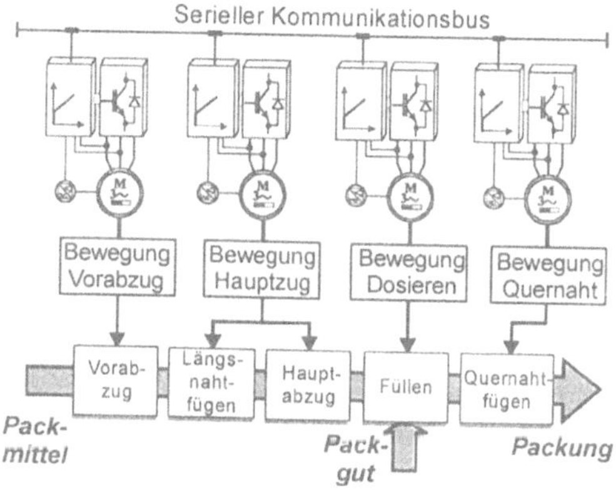

Abbildung 10.18 Mechatronische Lösung durch dezentrales Antriebskonzept

Über ein i.a. *serielles* und *hochdynamisches Bussystem*, werden alle beteiligten Einzelantriebe gekoppelt. In äquidistanten Zeitpunkten wird der elektronisch gebildete Drehwinkel, sowie weitere zur Sicherstellung der Synchronität notwendigen Informationen über das Bussystem an alle übrigen Antriebe, die Slave-Antriebe, übertragen. Abgeleitet von diesem Winkel führen sie entsprechend den programmierten Funktionen in der Antriebssteuerung die einzelnen Bewegungen der Arbeitsorgane aus.

serielles und hochdynamisches Bussystem

Hierzu müssen die Slave-Antriebe über entsprechende, in Software realisierte Technologiefunktionen verfügen. Beispiele solcher Funktionen für dezentrale Antriebsstrukturen sind elektronische Getriebe, elektronische Kurvenscheiben, fliegender Master, fliegende Schere/Messer, Nockensteuerung, Gleichlauf, Auf- und Absynchronisieren, Ein- und Aussatzzyklen, Triggerpositionieren. [10.12].

10.6 Literatur

[10.1] Isermann, R.: *Mechatronische Systeme*. In: Automatisierungstechnik (at) 37 (1995), H. 12, S. 538-548

[10.2] Heinmann, B.; Gerth, W.; Popp, K.: *Mechatronik, Komponenten, Methoden, Beispiele*. Carl Hanser Verlag, München/ Wien, 1998

[10.3] Brandley, D.A.; Dawson, D.; Burd, N.C.; Loader, A.J.: *Mechatronics, Elektronics in products and processes*, Verlag Champan & Hall, London, 1997

[10.4] Schweitzer, G.: *Mechatronik-Aufgaben und Lösungen*. VDI – Berichte Nr. 787, 1989

[10.5] Tönshoff, H. K.: *Werkzeugmaschinen, Grundlagen*. Springer-Verlag, Berlin / Heidelberg, New York, 1995

[10.6] Lauber, R.; Göhner, P.: *Prozeßautomatisierung, 3. Auflage, Band 1*. Springer-Verlag, Berlin/Heidelberg, New York 1998.

[10.7] Färber, G.: *Prozeßrechnertechnik, 3. Auflage*. Springer-Verlag, Berlin / Heidelberg/New York, 1995

[10.8] Roddeck, W.: *Einführung in die Mechatronik*. Teubner-Verlag, Stuttgart, 1997

[10.9] Hauger, W.; Schnell, W., Gross, D.: *Technische Mechanik, Band 3, Kinetik*. Springer-Verlag, Berlin/Heidelberg/New York, 1995

[10.10] Olomski, J.: *Bahnplanung und Bahnführung von Industrierobotern*. Vieweg-Verlag, Braunschweig / Wiesbaden, 1989

[10.11] Schönfeld, R.: *Bewegungssteuerungen*. Springer-Verlag, Berlin / Heidelberg / New York, 1998

[10.12] Stange, H.: *Bewegungsanforderungen bei Verarbeitungsmaschinen*. In: Tagungsband SPS/IPC/DRIVES, Sindelfingen, 22. – 24.11.1994

Kapitel 11

Steuerungstechnik

von Jochen Petry

11.1 Einführung

Ein Steuerungssystem besteht aus der *Signalverarbeitung* (Informationsgewinnung, -nutzung) und der *Steuerstrecke* (Prozess). Betrachtet man dabei die Art der Signalverarbeitung, so ist grundsätzlich zwischen *asynchronen* und *taktsynchronen* Steuerungen zu unterscheiden.

Signalverarbeitung und Steuerstrecke

Innerhalb der asynchronen Signalverarbeitung haben sich die *binäre* und die *digitale* Steuerung herausgebildet. Unter der binären Steuerung wird die *Verknüpfungs-* und *Ablaufsteuerung* verstanden. Die digitale Steuerung ist gekennzeichnet durch die Verarbeitung digitaler, d.h. zahlenmäßig dargestellter Informationen.

Binäre und digitale Steuerung

Verknüpfungssteuerung (Abbildung 11.1) ist dadurch gekennzeichnet, dass zu jedem beliebigen Zeitpunkt den Eingangswerten bestimmte Ausgangswerte zugeordnet werden.

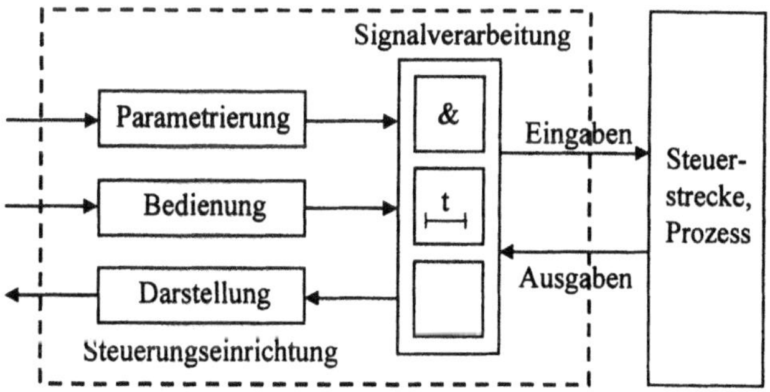

Abbildung 11.1 Verknüpfungs-steuerung

Die Informationsverarbeitung erfolgt vorwiegend mit *booleschen Grundfunktionen*. Es können jedoch auch *Zeit-* und *Speicherfunktionen* vorhanden sein. Da bei dieser Art von Steuerungen der Prozess

Boolesche, Zeit- und Speicher-Funktionen

selbst keine Ablaufstruktur vorgibt, ist es häufig sehr schwierig, aus der Aufgabenstellung heraus das Steuerprogramm zu finden.

Ablaufsteuerung ist dadurch gekennzeichnet, dass - im Unterschied zu Verknüpfungssteuerungen - immer nur ein ganz bestimmter Programmteil (ein Schritt) zur Bearbeitung freigegeben wird. Erst wenn die Bedingungen für diesen Schritt erfüllt sind, wird auf den nächsten Schritt geschaltet. Eine Steuerung mit zwangsläufig schrittweisem Ablauf, bei der die Weiterschaltbedingungen nur von Signalen der gesteuerten Anlagen abhängig sind, nennt man *prozessgeführte Ablaufsteuerung* (Abbildung 11.2).

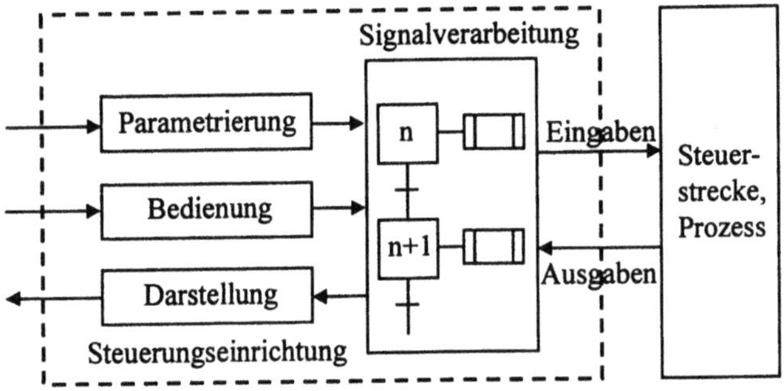

Abbildung 11.2 Prozessgeführte Ablaufsteuerung

Steuerungen, bei denen die Weiterschaltbedingungen nur von der Zeit abhängig sind, nennt man *zeitgeführte Ablaufsteuerungen* (Abbildung 11.3).

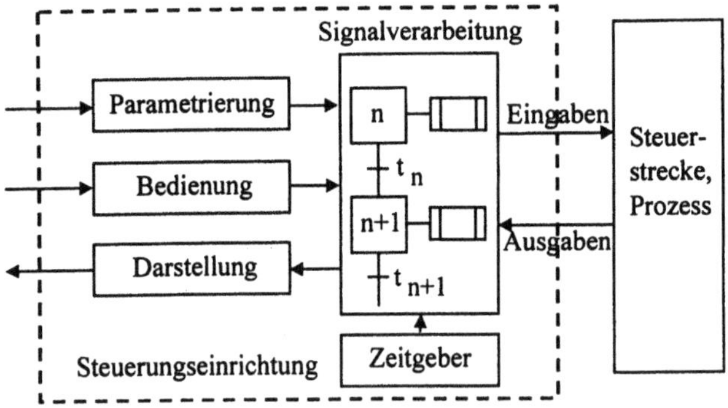

Abbildung 11.3 Zeitgeführte Ablaufsteuerung

Die meisten zu steuernden Prozesse erfordern einen Ablauf, der einer definierten zeitlichen Reihenfolge unterliegt. So darf z.B. ein Bewegungsvorgang erst dann eingeleitet werden, wenn zuvor ein anderer beendet ist. Bei der Verknüpfungssteuerung wird dieses Problem gelöst, indem man entsprechende Verriegelungsbedingungen ins Programm einbindet. Dabei zeigt sich aber, dass ab einer gewissen *Verknüpfungstiefe* die Steuerung an Übersichtlichkeit verliert und im Fehlerfall Serviceeinsätze sich sehr zeitintensiv gestalten.

Zeitabhängige Weiterschaltbedingungen werden meist dann verwendet, wenn die Erfassung eines Zustandes, d.h. eine Rückmeldung technologisch schwer oder gar nicht zu realisieren ist.

Digitale Steuerungen sind Steuerungen mit überwiegend *arithmetischen Aufgaben* wie Zählern, Schieberegistern, Vergleichern, Rechenwerken, Wandel- und Ladeoperationen. Die zu verarbeitenden Informationen sind üblicherweise im *Binärcode* dargestellt (Abbildung 11.4). Binärcode

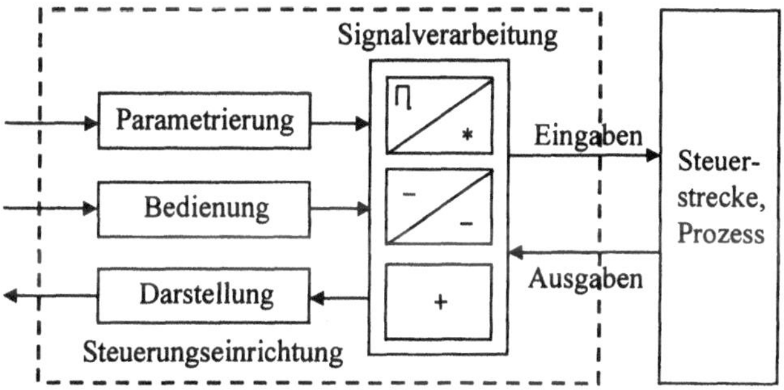

Abbildung 11.4
Digitale Steuerung

Die industriellen Steuerungen arbeiten zunehmend digital durch binär codierte Informationen. Die digitale Steuerung ist als eine höhere Stufe der binären Steuerung zu sehen.

11.2 Arten der Steuerung

11.2.1 Aufbau einer Steuerung

Eine Steuerung besteht im Wesentlichen aus der *Eingangsebene*, der *Verknüpfungsebene* und der *Ausgangsebene* - und natürlich der Stromversorgung (Abbildung 11.5).

Die *Eingangsebene* empfängt die Information von den Signalgebern des zu steuernden Prozesses, z.B. aus einer Maschine, einer Anlage oder Teilen davon. Diese Signalgeber können Drucktaster, Grenztaster, *Lichtschranken, Schalter an Druck* -, Niveau -, Temperatur - und sonstigen Einrichtungen sein.

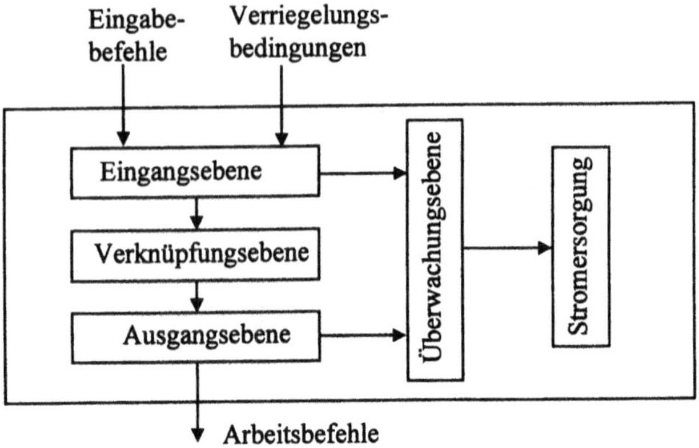

Abbildung 11.5 Struktur universeller Steuerungssysteme

Die *Verknüpfungsebene* verbindet die Einflussgrößen entsprechend dem für die Steuerung individuell ausgelegtem Programm. Die daraus abgeleiteten Steuerbefehle werden dann an die Ausgangsebene übergeben. Für die Realisierung der Verknüpfungsebene sind folgende Möglichkeiten denkbar:

- *Verbindungsprogrammierte* Steuerung (VPS)
- *Speicherprogrammierbare* Steuerung (SPS)

Die *Ausgabeebene* verstärkt die aus dem Bereich Verknüpfungsebene kommenden Signale und gibt sie an den Prozess weiter. Empfänger der Befehle sind hier Stellglieder, z.B. in Form von Schützen, Motoren, Kupplungen, Magnetventilen usw. Im einfachsten Fall können es auch nur Sichtmelder sein.

11.2.2 VPS und SPS

Die VPS und SPS unterscheiden sich durch den mechanischen Aufbau und die Art der Programmverwirklichung.

VPS Bei der *VPS* handelt es sich um eine konventionelle Art der Steuerung. Sie besteht aus einzelnen Schaltgliedern, die - den jeweiligen Anforderungen entsprechend - zusammengestellt und miteinander verbunden sind. Ursprünglich waren das rein elektromechanische Bauteile (Schütze, Hilfsschütze). Nach Entwicklung der Halbleitertechnik wurden zunehmend auch elektronische Bausteine eingesetzt. Das Programm besteht damit in der Verdrahtung der Steuerung und ist fest vorgegeben. Sind Änderungen in der Funktion der Anlage notwendig, muss oft die Hardware, sprich: die Bestückung und die Verdrahtung, geändert werden.

Mit Hilfe eines *Funktionsplanes* gemäß *IEC 848* wird die VPS-Steuerungsaufgabe grafisch beschrieben. Verbale Zusatzinformationen ergänzen den Funktionsablauf.

IEC-848

Daraus ergibt sich der Geräteaufwand und damit auch der Platzbedarf (Schrank, Pult, Gehäuse) sowie der notwendige Verdrahtungsaufwand. Diese einzelnen Arbeitsschritte können nur zeitlich nacheinander vollzogen werden.

Für die *SPS* benötigt man ein Automatisierungs- und ein Programmierungsgerät. Das *Automatisierungsgerät* ist eine in sich geschlossene Einheit. Es besteht im Wesentlichen aus einem *Mikroprozessor*, seinen *Speichern* für Programme und Signale, den *Ein -/Ausgaben* und einer Stromversorgung. Das, was die Steuerung tun soll, wird in den Programmspeicher des Automatisierungsgerätes eingetragen. Dies geschieht über ein separates *Programmiergerät*, das mit dem Automatisierungsgerät über eine *serielle Schnittstelle* verbunden ist. Das Erstellen des *Anwenderprogramms* erfolgt auf dem Programmiergerät *offline*, d.h. ohne angeschlossenes Automatisierungsgerät.

SPS
Automatisierungsgerät

Programmiergerät

Diese Arbeitsweise erlaubt es, das einmal erstellte Programm für weitere Steuergeräte gleicher Art beliebig häufig zu nutzen. Im Gegensatz zur VPS muss also nicht jede Steuerung neu aufgebaut oder verdrahtet werden.

11.2.3 SPS-Projektierung

Die SPS-Programme unterteilt man in *Grundsoftware* und *Anwenderprogramme.*

Ein *Anwenderprogramm*, das der Benutzer üblicherweise selbst bearbeitet, wird auf dem PC (Programmiergerät) erstellt und letztlich nach einem Übersetzungslauf in den Programmspeicher des Automatisierungsgerätes übertragen. Ob nun der Anwender sein Programm in grafischer (siehe z.B. Abschnitte 11.6.3: *Kontaktplan LD* und 11.6.4: *Funktionsbausteinsprache FBD*) oder alphanumerischer Form (siehe z.B. Abschnitt 11.6.1: *Anweisungsliste IL*) editiert, mag er selbst entscheiden.

Anwenderprogramm

Damit das Anwenderprogramm in der SPS ablaufen kann, wird eine *Grundsoftware* benötigt. Diese besteht aus zwei logischen Anteilen:

Grundsoftware

- Kern der Maschine oder *Urlader*, der benötigt wird, um den internen *Flash* - Speicher unverlierbar zu programmieren.
- Grundsoftware selbst, die über den Kern ins Flash programmiert wird.

Urlader

Ladevorgang

Dieser *Ladevorgang* der Grundsoftware in die SPS geschieht automatisch beim Übertragen des Anwenderprogrammes. Die Grundsoftware selbst wickelt folgende Aufgaben ab:

- Kommunikation zwischen SPS und Programmiereinheit
- interne Prozessdatenverwaltung
- Ausführen des Anwenderprogramms in kompilierter Form
- Systemüberwachung

Steueranweisungen

Das Anwenderprogramm besteht aus einzelnen *Steueranweisungen*, die der Mikroprozessor ausführen soll. Die eingegebenen Steueranweisungen, die genau vorgeben, was mit wem verknüpft werden muss, werden einzeln nacheinander vom Mikroprozessor abgefragt und ausgeführt.

zyklische Programmbearbeitung

Das Verknüpfungsergebnis wird dann im Signalspeicher *zwischengespeichert*. Nach der letzten Abfrage beginnt das Programm wieder von vorne; das heißt es findet eine *zyklische Programmbearbeitung* statt.

11.3 SPS-Programmiersysteme

11.3.1 Norm IEC-1131

Technische und wirtschaftliche Anforderungen an moderne Automatisierungssysteme lassen sich künftig nur noch erfüllen, wenn Synergieeffekte gesichert sind, d.h. leistungsfähige Hard- und Software perfekt zusammenspielen.

IEC-1131

Unter der Schirmherrschaft der *International Electrotechnical Commission* (IEC) wurde in den letzten Jahren der Standard *IEC 1131 Programmable Controllers* erarbeitet. Dieser Standard vereint in sich die Erfahrungen, die national in den letzten Jahren auf dem Gebiet der SPS-Programmierung gemacht wurden.

Das Ziel der Norm IEC 1131-3 war es, eine dialektfreie Sprachfamilie mit einem genau definierten Vokabular bereitzustellen. Dieses Ziel wurde erreicht, weil sowohl Vertreter verschiedener SPS-Hersteller wie auch Softwarehäuser und Anwender sich in dieser Normungsgruppe IEC konstruktiv arrangiert haben.

Die Norm IEC 1131 besteht aus *fünf Teilen*: Allgemeine Informationen, Ausrüstung und Testanforderungen, Programmiersprachen, Anwenderrichtlinien, Kommunikation.

Die Teile 1 bis 3 wurden Mitte 1994 unverändert als europäische Norm EN61131, Teil 1 bis 3, übernommen. Somit haben sie gleichzeitig den Status einer deutschen Norm.

Der Teil 3 (Programmiersprachen) bildet den wichtigsten Teil dieser Norm. Er beinhaltet die leistungsfähigen Sprachen (Abbildung 11.6) zur Strukturierung sowie die textuellen und grafischen Sprachen:

Ablaufsprache (AS) ⇔ Sequential Function Chart (SFC)

Anweisungsliste (AWL) ⇔ Instruction List (IL)

Funktionsbausteinsprache (FBS) ⇔ Function Block Diagram (FBD)

Kontaktplan (KOP) ⇔ Ladder Diagram (LD)

Strukturierter Text (ST) ⇔ Structured Text (ST)

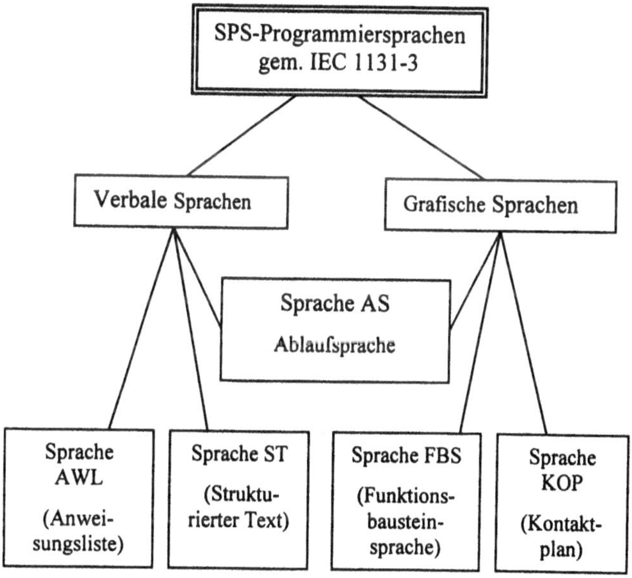

Abbildung 11.6 SPS-Programmiersprachen gemäß IEC 1131-3

11.3.2 Marktübersicht

In der Tabelle 11.1 sind einige SPS-Hersteller aufgeführt, die normkonforme Programmprodukte anbieten. Die Daten sind den Firmenprospekten und dem *SPS Magazin*, A.5,6; 1999, entnommen. Sie orientieren sich auf mittleren und großen SPS-Systemen und erlauben damit nur eine grobe Vorstellung über aktuellen Marktstand.

Tabelle 11.1 Einige SPS-Anbieter mit normkonformen Programmen

Anbieter	**Produktname**	**IEC-Sprachen**
ABB Automation Products	Advant Controller 250 Freelance 2000	AWL, ST AS, AWL, FBS, KOP
Atlas Copco Controls GmbH	CRISP	AS, AWL, FBS, KOP,ST
B&R Industrie GmbH	RPS B&R2005/2010 B&RLS251	AWL, KOP, SFC, ST
Bachmann Electronic	M1	AS, AWL, FBS, KOP,ST
Baumüller Electronic GmbH	Omega	AS, AWL, FBS, KOP,ST
Beck IPC GmbH	IPC PS1	AS, AWL, FBS, KOP,ST
Berghof GmbH	CANtrol	AS, ST
eac GmbH	CP586ve	eAction FBD
GE Fanuc Eberle Automation GmbH	Series 90 ™-30	AS, AWL, KOP
HIMA Paul Hildebrandt GmbH	H41q-S/ H51q-S	AS, FBS, ST
HITACHI	Serie H200/250/252	KOP
KEBA GmbH	KEMRO	AS, AWL, FBS, KOP,ST
Phoenix Contact GmbH&Co	Remote Field Controller	AS, AWL, FBS, KOP,ST
PMA GmbH	P-open	AS, ST
SABO Elektronik GmbH	Modulersystem PLM500	AS, AWL, FBS, KOP,ST
Schneider Electric GmbH	Quantum/ Compact/ Momentum	AS, AWL, FBS, KOP, ST
Selectron System GmbH	SELECONTROL MAS	AS, ST
Siemens, A&D AS	S7-300/400	STEP-7, S7-GRAPH, S7-SCL

Die Norm IEC DIN EN 61131-3 wurde von den meisten SPS-Herstellern als Richtlinie akzeptiert. Damit ist es möglich, SPS-Systeme mit gleichen Sprachelementen zu programmieren. Die Anlagendokumentation wird transparenter, Einarbeitungszeiten und Kosten werden reduziert.

11.3.3 Beispiel eines Programmiersystems

Eine von Programmiersystemen, das konsequent nach den Vorgaben des internationalen Standards IEC 1131 geschrieben wurde, ist *Concept* von Schneider Electric GmbH (Abbildung 11.7). Es ermöglicht das Wiederverwenden bereits erstellter Funktionsbausteine und den Aufbau eigener Anwenderbibliotheken. Komplexe Fremdmodule lassen sich schnell und sicher integrieren (z.B. Modbus Plus Kommunikation). Das Programm hat komfortable Suchfunktionen und umfangreiche Bibliotheken, direkte Wiederverwendung der Anwenderdaten, frei in die Grafik implementierbare Texte und weitere Vorteile.

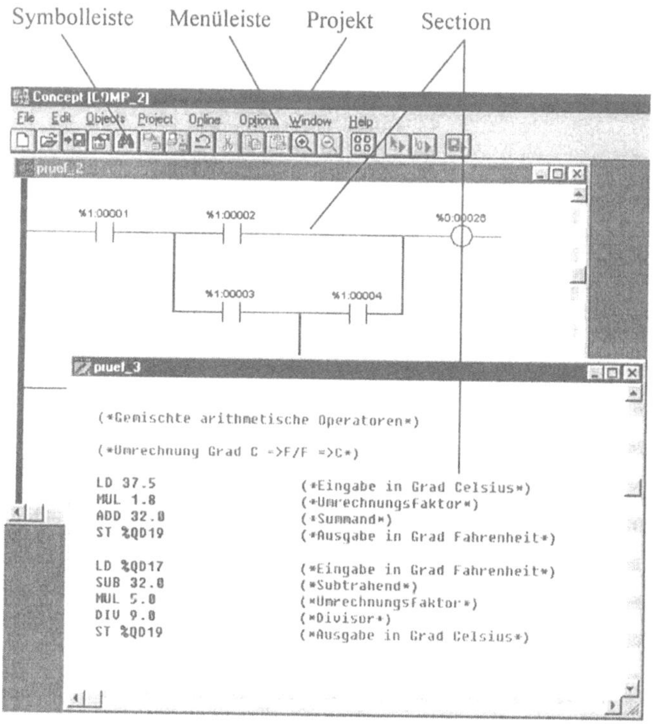

Abbildung 11.7 Programmiersystem Concept: Fensterarten

Bedienoberfläche

Concept arbeitet unter gewohnter *Windows*-Bedienoberfläche. Alle wichtigen Manuals sind als kontextsensitive Helptexte in die Software integriert. Viele grundsätzliche Funktionen wie Maus, Ikonen, Toolbar, Window-Zooming oder Cut, Copy und Paste werden rein intuitiv erfasst.

Gleiches gilt auch für die verwendeten grafischen Symbole, die vollgrafischen Editoren, die mit ihrer kontextsensitiven Bedienung alle Anwendungen erheblich vereinfachen:

- automatische, interaktive Installationsroutine
- kontextsensitive Online-Help für Hardware und Software
- IEC 1131- Bausteinbibliothek mit zusätzlichen Erweiterungen

Mehrere Fenster können simultan dargestellt werden und schaffen den Systemüberblick für Verwaltung, Überwachung und Prozessdiagnose. Damit erfolgt Steuerung, Kommunikation, Prozessdiagnose und Visualisierung in einer einheitlichen Entwicklungsumgebung.

Auch für den Betrieb der Anlage bietet Concept eine Reihe von zeitsparenden Funktionen. Egal, in welcher Planart das Programm geschrieben wurde, der Zustand aller Variablen und der Datenfluss werden Online angezeigt (Abbildung 11.8). Dies gilt auch für selbst geschriebene oder kaskadierte Funktionsbausteine.

Abbildung 11.8 Online-Status-Anzeige, FBD in Kombination mit DFB (Derived Function Block)

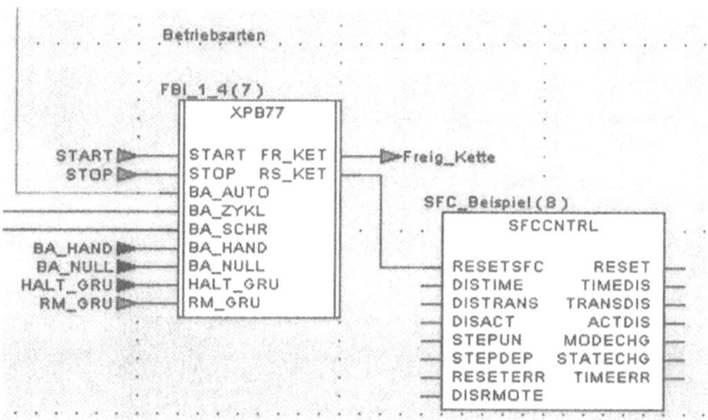

OffLine- Programmierung

Concept enthält alle fünf IEC-Programmiersprachen. Mit dem Datentyp-Editor lassen sich eigene Datentypen von den IEC-Datentypen ableiten.

Das Steuerungsprogramm wird entsprechend der logischen Struktur aus *Sektionen* aufgebaut. Innerhalb einer Sektion wird in einer einzigen Programmiersprache gearbeitet.

Sektion

Die Zusammenführung von Sektionen ergibt in ihrer Gesamtheit das *Steuerprogramm*, nach dem das Automatisierungsgerät den Prozessablauf steuert. Innerhalb des Programms können die IEC-Sektionen (FBD, LD, SFC, IL, ST) beliebig gemischt werden.

Steuerprogramm

Variablen für die Verknüpfung von Grundelementen (*Objekte*) innerhalb einer Sektion werden bei den grafischen Programmiersprachen FBD, LD und SFC nicht benötigt, da diese Verknüpfungen durch Verbindungen realisiert werden.

Objekte

Diese Verbindungen werden vom System verwaltet und somit entsteht hier kein Projektierungsaufwand. Alle übrigen Variablen, z.B. für die Datenübergabe zwischen verschiedenen Sektionen, werden mit dem *Variablen-Editor* projektiert. Mit dem *Datentyp-Editor* können eigene abgeleitete Datentypen definiert werden.

Variablen- und Datentyp-Editor

In Verbindung mit den Konfigurationsdaten (*Hardware-Bestimmung*) entsteht ein *Projekt*. Die Programmierung selbst kann *top down* oder *botton up* erfolgen.

Projekt

11.4 SPS-Programmiersprachen

11.4.1 Sprachelemente

Die voneinander unabhängigen Software-Einheiten des Anwenderprogramms werden als *Programm-Organisationseinheiten* (POEs) bezeichnet.

Programm-Organisationseinheit (POE)

Zu diesen Einheiten gehören: Funktionen, Funktionsbausteine (*function blocks*) und Programme.

Die kleinsten POEs sind *Funktionen*. Sie liefern bei gleichen Eingangswerten immer dasselbe Ergebnis (als Funktionswert) zurück, d.h. sie besitzen kein Gedächtnis.

Funktion

Funktionsbausteine (FBs) sind POEs, die jeweils beliebig viele Eingangsvariablen, Ausgangsvariablen und interne Variablen haben. Sie haben ein Gedächtnis und können Daten zwischen zwei Aufrufen speichern. Sie werden von einem Programm oder von einem anderen Funktionsbaustein aufgerufen.

Funktionsbaustein

Funktionen und Funktionsbausteine unterscheiden sich dadurch, dass

- ein Funktionsbaustein beliebig viele Ausgangsparameter, eine Funktion nur über einen Ausgangsparameter verfügt. Die Ausgangsparameter von Funktion und Funktionsbaustein unterscheiden sich syntaktisch.
- Funktionen kein Speicherverhalten haben, Funktionsbausteine hingegen verfügen über ein Gedächtnis.

Programm

Programme können -wie Funktionsbausteine- Eingangs-, Ausgangs- und interne Variablen besitzen. Durch das Programm wird ein zusammengehöriger steuerungstechnischer Funktionsablauf beschrieben, der mehr als einen Funktionsbaustein umfasst.

Programme bilden den Kopf eines SPS-Anwenderprogramms und verfügen über die Möglichkeit, auf die SPS-Peripherie zuzugreifen und deren Werte den übrigen POEs zur Verfügung zu stellen.

11.4.2 Darstellung von Variablen

Aus Sicht der traditionellen SPS-Sprachen war man gewohnt, mit den elementaren Datentypen: *Eingänge*, *Ausgänge*, *Merker*, *Zeiten* und *Zählwerte* zu operieren.

Für das Verknüpfungsprogramm ist es jedoch unerheblich, ob ein Bit ein Eingang, ein Ausgang oder Merker ist. Nach der neuen Norm sollen alle 3 Variable zum Typ BOOL zugeordnet werden. Ebenso wird das bekannte Gleitpunktwort unter dem Datentyp REAL geführt. Zusätzlich zu den bekannten Datentypen werden auch weitere neue Datentypen zugelassen, beispielsweise die Typen SINT (8 Bit), INT (16 Bit), DINT (32 Bit) und LINT (64 Bit).

Variablen werden in located und unlocated Variablen aufgeteilt:

Located Variable

- *Located Variable* wird einer Adresse im Signalspeicher der SPS zugeordnet. Sie wird im Anwenderprogramm benötigt, um Signalzustände aus der SPS zu lesen oder an die SPS auszugeben.

Unlocated Variable

- *Unlocated Variable* wird vom System verwaltet und gespeichert. Die zugeordnete Adresse auf der SPS ist unbekannt, da die Variable über ihren symbolischen Namen angesprochen wird.

symbolische Adressierung

Variablen können entweder symbolisch oder absolut angesprochen werden. Durch *symbolische* Bezeichnung wird das Programm universeller (hardwareunabhängig) einsetzbar. Erst mit Definition der SPS erfolgt die Anbindung an die Prozessperipherie.

absolute Adressierung

Bei Anwendungen, in denen Automatisierungsgeräte mit überschaubarer Variablenzahl zum Einsatz kommen, ist es vertretbar die Adressierung *absolut* vorzunehmen.

Im Unterschied zur symbolischen Adressierung wird bei der Programmierung mit *direkten Adressen* auf die Kanäle der Ein-/Ausgangs-Baugruppen verwiesen.

direkte Adresse

Beispiel: Die Adressierung des Ausgangs 24 lautet nach:

- symbolischer Adressierung: Motor_17
- absoluter Adressierung: % Q X 24 □

Konstante und Variable gehören immer zu einem bestimmten Datentyp, z.B. BYTE, INT, DINT oder BOOL, und müssen bei symbolischer oder absoluter Adressierung immer explizit deklariert werden.

Beispiel: *Variablendeklaration* für verschiedene Datentypen mit absoluter Adressierung:

Variablendeklaration

```
VAR
AT % IW26 : TIME;        (*Datentyp TIME*)
AT % QW119 : TIME;       (*Datentyp TIME*)
AT % QD116 : REAL;       (*Datentyp REAL*)
AT % QD112 : DINT;       (*Datentyp DINT*)
AT % QW114 : WORD;       (*Datentyp WORD*)
END_VAR
```

Das Schlüsselwort VAR leitet die *Deklaration* ein, END_VAR beendet das Konstrukt. Die Bedeutung von einzelnen Zeichen :

1. Zeichen:	***2. Zeichen:***	***3. Zeichen:***
% Hinweis	I Eingang	X Bit
auf absolute Adresse	Q Ausgang	B Byte
		D Doppelwort

11.4.3 Datentypen

Man unterscheidet zwischen *elementaren* und *abgeleiteten* Datentypen. Zu den elementaren (standardisierten) Datentypen gehören: BOOL, INT, UINT, REAL, TIME und DATE.

Elementare und abgeleitete Datentypen

Charakteristisch sind ihre Datenbreite sowie ihr zulässiger Wertebereich. Aus den Standard-Datentypen lassen sich neue Datentypen ableiten wie *Aufzählung* oder *Bereich*. Die Aufzählungstypen sind in Programmier-Hochsprachen ein fester Begriff. Die Bereichstypen beschränken den Wert, der eine Variable dieses Typs annehmen darf, auf einen bestimmten Bereich.

Datentypen Aufzählung und Bereich

11.5 IEC-Sprachen (Dialekte)

11.5.1 Anweisungsliste (Instruction List)

Die *Anweisungsliste* IL (Abbildung 11.9) ist eine textuelle, assemblerähnliche Programmiersprache. Sie benötigt keine absoluten Zeilenadressen. Die Anweisungsliste besteht aus einer Folge von Anweisungen, wobei jede Anweisung in einer neuen Zeile beginnt.

Anweisung

Marke

Für die Schreibweise einer *Anweisung* ist ein festes Format vorgegeben. Eine Anweisung beginnt mit einem Operator. Diesem folgt ein Operand. Der Anweisung kann eine *Marke* (Label) vorangestellt sein, die durch einen Doppelpunkt abgeschlossen ist. Die Marke dient in Verbindung mit Sprungoperatoren als Einsprungadresse.

Mit dieser Programmiersprache lassen sich Funktionsbausteine und Funktionen bedingt oder unbedingt ausführen.

Textverarbeitung

Rechtschreibkontrolle

Bei der Texteingabe stehen alle Standard-Windows-Leistungen für die *Textverarbeitung* zur Verfügung. Zusätzlich beinhaltet der IL-Editor einige weitere Befehle für die Textverarbeitung. Bei der Eingabe von Schlüsselworten, Separatoren und Kommentaren erfolgt sofort eine *Rechtschreibkontrolle*, bei der Fehler durch einen Farbumschlag angezeigt werden.

```
»»»»»»»»»»»»» Instruction List Start «««««««««««««

     VAR
     RICHT_1:SYSSTATE;          (*Funktionsbaustein IEC*)
     END_VAR

     CAL RICHT_1                (*unbedingter Aufruf*)

     LD Taster_Motor_rechts     (*Bedingung Rechtslauf*)
     ANDN Taster_Motor_links
     S Schütz_1_Rechts          (*Setzen Ausgang Rechtslauf*)
     LDN Taster_HALT            (*Bedingung RSetzen*)
     OR RICHT_1.WARM            (*Richtimpuls*)
     OR Taster_Motor_links      (*Verriegelung Gegenrichtung*)
     R Schütz_1_Rechts          (*RSetzen Ausgang Rechtslauf*)

     LD Taster_Motor_links      (*Bedingung Linkslauf*)
     ANDN Taster_Motor_rechts
     S Schütz_1_Links           (*Setzen Ausgang Linkslauf*)
     LDN Taster_HALT            (*Bedingung RSetzen*)
     OR RICHT_1.WARM            (*Richtimpuls*)
     OR Taster_Motor_rechts     (*Verriegelung Gegenrichtung*)
     R Schütz_1_Links           (*RSetzen Ausgang Linkslauf*)

»»»»»»»»»»»»» Instruction List End «««««««««««««
```

Abbildung 11.9 Anweisungsliste (IL-Programm-Darstellung)

11.5.2 Strukturierter Text ST (Structured Text)

Die Sprache Strukturierter Text ST (Abbildung 11.10) ist eine pascalähnliche Programmiersprache mit allen Strukturierungsmöglichkeiten. Im Unterschied zur IL ist die Schreibweise des ST nicht vorgeschrieben.

Anweisungen in ST werden durch Strichpunkte abgeschlossen. Eine elementare Anweisung ist die Zuweisung: einer Variablen wird das Ergebnis eines Ausdrucks zugewiesen.

```
»»»»»»»»»»»»»»»» Structured Text Start ««««««««««««««««
    VAR
    RICHTEN:SYSSTATE;          (*Deklaration Baustein*)
    R_TRIGGER:R_TRIG;
    END_VAR

    RICHTEN();

    IF RICHTEN.WARM = 1        (*Baustein "SYSSTATE"*)
        THEN WORD_43:=32768;
    END_IF;
    R_TRIGGER(CLK := START);

    IF R_TRIGGER.Q = 1         (*Baustein "TRIGGER"*)
        THEN WORD_43:= SHR_WORD(IN1:=WORD_43, N:= 1);
    END_IF;
»»»»»»»»»»»»»»»»»» Structured Text End ««««««««««««««««««
```

Abbildung 11.10 Strukturierter Text (ST-Programm-Darstellung)

Wie für alle Hochsprachen sind hier auch typisch Anweisungen, die Verzweigungen oder Schleifen bilden wie IF .....THEN .....ELSE oder FOR, WHILE usw.

Der ST findet speziell Anwendung, wenn algorithmische Probleme mit der SPS zu lösen sind. Mit der ST lassen sich Funktionsbausteine, Funktionen und Zuweisungen ausführen, Anweisungen bedingt ausführen und Anweisungen wiederholen.

Ausdruck

Ein elementarer Baustein zur Formulierung einer Teilanweisung ist der *Ausdruck*, der aus Operatoren und Operanden besteht:

Operand

- Ein *Operand* ist eine Literal, eine Variable, eine Multielement-Variable, ein Element einer Multielement-Variablen, ein Funktionsaufruf, FB-/DFB-Ausgang oder eine direkte Adresse.

  Sollen die Datentypen DINT, UINT, UDINT, WORD oder TIME einer direkten Adresse zugewiesen werden, hat dies über eine explizite Deklaration (VAR...END_VAR) zu erfolgen.

Die Datentypen, der in einer Anweisung zu verarbeitenden Operanden, müssen identisch sein. Sollen Operanden verschiedener Datentypen verarbeitet werden, hat vorher eine Typenkonvertierung stattzufinden.

Operator

- Ein *Operator* ist ein Symbol für eine auszuführende arithmetische oder logische Operation. Operatoren sind generisch, d.h. sie passen sich automatisch dem Datentyp des Operanden an.

  Die Auswertung eines Ausdrucks besteht aus Anwenden der Operatoren auf die Operanden, in der Reihenfolge, die durch die Rangfolge der Operatoren definiert ist.

  Der Operator mit der höchsten Priorität in einem Ausdruck wird zuerst ausgeführt, gefolgt vom Operator der nächst-niedrigeren Priorität usw. bis die Auswertung vollendet ist. Operatoren mit gleichem Rang werden von links nach rechts ausgeführt, wie im Ausdruck beschrieben sind. Diese Reihenfolge kann durch Klammerung geändert werden.

Für Hochsprachen typisch sind Anweisungen, um zu verzweigen, um Schleifen zu bilden oder um Funktionsbausteine zu nutzen.

Anweisungstypen sind:

- Zuweisung (elementare Anweisung)
- Aufruf einer Funktion
- Aufruf eines Funktionsbausteins mit Zuweisung des Ergebnisses (Anweisung für Funktionsbausteine)
- Verzweigungen (IF, CASE)
- Schleifen (FOR, WHILE, REPEAT, EXIT)

Die Programmierung von ST erfolgt in textueller Form.

Bei der Texteingabe stehen alle Standard-Windows-Leistungen für die Textverarbeitung zur Verfügung. Zusätzlich beinhaltet der ST-Editor einige weitere Befehle für die Textverarbeitung.

Bei der Eingabe von Schlüsselworten, Separatoren und Kommentaren erfolgt sofort eine Rechtschreibkontrolle, bei der Fehler durch einen Farbumschlag angezeigt werden.

11.5.3 Kontaktplan (Ladder Diagram)

VDI 2880

Wie in der *VDI 2880* bereits vorgesehen, können im Kontaktplan andere Sprachelemente zugemischt werden. Daraus resultiert die Möglichkeit, die heute bereits realisiert wird, dass Funktionsblöcke beliebiger Komplexität im Kontaktplan angetroffen werden. Voraussetzung für das Einbinden ist lediglich, dass jede Funktion mindestens je einen binären Ein- und Ausgang hat.

Mit dem Ladder Diagram LD (Abbildung 11.11) werden die *elementaren Funktionen/Funktionsbausteine* (EFBs), Kontakte, Spulen und Signale (Variablen) zu einem Kontaktplandiagramm zusammengefügt.

elementarer Funktionsbaustein EFB

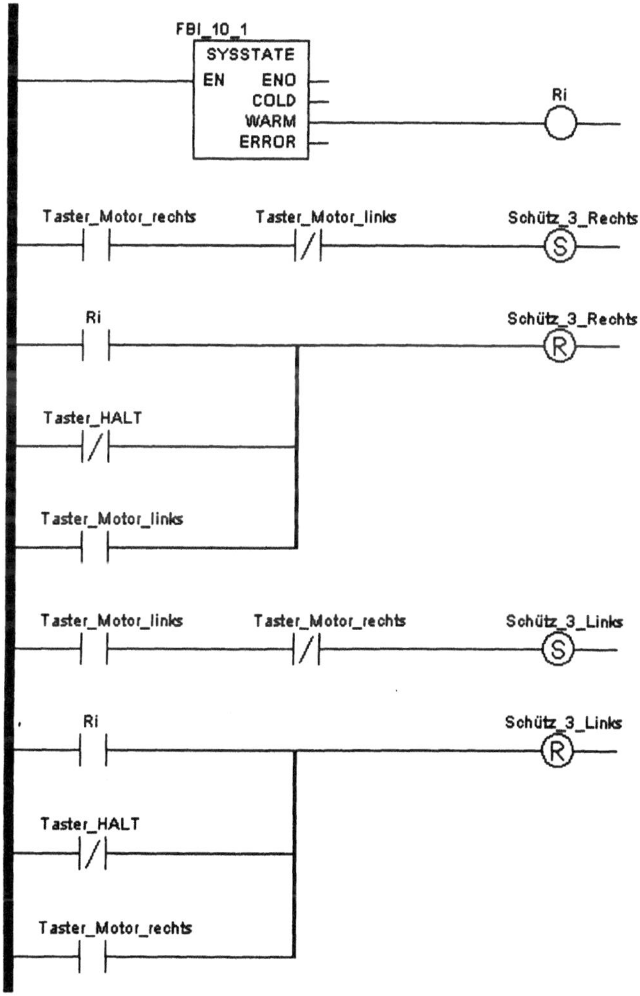

Abbildung 11.11 Kontaktplan (LD-Programm-Darstellung)

Ein LD besteht aus folgenden Elementen:

- linke Stromschiene (*power rail*)
- rechte Stromschiene
- horizontale Linien
- vertikale Linien
- Kontakte
- Spulen
- Funktionen und Funktionsbausteinen (FFBs)

Elementare Funktionsbausteine (EFBs), Kontakte, Spulen und Variable können kommentiert werden. Es besteht die Möglichkeit zur freien Platzierung von Texten innerhalb der Grafik. Viele EFBs haben die Möglichkeit der Eingabeerweiterung.

LD-Objekte

Funktion- und Funktionsbaustein FFB

Der Aufbau einer LD-Section entspricht einem Strompfad für Relaisschaltungen. Auf dessen linker Seite befindet sich die so genannte Stromschiene. Diese linke Stromschiene entspricht der Phase (L-Leiter) eines Strompfades. Genau wie in einem Strompfad werden auch bei der LD-Programmierung nur die *LD-Objekte* (Kontakte, Spulen) *bearbeitet*, die an eine Stromversorgung angeschlossen, d.h. mit der linken Stromschiene verbunden sind. Die rechte Stromschiene, welche dem Nullleiter entspricht, wird optisch nicht dargestellt. Es werden aber intern alle Spulen und *Funktionen- und Funktionsbausteine* (FFB)-Ausgänge mit ihr verbunden und so ein Stromfluss hergestellt.

Ausführungsreihenfolge

Die *Ausführungsreihenfolge* von Kontakten, Spulen und FFBs wird vom Datenfluss bestimmt. D.h. es werden zuerst die Spulen und FFBs verarbeitet deren Eingänge bereits Wertzuweisungen erhalten haben.

Kontakte, Spulen und FFB-Eingänge, die Aktualparameter verwenden, welche noch keine Wertzuweisung erhalten haben, arbeiten mit den Initialwerten dieser Aktualparameter.

Für die Programmierung eines Kontaktplans können die gleichen Baustein-Bibliotheken mit bereits vordefinierten EFBs wie im FBD-Editor verwendet werden.

11.5.4 Funktionsbausteinsprache (Function Block Diagram)

Die Elemente des Logikplans, die in der DIN 19239 irrtümlicherweise Funktionsplan (FUP) genannt werden, werden als Funktionsbausteinsprache (FBS) in erweitertem Umfang weiter benutzt. Dies bedeutet, dass die Planart FBS nunmehr in der Verknüpfungs- als auch in der Ablaufsteuerung genutzt wird.

Bei dem Editieren von Netzwerken in der Planart FBS werden die in der IEC-Bibliothek vorhandenen Elementar-Funktionen und Funktionsbausteine entsprechend der Aufgabenstellung ausgewählt und miteinander verknüpft. Zusätzlich können anwendereigene Funktionsbausteine (DFB) mit Elementar-Funktionsbausteinen innerhalb eines Netzwerkes gemischt werden.

Die Funktionsbausteinsprache FBS (Abbildung 11.12) erlaubt eine besonders übersichtliche Programmierung. Hinzu kommt, dass die mit den Mitteln des Funktionsplanes gemäß IEC 848 beschriebenen grafischen Aufgabenstellungen direkt in die Planart FBS umgesetzt werden können.

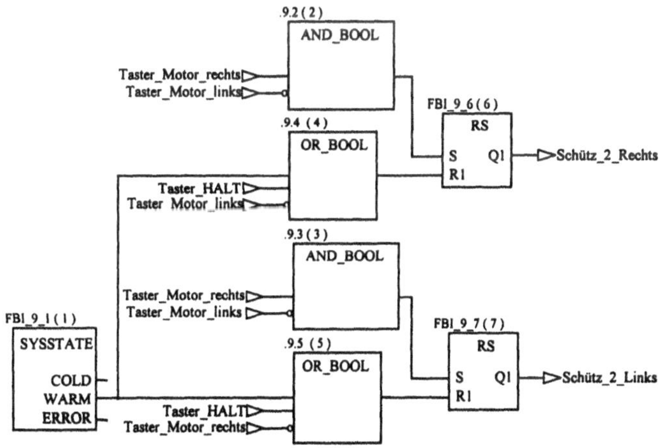

Abbildung 11.12 Funktionsbausteinsprache: FBD-Programm-Darstellung

Mit dem FBD-Editor nach IEC 1131-3 werden die *elementaren Funktionen/Funktionsbausteine* (EFBs) und Signale (Variablen) zu einem *Funktionsbausteindiagramm* (FBD) zusammengefügt. EFBs und Variablen können kommentiert werden. Es besteht die Möglichkeit zur freien Platzierung von Texten innerhalb der Grafik. Viele EFBs haben die Möglichkeit der Eingabe-Erweiterung.

EFB

FBD

Für die Programmierung eines Funktionsbausteindiagramms verfügt Concept über verschiedene Baustein-Bibliotheken (Abbildung 11.13), die bereits vordefinierte EFBs enthalten. Diese sind zum leichteren Auffinden in Gruppen aufgeteilt.

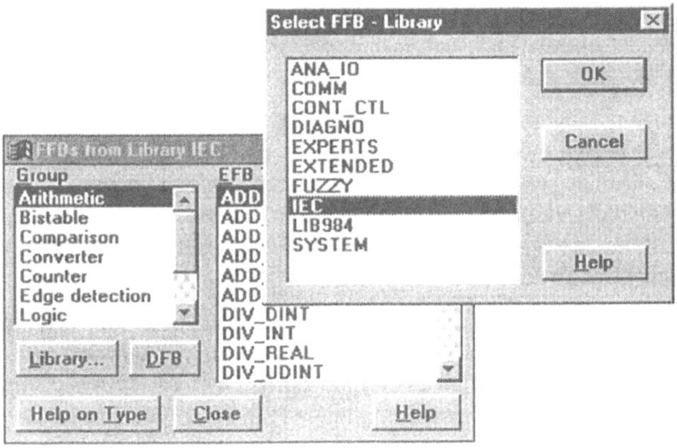

Abbildung 11.13 Baustein-Bibliothek IEC, FFBs in Gruppen sortiert

Beispiel: Die Bausteine der IEC-Bibliothek unter *Concept*-Programm. Vorhanden sind die Elementar-Funktionen und Funktionsbausteine für die verschiedenen Datentypen. Neben den Standard-Bausteinen sind weitere nützliche SW-Bausteine eingebunden.

Die folgenden Bibliotheken sind in Concept vorhanden:

EXTENDED Diese Bibliothek enthält sinnvolle Ergänzungen zu verschiedenen Bibliotheken. Sie verfügt über Elementar-Funktionsbausteine (EFBs) zur Mittelwertbildung, zur Maximalwert-Auswahl, zur Negation, zur Triggerung, zur Konvertierung, zur Bildung eines Polygonzuges mit Interpolation 1. Ordnung, zur Flankenerkennung und zur Festlegung einer Unempfindlichkeitszone für Regelgrößen.

SYSTATE Diese Bibliothek enthält Elementar-Funktionsbausteine (EFBs) zur Nutzung von Systemfunktionen. Sie verfügt über EFBs zur Zykluszeiterkennung, zur Ausnutzung von verschiedenen Systemtakten, zur Steuerung von SFC-Sections und zur Anzeige des Systemstatus.

CLC Diese Bibliothek dient zur Projektierung verfahrenstechnischer Regelkreise. Sie enthält Regler-, Differenzier-, Integrier- und Polygonkurven-EFBs.

CLC_PRO Die Bibliothek enthält funktional die gleichen EFBs wie die CLC-Bibliothek, jedoch mit Datenstrukturen. Zusätzlich enthält die Bausteinbibliothek einige weitere EFBs.

Die Bibliothek *DIAGNOSE* dient zur Untersuchung des Prozesses nach Fehlfunktionen. Sie enthält Aktionsdiagnose-, Reaktionsdiagnose-, Verriegelungsdiagnose-, Prozessvoraussetzungsdiagnose-, Dynamische-Diagnose- und Signalgruppen-Überwachungs-EFBs. DIAGNOSE

Die Bibliothek *COMM* dient zum Datenaustausch zwischen einer SPS und einem anderen Modbus- oder Modbus Plus-Teilnehmer. COMM

Die Bibliothek *ANA_10* dient zur Analogwertverarbeitung. ANA_10

Die Bibliothek FUZZY enthält EFBs für Fuzzy-Logik. FUZZY

Die Bibliothek EXPERTS enthält EFBs, die zur Benutzung von Experten-Baugruppen benötigt werden. □ EXPERTS

11.5.5 Ablaufsprache (Sequential Function Chart)

Mit Hilfe des *Sequential Function Chart SFC* wird der Funktionsplan oder die *Ablaufsprache AS* (Abbildung 11.14) beschrieben. Dabei ist die auffälligste Änderung gegenüber dem bekannten Funktionsplan die Struktur, von einem zum nächsten Schritt zu gelangen.

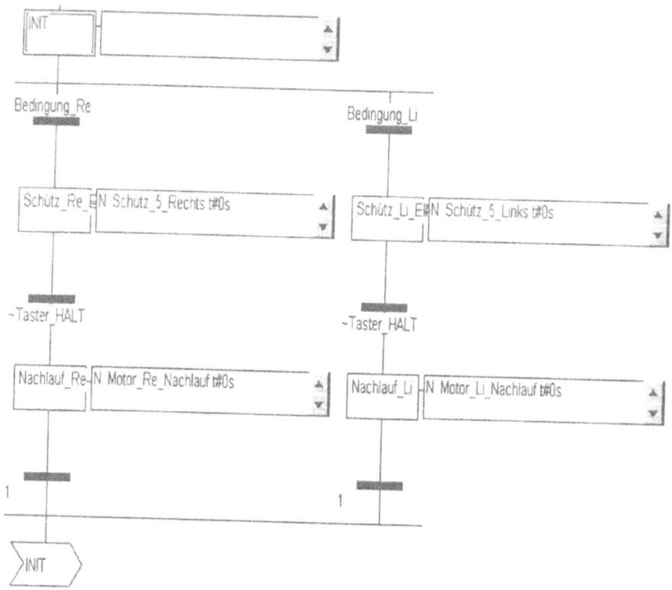

Abbildung 11.14 SFC-Programm-Darstellung, Alternativ-Verzweigung innerhalb einer Ablaufstruktur

In der Neufassung der IEC 1131-3 wird von Schritt 1 zu Schritt 2 gegangen, wenn die Bedingung des Schrittes 2 erfüllt ist. Diese Übergangs- oder Weiterschaltbedingung wird im Funktionsplan durch einen zusätzlichen Baustein ergänzt: die *Transition* oder die Übergangsbedingung. Die Übergangsbedingung als auch die *Aktion* können in einer beliebigen Programmiersprache geschrieben sein, d.h. in Anweisungsliste, Strukturiertem Text, Funktionsbausteinsprache oder Kontaktplan.

Transition
Aktion

Die Ablaufsprache ist den anderen Sprachen übergeordnet. Mit ihr erfolgt gleichzeitig die Strukturierung der Kette (linear, Verzweigung, Sprung, Schleife) und damit die Programmorganisation.

DIN 40700 Teil6, IEC 848

Die Ablaufsprache AS orientiert sich an der Planungsprache Funktionsplan nach *DIN 40700 Teil* 6 bzw. *IEC 848*. Dabei wird unterschieden zwischen prozess- und zeitgeführter Ablaufsteuerung.

In einer prozessgeführten Ablaufsteuerung hängen die Weiterschaltbedingungen nur von Signalen aus der gesteuerten Anlage, in einer zeitgeführten Ablaufsteuerung nur von der Zeit ab. Beide Formen der Ablaufsteuerung kommen nur selten getrennt vor.

SFC-Editor
SFC-Objekt

Der *SFC-Editor* dient zur Projektierung einer Ablaufsteuerung. Mit dem SFC-Editor werden die *SFC-Objekte* zu einer Ablaufsteuerung zusammengefügt. Schritte, Transitionen und Sprünge können kommentiert werden. Es besteht die Möglichkeit zur freien Platzierung von Texten innerhalb der Grafik. Jedem Schritt kann eine beliebige Anzahl von Aktionen zugeordnet werden. Für die Schritte sind eine Reihe von Überwachungsfunktionen wie maximale und minimale Überwachungszeit bereits in die Eigenschaften des Schrittes integriert. Den Aktionen kann, wie in der IEC 1131-3 gefordert, ein Bestimmungszeichen zur Steuerung des Verhaltens der Aktion nach deren Aktivwerden zugeordnet werden.

Beispiel: Für die Programmierung mit SFC enthält *Concept* die folgenden in der IEC 1131-3 definierten Objekte:

- Schritt (Initialschritt)
- Transition
- Parallelverzweigung/Parallelzusammenführung
- Alternativverzweigung/Alternativzusammenführung
- Sprung, Schleife
- Verbindung. □

11.5.6 Übersetzbarkeit von IEC-Sprachen

Die fünf IEC-Sprachen bilden eine Familie, deren Mitglieder sich in definierter Art miteinander kombinieren lassen bzw. kombiniert werden müssen, z.B. AS und FBS zur Darstellung von Ablaufsteuerungen oder KOP und FBS zur Einbindung komplexer Funktionen in einen Kontaktplan.

Die Aufteilung von Sprachen führt zu einer größeren Transparenz und vermeidet die Definition der selben Sprachelemente an mehreren Stellen der Norm. Dabei werden die Funktionen aus AS und FBS zusammengefasst und können durch Funktionen aus ST und KOP ergänzt werden (z.B. Transition).

Der Funktionsplan besteht damit aus Elementen mindestens zweier Sprachen, die sich wie seither üblich anwenden lassen.

Mit dem Strukturierungsmittel Ablaufsprache (AS) steht dem Programmierer dabei eine leicht verständliche Sprache zur Verfügung. Die Steuerungsaufgabe wird in eine prozessorientierte Darstellung überführt.

Eine POE, die in einer Sprache, z.B. in FBD, entwickelt wurde, soll in einer anderen, z.B. in IL, darstellbar sein.

Jedoch gibt es bestimmte Einschränkungen, z.B. zwischen FBD- und LD-Sprachen:

- Sprünge wie JMP, JMPC, JMPCN lassen sich direkt nicht programmieren,
- Konstrukte wie CASE-, FOR-, WHILE- oder REPEAT-Anweisungen sind nicht vorgesehen,
- LD wurde zur Verarbeitung von booleschen Signalen definiert. Andere Datentypen lassen sich nur über Funktionen- und Funktionsbausteine verarbeiten, wobei mindestens ein Eingang vom Datentyp BOOL mit der Powerrail verbunden sein muss.

Weiterhin gibt es Einschränkungen für IL- und ST-Sprachen:

- Die Verwendung von Enable (EN/ENO) ist nicht möglich (keine Schlüsselworte in IL, ST),

sowie die Querübersetzbarkeit zwischen IL- und ST-Sprachen:

- ST kennt im Gegensatz zu IL keine Sprünge,
- IL kennt im Gegensatz zu ST keine Schleifen (FOR, WHILE, REPEAT).

11.5.7 Derived (abgeleitete) Funktionsbausteine

DFB-Editor

Für anwenderseitige definierte Funktionsbausteine steht ein eigenständiger *DFB-Editor* mit gleichem *Look and Feel* wie die beschriebenen FBD-, LD-, IL- und ST-Editoren zur Verfügung. Mit ihm lassen sich z.B. aus elementaren Funktionen, Funktionsbausteinen, Objekten, Operatoren, Auswahlanweisungen oder bereits erzeugten DFBs eigene Funktionsbausteine zusammenstellen, die dann nach dem Aufrufen wie EFBs lediglich parametriert werden müssen.

Programmtechnisch betrachtet stellt ein *DFB* ein Unterprogramm dar. Das bedeutet:

- Übergabe/Übernahme von definierten Werten an/vom Unterprogramm
- Beliebig komplexes Programm
- Verschachtelung eines oder mehrerer DFBs in einem DFB
- Mehrfacher Aufruf des DFBs im Gesamtprogramm, wobei nur einmal der Programmcode des DFBs im Gesamtprogramm eingebunden wird
- DFB spezifische lokale Variablen
- Initialwerte für Variablen
- frei definierbares Interface

Ein DFB stellt zunächst einen leeren Rahmen dar, der definierte Ein-/Ausgänge und eine beliebig programmierte Logik enthält.

Der hierarchische Aufbau dieser Logik entspricht einem Projekt, das aus einer oder mehreren Sektionen besteht. Diese Sektionen enthalten die eigentliche Logik. Die Abarbeitungsreihenfolge der Logik, die Regeln der Programmierung und die verwendbaren FFBs und DFBs entsprechen weitestgehend denen der FBD-, LD-, IL- bzw. ST-Programmierung (Abbildung 11.15).

Es ist durchaus möglich, dass in einem DFB ein oder mehrere schon existierende DFBs aufgerufen werden, wobei die aufgerufenen DFBs selbst einen oder mehrere DFBs aufrufen können. Eine Schachtelungstiefe von 7 sollte nicht überschritten werden. Die genaue Grenze hängt unter anderem von der Parametrierung, z.B. der Anzahl der Eingangs-/Ausgangs-Variablen der DFBs, von der verwendeten CPU und deren Konfiguration ab.

In FBD erstellte DFB's können auch in IL, ST und LD aufgerufen werden. Diese Möglichkeit vereinfacht die Programmerstellung in hohem Maße, da beliebig komplexe Funktionen vorkonfektioniert und vorgeprüft werden können.

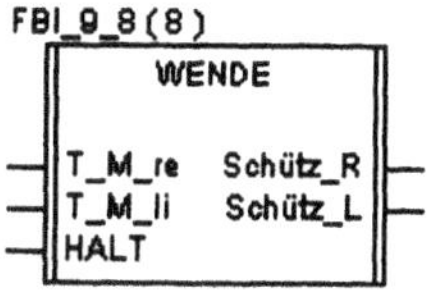


```
»»»»»»»»»»» Structured Text Start
    VAR
    RICHTIMPULS:SYSSTATE;    (*Deklaration FFBs*)
    SPEICHER_1,SPEICHER_2:RS;
    END_VAR

    RICHTIMPULS();

    SPEICHER_1(S := T_M_re & NOT T_M_li, R1 :=
                    NOT HALT OR RICHTIMPULS.WARM
                    OR T_M_li);

    Schütz_R := SPEICHER_1.Q1;

    SPEICHER_2(S := T_M_li & NOT T_M_re, R1 :=
                    NOT HALT OR RICHTIMPULS.WARM
                    OR T_M_re);

    Schütz_L := SPEICHER_2.Q1;
»»»»»»»»»»» Structured Text End ««««««««««««
```

Abbildung 11.15 Aufbau eines DFBs; Darstellung der internen Logik in ST

11.6 Simulation, Grafische Aufzeichnung

Das Simulieren des Anwenderprogramms ohne angeschlossene SPS gehört zu wesentlichen Vorteilen der modernen Steuerungstechnik. Damit kann der Programmierer seine Applikation statt in die SPS in einen PC-Simulator laden und somit sein Programm komfortabel komplett austesten, bevor sie ins Zielgerät (SPS) übertragen wird.

Beispiel: Simulation und Monitoring mit *Concept*-Programm.

Die *Offline-Simulation* zeigt boolesche Werte (0,1) in unterschiedlichen Farben an. Zahlenwerte werden dezimal vor gelbem Hintergrund dargestellt. Mit Hilfe eines 32 Bit Simulators werden die vorzugebenden Daten gesteuert bzw. die aktuellen Daten aus dem PC-Simulator angezeigt. Während der Simulation lassen sich auch anwendereigene Funktionsbausteine (DFB) öffnen und die interne Verarbeitung animieren.

Genauso farbig werden aktive Schritte, erfüllte Transitionen, sowie unterlegte Schrittsymbole mit der Ablaufsprache AS dargestellt. Damit werden während der Simulation die nicht erfüllte Übergangsbedingung und die überschrittenen Überwachungszeiten gezeigt.

Mit Hilfe der erweiterten *Monitor-Funktion* können Initialwerte dezimal angezeigt und geändert werden. Außerdem werden aktuelle Werte der Variablen eingeblendet. In Abbildung 11.16 sind die aktuellen Soll- und Istwerte eines Regelkreises, bestehend aus einem PID-Regler-DFB und einem STRECKE-DFB zu einem PROZESS-DFB kombiniert. Der STRECKE-DFB wiederum setzt sich aus den Bausteinen DELAY (Totzeitglied) und LAG 1 (Verzögerungsglied 1. Ordnung) zusammen.

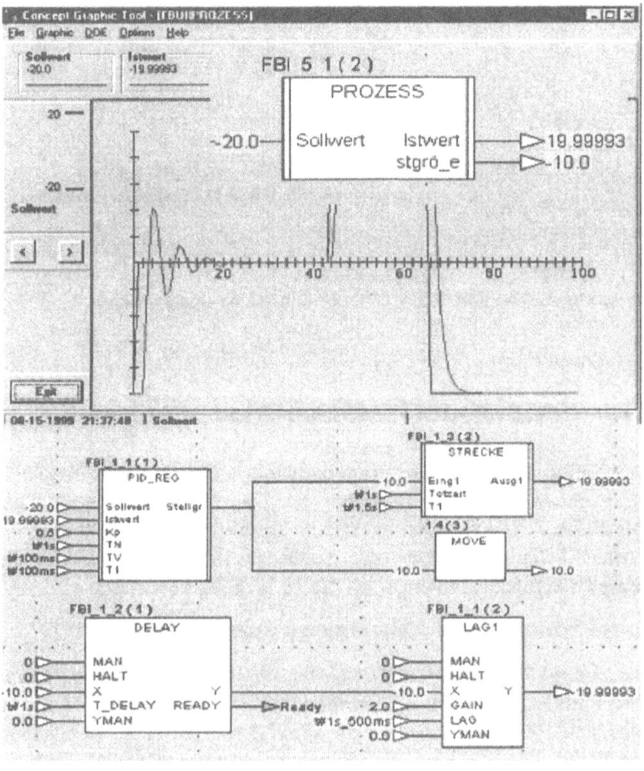

Abbildung 11.16 Kurvendarstellung der aktuellen Soll-, Istwerte eines Temperaturreglers

11.7 Aspekte der praktischen Realisierung

11.7.1 Auswahlkriterien für klassische SPS

Liegt eine Problembeschreibung in allen Einzelheiten vor, taucht automatisch die Frage auf: Mit welcher SPS welchen Herstellers lässt sich mein Problem kostenoptimal lösen? Anders ausgedrückt: Bei minimalen Aufwand für maximale Leistung minimale Kosten einsetzen. Um vor allem dem Erstanwender von SPS bei der Systementscheidung behilflich zu sein, hier einige Anmerkungen zu Auswahlkriterien.

Sehr häufig wird vom SPS-Erstanwender unter dem finanziellen Druck das preiswerteste System ausgewählt. Dies stellt sich jedoch später fast immer als Fehlentscheidung heraus.

Die angebotenen Systeme werden bezüglich Bedienkomfort, Flexibilität und Erweiterungsfähigkeit zu wenig auf spätere Anwendungen und Forderungen des laufenden Projekts durchleuchtet.

Um solche Fehlentscheidungen und damit verbundenen Ärger und die Mehrkosten zu vermeiden, empfiehlt es sich eine *Systemfamilie* auszuwählen, die den Ansprüchen an Erweiter- und Ausbaubarkeit genügt. Bei der Auswahl der Systemfamilie müssen in erster Linie folgende Kriterien berücksichtigt werden.

Die einzelnen Systeme einer SPS-Familie sollen ohne nennenswerten Aufwand, das heißt nur durch Nachbestücken von E/A-Karten oder Kommunikationsbaugruppen erweitert werden können.

Ist dies nicht möglich, wird sich der Ausbau bei einer Erweiterung der Anlage sehr schwierig gestalten. Allgemein gilt, dass bei der Projektierung der Reserveplatz für Ein-/Ausgänge- oder Speichermodule etwa 10 bis 30 Prozent betragen soll. Mit dieser Reserve können erfahrungsgemäß die meisten anfallenden Änderungen und Erweiterungen ohne nennenswerten Mehraufwand realisiert werden. Werden die Grenzen eines Systems erreicht, soll es sich ohne Umbauten in Steuerschrank oder Anlage durch das nächst größere, leistungsfähigere System ersetzen lassen; dies unter Beibehaltung des bereits vorhandenen Anwenderprogramms.

Leider ist bei vielen Anbietern wegen der unterschiedlichen Bauweisen innerhalb der Systemfamilie eine Aufwärtskompatibilität nicht möglich. Die 19 Zoll- bzw. ½ 19 Zoll-Bauweise hat sich diesbezüglich sehr bewährt. Mit diesem Aufbausystem reduzieren sich sowohl die Projektierungs- und (bei genügender Platzreserve in den Steuerschränken) die Änderungs- und Erweiterungskosten.

Vernetzung

Gleichzeitig muss im Hinblick auf mögliche *Vernetzung* darauf geachtet werden, dass die Systemkomponenten sowohl untereinander als auch hierarchisch zu über- oder untergeordneten Systemen (fallweise auch Fremdsysteme) kommunikationsfähig sind (Abbildung 11.17).

Einige wenige Hersteller bieten diese Möglichkeit schon heute standardmäßig ohne Mehrpreis an. Dies ist ein sehr wichtiger Punkt, da damit weit entfernt anfallende Prozesssignale kostengünstig dem Steuerungssystem zugeführt werden können oder bei Ausdehnung des Betriebs durch zusätzliche Einrichtungen (z.B. Montage- oder Transferstraße) deren maschinenspezifische Taktzeiten aufeinander abgestimmt werden müssen.

Neben den eigentlichen Steuerfunktionen, die von der SPS übernommen werden, ist die zentrale Verdichtung von Produktionsdaten und deren Überwachung von einem übergeordneten Leitsystem eine zunehmende Forderung, der sich heute Automatisierungssysteme zu stellen haben.

Abbildung 11.17 Beispiel einer vernetzten dezentralen Automatisierungsanlage mit Client/Server-Bedien-/Beobachtungsstation

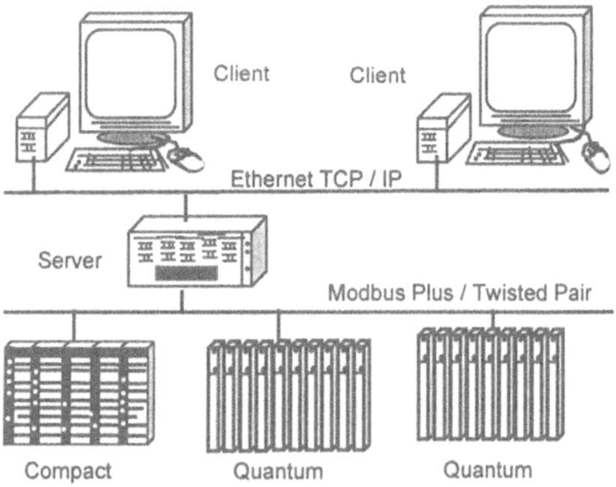

intelligente Experten

Ein vielseitiges und flexibles Automatisierungssystem zeichnet sich darüber hinaus durch so genannte *intelligente Experten* aus.

Dies sind mit eigenem Prozessor ausgerüstete Einheiten, die autark Teilaufgaben der Automatisierung übernehmen (Kommunikation, Back-up Regler, Visualisieren, Positionieren, Zählen, Dosieren wiegen). Hierdurch wird die Zykluszeit des eigentlichen *Verknüpfer-Prozessors* nicht zusätzlich belastet.

11.7.2 PC-basierte Steuerungen

War es vor einiger Zeit noch eine Richtungsfrage, ob eine herkömmliche SPS oder die Verwendung eines PCs als Steuerungsplattform zum Einsatz kommt, haben sich zwischenzeitlich die Gemüter beruhigt.

Die Nutzung der PC-Architektur als Hardwareplattform ist unter bestimmten Voraussetzungen eine Alternative zur klassischen SPS.

Für die Integration von Steuerung-, Regelungs- und Visualisierungsaufgaben kommen sog. *PC basierte Steuerungen* in Frage. Mit diesem Begriff bezeichnet man Systeme, die aus einer im PC integrierten Hardware- und Softwarelösung mit PC-*Einsteckkarte* bestehen oder als reine Softwarelösung auf dem Betriebssystem *Windows NT* basieren. Eine PC basierte Steuerung (PC based control) ist in Abbildung 11.18 in *Soft-SPS* und *Coprozessor-Lösung* aufgeteilt.

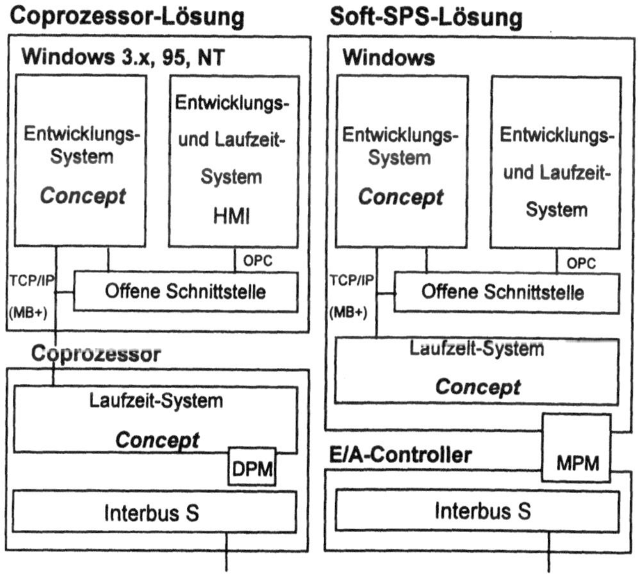

Abbildung 11.18 PC based control,aufgeteilt in Soft-SPS und Coprozessor-Lösung. Abkürzungen: DPM=Daten Port Memory MPM=Multi Port Memory

Derartige PC-gestützte Systeme sind in jüngster Zeit von fast allen namhaften Anbietern der Automatisierungsszene präsentiert worden. Basis dieser Systeme ist zum einen das Betriebssystem *Windows NT* und zum anderen die in der IEC 1131 definierten Standards. Fragt man sich nach der Zuverlässigkeit der auf Windows NT basierenden *Soft-SPS*, erfährt man Schwachstellen, die derzeit noch nicht zufrieden stellend gelöst sind. Einige Hersteller haben diese Situation erkannt und bieten deshalb eine zusätzliche Einsteckkarte an, auf der dann das eigentliche Steuerungs- bzw. Regelungsprogramm abläuft.

Coprozessor-Konzept

Dieses sog. *Coprozessor-Konzept* (PC-basierte Lösung oder eine SPS im PC) garantiert bei eindeutiger Trennung und Aufgabenzuweisung von *harten* Realzeitanforderungen und weniger kritischen Aufgaben mehr Zuverlässigkeit. Coprozessor-Konzept kann gegenüber einer Soft-SPS eindeutige Vorteile verbuchen:

- Realzeiteigenschaften ohne Manipulation des Betriebssystems
- SPS-Zykluszeit unabhängig von PC-Auslastung
- Datensicherung über Batterie
- Definiertes An- und Abschaltverhalten
- Coprozessor unempfindlich gegen PC-Absturz
- Immunität gegen Computerviren

Beispiel: Unter der Typbezeichnung „Atrium“ bietet Firma Schneider Electric GmbH Coprozessor-Lösungen an (Abbildung 11.19).

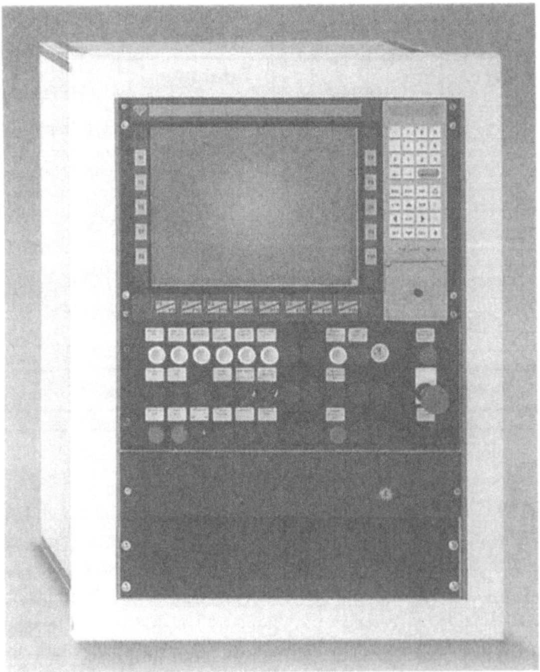

Abbildung 11.19 Coprozessor-Lösung der Firma Schneider Electric, Ausführung "Modulare Bedienstation“

Als echte *Slot-SPS* arbeiten diese völlig selbstständig, mit eigener Stromversorgung, Echtzeituhr und Watchdog. Ihr interner Bus entspricht dem PC 104-Standard, und über diesen und ein Dual-Post-Memory tauscht sie mit dem AT-Bus des PCs die Daten aus.

Über PC 104 lassen sich Interfacemodule zu Feldbus- E/A wie Interbus, Modbus Plus oder Ethernet-TCP/IP-Kommunikation einfach adaptieren. □

Modulare Bedienstationen sind eine ideale Umgebung für PC-Based-Solutions. Modular und flexibel werden sie den unterschiedlichsten Anforderungen an Prozessorleistung des Industrie-PCs, Displaygröße, Bedientastenlayout und mechanischem Aufbau gerecht.

11.7.3 Aktuelle Marktsituation

Die Steuerungshardware der kleinen Automatisierung (das Marktsegment bis ca. DM 1000,--) bleibt auch weiterhin eine Domäne der klassischen SPS. PC-basierende Lösungen können da preislich nicht mithalten.

Im obersten Leistungsbereich wird sich ebenfalls die klassische SPS behaupten, wenn auch aus völlig anderen Gründen. In der Regel ist es noch nicht sinnvoll, mehrere Tausend E/A-Punkte, Hot-Stand-by und dergleichen mit PC-Based Control zu realisieren.

Im mittleren Marktsegment lohnt ein Blick auf PC-Based Control allemal. Besonders, wenn Visualisierung- und Kommunikationsaufgaben hinzukommen.

Die Soft-SPSen, die gebräuchliche Betriebssysteme nutzen, sind vor PC-Abstürzen nicht gefreit. In einem solchen Fall ist der Datenaustausch zwischen PC und SPS nicht mehr garantiert. Als Folge läuft der Prozess u.U. nicht aufgabengerecht weiter.

Bei der Coprozessor-Lösung (Slot-SPS) wird deshalb ein Betriebssystem verwendet, das auf die SPS-Aufgaben und die Hardware zugeschnitten ist. Verglichen mit dem PC-Betriebssystemen ist es bedeutend kleiner, übersichtlicher und in seinen Reaktionen unter allen Bedingungen kalkulierbarer als ein PC-Betriebssystem jemals sein kann. Aus diesem und aus Gründen der Echtzeitfähigkeit sowie der Zuverlässigkeit der Steuerung wird die Coprozessor-Lösung für PC-Based Control favorisiert. So werden die Flexibilität und Kostenvorteile der PCs und die Zuverlässigkeit der SPS in einem Automatisierungsgerät vereint.

11.8 Zusammenfassung

Die Steuerungen wurden zunächst in verbindungs- und speicherprogrammierbare Steuerungen (VPS und SPS) aufgeteilt, klassifiziert und miteinander verglichen. Grundsätzlich wurden die Merkmale der SPS-Programmiersysteme nach der internationaler Norm IEC-1131 (die europäische Norm EN61131, Teil 1 bis 3) beschrieben und mit allgemeinen Hinweisen über Simulations- und Monitoring-Funktionen ergänzt.

Neben weit verbreiteten SPS-Programmiersprachen und -Dialekten: Ablaufsprache (SFC), Anweisungsliste (IL), Strukturierter Text (ST), Kontaktplan (LD), Funktionsbausteinsprache (FBD), wurden die anwenderorientierten, abgeleiteten Funktionsbausteine DFB kurz beschrieben. Diskutiert wurden sowohl klassische SPS als auch PC basierte Steuerungen mittels Einsteckkarten und Coprozessor-Lösungen (Soft-SPS und Slot-SPS). Einige Hard- und Software-Lösungen wurden mit Beispielen von Firmenprodukten veranschaulicht.

11.9 Literatur

[11.1] Baumgarth, S.; Karbach, A.; Otto, D.; Schernus, G.-P.; Treusch, W.: *Digitale Regelung und Steuerung in der Versorgungstechnik (DDC-GA).* Springer-Verlag, Berlin/Heidelberg/ New York, 1995

[11.2] Bernstein, H.: *Soft-SPS für PC und IPC.* VDE-Verlag, Berlin/ Offenbach, 1999

[11.3] Braun, W.: *Speicherprogrammierbare Steuerungen in der Praxis.* Vieweg-Verlag, Braunschweig/Wiesbaden, 1999

[11.4] Holder, M.; Plagemann, B.; Weber, G.: *Der Industrie-PC in der Automatisierungstechnik*, Hüthig-Verlag, Heidelberg, 1999

[11.5] Petry, J.: *Modicon Micro Programmierung mit Concept.* AEG Schneider Automation, Seligenstadt, 1996

[11.6] Petry, J.: *Concept für Quantum, Compact und Momentum.* Schneider Automation GmbH, Seligenstadt, 1998

[11.7] Thrun, W.; Stern, M.: *Steuerungstechnik im Maschinenbau.* Vieweg-Verlag, Braunschweig/Wiesbaden, 1997

[11.8] Wellenreuther, G.; Zastrow, D.: *Steuerungstechnik mit SPS.* Vieweg-Verlag, Braunschweig/Wiesbaden, 5.Auflage, 1998

Kapitel 12

Bussysteme in der Automatisierungstechnik

von Bolli Björnsson

12.1 Einführung

Durch die stürmische Entwicklung auf dem Gebiet der Mikroelektronik hat sich in letzten Jahren ein Wandel zur dezentralen Automatisierungsstrukturen und zu digitaler Gerätetechnik vollzogen. Ganz wesentlich zu dieser Entwicklung hat die *digitale Kommunikationstechnik* beigetragen. Sie hat die Möglichkeit eröffnet, Daten und somit auch Informationen effizient zwischen einzelnen Automatisierungsgeräten zu transportieren.

digitale Kommunikationstechnik

Die digitale Kommunikationstechnik liefert die grundlegenden Technologien für die Kommunikation innerhalb der Automatisierungstechnik. Die spezielle Anforderungen wie:

- hohe Echtzeitanforderungen, speziell im prozessnahen Bereich,
- robuste Installationstechnik für die raue Industrieumgebung,
- eigensichere Technik für explosionsgefährdete Prozesse in bestimmten Technologiebereichen und
- hohe Anforderungen bezüglich der Datensicherheit

haben jedoch dazu geführt, dass die Kommunikation innerhalb der Automatisierungstechnik sich zu einem wichtigen Teilgebiet innerhalb der digitalen Kommunikationstechnik entwickelt hat.

Generell werden die Datentransportaufgaben über Verbindungswege durchgeführt, die im technischen Sprachgebrauch als *Kommunikationsbusse*, *Bussysteme* oder einfach *Busse* bezeichnet werden. Das charakteristische Merkmal eines Kommunikationsbusses ist, wie in Abbildung 12.1 dargestellt, dass alle Teilnehmer, die untereinander Daten austauschen wollen, zusammen über einen gemeinsamen *Verbindungsweg* geschaltet werden.

Bussystem, Bus

Verbindungsweg

Damit eine Kommunikation zwischen den Teilnehmern überhaupt stattfinden kann, müssen strenge Regeln bezüglich der Übertragung eingehalten werden. Diese betreffen:

- den *mechanischen Aufbau*, z.B. den Anschlussstecker,
- den *elektrischen Aufbau*, z.B. Spannungs- und Strompegel, Leitungsart, Anschlussimpedanzen, Erdung und Abschirmung,
- die *logischen Anschlussbedingungen*, d.h. den exakten Ablauf der eigentlichen Datenübertragung und die Interpretation der Daten.

Abbildung 12.1 Aufbau eines Bussystems

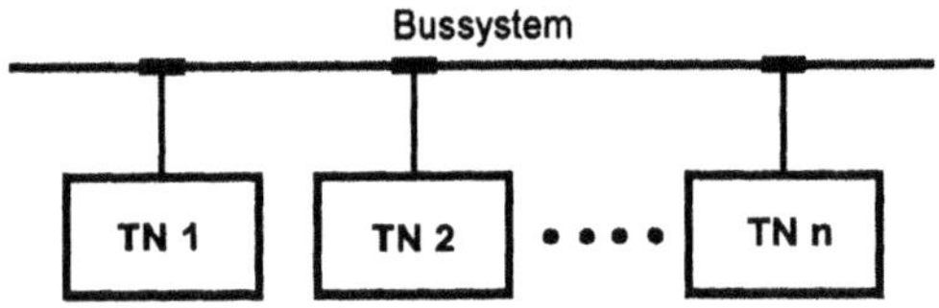

parallele Bussysteme

Der Datentransfer kann in paralleler oder serieller Form stattfinden. Bei *parallelen Bussystemen* wird eine separate aktive Übertragungsleitung für jedes Bit eines Übertragungsbytes oder -wortes vorgesehen. Man spricht daher *von 8 Bit, 16 Bit* oder *32 Bit* breitem parallelen Bus. Für die Übertragung eines Datenbündels wird eine definierte Zeit Δt benötigt, die durch einen festgelegten *Übertragungstakt* vorgegeben wird. Typisch für parallele Bussysteme sind:

Übertragungstakt

- sehr hohe Übertragungsleistung, angegeben in der Einheit bit/s;
- kurze Entfernungen der Übertragungswege, die sich von weit weniger als einem Meter bis zu einigen Metern beschränken.

serielle Bussysteme

Bei *seriellen Bussystemen* wird die Übertragung aller notwendigen Informationen über eine einzige aktive Übertragungsleitung abgewikkelt. Ein Datenbündel von 8, 16 oder 32 Bits wird *zeitlich gestaffelt hintereinander* übertragen. Für jedes übertragene Bit wird eine festgelegte Zeit Δt benötigt, die durch einen Übertragungstakt vorgegeben ist. Typisch für serielle Bussysteme sind daher:

- niedrigere Übertragungsleistung im Vergleich zu parallelen Bussystemen;
- lange Übertragungsentfernungen (bis in km-Bereich)

Der Gegenstand dieses Kapitel sind die serielle Bussysteme, die für die Struktur moderner Leitsysteme von großer Bedeutung sind.

12.2 Serielle Bussysteme der Automatisierungstechnik

12.2.1 Klassifizierung heutiger Bussysteme

Typisch für moderne *dezentrale Leitsysteme* ist eine Aufteilung der einzelnen Automatisierungsaufgaben auf getrennte Automatisierungsgeräte und Funktionseinheiten, die miteinander Daten über serielle Bussysteme austauschen. dezentrale Leitsysteme

Obwohl für heutige Leitsysteme im Bereich der Produktions- und Prozessleittechnik durchaus starke Unterschiede vorliegen [12.1], kann man sie gemäß Abbildung 12.2 ganz allgemein und funktionell in folgende vier Realisierungsebenen unterteilen [12.1, 12.2, 12.3].

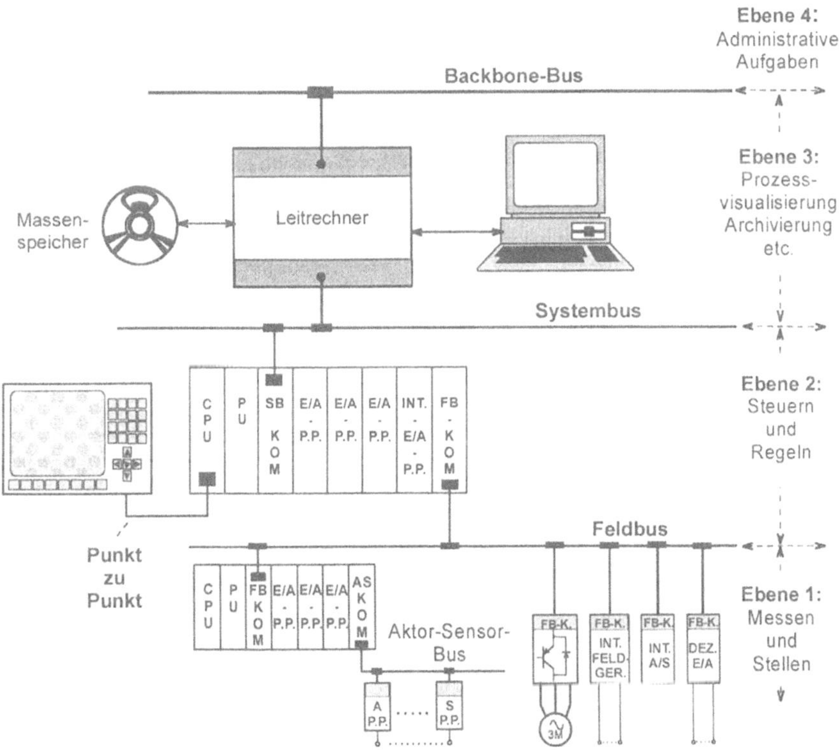

Abbildung 12.2 Typische Realisierungsebenen heutiger Leitsysteme

administrative Aufgaben

Ebene 4: *Administrative Aufgaben*, die im Allgemeinen mit einem Großrechner bearbeitet werden.

Koordinierungsaufgaben

Ebene 3: *Koordinierungsaufgaben* wie Materialfluss und Logistik, Datenerhaltung und Archivierung, Prozessvizualisierung sowie Engineering-Aufgaben z.B. Konfigurierung, Diagnose und Wartung. Als Realisierungsbasis werden heute vorwiegend Standard-Workstations oder Industrie-PC's (IPC) eingesetzt.

prozessnahe Informationsverarbeitung

Echtzeitbedingungen

Ebene 2: *Prozessnahe Informationsverarbeitung* wie Steuern, Regeln, Sichern, prozessnahes Bedienen. Als Realisierungsbasis werden heute so genannte prozessnahe Komponenten (PNK), vorwiegend als speicherprogrammierbare Steuerungen (SPS) oder Unterstationen (US) in der Prozessleittechnik eingesetzt. In der Fertigungstechnik werden Robotersteuerungen (RC) und Werkzeugmaschinensteuerungen (CNC) in diesem Bereich eingesetzt. Typisches Merkmal der Automatisierungsfunktionen in diesem Bereich ist, dass sie z.T. unter sehr harten *Echtzeitbedingungen* (Reaktionszeiten in bestimmten Fällen bis in Bereich < 1.0 ms) ablaufen müssen.

Messen und Stellen

Ebene 1: *Messen und Stellen* mit Hilfe von Sensor- und Aktoren. Sie stellen die Schnittstelle zwischen den Automatisierungsgeräten und dem technischen Prozess dar. Die Realisierungsbasis sind Feldgeräte verschiedenster Art, d.h. Geräte, die direkt mit dem technischen Prozess verbunden sind, bzw. direkt auf diesen einwirken. Beispiele sind Sensoren aller Art, Aktoren (z.B. Ventile, Klappen, Antriebe) und intelligente Feldgeräte (z.B. Kompaktregler, Wagen, Analysegeräte, Barcodeleser).

Entsprechend diesen vier verschiedenen Ebenen der leittechnischen Funktionen kann man die seriellen Bussysteme in folgende Buskategorien unterteilen [12.2, 12.3, 12.4]:

Fabrikbus

offene LAN - Kommunikation

Fabrikbus (auch *Backbone-Bus* genannt): Dieses Bussystem koppelt die Großrechnersysteme für die administrativen Aufgaben fabrikweit zusammen. Es schließt somit die Leitssysteme der Produktion mit der Bürowelt zusammen. Dieses Bussystem muss daher keine speziellen Anforderungen der Automatisierungstechnik erfüllen, und wird als *offene LAN-Kommunikation* auf Basis von Ethernet realisiert. Als Kommunikationsprotokoll wird hier meist der offene und weltweit verbreitete Standard TCP/IP eingesetzt.

Systembus

Systembus (auch *Prozessbus* oder *Zellenbus* genannt): Dieser Bus verbindet die Leitrechner der Prozessvizualisierung, Datenerhaltung usw. mit einzelnen prozessnahen Komponenten miteinander.

bidirektionale Kommunikation

Es handelt sich in diesem Bereich um eine bedarfsgerechte, *bidirektionale Kommunikation*. Der typische funktionelle Ablauf ist in Abbildung 12.3 dargestellt. Ein Prozessvisualisierungsprogramm sendet

Daten an ein Steuerungsprogramm einer SPS und fordert zusätzlich Daten von der SPS an. Es ergibt sich folgender Ablauf:

- Mit einer Aktion *Request* übergibt die Prozessvisualisierung sowohl Ausgabedaten als auch seine Eingabeanforderungen an das Kommunikationssystem, das diese Informationen an die SPS überträgt.
- Mit Hilfe einer Aktion *Indication* werden die gesendeten Daten als auch die Eingabeanforderung an das Steuerungsprogramm der SPS übergeben.
- Mit einer Aktion *Response* übergibt das Programm der SPS die gewünschten Daten an das Kommunikationssystem, das ihrerseits diese Daten an die Prozessvisualisierung überträgt.
- Die Prozessvisualisierung bestätigt mit einer Aktion *Confirmation* den Empfang der angeforderten Daten.

Kommunikationsdienste

Die einzelnen Aktionen werden durch so genannte *Kommunikationsdienste* abgewickelt, die vom Kommunikationssystem (genauer der Schicht 7) bereitgestellt werden. Diese werden jeweils von den Anwenderprogrammen der Kommunikationspartner aufgerufen. Diese Art der Kommunikation wird häufig auch Kommunikation nach dem *Client-Server-Modell* bezeichnet. Im obigen Beispiel die Prozessvisualisierung die Funktion des Dienstanforders (Client), die SPS übernimmt die Funktion des Dienstbringers (Servers).

Client-Server-Modell

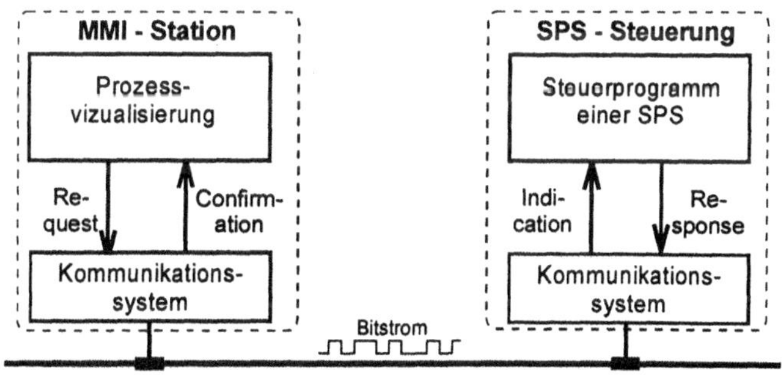

Abbildung 12.3 Bidirektionale Kommunikation zwischen zwei Busteilnehmern

Es wird auch hier erwartet, dass die angeforderten Daten von der SPS nach einer vorgegebenen Reaktionszeit auf dem Bildschirm der Prozessvisualisierung erscheinen. Dieses Bussystem muss daher über *Reaktions- und Antwortzeiten* i.a. in Größenordnung von 100 bis 400 ms verfügen. Des Weiteren wird an die Verfügbarkeit dieses Bussystems oft hohe Anforderungen gestellt, da es die Automatisierung einzelner Anlagenteile mit der übergeordneten Koordinierungsebene

Reaktions- und Antwortzeiten

verbindet. Daher ist die redundante Ausführung dieses Busses, speziell bei sicherheitskritischen Anlagen in der Verfahrens- und Energietechnik durchaus üblich.

MAP

MMS

Dieses Bussystem sollte früher im Bereich der Produktionsleittechnik mit dem *MAP* (Manufacturing Automation Protocol) standardisiert werden [12.5, 12.9]. Die Schnittstelle zum Anwender wurde durch Kommunikationsdienste unter dem Namen *MMS* (Manufacturing Message Specification) festgelegt. Es wurde jedoch nie im vollem Umfang eingesetzt.

Industrial-Ethernet

Heute wird dieser Busbereich zunehmend von Ethernet dominiert, obwohl die Anforderungen der Automatisierungstechnik an Reaktionszeiten, Datensicherheit und Installationstechnik nur unbefriedigend erfüllt werden. Von einigen Herstellern gibt es unter dem Namen *Industrial-Ethernet* auf dem Markt Varianten, die durch zusätzliche Funktionen den Einsatz in industriell rauer Umgebung ermöglichen. Auch Feldbusse mit speziellen Übertragungsdiensten (etwa Profibus-FMS) werden in diesem Bereich eingesetzt.

Feldbus

Prozessdaten-kommunikation

Feldbus: Der Feldbus verbindet prozessnahe Komponenten mit Feldgeräten aller Art, z.B. mit Aktoren und Sensoren, der dezentralen Peripherie-Baugruppen und intelligenten Antrieben. Der Feldbus verbindet somit die Automatisierungsgeräte über die Feldgeräte an den technischen Prozess. Die Feldbusse werden damit vorwiegend für die zyklische oder ereignisgesteuerte *Prozessdatenkommunikation* eingesetzt. Dabei läuft eine zyklische Kommunikation meist nach dem in Abbildung 12.4 dargestellten Schema ab:

- Die *Prozesseingangsgrößen*, die über Sensoren erfasst werden, werden zyklisch in eine SPS eingelesen und dort als *Prozessabbild* in einen festgelegten Speicherbereich (Prozesseingangsdatenbereich) abgelegt.
- Die implementierten Steuerungs- und Regelalgorithmen bestimmen daraus die erforderlichen *Prozessausgangsgrößen*, die in einen festgelegten Speicherbereich (Prozessdatenausgangsbereich) abgelegt werden.
- Anschließend werden diese zyklisch als Stellbefehle an die Aktoren und beteiligte Feldgeräte ausgegeben.

Zykluszeit

Der Ablauf von einem Zyklus darf meist eine festgelegte *Zykluszeit* nicht überschreiten. Diese Zeit ist abhängig von dynamischen Eigenschaften des technischen Prozesses. Dies bedeutet, dass Feldbussysteme über gute deterministische Eigenschaften verfügen müssen. In Abhängigkeit von der Art des technischen Prozesses liegen jedoch für den Feldbus stark unterschiedliche Anforderungen vor.

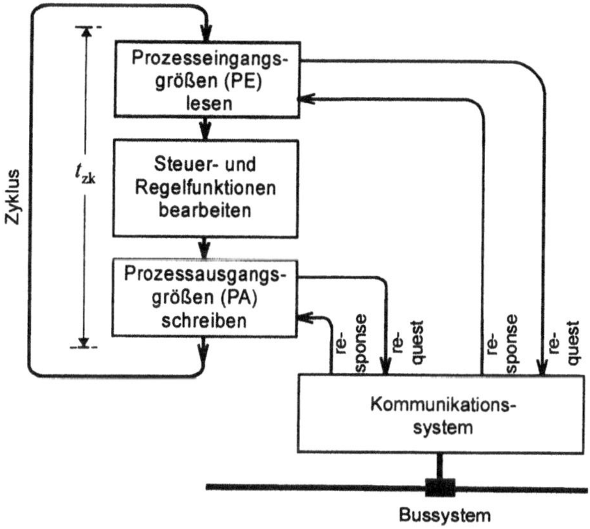

Abbildung 12.4 Zyklische Prozessdaten-kommunikation

Stückgutprozesse

Stückgutprozesse: Hier dominieren Prozessgrößen, die durch hohe Verarbeitungsgeschwindigkeiten bestimmt sind (Wege, Geschwindigkeiten, Winkel, Drehzahlen), sowie Stückzahlen und diskrete Prozesszustände. Man benötigt schnelle Automatisierungsmittel, die kurze Zykluszeiten z.T. unter 10 ms einhalten müssen. Entsprechend hoch sind die Anforderungen an die eingesetzten Feldbusse. Typische Übertragungsentfernungen liegen in Größenordnung von 100 m.

Fließgutprozesse

Fließgutprozesse: Hier dominieren Prozessgrößen, die den Zustand von kontinuierlichen, physikalischen Größen beschreiben (Temperatur, Druck, Durchfluss, Füllstand, Dichte). Es überwiegen analoge Prozessgrößen, die sich mittelschnell bis relativ langsam ändern. Typische *Zykluszeiten* liegen im Bereich 50 ms bis 400 ms. Allerdings muss pro Abtastung eine größere Informationsmenge (bei typischen Übertragungsentfernungen im Bereich 100 m bis 1000 m) übertragen werden. Des Weiteren ist bei manchen Fließgutprozessen die Forderung nach explosionsgeschützten Bussystemen gegeben.

Produktionsprozesse

Produktionsprozesse der Grundstoffindustrie: Bei vielen Produktionsprozessen, z.B. bei Stahl, Papier, Kunststoff, Textilien, oder bei Verarbeitungs- und Montageprozessen, bei denen Werkzeugmaschinen und Roboter eingesetzt werden, werden hochdynamische elektrische Antriebe als Stellorgane eingesetzt. Die Bewegungen dieser Antriebe müssen eng aufeinander synchronisiert werden.

Synchronisierungssignale mit äquidistanten Zeitabständen

Hierfür werden Feldbussysteme benötigt, die neben aufeinander abgestimmten Sollwerten auch *Synchronisierungssignale* in exakt *äquidistanten Zeitabständen* übertragen können. Auf Grund der hohen Dynamik moderner Antriebe müssen Sollwerte und Synchronisierungssignale mit Zeitanforderungen z.T. unter 1,0 ms übertragen werden. Es liegen extreme Echtzeitanforderungen vor, die dann meist besondere Bustechnologien erfordern.

Die Gegenüberstellung von wesentlichen Prozessgrößen für die obigen Prozessklassen macht die stark unterschiedlichen und vielfältigen Anforderungen an Feldbussysteme deutlich. Diese haben unter anderem auch dazu geführt, dass *kein einheitliches Feldbussystem* für alle Bereiche der Automatisierungstechnik existiert. Vielmehr haben sich eine Reihe von Feldbussystemen auf dem Markt etabliert, die alle ihre besonderen funktionellen Eigenschaften besitzen und somit jedes für sich jeweils für eine bestimmte Anwendungsklasse geeignet ist.

Die Feldbussysteme lassen sich daher in folgende Kategorien unterteilen [12.2, 12.3, 12.6]:

- *Standard-Feldbusse*, die wesentliche funktionale und zeitliche Anforderungen der Produktionsleittechnik erfüllen. (z.B. Profibus-FMS/DP, Interbus-S, WorldFIP, CAN).
- *Eigensichere Feldbusse* zur Anwendung in explosionsgeschützten Bereichen der Prozessleittechnik (z.B. Profibus-PA, WorldFIP).
- *Bussysteme mit besonderen Echtzeiteigenschaften* zur Steuerung zueinander synchroner Antriebe z.B. bei Werkzeugmaschinen oder bei mechatronischen Anwendungen (z.B. SERCOS, CAN).
- *Einfache Aktor-Sensor-Busse* für eine zyklische Kommunikation zwischen einer prozessnahen Komponente und einfachen, meist rein binären Aktoren und Sensoren (z.B. ASI-Bus, DeviceNet).

12.2.2 Die Punkt-zu-Punkt-Verbindung

Übertragungsstandard RS-232C

Wie auch in Abbildung 12.2 dargestellt, hat die klassische Punkt-zu-Punkt-Verbindung nach dem *Übertragungsstandard RS - 232C* in der Automatisierungstechnik noch eine große Bedeutung. Vor allem Programmier-, Projektierungs-, Diagnose- oder Handbediengeräte werden über so genannte V.24 - Verbindung an einzelne Automatisierungsgeräte - speziell im prozessnahen Bereich - angeschlossen.

12.3 Das ISO/OSI-Referenzmodell

Das international genormte ISO/OSI-Referenzmodell für Kommunikation teilt die Kommunikationsaufgaben zwischen einzelnen Busteilnehmern in 7 abstrakten Schichten ein [12.5, 12.7]. Dabei besitzt jede Schicht, wie im Abbildung 12.5a dargestellt wird, eine fest definierte Funktionalität. Jede Schicht bekommt klar definierte Schnittstellen zu der darunter liegenden, sowie der darüberliegenden Schicht. An diesen Schnittstellen stellt jede Schicht Dienste bereit, die von den Nachbarschichten in Anspruch genommen werden.

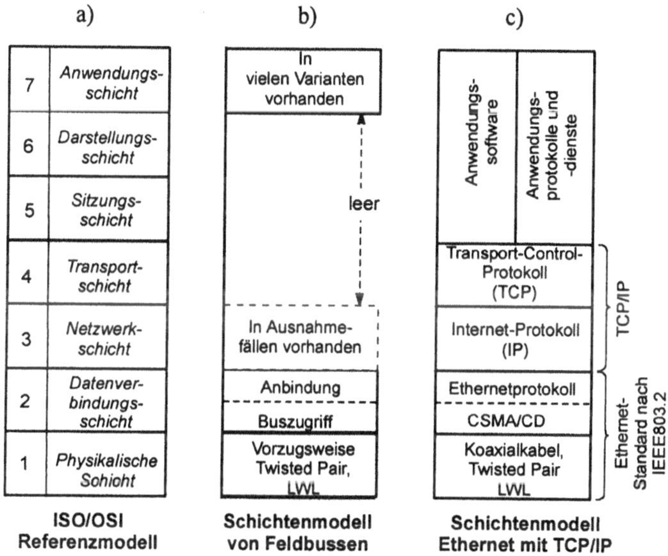

Abbildung 12.5 Schichtenmodelle von Bussystemen der Automatisierungstechnik

Auch bei den Bussystemen der Automatisierungstechnik ist die Anwendung des ISO/OSI-Referenzmodells sinnvoll, obwohl hier einige Abweichungen und Ungereimtheiten zu einer klaren Funktionsgliederung einzelner Schichten vorhanden sind. Ein Grund liegt darin, dass der Busanschluss bei Feldbussen häufig durch ein Chip, z.B. ASIC's, implementiert wird. Auch werden Mikrocontroller eingesetzt, die einen bestimmten Bustyp über integrierte Busschnittstellen verfügen. Durch einen solchen Baustein wird typischerweise mehr als eine Schicht realisiert, so dass völlige Entkopplung einzelner Schichten nicht möglich ist. Speziell bei kostengünstigen Lösungen ist dies oft nicht sinnvoll.

Spiegelt man die Funktionen der Feldbussysteme der Automatisierungstechnik an dem ISO/OSI-Referenzmodell, werden die Schichten

1, 2 und 7, wie in Abbildung 12.5b dargestellt ist, vor allem getroffen [12.2, 12.3, 12.7].

Hier gibt es eine große Vielfalt an Übertragungsprinzipien. Nur einzelne Bussysteme besitzen die Schicht 3 und unterstützen damit die Vermittlung von Nachrichten zwischen Feldbussegmenten [12.2, 12.7]. Die Schichten 4 bis 6 sind praktisch immer leer.

Ethernet-Standard IEEE802.3

Das Ethernet umfasst zunächst die beiden Schichten 1 und 2 entsprechend dem *Ethernet-Standard IEEE802.3*. Darauf setzen dann die höheren Protokolle, die den Schichten oberhalb der Schicht 2 zuzuordnen sind, auf. Dazu gehört das verbreitete TCP/IP-*Protokoll*, das beim Internet verwendet wird und zunehmende Bedeutung für die Automatisierungtechnik gewinnt. Wie aus Abbildung 12.5c hervorgeht, zeigt TCP/IP eine bestimmte Übereinstimmung mit den Schichten 3 und 4, obwohl die Festlegung von TCP/IP bereits vor dem ISO/OSI-Modell geschaffen wurde [12.3, 12.7].

12.4 Realisierungsmerkmale der Bussysteme der Automatisierungstechnik

12.4.1 Topologie

linienförmige Topologie

baumförmige Busstrukturen

Die meisten Bussysteme der Automatisierungstechnik beschränken sich auf *linienförmige Topologie*, entsprechend Abbildung 12.6a. Nur wenige Bussysteme (z.B. Ethernet) sehen eine Weitervermittlung von Nachrichten über ein Bussegment hinaus vor. Es entstehen *baumförmige Busstrukturen* (Abbildung 12.6b), wobei die Äste über so genannte Router angekoppelt werden.

ringförmige Busstrukturen

Auch *ringförmige Busstrukturen* (Abbildung 12.6c) treten im Feldbusbereich auf (z.B. SERCOS). Diese Topologie ist bei Lichtwellenleitern besonderes gut geeignet. Allerdings führt der Ausfall eines Teilnehmers zum Ausfall der Gesamtkommunikation, so dass der Ring ein wesentliches Zuverlässigkeitsproblem darstellt. Häufig wird er dann redundant - durch einen zweiten gegenläufig arbeitenden Ring - ausgeführt.

Kombination aus Baum- und Ringstruktur

Eine *Kombination aus Baum- und Ringstruktur*, entsprechend Abbildung 12.6d, wird bei Interbus-S eingesetzt. Einzelne Busteilnehmer werden zunächst in einen Ring miteinander verbunden, der jedoch als Repeater für den Anschluss weiterer Teilnehmer wirkt.

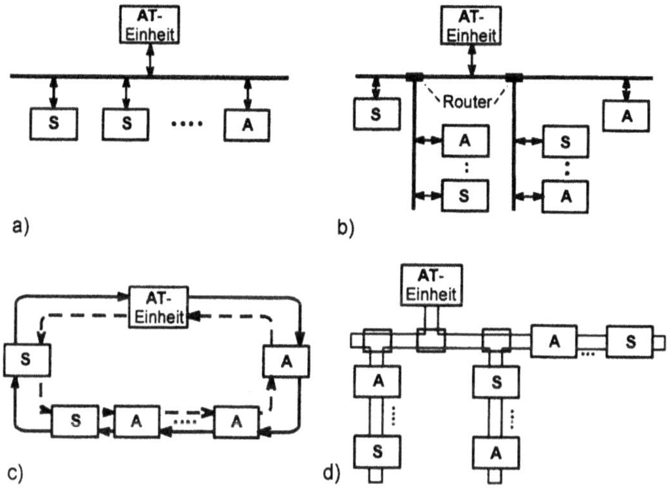

Abbildung 12.6 Typische Topologie der Bussysteme der Automatisierungstechnik

12.4.2 Physikalisches Medium der Bussysteme

12.4.2.1 Eingesetzte Übertragungsleitungen

Über das physikalische Medium eines seriellen Bussystems werden Daten in Form von Informationsblöcken als sequenzielle Binärwerte von 0 und 1 übertragen. Dabei bestimmen die Art und die Übertragungseigenschaften der Leitung wesentlich die Eigenschaften des Bussystems.

Für die Bussysteme der Automatisierungstechnik werden schwerpunktmäßig folgende Übertragungstechniken eingesetzt:

Zweidrahtleitung nach RS 485

Zweidrahtleitung nach RS 485: Für die Feldbussysteme ist die verdrillte, geschirmte Zweidrahtleitung mit der Spezifikation nach dem USA-Standard EIA *RS 485* allgemein vorherrschend. Dies ist die am meisten eingesetzte Leitungsform in der Automatisierungstechnik (Abbildung 12.7a). Diese Norm ist auf Bussysteme in Linienstruktur mit mehreren Busteilnehmern ausgerichtet [12.8]. Typische Übertragungsraten liegen bei kurzen Entfernungen (bis 100 m) bei 1 Mbit/s, bei Entfernungen von mehr als einem km nur etwa 100 kbit/s.

Zweidrahtleitung nach IEC 1158-2

Zweidrahtleitung nach IEC1158-2: Für die Feldbussysteme der Prozessleittechnik wird seit kurzem verdrillte, geschirmte bzw. ungeschirmte Zweidrahtleitung nach dem Standard IEC1158-2 eingesetzt. Dieser Standard ermöglicht eigensichere Ausführung für explosionsgefährdete Bereiche bei einer Übertragungsrate von 31,25 kbit/s. Des

Weiteren kann über das gleiche Übertragungsmedium sowohl das Signal als auch die Hilfsenergie übertragen werden. [12.4].

Koaxialkabel *Koaxialkabel:* Der Koaxialkabel mit einfacher oder doppelter Schirmung (Abbildung 12.7b) hat die höchste Störfestigkeit bei elektrischen Leitern [12.3, 12.9]. Sie wird daher vor allem bei Bussystemen mit ***hoher Übertragungsrate*** eingesetzt. Typische Übertragungsraten liegen in Bereich 10 Mbit/s bei einer Länge von einigen km. Es sind jedoch auch Übertragungsraten bis zu 100 Mbit/s erreichbar. Koaxialkabel sind heute das Standard-Übertragungsmedium bei Hochleistungsbussen.

Abbildung 12.7 Aufbau einer geschirmten Zweidrahtleitung und eines Koaxialkabels

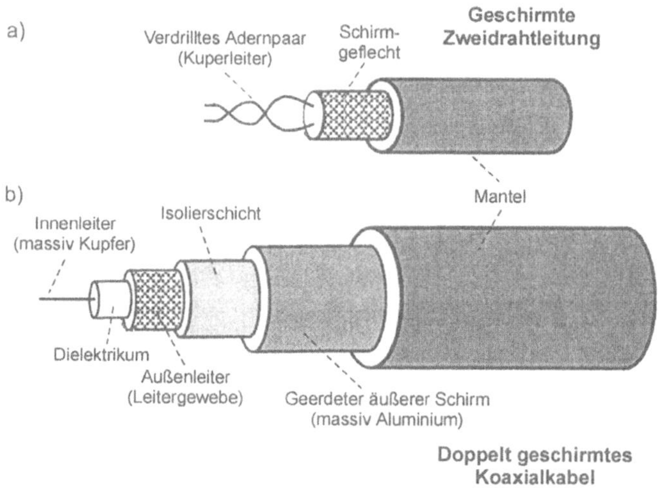

Lichtwellenleiter *Lichtwellenleiter (LWL):* Lichtwellenleiter werden immer dann in der Automatisierungstechnik eingesetzt, wenn sehr hohe Übertragungsraten erforderlich sind oder die elektromagnetischen Störungen mit normalen Abschirmmaßnahmen nicht beherrscht werden können [12.7, 12.9]. Eingesetzt werden vorwiegend ummantelte Glasfaser, in einigen Fällen auch Plastikfaser. Lichtwellenleiter werden schwerpunktmäßig für Stern- und Ringsysteme mit Datenraten bis 100 Mbit/s eingesetzt.

12.4.2.2 Signalformatierung auf der Übertragungsleitung

Durch die Signalformatierung wird festgelegt, wie digitale Datensignale eines Bits (0 oder 1) in unterscheidbare elektrische Signalform umgeformt werden. Für die Automatisierungstechnik werden vorwiegend folgende Signalformatierungen eingesetzt [12.5, 12.8]:

- *NRZ – Codierung (Non-Return-to-Zero):* Es wird ein Rechteckimpuls von der Breite der Taktzeit *T* benutzt. Dabei wird die binäre 1 meist durch eine positive Spannung ^{+}U, die binäre 0 durch eine negative Spannung ^{-}U dargestellt.
- *RZ – Codierung: (Return-to-Zero):* Es werden positive und negative Rechteckimpulse benutzt, deren Breite jeweils gleich der halben Taktzeit *T* sind. Die binären Zustände 1 und 0 werden wie bei NRZ durch die Spannungen ^{+}U und ^{-}U dargestellt, jedoch wird das Signal in der Mitte jedes Bits auf das Nullpotenzial gezogen.
- *Manchester - Verfahren:* Bei diesem Verfahren ist die Information in den Flanken des Signals enthalten. Es kommt mit zwei Signalzuständen (^{+}U und ^{-}U) aus und kann die volle Taktinformation dabei gleichzeitig übertragen. Eine binäre 1 wird in der Mitte des Datenbits durch eine steigende Flanke, eine binäre 0 durch eine fallende Flanke erzeugt.

12.4.3 Verbindungsschicht 2a, der Buszugriff

Bei jedem Bussystem kann nur ein einziger Busteilnehmer zu jedem Zeitpunkt immer aktiv auf den Bus zugreifen, um Daten zu senden. Alle anderen Busteilnehmer können Daten nur empfangen. Es muss somit explizit festgelegt werden, welcher Busteilnehmer zu einem bestimmten Zeitpunkt das *exklusive Zugriffsrecht* auf das Bussystem besitzt. Dieses Zugriffsrecht wird durch die Verbindungsschicht geregelt. Die hierfür zuständigen Funktionen werden häufig als Teilschicht 2a bezeichnet. Das eingesetzte Buszugriffsverfahren entscheidet maßgeblich über die deterministischen Eigenschaften eines Bussystems und somit über seine *Echtzeitfähigkeit.* Es ist ein wichtiges Kriterium, das über die Eignung eines bestimmten Bussystems für die Anforderungen der Automatisierungstechnik entscheidet.

exklusive Zugriffsrecht

Echtzeitfähigkeit

12.4.3.1 Deterministische Buszugriffsverfahren

In diesem Falle wird der Bus einem sendefähigen Busteilnehmer für eine *definierte Zeitspanne* zugeteilt. In dieser Zeitspanne besitzt dieser Busteilnehmer das exklusive Recht, Daten zu senden. Alle anderen Busteilnehmer können in dieser Zeitspanne nur Daten empfangen.

definierte Zeitspanne

Die Art und Weise, wie die Zeitspanne für die einzelne sendefähigen Busteilnehmer festgelegt wird, ist durch das jeweilige Buszugriffsverfahren bestimmt:

Master /Slave-Verfahren

Master/Slave-Verfahren: Dies ist das einfachste Buszugriffsverfahren. Jeweils nur ein bestimmter Busteilnehmer wird als *Master* am Bus festgelegt, der auch den gesamten Datentransfer abwickelt [12.3, 12.7]. Alle anderen Busteilnehmer sind *Slaves*. Die gesamte Datenübertragung geht vom Maser aus, der immer den jeweiligen Kommunikationspartner explizit auswählt.

Token-Passing-Verfahren

Token bzw. *Token-Passing-Verfahren:* Bei diesem Buszugriffsverfahren können mehrere oder alle Busteilnehmer die Kommunikationssteuerung übernehmen. Die Berechtigung, auf den Bus zuzugreifen und somit Daten an andere Teilnehmer zu senden bzw. von diesen Daten anzufordern, wird jedem Busteilnehmer zyklisch vergeben.

Token

Dies wird durch ein spezielles Zeichen, den so genannten *Token* festgelegt, der jeweils einem Busteilnehmer zugeteilt wird. Nach einer festgelegten Zeitspanne muss jeder Busteilnehmer den Token an den nächsten Busteilnehmer weiterreichen. Dabei läuft der Token nach einer fest vorgeschriebener Reihenfolge zyklisch um.

Es gibt unterschiedliche Ausführungen von Token-Verfahren:

- *Token-Bus nach IEEE 802.4*: Alle Busteilnehmer hängen an einem Bus (Linientopologie). Es gibt eine logische Folge von Busteilnehmern. Jeder Busteilnehmer kennt seinen logischen Vorgänger und seinen logischen Nachfolger im logischen Token-Ring. Jeder Busteilnehmer überwacht, ob sein logischer Nachfolger jeweils die Buskontrolle korrekt übernommen hat [12.5].
- *Token-Passing-Verfahren*: Dieses Zugriffsverfahren ist eine Kombination aus Token-Bus und Master/Slave-Verfahren. An einem Bus sind aktive und passive Busteilnehmer vorhanden, wobei die aktiven Busteilnehmer in der Lage sind, die Kommunikationssteuerung zu übernehmen. Der Buszugriff erfolgt zwischen den aktiven Busteilnehmern nach dem Token-Prinzip. Der jeweilige Token-Inhaber kann mit passiven Busteilnehmern nach dem Master/Slave-Verfahren und mit aktiven Busteilnehmern nach dem Token-Prinzip kommunizieren. Dieses Zugriffsverfahren wird beim Profibus eingesetzt [12.7, 12.10].

Das Token- bzw. dem Token-Passing-Verfahren besitzt ein gutes deterministisches Verhalten und gute Echtzeiteigenschaften, da eine obere Zeitschranke für den zyklischen Umlauf des Tokens vorgegeben werden kann.

Arbitrator-Producer-Consumer-Verfahren

Arbitrator-Producer-Consumer-Verfahren: Bei diesem Verfahren, das man als erweitertes Master/Slave-Verfahren betrachten kann, hat der Arbitrator allein die Aufgabe, den Buszugriff zu verwalten. Dabei teilt er den einzelnen Busteilnehmern (*Producer*) i.a. nach einer zyklischen Reihenfolge die exklusive Sendeerlaubnis für eine definierte

Zeitspanne zu. Alle anderen Busteilnehmer (*Consumer*) gehen in dieser Zeit auf Empfang über [12.3, 12.4].

12.4.3.2 Stochastische Buszugriffsverfahren

Alle sendefähigen Busteilnehmer sind *gleichberechtigt*. Sie können zu beliebigen Zeitpunkten Daten auf den Bus senden. Dabei kann es zu einer *Kollision* auf dem Bus kommen, wenn zwei oder mehr Busteilnehmer quasi gleichzeitig Informationen senden wollen. Die Art und Weise, wie bei einer Kollision reagiert wird und wie einzelne Busteilnehmer ihre Informationen nacheinander senden dürfen, wird durch das jeweilige Buszugriffsverfahren bestimmt.

gleichberechtigte Busteilnehmer

CSMA-Verfahren: Beim klassischen CSMA-Verfahren prüft zunächst ein sendewilliger Busteilnehmer, ob ein anderer Busteilnehmer Informationen gerade sendet (*Carrier Sense*). Ist kein aktiver Busteilnehmer am Senden, beginnt der sendewillige Busteilnehmer mit der Übertragung. Anderenfalls stellt der sendewillige Busteilnehmer seinen Übertragungswunsch zurück. Er versucht dann zu einem späteren Zeitpunkt zu senden (*Multiple Access*). Für die Entscheidung, wann erneut gesendet wird, gibt es prioritätsgesteuerte oder zufällige Zuteilungsstrategien [12.3, 12.5, 12,7].

Carrier Sensc

Multiple Access

CSMA/CD-Verfahren: Eine wichtige Modifikation des CSMA-Verfahrens ist die zusätzliche *Kollisionserkennung* (Collection Detection) [12.5]. Ein Busteilnehmer, der bereits eine Nachricht sendet, prüft ständig, ob die am Bus vorhandenen Signale mit denen von ihm gesendeten Signalen identisch sind. Ist dies nicht der Fall, bricht er die Aussendung seiner Nachrichten sofort ab, da er von einer Kollision auf dem Bus ausgeht. Danach wartet er eine zufällig gewählte Zeit ab und versucht dann erneut eine Übertragung. Dieses Verfahren wird bei Ethernet eingesetzt.

Kollisionserkennung

CSMA/CA-Verfahren: Eine Variante des CSMA, die eine *Kollision* generell zu *vermeiden* versucht, ist das CSMA/CA (Collision Avoidance). Die bekannteste Variante dieses Verfahrens wird beim CAN-Bus eingesetzt [12.11]. Jeder sendewilliger Busteilnehmer muss zunächst den Bus für mindestens 11 Taktzeiten frei vorfinden. Danach beginnen sendewillige Busteilnehmer mit dem Senden. Durch eine Auswahlphase (bitweise Arbitration) wird entschieden, welcher Busteilnehmer seine Nachrichten senden darf. Die Grundlage dafür ist die *Priorität der Nachricht*, angegeben durch eine Kennung (Identifier). Der Identifier ist dabei eine 11 Bit lange Nachrichtennummer (29 Bit bei extended CAN-Format), die eine Priorität der Nachricht festlegt. Dabei ist die Priorität der Nachricht umso höher, je kleiner *der Wert des Identifiers ist.*

Kollisionsvermeidung

Priorität der Nachricht

Die stochastischen Zugriffsverfahren gewährleisten kein sicheres deterministisches Verhalten des Bussystems. Speziell bei hoher Busbelastung tritt dieses Problem in Erscheinung. Durch spezielle Maßnahmen, z.B. begrenzte Busbelastung und Prioritätssteuerung, werden jedoch hervorragende Echtzeiteigenschaften bei Industrial-Ethernet und CAN-Bus erreicht.

12.4.3.3 Summenrahmen – Verfahren

Benutzungszeit

Zeitscheibe

Synchronisierung

Beim Summenrahmen-Verfahren - auch *Zeitscheiben*-Verfahren oder TMDA-Verfahren (Time Division Multiple Access) genannt - wird jedem Busteilnehmer eine bestimmte *Benutzungszeit* des Busses fest und exklusiv reserviert. Die Grundidee ist die Festlegung eines Zeitrahmens der Länge *T*, der auf *n* Busteilnehmer aufgeteilt wird. Jeder Busteilnehmer bekommt somit eine *Zeitscheibe* zugeteilt [12.5, 12.12]. Dabei können die Zeitscheiben auf alle Teilnehmer gleichmäßig oder bedarfsgerecht nach dem Kommunikationsbedarf aufgeteilt werden. Die Voraussetzung für einen korrekten Ablauf ist die *Synchronisierung*, z.B. durch ein Synchronisierungstelegramm. Die Lage jeder Zeitscheibe eines Busteilnehmers ist fest in Bezug auf das Synchronisierungstelegramm und somit eindeutig identifizierbar.

statische Zuteilung

äquidistante Übertragungszeit

Ein wesentliches Merkmal dieses Verfahrens, das bei InterBus-S eingesetzt wird, ist die *statische Zuteilung* des Bussystems auf alle Busteilnehmer. Ein weiteres notwendiges Merkmal ist die Forderung nach einer ringförmigen Busstruktur mit einem Master und mehreren Slaves (Master/Slave-Architektur). Dabei ist die Übertragungsleistung pro Busteilnehmer garantiert und von den Übertragungsanforderungen anderer Busteilnehmer unabhängig. Des Weiteren ergibt sich eine *äquidistante Übertragungszeit* bei einer konstanten Übertragungsrate zwischen zwei aufeinander folgenden Synchronisationstelegrammen. Somit kann das Synchronisierungstelegramm auch dazu benutzt werden, Abläufe innerhalb der Busteilnehmer zu synchronisieren.

12.4.4 Verbindungsschicht 2b, die logische Ankopplung an das Bussystem

Die physikalische Schicht und der erste Teil der Verbindungsschicht legen die übertragungstechnischen Aufgaben der Datenübertragung fest.

Der zweite Teil der Verbindungsschicht (Teilschicht 2b) legt fest, wie eine bestimmte Information sicher und fehlerfrei als Bitstrom zwischen einzelnen Busteilnehmern übertragen wird (verschlüsselte Information). Daraus resultieren folgende Teilaufgaben [12.5, 12.8]:

- Bereitstellung eines *Datenübertragungsprotokolls.* Dies ist ein vorgeschriebener Rahmen, in dem die zu übertragenden Informationen eingeschlossen werden.
- Gewinnung eines *Taktes zur Synchronisierung* aller an einer Übertragung beteiligten Busteilnehmer.
- *Erkennung* und ggf. Korrektur auftretender Übertragungsfehler.

12.4.4.1 Datenübertragungsprotokolle

Ein Datenübertragungsprotokoll ist ein festgelegter Rahmen zur Übertragung von Informationen zwischen zwei Busteilnehmern.

Es besteht grundsätzlich aus einem *Kopf*, einem *Datenkörper* für die zu übertragende Information und einem *Rahmensicherungsteil.* Neben der Dateninformation müssen somit auch Steuerinformationen übertragen werden. Auch die Kopfinformation weist einige prinzipielle Gemeinsamkeiten auf, z.B. eine eindeutige Anfangskennung, eine Zieladresse, meist auch eine Quelladresse und verschiedene Steuerinformationen wie Länge des Datenkörpers und Art der Informationen. Der Rahmensicherungsteil enthält redundante Informationen zur Fehlerprüfung (meist verschlüsselt), sowie eine eindeutige Endekennung.

Kopf
Datenkörper
Rahmensicherung

Eine weitere Charakterisierung von Datenübertragungsprotokollen sind *zeichen-* oder *bitorientierte Protokolle*:

zeichen- oder bitorientierte Protokolle

- Ein Protokoll ist zeichenorientiert, wenn die gesamte Nachricht in einem Code, z.B. in ASCII, übertragen wird. Dabei hat jedes Zeichen eine feste Länge (meist 8 Bit). Für die Übertragung eines Zeichens von 8 Bit Länge ist das UART-Format [12.5] typisch.
- Ein bitorientiertes Protokoll überträgt dagegen Daten uncodiert in ihrer ursprünglichen Form. Dadurch kann die Anzahl der Steuerzeichen drastisch reduziert werden, da meist nur noch Beginn und Ende einer Information durch eine *spezielle Start- und Endekennung* markiert wird. Die Blocklänge kann beliebig viele Bits enthalten, wird jedoch meist auf ein Vielfaches einer Grundeinheit, z.B. von 8 Bit, festgelegt. Die Anordnung und Länge der Felder im Protokollrahmen muss jedoch strikt definiert werden. Daher ist die Bedeutung einzelner Bits innerhalb des Protokolls durch die Bitposition im Protokoll festgelegt. Eine Ausnahme bildet das Datenfeld, dessen Länge bis zu einer oberen Grenze variieren kann. Daher muss die Länge des Datenfeldes mit im Protokoll geführt werden.

Start- und Endekennung

Viele Protokolle sind international genormt und werden vielseitig eingesetzt. Ein Beispiel für ein solches Protokoll ist das *HDCL-Protokoll* [12.5, 12.8].

HDCL - Protokoll

Für die gängigen Bussysteme der Automatisierungstechnik existiert eine Reihe von Protokollen, die jeweils an einzelne Bussysteme optimiert sind [12.3, 12.4, 12.10, 12.11, 12.12].

12.4.4.2 Übertragungsarten

Damit ein Empfänger die Nachricht aus einem empfangenen seriellen Bitstrom des Senders interpretieren kann, muss die Datenübernahme beim Empfänger synchron zum Aussenden der Daten beim Sender erfolgen. Es wird daher eine *gemeinsame Taktinformation* benötigt, die für den Sender und Empfänger die Gültigkeitszeitpunkte des Datensignals auf dem Bus bestimmt. Die Art dieser Synchronisierung hängt stark mit der eingesetzten Übertragungsart zusammen.

Man unterscheidet zwischen asynchroner und synchroner Übertragung [12.5, 12.8]:

Asynchrone Übertragung

- *Asynchrone Übertragung:* Sie wird vorzugsweise bei zeichenorientierten Protokollen eingesetzt. Hier wird die Taktinformation aus dem Start- und Endbit jeweils eines übertragenen Zeichens gewonnen. Sie kann nur bei relativ geringen Übertragungsraten eingesetzt werden.

Synchrone Übertragung

Taktsynchronisierung

Blocksynchronisierung

- *Synchrone Übertragung:* Sie wird bei bitorientierten Protokollen eingesetzt, d.h. hohen Übertragungsraten und großem Übertragungsvolumen eingesetzt. Es findet eine *Taktsynchronisierung* zwischen Sender und Empfänger statt, die meist aus dem jeweiligen Flankenwechsel zwischen 0 und 1 des übertragenen Bitstromes gewonnen wird. Des Weiteren findet eine *Blocksynchronisierung* statt, damit der Empfänger den Beginn und das Ende eines Datenübertragungsprotokolls identifizieren kann. Hierzu werden die in der Startkennung eines Datenübertragungsprotokolls ausgezeichnete Bitfolgen eingesetzt.

12.4.4.3 Datensicherung und Fehlererkennung

Bei jeder seriellen Übertragung kann es zu Störungen auf der Übertragungsleitung kommen. Dies hat zur Folge, dass ein oder mehrere Übertragungsbits ihre Wertigkeit verändern. Man muss daher zu Maßnahmen ergreifen, fehlerhafte Bits zu erkennen und diese ggf. zu korrigieren. Dies geschieht durch Einfügen *redundanter Prüfbits* oder *Prüfworte* am Ende des Datenübertragungsprotokolls durch den Sender, die vom Empfänger ausgewertet werden.

redundante Prüfbits und Prüfworte

Die eingesetzten Verfahren zur Datensicherung sind weitgehend standardisiert. Für die Bussysteme der Automatisierungstechnik kommen folgende Prüfmethoden zum Einsatz [12.5].

Paritybit

Paritybit (VRC): Zu den acht Bits eines Datenbytes, z.B. des UART-Zeichens, wird das Paritybit hinzugefügt. Der Sender setzt dieses Bit in der Weise, dass die Anzahl der *Einsen* innerhalb der neun Bits gerade ist. Ändert sich ein Bit während der Übertragung, ist die Anzahl der *Einsen* nicht mehr gerade. Es wird ein Übertragungsfehler erkannt. Ändern sich dagegen zwei Bits während der Übertragung, ist ein Fehler nicht mehr sicher feststellbar. Da nur ein fehlerhaftes Bit erfasst werden kann, ist die Hamming-Distanz des Paritybit-Verfahrens $d = 2$.

Längsparitätsprüfung

Blocksicherungszeichen

Längsparitätsprüfung (LRC): Es wird eine Quersumme über jeweils die gleichen Bitstellen aller übertragenden Zeichen eines ganzen Blocks gebildet. Als Ergebnis ergibt sich ein *Blocksicherungszeichen* mit der selben Breite wie die zu übertragenden Zeichen. Es wird mitübertragen. Der Empfänger führt die gleiche Verknüpfung durch, und überprüft, ob die gleiche Prüfsumme vorliegt. Meist wird diese Methode mit dem Parity-Verfahren kombiniert und daher meist bei asynchroner Übertragung mit zeichenorientierten Protokollen eingesetzt. In Kombination mit dem Paritybit kann eine Hamming-Distanz von $d = 4$ erzielt werden.

Prüfpolynom

Generatorpolynom

CRC-Prüfwort

Prüfpolynom (CRC): Dieses Verfahren wird bei bitorientierten Protokollen eingesetzt. Zur Ermittlung der Prüfbits wird das gesamte Datenübertragungsprotokoll als langes binäres Wort betrachtet, das im Sender durch ein so genanntes *Generatorpolynom* dividiert wird. Der aus der Division verbleibende Rest ist das *CRC-Prüfwort*, der dem Sicherungsblock hinzugefügt und anschließend mit übertragen wird. Es besteht aus so vielen Bits, wie der größte Exponent des Generatorpolynoms angibt. Der Empfänger führt die gleiche Rechnung durch und vergleicht das Ergebnis mit dem übertragenen CRC-Prüfwort. Dabei kann der Empfänger nicht nur einen Fehler erkennen, sondern auch die Korrektur der einzelner Fehler zulassen. Es gibt eine Reihe von Polynomen, die sich in ihrer Fähigkeit unterscheiden, Mehrfachfehler und gehäuft auftretende Fehler zu erkennen. Je nach eingesetztem Prüfpolynom kann eine Hamming-Distanz zwischen $d = 4$ und $d = 6$ erreicht werden.

12.4.5 Schichten 3 bis 6 des ISO/OSI-Referenzmodells

Wie bereits aus der Abbildung 12.5 hervorgeht, sind die Schichten 3 bis 6 bei den Feldbussystemen der Automatisierungstechnik praktisch nicht vorhanden.

Das Ethernet mit dem TCP/IP-Protokoll kennt auch, wie in Abbildung 12.5 dargestellt, die Schichten 3 (IP-Schicht) und 4 (TCP-Schicht). Die Funktionen dieser Schichten halten sich jedoch nicht streng an das ISO/OSI-Referenzmodell.

12.5 Schnittstelle zu Anwenderprogrammen

12.5.1 Definition der Anwenderschnittstelle

Beim praktischen Einsatz von Bussystemen spielt die Schnittstelle zwischen dem Kommunikationssystem und den Automatisierungsgeräten, die so genannte Anwenderschnittstelle, eine fundamentale Bedeutung. Die Programme der Automatisierungsgeräte greifen über diese Schnittstelle auf das Kommunikationssystem. Sie hat eine fundamentale Bedeutung für die Handhabung eines Bussystems.

In der Praxis wird zwischen folgenden drei Anwender-Schnittstellen unterschieden:

- *Anwendungsschicht*, der die Schicht 7 des ISO/OSI-Referenzmodells entspricht,
- *Application Layer Interface* (ALI), bzw. Application Program Interface (API), auch ALI/API-Schnittstelle genannt,
- *User Layer* mit unterschiedlichen Profilen, auch häufig Schicht 8 genannt, obwohl in ISO/OSI-Norm nicht vorgesehen.

Je nach Einsatzgebiet und Entwicklungsstand eines Bussystems sind diese Kommunikationsschnittstellen stark unterschiedlich ausgeprägt. Dabei spielt das bevorzugte Einsatzgebiet des Bussystems innerhalb eines Leitsystems eine wichtige Rolle. Dies geht z.B. beim Vergleich zwischen Profibus-DP und Profibus-FMS (Abbildung 12.8) hervor.

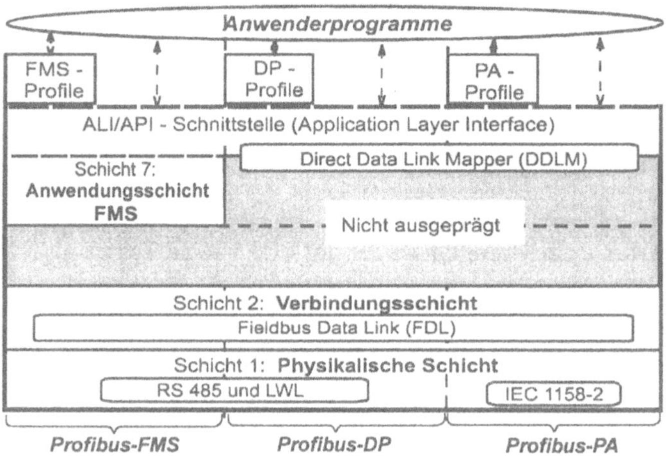

Abbildung 12.8 Schichtenmodelle und Anwenderschnittstellen vom Profibus-DP und Profibus-FMS.

Beim Profibus-DP ist die Schicht 7 aus Effizienzgründen praktisch nicht vorhanden. Diese Busvariante ist auf die Anforderungen für schnellen und effizienten Datenaustausch zwischen den prozessnahen Komponenten und Feldgeräten optimiert. Sein Haupteinsatzgebiet ist somit die zyklische und ereignisorientierte Prozessdatenkommunikation, etwa nach dem in Abbildung 12.5 dargestellten Schema. Für die Datenübertragung werden ausschließlich die *FDL-Dienste* (Fieldbus Data Link) der Schicht 2 verwendet. Um einen komfortablen Zugang zur Schicht 2 zu ermöglichen, ist die *Schnittstelle DDLM* (Direct-Data-Link-Mapper) vorgesehen, die dem Anwenderprogramm ermöglicht, direkt mit der Schicht 2 zu kommunizieren. Nach ihren Funktionen kann man DDLM zu einem der Schicht 7 zuordnen, zum anderen der ALI/API-Schnittstelle.

FDL-Dienste

Schnittstelle DDLM

Bei Profibus-FMS bietet die Schicht 7 dem Anwender eine Fülle von Diensten unter dem Namen *FMS* (Fieldbus Message Specification). Hier können eine Fülle an Kommunikationsbeziehungen zwischen einzelnen Busteilnehmern aufgebaut werden, allerdings ist die Übertragungseffizienz im Vergleich zu Profibus-DP mäßig. Die Schicht 7 überlagert eine ALI/API-Schnittstelle.

FMS-Dienste

12.5.2 Die Anwendungsschicht

Ausgehend von Standardisierungsbemühungen für eine offene Kommunikation in der Automatisierungstechnik (initiiert unter den Namen MAP) wurden die *Kommunikationsdienste MMS* (siehe auch Abschnitt 12.2.1) definiert [12.9], die jedoch nur zu Demonstrationszwecken realisiert wurden.

Bei der Festlegung heutiger Übertragungsstandards wurde jedoch auf die Erfahrungen von MAP zurückgegriffen. Mit reduziertem Funktionsumfang von MMS werden Kommunikationsstandards für die Feldbusse definiert. Dabei wurden folgende busspezifische Standards für Schicht 7 als Untermenge von MMS beim:

- *Profibus* unter den Namen *FMS* [12.9, 12.10]
- *WorldFIP* als *subMMS* [12.4] (Die Anwendungsschichten von Profibus-FMS und WorldFIP sind daher vergleichbar)
- *InterBus-S* mit der Bezeichnung *PMS* (Peripherals Message Specification) [12.3, 12.12]
- *CAN-Bus* mit dem Namen *CAL* (CAN Application Layer, Projekt CANopen für den CAN-Bus in Automatisierungstechnik) [12.3, 12.11]

definiert.

Die Aufgaben dieser Standards sind für alle Bussysteme vergleichbar. Es reicht daher stellvertretend die FMS – Spezifikation des Profibusses zu betrachten.

12.5.3 Merkmale von FMS

Wenn der Zugang zu einem Kommunikationssystem über FMS als Anwendungsschicht vorgenommen wird, hat der Anwender mit den Elementen Kommunikationsobjekte, Kommunikationsbeziehungen und Kommunikationsdiensten zu tun [12.9, 12.10].

Die Merkmale dieser Elemente sind unten aufgelistet:

Kommunikationsobjekte: Alle über den Feldbus übertragenden Daten werden *Kommunikationsobjekten* zugeordnet. Dies sind z.B. Sensor- und Aktordaten, Parametersätze oder Programme, die zwischen Busteilnehmern übertragen werden sollen. Wenn zwei Busteilnehmer miteinander über FMS kommunizieren, wird jeweils ein komplettes Kommunikationsobjekt (genauer die Daten der Objekte) mit Hilfe von Kommunikationsdiensten ausgetauscht. Ein Kommunikationsobjekt muss daher so gestaltet sein, dass der Aufbau und Inhalt von einzelnen Busteilnehmern vollständig und einheitlich interpretiert werden kann.

Beschreibungsmittel

Zur Festlegung eines bestimmten Kommunikationsobjekts, muss FMS über notwendige *Beschreibungsmittel* in Form von bestimmten Datentypen verfügen. Hierzu wird eine Reihe von Elementar-Datentypen bereitgestellt, die stark an die Standard-Datentypen von Hochsprachen angelehnt sind.

Beispiele solcher Kommunikationsobjekte sind:

- *Einfache Variable*
- *Array*
- *Domain* für Speicherbereich, Programme oder Daten
- *Event* für hervorgehobene Variablen, die dazu dienen, wichtige Meldungen wie Alarme zu übertragen.

Kommunikationsverzeichnis

Damit der Empfänger eines übertragenen Kommunikationsobjekts die enthaltenen Daten richtig interpretiert, muss es zusätzlich Informationen über ihre Struktur enthalten. Diese sind in so genannten *Kommunikationsverzeichnis* (KOV) enthalten, das vom Sender eines Kommunikationsobjekts zusammengestellt wird. Das Verzeichnis wird mit dem Inhalt des Objekts zum Empfänger übertragen.

Kommunikationsbeziehung

Kommunikationsbeziehungen: Sollen Kommunikationsobjekte zwischen zwei Busteilnehmern ausgetauscht werden, müssen zwischen diesen Partnern *Kommunikationsbeziehungen* bestehen. Beim

Einrichten von Kommunikationsbeziehungen wird u.a. festgelegt, ob es um zyklische oder azyklische Übertragung handelt. In einer *Kommunikationsbeziehungsliste* (KBL) wird festgehalten, welche Kommunikationsbeziehungen zwischen einzelnen Partnern bestehen.

Kommunikationsdienste: Mit Hilfe der Kommunikationsdienste wird die Übertragung von Kommunikationsobjekten jeweils eingeleitet, gesteuert, überwacht und abgebrochen. Die Profibus-Norm sieht insgesamt 39 bestätigte und unbestätigte *Kommunikationsdienste* vor, die in Abhängigkeit ihres Anwendungszwecks in folgende Gruppen unterteilt werden können:

Kommunikations-
dienste

- Initialisierungsdienste,
- Datenübertragungsdienste,
- Status- und Identifikationsdienste,
- Programmdienste (Domain-Dienste),
- Alarm- und Ereignisdienste.

Der funktionelle Ablauf dieser Dienste läuft nach dem in Abbildung 12.3 dargestellten bedarfsgerechten Kommunikationsart ab.

12.5.4 ALI/API-Schnittstelle

Die Spezifikation der Anwendungsschicht legt - wie etwa bei FMS - alle Kommunikationsobjekte, -beziehungen und –dienste exakt fest.

Dagegen wird in der Norm nicht festgelegt, wie der *Aufruf des Dienstes* durch ein Programm eines Automatisierungsgerätes genau aussieht. Hier kann der Dienst entweder durch einen Funktionsaufruf in einem *C*- Programm oder durch einen Aufruf eines Kommunikationsbausteins in einem SPS- Programm erfolgen.

Der Übergangsbereich zwischen einem Kommunikationssystem und den auf dieses Kommunikationssystem zugreifenden Programmen eines Automatisierungssystems wird *ALI/API-Schnittstelle* (Application-Layer-Interface) genannt und ist bisher *nicht genormt*. Die Gestaltung dieser Schnittstelle ist bisher weitgehend firmenspezifisch bzw. busspezifisch ausgeführt. Auf der anderen Seite steht die Forderung vieler Anwender, die eine einheitliche Normung für möglichst viele Bussysteme an dieser Stelle wünschen, im Vordergrund. Die Probleme, die hier auftreten, sind auch sehr vielfältig. Beispielsweise wird die gesamte *Kommunikationsstrategie* (zyklische, azyklische, ereignissteuerte Kommunikation) eines Automatisierungsgerätes durch diese Schnittstelle beeinflusst.

ALI/APL-
Schnittstelle

Kommunikations-
strategie

Häufig wird darauf hingewiesen, dass die Normung an dieser Stelle auch *Nachteile* mit sich bringt. Beispielsweise können die technischen

Vorteile eines bestimmten Bussystems durch eine solche Normung nicht voll zum Tragen kommen. Eine Norm kann nur eine Untermenge der gemeinsamen Kommunikationsfunktionen eines bestimmten Bussystems unterstützen, sollen verschiedene Bussystemen darunter fallen.

Trotz dieser Probleme wird an verschiedenen Stellen versucht, Standardisierungen zumindest für bestimmte Geräteklassen herbeizuführen.

Folgende Aktivitäten werden hier genannt [12.4, 12.7]:

Programmnorm IEC 1131-3

IEC 1131-5: Der SPS – Standard IEC 1131 liegt bisher in 4 Teilen vor, wobei speziell der Teil 3 eine große Akzeptanz für die Programmierung von SPS gefunden hat. Der Teil 5 der Norm legt die Kommunikation innerhalb von Automatisierungssystemen einheitlich fest. Dabei wird das Ziel verfolgt, notwendige Kommunikationsfunktionen mit einheitlichen Funktionsbausteinen, die der *Programmiernorm IEC 1131-3* entsprechen, zu definieren. Ein Ergebnis dieser Bemühungen liegt jedoch noch nicht vor.

OLE für Process Control (OPC): Von einigen Herstellern wird versucht, eine einheitliche Schnittstelle für Automatisierungsgeräte, die mit einem Betriebssystem MS-Windows ausgestattet sind, zu legen. Erste Ergebnisse liegen vor und werden in Projekten bereits eingesetzt. Diese Norm baut auf den standardisierten Kommunikationsschnittstellen von Windows wie DDE und OLE auf.

Die Norm zielt darauf ab, möglichst viele Bussysteme von Anwenderprogrammen, die als Windows-Applikationen laufen, einheitlich anzusprechen. Auf Grund der wachsenden Bedeutung des Betriebssystems MS-Windows für die Automatisierungstechnik dürfte die Bedeutung dieses Schnittstellenstandards noch zunehmen.

12.5.5 Profile (User Layer)

Vereinheitlichung der Feldgeräte

Neben der Standardisierung der Feldbussysteme selbst, sowie der Standardisierung der Kommunikationsdienste durch Schicht 7 und ALI/API, wachsen auch die Anforderungen an die *Vereinheitlichung* der Funktionen der Feldgeräte, die an ein Feldbussystem angeschlossen werden. Damit sollen Feldgeräte eines bestimmten Typs - auch von verschiedenen Herstellern - effizient an Feldbussystemen betrieben werden.

Durch den unterschiedlichen Aufbau verfügen die einzelne Feldgeräte über unterschiedliche Funktionen. Sie haben daher auch *unterschiedliche Kommunikationsanforderungen* und können von einem Anwenderprogramm eines Automatisierungsgerätes nicht unbedingt in gleicher Weise angesprochen werden. Es ist auch nicht unbedingt im Interesse eines Feldgeräteherstellers, die Kommunikationsfunktionen zu vereinheitlichen, da dadurch u.U. die technologischen Vorteile seines Gerätes verloren gehen.

Von verschiedenen Feldbusanwendern wird jedoch versucht, eine Normung in dieser Richtung voranzutreiben. Der erste Schritt hierzu ist die Definition von *Profilen* für bestimmte Technologiebereiche, z.B. für Gebäudeautomatisierung oder für Antriebslösungen. Dabei wird das Ziel verfolgt, geräte- und anwendugsspezifische Abgrenzungen vorhandener Kommunikationsdienste zu bilden und optionale Kommunikationsparameter eindeutig zu beschreiben. Zum einen wird festgelegt, welche verfügbaren Kommunikationsdienste eines Feldbussystems ein Feldgerät kennen muss (Definition eines *Kommunikationsprofils*), zum anderen wird definiert, über welche gerätetechnische Funktionen ein bestimmtes Feldgerät verfügen muss (Definition eines *Geräteprofils*), damit es den Anforderungen eines genormten Profils genügt.

Kommunikations- und Geräteprofil

Grundsätzlich kann festgehalten werden, dass die Bemühungen einer Definition des Geräteprofils unabhängig vom Feldbussystem weitgehend fehlgeschlagen sind. Bisherige Profile sind generell an bestimmte Feldbussysteme gebunden. Beispielsweise gibt es für den Profibus und InterBus-S eine Reihe von Profilen, die auch gleiche Geräteklassen betreffen, jedoch sind diese immer an das jeweilige Bussystem gebunden.

12.6 Merkmale einiger Bussysteme der Automatisierungstechnik

12.6.1 Industrial-Ethernet

Das Ethernet wurde zunächst speziell als Netzwerk für offene LAN-Kommunikation entwickelt. Inzwischen hat es sich zu einem weltweit anerkannten Standard entwickelt. Es wurde später durch IEEE802.3 genormt. Inzwischen wird es auch im industriellen Bereich eingesetzt.

Die wichtigsten technischen Eigenschaften von Ethernet für industriellen Einsatz sind:

- *Topologie:* Linien, Stern- und Baumstruktur mit passiver Busankopplung, mit maximaler Länge von 1024 m, aufgeteilt auf 5 Segmente, wobei jedes Segment 500 m lang sein kann. Maximale Anzahl der Teilnehmer ist auf 1024 beschränkt.

- *Übertragungsmedium:* Vorzugsweise Koaxialkabel mit einfacher oder doppelter Abschirmung. und genormten Abschlusssteckern. Auch Lichtwellenleiter oder geschirmte und verdrillte Zweidrahtleitung werden für Industrieanwendungen eingesetzt.
- *Buszugriff:* Stochastischer Buszugriff nach dem CSMA/CD, genormt nach IEEE 802.3.
- *Signalformat und Übertragungsrate:* Die Bitcodierung erfolgt nach Manchester-Format. Es wird eine Übertragungsrate von 10 Mbit/s fest vorgeschrieben.
- *Datenübertragungsprotokoll:* Es wird ein spezielles Protokoll mit einer 64 Bit großen Startkennung eingesetzt. Es muss eine minimale Protokollänge von 254 Bytes eingehalten werden. Daraus resultiert ein variables Datenfeld von 46 bis 1500 Bytes.
- *Übertragungssicherung:* Es folgt eine Sicherung über ein Prüfpolynom (32 Bit-CRC). Zusätzlich erfolgt eine Blocksicherung durch Anfangs- und Endekennung. Die Hamming-Distanz beträgt $d = 4$.

Als zukunftsweisende LAN-Technologie gilt das Fast-Ethernet nach IEEE803.3u mit einer Übertragungsrate bis 100Mbits/sec.

Zuverlässigkeit der Datenübertragung

In seinen technischen Eigenschaften gilt Ethernet aus Sicht der Automatisierungstechnik als unzuverlässig und zunächst wenig geeignet. Zum einen liegt dies im eingesetzten Buszugriffsverfahren nach CSMA/CD, zum anderen lässt die *Zuverlässigkeit der Datenübertragung* an Wünschen übrig. Ein fehlerhaftes Telegramm wird zwar vom Empfänger erkannt und daher nicht ausgewertet, jedoch bekommt der Sender darüber keine Rückinformationen. Eine Wiederholung der Übertragung wird zunächst nicht veranlasst.

TCP/IP-Protokoll

Diese Schwachpunkte werden jedoch in der Praxis durch die übergeordnete Protokollschichten beseitigt. Besonders geeignet ist das *TCP/IP-Protokoll*, das, wie aus Abbildung 12.5 hervorgeht, dem Ethernet nach IEEE 802.3 überlagert ist.

Hiermit wird die Datenübertragungssicherheit durch Fehlerkennung und Fehlerkorrektur, sowie durch Wiederholung fehlerhafter Telegramme wesentlich verbessert. Des Weiteren wird die Vollständigkeit der Telegramme und ihre Korrektheit in der Reihenfolge gesichert.

Das TCP/IP-Protokoll erzwingt auch bei einzelnen Busteilnehmern bestimmte *Beschränkungen* hinsichtlich Häufigkeit und Dauer ihres Buszugriffs. Dadurch wird die Busbelastung gering gehalten.

Bei typischen Anwendungen in der Automatisierungstechnik liegt sie beispielsweise unter 10%. Die Wahrscheinlichkeit von Kollisionen zwischen Datenübertragungswünschen zweier Busteilnehmer ist daher extrem gering. Das *Echtzeitverhalten* wird wesentlich verbessert und es können Übertragungszeiten unter 10 ms erzielt werden [12.3, 12.9].

Die Anwenderprogramme greifen auf die Kommunikationsdienste von Ethernet über eine ALI/API-Schnittstelle. Für das Betriebssystem UNIX wurden hierfür Zugriffsroutinen unter dem Namen *Stocket-Library* definiert, die auch für die WINDOWS-Betriebssysteme implementiert wurden. Sie ist jedoch stark auf die Bedürfnisse der Bürokommunikation ausgerichtet.

Stocket-Library

Für Automatisierungstechnik existiert bisher keine einheitliche ALI/API-Schnittstelle. Die Anstrengungen von OPC sind jedoch stark auf Ethernet im industriellen Einsatz ausgerichtet. Andere Aktivitäten versuchen auf dem MAP/MMS-Standard aufzusetzen.

12.6.2 Profibus

Mit der Spezifikation des Profibusses wurde zunächst das Ziel verfolgt, ein *offenes* und *herstellerübergreifendes Feldbussystem* zu konzipieren, das eine einheitliche Kommunikation von der Feldebene bis hin zu den höheren Systemebenen ermöglichen sollte.

offenes Feldbussystem

Es zeigte sich jedoch rasch, dass dieses Ziel mit einem einzigen Bussystem nicht zu erreichen war.

Daher gibt es die drei Ausprägungen:

- *Profibus-FMS* mit den typischen Eigenschaften eines Systembusses,

Profibus-FMS

- *Profibus-DP* mit den Eigenschaften eines schnellen Feldbusses,

Profibus-DP

- *Profibus-PA* als eigensicherer Feldbus für explosionsgeschützte Bereiche der Prozessleittechnik. Profibus hat eine starke Verbreitung in Deutschland gefunden und wird in praktisch allen Bereichen der Automatisierungstechnik eingesetzt.

Profibus-PA

Die wichtigsten technische Eigenschaften von Profibus sind:

- *Topologie:* Bei FMS und DP ist Linienstruktur mit passiver Busankopplung und kurzen Stichleitungen vorherrschend. Maximale Leitungslänge pro Segment zwischen 100 m bis 1200 m. Größere Entfernungen bis 4800 m mit bis zu 5 Segmenten, gekoppelt durch Repeater. Bei PA Linien- und Baumstruktur mit passiver Busankopplung und einer maximalen Segmentlänge von 1900 m. Maximal 32 Teilnehmer pro Bussegment anschließbar. Bei weiteren Teilnehmern müssen mehrere Segmente aufgebaut werden. Maximal 124 Teilnehmer möglich.

- *Übertragungsmedium:* Bei FMS und DP Zweidrahtleitung nach der Spezifikation RS 485 mit genormten Abschlusssteckern. Auch Einsatz von Lichtwellenleitern möglich. Bei PA wird eine Zweidrahtleitung nach der Spezifikation IEC1158-2 in meist eigensicherer Ausführung eingesetzt. Die Versorgung der Busteilnehmer kann alternativ über die gleiche Übertragungsleitung erfolgen. Die Ankopplung von PA an die Automatisierungsgeräte erfolgt immer über die DP-Variante mit Hilfe eines speziellen Busankopplers.
- *Buszugriff:* Deterministischer Buszugriff nach Token-Verfahren IEEE803.4, erweitert auf Toking-Passing. Zugriff auf passive Teilnehmer durch Master-Slave-Verfahren.
- *Signalformat und Übertragungsrate:* Bei FMS und DP erfolgt die Bitcodierung im NRZ-Format, bei PA mit synchronen Mansche-ster-Verfahren. Die Übertragungsraten pro Segment liegen abhängig von Buslänge bei DP zwischen 93,75 kbit/s bis 12 Mbit/s, bei FMS zwischen 93,75 kbit/s bis 500 kbit/s. Bei PA ist die Übertragungsrate konstant auf 31,25 kbit/s festgelegt.
- *Datenübertragungsprotokoll:* Bei FMS und DP wird ein spezielles Profibus-Protokoll, basierend auf dem UART-Zeichen von 11 Bit benutzt. Mehrere UART-Zeichen bilden ein Protokoll mit Start- und Endekennung, Adress- und Steuerinformation, sowie variablem Datenfeld. Zur Übertragung von 8 Bit Nutzdaten werden daher insgesamt 154 Bit benötigt. Bei PA wird ein für den IEC1158-2 Standard spezifiziertes Protokoll mit Anfangs- und Endekennung, Steuerinformationen und variablen Datenfeld eingesetzt.
- *Übertragungssicherung:* Bei FMS und DP erfolgt eine Parität (VRC) für jedes enthaltendes UART-Zeichen. Anschließend erfolgt eine Längsparität (LRC) über das gesamte Protokoll. Blocksicherung erfolgt durch Anfangs- und Endekennung. Bei PA erfolgt eine Sicherung über ein Prüfpolynom (16 Bit-CRC) und Blocksicherung durch Anfangs- und Endekennung. Die erreichte Hamming-Distanz beträgt $d = 4$.

Wie aus dem ISO/OSI-Schichtenmodell des Profibusses (Abbildung 12.8) hervorgeht, stellen die Übertragungsdienste FDL der Schicht 2 eine gemeinsame Schnittstelle aller Profibusnormen dar.

Sie bestehen aus den vier Diensten:

- *SDN* (Send Data with No acknowledge) - Azyklische Datensendung ohne Quittung,
- *SDA* (Send Data with Acknowledge) - Azyklische Datensendung mit Quittung,

- *SRD* (Send and Request Data) - Azyklische Datensendung mit - Datenanforderung und -rückantwort,
- *CSRD* (Cyclic Send and Request Data) - Zyklischer SRD-Dienst.

Alle Kommunikationsfunktionen der Profibusnorm werden auf diese vier Übertragungsdienste abgebildet.

Eine kurze Beschreibung von verschiedenen Ausprägungen von Profibus ist im Folgenden gebracht.

Profibus-FMS: Dies ist die umfangreichste Variante des Profibusses. Auf Grund seiner umfangreichen Kommunikationsdienste, realisiert durch die FMS der Anwendungsschicht (siehe Abschnitt 12.5.3), liegt der Schwerpunkteinsatz in der Systemebene als Prozessbus. Dagegen ist er für schnelle Prozessdatenkommunikation in der Feldebene weniger gut geeignet.

Profibus-DP: Die schnelle, vorwiegend zyklische Prozessdatenkommunikation von Profibus-DP wird durch die Kommunikationsdienste DDLM (siehe Abschnitt 12.5.1) erreicht. Sie greifen zum einem durch Umgehung der objektorientierten Kommunikationsdienste von FMS direkt auf FDL der Schicht 2 zu, zum anderen bilden sie eine ALI/API-Schnittstelle zu einem Anwenderprogramm.

Um auch den unterschiedlichen Kommunikationsanforderungen im Feldbereich besser gerecht zu werden, werden unterschiedliche Typen von Busteilnehmern definiert:

- *DP-Slave* für einfache Feldgeräte, Sensoren und Aktoren, die nur als Slave-Teilnehmer am Bus betrieben werden sollen.
- *DP-Master, Klasse 1* für prozessnahe Komponenten, schwerpunktmäßig für schnellen zyklischen Datentransfer im Rahmen der Prozessdatenkommunikation.
- *DP-Master, Klasse 2,* schwerpunktmäßig für Programmier- und Projektierungsgeräte zur Programmierung, Inbetriebnahme, Diagnose und Wartung.

Durch diese Unterteilung können die jeweils implementieren Dienste von DDLM auf den jeweiligen Einsatz optimiert werden. Beispielsweise können Slave-Teilnehmer mit einfachen Mitteln realisiert werden, wenn lediglich nur die Slave-Dienste berücksichtigt werden müssen.

Profibus-PA: Diese Variante erweitert die Kommunikationsdienste von Profibus-DP um die Einsatzmöglichkeit in der chemischen Industrie. Dabei sieht die Norm IEC1158-2 eine eigensichere Übertragung mit einer Übertragungsrate von 31,25 kbit/s vor. Des Weiteren erfolgt die Übertragung der Hilfsenergie an alle Busteilnehmer über den Bus. Zu diesem Zweck wird das gleichspannungsfreie Datensignal mit einer Amplitude von 0,75 V bis 1,0 V auf die Versorgungsspannung aufmoduliert. Die maximal zulässige Leitungsspannung beträgt dabei 15 V bei einem maximalen Kurzschlussstrom von 128 mA. Bei einer Stromaufnahme von 10 mA pro Busteilnehmer sind somit etwa 10 Busteilnehmer zulässig. Die Begrenzung der Leitungslänge auf 1900 m ist durch den Spannungsabfall auf der Leitung bedingt.

spezieller Busankoppler

Sein Anschluss an eine prozessnahe Komponente erfolgt in Verbindung mit Profibus-DP über einen *speziellen Busankoppler*. Dadurch verfügt Profibus-PA exakt über die gleichen Kommunikationsdienste wie der Profibus-DP. Zusätzlich sind für Profibus-PA einige Profile definiert, die sich an die Geräte- und Funktionsklassen der Verfahrenstechnik orientieren.

12.6.3 Interbus-S

Dieses Bussystem wurde von der Firma *Phoenix Contact*, speziell als schneller Feldbus für zyklische Prozessdatenkommunikation der Produktionsleittechnik entwickelt. InterBus-S hat eine starke Verbreitung in Deutschland gefunden, und wird in praktisch allen Bereichen der Produktionsleittechnik eingesetzt.

Die wichtigen technischen Eigenschaften von Interbus-S sind:

- *Topologie:* Stellt eine Ringstruktur mit aktiver Busankopplung dar. Es existiert dabei ein Hauptring als Fernbus mit maximal 512 Teilnehmern. Auf Grund der aktiven Busankopplung wirkt jeder Busteilnehmer als Repeater, so dass eine Gesamtausdehnung des Hauptrings von insgesamt 13 km möglich ist. Durch spezielle Busanschlüsse können mehrere Subsysteme als lokale Busse mit maximal 8 Teilnehmern und einer Ausdehnung von 10 m an den Hauptring angekoppelt werden. Es entsteht eine ringförmige Baumstruktur.
- *Übertragungsmedium:* Besitzt fünfadrige (jeweils zwei für die Hin- und Rückleitung, sowie ein zusätzliche Signalerdnung) und paarweise verdrillte Leitung mit Anschlüssen nach der Spezifikation RS 485. Für die Subsysteme kann eine verdrillte Zweidrahtleitung ohne Schirmung eingesetzt werden.
- *Buszugriff:* Erfolgt deterministisch nach dem Summenrahmen-Verfahren. Daraus ergibt sich ein typisches Master-Slave Verhalten des Bussystems.
- *Übertragungsrate:* Die Übertragungsrate ist konstant und beträgt 500 kbit/s bei Ringbus und 300 kbit/s bei Lokalbus.

- *Datenübertragungsprotokoll:* Auf Grund des Zugriffsverfahrens ergibt sich ein einfacher Protokollaufbau mit einer Anfangskennung, jeweils einem Datenfeld fester Länge für alle Slave-Teilnehmer, einem Sicherungsfeld und einer Endekennung. Eine explizite Adressierung einzelner Teilnehmer entfällt, da diese aus der Position im Ring erfolgt.
- *Übertragungssicherung:* Es folgt eine Sicherung über ein Prüfpolynom (16 Bit-CRC). Zusätzlich wird die Anfangserkennung von jedem Protokoll, das durch das gesamte Ringsystem läuft, vom Master vor und nach jeder Übertragung geprüft. Die erreichte Hamming-Distanz beträgt $d = 4$.

Schieberegister

Bedingt durch die aktive Busankopplung werden alle Daten wie durch ein *Schieberegister* geschoben. Dabei trägt jeder Busteilnehmer mit einer Anzahl von Bytes, die an seinen Übertragungsanforderungen resultieren, zum gesamten Schieberegister bei. Alle für die Teilnehmer bestimmten Prozessausgangsdaten sind daher im Summentelegramm an festgelegten Positionen enthalten, die für den Master bestimmten Prozesseingangsdaten werden ebenfalls an hierfür vorgesehenen Stellen durch die Slaves eingefügt. Es liegt daher im Vergleich zu anderen Bussystemen eine hohe Protokolleffizienz vor. Die *Zykluszeit* ist bei konstanter Übertragungsrate *konstant* und *unabhängig von der Busbelastung.* Auf Grund der hohen Übertragungsrate besitzt das Bussystem für zyklische Übertragung hervorragendes deterministisches Verhalten.

konstante Zykluszeit

azyklische Übertragung

Auch eine *azyklische Übertragung* z.B. für Projektierungsdaten und Parameter ist ebenfalls vorgesehen. In den Protokollrahmen können für jeden Busteilnehmer zusätzlich 2 bis 16 Byte breite Schlitze in den Protokollrahmen freigehalten werden, in die je nach Bedarf Parameterblöcke sequenziell eingefügt werden können. Da dieser Rahmen immer übertragen wird, hat azyklische Übertragung keinen Einfluss auf die Zykluszeit.

Prozessdaten-kanal PDC

Wie bei anderen Feldbussystemen besitzt Interbus-S stark auf Übertragungseffizienz konzipierte Kommunikationsdienste. Vergleichbar mit den DDLM-Diensten von Profibus-DP existiert ein *Prozessdatenkanal PDC* (Process Data Channel). Dieser setzt direkt auf Schicht 2 auf, und aktualisiert zyklisch alle Prozessdaten des Bussystems. Über eine definierte ALI/API-Schnittstelle kann das Anwenderprogramm auf die Prozessdaten über sog. parallele E/A-Kanäle greifen.

Kommunikations-dienst PMS

Für eine bidirektionale Kommunikation existiert eine Anwendungsschicht mit den *Kommunikationsdiensten PMS* (siehe Abschnitt 12.5.2), die in ihrem Funktionsumfang mit FMS vergleichbar sind.

12.6.4 WorldFIP

FIP (Flux Information Process) ist ein aus französischer Entwicklung stammendes Feldbussystem, das ebenfalls wie Profibus den Anspruch erhebt, für praktisch alle Bereiche der Automatisierungstechnik einsetzbar zu sein. Sein Leistungsvermögen ist auch mit dem des Profibusses vergleichbar. Im Rahmen von Anstrebungen zur *internationalen Normung* von Feldbussystemen wurden alle Aktivitäten vom FIP zu einem Projekt WorldFIP internationalisiert. Speziell in Frankreich und in Süd-Europa hat das Bussystem eine weite Verbreitung gefunden, in Deutschland ist das Bussystem jedoch weitgehend unbekannt.

internationale Normung

Die wichtigen technischen Eigenschaften von WorldFIP sind:

- *Topologie:* Linienstruktur mit Stichleitungen für passive Ankopplung einzelner Busteilnehmer. Neben Linienstruktur sind, auch Baum- und Sternstruktur möglich. Übertragungsentfernung bis c.a. 500 m bei einer Übertragungsrate von 2,5 Mbit/s möglich, erweiterbar auf 3700 m durch maximal 4 Repeater bei einer Übertragungsrate von 31,25 kbit/s. Maximal mögliche Teilnehmerzahl ist 256, typisch bei elektrischer Übertragung sind 32 Busteilnehmer. Einsatz als eigensichere Variante mit wahlweiser Übertragung der Hilfsenergie über die gleiche Leitung möglich.
- *Übertragungsmedium:* Zweidrahtleitung nach Spezifikation IEC 1158-2. Auch Lichtwellenleiter bei aktiver Busankopplung sind möglich.
- *Buszugriff:* Streng deterministischer Buszugriff nach Arbitrator-Producer-Comsumer-Verfahren.
- *Signalformat und Übertragungsrate:* Die Bitcodierung erfolgt in Manchester-Code. Die Übertragungsraten sind nach Spezifikation IEC 1158-2 auf 31,25 kbit/s, 1Mbit/s, 2,5 Mbit/s sowie bei Lichtwellenleitern auf 5 Mbit/s festgelegt.
- *Datenübertragungsprotokoll:* Synchrones Übertragungsverfahren mit zwei speziellen Datenübertragungsprotokollen, jeweils mit Anfangs- und Endekennung. Der eine Protokolltyp enthält ein Kontrollfeld und einen Identifier. Er wird grundsätzlich vom Arbitrator an Producer mit dem Ziel gesendet, Daten mit vorgegeben Identifier anzufordern. Für die Antwort darauf dient der zweite Protokolltyp, der neben einem Kontrollfeld ein variables Datenfeld bis maximal 128 Bytes enthält. Es besitzt das Merkmal eines Broadcast-Telegramms mit Variablenadressierung.
- *Übertragungssicherung:* Es folgt eine Sicherung über ein Prüfpolynom (16 Bit-CRC). Zusätzlich gibt es eine Blocksicherung über Anfangs- und Endekennung der Protokolle. Des Weiteren erfolgt eine Identifierüberwachung, eine Zeitüberwachung und

Dauerbelegungsüberwachung einzelner Busteilnehmer. Die erreichte Hamming-Distanz beträgt $d = 4$.

WorldFIP kennt folgende zwei unterschiedliche Kommunikationsdienste die der Anwendungsschicht zuzuordnen sind:

- **Übertragung von Variablen.** Es werden Variablen einer bestimmten Kennung (Identifier) *zyklisch* oder *azyklisch* übertragen. Da diese Variablen typischen Prozessdaten entsprechen, wird über diese Dienste die Prozessdatenkommunikation abgewickelt. Besonderes Merkmal ist dabei, dass der Übertragungszyklus einzelner Variablen als Vielfaches eines *Elementarzyklus* (typisch von 5 ms) konfiguriert werden kann. Der Aktualisierungszyklus einzelner Prozessdaten kann daher entsprechend den technischen Anforderungen festgelegt werden.
- **Übertragung von Nachrichten.** Es werden ähnlich wie bei Profibus-FMS definierte Nachrichtenobjekte meist azyklisch und ereignissteuert übertragen. Die hierfür in der Anwendungsschicht implementierten Dienste mit dem Namen *subMMS* sind eine Untermenge der MMS Spezifikation von MAP.

12.6.5 CAN – Bus

CAN (Controller Area Network) wurde von den Firmen Bosch und Intel für die Vernetzung von elektronischen Komponenten im *Automobil* entwickelt. Dabei wurde die Busarchitektur auf hohe Übertragungsraten bei hoher Übertragungssicherheit und bei kurzen Übertragungsentfernungen optimiert.

Kommunikation in Automobil

Dies hat auch dazu geführt, dass CAN in der Automatisierungstechnik als Feldbus, speziell in der *Produktionsleittechnik* und bei *mechatronischen Lösungen*, eingesetzt wird, wenn keine zu großen Übertragungsentfernungen zu überwinden sind. Eine spezielle Weiterentwicklung von CAN in Richtung Automatisierungstechnik ist das *Device Net* als spezieller Aktor-Sensor-Bus.

Device Net

Die wichtigen technischen Eigenschaften von CAN sind:

- *Topologie:* Linienstruktur mit passiver Busankopplung bei einer maximalen Leitungslänge von 1000 m. Die Anzahl der Teilnehmer wird lediglich durch die Leistungsfähigkeit der Anschlussbausteine begrenzt.
- *Übertragungsmedium:* Zweidrahtleitung nach einer modifizierten Spezifikation nach RS485 (ISO 11898). Auch Lichtwellenleiter werden eingesetzt.
- *Buszugriff:* Stochastischer Buszugriff nach dem CSMA/CA – Verfahren. *Nachrichtenorientiere Übertragung*, festgelegt durch

eine *Kennung* (Identifier). Jede auf dem Bus gesendete Nachricht kann daher von beliebig vielen Busteilnehmern gelesen werden. Durch den Identifier wird neben Inhalt der Nachricht, auch ihre *Priorität* bestimmt. Nachrichten mit hoher Priorität (kleinem Identifier) setzen sich gegenüber Nachrichten mit niedriger Priorität (hohem Identifier) durch. Der Bus ist multimasterfähig mit guten Echtzeitfähigkeiteigenschaften für hochpriore Nachrichten.

- *Signalformat und Übertragungsrate:* Signalcodierung erfolgt in NRZ-Format. Auf Grund des Buszugriffs und zusätzlicher Fehlersicherung ist die maximale Übertragungsrate stark von der Leitungslänge abhängig. Sie beträgt 1 Mbit/s bei einer Länge bis 40 m, und fällt auf 5kbit/s bei einer Länge bis 1000 m ab.
- *Datenübertragungsprotokoll:* Es existieren zwei spezielle Protokolle, die sich durch die Länge des Identifiers (11 Bit bei Standard-Format, 29 Bit im erweiterten Format) unterscheiden. Für Nutzdaten ist ein variables Datenfeld bis 8 Byte vorhanden.
- *Übertragungssicherung:* Es folgt eine Sicherung über ein Prüfpolynom (CRC). Zusätzlich erfolgt eine Blocksicherung durch Überprüfung spezieller Prüfbits im Telegramm. Jeder Sender vergleicht ständig die von ihm gesendete Nachricht mit der gerade übertragenen Nachricht und unterbricht die Übertragung bei vorhandener Diskrepanz. Ein Empfang von Nachrichten wird während der Übertragung durch ein Acknowledge-Bit quittiert. Die erreichte Hamming-Distanz beträgt $d = 6$.

CANopen

Der CAN-Bus spezifiziert nur die Schichten 1 und 2. Für den Einsatz in der Automatisierungstechnik wurde unter *CANopen* die Anwendungsschicht CAL mit den Diensten CAM (siehe 12.5.2) definiert. In wesentlichen werden zwei Kommunikationsdienste mit folgenden zwei Kommunikationsobjekten definiert:

- *SDO* (Service Data Objects) für bedarfsgerechte azyklische Übertragung größerer Datenmengen, d.h. Daten mit geringen Echtzeitanforderungen.
- *PDO* (Process Data Objects) für zyklische Prozessdatenkommunikation mit hohen Echtzeitanforderungen. Die Identifier dieser Daten besitzen daher hohe Priorität.

Synchron-Telegramme

Des Weiteren erlaubt CANopen die Sendung spezieller *Synchronisation-Telegramme* an mehrere Busteilnehmer. Mit solchen Telegrammen können Programmabläufe bei einzelnen Busteilnehmern aufeinander synchronisiert werden. Dies hat für synchron laufende Antriebe bei mechatronischen Anwendungen eine elementare Bedeutung.

12.6.6 ASI – Interface

Das AS-Interface (Actuator-Sensor-Interface) wurde für die Kommunikation zwischen einem Automatisierungsgerät und einfachen, vorwiegend binären Sensoren und Aktoren (induktive Näherungsschalter, kapazitive Sensoren, Lichtschranken, Relais und Schütze) spezifiziert. In diesem Fall muss jeweils die *kleinste Informationseinheit*, 1 Bit, zyklisch übertragen werden. Der Einsatz eines konventionellen Feldbusses in diesem Bereich würde auf Grund der kleinen Informationsmenge keine optimale Lösung bieten, da zum einem der Protokollaufwand sehr hoch ist, zum anderen die Anschlusskosten für einzelne Sensoren und Aktoren viel zu teuer sind.

Bei der Spezifizierung des ASI wurde daher das Ziel verfolgt, eine für diese Aufgabenstellung optimale und sehr preiswerte Lösung zu entwickeln. Da neben der Übertragung des Informationssignals auch die *Hilfsenergie* an einzelne Busteilnehmer übertragen wird, wird der notwendige Verkabelungsaufwand wesentlich verringert. Dabei müssen jedoch alle Sicherheitsaspekte der Übertragung, auch bei der sehr *einfacher Installationstechnik*, und bei einem zulässigen Einsatz im explosionsgeschützen Bereich berücksichtigt werden. Hilfsenergie

Die wichtigsten technischen Eigenschaften des ASI-Busses sind:

- *Topologie:* Linien- und Baumstruktur mit passiver Busankopplung. Maximal 31 Slave-Teilnehmer sind möglich bei einer Gesamtleitungsausdehnung von 100 m pro Segment.
- *Übertragungsmedium:* Der Einsatz von zweiadrigen (von je 1,5mm^2 Querschnitt) ungeschrimten und unverdrillten Profilleitung. Einfache und flexible Installationstechnologie mittels einer *Durchdringungstechnik* in speziellen Modulen.
- *Buszugriff:* Master-Slave Verfahren mit zyklischem Polling. Master sendet ein Telegramm an eine Slave-Adresse, der zugehörige Slave antwortet darauf sofort. Alle Slaves werden in einer zyklischen Reihenfolge abgetastet.
- *Signalformat und Übertragungsrate:* Es wird ein spezielles Modulationsverfahren, *Alternierende Puls Modulation* (APM) verwendet. Dabei wird dem gleichspannungsfreien Informationsignal nach Manchester-Codierung die Gleichspannung der Energieversorgung überlagert. Die Übertragungsrate beträgt 167 kbit/s. Es resultiert daraus eine maximale Zykluszeit von 5 ms bei 31 Slave-Teilnehmern. Daher sehr gute Echtzeiteigenschaften.
- *Datenübertragungsprotokoll:* Es sind zwei sehr einfache Datenübertragungsprotokolle festgelegt. Für den Master werden insgesamt 14 Bit und für die Slaves werden insgesamt 7 Bit vorgesehen, wobei eine Nutzinformation von je 4 Bits vorhanden ist.

- *Übertragungssicherung:* Auf Grund der sehr einfachen Protokolle wird die Datensicherung grundsätzlich auf andere Weise gelöst. Jedes Bit wird im Empfänger mehrfach abgetastet, und mit einer erwarteten Signalform verglichen. Dadurch kann eine verfälschte Signalform erkannt werden. Des Weiteren wird das Informationssignal auf Gleichspannungsfreiheit überprüft. Zusätzlich erhalten die Protokolle eine Paritätsprüfung (PRC). Es wird eine effektive Hamming-Distanz von $d = 5$ erreicht.

einfache Kommunikationsdienste

Auch der ASI - Bus besitzt eine ALI/API-Schnittstelle, die direkt auf die Protokolle der Schicht 2 greift. Es werden *einfache Kommunikationsdienste* für zyklische Prozessdatenkommunikation und zur Konfigurierung des Bussystems bereitgestellt.

12.7 Zusammenfassung und Ausblick

Die in den vorangegangenen Abschnitten behandelten Bussysteme der Automatisierungstechnik sollen den heutigen Stand dieser Technologie in der Produktions- und Prozessleittechnik wiedergeben.

Fortschritte in der Informations- und Telekommunikationstechnik

Allerdings ist zu bedenken, dass die Kommunikationstechnik innerhalb der Automatisierungstechnik ständigen Innovationssprüngen unterworfen ist. Der Ausgangspunkt neuer Entwicklungen sind dabei Fortschritte in der *Informations- und Telekommunikationstechnik*, die sich meist schnell auf die Automatisierungstechnik niederschlagen. Obwohl es heute nicht einfach ist, sichere Aussagen über die zukünftige Entwicklung zu machen, ist zu erwarten, dass folgende Entwicklung die Bussysteme der Automatisierungstechnik prägen wird:

Weiteres Vordringen von TCP/IP-Ethernet

Durch wachsende Intelligenz aller Automatisierungskomponenten wird der Kommunikationsbedarf noch beträchtlich anwachsen. Diese wird mit heutigen Automatisierungsstrukturen nicht sicher zu leisten sein. Heutige Feldbusse könnten daher durch TCP/IP-Ethernet verdrängt werden. Es entsteht dabei ein Fabriknetz mit einheitlicher Kommunikationstechnologie bis in den Feldbereich. Solche Lösungsansätze werden heute bereits prototypisch realisiert.

Internet/Intranet-Technologie

Die Vorteile einer solchen Lösung ergeben sich vom Einsatz preiswerter Komponenten aus dem Bereich der Bürokommunikation. Des Weiteren bietet das TCP/IP-Ethernet die Möglichkeit die *Internet/Intranet-Technologie* in einfacher Weise an zukünftige Automatisierungssysteme zu integrieren. Damit eröffnen sich gänzlich neue Möglichkeiten für Aufgabenbereiche wie Ferndiagnose, Fernwartung und Fernbedienung.

Diesen Vorteilen gegenüber stehen jedoch folgende Nachteile. Zum einen ist das Ethernet in seiner Standardform nicht industrietauglich.

Speziell im Feldbereich wären meist spezielle Entwicklungen für die Automatisierungstechnik notwendig. Auch in ihrem Echtzeitverhalten, speziell bei schneller Prozessdatenkommunikation besitzt Ethernet wesentliche Defizite. Des Weiteren ist ein möglicher Einsatz von Ethernet in expolsiongeschützten Bereichen der Prozessleittechnik noch ungeklärt.

TCP/IP-Ethernet wird immer dort in der Automatisierungstechnik ihre Anwendung finden, wo *große Datenmengen* zu übertragen sind, und die Standards aus der Bürokommunikation ohne größere Anpassungen für die Automatisierungstechnik einsetzbar sind.

große Datenmengen

Durch die Verabschiedung des Standards IEEE 802.11 über die Übertragungstechnologien der *drahtlosen Kommunikation* eröffnen sich hier gänzlich neue Möglichkeiten für die Funkübertragung im Industriebereich. Es ist zu erwarten, dass sich diese Technologie in der Automatisierungstechnik durchsetzt, vor allem in den Bereichen wo keine zu hohe Übertragungsraten benötigt werden.

drahtlose Kommunikation

Trotz wachsender Rechengeschwindigkeiten in zukünftigen Automatisierungsgeräten wird bei steigenden Verarbeitungs- und Produktionsgeschwindigkeiten die Bedeutung der *Echtzeidatenverarbeitung* im prozessnahen Bereich weiterhin eine wesentliche Rolle spielen. Eine sicheres deterministisches Verhalten der Prozessdatenkommunikation ist dabei die grundlegende Voraussetzung. Hierzu werden weiterhin klassische Feldbusse benötigt. Die zukünftige Weiterentwicklung der Feldbusssysteme wird sich unter anderem stark darauf ausrichten, diese Eigenschaft zu verbessern. Diese Entwicklung wird auch durch die wachsende Bedeutung einer deterministischen Datenkommunikation im Automobilbau vorangetrieben.

Echtzeitdatenverarbeitung

12.8 Literatur

[12.1] Srorr, A.; Uhl, J.; Wehlan, H.: *Unterscheidungsmerkmale von Leitsystemen in der verfahrens- und in der fertigungstechnischen Produktion.* In: Automatisierungstechnische Praxis (atp) 38 (1996), H. 8, S. 10-18.

[12.2] Färber, G.: *Feldbus-Technik heute und morgen.* In: Automatisierungstechnische Praxis (atp) 36 (1994), H. 11, S. 16-36.

[12.3] Kriesel, W.; Heimbold, T.; Telschow, D.: *Bustechnologien für die Automation.* Hüthig-Verlag, Heidelberg, 1998

[12.4] Reißenweber, B.: *Feldbussysteme.* Oldenbourg-Verlag, München/Wien, 1998

[12.5] Färber, G. (Hrsg): *Bussysteme, Parallele und serielle Bussysteme, lokale Netze.* 2. Auflage, Oldenbourg-Verlag, München/Wien, 1989

[12.6] Streusloff, H.: *Informationslogistik in leittechnischen Anlagen.* In: VDI/VDE-Gesellschaft Mess- und Automatisierungstechnik, Jahrbuch 1997, S. 149-182.

[12.7] Schell, G. (Hrsg): *Bussysteme in der Automatisierungstechnik.* 3. Auflage, Vieweg-Verlag, Braunschweig/Wiesbaden, 1999

[12.8] Rembold, U.; Levi, P.: *Realzeitsysteme zur Prozeßautomatisierung.* Carl Hanser Verlag, München/Wien, 1994

[12.9] Beuerle, H.-P.; Bach-Bezenar, G.: *Kommunikation in der Automatisierungstechnik.* Siemens Aktiengesellschaft, Berlin/ München, 1991

[12.10] Bener, K. (Hrsg): *Profibus – Der Feldbus für die Automation.* Carl Hanser Verlag, München/Wien 1992

[12.11] Lawrenz, W. (Hrsg): *CAN Controller Area Network, Grundlagen und Praxis* 2. Auflage, Hüthig-Verlag, Heidelberg 1997

[12.12] Baginski, A.; Müller, M.: *InterBus-S, Grundlagen und Praxis.* Hüthig-Verlag, Heidelberg, 1994

Kapitel 13

Prozessleittechnik

von Lothar Litz

13.1 Einführung und Übersicht

13.1.1 Ziele und Inhalte der Prozessleittechnik

Ganz allgemein gesprochen dient die Prozessleittechnik dazu, komplexe technische Prozesse weitgehend automatisch im Sinne ihres Betreibers ablaufen zu lassen. Von besonderer Wichtigkeit sind dabei Reproduzierbarkeit, Verfügbarkeit, Sicherheit sowie die Wirtschaftlichkeit. Im weitesten Sinne ist ein *technischer Prozess* die Gesamtheit aller Vorgänge, bei denen mit Materie, Energie und Information umgegangen wird. Im Zusammenhang mit dem Wörtchen „Leiten" ist es jedoch üblich, die in Frage kommenden Prozesse etwas einzuschränken. Vorrangig betrachtet werden Produktionsprozesse, also die Herstellung verschiedenartiger Produkte. Zwei wichtige Produktgruppen stellen die Fließgüter und die Stückgüter dar. Zur ersteren gehören viele chemische und pharmazeutische Produkte, aber auch viele Lebens- und Genussmittel. Ja sogar der elektrische Strom fällt in diese Gruppe, so dass große Teile des Kraftwerksprozesses hier ebenfalls betrachtet werden. Bei der Automatisierung derartiger Prozesse spricht man auch von *Prozessautomatisierung*. Zur Produktgruppe der Stückgüter gehören Dinge wie Möbel, elektronische Geräte, Kühlschränke, Autos und vieles mehr. Die Automatisierung von deren Herstellung bezeichnet man als *Fertigungsautomatisierung*. Schließlich werden Stückgutprodukte wie Kühlschränke, Autos usw. selbst immer aufwändiger automatisiert. Man spricht dabei von der *Produktautomatisierung*. Obwohl es vielfältige Parallelen zwischen den drei erwähnten Domänen der Automatisierung wie auch zu anderen hier nicht erwähnten (z.B. der Verkehrsautomatisierung) gibt, haben sich in den Domänen viele Spezialitäten herausgebildet. Prozessleittechnik

technischer Prozess

Prozess-automatisierung

Fertigungs-automatisierung

Produkt-automatisierung

konzentriert sich ebenso wie die Prozessautomatisierung auf die Produktionsprozesse von Fließgütern aller Art, siehe oben. Zum Teil werden Prozessleittechnik und Prozessautomatisierung als Synonyme verwendet. Sie umfassen beide z.B. immer das Regeln, das Steuern und das Überwachen derartiger Prozesse. Eine andere Sichtweise betrachtet das *Leiten* als Oberbegriff zum Automatisieren, der zusätzlich zu den eben erwähnten Funktionen die Schnittstellen zum Menschen stärker betont. Dies gilt für den Menschen als Bediener, als Planer sowie als Instandhalter einer Produktionsanlage bzw. deren Automatisierungstechnik.

Leiten

Prozessleittechnik

Aus dem Blickwinkel der Information beschäftigt sich die *Prozessleittechnik* mit:

- der Informationsbeschaffung über den Prozess und das Produkt (Messen verschiedenartiger Größen, Sensorik),
- der Informationsverarbeitung zwecks gezielter direkter oder indirekter Prozessbeeinflussung (Regeln, Steuern, Überwachen),
- der Aufprägung verarbeiteter Information auf den Prozess (Stellen mittels automatischer Stellglieder, Aktuatorik),
- dem Informationstransport zwischen den involvierten Geräten und Systemen der Prozessleittechnik (Kommunizieren),
- der Informationsdarstellung für den Menschen und die Informationseingabe durch den Menschen (Mensch-Maschine-Schnittstelle),
- dem gesamten Informationshandling zum Einrichten, Betreiben und Ändern der involvierten Geräte und Systeme der Prozessleittechnik (Planen, Inbetriebnehmen, Instandhalten, CAE-Systeme).

Die prozessleittechnische Gesamtlösung besteht aus der Zusammenschaltung vieler Einzelkomponenten, die mehr oder weniger autark ihre eigene Funktion erfüllen. Die Gesamtfunktion bedingt das ordnungsgemäße Zusammenarbeiten aller involvierten Teile. Vertiefende Literatur zum Thema Prozessautomatisierung und Prozessleittechnik findet man in [13.1] bis [13.3].

13.1.2 Prozessleittechnik im Ebenenmodell

Das automatische Führen komplexer technischer Produktionsprozesse basiert auf der Prozessleittechnik, die selbst wieder Teil eines größeren Ganzen ist. Dieses größere Ganze lässt sich als Automatisierungspyramide nach Abbildung 13.1 darstellen. Man spricht auch vom Ebenenmodell der Produktion. Gleichartige Aufgaben sind darin auf ein und derselben Ebene zusammengefasst.

Feldebene

Sensorik

Aktorik

In der *Feldebene* findet man alle Komponenten, die entweder Information beschaffen oder Information aufprägen. So enthält der Block *Sensorik* sämtliche Geräte der Prozessmesstechnik, die Information über den Zustand der Anlage, den Ablauf des Produktionsprozesses und schließlich über das Produkt beschaffen Der Block *Aktorik* umfasst alle Komponenten, die in die Anlage eingreifen und damit auf den Fortgang des Prozesses einwirken. Hierzu zählen insbesondere die Elektromotoren zum Antrieb von Arbeitsgeräten wie Pumpen, Rührer, Verdichter, ferner Stellgeräte wie Automatikventile, -kugelhähne, -klappen usw. und schließlich die Heizungen.

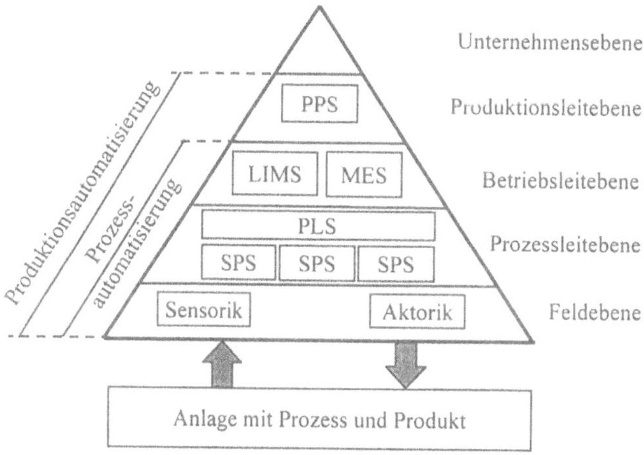

Abbildung 13.1 Ebenenmodell mit einzelnen Systemen

Legende in Abbildung 13.1:
SPS - Speicherprogrammierbare Steuerung,
PLS - Prozessleitsystem,
LIMS - Laborinformations- und -managementsystem,
MES - Manufacturing Execution System,
PPS - Produktionsplanungs- und Steuerungssystem.

Die Komponenten der Aktorik führen das aus, was ihnen von der nächst höheren Ebene, der *Prozessleitebene*, vorgegeben wird. Sie ist die prozessnächste von drei informationsverarbeitenden Ebenen, die im direkten Zusammenhang mit der Herstellung eines Produktes stehen. Der Prozessleitebene obliegen als Aufgaben insbesondere das Regeln, Steuern, Überwachen, Melden, Protokollieren und im Hinblick auf den Menschen als Anlagenfahrer die Prozessdarstellung und die Prozessbedienung. Die wichtigsten Komponenten der Prozessleitebene sind heute die speicherprogrammierbaren Steuerungen (SPS) und die Prozessleitsysteme (PLS), letztere oftmals auf Basis von Personal Computern (PC).

Sollwerte für die Regelungen der Prozessleitebene können anstatt vom Anlagenfahrer auch im Rahmen eines Produktionsauftrages von der nächst höheren Ebene, der *Betriebsleitebene* in das PLS gelangen. Auf dieser Ebene werden Aufgaben bearbeitet, wie sie in einem Betrieb als der kleinsten produzierenden Einheit im Rahmen der Produktionssteuerung und der Produktionskontrolle anfallen. Hierzu gehören die Erstellung der mittel- und kurzfristigen Produktionspläne einschließlich deren Aktualisierung, die Erzeugung einzelner Produktionsaufträge, die notwendige Disposition von Ressourcen aller Art wie Menschen, Maschinen, Einsatzstoffe, ferner die Produktionsprotokollierung sowie die Qualitätssicherung. Spezielle Systeme zur Erfüllung der letztgenannten Aufgabe sind die Laborinformations- und –managementsysteme (LIMS). Systeme zur Unterstützung der vorgenannten Aufgaben existieren ebenfalls, wobei sich bisher noch keine einheitliche Bezeichnung gebildet hat. Zum Teil ist von Betriebsleitsystemen die Rede, häufiger hört man jedoch den Begriff Manufacturing Execution System (MES).

Der nächst höheren Ebene, der *Produktionsleitebene* obliegen Aufgaben der langfristigen Produktionsplanung, der Kundenauftragsverwaltung und der Abrechnung. Auf dieser Ebene haben sich seit vielen Jahren die Produktionsplanungs- und -steuerungssysteme (PPS) einen Markt erobert. Hier werden aus den einzelnen Kundenaufträgen Produktionsaufträge gebildet und den produzierenden Einheiten, z.B. den Betrieben zugewiesen. Fertigmeldungen der Betriebe werden entsprechend verarbeitet bis hin zur Abrechnung nach erfolgter Lieferung.

Prozess- und Produktionsautomatisierung

Ist das Ziel der *Prozessautomatisierung* primär die Beherrschung des Prozesses, so steht bei der alle vier Ebenen umspannenden *Produktionsautomatisierung* das Produkt im Vordergrund: das Produkt muss zum richtigen Zeitpunkt in gewünschter Menge und nachgewiesener Qualität erzeugt werden. Selbstverständlich soll dies zu minimalen Kosten geschehen. Da dies alles die Prozessbeherrschung voraussetzt, ist die Prozessautomatisierung Voraussetzung und Grundlage für die Produktionsautomatisierung.

Unternehmensleitebene

Die oberste in Abbildung 13.1 dargestellte Ebene ist die *Unternehmensleitebene*. Ihre Funktionen gehen über das so genannte operative Geschäft, das heißt die Produktion und den Verkauf der Güter, hinaus und umfassen Aufgaben der Unternehmensplanung und der Unternehmenskontrolle (Personal-, Finanz-, Produktplanung, Standortentwicklung, Effizienzkontrolle usw.). Letztlich greift auch diese Ebene auf - meist verdichtete - Informationen zurück, die in den darunter liegenden Ebenen erzeugt werden.

13.1.3 Technische Realisierung und methodische Grundlagen

In Abbildung 13.1 sind mit Sensorik, Aktuatorik, SPS, PLS die derzeit typischen Komponenten der unteren beiden Ebenen aufgeführt. Alle diese Komponenten beruhen auf rechnenden Systemen wie Mikrocontrollern und PCs, z.T. auch auf Workstations, die aber mehr und mehr von PCs verdrängt werden. PCs werden meist als IPC (Industrie-PC) eingesetzt. Diese teurere und robustere Version besitzt zuverlässigere Bauteile und ist so aufgebaut, dass sie erhöhten mechanischen und sonstigen Beanspruchungen standhält (z.B. Temperaturen, Staub, Feuchtigkeit, Erschütterungen, Elektromagnetische Verträglichkeit). Die erwähnten Systeme sind seit Jahren wie auch in der Zukunft durch eine hohe Innovationsrate gekennzeichnet. Ein ständiges *Mehr an Rechenleistung* und Speicherplatz hat dabei zu einem *Mehr an Funktionalität* und zu einem *ständig wachsenden Kommunikationsbedarf* zwischen den einzelnen Komponenten geführt. Funktionsverlagerungen und damit strukturelle Veränderungen sind die Folge. Der derzeitige Stand der technischen Realisierung und die zukünftige Entwicklung werden in den Kapiteln 13.2. (Feldebene), 13.3 (Kommunikation) und 13.4 (Prozessleitebene) detailliert betrachtet.

Funktionalität

Kommunikationsbedarf

Mit dem Wandel in der Technik vollzieht sich zum Teil auch ein *Wandel in den methodischen Grundlagen.* Nach wie vor bleibt der Wert klassischer Methoden der Automatisierungstechnik erhalten. Hierzu gehören insbesondere die Regelungstheorie mit linearer, nichtlinearer, digitaler und Mehrgrößenregelung, siehe die Kapitel 1 bis 4 dieses Buches. Neuere Methoden wie Fuzzy Control (Kapitel 5) und Neuronale Netze (Kapitel 6) sind durch die rechentechnischen Fortschritte der letzten Jahre überhaupt erst in der Prozessleittechnik anwendbar geworden. Eine große Herausforderung für die nächsten Jahre besteht aber in der Beherrschung der ständig steigenden Komplexität. Sie wird hervorgerufen durch den Zwang zum Umgang mit immer komplexeren und verfahrenstechnisch optimierten Produktionsprozessen auf der einen und einer sich strukturell ändernden Prozessleittechnik auf der anderen Seite. Gesamtlösungen sollen weitgehend unabhängig von der momentanen Hard- und Softwarebasis entworfen werden und erst im letzten Schritt auf die jeweils optimale Hard- und Softwareumgebung „verteilt" werden. Nur dadurch lässt sich eine gewisse Unabhängigkeit von den im raschen Wandel begriffenen Hard- und Softwareplattformen erreichen. Zur Lösung derartiger Aufgaben sind Modellierungsansätze notwendig, die aus dem Bereich der Informatik stammen, siehe Abschnitt 13.5 oder [13.4].

Wandel in den methodischen Grundlagen

13.2 Technik der Feldebene

13.2.1 Sensorsysteme

Sensorsysteme sind spezielle mikroprozessorbasierte Messeinrichtungen [13.5]. Sie haben als vorrangiges Ziel, Information über den Zustand des Prozesses (z.B. Temperatur, Füllstand und Druck in einem Behälter, Durchfluss durch eine Rohrleitung) und über den Zustand des Produktes (z.B. pH-Wert, Dichte einer Flüssigkeit, Feuchte) zu beschaffen. Im Gegensatz zu einer klassischen, auf reiner Analogelektronik basierenden Einheit liefert das Sensorsystem auch umfangreiche Information über seinen eigenen Zustand, siehe Abschnitt 13.2.3. Diese kann für Zwecke der Instandhaltung genutzt werden.

klassische Messeinrichtung

Messeinrichtungen haben in der Prozessleittechnik eine lange Tradition. Die *klassische Messeinrichtung* – sie stellt derzeit noch eine sehr häufig eingesetzte Variante dar – besteht prinzipiell aus zwei Teilen: dem Messwertaufnehmer und dem Messwertumformer, kurz Messumformer oder Transmitter genannt. Diese erfüllen unterschiedliche Funktionen und stellen meist eigenständige Einheiten dar, die sich nicht am selben Ort befinden müssen. Abbildung 13.2 zeigt dies am Beispiel einer Temperaturmesseinrichtung.

Der Messwertaufnehmer ist dasjenige Teil, das einen geeigneten physikalischen Effekt ausnutzt, um die zu messende Größe in ein weiterverarbeitbares Signal umzusetzen. In Abbildung 13.2 ist dies ein Widerstandsthermometer PT100. Das mit Hilfe eines Messwertaufnehmers erzeugte Rohsignal hat in der Regel einige Nachteile: Zum einem ist die Art des Signals (Strom, Spannung, Druck, Schall usw.) abhängig vom jeweils genutzten physikalischen Effekt und daher sehr vielfältig.

Abbildung 13.2 Beispiel für eine klassische Temperatur-Messeinrichtung

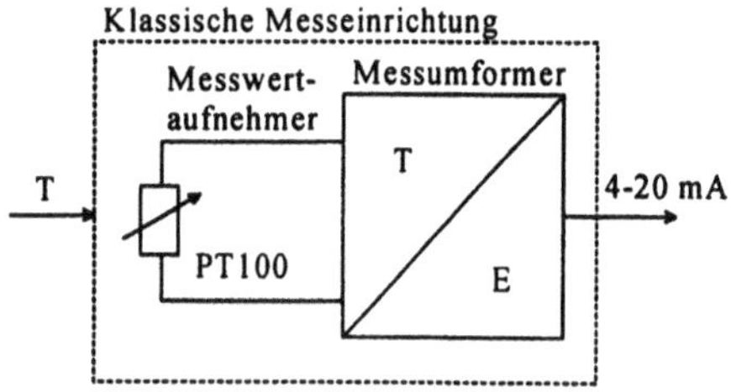

Zum anderen können diese Signale nicht oder nicht unverfälscht über längere Strecken übertragen werden. Beide Nachteile behebt der Messumformer. Er stellt ausgangsseitig ein standardisiertes Signal (z.B. 0/4-20mA) bereit. Dessen Bereich ist unabhängig von der Art des Rohsignals, das vom Messwertaufnehmer erzeugt wird. Außerdem wird die im Rohsignal vorhandene Information so verschlüsselt, dass sie in möglichst hoher Auflösung weiterverarbeitet werden kann. Dazu wird der Messbereich im Messumformer an den tatsächlichen von der Messgröße überdeckten Bereich angepasst. Im Beispiel der Temperatur-Messeinrichtung nach Abbildung 13.2 könnte dies z.B. heißen, dass man bei der Inbetriebnahme die folgende Festlegung trifft: 4mA ≅ -20°C und 20mA ≅ +40°C. Diese Festlegung wäre z.B. geeignet zur Messung der Lufttemperatur an einem schattigen Platz im Freien. Das selbe PT100 in einer Prozesskette eingebaut könnte eine ganz andere Festlegung erfordern.

Zusammenfassend kann die klassische Messeinrichtung durch folgende Eigenschaften gekennzeichnet werden:

- Sie liefert die Messwerte in Form standardisierter Signale (z.B. Strom 0-20mA, 4-20mA, Druck 0,2-1bar), was eine flexible Weiterverarbeitung erlaubt.

- Sie liefert bei den sog. Live-Zero-Signalen (4-20mA, 0,2-1bar) neben der primären Messinformation eine Sekundärinformation: Alle Signalwerte unterhalb der Live-Zero-Schwelle (< 4 mA oder < 0,2bar) weisen nämlich auf eine Störung hin. Diese kann in der Messeinrichtung oder aber im Signalweg begründet sein.

- Das Messsignal als Primärinformation wird nur in verschlüsselter Form übertragen. Der jeweilige mA- oder bar-Wert kann nur dann als physikalische Größe mit Zahlenwert und Einheit interpretiert werden, wenn die „Verschlüsselungswerte" der physikalischen Größe am unteren Ende (bei 4mA, 0,2bar) und am oberen Ende (bei 20mA, 1bar) bekannt sind. Diese Werte sind nicht Inhalt des Signals und müssen auf getrenntem Weg der weiterverarbeitenden Einheit mitgeteilt werden.

Die Begriffe intelligente Messeinrichtung und *Sensorsystem* werden oft als Synonym benutzt. Funktional gesehen setzt sich ein Sensorsystem aus den drei Einheiten nach Abbildung 13.4 zusammen: dem Sensorelement, der Verarbeitungs- und der Kommunikationseinheit. Des Öfteren findet man den Begriff Sensor als Synonym zu Sensorsystem, insbesondere in zusammengesetzten Wörtern wie Füllstandssensor, Durchflusssensor usw. Das *Sensorelement* hat dieselbe Aufgabe wie der Messwertaufnehmer bei der klassischen Messeinrichtung. Es dient zur Gewinnung einer Rohinformation über die zu messende Größe. Die nachfolgende mikroprozessorbestückte Verarbeitungseinheit hat für das Sensorelement jedoch eine sehr wichtige Entwicklung gebracht: Es können beim Sensorelement auch solche physikalischen Effekte nutzbar gemacht werden, welche die Messgröße in stark nichtlinear verzerrter Form und mit ungünstigem

Sensorsystem

Sensorelement

Signal/Rauschverhältnis in das Rohsignal abbilden. Wichtig ist primär, dass der Nutzanteil im Rohsignal reproduzierbar und dass die nichtlinearen Abhängigkeiten bekannt sind.

Abbildung 13.3 Funktionaler Aufbau und Informationsflüsse bei einem Sensorsystem

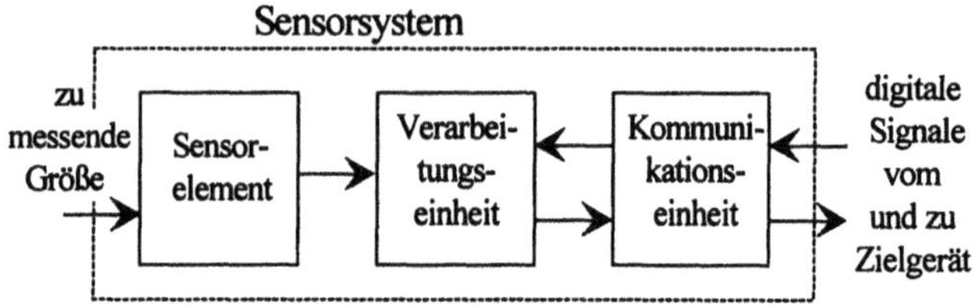

Verarbeitungseinheit

Die nachfolgende *Verarbeitungseinheit* muss aus einem derartigen Rohsignal die Nutzinformation „herausrechnen". Dazu wird das analoge Rohsignal in der Verarbeitungseinheit digitalisiert und somit den leistungsfähigen digitalen Algorithmen zur Weiterverarbeitung zugänglich gemacht.

Zu den wichtigsten Aufgaben der Verarbeitungseinheit gehören:

- Filterung des Rohsignals,
- Linearisierung nichtlinearer Effekte im Sensorelement,
- Selbstdiagnose zur Ermittlung des Sensorzustands,
- Überwachung des Messwertes auf Grenzwertverletzungen.

Über diese vier sensorspezifischen Aufgaben hinaus können der Verarbeitungseinheit zukünftig mehr und mehr weitere Aufgaben übertragen werden, die bisher dem Zielgerät - also z.B. der SPS oder dem PLS - vorbehalten waren. Hierzu zählen

- Regelung von Prozessgrößen,
- Kurzzeitspeicherung des Messwertverlaufes.

Um regeln zu können, sind in der Verarbeitungseinheit Regelalgorithmen hinterlegt, wobei es sich um die bewährten Standardalgorithmen wie Proportionalregler (P-Regler), Proportional + Integralregler (PI-Regler) usw. handelt. Nun benötigt aber jeder Regler neben dem Istwert, den hier das Sensorelement zur Verfügung stellt, auch einen Sollwert und berechnet daraus den Stellwert, der dann zur Stelleinrichtung gegeben werden muss. Im Sensorsystem zieht die Regelfunktion daher einen bidirektionalen Informationsfluss über die Kommunikationseinheit nach sich. Der Sollwert kommt über diese Einheit von außerhalb, der Stellwert wird über diese Einheit zum gewünschten Stellgerät übertragen.

Die Kurzzeitspeicherung ist leicht mittels eines Ringspeichers realisierbar. Alte Messwerte werden zyklisch mit neuen überschrieben, so dass zu jedem Zeitpunkt die jüngste Vergangenheit abrufbar ist. Eine derartige „Flugschreiberfunktion“ ist insbesondere während der Inbetriebnahme einer Anlage nützlich. Bei Bedarf kann man dann jederzeit die jüngste Vergangenheit über die Kommunikationseinheit auslesen.

Vorteile eines Sensorsystems

Zusammenfassend kann man die *Vorteile eines Sensorsystems* als intelligenter Messeinrichtung gegenüber der klassischen folgendermaßen charakterisieren:

- Die Vielfalt an Sensorelementen hat deutlich zugenommen und ist weiterhin im Steigen begriffen. Ein wichtiger Grund ist dabei, dass die nachgeschaltete Verarbeitungseinheit auch aus stark verrauschten und nichtlinear verzerrten Rohwerten genaue Messwerte errechnen kann.
- Zusätzlich zu der Filterung und der Linearisierung übernimmt die Verarbeitungseinheit weitere Aufgaben wie Regelung, Überwachung auf Grenzwerte und insbesondere die Diagnose der Messeinrichtung. Auf diese Weise werden andere Geräte (z.B. SPS) entlastet und viele zusätzliche Informationen erzeugt.
- Die Kommunikationseinheit muss alle in der Messeinrichtung erzeugten und alle an die Messeinrichtung zu leitenden Informationen übertragen. Dies erfordert eine digitale Übertragung, z.B. auf Basis eines Feldbusses (siehe Abschnitt 13.3 und Kapitel 12).

13.2.2 Aktorsysteme

Stelleinrichtungen oder Aktoren (auch Aktuatoren genannt, da im englischen nur „actuator“ möglich ist) dienen dazu, den Prozess direkt zu beeinflussen. Es werden im Folgenden nur automatische Aktoren betrachtet, zu denen Automatikventile, Automatikklappen, elektrische Antriebe, elektrische Heizungen usw. gehören. Der Begriff des Aktorsystems impliziert von vorn herein einen automatischen Aktor, schließt also handbetriebene Stelleinrichtungen wie z.B. Handventile aus. Zwischen Aktorsystemen und Sensorsystemen gibt es eine Reihe von Gemeinsamkeiten, so dass die Ausführungen in diesem Abschnitt kürzer ausfallen können.

Abbildung 13.4 zeigt den funktionalen Aufbau eines Aktorsystems mit den vorhandenen Informationsflüssen. Es fällt sofort der bidirektionale Informationsfluss auf, den man von vornherein nicht erwarten würde. Er hat damit zu tun, dass Aktorsysteme mit Energieeintrag in den Prozess zu tun haben. Dies bedeutet eine „Gewaltanwendung“, gegen die sich der Prozess durchaus auch „wehren“ kann. Man denke etwa an einen elektrischen Antrieb. So muss der von einer SPS kommende Befehl „Drehzahl = 1500 UPM“ nicht unbedingt auch 1500 UPM zur Folge haben. Dies hängt nämlich vom angetriebenen Aggregat ab, das die Welle des Motors durchaus auch festsetzen kann. Der Motor würde dann im schlimmsten Fall als Heizung betrieben. Dies muss innerhalb des Aktorsystems selbst verhindert und der Auftrag gebenden Stelle (z.B. der SPS) zurückgemeldet werden. Ähnliches gilt z.B. für ein Regelventil. Ein Befehl „öffne zu 10%“ kann dann nicht ausgeführt werden, wenn etwa zwischen Sitz und Kegel ein Fremdkörper diese Stellung verhindert oder wenn die Ventilspindel fest sitzt.

Abbildung 13.4 Funktionaler Aufbau und bidirektionale Informationsflüsse bei einem Aktorsystem

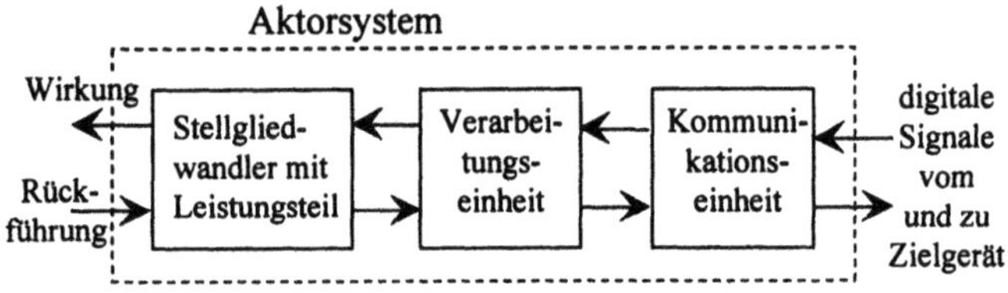

Stellgliedwandler

Verarbeitungseinheit

Der *Stellgliedwandler* mit Leistungsteil umfasst alles, was den Energiefluss direkt erzeugt (z.B. Leistungshalbleiter im Wechselrichter) oder moduliert (z.B. pneumatischer Ventilantrieb). Die *Verarbeitungseinheit* im Aktorsystem ist ebenso wie diejenige im Sensorsystem Mikroprozessor-basiert. Wie beim Sensorsystem ist eine ihrer Aufgaben die Selbstdiagnose des Aktorsystems. Da hier einerseits erhebliche Leistungen beherrscht werden müssen andererseits oft auch mechanische Teile enthalten sind, kommt dem Diagnosesystem besondere Bedeutung zu. Ergebnis der Diagnose kann so z.B. eine Wartungsaufforderung sein. Typischerweise enthält die Verarbeitungseinheit bei Aktorsystemen auch Regelungen, die zum Betrieb des Aktorsystems selbst erforderlich sind. Beispiele hierfür sind die Ankerstromregelung eines Gleichstromantriebes und die Stellungsregelung der Spindel beim Regelventil. Gerade im Verlauf der von diesen Hilfsregelkreisen erzeugten Regeldifferenzen und Stellsignalen hat man wichtige Größen zur Selbstdiagnose des Aktorsystems vorliegen.

Kommunikationseinheit

Die *Kommunikationseinheit* erfüllt ähnliche Aufgaben wie beim Sensorsystem. Sie überträgt die Diagnoseinformation und führt dem Aktorsystem alle von außen benötigte Information zu. Zur letzteren gehören neben dem eigentlichen Stellwert oft umfangreiche Festlegungen über das gewünschte Aktorverhalten. Bei drehzahlveränderbaren Antrieben können dies Vorgaben sein wie z.B. maximale Beschleunigungswerte beim Beschleunigungs- oder beim Bremsvorgang.

13.2.3 Informationsfluss

Wegen der vielfältigen Aufgaben der Verarbeitungseinheit erfordern sowohl Sensor- als auch Aktorsysteme einen umfangreichen Informationsaustausch mit einem Zielgerät, z.B. einem PLS oder einer SPS. Dies kann sinnvollerweise nur auf digitalem Weg geschehen. Zur Übertragung digitaler Information stehen eine Reihe von Mechanismen zur Verfügung, die in Kapitel 12 und in Abschnitt 13.3 näher beschrieben werden. An dieser Stelle wird auf die *Informationsinhalte* eingegangen, die von der Kommunikationseinheit übertragen werden.

Informations-inhalte

Konstanten	Statische Daten				Dynamische Daten			
	Identifikatoren	Feste Parameter	Variable Parameter	Historie	Prozessgrößen	Feldgerätegrößen	Status	Diagnose
Geräte-Version	Messstelle	Kennlinie	Schwellwerte	Notizbuch	Messwert	Störabstand	oberer Alarm	Störung mit Ursache
Software-Version	•	•	•	•	Stellwert	•		
Geräte-Nummer	•	•	•	•	aktuell	•	unterer Alarm	•
Werkstoff			•	•	max	•		•
...					min			
...					...			

Tabelle 13.1 Informationsinhalte bei digitaler Kommunikation

Gemäß Tabelle 13.1 lassen sich drei Hauptgruppen unterscheiden: Die *Konstanten* werden vom Gerätehersteller in das Sensor- bzw. Aktorsystem geschrieben und können bei Bedarf von dort abgerufen werden. In der Regel werden sie während des gesamten Einsatzes nie mehr geändert. *Statische Daten* sind im Gegensatz zu den Konstanten nicht Geräte-bezogen sondern Messstellen-bezogen bzw. Stellgliedbezogen. Sie werden während des Planungsstadiums festgelegt und vom Anwender in die Systeme geschrieben. Bei Bedarf können sie vom Anwender auch wieder geändert werden. Notwendig ist dies z.B. bei Änderung der Messstellennummer oder bei Neufestlegung einer Alarmgrenze, die von dem Sensorsystem überwacht wird oder eines Maximalwertes für die Beschleunigung eines Antriebes. Die *dynamischen Daten* werden von dem Sensor- bzw. Aktorsystem ständig selbst erzeugt oder benötigt. Hierzu gehören natürlich der Messwert und der Stellwert selbst, aber auch interne Größen wie der Störabstand, ferner erkannte Grenzwertüberschreitungen und sämtliche Diagnoseinformation.

Konstanten

statische Daten

dynamische Daten

Übertragungsmechanismen

auf Abruf

synchron

asynchron

Man erkennt an der Einteilung der zu übertragenden Information in die drei Gruppen, dass unterschiedliche *Übertragungsmechanismen* bereit stehen müssen: Die Konstanten und die statischen Daten brauchen nicht ständig sondern nur *auf Abruf übertragen* zu werden. Die meisten dynamischen Daten müssen dagegen *ständig* übertragen werden, sei es in regelmäßigen Zeitabständen, d.h. *synchron*, wie etwa der aktuelle Messwert oder der Stellwert, sei es *asynchron* nach einer entsprechenden Zustandsänderung wie z.B. ein Alarm bei Grenzwertüberschreitung.

In Abbildungen 13.5 und 13.6 wird dies anhand zweier Beispiele näher ausgeführt. Es handelt sich um ein eher einfaches Sensorsystem wie einen Temperatursensor auf PT100-Basis (Abbildung 13.5a) und um ein eher kompliziertes wie ein pH-Meter (Abbildung 13.5b).

Abbildung 13.5 Einzelinformationen bei zwei Sensoren:
a) Widerstandsthermometer
b) pH-Messung

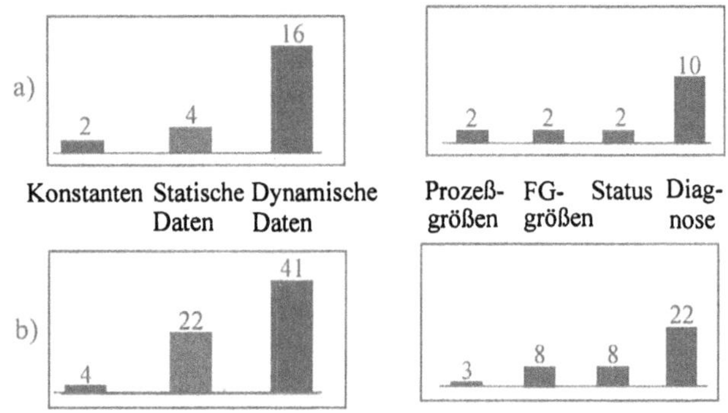

Selbst bei dem einfachen Sensorsystem kommt man im Beispiel auf insgesamt 22 zu übertragende Einzelinformationen, beim pH-Meter sind es schon 67. Es fällt dabei die große Zahl an dynamischen Daten auf, die in der rechten Bildhälfte aufgeschlüsselt ist. Beim pH-Meter sind es sogar drei Prozessgrößen, da neben dem pH-Wert zusätzlich noch der Redox-Wert und die Temperatur gemessen werden. Sie werden ohnehin in der Verarbeitungseinheit des Sensorsystems benötigt, um den pH-Wert temperaturkorrigiert zu berechnen. Abbildung 13.6 enthält ein Aktorbeispiel.

Abbildung 13.6 Einzelinformationen bei einem Aktor (Frequenzumrichter)

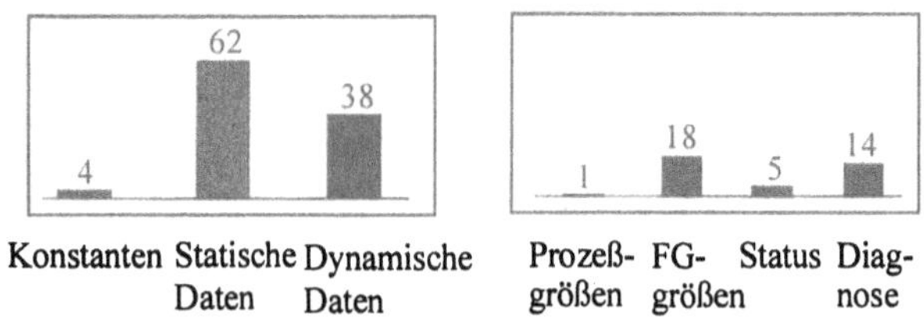

Man erkennt gegenüber den Sensorsystemen den hohen Anteil an statischen Daten. Sie rühren von den vielfältigen Möglichkeiten her, einen Frequenzumrichter in seinem Verhalten auf die Arbeitsmaschine anzupassen.

13.3 Kommunikationstechnik

13.3.1 Analoge Kommunikation

kontinuierliche Größen

Die analoge Kommunikation ist in der Prozessleittechnik weit verbreitet. Sie basiert auf Signalen, die in den 60er Jahren standardisiert wurden. Die wichtigsten davon sind für *kontinuierliche Größen* die Signale 0–20mA, 4–20mA, 0–10V, 0,2–1bar Sie dienen z.B. zur Übertragung von Messgrößen und von Stellbefehlen. Das Spannungssignal wird nur sehr selten und bei sehr kleinen Entfernungen verwendet. Das Drucksignal findet man noch häufig in explosionsgefährdeten Bereichen. Die Signale mit „lebendem“ Nullpunkt (“live Zero”), also 4mA und 0,2bar, haben bei näherem Hinsehen zwei Informationsinhalte: Neben dem analogen auch noch einen binären.

Dies ist in Abbildung 13.7 am Verlauf eines 4–20mA Stromsignals gezeigt. Der binäre Inhalt besagt, ob das Signal überhaupt im erlaubten Bereich von 4 bis 20 mA liegt. Bei Werten unterhalb von 4mA liegt eine Störung vor. Dies ist eine Art Sekundärinformation.

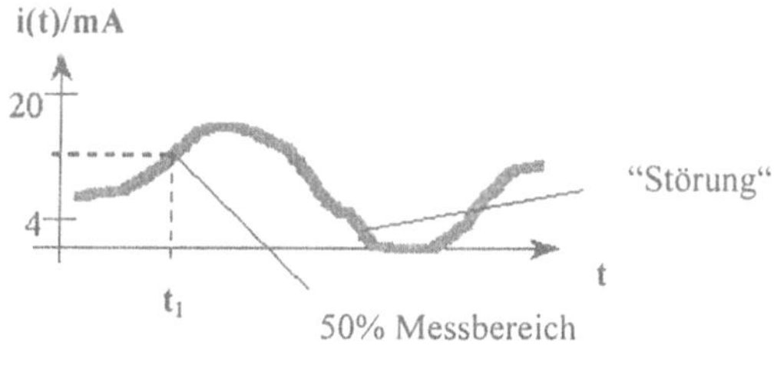

Abbildung 13.7 Typischer Verlauf eines analogen Signals

Im regulären Bereich von 4–20mA wird analoge Information übertragen, die eigentliche Primärinformation, die allerdings nur eine unvollständige Information ist. Anstatt einer vollständigen Messinformation “Temperatur Nr. 4711 beträgt zur Zeit t_1 337,87 K” wird z.B. übertragen: “Größe liegt zur Zeit t_1 bei 50% des Übertragungsbereiches”. Mehr ist bei derartigen Signalen nicht möglich. Der gesamte Rest bis zur vollständigen Information muss anderweitig “übertragen” werden. Dies geschieht nicht automatisch, sondern durch entsprechende

Dokumentationen. Sie sollen sichern, dass sowohl Sender als auch Empfänger der Information das selbe darunter verstehen.

Zur Übertragung *binärwertiger Größen* haben sich in der Prozessleittechnik das Spannungssignal 0, 24V und ein Stromsignal 0–8mA (so genanntes NAMUR-Signal, speziell für Näherungsschalter) durchgesetzt. Es sind beides Signale der analogen Kommunikation, da sie sich durchaus kontinuierlich ändern können, die Auswertung allerdings rein binär erfolgt. Daher sind sie auch zur Übertragung über größere Distanzen geeignet. Typische Inhalte sind bei 0, 24V „Füllstand überschritten", „Druck überschritten", „Laufbefehl eines Motors am starren Netz" bzw. „Endlage erreicht" beim NAMUR-Signal.

analoge Kommunikation

Zusammenfassend kann die *analoge Kommunikation* folgendermaßen beschrieben werden:

- Informationsübertragung erfolgt ohne zeitliche Verzögerung,
- Informationsübertragung erfolgt parallel, d.h. pro Information ein eigenes Leiterpaar (hoher Dezentralisierungsgrad, aber große Kabelpritschen),
- Übertragene Informationsfülle ist gering, pro Signal genau eine Primärinformation (bei 0–20mA, 0–10V oder 0, 24V), höchstens eine Sekundärinformation (bei 4–20mA, 0–8mA),
- Einzelinformation ist immer unvollständig (nur %-Werte, kein Messbereich, keine Messstellennummer).

13.3.2 Digitale Kommunikation

Feldbusse

Die digitale Kommunikation ist in der Prozessleittechnik im Vormarsch. Sie stellt die Kommunikation der Zukunft dar und beruht auf so genannten *Feldbussen*. Diese wurden meist in den 90er Jahren standardisiert. Eine ausführliche Darstellung hierüber gibt Kapitel 12. In diesem Abschnitt werden die grundlegenden Zusammenhänge erläutert, um die digitale Kommunikation gegen die analoge Kommunikation abzugrenzen und in ihrem Wert für die Prozessleittechnik zu erkennen.

Bei der digitalen Kommunikation ist die Information in Form einer binären Bitfolge kodiert, also etwa 010010110001...0, die parallel oder seriell übertragen werden kann. Parallele Übertragung würde ebenso viele Leitungen erfordern wie parallele Bits vorhanden sind. Dies ist zwar schnell, aber auch teuer und wird nur auf kurzen Distanzen genutzt, z.B. innerhalb eines Rechners. Zwischen unterschiedlichen Geräten - also auch bei *Feldbussen* - wird wegen der längeren Distanzen *serielle digitale Kommunikation* genutzt, siehe Abb. 13.8.

Die nacheinander (=seriell) stattfindende Übertragung kostet natürlich Zeit, so dass die gesamte zum Zeitpunkt t_1 vorliegende Information erst nach einem Zeitintervall Δt übertragen ist. Daneben muss definiert werden, wie die zu übertragende Information überhaupt digital zu verschlüsseln und physikalisch zu übertragen ist. Hierzu existieren sehr viele konkurrierende Möglichkeiten mit Vor- und Nachteilen.

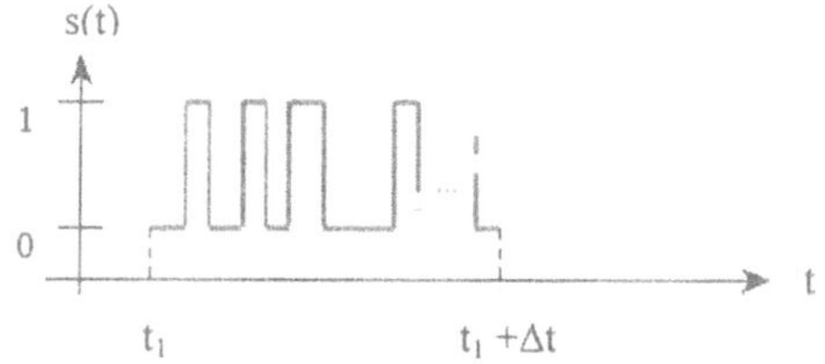

Abbildung 13.8 Typischer Verlauf eines digitalen Signals

Der Festlegungsbedarf bei digitaler Kommunikation ist erheblich höher als bei der analogen Kommunikation. So enthält die DIN-Norm zur Festlegung des 4-20mA Signals ganze 3 Seiten. Im Vergleich dazu ist es keine Seltenheit, dass die vollständige Beschreibung digitaler Kommunikation über ein Bussystem weit über 1000 Seiten Normentext enthält. Hinzu kommen die darin enthaltenen Querverweise auf weitere benutzte Normen.

serielle digitale Kommunikation

Serielle digitale Kommunikation hat folgende Eigenschaften:

- Zeitliche Verzögerungen (typischerweise im Millisekundenbereich) sind einzukalkulieren,
- seriell bedeutet Mehrfachnutzung des physikalischen Mediums (Kabel, Lichtwellenleiter usw.)
- hohe Informationsfülle kann übertragen werden (bis hin zu Programmcode für unterlagerte Systeme),
- vollständige Informationen können übertragen werden (z.B. Messwert in der physikalischen Einheit mit Messstellennummer und Zeitstempel),
- Informationsverfälschung zwischen Sender und Empfänger tritt wegen entsprechender Sicherungsmechanismen nicht auf.

Letztlich ist die serielle digitale Kommunikation die Basis für den Strukturwandel in der Prozessleittechnik, auf den in Abschnitt 13.4 eingegangen wird. Die deutlich höhere übertragbare Informationsfülle gestattet in Zukunft eine freiere Zuordnung der zu erfüllenden Funktionen zu einzelnen Geräten, auf denen die Funktionen ausgeführt werden.

13.3.3 Hybride Kommunikation

Unter dieser Art versteht man eine *Kombination von analoger und digitaler Kommunikation.* Sie kann als Migration von der analogen zur digitalen Kommunikation verstanden werden. Technisch bedeutet sie, dass dem 0–4mA bzw. dem 4–20mA-Signal ein mittelwertfreies Wechselstromsignal aufmoduliert wird. Dieses hat einen sinusförmigen Verlauf und kann durch Umschalten zwischen zwei unterschiedlichen Frequenzen die Bits 0 und 1 kodieren. Man nennt diese Art der physikalischen Bitkodierung auch FSK-Verfahren (Frequency Shift Keying). Insgesamt spricht man bei dieser Art hybrider Technik von der „Smart-Technik“ und bezeichnet Feldgeräte, die damit ausgestattet sind, auch als Smart-Feldgeräte (z.B. Messumformer, siehe Abschnitt 13.2.1.). Die Festlegungen des digitalen Parts folgen dem HART-Protokoll [13.5], das auf die amerikanische Firma Rosemount zurückgeht. Es sieht zur Bitübertragung die Frequenzen

Logisch 1: 1200Hz   Logisch 0: 2400 Hz

vor. Da auch bei logisch 1 mindestens eine ganze Sinusschwingung übertragen werden muss, beträgt die maximale Bitübertragungsrate 1200 Bit/s. Dies ist ein sehr geringer Wert, wenn man ihn mit der Feldbustechnik in Kapitel 12 vergleicht, wo Werte bis 10 Mbit/s möglich sind. Er schränkt die Möglichkeiten zur Informationsübertragung stark ein. Eigenschaften der *hybriden Technik* sind:

- parallele Verdrahtung wie bei der analogen Kommunikation,
- gleichzeitige Übertragung von analoger (0–20mA oder 4–20mA) Information und digitaler Information (HART-Protokoll),
- sehr langsame Übertragung der digitalen Information.

Es ist davon auszugehen, dass die hybride Technik ebenso wie die analoge Technik von der rein digitalen Feldbustechnik abgelöst wird.

13.4 Technik der Prozessleitebene

13.4.1 Historie

Einzelgerätetechnik

Der Begriff Prozessleittechnik wurde in den frühen 80er Jahren geprägt, als die neu entwickelten Prozessleitsysteme ihren Platz in der Prozessautomatisierung eroberten. Sie lösten zunächst nur bei Neuanlagen die *Einzelgerätetechnik* ab, die auf analogelektronischer Basis bis dahin die Leitwarten dominierte. Einzelne Funktionen der Prozessleitebene wurden dabei durch spezielle Einzelgeräte ausgeführt, die meist gruppenweise an den Wänden der Leitwarte angeordnet waren. Hierzu zählten insbesondere Einzelregler, Schreiber, Taster,

Kontrollleuchten usw. Sollte zwischen den Einzelgeräten ein Informationsaustausch möglich sein, mussten diese miteinander verdrahtet werden. Wegen des hohen Aufwandes wurde dies nur dann getan, wenn es unumgänglich war. Ein Beispiel dafür ist die Kaskadenregelung, bei der das Stellsignal des Reglers im äußeren Kreis auf den Sollwert-Eingang des Reglers im inneren Kreis zu verdrahten war. Ein Vorteil der Einzelgerätetechnik war ihre hohe Dezentralität: Bei Ausfall einer Einheit war in der Regel nur ein einziger Regelkreis oder Steuer- bzw. Überwachungskreis betroffen.

Reine Steuerungsaufgaben wurden ab den 70er Jahren durch *Speicherprogrammierbare Steuerungen* (SPSen) gelöst, die in den 70er und 80er Jahren fast ausschließlich zur Binärsignalverarbeitung genutzt wurden. Sie enthielten von Anfang an Softwarebausteine zur einfachen Programmierung von Verknüpfungssteuerungen. Erst in den 90er Jahren wurden sie mehr und mehr auch zur Analogsignalverarbeitung (z.B. für Regelungen) herangezogen. SPS

Kaum eine Bedeutung in der Prozessleittechnik erlangten die *zentralen Prozessrechner*, die in den 60er Jahren auf den Markt kamen und ab den 70er Jahren vereinzelt eingesetzt wurden. Zwei Gründe sind dafür verantwortlich: Aufgrund des zentralen Systems war ein Rechnerausfall mit dem hohen Risiko verbunden, dass alle damit abgedeckten Funktionen gleichzeitig ausfallen. Ferner mussten die Prozessrechner aufwändig programmiert werden, was zu unüberschaubarem Aufwand und der Abhängigkeit von wenigen Spezialisten führte. zentraler Prozessrechner

13.4.2 Prozessleitsysteme

Prozessleitsysteme (*PLS*) traten mit dem Ziel an, die eben genannten Nachteile des Prozessrechners zu vermeiden. Die ersten kommerziellen PLS wurden Mitte bis Ende der 70er Jahre von den Firmen Honeywell und Yokogawa entwickelt und auf den Markt gebracht. Man kann PLS charakterisieren als PLS

> echtzeitrechnende, dezentral aufgebaute Systeme mit vorgefertigter Standardsoftware für alle Standardfunktionen der Prozessleitebene.

Hierzu zählen insbesondere das Regeln, Steuern, Überwachen, Melden, Protokollieren, Anzeigen und das Bedienen. Abbildung 13.9 zeigt die heutige Standardstruktur eines PLS, eingebettet in das Ebenenmodell nach Abbildung 13.1. Den *prozessnahen Komponenten* (*PNK*) obliegen Funktionen wie das Regeln, Steuern, Überwachen. Dazu tauschen sie mit den Geräten der Feldebene (Sensorik, Aktorik) die nötigen Informationen wie Messwerte und Stellbefehle aus. Ebenso stehen sie mit den *Anzeige-/Bedienkomponenten* (ABK) in Verbindung, die für das Melden, Protokollieren, Anzeigen und Bedienen PNK ABK zuständig sind. Von den ABKs erhalten die PNKs insbesondere die Sollwerte für die Regelungen. Im Gegenzug liefern sie alle notwendigen Informationen zu den ABKs, z.B. die dort angezeigten Messwerte und diejenigen Ergebnisse des Überwachens, die in der ABK zu einer Meldung führen.

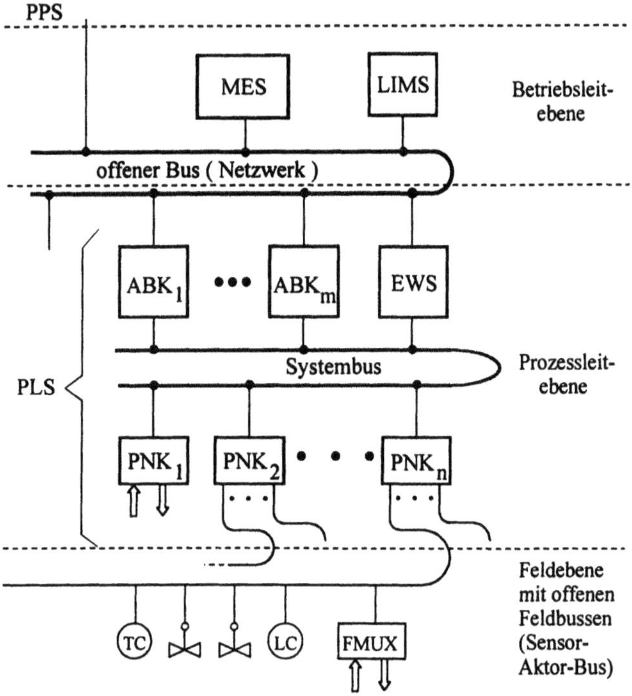

Abbildung 13.9 Typischer Aufbau eines PLS und Einordnung in das Ebenenmodell

Legende in Abbildung 13.9:
EWS - Engineering Work Station,
PNK - Prozessnahe Komponente,
ABK - Anzeige-/Bedienkomponente,
FMUX - Feldmultiplexer,
PLS, MES, LIMS, PPS - siehe Abbildung 13.1.

Engineering Work Station

Die *Engineering Work Station* (EWS) dient dazu, das gesamte PLS zu projektieren und instand zu halten. Dies umfasst z.B. die richtige Auswahl und Verknüpfung der vorgefertigten Software-Bausteine, so dass das PLS die geforderte Funktionalität erhält. Dies ist eine Aufgabe, die Teil des gesamten Computer Aided Engineering (CAE) Prozesses ist und im nächsten Abschnitt näher besprochen wird.

Man erkennt in Abbildung 13.9 eine *hierarchische* Kommunikationsstruktur. Die drei Arten an PLS-Komponenten PNK, EWS und ABK arbeiten über den so genannten *Systembus* zusammen. Dies ist bei älteren Systemen meist ein herstellerspezifischer Bus, ein so genanntes proprietäres Bussystem, an das man nur Komponenten des selben Herstellers anschalten kann. Der Systembus ist als leistungsfähiger und hochverfügbarer Echtzeitbus optimiert. Für nicht echtzeitrelevante Aufgaben wie Informationsaustausch mit der Betriebsleitebene, innerhalb der Betriebsleitebene und zur Produktionsleitebene ist ein zweites Bussystem vorhanden. Dieses braucht nicht mehr echtzeitfähig zu sein. Dafür ist es aber als *offener Bus* konzipiert, da es mit PLS, LIMS, MES und PPS in der Regel Systeme unterschiedlicher Hersteller und damit unterschiedlicher Hard- und Softwarebasis verbindet. Durchgesetzt hat sich in diesem Bereich der de facto-Standard *Ethernet* mit dem TCP/IP - Übertragungsprotokoll, siehe Kapitel 12. Die Verbindung zum Feldbereich kann auf die drei in Abschnitt 13.3 geschilderten Arten geschehen. Die Zukunft gehört der digitalen Kommunikation über den *Feldbus*, der bei PNK_2 bis PNK_n in Abbildung 13.9 angedeutet ist. Eingesetzt werden hier insbesondere Profibus DP und Profibus PA, letzterer im explosionsgefährdeten Bereich. Für die Zukunft wird erwartet, dass auch hier Busse auf Basis Ethernet einsetzbar sind. Die breiten Doppelpfeile in Abbildung 13.9 (bei FMUX und PNK_1) sollen bedeuten, dass es sich um eine parallele Feldanbindung herkömmlicher Art, entweder auf der Basis rein analoger Signalarten wie 4-20mA, 0,24V, NAMUR-Signal oder um die Smart-Technik handelt, siehe Abschnitte 13.3.2 und 13.3.3.

Bushierarchie

Systembus

offener Bus

Ethernet

Feldbus

Die Hard- und Softwarebasis der PLS-Komponenten hat sich von Ende der 70er Jahre bis Anfang der 2000er erheblich geändert. *Basis der PNK* waren anfangs dedizierte Prozessrechner. Wegen geringer Stückzahlen derselben bei stets zunehmender Leistungsfähigkeit der SPS kam es ab den 90er Jahren in großem Umfang zur Ablösung der Prozessrechnerbasis durch die SPS. Ab Ende der 90er Jahre tritt verstärkt der IPC als Basis der PNK auf. Wegen der immens hohen Stückzahlen der PC-Komponenten und seiner einfachen Vernetzbarkeit besitzt er auch an dieser Stelle noch ein großes Entwicklungspotenzial [13.8].

PNK-Basis

Basis von ABK und *EWS* waren nach einer Anfangsphase auf Basis von Prozessrechnern ab Mitte der 80er Jahre UNIX-Workstations. Sie standen auch Pate bei der Namensgebung der EWS. Ab Anfang der 90er Jahre wurden die Workstations sukzessive durch PCs ersetzt, die hier in absehbarer Zeit die Workstations gänzlich verdrängen dürften.

ABK/EWS-Basis

Die Eigenschaften *derzeitiger PLS* lassen sich wie folgt zusammenfassen:

- Das PLS ist skalierbar und erweiterbar, d.h. die PLS-Struktur ist über Anzahl der PNK und ABK sind an die Prozessstruktur und an Prozesserweiterungen anpassbar.
- Das PLS besitzt eine hohe Funktionalität durch vorgefertigte Softwaremodule für Regeln, Steuern, Überwachen, Melden, Protokollieren, Anzeigen, Bedienen.
- Anwendersoftware des PLS ist durch Konfigurieren und Parametrieren einfach erstellbar, siehe nächster Abschnitt.
- Busverkehr über den PLS-Systembus ist Systemleistung und muss nicht vom Anwender konfiguriert werden.
- Das PLS besitzt ein auf die PNK-Funktionalität zugeschnittenes homogenes Anzeige-/Bedienkonzept.
- Das PLS weist eine hohe Zuverlässigkeit von Hard- und Systemsoftware (z.T. auch dank der proprietären Systeme) auf.

Strukturelle Änderungen Aufgabenverlagerung

Künftige PLS-Generationen werden sich an *strukturellen Änderungen* ausrichten müssen. Hierzu gehört die mögliche *Verlagerung von Aufgaben der PNK in die Feldgeräte*, also in Geräte der Sensorik und Aktorik. Davon betroffen sind:

- Regelungen, Überwachungen, Datenkurzzeitspeicherungen (Ringspeicher),
- A/D-Wandlung und Glättung der Messgrößen und Umrechnung in die benötigte physikalische Einheit.

zunehmende Offenheit

Ein weiteres Merkmal künftiger PLS-Generationen wird die *zunehmende Offenheit* der Systeme sein, siehe Abschnitt 13.4.4. Dies geht auf die Verdrängung proprietärer Hard- und Software-Plattformen zu Gunsten von Quasistandards zurück wie auch auf Fortschritte im Bereich der Normung.

13.4.3 CAE-Systeme

Der Begriff *Computer Aided Engineering* (CAE) wird in vielen Sinnzusammenhängen und in vielen Anwendungsbereichen benutzt. An dieser Stelle werden darunter Computersysteme verstanden, welche die *Planung, Errichtung, Inbetriebnahme* und *Instandhaltung* prozessleittechnischer Einrichtungen unterstützen [13.6]. Zu diesen Einrichtungen zählen alle Systeme auf den unteren beiden Ebenen von Abbildung 13.1 sowie die zugehörigen Kommunikationssysteme.

Anlagen-CAE-System

Bezogen auf die automatisierten Produktionsprozesse (siehe Kapitel 16) lassen sich mehrere Kategorien an CAE-Systemen ausmachen: Zuständig für die eigentliche Produktionsanlage ist das *Anlagen-CAE-System*. Es dient vorrangig der Auslegung, der Errichtung und dem

Betrieb der verfahrens- oder maschinentechnischen Anlagenteile. Systeme dieser Kategorie dienen als wichtige Informationslieferanten für die nächste Kategorie, das *Gesamt-PLT-CAE-System*. Dieses ist zuständig für die Gesamtheit der prozessleittechnischen (PLT-) Einrichtungen, bestehend aus Sensorik, Aktorik, PLS, außerdem für die Verkabelung dieser Komponenten untereinander – sei es auf klassischer oder auf Feldbusbasis - und für deren Energieversorgung [13.7]. Die folgenden Kategorien können Teilaufgaben eines Gesamt-PLT-CAE-Systems übernehmen und sind z.T. in diese als *Untersysteme* integriert: Das *Aktor-CAE-System* übernimmt z.B. Ventilberechnungen, wenn es sich beim Aktor um ein Automatikventil handelt. Hier sind vorzugsweise CAE-Lösungen anzutreffen, die direkt von den bekannten Stellgeräteherstellern stammen. Ähnliches gilt für das *PLS-CAE-System*. Es ist weitgehend zugeschnitten auf PLS spezieller Hersteller und wird von diesen für das PLS aus dem eigenen Haus entwickelt. Es ist zuständig für alle Festlegungen, die im Zusammenhang mit dem PLS getroffen werden, von der Eingangsebene angefangen über sämtliche Verarbeitungsfunktionen wie z.B. das Regeln, das Steuern, über die Anzeigebedienfunktion bis hin zur Ausgangssignalebene. Speziell zum Regeln bietet das PLS Standardalgorithmen wie P, PI, PID, Zweipunkt usw. an, die nur noch parametriert werden müssen. Zur Berechnung derartiger Parameter, aber auch zur Berechnung gänzlich anderer als der angebotenen Standardalgorithmen stehen *Algorithmen-CAE-Systeme* zur Verfügung. Gegenstand künftiger Entwicklungen werden *Instandhaltungs-CAE-Systeme* sein, die es gestatten, die gesamte über Feldbussysteme angeschlossene Sensorik und Aktorik zu überwachen und instandzuhalten. Da es sich hierbei um riesige Investitionswerte handelt, spricht man zunehmend auch von Asset-Management-Systems.

Gesamt-PLT-CAE-System

Aktor-CAE-System

PLS-CAE-System

Algorithmen- und Instandhaltungs-CAE-Systeme

Das PLS-CAE-System ist in der EWS (Abbildung 13.9) resident und beschäftigt sich sowohl mit der PLS-Hardware wie auch mit dessen Software. Beim *PLS-Hardware-Engineering* werden alle physikalischen Verbindungen zum PLS, d.h. vom Sensor/Aktor zu den Stiften der Ein-/Ausgabebaugruppen (ggf. über Rangierverteiler und Koppelrelaisschränke für Spannungs-/Stromanpassung) geschaffen und die Projektierung der Leitsystemhardware incl. der Kommunikationsverbindungen (Feldbusse) durchgeführt.

PLS-Hardware-Engineering

Die zweite Aufgabe ist die Erstellung der *PLS-Software* zur Lösung der Automatisierungsaufgaben. Von Konfigurierung spricht man, wenn die Softwaremodule der Verarbeitungseinheit so ausgewählt und miteinander verknüpft werden, dass die vom Anwender gewünschte Funktionalität erreicht wird. In Abbildung 13.10 ist dies für einen Regelkreis gezeigt. Benötigt werden ein Eingabe-, ein PID- und ein Ausgabebaustein. Alle drei Bausteine repräsentieren vorgefertigte und

PLS-Software-Engineering

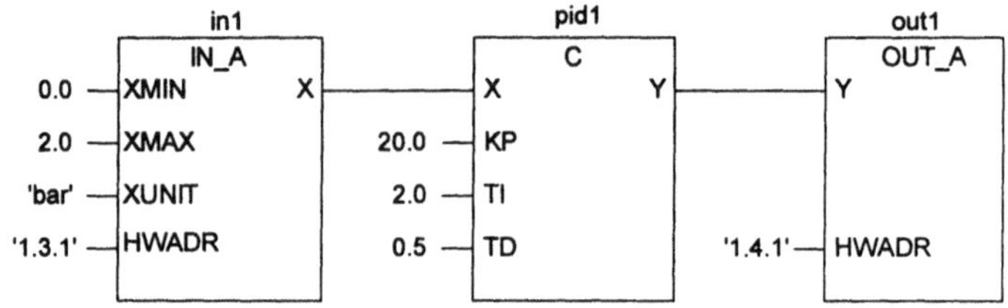

Abbildung 13.10 Konfiguration und Parametrierung eines Regelkreises

in Software hinterlegte Algorithmen. Eine Konfigurierung legt also immer fest, welche Algorithmen überhaupt zum Einsatz kommen und wie sie miteinander und mit bestimmten Hardwareadressen zusammenarbeiten. Darüber hinaus benötigen die Algorithmen eine Reihe von Zahlenwerten, die sich von Applikation zu Applikation ändern.

Parametrierung

Bei der Vorgabe der Zahlenparameter für bestimmte Rechenalgorithmen spricht man von der *Parametrierung* der Algorithmen. Beispiele für vorzugebende Parameter sind die Zeitkonstante für die Glättung, die Zahlenwerte für eine Grenzwertüberwachung, die Reglerparameter Verstärkung und Nachstellzeit für einen PI-Regler, siehe auch XMIN, XMAX, KP, TI, TD in Abbildung 13.10.

Bedienen/ Beobachten

Die Erstellung der Anlagenbilder zur *Beobachtung und Bedienung* der Prozesse durch den Anlagenfahrer erfolgt mit einem Grafikeditor. Kreisbilder zur Darstellung eines oder mehrerer Regelkreise werden automatisch aus dem Inhalt der Funktionspläne generiert, siehe auch Kapitel 14.

13.4.4 Open Control Systems

offene Lösungen

Unter diesem Stichwort werden Aktivitäten zusammengefasst, die das Ziel haben, rein proprietäre Lösungen auf dem Feld der Prozessautomatisierung durch *offene Lösungen* zu ersetzen (siehe auch Kapitel 11 und 14). Dies betrifft auch die Ablösung proprietärer PLS durch einen Verbund offener Komponenten, die über offene Bussysteme miteinander kommunizieren.

Client-Server

CORBA

OMG

Basis der Offenheit ist die Kommunikation der Komponenten über das *Client-Server Prinzip*. Dieses ist auch im Bereich der Büroautomatisierung weit verbreitet und hat dort zu verschiedenen Produkten geführt. Zu erwähnen sind hier zwei Produktgruppen: Die Common Object Request Broker Architecture (*CORBA*) wird seit 1989 von einem Konsortium international tätigen Firmen (11 bei Gründung, inzwischen über 800) definiert, das sich Object Management Group (*OMG*) nennt [13.9] (seihe auch Kapitel 16).

Ganz ähnliche Ziele verfolgt die Firma Microsoft mit dem Produkt Object Linking and Embedding (*OLE*). Als Microsoft Produkt ist OLE Windows-basiert, baut auf dem hauseigenen Component Object Model (*COM*) bzw. dem Distributed Component Object Model (*DCOM*) bei Netzwerken auf und erlaubt Prinzipien wie Kapselung, Polymorphismus und Vererbung. OLE stellt eine ganze Reihe von Schnittstellen und Diensten zur Verfügung. Diese gestatten es, Dokumente unter einem Dach zu bearbeiten, die aus vollkommen verschiedenenartigen Teilen zusammengesetzt sind (z.B. Word, Excel, Designer). Die Erweiterung auf die Welt der Prozessautomatisierung und damit auf den Realzeitbetrieb heißt OLE for Process Control (*OPC*) [13.10]. Sie wurde 1996 von fünf großen amerikanischen Automatisierungsherstellern ins Leben gerufen und wird seither von der OPC Foundation weiterverfolgt [13.11]. OPC funktioniert so, dass irgendeine Anwendung (*OPC Client,* z.B. PLS, SPS, LIMS,...) über das *OPC Interface* Zugang zu irgendeiner Datenquelle (*OPC Server*, z.B. Sensor, SPS,...) hat. Dabei kann ein Client die Datenrate konfigurieren, mit der ein Server die gewünschten Daten sendet. Definierte OPC Interfaces sind der DataAccess Server, der Alarm&Event Server und der HistoricalData Server. OPC gestattet damit z.B.:

OLE

COM

DCOM

OPC

OPC Interface

- zyklischen und azyklischen Datentransfer von irgendeiner prozessleittechnischen Komponente zu irgendeiner weiterverarbeitenden Applikation,
- standardisierte Adressierung über die Namen von Objekten, die in irgendeiner Komponente vorhanden sind,
- Integration unterschiedlicher Feldbussysteme,
- Einfache Integration der Automatisierungslösung in Systeme der Betriebsleitebene und in CAE-Systeme.

Das PLS der Zukunft könnte damit eine Struktur gemäß Abbildung 13.11 aufweisen.

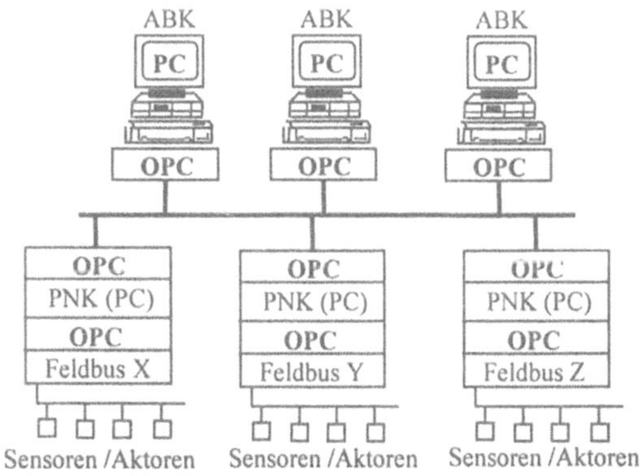

Abbildung 13.11 Mögliche Struktur eines offenen PLS mit PC-basierten Komponenten und mehreren Feldbussen

Über einen Ethernet-basierten Systembus kommunizieren PC-basierte PLS-Komponenten, die von unterschiedlichen Herstellern stammen können.

13.5 Modellierungsansätze und Methoden

13.5.1 Prozessmodellierung

Zur Modellierung von Anlage und darauf ablaufendem Prozess bestehen mehrere prinzipielle Möglichkeiten. Die Tabelle 13.2 stellt diese mit ihren speziellen Sichtweisen zusammen.

Tabelle 13.2 Modellklassen mit Sichtweisen und Beispielen

Modellklasse	Sichtweise	Beispiele
Aufbaumodelle	Physikalischer Aufbau, ganzes und die Teile, *Strukturbetrachtung*	Konstruktionspläne, Verdrahtungspläne, Fotos, 3D-Modelle, VR-Modelle
Funktionsmodelle	Funktionieren unter speziellen Gesichtspunkten, *Funktionsbetrachtung*	Phasenmodelle, Fließbilder
Verhaltensmodelle	Kausales und zeitliches Verhalten anhand von Zuständen und zeitveränderlichen Größen, *Dynamikbetrachtung*	Mathematische Modelle wie Differenzialgleichungssystem, Übertragungsfunktion, Automat, Petri-Netze

Fließbilder

Alle Modellklassen werden für Zwecke der Prozessleittechnik benötigt. Aufbaumodelle spielen während der Planungsphase, der Inbetriebnahme und später bei der Instandhaltung eine große Rolle. Die wichtigsten Funktionsmodelle stellen die *Fließbilder* dar. Sie beschreiben das funktionelle Zusammenwirken der technischen Apparate untereinander [13.12] und mit der Prozessleittechnik [13.13]. Ihre Darstellung ist national und international genormt, so dass sie ein weltweit akzeptiertes Kommunikationsmittel darstellen. Abbildung 13.12. zeigt als Beispiel einen Reaktor mit Temperaturregelung. Es handelt sich um eine Kaskadenregelung mit Manteltemperatur-Regelung im inneren und Behältertemperatur-Regelung im äußeren Kreis sowie mit einem Splitrange-Ausgang des Reglers zur getrennten

Ansteuerung eines Heiz- und eines Kühlkreislaufes. Nach Umformung der Aufgabenstellung erhält man ein Strukturbild (Verhaltensmodell) gemäß Abbildung 13.13.

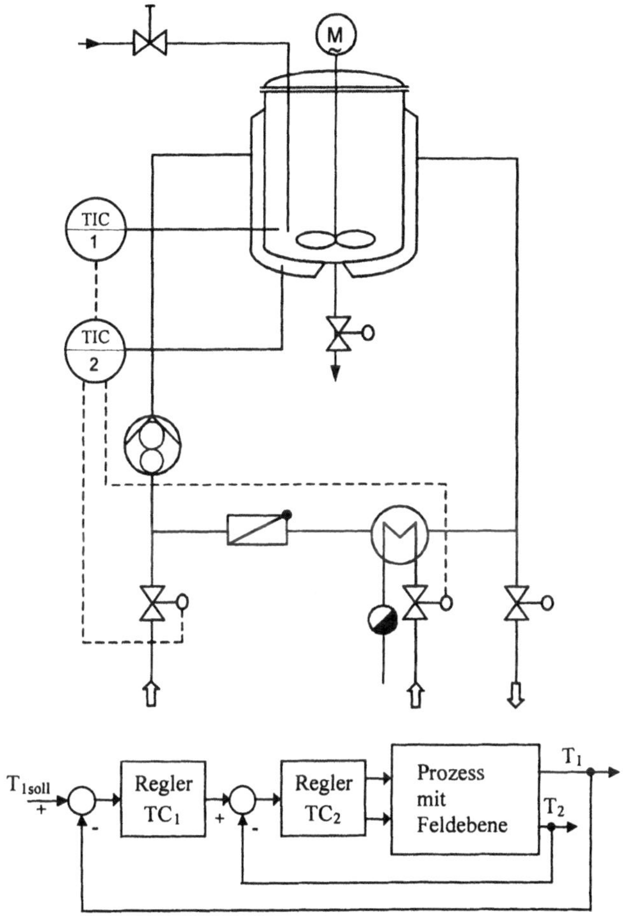

Abbildung 13.12 Beispiel eines Prozesses mit Reaktor und Temperaturregelung über einen Heiz-/Kühlkreislauf

a) Fließbild für den Prozess (*Funktionsmodell*)

b) Strukturbild für die Kaskadenregelung mit Splitrangeausgang (*Verhaltensmodell*)

Hat man das Verhalten von Prozess und Feldebene mathematisch beschrieben, kann man nach den Methoden der Kapitel 1 bis 4 und des Kapitels 7 die Regler TC1 und TC2 berechnen und das Verhalten des gesamten Regelkreises simulieren. In der Prozessleittechnik werden bevorzugt Standardalgorithmen wie PI, PID eingesetzt, für die in den PNKs der einzelnen Prozessleitsysteme vorgefertigte Softwaremodule vorgehalten werden, siehe dazu auch Abbildung 13.10 mit dem Reglerblock *pid1*.

13.5.2 Modellierung der leittechnischen Systeme

Bei den prozessleittechnischen Systemen handelt es sich, siehe die Abbildungen 13.8 und 13.10 um eine Zusammenschaltung einer Vielzahl rechnender Komponenten (Sensorik, Aktorik, PLS, SPS, MES usw.) über mehrere Bussysteme. Sowohl das Verhalten einzelner Komponenten (z.B. einzelner PNK oder Teile davon) wie auch dasjenige des Gesamtsystems kann das Ziel einer Modellierung sein.

Anwendersoftware

Von besonderer Bedeutung ist die Modellierung derjenigen Teile, die online Prozessinformation von den Sensoren zu Stellbefehlen für die Aktoren verarbeiten. Dies sind die Regelungen, die Steuerungen und die Sicherheitseinrichtungen, deren Besonderheiten in Kapitel 15 bzw. in [13.14] behandelt werden. Das prozessspezifische Verhalten dieser Teile wird durch die so genannte *Anwendersoftware* festgelegt. Die Art ihrer Modellierung hängt sehr stark davon ab, ob es sich um Komponenten mit umfangreichen Bibliotheken vorgefertigter Softwaremodule oder um solche mit weitgehend freien Programmiermöglichkeiten handelt.

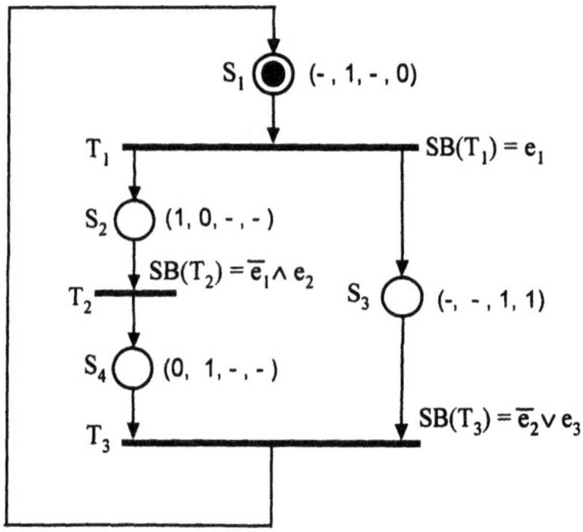

Abbildung 13.13 Darstellung eines Steuerungsalgorithmus als steuerungs-technisch interpretiertes Petri-Netz (SIPN)

Während für Anwendersoftware allgemeine Darstellungsmittel wie Programmablaufpläne [13.15] und Struktogramme nach Nassi-Shneidermann [13.1] kaum verwendet werden, trifft man automatisierungsspezifische Darstellungsmittel wie den *Continuous Function Chart* (CFC) und den *Sequential Function Chart* (SFC) [13.3] häufig an (siehe Kapitel 11).

Methodische Grundlagen zur Behandlung Zustands-basierter Vorgänge stellen die endlichen Automaten und die Petri-Netze, insbesondere die steuerungstechnisch interpretierten *Petri-Netze* (*SIPN*), dar [13.16]. Abbildung 13.13 zeigt ein kleines Beispiel für ein solches SIPN zur sequenziellen Steuerung eines Mischbehälters. Die Schaltbedingungen an den Transitionen sind boolesche Verknüpfungen von Sensorsignalen. Jede markierte Stelle legt eine Teilmenge der Ausgangssignale zur Aktoransteuerung fest. Auf Basis von endlichen Automaten und Petri-Netzen können formale Analysen durchgeführt werden. Andere Darstellungsmittel wie z.B. SFC können automatisch daraus erzeugt werden. Petri-Netze (SIPN)

Im Zusammenhang mit den offenen Systemen der Zukunft, siehe Abschnitt 13.4.4, werden über die zuvor genannten Darstellungsmittel hinaus neue benötigt, die den großen Freiheiten bei offenen Systemen Rechnung tragen. Die auf dem objektorientierten Ansatz beruhende Unified Modeling Language (*UML*), siehe [13.17], bietet eine Vielzahl von Diagrammarten und unterstützt damit gleichzeitig mehrere Sichten auf das zu beschreibende Problem. UML

13.5.3 Modellierung der Systemzuverlässigkeit

Eine ausreichende Systemzuverlässigkeit ist zum einen aus wirtschaftlicher Sicht notwendig. Daneben ist immer auch eine sichere Betriebsweise notwendig, die etwaige vom Anlagenbetrieb ausgehende Risiken für Leib und Leben von Menschen klein genug hält. Siehe hierzu die sicherheitsgerichteten Automatisierungseinrichtungen in Kapitel 15. Allgemein ist unter *Zuverlässigkeit* die Eigenschaft eines Systems oder einer Systemkomponente zu verstehen, die beabsichtigte Funktion zu erfüllen, und zwar unter genau beschriebenen Randbedingungen und für eine vorgesehene Zeit. Zuverlässigkeit

Im Folgenden werden reparierbare Systeme vorausgesetzt. Diese befinden sich zyklisch immer in den Zuständen *funktionsfähig* oder *nicht funktionsfähig*, wobei die beiden möglichen Zustandsübergänge *Ausfall* und *Inbetriebnahme* Ereignisse darstellen (Abbildung 13.14). Numerische Betrachtungen zur Zuverlässigkeit basieren auf Zeitdauern T_A und T_B, die man den beiden Zuständen in Abbildung 13.14 zuordnen kann. Beide Zeiten stellen Zufallsvariablen dar.

Bezeichnet man die Verweilzeit im Zustand *funktionsfähig* als *Betriebsdauer* T_B, dann lautet deren Verteilungsfunktion: Betriebsdauer

$$F_{TB}(t) = P(T_B \leq t)\,. \tag{13.1}$$

Man nennt sie auch Ausfall- oder Versagenswahrscheinlichkeit bzw. Unverfügbarkeit. Es ist die Wahrscheinlichkeit dafür, dass die

Betriebsdauer kleiner oder gleich t ist bzw. dass die Einheit zu einem Zeitpunkt $T_B > t$ ausgefallen ist.

Abbildung 13.14 Zustände und Zustandsübergänge einer Betrachtungseinheit

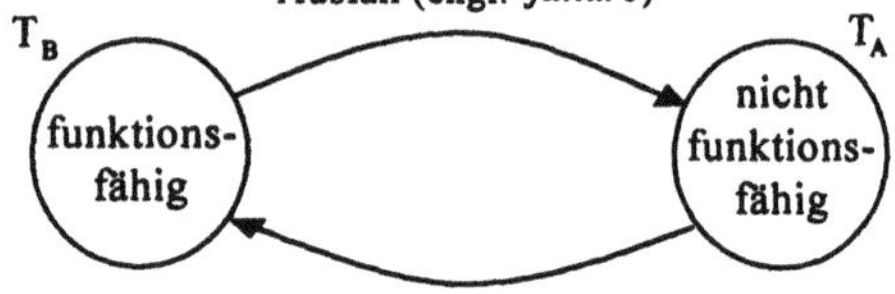

Das Komplement dazu ist die Überlebenswahrscheinlichkeit, die auch als *Zuverlässigkeitsfunktion R(t),* zuweilen [13.18] auch als Verfügbarkeit bezeichnet wird:

$$R(t) = P(T_B > t) = 1 - F_{TB}(t)\,. \qquad (13.2)$$

Eine weitere wichtige Größe ist die Ausfallrate $\lambda(t)$. Da man diese Rate im wahrscheinlichkeitstheoretischen Sinn betrachten muss, kann sie nur als "Wahrscheinlichkeit des Ausfalles innerhalb einer Zeiteinheit dividiert durch die Zeiteinheit" verstanden werden. Mit der differenziellen Zeiteinheit dt folgt dafür, siehe [13.19]:

$$\lambda(t) = \frac{F'_{TB}(t)}{R(t)} = -\frac{R'(t)}{R(t)} = -\frac{d}{dt}\big(\ln R(t)\big)\,. \qquad (13.3)$$

Legt man für die Lebensdauer eine Exponenzialverteilung zu Grunde, dann werden aus (13.1) bis (13.3) die speziellen Beziehungen, siehe auch Abbildung 13.15:

$$F_{TB}(t) = 1 - e^{-\lambda t}\,, \qquad (13.4)$$

$$R(t) = e^{-\lambda t} \qquad (13.5)$$

$$\lambda_E(t) = -\tfrac{d}{dt}\big(\ln\ R(t)\big) = \lambda = const. \qquad (13.6)$$

Anstatt der Verfügbarkeit $R(t)$ zum Zeitpunkt t gemäß Gl. (13.2) betrachtet man oft eine mittlere oder stationäre Verfügbarkeit. Um sie zu bestimmen, benötigt man eine zweite Zufallsvariable, die dem Zustand *nicht funktionsfähig* in Abbildung 13.14 zugeordnet wird. Es ist die *Ausfalldauer* (auch Reparaturdauer) T_A mit der zugehörigen *Instandsetzungswahrscheinlichkeit*

Ausfalldauer
Instandsetzungswahrscheinlichkeit

$$F_{TA}(t) = P(T_A \le t)\,. \qquad (13.7)$$

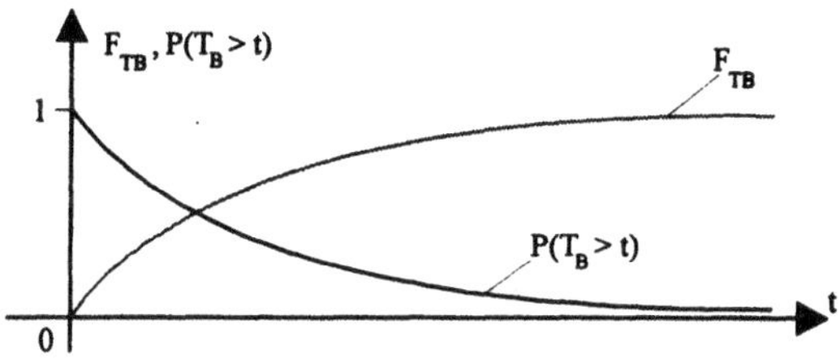

Abbildung 13.15 Ausfallwahrscheinlichkeit und Zuverlässigkeitsfunktion bei Exponenzialverteilung

stationäre Verfügbarkeit

Die *stationäre Verfügbarkeit* erhält man nun über die Erwartungswerte von Betriebsdauer T_B und Ausfalldauer T_A :

$$E(T_B) = MTTF\ , \tag{13.8}$$

$$E(T_A) = MDT\ , \tag{13.9}$$

als Verhältnis der mittleren Betriebszeit zur mittleren Gesamtzeit (Abbildung 13.16):

$$V = \frac{MTTF}{MTTF + MDT}\ . \tag{13.10}$$

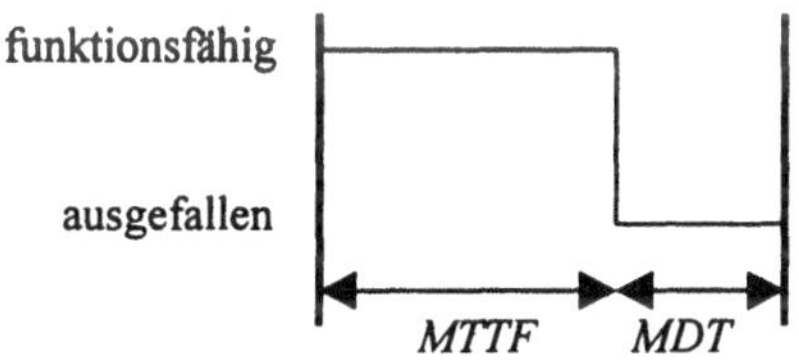

Abbildung 13.16 Zur Definition der *Mean time to Failure* und der *Mean down time*

Praktisch bestimmt man die Erwartungswerte in den Gln. (13.8) und (13.9), indem man über mehrere Experimente die gemessenen Zeitdauern arithmetisch mittelt. Eine vertiefende Anwendung findet man in Kapitel 15 zur Wirkungsweise von Redundanzen.

13.6 Literatur

[13.1] Lauber, R.; Göhner, P.: *Prozessautomatisierung.* Bd. 1,2. Springer-Verlag, Berlin/Heidelberg, 1999

[13.2] Polke, M.; (Hrsg.): *Prozessleittechnik.* R. Oldenbourg Verlag, München, 2. Auflage, 1994

[13.3] Früh, K. F.: *Handbuch der Prozessautomatisierung.* R. Oldenbourg Verlag, München/Wien, 1997

[13.4] Ahrens, W.: *Informations-orientierte Leittechnik: Informatikmethoden angewandt auf leittechnische Fragestellungen.* R. Oldenbourg Verlag, München, 1997

[13.5] Gundelach, V.; Litz, L.: (Hrsg.): *Moderne Prozessmesstechnik.* Springer-Verlag, Berlin, 1999

[13.6] Litz, L.; Suhm, C.; Schumann R.: *Computer-Aided Engineering (CAE) in der Automatisierungstechnik.* In: atp 40 (1998), S. 54-64.

[13.7] Schäfer, J.: *ACHEMA 97: CAE-Systeme zur Planung prozessleittechnischer Einrichtungen.* atp 39 (1997) S.11-27

[13.8] Forst, H.-J. (Hrsg).: *Der PC als Automatisierungskomponente.* VDE-Verlag, Berlin/Offenbach, 1998

[13.9] *Aktuelle Information über CORBA und OMG im Internet:* http://www.omg.org/omg/background.html

[13.10] Barelmann, D.; u.a.: *OPC in der Praxis.* VDE-Verlag, Berlin/ Offenbach, 1999

[13.11] *Aktuelle Information über OPC im Internet:* http://www.opcfoundation.org *und* http://www.opceurope.org

[13.12] DIN 28004 *Fließbilder verfahrenstechnischer Anlagen, 1988-05 und DIN EN ISO 10628, Fließschemen für verfahrenstechnische Anlagen.* 1999-10, Beuth-Verlag

[13.13] DIN 19227 *Leittechnik; Graphische Symbole und Kennbuchstaben für die Prozeßleittechnik.* Beuth-Verlag, 1993

[13.14] Litz, L.: *Grundlagen der sicherheitsgerichteten Automatisierungstechnik.* In: at 46 (1998) S.56-68

[13.15] DIN 66001 *Informationsverarbeitung; Sinnbilder und ihre Anwendung.* 1983-12. Beuth-Verlag

[13.16] Litz, L.; Frey, G.: *Methoden und Werkzeuge zum industriellen Steuerungsentwurf - Historie, Stand, Ausblick.* In: at 47 (1999) S. 145-155

[13.17] Oestereich, B.: *Objektorientierte Softwareentwicklung - Analyse und Design mit der Unified Modeling Language*, 4. Auflage, R. Oldenbourg Verlag, 1998

[13.18] VDI/VDE 3542 *Sicherheitstechnische Begriffe für Automatisierungssysteme*, Beuth-Verlag, 1998

[13.19] Litz, L.: *Grundlagen und Anwendungen der Wahrscheinlichkeitstheorie.* (erscheint 2000)

Kapitel 14

Prozessvisualisierung

von Rahman Jamal

14.1 Einführung

Die industrielle Automatisierungstechnik hat sich innerhalb weniger Jahre durch ihre enge Symbiose mit der PC-Technologie und deren Trends hinsichtlich Bus- und Betriebssystemen schneller und radikaler verändert als je zuvor in ihrer Vergangenheit. Die Schnittstelle von heute und morgen zwischen Maschine, Gesamtprozess und Mensch ist ein Standard-PC mit all seinen Hard- und Softwarestandards. In Schlagwörtern wie *MMI/HMI*, *Prozessvisualisierung*, *SCADA*, *verteilte Datenerfassungssysteme* und *OPC* spiegelt sich diese Entwicklung wider. Diese Tendenz sorgt dafür, dass die PC-zentrische Automation immer neue Anwendungsbereiche erschließt, die bisher nur von sehr aufwändigen, proprietären Systemen abgedeckt werden konnten. Umso größer ist auch die Verwirrung unter den Anwendern über Bedeutung und Möglichkeiten der vielfältigen Entwicklungen PC-orientierter Automatisierungstechniken.

Die folgende Analyse beschäftigt sich mit den Eigenschaften und Besonderheiten moderner Visualisierungssysteme und hilft bei ihrer Auswahl. Nach einigen grundsätzlichen Festlegungen und Darstellungen rund um das Gebiet der Prozessvisualisierung werden zwei Visualisierungssoftware-Produkte exemplarisch vorgestellt und anhand dieser Systeme zwei zur Zeit geläufige Visualisierungsparadigmen gegenübergestellt.

14.2 PC-basierte Automation

Die Trends in der Automatisierungstechnik werden heute in Zusammenhang mit zwei Schlagwörtern bestimmt: Software und industrielle Kommunikation. Zusammengefasst ergibt sich daraus die PC-basierte Automation. Lösungen für Bedien- und Beobachtungsstationen (*HMI*), Kompaktprozessleitsysteme zur Prozessüberwachung und Datenerfassung *(SCADA)* basieren heute überwiegend auf PC-Technik. Dazu kommen *Feldbussteuerung* und direkte Steuerung. Mit dem PC als integralem Bestandteil der Automatisierungstechnik haben Anwender automatisch Zugriff auf die Vorteile neuester Computertechnologien, die u.a. Möglichkeiten wie *ActiveX*, *Internet-Anbindung* oder *OPC* zur Verfügung stellen und damit den Anwendern neue Perspektiven im Bereich der mittlerweile weit verbreiteten, computergestützten Automation aufzeigen. Der Anwender kann sich leicht das für seine Anforderungen optimal geeignete System mit entsprechenden Werkzeugen zu geringen Kosten auswählen.

HMI

SCADA

Feldbussteuerung

ActiveX

Internet

OPC

In hohem Maße ist die PC-Automation anpassungsfähig und skalierbar – von Forschungsanwendungen im kleinen Rahmen bis hin zur Produktionsautomatisierung von Großanlagen. Auch die eher historisch gewachsenen, starren Grenzen zwischen der Mess- und der Automatisierungstechnik verwischen, denn die flexiblen Möglichkeiten der Datenerfassung, der Analyse, der Steuerung und der Visualisierung verschmelzen mehr und mehr zu einer Software-Einheit.

So ist es nicht verwunderlich, dass heute kaum mehr zwischen einer klassischen Messtechnik-Software und einer Prozessvisualisierung unterschieden wird.

14.2.1 Prozessvisualisierung – Versuch einer Definition

Der Begriff *Prozessvisualisierung* ist als Schlagwort und Marktbegriff längst etabliert. Doch was kann sich der Anwender unter diesem Begriff vorstellen?

Bei der Beantwortung dieser Frage scheiden sich erfahrungsgemäß schnell die Geister. Damit diese Meinungsvielfalt nicht in einem fachlichen Chaos endet, erscheint es zunächst sinnvoll, dieses Schlagwort näher einzukreisen. Am einfachsten gelingt die Klassifizierung dieses Begriffs, wenn man das Wort zunächst in seine Bestandteile „Prozess" und „Visualisierung" zerlegt. Gemäß DIN 66201 ist ein Prozess „eine Gesamtheit von aufeinander einwirkenden Vorgängen in einem System, durch die Materie, Energie oder Information umgeformt, transportiert oder gespeichert wird". In dem Wort „Visualisierung" steckt der Begriff „visuell", der im Allgemeinen „das Sehen oder den

DIN 66201

Gesichtssinn betreffend" bedeutet. Somit bezieht sich dieser Ausdruck auf eine bestimmte Wahrnehmungsart. Diese beiden zunächst sehr allgemein formulierten Definitionen kommen zwar der Wirklichkeit näher, enthalten aber entscheidende für die Praxis relevante Züge noch nicht. Das Gebiet der Prozessvisualisierung hat viele Aspekte und Namen, die mit den folgenden Überbegriffen charakterisiert werden:

- MSR (Messen Steuern Regeln)
- MMI (Man/Maschine-Interface) oder HMI (Human/Maschine-Interface)
- SCADA (Supervision Control And Data Acquisition)
- B&B (Bedienung und Beobachtung)
- DCS (Distributed Control Systems)

Bei all diesen Konzepten dreht es sich im Allgemeinen um die grafische Abbildung eines komplexen Prozesses. Von diesem Symbolbild aus lässt sich der Prozess erfassen, überwachen und steuern. Das System, das sozusagen als Schnittmenge all dieser Konzepte entsteht, wird am treffendsten mit dem Begriff SCADA charakterisiert. Bei SCADA-Systemen kann die Bandbreite möglicher Ausprägungen von der reinen Anlagendarstellung bis hin zum echten Leitsystem mit vollgrafischem Prozessabbild, Langzeit-Archivierung und angeschlossenem Produktionsplanungssystem reichen.

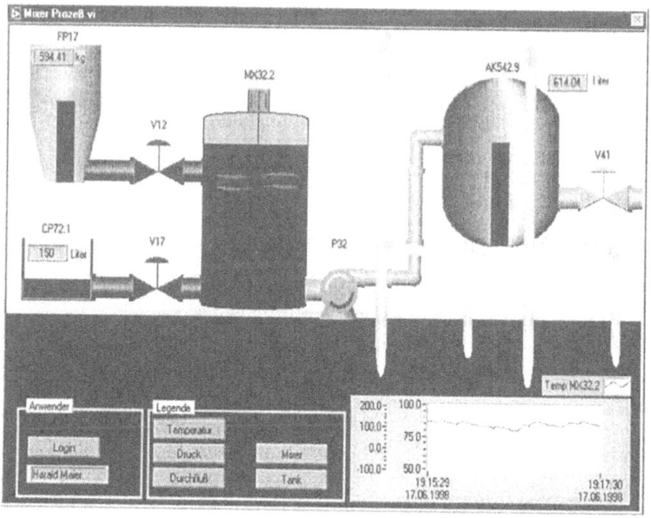

Abbildung 14.1
Prozessabbild

14.2.2 Grundanforderungen an Prozessvisualisierungssysteme

Derzeit schießen neue Prozessvisualisierungssysteme, die visuelle Möglichkeiten für die Entwicklung von Automatisierungsanwendungen in verschiedener Tiefe anbieten, wie Pilze aus dem Boden. Das Spektrum der damit realisierbaren Applikationen reicht von einfachsten Maschinenvisualisierungen bis hin zu hochkomplexen Leitstandlösungen. Doch nur bei wenigen „Neuerscheinungen" handelt es sich um ein in sich konsistentes Softwaresystem, das die unterschiedlichsten Anforderungen der Automatisierungstechnik erfüllt. Ausgangspunkt einer jeden Betrachtung über Prozesskontrolle sollte für jeden Anwender der konkrete Bedarfsfall sein. Im prinzipiellen Aufbau unterscheidet sich die auf dem Markt verfügbare MMI/SCADA-Software zur Prozesvisualisierung kaum.

Basisfunktionalität

Die *Basisfunktionalität* lässt sich durch die folgenden Eigenschaften kurz charakterisieren (Abbildung 14.2):

- Anbindung an den Prozess über SPS, Feldbusse, Datenerfassungskarten, etc.
- Unterstützung standardisierter Schnittstellen (OPC, ActiveX, DLLs, etc.)
- Echtzeit-Datenbank, die Echtzeitdaten in einer verteilten Datenbasis zur Verfügung stellt
- Visualisierungsumgebung, die eine Benutzeroberfläche als Abbild des laufenden Prozesses realisiert
- Alarmbehandlung in Form von Erkennung, Verwaltung und Protokollierung nicht vorhersehbarer Prozesszustände
- Trend-Darstellung in Form von historischen- und Echtzeittrends als Prozessverlauf über eine wählbare Zeitperiode
- Statistische Prozess-Kontrolle (SPC) für Prozessüberwachung und Qualitätssicherung
- Anbindungsmöglichkeiten an externe Datenbanken
- Animation
- Rezepturverwaltung
- Mehrsprachigkeit
- Mehrplatzkonfiguration

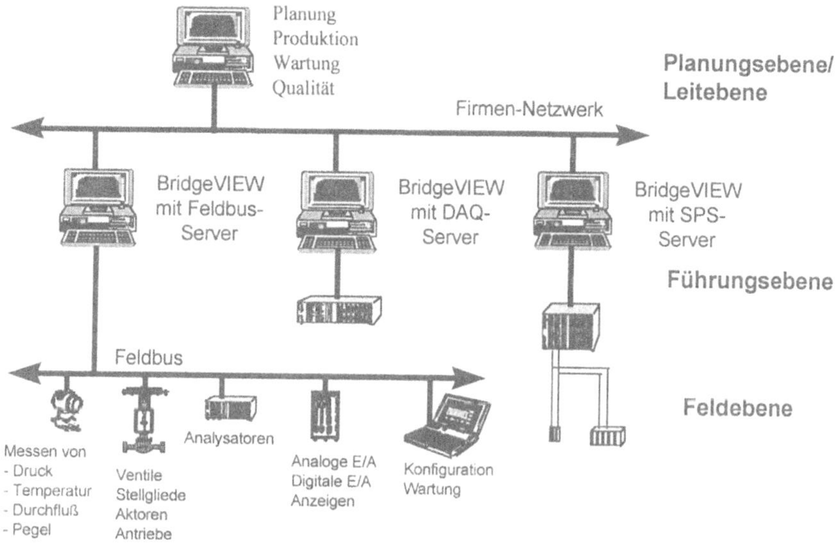

Abbildung 14.2 Prozessaufbau

Diese Schlüsselfunktionen erlauben zwar einen Großteil industrieller Applikationen abzudecken, häufig ist es jedoch der Fall, dass das Softwaretool allein für eine maßgeschneiderte Lösung für reale Applikationen zu inflexibel ist. Hier ist es häufig wünschenswert, ja sogar notwendig eine Möglichkeit der Anpassung durch Programmierung zu bieten.

14.3 Betriebssystemseitige Betrachtungen

Historisch gesehen, waren SCADA-Systeme grundsätzlich den *UNIX-Plattformen* vorbehalten. Das Gewicht hat sich jedoch in den letzten Jahren drastisch zu Gunsten der Microsoft Betriebssysteme verlagert, obwohl Anfang der 90er-Jahre die landläufige Meinung vorherrschte, *Microsoft Windows* sei als Betriebssystem für SCADA-Anwendungen kaum akzeptabel. Es ist heute bemerkenswert, in welch vielfältigen Bereichen sich Windows in der Zwischenzeit durchgesetzt hat – auch die hartnäckigsten Windows-Gegner sind mittlerweile umgeschwenkt.

UNIX-Plattform

MS Windows

Trotz Einigkeit unter Herstellern und Anwendern über die Existenz technisch besser geeigneter Betriebsysteme, nehmen dennoch Windows-orientierte Systeme heute auch in der SCADA-Branche mit

Windows NT
Windows 95/98
UNIX

Abstand eine Spitzenposition unter den PC-Systemen ein. Während *Windows NT* das meist favorisierte Betriebsystem darstellt, werden für Kleinsysteme auch *Windows 95/98* eingesetzt. Mit der zunehmenden Akzeptanz von *Linux* scheint eine weitere Alternative immer mehr in den Vordergrund zu rücken. Häufig ist bei Mehrplatzsystemen die folgende Konstellation zu beobachten: während der zentrale Server unter Linux betrieben wird, kommt Windows NT für die Bedienplätze zum Einsatz. Die große Popularität von Windows NT liegt sicherlich

ActiveX

auch in der Unterstützung von *ActiveX*, was bei komplexer Oberflächengestaltung zu gute kommt, aber auch in der nahtlosen Anbindung von Office-Produkten und kleineren Datenbanken. Vor allem die Möglichkeit der zahlreichen Peripherieankopplung über OPC, die im nächsten Abschnitt detaillierter erläutert wird, macht Windows-basierte Systeme immer attraktiver.

14.4 Treiberseitige Betrachtungen

Der Traum von der universell wieder einsetzbaren Software ist so alt wie es Software gibt. Im Bereich der Automatisierungstechnik möchte der Anwender idealerweise bereits geschriebene Software durch Konfigurieren und Parametrisieren an wechselnde Anforderungen anpassen. Doch die Realität sieht anders aus. Für den Aufbau eines Systems zur Automatisierung wird heute ein beträchtlicher Zeit- und Kostenaufwand getrieben, damit ein Informationsaustausch zwischen herstellerübergreifenden Systemen oder Geräten erfolgen kann. Das dies nicht immer so sein muss, zeigt der Bereich Bürokommunikation, bei dem die Frage nach der Verfügbarkeit von passenden Softwaretreibern für Industrie-Standard Hardware heute fast überflüssig ist.

OPC-Foundation oder OLE für Process Control

Dem will die *OPC-Foundation*, sog. *Object Linking and Embeding (OLE) für Process Control*, mit ihrer offenen Schnittstellen-Spezifikation, ein Ende bereiten und den Traum von der wieder verwendbaren Software zumindest ein wenig näher bringen. Mit OPC

OLE/COM und DCOM

[14.7] basierend auf der Technologie von Microsofts *OLE/COM* und *DCOM* (*Distributed Component Object Model*), wird erstmalig eine herstellerübergreifende Interoperabilität von Steuerungshard- und Software ermöglicht, die den Anwender von der langwierigen Programmierung von Treibern und von der mühsamen Anbindung an ein gewähltes Bussystem befreit. COM ist ein wichtiger Bestandteil der MS-Betriebssysteme Windows 98, Windows NT und mittlerweile

Windows CE

zumindest teilweise auch in *Windows CE* enthalten. Das Komponentenmodell COM stellt das Fundament zur Zusammenarbeit von Software-Komponenten bereit. So stellt OPC eine geeignete Plattform dar, um den Anwender von vielen Hürden bei der Erstellung einer PC-basierenden Automatisierungsapplikation zu befreien.

14.4.1 OPC - Austauschbar und Wiederverwendbar

OPC erlaubt dem Automatisierer die für seine Anforderungen optimale Hardware und Software zur Visualisierung, Prozesssteuerung, etc. aus einer großen Vielfalt von Herstellern gezielt auszusuchen. Er kann sich ganz auf seine eigentliche Applikation konzentrieren, anstatt sich mit irrelevanten syntaktischen und semantischen Programmierdetails der anzusteuernden Automatisierungskomponenten auseinander zu setzen. Die Integration der notwendigen Komponenten wird auf der Basis von OPC sichergestellt, was die Integrationskosten erheblich reduziert. Zudem tragen die durch die OPC-Foundation ins Leben gerufenen Arbeitsgruppen der Konformitätstests zu einer erhöhten Qualität der OPC-Produkte bei. Im Zeitalter des *Multitaskings/Multithreadings* bzw. der verteilten Anwendungen wird die Nachfrage nach *Mulit-Client-Architekturen* immer größer. Während in der Vergangenheit der Zugriff eines anwendungsspezifischen Treibers auf eine einzige Client-Applikation beschränkt war, ermöglicht die OPC-Schnittstelle nun per Definition auf eine Vielzahl von OPC-Client-Anwendungen zuzugreifen. Dadurch werden die Daten und Funktionen eines OPC-Servers auch von verteilten Anwendungen viel flexibler zugänglich gemacht.

Multitasking
Multithreading

Mulit-Client-Architekturen

14.4.2 OPC – Bestandteile und Umfang

Die Hauptkomponenten der OPC Schnittstelle sind *OPC-Server* und *OPC-Client*. Typischerweise ermöglichen OPC-Server die Anbindung an die bestehenden Kommunikationssysteme. OPC-Clients dagegen fungieren als Nutzer der Dienste des OPC-Servers und können Bedien- und Beobachtungssysteme, Archivierungssysteme und viele andere Anwender von Prozessdaten sein. Jeder OPC-Server bietet denselben Satz von Eigenschaften und Methoden an. Dadurch wird eine nahezu transparente Zusammenarbeit von Komponenten verschiedener Hersteller ganz im Sinne von *Plug&Play* möglich.

OPC-Server
OPC-Client

Plug&Play

Die OPC-Foundation hat seit ihrer Gründung 1996 eine Reihe von Spezifikationen für gängige Anforderungen der Automatisierungstechnik offen gelegt, die im Wesentlichen folgende Bereiche umfassen (noch weitere Spezifikationen sind in der Planung):

- Data Access für den Datenaustausch
- Alarm & Events für die Behandlung von Alarmen und Ereignissen
- Historical Data Access für historische Prozessdaten
- Batch Behandlung

14.4.3 Wo steht OPC heute?

OPC hat auf Grund der breiten Unterstützung von Software-Herstellern und der großen Akzeptanz seitens der Automatisierungsindustrie die besten Zukunftsaussichten zu einem *de facto*-Industriestandard zu avancieren. Mittlerweile hat sich ein umfassender Markt von OPC-Clients und Servern gebildet. Von Visualisierungssoftware kann heute erwartet werden, dass sie die OPC-Spezifikation unterstützt. Welche Leistung eine Applikation über die OPC-Schnittstelle erzielt, hängt dabei stark von der Qualität der Integration von OPC in das Softwareprodukt ab. Immer mehr herstellerübergreifende Applikationsbeispiele zeigen inzwischen, dass dieser Weg auch recht gut funktioniert: Für den Anwender eine sich kontinuierlich verbessernde Situation, für die Hardware-Lieferanten die Notwendigkeit zur engeren Kooperation.

14.5 Die Bediensysteme der Zukunft

Die Welt der Prozessvisualisierung von morgen wurzelt zunächst in einer in der Gegenwart angelegten Grundrichtung. Wie ist es aber dann um diese gegenwärtige Welt und ihre Grundrichtung bestellt? Die Ansichten und Meinungen gehen da auseinander. Der Fachausschuss 5.33 der VDI/VDE-Gesellschaft für Automatisierungstechnik führte eine Umfrage bei Steuerungsherstellern, Maschinenbauern und Anwendern durch, um die Entwicklungstrends bei Bediensystemen in der Produktionstechnik abschätzen zu können [14.1]. Die Ergebnisse zeichnen ein recht klares Bild der Entwicklungen. Der Trend der Bediensysteme geht eindeutig hin zu Windows-Produkten, wobei große

Windows CE

Erwartungen vor allem in *Windows CE* gesetzt wird. Die Aussagen über Entwicklungswerkzeuge, mit denen zukünftige Benutzeroberflächen erstellt werden, korrespondieren mit den Einschätzungen über

Visual C++
Visual Basic
HTML

die Betriebssysteme. Während *Visual C++* und *Visual Basic* als Entwicklungswerkzeuge für Bedienoberflächen dominieren, bevorzugen Endanwender zunehmend *HTML*. Da heute schon viele betriebliche Informationssysteme auf HTML basieren, soll dieser Standard aus Konsistenzgründen auch auf Bediensysteme übertragen werden.

Weiteren Marktforschungsinstituten zufolge [14.2] wird die Software zum bestimmenden Faktor der Automatisierungslösungen. Waren die Softwareprodukte mehr oder weniger Insellösungen, ändert sich dies radikal: es kommen Softwarebaukästen für die unternehmensweite, durchgängige Datenerhaltung, Projektierung und Programmierung auf den Markt. Die Softwareverbindung zwischen Produktions- und kommerzieller Welt (*SAP/R3*) wird Realität. Funktionen und Erweiterungen aus *Groupware*, *Workflow*, *Data Warehouse* und *Multimedia* halten Einzug in die informationstechnische Fabrikorganisation.

Die Automatisierungstechnik als ein wesentliches Einsatzgebiet für SCADA-Software erlebt derzeit den verstärkten Einzug von Techniken aus der IT-Welt. Es bedarf also keiner prophetischen Fähigkeit zu behaupten, dass die Informationstechnologie auch in Zukunft die Automatisierungstechniker auf Schritt und Tritt verfolgen wird. Doch wie steht es mit dem Nutzen dieser Kommunikationstechnologie für die hiesige Gemeinde? Auch hier sind die ersten Ansätze längst Realität geworden. Heute findet man kaum eine Prozessvisualisierungssoftware, die nicht irgendeine, wenn auch einfache „Remote-Fähigkeit" im Repertoire hat. Schlagworte wie Fernerfassung und –Auswertung, Fernbedienung und –beobachtung charakterisieren diesen Trend. Im Zuge der rasanten Entwicklungen rund um die Internettechnologie war klar abzusehen, dass das Medium *Ethernet* und das Protokoll *TCP/IP* sehr schnell aus dem kommerziellen Bereich in die Automatisierungstechnik überspringen würden. So wird die transparente Integration dieser Technologien in die MSR-Welt und vor allem die Lösung aller noch ausstehenden Echtzeit- und Sicherheitsrelevanten Probleme die größte Herausforderung des neuen Jahrtausends sein.

Ethernet
TCP/IP

14.6 Übersicht: SCADA-Systeme

Die Zahl der auf dem Markt verfügbaren Prozessvisualisierungssysteme ist recht hoch. Entsprechend ist die Spannweite der damit erstellten Anwendungen, aber auch die technologischen Unterschiede. Weltweit schätzt das amerikanische Marktforschungsunternehmen *ARC* den Markt auf unter 400 Mio.$, davon entfällt auf Deutschland nur ein Bruchteil. Hinzu kommt: Die Grenzen zu den benachbarten Welten wie Steuerung auf der unteren Seite und Produktverfolgung auf der oberen Seite verwischen immer mehr [14.3].

Einige SCADA-Produkte für allgemeine Anwendungen unter Windows [14.11] sind unten aufgeführt :

SCADA-Produkt	**Hersteller**
BridgeView	National Instruments
FIX	Intellution
InTouch	Wonderware
Lookout	National Instruments
WinCC	Siemens

Einen recht umfassenden Marktüberblick mit allen technischen Details über Prozessvisualisierungssysteme findet man in [14.9].

Bei den Entwicklungssystemen sind zwei Programmentwicklungsparadigmen sichtbar. Für Standard-MMI/SCADA-Applikationen benötigt man keine Programmierung. Hier wird konventionell mit parametrierbaren Konfigurationsmethoden gearbeitet. Problematisch wird es, wenn eine vorgesehene Funktion in keiner der zur Verfügung stehenden Bibliotheken zu finden ist. Genau hier liegt die eigentliche Stärke der zweiten Programmierungsmethodik, die rein grafisch arbeitet und eine kryptische Skriptensprache überflüssig macht. Der Übersichtlichkeit halber werden beide Programmierparadigmen anhand zweier SCADA-Systeme ausführlich vorgestellt und ihre Vor- und Nachteile gegenübergestellt. Es handelt sich hier um die Systeme *Lookout* [14.8] und *BridgVIEW* [14.6, 14.12] von *National Instruments*.

14.7 Beispiel: Lookout

14.7.1 Konzeption

Applikationsentwicklung ohne Programmierkenntnisse

Die auf eine objektorientierte Architektur aufbauende SCADA-Software Lookout ermöglicht eine schnelle Applikationsentwicklung. Dabei sind keinerlei Programmierkenntnisse erforderlich.

Konfigurieren und Verknüpfen von Objekten

Objektdaten und Objektparameter

Edit Connections

Objektkatalog

Die Applikationsentwicklung in Lookout basiert auf dem *Konfigurieren* und *Verknüpfen* von Objekten. Ob es sich bei dem zu konfigurierenden Objekt um einen Drehknopf, eine Trendanzeige oder auch ein SPS-Protokoll handelt, macht dabei von der prinzipiellen Herangehensweise keinen Unterschied. Jedes Lookout-Objekt besitzt einen Satz so genannter *Objektdaten* (*data members*) und *Objektparameter*, die charakteristisch für das jeweilige Objekt sind. Die Objektparameter beschreiben zum Beispiel das Aussehen eines Schiebereglers aber auch die Kommunikationseinstellungen für ein serielles Datenprotokoll. Die Objektdaten dienen der Kommunikation zwischen den Objekten. Über die Funktion *Edit Connections* (Abbildung 14.3) können Objektdaten miteinander verbunden werden, also zum Beispiel der Ausgabewert des Schiebereglers mit einem analogen Ausgang eines an der seriellen Schnittstelle angeschlossenen *Modbus-SPS*. Der Lookout-*Objektkatalog* beinhaltet eine Vielzahl an Objekten unterschiedlicher Kategorien wie Kalkulation, Steuerung, Anzeige, Protokolltreiber, Logging, Monitoring, Networking, SPC, SQL oder Rezepturverwaltung.

Durch verschiedene Steuerungsobjekte wie PID-Regler kann der Prozess nicht nur überwacht, sondern auch gesteuert werden. Programmierkenntnisse sind für die Erstellung eines Lookout-Projekts nicht nötig. Die Applikation entsteht durch Konfigurationen verschiedener

Objekte in entsprechenden Fenstern. Hilfestellungen erhält der Anwender dabei durch *Explorerfenster* wie den *Connection Browser* und den *Object Explorer* auf welche später genauer eingegangen wird.

Connection Browser und Object Explorer

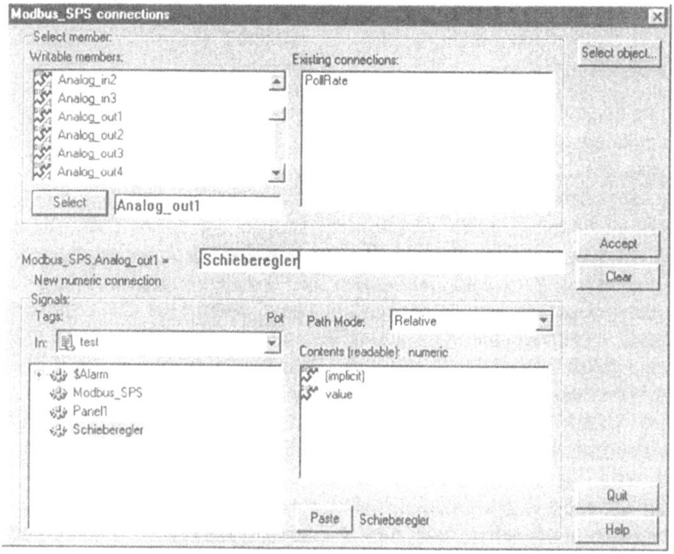

Abbildung 14.3 Mit *Edit Connections* wird der Wert eines Schiebereglers mit einem analogen Ausgang verbunden

Lookout ermöglicht dem Bediener echte *Online-Konfiguration.* Das bedeutet, dass bei laufender Prozesskontrolle von autorisierten Bedienern Änderungen an der Lookout-Applikation vorgenommen werden können. Neu generierte oder veränderte Objekte werden dabei automatisch schrittweise kompiliert und an den laufenden Code angefügt. Ausführverhalten und Datenspeicherung werden dabei nicht beeinträchtigt. Dadurch ist Lookout auch eine flexible Lösung für die Visualisierung und Kontrolle kontinuierlicher Prozesse.

Online-Konfiguration

14.7.2 Leistungsfähigkeit

Lookout zeichnet sich neben seiner einfachen und intuitiven Bedienung vor allem durch die effiziente Nutzung der Rechnerressourcen und damit durch hohe Performance aus. Lookout ist entgegen dem heutigen Trend zu immer umfangreicheren Anwendungen eine sowohl speicherplatz- als auch laufzeitoptimierte Automatisierungslösung. Ereignisgesteuerte Kommunikation und Datenhaltung bilden dafür die Grundlage. Durch die ereignisgesteuerte Architektur ist ein *zyklisches Abfragen (polling)* von Zuständen durch die Lookout-Applikation

zyklisches Abfragen (polling)

überflüssig. Der Wert einer Temperaturanzeige zum Beispiel wird in Lookout erst dann aktualisiert, wenn sich der physikalische Messwert eines über ein Feldbussystem angekoppelten Messfühlers um einen einstellbaren Prozentsatz geändert hat. Da sich in den meisten Prozessen nicht all zu viele Messgrößen gleichzeitig sehr schnell ändern, können mit einem ereignisgesteuerten Ansatz um ein Vielfaches mehr E/A-Größen überwacht werden, als dies mit zyklischem Abfragen möglich wäre.

Leistungsgrenze

Citadel Datenbank

ODBC-Schnittstelle

Zugriffsverfahren

HyperTrend-Objekt

Echtzeitdaten

Die *Leistungsgrenze* von Lookout wird also weniger durch die Anzahl der überwachbaren Punkte bestimmt, als durch deren relative Änderungsgeschwindigkeit. Gleichermaßen ereignisgesteuert erfolgt die Abspeicherung historischer Daten. Lookout greift dazu auf eine *Echtzeitdatenbank (Citadel Datenbank)* zurück, die speziell für diesen Anwendungsbereich entwickelt wurde. Ein zu protokollierender Signalzustand wird nach dem ersten Speichern auch hier erst dann erneut mit passendem Zeitstempel abgelegt, wenn sich der Wert prozentual geändert hat. Von außen her ist die Citadel Datenbank über eine *ODBC-Schnittstelle* zugänglich. Datenmanipulationen sind dabei durch bestimmte Sicherheitsmechanismen allerdings ausgeschlossen. Die Citadel Datenbank speichert historische Prozessdaten in stark komprimierter Form. Dadurch und durch ein geschwindigkeitsoptimiertes *Zugriffsverfahren* sind Schreib- und Leseoperationen bei dieser Datenbank extrem schnell. Diese Eigenschaften der Citadel Datenbank macht sich auch das in Lookout enthaltene *HyperTrend-Objekt* zu Nutze, das sowohl zur Darstellung von *Echtzeitdaten*, als auch für die Recherche in historischen Daten geeignet ist.

14.7.3 Offenheit

DLL-Objekt

SPS

E/A-Modul

PC-basierten Messtechnik

Für den Einsatz einer HMI/SCADA-Anwendung ist es von entscheidender Bedeutung, wie offen das System für die Anbindung an die Außenwelt über unterschiedliche Datenprotokolle ist. Die Liste der dafür in Lookout enthaltenen Treiberobjekte gehört zu den umfangreichsten ihrer Art. Neben *DLL-basierten Schnittstellenobjekten* können *SPSen* und dezentrale *E/A-Module* auch über DDE oder OPC angesprochen werden. Gerade die sich als Standard immer mehr durchsetzende OPC-Kommunikation öffnet Lookout auch für exotische Hardwareanbindungen. Eine Besonderheit verdankt Lookout der jahrzehntelangen Erfahrung von National Instruments auf dem Gebiet der *PC-basierten Messtechnik*. So lassen sich neben klassischen Feldbussystemen und SPSen auch im PC eingebaute Datenerfassungskarten und zugehörige Signalkonditionierungssysteme zur direkten Kommunikation mit Sensoren und Aktoren ansprechen.

14.7.4 Konsequente Vernetzung

TCP/IP-Protokoll

Netzwerkanwendungen in Lookout basieren auf dem *TCP/IP-Protokoll.* Vorhandene Ethernet-Netzwerkstrukturen wie das Intra- oder Internet lassen sich dadurch einfach für verteilte SCADA Applikationen nutzen. Die Kommunikation zwischen Lookout-Clientanwendungen beinhaltet zuverlässige Protokollierung von Echtzeit- und historischen Daten sowie *Alarm-* und *Ereignisbehandlung.* Lookout erkennt dabei selbsttätig Netzwerkunterbrechungen. Nach einer solchen Unterbrechung stellt Lookout die Verbindungen automatisch wieder her und versendet Daten gegebenenfalls erneut. Die Software überwacht aktiv den Netzwerkstatus und generiert im Fehlerfall Alarme, die dem Anwender durch bestimmte Objekte der Bedienoberfläche mitgeteilt werden. Durch die ereignisgesteuerte Kommunikation werden die Netzwerkressourcen optimal und effizient genutzt. So werden Daten von einer Server- an eine Clientanwendung erst dann übermittelt, wenn sich deren Wert geändert hat. Zudem komprimiert Lookout die Daten und nutzt *Queue-Mechanismen,* um so das Netzwerkaufkommen zu reduzieren. Prinzipiell kann jede Station des vernetzten Lookout-Systems sowohl als Client wie auch als Server agieren. Lookout-Stationen, die eher auf der Prozessebene eingesetzt werden, also Rechner, die im direkten Kontakt mit SPSen und verteilten E/A-Systemen stehen, arbeiten hier üblicherweise als Server. Systeme auf der Leitebene können mit Lookout transparent auf die Daten dieser Stationen als Clients zugreifen, ohne dass dafür auf der Serverseite zusätzliche Konfiguration nötig ist. Bei den zu übertragenden Daten kann es sich dabei sowohl um Echtzeit- als auch um historische Daten handeln.

Alarm- und Ereignisbehandlung

Queue-Mechanismen

Jeder autorisierte Teilnehmer im Netz kann auf Ereignisse und Alarme reagieren, wobei das Bestätigen eines Alarms oder Ereignisses global auf alle Netzteilnehmer wirkt.

Mit Lookout können nicht nur beliebig viele Lookout-Clients auf die verschiedenen Prozessdaten zugreifen, sondern auch *Web-Browser* und *OPC-Clients.*

Web-Browser
OPC-Client

Die Sicherheitsmechanismen greifen über das Web genauso wie bei nativen Lookout-Clients. Zudem stellt Lookout für Serveranwendungen Funktionen bereit, den Zugriff nichtautorisierter Clients definiert einzuschränken. OPC-Unterstützung ist integraler Bestandteil von Lookout. Die Software kann nicht nur mit OPC-Servern kommunizieren, sondern auch selbst als OPC-Server Daten bereitstellen. Damit öffnet sich Lookout für die Einbindung in OPC-fähige Softwarepakete anderer Hersteller wie in weitere HMI-, MES oder Datenbankanwendungen.

14.7.5 Visualisierungsmöglichkeiten

In Sachen Bedienkomfort und Übersichtlichkeit kann Lookout mit nützlichen Neuerungen aufwarten. Der Object Explorer zum Beispiel ermöglicht es, aus einer dem Windows-Explorer ähnlichen Objektübersicht einfach per *Drag and Drop* Anzeigeelemente auf die Bedienoberfläche zu ziehen. Dabei gilt dies nicht nur für Objekte auf dem lokalen Rechner, sondern auch für Netzwerkobjekte verteilter Lookout Stationen. Der *Connection Browser* kann die Zusammenhänge und Verbindungen der einzelnen Objekte untereinander übersichtlich darstellen. Dadurch lässt sich die Navigation innerhalb eines Projektes wesentlich vereinfachen (Abbildung 14.4).

Drag and Drop

Connection Browser

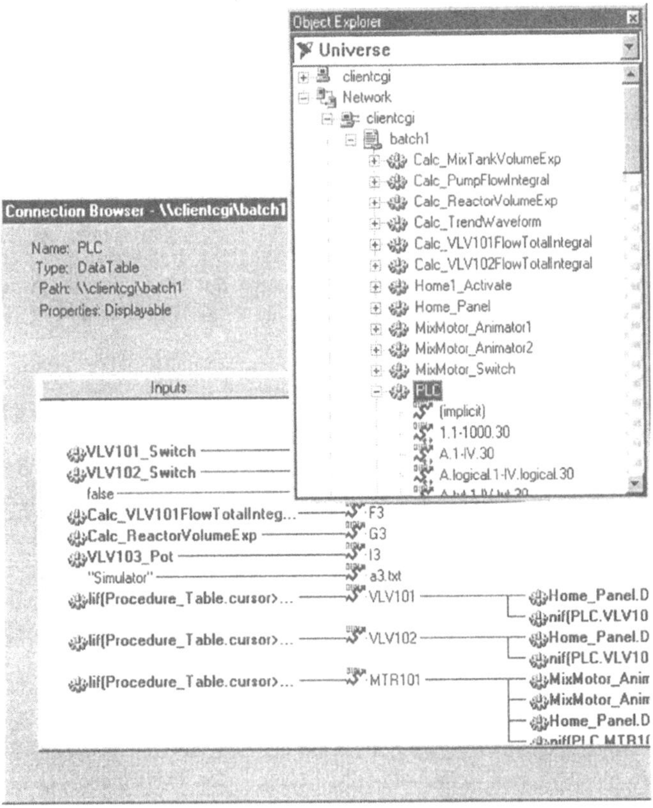

Abbildung 14.4 Der Object Explorer und der Connection Browser erleichtern die Navigation innerhalb von Lookout-Projekten

Ausschlaggebend für die schnelle Applikationsentwicklung ist die Verfügbarkeit einer Objektbibliothek und einer objektorientierten, ereignisgesteuerten Systemarchitektur.

14.8 Beispiel: BridgeView

14.8.1 Einführung

Die Idee der in der grafischen Programmierumgebung LabVIEW [14.6] eingebetteten virtuellen Instrumente in Applikationen der industriellen Automatisierung einsetzten [14.5], führte zu der Entwicklung der LabVIEW-aufwärtskompatiblen Anwendung *BridgeVIEW*. So entstand unter Beibehaltung des LabVIEW-Konzeptes eine grafisch orientierte Umgebung für MMI- und SCADA-Anwendungen, die im Hinblick auf „Costumizing" neue Maßstäbe setzt. BridgeVIEW bringt zum einen eine neue Methode in das industrielle Automatisierungsumfeld und bietet darüber hinaus den Brückenschlag zu der konventionellen, parametrierbaren Konfigurationsmethode - geläufig aus Visualisierungsumgebungen.

14.8.2 Architektur

Client-Server-Architektur

Bei der Konzeption von BridgeVIEW wurde eine *Client-Server-Architektur* zu Grunde gelegt (Abbildung 14.5), was bedeutet, dass auf der obersten Hierarchiestufe die eigentliche Bedienoberfläche (HMI) angesiedelt ist, die vollständig in *G* entwickelt wird. Dazu stehen dieselben Oberflächenelemente wie in LabVIEW und die bereits erwähnten *ISA-Symbole* zur Verfügung.

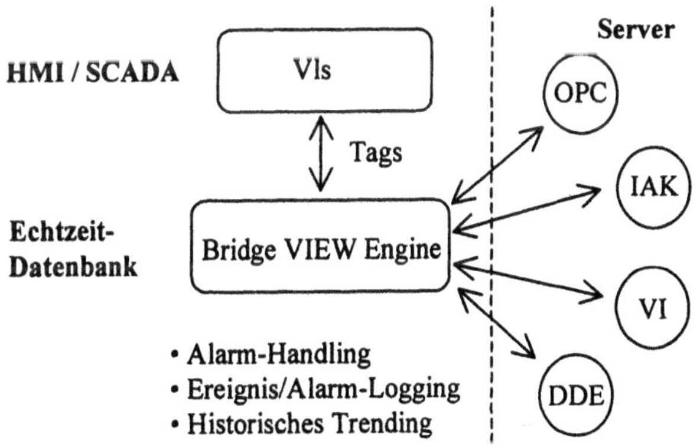

Abbildung 14.5 Client-Server-Architektur von BridgeVIEW

BridgeVIEW-Engine

Als separater Prozess läuft auf der mittleren Ebene die BridgeVIEW-*Engine*, die als das Herzstück von BridgeVIEW bezeichnet werden kann.

Tags

Diese verwaltet eine Echtzeitdatenbank (Citadel), in der sämtliche I/O-Punkte *(Tags)* mit genauer Zeitinformation abgelegt werden. Die Datenbank arbeitet äußerst effektiv, da nur Daten gespeichert werden, die sich innerhalb eines vorher individuell vereinbarten Toleranzbandes geändert haben. Die Engine ermöglicht weiterhin die Skalierung der Prozessdaten sowie die Überwachung und Aufzeichnung von Alarmzuständen. Die Kommunikation zwischen dem übergeordneten HMI-Prozess und der Engine ist als schnelle *DLL-Kommunikation* realisiert.

DLL-Kommunikation

Device-Server

Als Schnittstelle zur eigentlichen Prozesshardware fungieren die *Device-Server*. Diese ermöglichen die Kommunikation mit den verwendeten Schnittstellen und laufen in eigenständigen Threads innerhalb der BridgeVIEW-Engine.

Device-Server können als unterschiedliche Typen realisiert sein:

- OPC (OLE for Process Control)
- VI (vollständig in *G* geschrieben)
- IAK (Industrial Automation Kernel)
- DDE (Dynamic Data Exchange)

DDE-Server

OPC-Server

Die wichtigsten Typen sind die drei Erstgenannten, der DDE-Support wurde aus Gründen der Kompatibilität zu älteren, aber weit verbreiteten *DDE-Servern* realisiert. *OPC-Server* werden in Zukunft die wichtigste Rolle spielen, da mehr und mehr Hersteller von Industrie-Schnittstellen ihre Treiber in Form von standardisierten OPC-Servern zur Verfügung stellen.

VI-Server

Device-Server

VI-Server hingegen sind vor allem dann interessant, wenn es darum geht, eigene oder bereits verfügbare Hardware in BridgeVIEW einzubinden. Die Entwicklung ist sehr einfach und erlaubt auch Anwendern mit mittelmäßiger Erfahrung in der grafischen Programmierung schnell zu lauffähigen Ergebnissen zu kommen. Auch können auf diese Art Programme, die bereits für LabVIEW entwickelt wurden, als *Device-Server* in BridgeVIEW wieder verwendet werden. BridgeVIEW stellt somit das einzige auf dem Markt verfügbare HMI/SCADA-System dar, in dem Server und HMI mittels der gleichen Methodik entwickelt werden können.

C++ DLL

Die dritte Möglichkeit eines Servers sind die IAK-Server, die auf *C++ DLLs* basieren. Diese DLLs sind multithreadingfähig und müssen einer exakten Struktur entsprechen. Sie können mit Hilfe eines speziellen Server Development Kits entwickelt werden, das in Verbindung mit einem C++ Compiler verwendet werden muss.

Server Explorer

Registrierdatenbank CCDB

Die Server werden in einem speziellen Konfigurations-Utility, dem *Server Explorer*, konfiguriert (Abbildung 14.6). Darin werden alle Kommunikationsdetails wie Pollrate, Verhalten im Fehlerfall usw. eingestellt. Sämtliche Einstellungen der Server werden dann in einer *Registrierdatenbank* (CCDB - *Common Configuration Database*) gespeichert und stehen im Anschluss daran BridgeVIEW zur Verfügung.

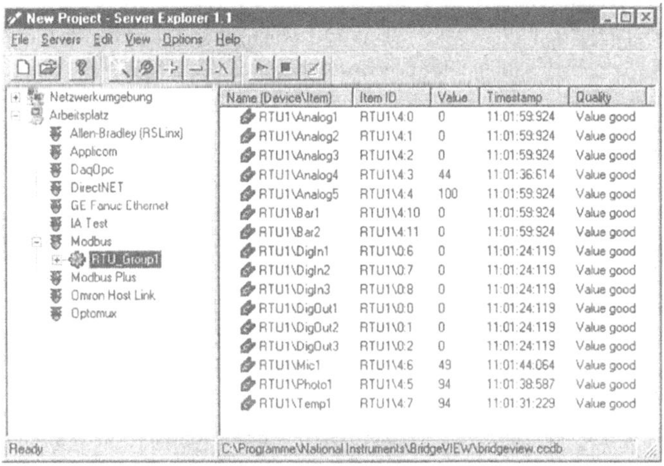

Abbildung 14.6 Konfiguration von IA- und OPC-Servern im Server-Explorer

Input- und Output-Queue

Wichtig in diesem Zusammenhang ist die Tatsache, dass die Kommunikation zwischen den verschiedenen Device-Servern und der Engine ereignisgesteuert abläuft. Zwischen den beiden Threads besteht je eine *Input- und Output-Queue*, über die Daten zur Weiterverarbeitung ausgetauscht werden. Für die Gesamtapplikation bedeutet dies, dass auch Systeme mit extrem vielen I/O-Punkten parallel abgearbeitet werden können.

14.8.3 Erstellung einer BridgeVIEW-Applikation

Die Entwicklung einer BridgeVIEW-Applikation erfolgt nach der Konfiguration der Server in zwei Schritten:

- Konfiguration der Tags (I/O-Punkte)
- Erstellung des Prozessablaufes und der Benutzeroberfläche

Konfiguration der Tags

Die *Konfiguration der Tags* wird in einem speziellen, in BridgeVIEW fest integrierten Editor vorgenommen. Bei diesem Schritt werden die in der CCDB-Datenbank enthaltenen I/O-Punkte, die von den Servern bereitgestellt werden, mit Tags verbunden, die von der BridgeVIEW

Engine verwaltet werden können. Startet später zur Laufzeit die Engine, wird die Konfigurationsdatei gelesen und die Überwachung der Tags und Alarme beginnt.

Einstellungen der Tags

Die *Einstellungen der Tags* können über strukturierte ASCII-Dateien importiert und exportiert werden, so dass auch die Erstellung von Tag-Listen in externen Editoren möglich ist. Dabei existieren in Bridge-VIEW keinerlei Beschränkungen, was die Anzahl der möglichen Tags anbelangt.

Nach Konfiguration der Tags ist die Entwicklung der Benutzerschnittstelle der nächste Schritt. Die Erstellung findet dabei parallel auf zwei Ebenen statt – der eigentlichen Oberfläche, die der Bediener zur Laufzeit des Programms sieht und dem *G*-Steuerprogramm. Eine Beispielapplikation ist in Abbildung 14.7 dargestellt.

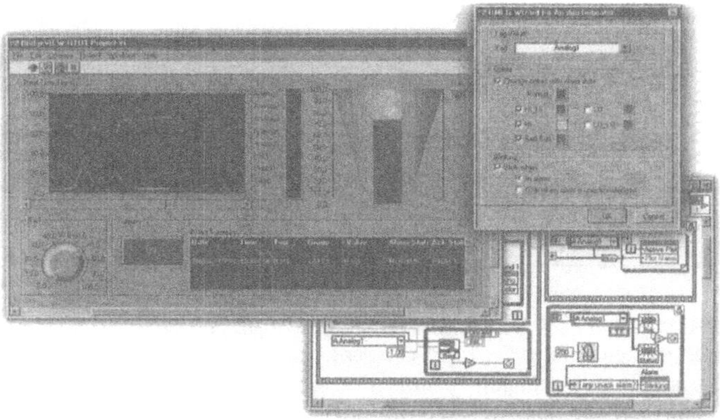

Abbildung 14.7 Erstellung einer BridgeVIEW-Applikation mittels HMI *G*-Wizard

Derartige Panels können sehr komplex realisiert werden, sollen sie doch den tatsächlichen Prozessablauf möglichst real abbilden. Dafür werden vielfältige Bedienelemente, Symbole und Dekorationselemente mitgeliefert, es können aber auch eigene Elemente in Form von Bilddateien importiert werden.

Die Verbindung der Elemente auf dem HMI und dem dahinter liegenden Diagramm sowie zu den vorher definierten Tags erfolgt nun in BridgeVIEW mit dem sog. HMI-*G*-Wizard. Dieser Schritt erfolgt sehr einfach, indem intuitive Dialogboxen ausgefüllt werden. Darin kann das Verhalten im Fehlerfall beeinflusst werden, z.B. durch Zuweisung von Attributen wie Blinken oder ein Farbumschlag. Der Wizard erstellt vollautomatisch das entsprechende Blockdiagramm, das bei eventuell nötigen Änderungen (z.B. Änderung der Alarmkonditionen) auch wieder automatisch angepasst wird. Der Wizard bedient sich spezieller, in BridgeVIEW neu definierter ereignisgesteuerter VIs, mit denen Daten nur dann zwischen HMI und Engine ausgetauscht werden, wenn das entsprechende Ereignis (z.B. Wertänderung) eingetreten ist. Dies ist eine wesentliche Grundlage für die Fähigkeit BridgeVIEWs, auch mit einer großen Anzahl I/O-Punkten zusammenzuarbeiten. Die Tatsache, dass der HMI-G-Wizard echte *G*-Diagramme erzeugt, erlaubt dem Entwickler auch im Nachhinein noch Modifikationen im Programmablauf vorzunehmen.

Trendgrafiken

Real-Time-Trends

Historical Trends

Historical Trend Viewer

Bei der Darstellung von Prozessabläufen ist die Visualisierung der Daten in sog. *Trendgrafiken* sehr bedeutsam. In BridgeVIEW stehen deshalb die von LabVIEW her bekannten Graphen sowie spezielle *Real-Time-Trends* und *Historical Trends* zur Verfügung. Zur Wiedergabe bereits erfasster und in der Echtzeitdatenbank hinterlegter Daten, gibt es den sog. *Historical Trend Viewer*, mit dem Daten, mit exaktem Zeitstempel versehen, in ihrem historischen Kontext betrachtet werden können. Er erlaubt auch die Darstellung von Daten völlig unabhängig davon, ob zeitgleich ein HMI oder die BridgeVIEW Engine laufen. Ein weiteres wesentliches Merkmal BridgeVIEWs ist die Möglichkeit Alarmprioritäten festzulegen, sowie die Tatsache, dass Alarmzustände mit anderen Systemereignissen zur Laufzeit automatisch in der Echtzeitdatenbank gespeichert werden.

Bei vielen Applikationen bestehen sehr große Sicherheitsanforderungen im Sinne einer Benutzerverwaltung. Häufig müssen mehrere Anwender ein und dieselbe Applikation bedienen, dürfen aber nur je nach Berechtigung vereinbarte Programmodule bearbeiten. In BridgeVIEW gibt es deshalb die Möglichkeit, den jeweiligen Anwendern bis zu 256 verschiedene Berechtigungsebenen zuzuordnen. So lassen sich je nach eingeloggten Benutzern bestimmte Programmteile, z.B. der Tag Configuration Editor oder der Historical Trend Viewer sperren oder nur eingeschränkt nutzbar machen.

14.8.4 Zukunftsweisende Technologien

Multithreading-Umgebung

ActiveX-Container

Eine der wichtigsten technologischen Neuerungen ist die vollständige Implementierung BridgeVIEWs als *Multithreading-Umgebung*. Das bedeutet für den Anwender zunächst einmal eine deutlich verbesserte Stabilität des Gesamtsystems und für den Fall, dass ein Multiprozessorsystem unter Windows NT verwendet wird, kann auch ein deutlicher Leistungsgewinn zu verzeichnen sein. Zu den weiteren Neuerungen zählt weiterhin die volle Unterstützung von Microsoft's ActiveX-Technologie. Dazu gehört ein *ActiveX-Container*, in dem Softwaremodule von Drittanbietern in Form von ActiveX-Controls eingebettet werden können, aber auch ein ActiveX-Automation-Server, über den

BridgeVIEW vollständig von anderen Applikationen ferngesteuert werden kann.

Hinzu kommen weitere Werkzeuge, die eine eventuelle Übersetzung des HMI in verschiedene Sprachen und die Erstellung der Gesamtdokumentation erheblich vereinfachen. Sämtliche verwendete Texte können einfach in eine strukturierte Textdatei exportiert und ggf. übersetzt wieder importiert werden - das Ganze funktioniert auch programmatisch zur Laufzeit. Die Erzeugung von Online-Hilfen und Benutzerhandbüchern wird somit erleichtert, da alle Panels, Diagramme, Kommentare usw. einfach in eine RTF- oder HTML-Datei ausgegeben werden können. Auf Wunsch erzeugt BridgeVIEW sogar gleich ein komplettes Projekt für den Microsoft-Help-Compiler.

14.8.5 OPC-Server und –Client Fähigkeiten

BridgeVIEW kann sowohl als OPC-Client als auch OPC-Server eingesetzt werden, was bedeutet, dass andere OPC-Clients über das OPC Browse Interface auf die in BridgeVIEW konfigurierten I/O-Punkte (Tags) zugreifen können. Da in BridgeVIEW nicht nur physikalisch vorhandene I/O Punkte als Tags konfiguriert werden können, sondern auch so genannte Memory Tags, die beliebige Daten enthalten können, lässt sich eine BridgeVIEW-Station auch dazu nutzen, Ergebnisse von z. B. Datenerfassung oder Bildverarbeitung für übergeordnete OPC-Clients komfortabel verfügbar zu machen.

14.8.6 Toolboxen

Für *G* allgemein gibt es eine Vielzahl von Erweiterungspaketen, mit denen spezielle Aufgabenstellungen schneller oder einfacher realisiert werden können. Stellvertretend seien an dieser Stelle vor allem das

PID-Toolkit

PID-Toolkit genannt, mit dem sich einfach Regler implementieren lassen. Es umfasst neben Standard-PID-Algorithmen auch einen Autotuning-Algorithmus.

Fuzzy-Control-Toolkit

Mit dem *Fuzzy-Control-Toolkit* können solche Prozesse leichter gesteuert werden, die nur schwer mathematisch beschreibbar sind. Es bietet eine grafische Benutzeroberfläche zum interaktiven Design von Fuzzy-Sets.

SPC-Toolkit

Für Anwendungen in der Qualitätssicherung ist das *SPC-Toolkit* verfügbar, das online eine Aussage über die Leistungsfähigkeit des Prozesses erlaubt. Es bietet Funktionen zur Prozessfähigkeitsanalyse, Paretoanalyse und Qualitätsregelkarten. Zur Anbindung an externe

SQL-Toolkit

Datenbanken dient das *SQL-Toolkit*, das neben einfachem Abspeichern der Prozessdaten in Datenbanken auch Anwendungen mit komplexen SQL-Abfragen zulässt.

Mittels grafischer Programmierung können auch komplizierte numerische und symbolische Problemstellungen sowie Simulationsaufgaben realisiert werden. Speziell dafür wurden die beiden *Toolkits Control and Simulation* und *GMath* entwickelt.

Toolkit Control and Simulation

GMath umfasst ausschließlich in *G* entworfene Algorithmen zur Lösung von Differenzialgleichungen und Optimierungsaufgaben. Es enthält einen Formelparser, der die Eingabe von mathematischen Termen direkt auf der Oberfläche von BridgeVIEW oder LabVIEW zulässt. Die Stärke des Simulationstoolkits liegt vor allem darin, dass ein Ergebnis einer Simulation unmittelbar durch Einbindung entsprechender Funktionsaufrufe mit Ergebnissen aus der realen Welt verglichen werden kann.

GMath-Toolkit

Weitere Toolboxen gibt es für die *Bildverarbeitung*, für die Integration verschiedener *Internetdienste*, z.B. HTTP, FTP oder E-Mail, sowie ein Toolkit zum *Projektmanagement* der Entwicklung im Team.

14.9 Schlussfolgerungen

Die rasche Entwicklung der PC-Technologien löste einen interdisziplinären Wandel in allen Bereichen der Technik aus, dessen Folgewirkungen und Ausmaß mit der industriellen Revolution zu vergleichen sind. In der industriellen Automatisierungstechnik führte diese Entwicklung zu einer neuen Generation von Mensch-Maschine-Schnittstellen. Statt Speziallösungen geht der Trend der letzten Jahre kontinuierlich in Richtung Standard-PC-System.

Für die Wahl eines geeigneten PC-basierten Softwaresystems zur Visualisierung, Datenerfassung und –steuerung zahlt sich eine kritische Auseinandersetzung mit den Grundmerkmalen und Besonderheiten der am Markt gebotenen Systeme aus.

Der Einsatz einer HMI/SCADA-Entwicklungsumgebung wie BridgeVIEW mit der Flexibilität der grafischen Programmierung in Verbindung mit Standard-PCs und -Betriebssystemen wie Windows NT eröffnet einen Weg, um die Kostenaufwendungen für den laufenden Betrieb zu reduzieren.

Dieser ganzheitliche Einsatz wird heute von Anwendern wie Herstellern gleichermaßen angestrebt, um Anwendungen auf Industriestandards, auf Standard-Computern und -Betriebssystemen, die in allen Bereichen, von der Entwicklung über die Produktion bis hin zu Test und Service Verwendung finden, zu realisieren.

14.10 Literatur

[14.1] Eissler, R.; Zühlke, D.: *Das Bediensystem von morgen.* In: Computer & Automation, Weka-Verlag, 1998

[14.2] Happacher, M.: *Ein neues Kapitel.* In: Elektronik, Weka-Verlag, H.6, 1997

[14.3] Heinze, R.: *Hart umkämpft–Der SCADA-Markt in Deutschland.* In: Open Automation, VDE-Verlag, H.1, 1999

[14.4] Jamal, R.; Heinze, R.: *Virtuelle Instrumente in der Praxis – Automation,* Begleitband zum Kongress VIP'98, VDE-Verlag, Berlin/Offenbach, 1998

[14.5] Jamal, R.; Heinze, R.: *Virtuelle Instrumente in der Praxis – Automation.* Begleitband zum Kongress VIP'2000, VDE-Verlag, Berlin/Offenbach, 2000

[14.6] Jamal, R.; Pichlik, H.: *LabVIEW - Programmiersprache der vierten Generation.* 2. Auflage, Prentice Hall Verlag, 1999

[14.7] Jamal, R.; et al.: *OPC in der Praxis.* VDE-Verlag, Berlin/Offenbach, 1999

[14.8] Klier, J; Krieg, C.: *Lookout 4.0.* In: SPS, H.8, 1999

[14.9] *Marktübersicht Prozeßvisualisierungssysteme.* In: SPS Magazin, Ausgabe 8/9, 1999

[14.10] Schagginger, M.: *MMI – Die Kriterien von A bis Z.* In: Computer & Automation, Weka-Verlag, H.4, 1999

[14.11] Schnell, G; Keim, V.: *Prozeßvisualisierung unter Windows.* Vieweg-Verlag, Braunschweig/Wiesbaden, 1999

[14.12] Vogel, M.: *Doppelt grafisch Programmiert I und II.* In: Elektroautomation, H.8, 9, 1998

Kapitel 15

Sicherheitsgerichtete Automatisierungs-technik

von Lothar Litz

15.1 Einführung

Die Automatisierungstechnik verfolgt stets mehrere Ziele. Die Qualität eines Produktes, die Flexibilität der Produktion, die Wirtschaftlichkeit von Produkt und Produktion sind derartige Ziele. Werden sie nicht oder nur ungenügend erreicht, führt dies in der Regel zu finanziellen Einbußen für Hersteller oder Betreiber. Deutlich schwerwiegendere Konsequenzen kann es haben, wenn ein anderes Automatisierungsziel nicht oder unzureichend erreicht wird: die *Sicherheit*. Mangelnde Sicherheit bedeutet unzulässig hohe Gefahren für die Gesundheit, für Leib und Leben bzw. für die Umwelt und kann leicht zu entsprechenden Schäden führen. Die Verhinderung solcher Schäden bzw. die Verringerung des Schadensausmaßes ist generelles Ziel der *Sicherheitstechnik*. Die sicherheitsgerichtete Automatisierungstechnik ist Teil der Sicherheitstechnik. Sie ist niemals der alleinige Garant für die Sicherheit eines Prozesses, z.B. eines chemischen Produktionsprozesses, oder eines Produktes, z.B. eines Autos oder eines Flugzeuges. Sie hat vielmehr als einer von mehreren ihren Anteil daran. Die Bedeutung dieses Anteils nimmt seit Jahren stetig zu und wird dies auch in Zukunft tun.

Sicherheit

Ziele der Sicherheitstechnik

Ziel der sicherheitsgerichteten Automatisierungstechnik ist eine Automatisierungslösung im Sinne einer Steuerung, einer Regelung oder einer Überwachung, im Sinne von Dingen also, die auch in den anderen Kapiteln dieses Buches behandelt werden. Allerdings muss diese Lösung nun alle speziellen Aspekte der Sicherheitstechnik berücksichtigen. Genau um diese speziellen Aspekte geht es in diesem Kapitel. Bezüglich der Grundlagen einer Regelung, einer Steuerung bzw.

einer Überwachung sei auf die betreffenden Kapitel (Kapitel 1 bis 4, 11, 13) verwiesen.

Die Fortentwicklung der sicherheitsgerichteten Automatisierungstechnik war in der Vergangenheit eindeutig praxisgetrieben. In einzelnen technischen Anwendungsfeldern haben sich spezielle technische Lösungen herausgebildet. Vergleicht man diese Lösungen, so stellt man viele Gemeinsamkeiten, durchaus aber auch einige Unterschiede fest. Diese haben meist mit der Einführung neuer Technologien zu tun, die auf einzelnen Feldern unterschiedlich rasch erfolgt. Ein Beispiel ist der Einsatz programmierbarer Systeme und damit von Software. Außerdem stellt man fest, dass nicht einmal alle wichtigen Begriffe in der selben Bedeutung verwendet werden.

Die Vereinheitlichung der Begriffsbildung ist daher auch ein Anliegen dieses Kapitels. Die Nomenklatur orientiert sich dabei an [15.1]. Neuere Zusammenfassungen zu der hier behandelten Thematik findet man z.B. in [15.2, 15.3].

Der Aufbau dieses Kapitels ist folgendermaßen: Das Verständnis jeder Art von Sicherheitstechnik - damit auch das der sicherheitsgerichteten Automatisierungstechnik - ist nicht ohne die Kenntnis von Gesetzen, Verordnungen und Richtlinien möglich. Im nächsten Abschnitt wird darauf näher eingegangen. Im dritten Abschnitt werden dann die sicherheitstechnischen Grundbegriffe, unter denen der Risikobegriff eine zentrale Rolle spielt, näher erläutert. Methoden zur Risikoanalyse werden anschließend beleuchtet. Schließlich wird der Zusammenhang zwischen den Begriffen Sicherheit, Zuverlässigkeit und Verfügbarkeit untersucht. Die Verfügbarkeit ist ein wichtiger Schlüssel zur mathematischen Behandlung des Problems. Spezielle Betrachtungen sind dann noch nötig, um den Umgang mit der Software sowie die aktive Einbindung des Menschen (Mensch als Bediener, Planer, Instandhalter) zu berücksichtigen.

15.2 Gesetze, Verordnungen, Richtlinien

Wohl kein anderer Bereich der Automatisierungstechnik wird derart stark durch Gesetze, Verordnungen und Richtlinien bestimmt wie die sicherheitsgerichtete Automatisierungstechnik. Dies erklärt sich aus dem vorrangigen Ziel der Sicherheitstechnik, Leib und Leben einzelner Individuen bzw. der Allgemeinheit zu schützen.

Folgende Gruppen verfolgen dieses Ziel: der Staat selbst, verschiedene gesellschaftliche Gruppierungen (z.B. VDE, VDI, Versicherungen) und natürlich die einzelnen Betreiber von Anlagen (z.B. zur Beförderung von Personen, zur Produktion von Gütern) bzw. die Hersteller von solchen Produkten (z.B. von Autos, Flugzeugen, medizinischen Geräten), von denen eine Gefahr ausgehen kann.

Der *Staat* hat - letztlich hergeleitet aus dem Artikel 2, Absatz 2 des Grundgesetzes (Recht auf körperliche Unversehrtheit) - eine Reihe von Gesetzen und Verordnungen erlassen. Manchen Verordnungen hat der Staat selbst Technische Regeln zugeordnet. Aussagen zu automatisierungstechnischen Einrichtungen machen z.B. das Bundes-Immissionsschutzgesetz (BImSchG), das Wasserhaushaltsgesetz (WHG), das Gerätesicherheitsgesetz (GSG), das Atomgesetz (AtG) und das allgemeine Eisenbahngesetz. Beispiele für Verordnungen sind: Störfall-Verordnung (12. Verordnung zur Durchführung des BImSchG), ferner die folgenden das GSG betreffenden Verordnungen: Aufzugsverordnung (AufzV) mit den TRA (Technische Regeln für Aufzuganlagen), Dampfkesselverordnung (DampfkV) mit den TRD (Technische Regeln für Dampfkessel), Druckbehälterverordnung (DruckbehV) mit den TRB, TRG (Technische Regeln für Druckbehälter, Druckgase), Medizingeräteverordnung (MedGV). Zum WHG gehört die Verordnung über brennbare Flüssigkeiten (VbF mit TRbF) und zum Eisenbahngesetz die Eisenbahnbau- und -betriebsordnung (EBO).

Staat

Gesetze

Verordnungen

Es ist klar, dass die Nichteinhaltung von Gesetzen und Verordnungen sowohl haftungs- als auch strafrechtliche Konsequenzen haben kann. Haftungsfragen sind teilweise in den zitierten Gesetzen selbst, z.B. im §22 WHG oder in den §§25-39 AtG, teilweise in eigenen Gesetzen geregelt: Produkthaftungsgesetz (ProdHaftG), Umwelthaftungsgesetz (UmweltHG), Bürgerliches Gesetzbuch (BGB). Strafrechtliche Konsequenzen regelt das Strafgesetzbuch (StGB). Ein Straftatbestand setzt die rechtswidrige und schuldhafte Schädigung, zumindest aber Gefährdung von Menschen oder Umwelt voraus. Leichtere und nicht von kriminellem Verhalten geprägte Gesetzesverstöße, insbesondere ein Nichtbeachten von Gesetzen und Verordnungen ohne oben genannte Gefährdung, können eine mit Bußgeld sanktionierte Ordnungswidrigkeit darstellen. Derartige Tatbestände sind z.B. in den Gesetzen selbst (BImSchG, WHG) geregelt. Eine kompakte Zusammenstellung von einigen der eben zitierten Gesetze und Verordnungen (z.B. BImSchG, WHG, AtG, UmweltHG) findet man in [15.4].

Zu den *gesellschaftlichen Gruppierungen* in staatlicher oder privater Trägerschaft gehören der VDI, der VDE, das DIN, die Berufsgenossenschaften, Versicherungsgesellschaften, die technischen Überwachungsvereine, die NAMUR u.a.. Diese erstellen Normen, Richtlinien, Empfehlungen, juristisch oft als "technische Norm" bezeichnet. Rechtlich bindend sind diese, wenn sie etwa in Gesetzen und Verordnungen direkt zitiert sind. Sie sind dadurch "anerkannte Regeln der Technik". Ansonsten ist ihre Beachtung zunächst nicht zwingend.

gesellschaftliche Gruppierungen

Dennoch stellen sie auch in diesen Fällen "allgemein anerkannte Regeln der Technik" dar. Man könnte eine Aufgabe zwar auch technisch anders, aber gleichwertig lösen. Eine Nichtbeachtung kann aber zum Vorwurf führen, Leben und Gesundheit anderer zu gefährden und kann so leicht schwerwiegende haftungsrechtliche Folgen haben. Dies ist dann der Fall, wenn etwa der Nachweis der Gleichwertigkeit nicht geführt wurde oder nicht gelingt. Im Schadensfall wird dies in der Regel zu einer Verschuldenshaftung führen, die neben haftungsrechtlichen auch strafrechtliche Konsequenzen hat.

Anlagenbetreiber

Beispiele für *Betreiber von Anlagen* sind die Deutsche Bahn AG, Fluggesellschaften, Kraftwerksbetreiber, Betreiber von Chemieanlagen, Bergwerken usw. Hier existieren eine Vielzahl von internen Richtlinien, so genannten Werksrichtlinien, die sich die Betreiber aus Eigenverantwortung selbst gegeben haben. Ähnlich sieht es bei den

Produkthersteller

Herstellern automatisierter Produkte aus, wenn von diesen Produkten - z.B. Automobilen, Flugzeugen, medizinischen Geräten - eine Gefahr ausgehen kann. Auch hier existiert eine Vielzahl interner Richtlinien. Diese internen Richtlinien basieren auf den übergeordneten Richtlinien, Verordnungen und Gesetzen und präzisieren deren Inhalte in Bezug auf spezielle Anwendungen.

In der Regel nimmt der Grad der Präzisierung von den Gesetzen und Verordnungen über die Normen, Richtlinien und Empfehlungen zu den internen Richtlinien zu. Als Beispiele seien hier genannt: das AD-Merkblatt A6 [15.5] und die Richtlinie VDI/VDE 2180 [15.6]. Das Merkblatt wurde von der aus sieben Verbänden bestehenden "Arbeitsgemeinschaft Druckbehälter" erarbeitet und macht sehr konkrete Aussagen zu automatisierungstechnischen Einrichtungen an Druckbehältern. Die VDI/VDE 2180 behandelt recht ausführlich allgemeine Grundsätze zur Sicherung von Anlagen der Verfahrenstechnik mit Mitteln der Prozessleittechnik.

Allgemein gilt, dass Gesetze, Verordnungen und Richtlinien in den seltensten Fällen bereits die fertige Problemlösung beschreiben. Sie geben vielmehr - von Fall zu Fall mehr oder weniger eng - den Rahmen vor, innerhalb dessen sich die Lösung bewegen muss. Damit verbleibt dem Automatisierungsingenieur ein Gestaltungsspielraum. Um ihn zu nutzen, müssen ihm die grundlegenden sicherheitstechnischen Begriffe, deren Bedeutung sowie der Umgang damit geläufig sein.

15.3 Grundbegriffe der Sicherheitstechnik

15.3.1 Allgemeines

Im Zentrum der Begriffswelt steht der Begriff der "Sicherheit" selbst, der untrennbar mit demjenigen des "Risikos" verbunden ist. Absolute Sicherheit würde Freisein von jeglichem Risiko bedeuten. In der Technik wie im gesamten Leben ist dies nicht zu erreichen. Technisch und ökonomisch möglich ist es lediglich, das Risiko auf ein vertretbar kleines Maß zu begrenzen.

Um den Sicherheitsbegriff zu erläutern, benötigt man insgesamt ein Begriffsgebäude aus den folgenden aufeinander aufbauenden Begriffen:

- Schaden,
  - Risiko,
    - Grenzrisiko,
      - Sicherheit,
        - Gefahr,
          - Schutz.

Dieses Begriffsgebäude ist durch Diskussion vieler Fachleute aus unterschiedlichen Anwendungsbereichen in mehreren Stufen ab 1970 entstanden und in DIN/VDE *31000 T2* [15.7] genormt. Wörtliches Zitieren aus dieser Norm ist in Kapitel 15.3 durch Einfügen in Anführungszeichen gekennzeichnet. Norm 31000 T2

15.3.2 Schaden

Hierunter versteht man nach der Norm 31000 T2 einen

„Nachteil durch Verletzung von Rechtsgütern auf Grund eines bestimmten technischen Vorganges oder Zustandes.“

Letztlich ist es der Schadensbegriff, der die Anwendungsbereiche der Sicherheitstechnik definiert. Je weiter er gefasst wird, desto weiter wird das Gebiet der Sicherheitstechnik. Auf jeden Fall betrachtet werden Schäden für Leib und Leben von Menschen (Rechtsgut Gesundheit). Den gleichen Stellenwert nehmen inzwischen Schäden für die Umwelt ein, was in den neueren Normen, z.B. in der DIN V 19250 [15.8], entsprechend berücksichtigt ist. Prinzipiell schließt der Schadensbegriff auch wirtschaftliche Schäden (Rechtsgut Eigentum) mit ein, auch wenn diese Bedeutung oft in den Hintergrund tritt und nicht in allen Werken, z.B. nicht in [15.8], durchgängig betrachtet wird. Zur Verhinderung wirtschaftlicher Schäden ohne damit verbundenen Personen- und Umweltschäden bestehen überdies kaum gesetzliche, sondern meist nur versicherungstechnische Reglementierungen.

15.3.3 Risiko

Der Begriff des Risikos wird in [15.7] durch eine zusammenfassende „Wahrscheinlichkeitsaussage beschrieben, die:

- die zu erwartende Häufigkeit des Eintritts eines zum Schaden führenden Ereignisses und
- das beim Ereigniseintritt zu erwartende Schadensausmaß berücksichtigt.“

Risiko
Schadenseintritt
Schadensausmaß

Nach dieser Definition könnte man - zumindest im Spezialfall - daran denken, *Risiko* (R) mathematisch als Produkt einer relativen Häufigkeit für den *Schadenseintritt* (H) und eines Erwartungswertes für das *Schadensausmaß* (S) zu quantifizieren:

$$R = H \cdot S \, . \tag{15.1}$$

Teilrisiko

Dieser Risikobegriff wird am ehesten der Risikoauffassung im Versicherungswesen gerecht. Stellt man nämlich ein *Teilrisiko* R_i (in DM/Jahr) gemäß

$$R_i = W_i \cdot S_i \tag{15.2}$$

mit W_i als Wahrscheinlichkeit des Eintretens eines Schadens pro Jahr und mit S_i als Erwartungswert für das Schadensausmaß in DM dar, dann muss die Prämiensumme pro Jahr größer als die Summe aller Teilrisiken in Gl. (15.2) sein. In vielen Fällen ist eine Darstellung nach Gl. (15.1) jedoch nicht möglich, so dass Risiko in diesem Sinne eher qualitativ als quantitativ zu verstehen ist.

15.3.4 Grenzrisiko

Es „ist das größte noch vertretbare Risiko. Im Allgemeinen lässt sich das Grenzrisiko nicht quantitativ erfassen. Es wird in der Regel indirekt durch sicherheitstechnische Festlegungen beschrieben.“ [15.7]

Sie folgen aus der Gesamtheit aller im Einzelfall anzuwendenden Gesetze, Verordnungen, allgemeinen und Werks-Richtlinien, Technischen Regeln usw.. Diese legen das Grenzrisiko implizit fest. Man beobachtet seit geraumer Zeit, dass das Netz dieser Festlegungen zum einen stets dichter wird und dass die einzelnen Festlegungen stets schärfer werden. Dies bedeutet, dass das Grenzrisiko keine zeitlich konstante Größe ist, sondern sich zu immer kleineren Werten hin verschiebt. Letztlich ist das Grenzrisiko eine Funktion des technisch-wissenschaftlichen Könnens und des wirtschaftlich Machbaren. Für Betreiber von Anlagen, die viele Jahre in Betrieb sind, können daraus Nachrüstpflichten für die sicherheitsgerichtete Automatisierungstechnik folgen.

15.3.5 Gefahr und Sicherheit

„Gefahr ist eine Sachlage, bei der das Risiko größer als das Grenzrisiko ist. Sicherheit ist eine Sachlage, bei der das Risiko nicht größer als das Grenzrisiko ist." (Die Norm 31000 T2, [15.7])

Der Zusammenhang zwischen den letzten vier Begriffen ist in Abbildung 15.1 verdeutlicht.

Abbildung 15.1 Risikogerade mit den Grundbegriffen nach [15.7]

Die Lage links oder rechts des Grenzrisikos entscheidet nach Abbildung 15.1 über die Zugehörigkeit zu einem der beiden Bereiche „Sicherheit" und „Gefahr". Da die Definition des Grenzrisikos implizit über die sicherheitstechnischen Festlegungen geschieht, wird das Problem zwangsläufig dahin verlagert. Der Punkt wird im Abschnitt 15.5 wieder aufgegriffen.

15.3.6 Schutz

„Schutz ist die Verringerung des Risikos durch Maßnahmen, die entweder die Eintrittshäufigkeit oder das Ausmaß des Schadens oder beide einschränken" [15.7].

Diese Definition könnte es nahe legen, jede Regelung in einem Prozess oder einem technischen Gerät als Schutzmaßnahme anzusehen, wenn sie nur irgendwie hilft, die Eintrittshäufigkeit eines Schadens *oder dessen Ausmaß einzuschränken*. Eine derart enge Sichtweise würde einerseits deutliche Einschränkungen für die Flexibilität der

Prozessführung bzw. für die Optimierung eines Prozesses bedeuten, andererseits ist sie aus Sicherheitserwägungen auch nicht notwendig. In fast allen Fällen kann deutlich zwischen solchen Automatisierungseinrichtungen unterschieden werden, die der Sicherheit dienen, und solchen, die vorrangig Ziele wie Wirtschaftlichkeit, Qualität, Durchsatzerhöhung, Komfort usw. verfolgen. Letzteres sind die Ziele des Normalbetriebes. Das nächste Kapitel verdeutlicht diese Sichtweise.

15.4 Automatisierungs- und Schutzeinrichtungen

Automatisierungseinrichtungen sind alle notwendigen technischen Einrichtungen, welche die gewünschten Funktionen wie das Regeln, das Steuern, das Überwachen usw. erbringen. Dies umfasst Stromversorgung und Signalübertragung ebenso wie Sensoren, Aktuatoren, Regelgeräte, Prozessleitsysteme und vieles mehr. Automatisierungstechnische Schutzeinrichtungen sind ein spezieller Teil der Automatisierungseinrichtungen und sollen den Schutz laut Abschnitt 15.3.6 gewährleisten. Der komplementäre Teil dazu, also der nicht sicherheitsrelevante Teil, sind die Automatisierungseinrichtungen für den Normalbetrieb, der oft auch bestimmungsgemäßer Betrieb genannt wird. In vielen Anwendungsbereichen ist man bestrebt, die Technik für den Normalbetrieb und den sicherheitsrelevanten Betrieb zu entkoppeln.

Trennung der Technik

Die folgenden Vorteile sprechen für eine derartige *Trennung der Technik*:

- Die Flexibilität im Bereich des automatisierten Normalbetriebes bleibt sehr hoch, was stete Verbesserungen, durchaus auch "Experimente" erlaubt.
- Der sicherheitsrelevante Teil der Automatisierung ist besser beherrschbar, insbesondere auch leichter prüfbar.
- Die Anpassungsfähigkeit des sicherheitsrelevanten Teiles an neue oder sich verschärfende Gesetze, Verordnungen und Richtlinien ist höher.

Diese Trennung der Technik sowie die Einordnung in die gesamte Prozessbeeinflussung ist Aussage des Schalenmodells nach Abbildung 15.2. Der Kern des Schalenmodells ist der zu beeinflussende technische Prozess, z.B. ein Kraftwerk, eine Produktionsanlage, ein medizinisches Gerät, ein Automobil. Beeinflusst wird dieser Prozess in einer inneren Schale sowohl durch den Menschen im Handbetrieb als auch über diverse Einrichtungen für den automatisierten Normalbetrieb.

Hier wird man die Mehrzahl aller Regelungen und Steuerungen finden (z.B. Antiklopfregelung, Temperaturregelung der Klimaanlage im Kfz, Regelungen und so genannte Rezeptsteuerungen in der chemischen Produktion).

In der äußeren Schale von Abbildung 15.2 sind alle Maßnahmen angesiedelt, die ausschließlich Schutzziele verfolgen.

Abbildung 15.2
Schalenmodell zur Abgrenzung und Einordnung der Automatisierungsmaßnahmen

Die nicht automatisierungstechnischen werden darin als "Sonstige Schutzmaßnahmen" bezeichnet. Sie sind immer vorhanden (z.B. Sicherheitsgurte, Knautschzonen im Kfz, Berstscheiben, Auffangbehälter und Brandmauern in der chemischen Produktion) und stellen oft sogar den größeren Anteil dar. Im Mittelpunkt des Interesses stehen hier jedoch die automatisierungstechnischen Schutzmaßnahmen (z.B. Regelungen und Steuerungen im Anti-Blockiersystem und in der Airbag-Auslösung im Kfz, Brennersteuerungen und Überfüllsicherungen in der chemischen Produktion). Als Trend lässt sich erkennen, dass die automatisierungstechnischen Schutzmaßnahmen in vielen Bereichen auf dem Vormarsch sind. Dies hat auch damit zu tun, dass sie vorrangig den Eintritt eines Schadens verhindern (z.B. Überfüllsicherung, Zwangsbremsung, Brennersteuerung), während die sonstigen Schutzmaßnahmen eher das Ausmaß eines eintretenden Schadens verringern (Knautschzone, Auffangtasse, Brandmauer).

Die allgemeine Betrachtung nach Abbildung 15.2 gilt für viele Anwendungsbereiche. Die Nichtbeachtung einer derartigen Trennung erzeugt meist eine höhere Komplexität des Gesamtproblems. Der sicherheitsrelevante Anteil steigt dadurch leicht ins Unüberschaubare, was insbesondere im Softwarebereich zu großen Problemen führen kann [15.9].

Im Bereich verfahrenstechnischer Anlagen, also z.B. in der chemischen, biotechnologischen, pharmazeutischen Industrie sowie in

Kraftwerken ist diese Trennung meist sehr streng durchgehalten. Die dort anzutreffende Denkweise wird insbesondere in [15.6] verdeutlicht, woraus auch Abbildung 15.3 entnommen ist.

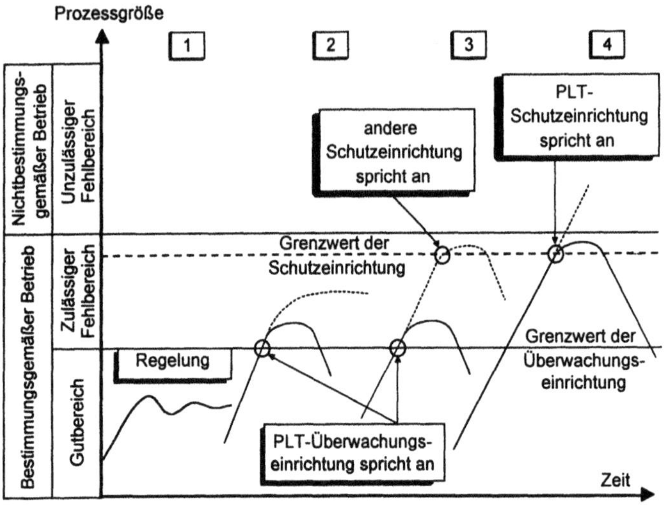

Abbildung 15.3 Wirkungsweise von prozessleittechnischen (PLT) Einrichtungen in Anlehnung an [15.6], dargestellt anhand vier prinzipieller Verläufe einer Prozessgröße

Abbildung 15.3 stellt vier mögliche Verläufe einer Prozessgröße, z.B. eines Druckes, dar und erklärt anhand dieser Verläufe das Ansprechen verschiedener Einrichtungen. Insgesamt werden in dieser Abbildung vier verschiedene Arten automatisierungstechnischer Einrichtungen definiert, die auch prozessleittechnische (PLT-) Einrichtungen genannt werden: Die *PLT-Betriebseinrichtungen* - hier findet man übrigens alle Regelungen - und die PLT-Überwachungseinrichtungen sind dabei der inneren Schale von Abb. 15.2 zuzuordnen. Sicherheitsrelevant sind nur die *PLT-Schutzeinrichtungen* und die PLT-Schadensbegrenzungseinrichtungen. Sie gehören als Bestandteile der automatisierungstechnischen Schutzmaßnahmen zur äußeren Schale.

PLT-Betriebseinrichtungen

PLT-Schutzeinrichtungen

Die Darstellung nach Abbildung 15.3 zeigt auch den Stellenwert der *PLT-Überwachungseinrichtungen.* Sie arbeiten im Vorfeld der Sicherheit. Durch ihr Funktionieren soll das Ansprechen der Schutzeinrichtungen vermieden werden. Als großer Vorteil ist damit verbunden, dass die Überwachungseinrichtungen nicht den strengen Richtlinien für sicherheitsrelevante Technik unterliegen. Daher kann auf diesem Feld viel einfacher mit neuen Verfahren experimentiert werden. Hierzu gehören der Einsatz von neuronalen Netzen ebenso wie Fuzzy Control, Verfahren der Bildverarbeitung usw.

PLT-Überwachungseinrichtungen

15.5 Ermittlung von Risiko und Schutzmaßnahme

15.5.1 Prinzipielles Vorgehen

Betrachtet man als Ziel die *automatisierungstechnische Schutzmaßnahme* selbst, so sind zwei Fragen zu beantworten:

A: Was ist zu tun? B: Wie ist es zu tun?

Die erste Frage betrifft die *Funktion* der Automatisierungseinrichtung, die so genannte Sicherungsfunktion. Die zweite betrifft die Ausführung derselben, der ja wegen der Sicherheitsrelevanz eine besondere Bedeutung zukommt. Um die Antworten zu erhalten, ist eine *Risikoanalyse* durchzuführen. Darin sind zunächst die das Risiko betreffenden Fragen

Funktion und Ausführung

Risikoanalyse

C: Worin besteht es? D: Wie groß ist es?

zu beantworten. Frage C ist mit der Benennung des Schadens und der Untersuchung der dahin führenden Wirkungsmechanismen verbunden. Erst nach Beantwortung dieser Frage kann Frage D angegangen werden. Sie verlangt eine qualitative oder eine quantitative Aussage über die Höhe des von der automatisierungstechnischen Schutzmaßnahme abzudeckenden Risikos. Die Antworten auf C und D sind wichtige Etappen auf dem Weg zum Ziel. Die Antworten auf die primär interessierenden Fragen A und B folgen nämlich direkt aus den Antworten auf C und D, und zwar in der Hauptsache auf folgende Weise:

$$\text{Antwort C} \Rightarrow \text{Antwort A},$$

$$\text{Antwort D} \Rightarrow \text{Antwort B}$$

Unter Stichworten wie *Risikoanalyse, Risikoabschätzung, Risikobewertung* sind viele unterschiedliche Verfahren bekannt, die zum Teil national oder international in Normen oder in Richtlinien festgehalten sind. Sie bieten systematische Vorgehensweisen zur Beantwortung der Fragen C, D, bzw. zu den Schlussfolgerungen für die Antworten C ⇒A und D ⇒B. Insbesondere die Bestimmung der Sicherungsfunktion aus der Art des abzudeckenden Risikos, also der Übergang C ⇒A, ist eine meist nur problemspezifisch lösbare ingenieurtechnische Aufgabe, die umfangreiche Kenntnisse des Prozesses und seiner Umgebung erfordert. Deutlich stärker systematisiert ist dagegen der Übergang D ⇒B, siehe dazu auch die Abschnitte 15.5.2 und 15.5.3.

Risikoabschätzung
Risikobewertung

Die existierenden Methoden zur Beantwortung obiger Fragen lassen sich in induktive und deduktive einteilen. Die *induktiven Methoden* verfolgen vorwärtsgerichtet einzelne Ereignisse, die zu Schäden führen können. Dagegen sind die *deduktiven Methoden* rückwärtsgerichtet. Sie gehen vom zu vermeidenden Schadensfall aus und fragen nach möglichen Ursachen und nach Wegen dahin. Zur Klasse der induktiven Verfahren gehören z.B. die ETA (Event Tree Analysis) und die Ausfalleffektanalyse, die als FMEA (Failure Mode and Effect Analysis) von der NASA entwickelt wurde und in [15.10] für den deutschsprachigen Bereich formalisiert ist.

Bekannte deduktive Verfahren sind die Fehlerbaumanalyse oder FTA (Fault Tree Analysis) und die Methode des PSA (Probabilistic Safety Assessment) [15.11]. PSA wurde speziell zur Anwendung bei der industriellen Atomkraftnutzung geschaffen und gilt dort inzwischen als Standard. Es betrachtet die Kernschmelze als Schadensfall, analysiert alle möglichen dazu führenden Ereignissequenzen, ordnet ihnen Wahrscheinlichkeiten zu und leitet daraus Maßnahmen ab. In leicht abgewandelter Form wurde es als QRA (Quantitative Risk Assessment) auch in der Prozessindustrie und der Off-Shore-Technik angewandt. Neben den erwähnten Methoden existieren eine Reihe weiterer wie z.B. Einflussdiagramme, Belief Nets und Decision Analysis, siehe [15.12].

15.5.2 Ermittlung der Größe des Risikos

Nachdem mit oben genannten Verfahren (z.B. ETA, FMEA, FTA) ermittelt wurde, worin das Risiko besteht, ist Frage C beantwortet. Die Höhe des abzudeckenden Risikos (Frage D) bestimmt dann die Art der technischen Ausführung (Frage B), die im Abschnitt 15.5.3 beantwortet wird. Es existieren nun Methoden, um die Höhe des Risikos weitgehend unabhängig vom speziellen Anwendungsfall zu bestimmen. Ein nationaler Standard für diese Problemstellung wurde in der DIN V 19250 [15.8] geschaffen. Dabei wird eine Risikoabschätzung durchgeführt, die in einer so genannten Anforderungsklasse (AK) mündet. Die Höhe der Anforderungsklasse ist ein direktes Maß für die Größe des abzudeckenden Risikos. Wegen der grundsätzlichen Bedeutung soll die Vorgehensweise zur Risikoabschätzung nach [15.8] kurz skizziert werden.

Die Risikoermittlung geschieht anhand von vier Risikoparametern. Neben dem Schadensausmaß (*S*) sind dies die Eintrittswahrscheinlichkeit (*W*), die angenommene Aufenthaltsdauer im Gefahrenbereich (*A*) und die mögliche Gefahrenabwehr (*G*). Obwohl man nach der Risikodefinition gemäß Abschnitt 15.3.3 nur die ersten zwei Parameter erwarten würde, wurden die letzten beiden hinzugenommen, um die Häufigkeit eines tatsächlich zum Schaden führenden Ereignisses besser erfassen zu können. Die Parameter können die Werte nach Tabelle 15.1 annehmen.

Risikoparameter	Werte	Bedeutung
Schadensausmaß	*S*1	leichte Verletzung einer Person, kleinere schädliche Umwelteinflüsse
	*S*2	Schwere, irreversible Verletzung einer oder mehrerer Personen oder Tod einer Person, vorübergehende größere schädliche Umwelteinflüsse
	*S*3	Tod mehrerer Personen, langandauernde größere schädliche Umwelteinflüsse
	*S*4	Katastrophale Auswirkungen, sehr viele Tote
Aufenthaltsdauer	*A*1	selten bis öfter
	*A*2	häufig bis dauernd
Gefahrenabwehr	*G*1	möglich unter bestimmten Bedingungen
	*G*2	kaum möglich
Eintrittswahrscheinlichkeit	*W*1	sehr gering
	*W*2	selten
	*W*3	relativ hoch

Tabelle 15.1 Risikoparameter und ihre Werte nach [15.8]

Die Vorgehensweise ist folgendermaßen: Im zu untersuchenden Fall werden nach der Definition des Schadensereignisses die Werte der vier Risikoparameter festgelegt. Danach wird der Risikograf nach Abbildung 15.4 durchlaufen, wodurch man sofort die Anforderungsklasse erhält. Vier ausgearbeitete Beispiele für diese Vorgehensweise sind in [15.8] enthalten.

Anhand des Risikografen in Abbildung 15.4a kann auch der Zusammenhang der Grundbegriffe aus Abbildung 15.1 verdeutlicht werden. Dazu ist in Abbildung 15.4b die Risikogerade mit dem Grenzrisiko in die Matrix der Anforderungsklassen eingezeichnet.

Man erkennt, dass das Grenzrisiko durch diese Norm implizit festgelegt wird. Rechts oberhalb des Grenzrisikos ist man auch ohne automatisierungstechnische Schutzmaßnahme im Bereich der Sicherheit. Daher wird dort keine besondere Anforderung festgelegt. Je weiter man in den linken unteren Bereich gelangt, ein desto größeres Risiko ist durch die automatisierungstechnische Schutzmaßnahme abzudekken, desto höher sind demzufolge die Anforderungen an die Schutzmaßnahme.

Abbildung 15.4 Risikograf und Anforderungsklassen ([15.8]):
a) Zusammenhänge nach der Tabelle 15.1

b) Projektion der Risikogeraden mit Grenzrisiko (strichpunktiert) auf die Anforderungsklassen

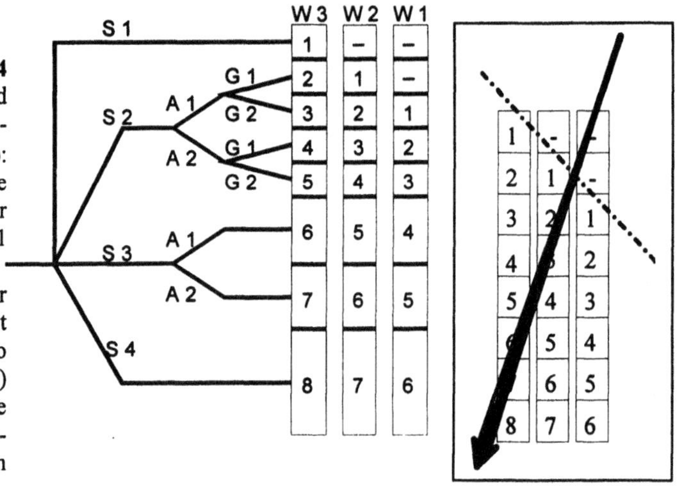

a) b)

Die Anforderungsbereiche können somit auch als Risikobereiche interpretiert werden. In [15.6] und in [15.13] findet man die Aussagen, dass sehr hohe Risikobereiche, wie sie durch die AK 7 und AK 8 zum Ausdruck kommen, nicht allein durch automatisierungstechnische Schutzmaßnahmen abgedeckt werden sollen.

15.5.3 Technische Ausführung der Schutzmaßnahme

Als Ergebnis einer Risikobetrachtung des letzten Abschnittes erhält man die Festlegung einer Ausführungsklasse für die benötigte Schutzmaßnahme. Je höher das abzudeckende Risiko, desto höher die Ausführungsklasse. Mit der Höhe der Ausführungsklasse geht zwangsläufig die Art der technischen Ausführung der Schutzmaßnahme einher. Je höher die Ausführungsklasse, desto aufwändiger die technische Ausführung. Folgerichtig existieren nun Regelwerke, welche den Ausführungsklassen technische Ausführungsdetails zuordnen. Hierzu gehören insbesondere die Richtlinien DIN V 19251 [15.13] und DIN V VDE 0801 [15.14], die beide auf DIN 19250 aus dem letzten Abschnitt Bezug nehmen. In [15.14] findet man Festlegungen für Rechner mit sicherheitsrelevanten Aufgaben, insbesondere also Ausführungen zur Erstellung und Pflege der Software. Klassische Hardwareteile werden dagegen auch von [15.13] behandelt. Man findet dort Festlegungen zur Redundanz und zur Diversität:

- *Redundanz* (lat. Überfülle): Einsatz von mehr Betriebsmitteln als zur Erfüllung der Aufgabe unbedingt erforderlich. Redundanz
- *Diversität* (lat. diversus = völlig verschieden): Kurzform für diversitäre Redundanz im Unterschied zur homogenen Redundanz, siehe auch Abschnitt 15.6. Diversität

Die bisher geschilderte Vorgehensweise zur Ermittlung der Anforderungsklassen bzw. zur Zuordnung der Technik zu den Anforderungsklassen ist rein *qualitativ* orientiert. Im internationalen Bereich ist mit der IEC 61508 [15.15] eine Festlegung im Entstehen, die neben qualitativen auch *quantitative* Anforderungen festlegt. Es werden dort vier Anforderungsklassen definiert, so genannte *Safety Integrity Levels* (SIL1 bis SIL4), die quantitative Vorgaben für die Verfügbarkeit der Schutzmaßnahme machen, siehe Tabelle 15.2. In der amerikanischen Norm [15.16] werden nur die SIL 1 bis 3 definiert, die mit denjenigen der Tabelle 15.2 übereinstimmen. SIL

SIL	Verfügbarkeit
4	> 99.99 %
3	99.90 % – 99.99 %
2	99,00 % – 99.90%
1	90,00 % – 99,00%

Tabelle 15.2
Definition der SIL und Zuordnung der erforderlichen Verfügbarkeit

Es fällt auf, dass die unterste Stufe nur sehr geringe Anforderungen festlegt. Eine Verfügbarkeit von 90% würde bedeuten, dass eine Sicherheitseinrichtung im Durchschnitt bei 10 Anforderungen einmal versagen darf. Derart niedrige Verfügbarkeiten sind jedoch vollkommen unüblich, wenn es um die Verhinderung von Personenschäden geht. Aus diesem Grund findet man als Einsatzbereich von SIL 1 z.B. die Verhinderung von „geringeren Eigentums- und Produktionsschäden", siehe [15.17].

Sowohl im nationalen wie im internationalen Bereich sind viele Festlegungen zur Risikoermittlung und zur Zuordnung von Ausführungsklassen im einem Entstehungsprozess, erkennbar auch am Zustand der Normenwerke (Vornormen bzw. Draft). Dies erklärt auch die schwierige gegenseitige Zuordnung und Vergleichbarkeit nationaler und internationaler Festlegungen.

So existieren z.B. mehrere widersprüchliche Zuordnungen zwischen den AK nach der deutschen DIN 19250 und den SIL der internationalen IEC 61508, siehe z.B. [15.17], weshalb hier auf eine Gegenüberstellung verzichtet wird.

15.6 Verfügbarkeit einer Schutzeinrichtung

15.6.1 Stationäre Verfügbarkeit

Die Begriffe Zuverlässigkeit, Verfügbarkeit und stationäre Verfügbarkeit wurden in Kapitel 13 genauer erläutert. Wir benötigen an dieser Stelle nur den Begriff der *stationären Verfügbarkeit*, die im Folgenden der Kürze wegen einfach Verfügbarkeit V genannt wird. Für sie gilt gemäß Kapitel 13 die Beziehung

$$V = \frac{MTTF}{MTTF + MDT}. \quad (15.3)$$

MTTF
MDT
MTTR
MTBF

Darin sind *MTTF* (Mean Time To Failure) die mittlere Betriebszeit und *MDT* (Mean Down Time) die mittlere Ausfallzeit. Anstatt *MDT* liest man oft auch *MTTR* (Mean Time To Repair). Die ebenfalls benutzte Größe *MTBF* (Mean Time Between Failure) ist eigentlich die Summe aus *MTTF* und *MDT*. Setzt man sie anstatt der MTTF in Gl. (15.3) ein, erhält man bei technisch üblichen Verfügbarkeiten von $V > 0{,}99$ kaum abweichende Ergebnisse. Die *MDT* setzt sich zusammen aus der mittleren Zeit zur Fehlerentdeckung (T_E) und der mittleren Zeit zur Fehlerreparatur (T_R):

$$MDT = T_E + T_R \quad (15.4)$$

Die Zeit T_R muss dabei alle Zeiten vom Reparaturbeginn bis zum Wiederinbetriebnahmezeitpunkt umfassen. Bei einer ausreichend hohen Zahl gleichartiger Einrichtungen können *MTTF* und *MDT* und damit auch V leicht experimentell ermittelt werden.

binär wirkende Schutzeinrichtungen

Auf den ersten Blick ist es nun kaum einzusehen, dass ein und dieselbe Schutzeinrichtung durch zwei unterschiedliche Verfügbarkeiten beschrieben werden kann. Dennoch gilt dies für alle *binär wirkenden Schutzeinrichtungen*, man denke z.B. an das Auslösen eines Air-Bags, einer Überfüllsicherung oder an die Zwangsbremsung eines Zuges. Im Gegensatz zu den viel selteneren kontinuierlich wirkenden

Schutzeinrichtungen - hier denke man z.B. an einen Regler, von dessen ständigem Funktionieren der stabile Flug eines Spezialflugzeuges abhängt - werden die ersteren bezüglich ihrer Sicherungsfunktion nur sporadisch gefordert. Bei Vorliegen der Anforderung sollen sie die Sicherungsfunktion erfüllen. Liegt dagegen der Anforderungsfall nicht vor, dann dürfen sie auch nichts tun, d.h. sie sollen nicht auslösen. Dies führt in letzter Konsequenz auf zwei folgende eigenständige Verfügbarkeiten.

15.6.2 Sicherheits- und betriebsbezogene Verfügbarkeit

Binär wirkende Schutzeinrichtungen haben wie eben erläutert genau genommen *zwei Funktionen:*

Sie sollen auslösen im *Auslösefall* und Auslösefall

sie sollen *nicht* auslösen im *Nicht*-Auslösefall. Nicht-Auslösefall

Die Erfüllung der beiden Funktionen ist in aller Regel mit unterschiedlich großen Verfügbarkeiten verbunden, was in diesem und in den folgenden Abschnitten im Einzelnen verdeutlicht wird. Zur Unterscheidung müssen nun die in den Gln. (15.3) und (15.4) auftretenden Größen indiziert werden:

V_S: *sicherheitsbezogene Verfügbarkeit*, d.h. Wahrscheinlichkeit für das Auslösen im Auslösefall,

Arten der Verfügbarkeit

V_B: *betriebsbezogene Verfügbarkeit*, d.h. Wahrscheinlichkeit für das Nichtauslösen im Nicht-Auslösefall.

Die Benennung von V_S geschieht im Einklang mit den Festlegungen in [15.1], die Benennung von V_B wird hier der Bedeutung wegen so eingeführt. In der Fachliteratur herrscht einige Verwirrung. So wird z.B. von Produktionsverfügbarkeit [15.18] von Systemverfügbarkeit [15.19] oder vielfach von Verfügbarkeit schlechthin gesprochen. Leider kann man zuweilen auch den irreführenden Begriff "Produktionssicherheit" dafür finden.

Entsprechend den beiden Verfügbarkeitsarten sind die übrigen Größen in den Gln. (15.3) und (15.4) zu indizieren. Dies führt zu einer Reihe von neuen Begriffen, deren Zustandekommen mit zwei verschiedenen Ausfallarten einhergeht: Ausfälle können nämlich mit aktiven und mit passiven Fehlern verbunden sein. Als zusätzliche Indizes werden daher A und P verwendet.

Ein *aktiver Fehler* bedeutet Auslösung, obwohl kein Auslösefall vorliegt. Damit geht er *zu Lasten der betriebsbezogenen Verfügbarkeit.* aktiver Fehler

Dem aktiven Fehler liegt ein nicht sicherheitsbezogener Ausfall der Schutzeinrichtung zu Grunde. In der Regel macht er sich sofort bemerkbar, weil das Auslösen den weiteren Betrieb verhindert (z.B. Zwangsbremsung eines Zuges). Die mittlere Fehlerentdeckungszeit T_{EA} ist daher i.A. sehr kurz, oft liegt sie im Bereich von Sekunden oder Minuten. Nach der Beseitigung eines aktiven Fehlers erfolgt stets eine Wiederinbetriebnahme. Eventuelle organisatorische oder technische Wartezeiten vor der Wiederinbetriebnahme gehen definitionsgemäß in die mittlere Fehlerbehebungszeit T_{RA} ein. Mit der betriebsbezogenen $MTTF_B$ und der auf aktiven Fehlern beruhenden

$$MDT_A = T_{EA} + T_{RA} \tag{15.5}$$

gilt

$$V_B = \frac{MTTF_B}{MTTF_B + MDT_A}. \tag{15.6}$$

passiver Fehler

Ein *passiver Fehler* blockiert die Auslösung, wenn der Auslösefall vorliegt. Dadurch verringert er die *sicherheitsbezogene Verfügbarkeit*. Ihm geht stets ein sicherheitsbezogener Ausfall voraus. Würde die Schutzfunktion im Zustand des passiven Fehlers angefordert, so könnte sie nicht erbracht werden. In aller Regel wird das Vorliegen eines passiven Fehlers aber nicht durch einen Schadenseintritt infolge des Versagens der Schutzeinrichtung erkannt, sondern im Rahmen einer Inspektion derselben. Nimmt man an, dass sicherheitsbezogene Ausfälle innerhalb eines Inspektionsintervalls T_I gleichverteilt sind, so erhält man als mittlere Fehlererkennungszeit das halbe Inspektionsintervall. Die mittlere Reparaturzeit T_{RP} kann u.U. deutlich geringer als diejenige nach einem aktiven Fehler sein, da nach dem Erkennen passiver Fehler nicht zwangsläufig eine Stillsetzung mit anschließendem Wiederanfahren erfolgen muss. Mit der sicherheitsbezogenen $MTTF_S$ und mit

$$MDT_P = T_I/2 + T_{RP} \tag{15.7}$$

gilt

$$V_S = \frac{MTTF_S}{MTTF_S + MDT_P}. \tag{15.8}$$

Anhand der letzten vier Gln. erkennt man, dass V_S und V_B wegen unterschiedlicher *MDT* auch dann nicht gleich sind, wenn $MTTF_S$

und $MTTF_B$ gleich wären. In aller Regel unterscheiden sich aber auch die letzten beiden Größen erheblich. So wurden in einem *industriellen Beispiel* aus [15.18] für sicherheitsgerichtete speicherprogrammierbare Steuerungen folgende Werte ermittelt:

$$MTTF_S > 300 \text{ Jahre}, \qquad MTTF_B = 2{,}5 \text{ Jahre}.$$

Typisch daran ist, dass die $MTTF_S$ deutlich über der durchschnittlichen Lebensdauer der eingesetzten Technik und deutlich über der $MTTF_B$ liegt. Letzteres hat systematische Gründe, die im nächsten Abschnitt besprochen werden. Grundsätzlich gilt, dass V_S und V_B i.a. nicht gleich sind und dass sie von technischen Maßnahmen unterschiedlich, ja zum Teil gegenläufig beeinflusst werden.

15.7 Erhöhung der sicherheitstechnischen Verfügbarkeit

15.7.1 Allgemeine Maßnahmen

Zu diesen Maßnahmen, die *sowohl* V_S *als auch* V_B *erhöhen*, gehören:

- Voralterung,
- Überdimensionierung,
- Qualitätszertifizierung,
- Betriebsbewährung.

Letzteres spielt nicht nur bei Hardware- sondern auch bei Softwarekomponenten eine Rolle, man denke nur an Betriebssysteme und Übersetzer. Eine weitere wichtige allgemeine Maßnahme geht eindeutig zu Lasten von V_B, es ist das

- Ruhestromprinzip,

zuweilen auch Ruhesignalprinzip genannt. Hierbei ist die Signalbildung, -verarbeitung und -übertragung so gestaltet, dass der Auslösefall energielosen Signalzuständen zugeordnet werden kann. Der Nichtauslösefall kann also nur durch Energie ("Ruhestrom") aufrechterhalten werden. Dabei ist klar, dass eine ganze Reihe möglicher Ausfälle wie z.B. Drahtbruch, kalte Lötstelle oder lose Klemme zur Auslösung führen und damit die betriebsbezogene Verfügbarkeit reduzieren. Ähnlich können die Verhältnisse beim

- Fail-safe Verhalten

sicherer Zustand

liegen. Es ist die Fähigkeit einer Betrachtungseinheit, beim Auftreten bestimmter Ausfälle entweder im *sicheren Zustand* zu bleiben oder unmittelbar in einen sicheren Zustand überzugehen. Der sichere Zustand einer automatisierungstechnischen Schutzeinrichtung (Betrachtungseinheit) kann nur in Zusammenhang mit dem sicheren Zustand des zu beeinflussenden Prozesses gesehen werden. In vielen - aber nicht in allen - Fällen können strom-, spannungs-, druck-, energielose Zustände sichere Zustände sein, z.B. Stillstand eines Zuges oder eines Autos am sicheren Ort. In diesen Fällen setzt das Fail-Safe-Verhalten die betriebsbezogene Verfügbarkeit herab. Es existieren aber ebenso Applikationen, bei denen der energielose Zustand nicht den sicheren Zustand darstellt, man denke z.B. an ein in der Luft befindliches Flugzeug. Ein Ausfall in der Betrachtungseinheit "Brandüberwachung des Triebwerkes" sollte dann nicht unbedingt das Triebwerk abschalten.

15.7.2 Homogene und diversitäre Redundanz

Redundanzen bedeuten Vorhandensein von mehr Funktionseinheiten, als zur Erfüllung der Funktion notwendig sind. Bei identisch aufgebauten Kanälen nennt man die Redundanz *homogen*. Identische Kanäle haben zwangsläufig gleich große Verfügbarkeiten in jedem Kanal, sowohl was V_S als auch was V_B betrifft. Unterschiedlich aufgebaute Kanäle heißen inhomogen oder *diversitär*. V_S und V_B werden sich dann i.d. Regel von Kanal zu Kanal unterscheiden.

Redundanzen bieten die Möglichkeit, Funktionseinheiten bestimmter - aber u.U. nicht ausreichend hoher - Verfügbarkeit so zusammenzuschalten, dass daraus Gesamtsysteme höherer Verfügbarkeit entstehen. Dabei existieren Strukturen, die einseitig die sicherheitsbezogene Verfügbarkeit V_S erhöhen, während gleichzeitig die betriebsbezogene V_B absinkt und umgekehrt, als auch solche, die sowohl V_S als auch V_B erhöhen. Insbesondere für V_S kann man an vielen Stellen, z.B. in [15.6], Blatt 4, Berechnungen finden. Oft, so auch in [15.6], werden dabei Exponenzialverteilungen für die Zufallsgrößen vorausgesetzt. Die folgenden Betrachtungen sind grundlegender Natur und kommen ohne diese Annahme aus. Außerdem beziehen sie V_S als auch V_B in Betrachtung ein.

Bedeutsam ist im Rahmen der Sicherheitstechnik vor allem die *m-von-n* Redundanz. Sie bedeutet, dass *von n* vorhandenen Kanälen *mindestens m* ansprechen müssen, damit die *Sicherungsfunktion* ausgeführt wird. Diese Definition ist kongruent mit der *englischen m-oo-n* (*m* out of *n*) Redundanz. Leider ist der deutsche Sprachgebrauch nicht einheitlich. Die Größe *m* wird nämlich zuweilen auch auf die Betriebsfunktion, also auf das Nichtauslösen im Nichtauslösefall, anstatt auf die Sicherungsfunktion bezogen. Derartige m_B-*von-n* Redundanzen lassen sich anhand der Schreibweise leider nicht erkennen. Welche der beiden Interpretationen gilt, muss meist dem Zusammenhang entnommen werden. Als Umrechnung gilt

m-von-n

m-oo-n

$$m_B = n - m_S + 1, \tag{15.9}$$

wenn m_S den Wert der zuerst eingeführten und auf die Sicherungsfunktion bezogenen *m-von-n* Redundanz darstellt.

Besonders einfach können Redundanzen berechnet werden, wenn es sich um homogene handelt und die einzelnen Kanäle voneinander stochastisch unabhängig sind. Man kann dann der Berechnung das Bernoulli-Experiment der Wahrscheinlichkeitstheorie [15.20] zu Grunde legen. Indiziert man die Verfügbarkeiten V_S und V_B im einkanaligen mit *1v1* (im folgenden wird insbesondere in Formeln anstatt *x-von-y* kurz *xvy* geschrieben), so lassen sich aus der Formel der Binomialverteilung für die *mvn*-Redundanz folgende Formeln ableiten:

$$V_{S,mvn} = \sum_{k=m}^{n} \binom{n}{k} V_{S,1v1}^{k} \left(1 - V_{S,1v1}\right)^{n-k}, \tag{15.10}$$

$$V_{B,mvn} = \sum_{k=n-m+1}^{n} \binom{n}{k} V_{B,1v1}^{k} \left(1 - V_{B,1v1}\right)^{n-k}. \tag{15.11}$$

Um die Wirkung derartiger *m-von-n* Redundanzen auf die Verfügbarkeit zu verstehen, soll folgendes Beispiel anhand der Formeln für einige geläufige *m-von-n* Redundanzen ausgewertet werden.

Beispiel 1. Für den einkanaligen Fall werde

$$V_{S,1v1} = V_{B,1v1} = 0{,}9 \tag{15.12}$$

angenommen. Die Gleichheit der beiden ist unerheblich, eignet sich aber gut, um die allgemeinen Aussagen herauszuarbeiten. Basierend auf den obigen Formeln (15.10), (15.11) erhält man dann die Ergebnisse nach Tabelle 15.3.

Tabelle 15.3 Zusammenstellung der Verfügbarkeiten im Beispiel 1

Redundanz *mvn*	$V_{S,\,mvn}$	$V_{B,\,mvn}$
1v1	0,9	0,9
1v2	**0,99**	0,81
2v2	0,81	0,99
1v3	**0,999**	0,729
2v3	0,972	0,972
3v3	0,729	0,999

Man kann anhand der Tabelle 15.3 mehrere allgemeine Aussagen nachvollziehen:

1vn

- Bei fester Anzahl *n* an Kanälen führt die *1vn*-Redundanz zur *höchsten sicherheitsbezogenen* Verfügbarkeit, wobei allerdings die betriebsbezogene Verfügbarkeit gleichzeitig die niedrigsten Werte annimmt und unter dem einkanaligen Wert liegt.

nvn

- Bei fester Anzahl *n* an Kanälen führt die *nvn*-Redundanz zur *höchsten betriebsbezogenen* Verfügbarkeit, wobei allerdings die sicherheitsbezogene Verfügbarkeit gleichzeitig die niedrigsten Werte annimmt und unter dem einkanaligen Wert liegt.

Fail-Operational

- Es existieren Redundanzen, die sowohl die sicherheitsbezogene als auch die betriebsbezogene Verfügbarkeit erhöhen. Bei ihnen liegt *m* in der Nähe von *n*/2. Die *2v3*-Redundanz ist das bekannteste Beispiel. Für Redundanzen dieser Art kann man auch die Bezeichnung *Fail-Operational* finden. Sie treten vor allem dann auf, wenn ein unnötiges Abschalten oder Stillsetzen nicht toleriert werden kann (z.B. Brandüberwachung eines Triebwerkes).

Überraschend dürfte es für manchen sein, dass die *1v2*-Redundanz zu einer etwas höheren sicherheitsbezogenen Verfügbarkeit als die aufwändigere *2v3*-Redundanz führt. Dies ist mit ein Grund, weshalb *1v2*-Redundanzen weit verbreitet sind, wenn es vorrangig um die sicherheitsbezogene Verfügbarkeit geht. □

Kombinationsmethode

Eine einfache Methode zur Berechnung *diversitärer Redundanzen* ist die *Kombinationsmethode.* Sie lässt sich natürlich auch für den Sonderfall der homogenen Redundanzen anwenden und kann zur Herleitung der Gln. (15.10), (15.11) verwendet werden. Demonstriert wird sie anhand des Beispiels 2 zur Berechnung von $V_{S,1v2}$ und von $V_{B,1v2}$.

Beispiel 2. Gegeben seien die Verfügbarkeiten $V_{S,\,1v1}$, $V_{B,\,1v1}$ zweier diversitärer Kanäle A und B mit den Zahlenwerten nach Tabelle 15.4.

Verfügbarkeit	Kanal A	Kanal B
$V_{S,1v1}$	0,8	0,9
$V_{B,1v1}$	0,7	0,8

Tabelle 15.4 Zahlenwerte für die einkanaligen Verfügbarkeiten im Beispiel 2

Mit den Bezeichnungen:

A für Kanal A löst aus, $\overline{A}$ für Kanal A löst nicht aus,
B für Kanal B löst aus, $\overline{B}$ für Kanal B löst nicht aus,
S für *1v2*-System löst aus, $\overline{S}$ für *1v2*-System löst nicht aus

lautet die *Ereignismatrix* bei *1v2*-Technik:

Ereignismatrix

$$\begin{matrix} A & B & S \\ A & \overline{B} & S \\ \overline{A} & B & S \\ \overline{A} & \overline{B} & \overline{S} \end{matrix}$$

Mit obigen Zahlenwerten kann man - stochastische Unabhängigkeit der Kanäle A und B vorausgesetzt - dieser Ereignismatrix folgende (sicherheitsbezogene) *Wahrscheinlichkeitsmatrix* zuordnen:

Wahrscheinlichkeitsmatrix

$$\begin{matrix} 0{,}8 & 0{,}9 & \mathit{0{,}72} \\ 0{,}8 & 0{,}1 & \mathit{0{,}08} \\ 0{,}2 & 0{,}9 & \mathit{0{,}18} \\ 0{,}2 & 0{,}1 & \underline{0{,}02} \\ & & 1{,}00 \end{matrix}$$

Zur Berechnung der sicherheitsbezogenen Verfügbarkeit des *1v2*-Systems sind alle Elemente der Wahrscheinlichkeitsmatrix zu addieren, bei denen die Ereignismatrix ein *S* aufweist. Dies führt zum Ergebnis

$$V_{S,1v2} = 0{,}98.$$

Auf ähnliche Art und Weise lässt sich auch $V_{B,1v2}$ berechnen. Dazu wird von der selben Ereignismatrix ausgegangen, da diese nur von *n-von-m*, nicht aber von V_S oder von V_B abhängt. Wegen der Bedeutung von V_B als Wahrscheinlichkeit für das Nicht-Auslösen im Nicht-Auslösefall erhält man bezogen auf obige Ereignismatrix die neue (betriebsbezogene) *Wahrscheinlichkeitsmatrix*:

Wahrscheinlichkeitsmatrix

$$\begin{matrix} 0{,}3 & 0{,}2 & 0{,}06 \\ 0{,}3 & 0{,}8 & 0{,}24 \\ 0{,}7 & 0{,}2 & 0{,}14 \\ 0{,}7 & 0{,}8 & \underline{\mathit{0{,}56}} \\ & & 1{,}00 \end{matrix}$$

Durch Vergleich mit der Ereignismatrix folgt daraus für die betriebsbezogene Verfügbarkeit der Wert

$$V_{B,1v2} = 0{,}56.$$

Die Übertragung auf andere *m-von-n* Redundanzen ist leicht möglich, indem die entsprechenden Ereignismatrizen aufgestellt werden. Man kann zeigen, dass die Formeln (15.10), (15.11) für homogene Redundanzen den Rechengang der Kombinationsmethode abbilden.

15.8 Programmierbare Systeme in der Sicherheitstechnik

In vielen Anwendungsbereichen sind programmierbare Systeme mittlerweile Bestandteil von automatisierungstechnischen Schutzmaßnahmen. Der Rechnereinsatz, vielfach ist es ein Ersatz von Hardware durch Software, bringt dabei eine Reihe von Problemen mit sich.

Validierung (lat. valere = stark sein, gelten; lat. validare = stark machen)

Verifikation (lat. verus = wahr; lat. facere = machen)

Neben der eigentlichen Applikationssoftware ist meist weitere Software auf unterschiedlichen Hierarchiestufen involviert, so beim Betriebssystem und zunehmend auch beim Einsatz von Bussystemen bzw. bei der Nutzung von Netzen. In der Sicherheitstechnik bewährte Prinzipien wie das Ruhestromprinzip und das Fail-safe-Prinzip entstammen dem Hardware-Bereich, werden aber z.B. bei den Bussystemen in den Software-Bereich übertragen. Weitere Methoden kommen hinzu. Man findet hier Begriffe wie *Validierung*, *Verifikation* und Test, siehe auch [15.22]. Dabei werden die ersten beiden oft mit unterschiedlichen Inhalten verwendet. In Anlehnung an [15.1], Blatt 4, soll unter *Verifikation* der Nachweis verstanden werden, dass die Software eine formale Spezifikation erfüllt. *Validierung* geht darüber hinaus und bezieht die informelle Spezifikation als Ursprung aller Festlegungen in die Überprüfung mit ein. Die Spezifikation soll die "Anforderungen" erfüllen, die selbst aber nicht formal definiert sind. Tests können als unvollständige Tests nur Negativnachweise führen. Vollständigkeit wäre die Bedingung dafür, Tests als Verifikationsmethode zu sehen. In der Regel lässt sich Vollständigkeit aber nicht erreichen. Dennoch stellen Tests ein wichtiges Standbein heutiger Korrektheitsnachweise dar und sind Bestandteil von TÜV-Abnahmen [15.19].

Besondere Beachtung verdienen in diesem Zusammenhang Spezifikationsfehler. Obwohl eine fehlerhafte Spezifikation zunächst nichts Software-typisches ist und auch bei einer reinen Hardwarelösung zum Fehlverhalten führen könnte, spricht man von fehlerhafter Software auch dann, wenn Spezifikationsfehler vorliegen, siehe z.B. [15.13].

Es kann daher nicht nur Sinn sein, die Korrektheit von Software in dem Sinne nachzuweisen, dass eine Spezifikation fehlerfrei umgesetzt wurde. Es werden Verfahren benötigt, welche die Erkennung von Fehlern oder Unvollständigkeiten in der Spezifikation unterstützen.

Die grundsätzliche Problematik sicherheitsgerichteter Software wird ausführlich in [15.9] diskutiert. Neben technischen Kriterien wie dem Echtzeitverhalten sicherheitsgerichteter Software fließt dort auch die Wechselwirkung mit dem Menschen (Mensch als Programmierer und als Prüfer) ein. Daraus folgt ein Plädoyer für einfache und übersichtliche Lösungen mit einer Reihe von Selbstbeschränkungen, die gegenüber sonstigen Praktiken einen deutlichen Verzicht darstellen. Bestätigt wird diese Sichtweise durch praktische Erfahrungen in [15.18] .

sichere Feldbussysteme

Ein besonders wichtiger Bereich sicherheitsgerichteter programmierbarer Systeme werden künftig die *Feldbussysteme* darstellen. Es haben sich für den Normalbetrieb inzwischen eine Reihe von Standards und Quasistandards herausgebildet, siehe Kapitel 12.6, die zu vielfältigen industriellen Einsätzen geführt haben. Die ersten sicherheitsgerichteten Versionen sind inzwischen entwickelt und stehen vor ihrem Einsatz. Zu erwähnen sind hier das Profil PROFISafe für den Profibus DP, Interbus Safety sowie der auf CAN fußende SafetyBUS p [15.21]. Letzterer verfolgt auch im Bereich programmierbarer Systeme konsequent das Schalenmodell nach Abbildung 15.2, ist also im Bereich „Automatisierungstechnische Schutzmaßnahmen“ angesiedelt.

15.9 Literatur

[15.1] VDI/VDE 3542, Blatt 1-4: *Sicherheitstechnische Begriffe für Automatisierungssysteme.* Beuth-Verlag, Berlin, 1995

[15.2] VDI (Hrsg.): *Sicherheitstechnik und Automatisierung.* VDI-Berichte 1336, VDI-Verlag, Düsseldorf, 1997

[15.3] Litz, L. (Gast-Hrsg): *Sicherheitsgerichtete Automatisierungstechnik.* In: at 46 (1998) H. 2, S. 53 -110.

[15.4] Beck-Texte im dtv: *Umwelt-Recht.* Deutscher Taschenbuch Verlag, 10. Auflage, 1997

[15.5] AD-Merkblatt A6, *Sicherheitseinrichtungen gegen Drucküberschreitungen, MSR - Sicherheitseinrichtungen.* Beuth-Verlag, Berlin, 1986

[15.6] VDI/VDE 2180, Blatt 1 bis 4: *Sicherung von Anlagen der Verfahrenstechnik mit Mitteln der Prozeßleittechnik.* Beuth-Verlag, Berlin, 1996

[15.7] DIN VDE 31000 T2: *Allgemeine Leitsätze für das sicherheitsgerechte Gestalten technischer Erzeugnisse, Begriffe der Sicherheitstechnik, Grundbegriffe*. Beuth-Verlag, Berlin, 1987

[15.8] DIN V 19250: *Grundlegende Sicherheitsbetrachtungen für MSR-Schutzeinrichtungen*. Beuth-Verlag, Berlin, 1994

[15.9] Halang, W.A., Konakovsky, R.: *Sicherheitsgerichtete Software*. In: at 46 (1998) S. 93 – 103.

[15.10] DIN 25448: *Ausfalleffektanalyse (Fehler-Möglichkeits- und -Einfluß-Analyse)*. Beuth-Verlag, Berlin, 1990-05

[15.11] Hirschberg, S.: *Prospects for Probabilistic Safety Assessment*. In: Nuclear Safety 33 (1992) S. 365 – 380.

[15.12] Oliver, R.M.; Smith, J.Q.: *Influence Diagrams, Belief Nets and Decision Analysis*. Wiley&Sons, New York, 1990

[15.13] DIN V 19251: *MSR-Schutzeinrichtungen - Anforderungen und Maßnahmen zur gesicherten Funktion*. Beuth-Verlag, Berlin, 1994

[15.14] DIN V VDE 0801: *Grundsätze für Rechner in Systemen mit Sicherheitsaufgaben*. VDE- und Beuth Verlag, Berlin, 1994

[15.15] IEC 61508: *Functional safety of electrical/electronic/ programmable electronic safety-related systems*. Parts 1-5, Draft 1998-12

[15.16] ANSI/ISA S84.01: *Application of Safety Instrumented Systems for the Process Industries*. 1996

[15.17] Aktuelle Informationen von Instrument-net und Institute of Instrumentation and Control Australia Inc. (IICA):
http://www.instrument-net.co.uk/sil.html
http://www.iica.org.au/journal/134/ISA.htm

[15.18] Netter, P.: *Sicherheitsgerichtete Automatisierungstechnik in der chemischen Industrie*. In: atp 40 (1998) H. 1,

[15.19] Hablawetz, D.: *Applikationssoftware und Sicherheit in speicherprogrammierbaren Systemen*. In: at 46 (1998) S.84 - 92.

[15.20] Bosch, K: *Elementare Einführung in die Wahrscheinlichkeitsrechnung*. Vieweg-Verlag, Wiesbaden, 1995

[15.21] Fritzsche, H.T.: *Der Sicherheits-Bus*. In: Elektronik 16 (1999) S. 36 – 47.

[15.22] Halang, W.A.; Konakovsky, R.: *Sicherheitsgerichtete Echtzeitsysteme*. R. Oldenbourg Verlag, München, 1999

Kapitel 16

Computer Aided Engineering in der Automatisierungstechnik

von Karl Auer

16.1 Einleitung

16.1.1 Ziele und Inhalte des Engineerings

Ganz allgemein bezeichnet man mit dem Begriff *Engineering* die ingenieur-technische bzw. wirtschaftliche Unterstützung den gesamtem Lebenszyklus eines Produktionsprozesses vom Projektierung bis zur Verschrottung. Das Engineering fängt mit der optimalen Planung von Anlagen und Geräten (*Assets*) im Sinne der maximalen Leistungsfähigkeit und Lebensdauer an. Assets

Die Planung und die nachfolgende Inbetriebnahme sind die erste Iteration eines kontinuierlichen *prozessleittechnischen* (PLT) *Managements* einer Anlage mit dem Ziel, Produktqualität und Produktivität zu steigern. PLT-Management

Während des Engineerings entsteht eine Menge von konsistenten Daten, die auch für das Management über die gesamte Lebensdauer von Anlagen, Anlagenteilen und Automatisierungskomponenten wichtig sind. Damit unterscheidet sich das eigentliche Engineering von dem Betrieb, der Wartung und Optimierung (*Asset Optimierung*) nur bedingt [16.12]. Um die konsistenten Daten auch konsistent weiterzupflegen, sollen die gleichen Werkzeuge für alle Phasen des Engineerings zur Verfügung stehen. Asset Optimierung

Wichtig für einen kontrollierbaren Engineering-Prozess ist ein abgestimmtes *Phasenmodell der Projektabwicklung*, wo alle Phasen und deren Ein- /Ausgabedaten definiert sind. Die Phasenmodelle sind firmenspezifisch nach Qualifikationsmassnahmen zu entwickeln, z.B. nach ISO 9001. Phasenmodell der Projektabwicklung

Projekt- und Supply-Management

Die Projektabwicklung (Abbildung 16.1) ist durch das *Projektmanagement* und das *Supply-Management* unterstützt. Das letzte ist für die korrekte und termingerechte Versorgung des Projekts mit den Zulieferungen verantwortlich.

Abbildung 16.1 Vereinfachtes Modell der Projektabwicklung

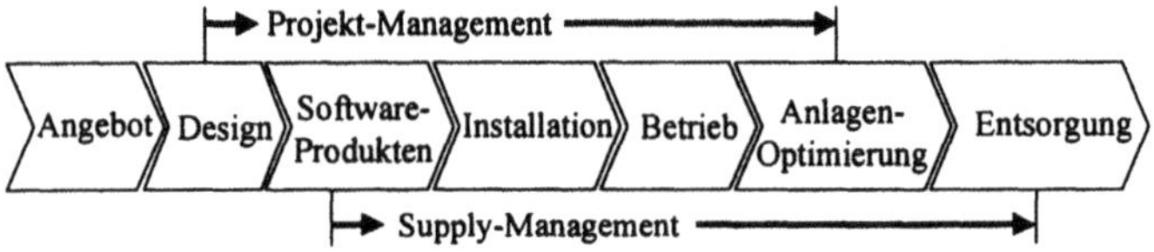

So verschieden die Aufgabenstellungen und Funktionen von Engineering für den gesamten Produktionsprozess sind, so verschieden sind auch *die Benutzergruppen* [16.7]:

Benutzergruppen

- Verfahrenstechniker
- MSR-Planer
- PLS-Planer, darunter Hardware-Planer und Software-Entwickler
- Inbetriebsetzungs- und Wartungspersonal

Noch eine Benutzergruppe gibt es speziell für Engineering von Regelungssystemen, nämlich die *akademischen* Anwender [16.11], die meist nur offene Simulations- und Entwicklungsumgebungen wie Matlab für die Erprobung neuer Algorithmen benötigen.

Engineering-Werkzeuge

Die *Engineering-Werkzeuge* leisten somit neben Komponenten wie:

- Tuning-Werkzeuge
- Diagnose-Werkzeuge
- Daten-Analyse-Werkzeuge

einen wesentlichen Beitrag zur Optimierung einer Anlage, sofern alle Komponenten in ein offenes Gesamtkonzept integriert sind.

Ein breites Spektrum von Werkzeugen steht heute für das Engineering bereit. Zwar fallen unterschiedliche Anforderungen auf die Werkzeuge in der *Engineerings-* und *Betriebsphase*, so müssen sie das Prozessmanagement in seiner Gesamtheit unterstützen.

Hierfür ist es erforderlich, dass:

- die Werkzeuge flexibel auf den Ablauf angepasst werden können;
- Daten nur einmal einzugeben sind;

- sich Spezifikations-Daten mit Hilfe von parametrierbaren Bibliotheken in fertige Lösungen umsetzten lassen;
- Änderungen in der Spezifikation über den gesamten Engineering-Prozess konsistent eingebracht und in einzelnen Phasen wiederholt werden können.

Während des Einsatzes des Assets fallen eine Vielzahl Informationen an, die für den erweiterten Nutzen der Anlage oder des Anlagenteiles von großer Wichtigkeit sind. Beispiele hierfür sind Prozessbeschreibungen, Gerätebeschreibungen, Funktionsbeschreibungen aber auch Wartungsprotokolle, die Aufschluss geben über vorbeugende *Wartungs-Maßnahmen*. Diese Daten werden zunehmend verfeinert und komplettiert.

Wartung

16.1.2 Computer Aided Engineering (CAE)

Ein Rechner-gestütztes Engineering-Werkzeug oder System, das auf einer Hardware- und Software-Platform basiert und aus Standard-Komponenten besteht, wird als CAE bezeichnet. Das CAE ist damit ein Werkzeug „zur Automatisierung der Automatisierung" [16.7].

In vielen Anwendungsbereichen wird dieser Begriff sehr unterschiedlich benutzt. Je nach Betriebsart gibt es folgende Konfigurationen von CAE-Systemen:

- *Standalone-Systeme*

  Meist werden sie zur Inbetriebnahme und Datenerfassung benutzt. Zum Einsatz kommen Desktops und Notebooks mittlerer bis oberer Leistungsfähigkeit. Für den Einsatz in rauer Umgebung werden spezielle industrietaugliche Systeme mit entsprechender Widerstandsfähigkeit verwendet.

- *Client/Server-Systeme*

  Für den Multiuser-Betrieb kommen Client/Server-Konfigurationen zum Einsatz, wobei alle Daten auf einem oder mehreren zentralen Servern abliegen und mehrere Clients auf den Datenbestand zugreifen. Server müssen entsprechende Verfügbarkeit und Sicherheit gegen Datenverlust (z.B. redundante Disk-Arrays) besitzen.

Im Zeichen zunehmender Vernetzung geht der Trend eindeutig zu Client/Server-Konfigurationen, da hierbei in einem frühen Projektstadium Konsistenz- und Vollständigkeitsprüfungen über ein vollständiges Projekt erfolgen können. Auch Systeme zur Inbetriebnahme sind zumindest zeitweise mit einem Server über eine *Fernverbindung* (DFÜ) zum zentralen Server verbunden.

Fernverbindung

Internet-Zugang

Da Engineering-Arbeit meist im Verbund verschiedener Firmen erfolgt und auf Spezifikationsdaten zugegriffen werden muss, ist ein *Internet-Zugang* heute für ein CAE unabdinglich.

CAE-Systeme für verschiedene Stufen des Produktionsprozesses unterschieden sich voneinander (siehe Abschnitt 13.4.3). Die grundlegende Struktur eines automatisierten Prozesses und die wichtigsten Kategorien von CAE-Systemen sind in Abbildung 16.2 zusammengefasst.

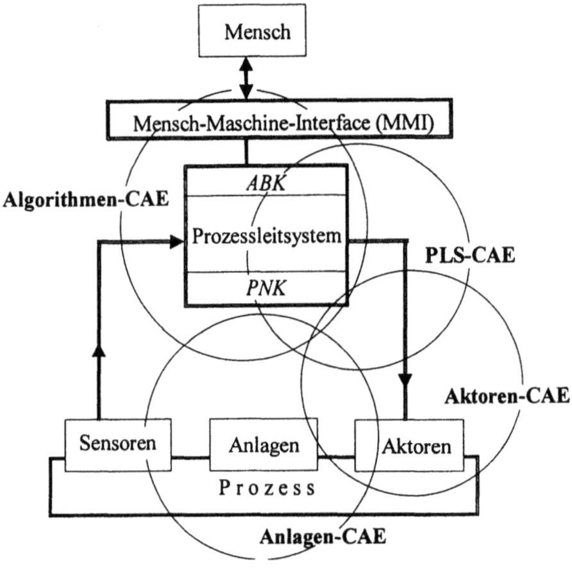

Abbildung 16.2 Verallgemeinte Struktur des Gesamt-PLT-CAE Systems. Abkürzungen: ABK – Anzeige/Bedien-Komponente; PNK – prozessnahe Komponente

16.2 CAE-Plattform

16.2.1 Hard- und Software-Plattform

Hardware-Plattform

Als *Hardware-Plattform* für Engineering–Werkzeuge haben sich heute eindeutig Standard-Hardware-Komponenten durchgesetzt, wie sie überall in der Büro-Automatisierung zur Anwendung kommen.

Betriebssysteme

Entsprechend der Hardware-Plattform ist als *Betriebssystem*, MS Windows gegenüber UNIX und Linux vorherrschend.

Software-Plattform

Bezüglich der *Software-Plattform* ist zwischen Datenbanken und Basis-Software zu unterscheiden.

Zur Speicherung der Engineering-Daten werden neben vereinzelten proprietären Datenformaten weitgehend kommerzielle *Datenbanksysteme* eingesetzt. Dominant sich heute *relationale* Datenbanksysteme wie Oracle©, Ingres©, SQL-Server©. Bei diesen Datenbanksystemen werden die Daten in Tabellen abgelegt, die über Links miteinander verbunden werden können. Somit lassen sich leicht Beziehungen zwischen Dateninhalten erzeugen. Sogenannte *Trigger* erlauben es, bei der Eingabe spezielle Konsistenzprüfungen direkt in der Datenbank auszuführen. Zu effizienten Datenbankabfragen wird heute fast überall *SQL*, eine Standard-Datenbank Abfragesprache verwendet. Für Windows-Systeme können Abfragen auch über die standardisierte *ODBC-Schnittstelle* erfolgen. Zunehmend wird die Abfrage für die Anwender durch sogenannte Basissoftware (oft *Middleware* genannt) vereinfacht, hierüber kann der Anwender über einfache Maskendialoge Abfragen aber auch *Reports* erstellen. Bedingt durch den hohen Verbreitungsgrad wird hierbei meist *Microsoft Access* benutzt, womit auch auf Datenbestände in anderen relationalen Datenbanksystemen zugegriffen werden kann.

relationale Datenbanken

Trigger

ODBC-Schnittstelle

Middleware

Microsoft Access

Moderne Software-Architekturen in CAE-Systemen erlauben es, gleichzeitig verschiedene Datenbanksysteme für verschiedene Einzelfunktionen einzusetzen und dennoch Konsistenz über ein gesamtes Projekt zu garantieren. Dies ist insbesondere dann von Vorteil, wenn externe Software mit eigener Datenhaltung in ein Gesamtsystem integriert werden muss.

Objektorientierte Datenbanken (z.B. ObjectStore©), die ein objektorientiertes Engineering-Datenmodell bereits in der Datenbank abbilden, kommen heute zunehmend zum Einsatz. Einen konsistenten und evolutionären Ansatz bieten Datenbanksysteme (z.B. Oracle© 8), die eine Koexistenz zwischen relationalen und objektorientierten Strukturen ermöglichen.

Objektorientierte Datenbanken

Basis-Software existiert in verschiedenen Granularitäten. Zum einen sind Module (meist als *ActiveX*-Komponenten) verfügbar, die in ein Programm eingebunden werden können. Beispiele hierfür sind z.B. tabellarische Eingabemasken mit umfangreichen Sortier- und Suchfunktionen (sog. *Grid-Controls*). Sie erlauben recht effiziente Bediendialoge und garantieren eine einheitliche Darstellung und Bedienung.

Basis-Software

ActiveX

Grid-Control

Die nächste Ebene der Module, besteht aus kompletten Software-Komponenten, die in ein Gesamtsystem eingebunden sind. Durch Konfigurationen mit speziellen Dialogen (meist Visual-Basic© basiert) sind sie für CAE-Aufgaben konfektioniert. Beispiele hierfür sind Messstellenblätter (MS-Access©-Tabellen, -Dialoge und –Reports) oder Spezifikationsblätter, implementiert in Microsoft© Word. Wichtig für alle Komponenten ist, dass eine zentrale Änderung, z.B. des Projektnamens, automatisch in allen Dokumenten aktualisiert wird.

16.2.2 Software-Architektur

In den Systemen der ersten Generation war der Datenaustausch über dedizierte Import/Exportschnittstellen dominant (Abbildung 16.3).

Abbildung 16.3
Datenbank-Architektur 1.Generation

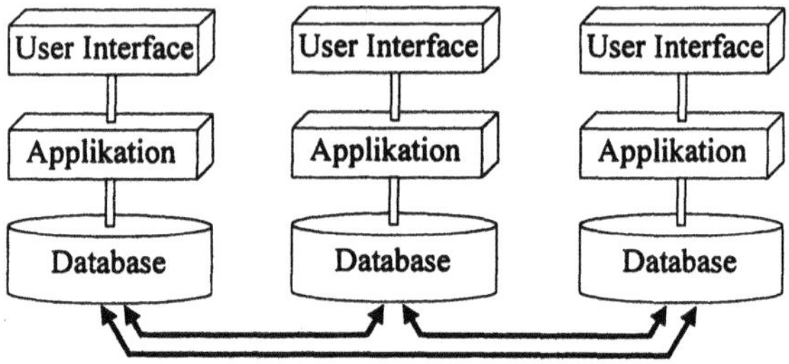

Die Schnittstelle war einfach zu implementieren. Mit der Vielzahl der einzubindenden Systeme erhöht sich die Zahl der notwendigen Interfaces (max. $N \cdot (N\text{-}1)$, wenn N die Anzahl der Applikationen darstellt). Gewichtiger war, dass die Datenkonsistenz nur bei einer festen Ablaufreihenfolge (*Wasserfall-Prinzip*) im CAE einigermaßen sichergestellt werden konnte. In einer Multiuser-Umgebung bei der Planung und in der Wartung einer Anlage war diese Architektur schlicht unanwendbar.

Die direkte Konsequenz aus diesen Nachteilen war eine *datenbankzentrische Architektur* (Abbildung 16.4), wie sie Anfang der 90er Jahre üblich war [16.4]. Hierbei wurde ein einheitliches Datenbankmodell in einer relationalen Datenbank mit den notwendigen Konsistenzprüfungen implementiert und eine Zugriffsschnittstelle zu den Applikationen geschaffen.

Abbildung 16.4
Datenbank-zentrische Architektur

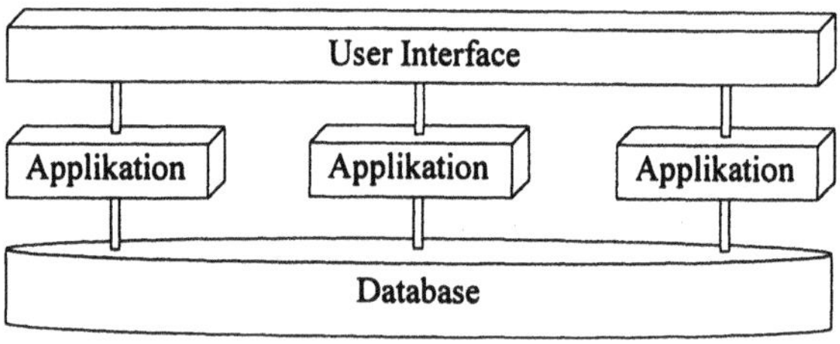

Der Nachteil dieser geschlossenen, monolithischen Architektur besteht darin, dass Änderungen in einer Applikation sofort die anderen Komponenten beeinflussen können. Durch die zunehmende Notwendigkeit, marktdominante Applikationen einzusetzen, war eine offenere Architektur notwendig. Zusätzlich dazu setzt die Vielfalt der CAE-Aufgaben ein offenes und durchgängiges *Integrationskonzept* voraus.

Die konsequente Folge des Integrationskonzepts war die Einführung objektorientierter Architekturen [16.9, 16.10] (Abbildung 16.5). Diese besitzen die Vorteile der einfachen optimierten Datenstrukturen vereint mit den Vorteilen der konsistenten Datenhaltung, die eine einmalige konsistente Dateneingabe ermöglicht.

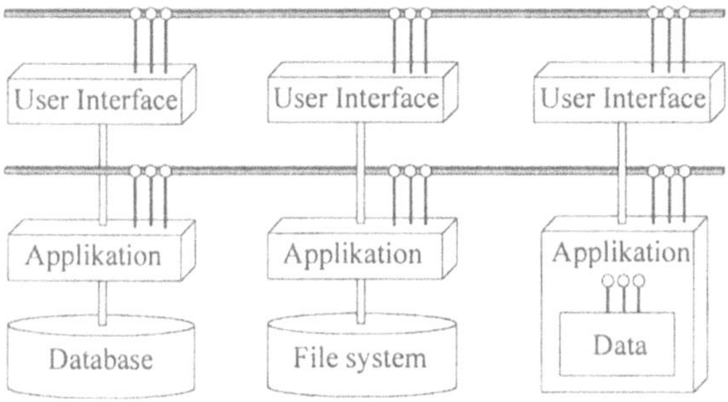

Abbildung 16.5
Objektorientierte Architektur

Die Applikationen kommunizieren über ein standardisiertes Methodeninterface und erlauben den Datenaustausch. Der Einsatz der *Microsoft-Technologie* (COM, DCOM, Active X) hat hierbei eindeutige Dominanz gegenüber der UNIX-spezifischen *CORBA-Technologie*.

Dabei muss jedes Einzelwerkzeug je nach Integrationsgrad bestimmte Methoden zur Verfügung stellen. Für den geringsten Integrationsgrad sind dies Methoden wie ÖFFNEN, DRUCKEN etc. Für ein Effizientes CAE sind auch KOPIEREN, INSTANZIIEREN und Datenaustausch notwendig. Damit ist es z.B. möglich, eine komplette Substruktur eines Projektes mit allen Daten von einem Strukturierungswerkzeug (*Browser*) aus, konsistent zu kopieren. Der Browser erteilt die Kopieraufträge mit den relevanten Parametern an die einzelnen Werkzeuge, die dann den Kopiervorgang konsistent durchführen. Ein Dokument-Management-Werkzeug muss dabei z.B. die Messstellennamen austauschen.

Die Datenhaltung ist nicht an die Existenz einer objektorientierten Datenbank gebunden. Daten können von verschiedenen Einzelwerkzeugen in unterschiedlichen Systemen gehalten werden. Wichtig ist, dass diese Daten anderen Einzelwerkzeugen über seine Interfaces zugänglich gemacht (publiziert) werden.

Diese Architektur erlaubt die Installation auf Hardwareplattformen beginnend bei einfachen Notebooks bis zu Client/Server-Plattformen für Multiuser-Anwendungen. Die Architektur ist ferner offen für Implementierungen auf Web-Technologie, die einen *Thin-Client* erlauben, und somit zu einer Rationalisierung der Installationen beitragen kann.

16.2.3 Änderungs- und Revisions-Verwaltung

Damit Änderungen im Engineering Prozess und im Betrieb erkannt und gegebenenfalls rückverfolgt werden können, ist eine leistungsfähige Änderungs- und Revisions-Verwaltung in CAE notwendig.

Erste Voraussetzung hierfür ist, dass jede Änderung eines Objekts oder seiner Daten vom System vollautomatisch erfasst und mit Änderungsstempel (Datum, Uhrzeit, Benutzer) abgelegt wird.

Bei der Übernahme von Kunden-Daten während der Datenakquisition von vorgelagerten Datenerfassungs- oder Engineering-Systemen ist es erforderlich, dass mit jeder neuen Version von Daten die Änderungen durch Vergleichsfunktionen festgestellt und deren Auswirkungen beurteilt werden. Dies ist Voraussetzung für ein faires *Claim-Management,* das Missstimmungen im Kunden-Lieferanten-Verhältnis vermeidet.

Version

Revision

Innerhalb des CAE-Systems muss zwischen Versionen und Revisionen unterschieden werden. Eine *Version* stellt einen definierten und eingefrorenen Stand eines Objektes dar, wobei ein Objekt ein einzelnes PLT-Blatt aber auch eine gesamte Anlage darstellen kann. Unter *Revision* wird im Allgemeinen eine Version verstanden, die nach [16.1] eine „prüfende Durchsicht, Nachprüfung, Änderung nach eingehender Durchsicht" entsprechend den Qualitätsrichtlinien durchlaufen hat.

Hierbei sind stets der Zustand der Anlage, der daraus abgeleiteten Datenmodelle und der daraus erzeugten Dokumentation in Einklang zu bringen. Notwendig ist deshalb eine informationsorientierte Revisionstechnik, die dies in Einklang bringt [16.2].

Wenn bereits Teile der Anlage implementiert sind, ist die Erstellung von Änderungslisten eine unabdingbare Voraussetzung z.B. in der Inbetriebnahmephase. Dies trifft z.B. für Stücklisten oder Verdrahtungspläne zu, wo Änderungen wie zu entfernende oder hinzuzufügende Klemmenbelegungen dokumentiert werden.

16.3 CAE-Datenverarbeitung

16.3.1 Engineering-Module

Die Lösung der Aufgaben des Gesamt-PLT-CAEs (siehe Abb.16.2) erfolgt durch ein Set von Engineering-Modulen, die sich gegenseitig mit Parametern über ein Kommunikationskonzept aufrufen und Daten miteinander austauschen bzw. referenzieren.

Ein typisches Set von Engineering-Modulen, das alle Aufgaben in Gesamt-PLT-CAE unterstützt, ist in Abbildung 16.6 gezeigt.

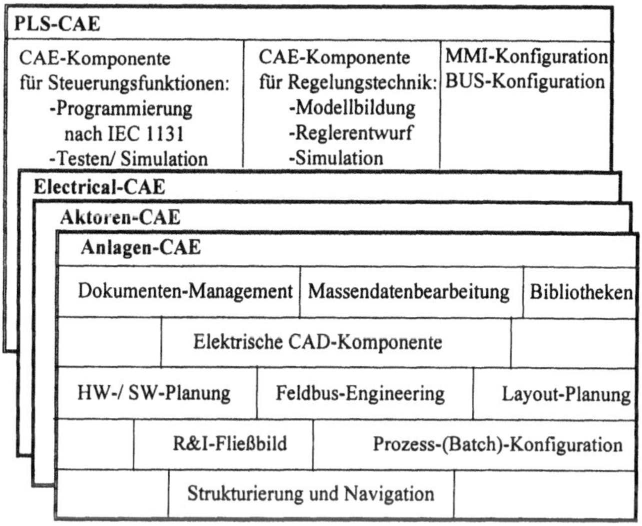

Abbildung 16.6 CAE-Kategorien mit integrierten Werkzeugen

Die folgenden Methoden müssen für Objekte und deren Daten-Aspekte unterstützt werden:

- Starten einer Applikation incl. deren Aufrufparameter — ÖFFNEN
- Erstellen von neuen Objekten oder Daten-Aspekten — ERZEUGEN
- Objekte oder Daten-Aspekte löschen — LÖSCHEN
- Objekte und Daten-Aspekte konsistent kopieren — KOPIEREN
- Daten in unterschiedlichen Formaten drucken — DRUCKEN
- Parameter zu übernehmen bzw. referenzieren — PARAMETER
- Daten in einem spezifizierten Format übernehmen bzw. ausgeben — IMPORT /EXPORT
- Objekte aus Bibliotheks-Objekten und Parametern generieren — INSTANZIIEREN
- Projekte oder Teilprojekte sichern bzw. wieder herstellen — SICHERN/ WIEDERHERSTELLEN
- weitere spezifische Funktionen, z.B. Verarbeitungsprogramme in die Verarbeitungseinheiten laden. — LADEN

Jede Methode wird vor allem vom Browser oder - sofern dies sinnvoll und unterstützt ist - von anderen Modulen aufgerufen.

16.3.2 Massendatenbearbeitung

Die Umsetzung in Automatisierungslösungen aus Standard-Funktionen erfolgt durch:

- Import von Daten aus vorausgegangenen Systemen
- Parametrierung von Standardlösungen
- Masseneditierfunktionen

Import

Zur Übernahme von Daten stehen eine Vielzahl von Datenformaten für alpha-numerische und für grafische Daten und Dokumente zur Verfügung, die über entsprechende Filter in das CAE-System aus vorausgegangenen Engineering-Phasen übernommen werden müssen. Dieses *Import* kann für jedes einzelne Daten- oder Grafikobjekt durchgeführt werden. Wichtiger ist jedoch, dass diese Funktionen von einem Automatismus angestoßen werden können, und so Daten und Dokumente in grosser Anzahl übernommen werden können. Bei diesem Import ist auch die Ablagestruktur spezifizierbar, sodass alle Daten und Dokumente übersichtlich strukturiert werden.

Wieder-verwendbarkeit Instanziierung

Werden bei einem Import die Daten nicht nur einfach übernommen und strukturiert abgelegt, sondern mit *wiederverwendbaren* Lösungen verknüpft, so spricht man von *Instanziierung*. Hierbei werden die Bibliothekslösungen mit den Spezifikationsdaten parametriert. Um möglichst effizient zu arbeiten, liegen wiederverwendbare Lösungen für ein komplettes Objekt einschließlich aller Daten-Aspekte vor, d.h. z.B. für eine Temperaturregelung existiert in der Bibliothek das Verarbeitungsprogramm aber auch das PLT-Stellenblatt, der PLT-Stellenplan und die zugehörigen Stromlaufpläne. Bei der Instanziierung wird die komplette Lösung parametriert. Hierbei werden nicht nur lediglich kopierte Objekte mit Parametern versehen, es ist vielmehr notwendig, dass das relevante Einzelwerkzeug alle Konsistenzprüfungen durchführt und die Daten konsistent in das CAE einpflegt. Hierbei werden z.B. neue Klemmen für die elektrische CAD angelegt oder neue Dokumente mit aktuellen Fuss- und Kopfdaten angelegt.

Mapping

Da die externen Daten meist unterschiedlich strukturiert und Attribute anders benannt sind, muss gleichzeitig ein *Mapping* d.h. eine Zuordnung der Daten erfolgen. Diese Mappings sind typischerweise vom Anwender in einfachen *Files* selbst editierbar und können für jede zu bedienende Schnittstelle abgelegt werden.

Masseneditier-funktionen

Weiterhin werden CAE-Daten mit *Masseneditierfunktionen* effizient bearbeitet. Diese sind heute typischerweise in Tabellenbearbeitung (*Grid-Controls*) implementiert und beinhalten leistungsfähige Filter und Suchfunktionen. Vorkonfektionierte und anwenderspezifische

Makrofunktionen erlauben die Durchführung kompletter Engineering-Sequenzen auf einen Satz von Daten oder Dokumenten.

Die Aufgaben des *Dokumenten-Managements* lassen sich in die folgenden Aufgabengebiete gliedern:

Dokumenten-Management

- Integration externer Dokumente incl. Web-Zugriff
- Erstellung von Reports
- Definition und Generierung von Dokumentations-Paketen

Ein Zugriff auf alle relevanten Dokumente ist dabei notwendig. Typische Beispiele sind Datenblätter wie sie von den Herstellern als elektronische Dokumentation bereitgestellt werden. Diese Dokumente können direkt in den CAE-Strukturen referenziert werden, so dass sie im Wartungsfall nicht in Papier- oder elektronischen Katalogen mühsam gesucht werden müssen, sondern direkt einsehbar sind. Vorteilhaft ist dabei die Möglichkeit, diese Dokumente mit weiteren projektspezifischen Engineering-Daten anzureichern oder Parameter-Referenzen (z.B. Projektname, PLT-Stellenname oder aktueller Einstellparameter) darzustellen. Die Implementierung basiert meist auf Office-Produkten (MS Word, MS EXCEL) mit entsprechender Datenschnittstelle. Solche Referenzen können auch direkt über URL-Links ins Internet zeigen, womit die aktuellsten Dokumente zugreifbar sind.

Für die Erstellung von spezifischen Reports stehen heute leistungsfähige marktgängige *Report-Generatoren* zur Verfügung, die Daten aus verschiedenen Datenablagen zusammenfassen und formatieren können. Häufig werden Office-Produkte wie MS Word und MS EXCEL hierfür eingesetzt, sofern das CAE Schnittstellen zur Verfügung stellt.

Report-Generatoren

Da die Dokumentation immer noch *in Papierform* ausgegeben werden muss, ist es notwendig komplette Dokumetationspakete sortiert und mit Deckblättern und Inhaltsverzeichnis zu generieren. Es können hierfür Dokumentationspaket-Typen definiert werden, um Dokumentation für bestimmte Aufgabengebiete (z.B. Inbetriebnahme) zu filtern, sortieren und auszudrucken.

Dokumentation in Papierform

Diese *Dokumentationspakete* werden auch in spezielle unternehmensweite Dokumenten-Managementsysteme eingecheckt, die auch einen *Workflow-Support* für den Genehmigungslauf von Dokumenten unterstützen.

Dokumentations-pakete
Workflow-Support

Da behördliche Genehmigungen (z.B. FDA) auch heute meist nur basierend auf Dokumenten und nicht auf Basis von Daten erstellt werden, muss das Dokumentenmanagement insbesondere auch die Revisions- und Änderungsverwaltung unterstützen.

16.3.3 Bibliotheken

Voraussetzung für eine Wiederverwendbarkeit von CAE-Komponenten ist ein Bibliothekskonzept mit entsprechend gepflegten und ausgeführten Bibliothekselementen.

Diese Bibliotheken bestehen auf verschiedenen Ebenen wie:

- Symbolbibliotheken
- Bausteinbibliotheken
- Makros
- PLT-Lösungen

Symbol-bibliotheken

Für die *Symbolbibliotheken* der elektrischen CAD sind die Normen IEC113, IEC1082, ANSI32.2/IEEE 315 bei fast allen Systemen auf dem internationalen Markt unterstützt.

Der höchste Wiederverwendungseffekt lässt sich bei kompletten Engineering-Lösungen auf PLT-Stellen-Ebene erzielen, wenn parametrierbare funktionale Lösungen (z.B. Temperaturregelung Typ *n*) aufgebaut und gepflegt werden. Diese Lösungen beinhalten neben den Verarbeitungs-Programmen z.B. die Geräte-Dokumentation, das PLT-Stellenblatt und den PLT-Stellenplan mit parametrierbaren Variablen.

16.3.4 Datenschnittstellen

Wegen der unterschiedlichen Datenmodelle und Konzepte erlauben die Schnittstellen heute einen standardisierten Zugriff auf verschiedene CAE-Systeme nur auf unterschiedlichem Niveau:

- SQL: *Structured Query Language* - auf relationale Datenbanken
- ODBC: Erweiterung für Windows-Betriebssysteme mit SQL
- COM/DCOM: Methodenzugriff für Windows-Betriebssysteme
- CORBA: Methodenzugriff für offene Systeme (meist UNIX)
- SDAI: *Standard Data Access Interface* Zugriffschnittstelle für STEP-basierte Systeme (STEP ISO 10303, Part 22) (heute noch in keinen kommerziellen Systemen implementiert)
- OPC: *Open Process Control*: Standardisierter Zugriff auf Prozessdaten, basierend auf OLE für Window-Betriebssysteme; standardisierter Zugriff auf Prozessdaten i.A. für Bedienstationen (MMI).

Der Zugriff über COM/DCOM und CORBA erfordert eine objektorientierte Strukturierung und ist Basis für Systeme der 3. Generation.

Für den Import von Daten aus vorgelagerten CAE-Systemen oder für den Export zu Wartungssystemen (falls dafür kein CAE-System eingesetzt wird) stehen vielfältige *Import/Export Formate* zur Verfügung. (Tabelle 16.1). Nachfolgend wird beispielhaft nur STEP beschrieben.

Import/Export Formate

Dokumenten-Daten	Alpha-numerische Daten	Grafik
PDF-Format	CSV-Format (Comma separated variables)	DWG, DXF (Autocad)
HTML-Format	EXCEL (als de facto-Standard)	IGES (Initial Graphic Exchange Specification, ANSI)
SGML, XML (unterstützt strukturierte Datenformate)		VNS (Verfahrensneutrale Schnittstelle, DIN)
WORD		STEP

Tabelle 16.1 Beispiele von Import/Export-Datenformaten

Die STEP-Initiative (*STandard for the Exchange of Product Model Data*) der ISO 10303 ist eine eindeutige, implementierungsunabhängige Beschreibung von Produktdaten innerhalb eines Produktmodells. Da der breite Ansatz von STEP nicht in einer einzelnen Norm abgebildet werden kann, ist es in *Serien* und *Parts* unterteilt:

STEP

Serien und Parts

- Übersicht und grundlegende Prinzipien *(Overview and fundamental principles*) für den Aufbau der Normenreihe. — 0-Serie
- Beschreibungsmethoden (*Descriptive methods)*: Die Sprache EXPRESS und deren grafische Repräsentation EXPRESS-G. — 10er-Serie
- Implementierungsmethoden *(Implementation Methods)* mit wichtigsten Parts: 21. *Clear text encoding* und 22. *Standard Data Access Interface (SDAI).* — 20er-Serie
- Konformitätsprüfung - Methoden und Rahmenwerk (*Conformance Testing – Methods and Framework*): Methoden zur Prüfung der Schnittstellen-Prozessoren. — 30er-Serie
- Grundlegende Basismodelle (*Generic Resources*), die anwendungsneutrale Informationsmodelle definieren. — 40er-Serie
- Anwendungsorientierte Basismodelle (*Application Resources*). — 100er-Serie

200er-Serie • Anwendungsprotokolle (*Application Protocols*, APs), die Teilmengen des integrierten Produktmodells für ein jeweiliges Anwendungsgebiet definieren. Wichtigste Protokolle aus Sicht der Automatisierungstechnik sind:

⇒ AP212: Elektromechanisches Design und Installation *(Electromechanical Design and Installation*) für Datenmodelle der elektrischen CAE.

⇒ AP214: Basisdaten für den mechanischen Designprozess im Automobilbau (*Core Data for automotive mechanical design process*).

⇒ AP221: Funktionale Daten und ihre schematische Darstellung für die Prozessindustrie (*Functional data and their schematic representation for process plants*), die Daten für die Verfahrenstechnik beschreiben und R&I-Informationen beinhalten.

500-er Serie • Appikations-spezifische Elemente (*Application interpreted constructs*) wie Toleranzen etc.

1000-er Serie • Applikationsmodule (*Application modules*) die z.B. Farben, Layer etc. beschreiben.

Die komplette Übersicht über die verschiedenen Parts von STEP und deren Standardisierungs-Stand (sog. *STEP on a Page*) wird im Internet aktualisiert.

16.4 Werkzeuge der Anlagen-CAE

16.4.1 Konfiguration nach Prozesstypen

Grundsätzlich gibt es zwei Typen von verfahrenstechnischen Prozessen:

- kontinuierliche
- diskontinuierliche (auch *Batch* oder Chargen-Prozesse genannt)

Die ersten funktionieren mit einem kontinuierlichen Strom von Eingangsstoffen und Produkten (Beispiel: Destillationskolonne). Die Aufgaben des Engineerings bestehen in Planung und Steuerung von Anfahr- und Abfahrvorgängen vor dem eigentlichen Produktionsprozess sowie in Instandhaltung der Betriebsphase. Dabei überwiegen die Regelungen, die sich durch Programmiersprachen wie *Funktionsbausteinsprache FBD* (siehe Abschnitt 11.5.4) beschreiben lassen.

Anlagen zur Batch-Produktion, mit der auf einer Anlage unterschiedliche Produkte oder unterschiedliche Qualitäten eines Produktes gefahren werden können, erfordern ein hohes Mass an Flexibilität bei der Prozessführung (Beispiel: Rührkesselreaktoren der Pharmaindustrie). Diese Anlagen sind auch gegenüber von kontinuierlichen Produktionsanlagen typisch enger in das Produktionsplanungssystem des Unternehmens integriert, um unterschiedliche Chargen eines Produkts einplanen zu können.

Die Anforderungen an Batch-Systeme sind ausführlich in Normen wie SP88 und NAMUR-Spezifikation [16.8] ausgeführt. Das Engineering konzentriert sich auf die Produktherstellung und Chargensteuerung. Die eigentliche Rezepterstellung kann mit Hilfe von Rezepteditoren zu einem vollständigen Rezept zusammengestellt werden. Hier werden meist die Synergien mit dem Ablaufsprache SFC (Abschnitt 11.5.5) genutzt. Dies erlaubt eine einheitliche Projektierungsumgebung und geringeren Einarbeitungsaufwand.

Bezüglich des Engineerings von beiden Prozesstypen muss die geforderte Strukturierung und Flexibilität konfiguriert werden. Dies erfordert die Erstellung von parametrierbaren Grundfunktionen mit Hilfe der Werkzeuge der Software-Planung, aber auch der Erstellung von Grundoperationen.

16.4.2 Strukturierung

Eine zentrale Funktion der Anlagen-CAE ist die Strukturierung einer Anlage. Dies ist notwendig, um effizient und schnell alle Daten einer Anlage im Zugriff zu haben. Für das Engineering ist eine klare Strukturierung der Anlage eine Notwendigkeit, um effizient Kopier- und Instanziierungsfunktionen ausführen zu können.

Die Strukturierung einer Anlage muss in mehreren Strukturen möglich sein. Aus Sicht des Engineerings und des Betriebs sind die folgenden Strukturen notwendig:

- Funktionsstruktur (= *Struktur*)
- Ortsstruktur *(+ und ++ Struktur)*
- Leitsystemstruktur (*# Struktur*)
- Produktstruktur
- Dokumentationsstruktur (optional) *(& Struktur)*
- Weitere optionale Strukturen, z.B. Arbeitspakete.

Kennzeichnungssystem

Alle Strukturen besitzen ein eindeutiges *Kennzeichnungssystem*, welches hierarchisch aufgebaut sein sollte. Da sich trotz nationaler und internationaler Standardisierung wie:

- IEC 750:1983 (international)
- IEC 61346 (international)
- DIN 40719 (deutsch)
- Kraftwerks-Kennzeichnungs-System (KKS) (deutsch)

bis heute kein eindeutiger Standard durchgesetzt hat, sollte sich das Engineering-System an nationale und firmenspezifische Kennzeichnungssysteme anpassen lassen.

Kennzeichen

Alle Objekte einer Anlage lassen sich in einer oder in mehrere Strukturen einordnen und erhalten in jeder Struktur ein eindeutiges *Kennzeichen*, das im Falle von hierarchischen Kennzeichnungssystemen aus der hierarchischen Struktur vererbt wird. In diesem Falle muss nur das relative Kennzeichen eingegeben werden, das absolute Kennzeichen setzt sich aus der Konkatination der übergeordneten Kennzeichen zusammen. Trennzeichen werden entsprechend dem eingestellten Standard automatisch eingeführt.

Beispiel : ein Kennzeichen der Messstelle FIC:

=A1.T22.R2.FIC123

↑ Anlage 1

↑ Teilanlage 22

↑ Reaktor 2

↑ Messstelle FIC 123 □

Kennbuchstaben

Die Kennzeichnung der Messstelle erfolgt über die Beschreibung der Aufgabe einer PLT-Stellenfunktion. Dies geschieht vorzugsweise anhand von *Kennbuchstaben*, welche in der Regel gemäß DIN 19227 Teil 1 definiert sind. Dabei legt der erste Buchstabe die zugeordnete Prozessgröße fest (z.B. *F* für Flow = Durchfluss, *P* für Pressure = Druck). Die Folgebuchstaben beschreiben die einzelnen Verarbeitungsfunktionen (z. B. *I* für Indication = Anzeige, *C* für Control = Regelung). Diese Kennzeichnung erscheint auch im Rohrleitungs- und Instrumentierungs- (R&I) Schema (siehe Abschnitt 16.4.2).

Das Strukturierungs-Werkzeug - meist *Browser* genannt - bietet über die Objekte Zugang zu den Daten (Abbildung 16.7). Die Daten – oft auch *Aspekte* genannt - bestehen aus mehreren Elementen, z.B. aus Spezifikationsdatenblättern, Gerätedatenblättern, Verarbeitungsprogramme, CAD-Zeichnungen wie Stromlaufpläne und Loop-

Diagramme. Der Zugang und die Bearbeitung dieser Daten erfolgt durch die dedizierten Werkzeuge z.B. Funktionsplaneditor oder elektrisches CAD-Werkzeug.

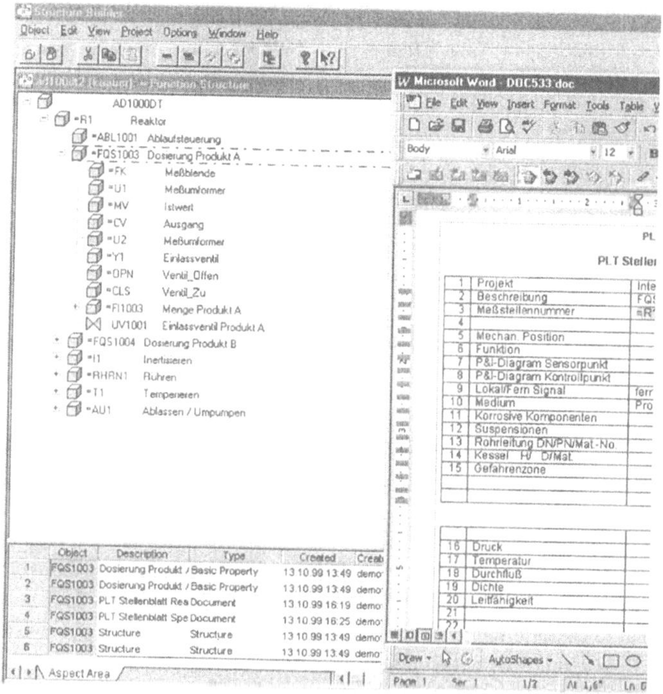

Abbildung 16.7 Beispiel eines Struktur-Browsers mit Funktions-Struktur und PLT-Stellenblatt

Funktionsstruktur

In der *Funktionsstruktur* wird die Anlage entsprechend ihrer Funktion strukturiert dargestellt, unabhängig von Orten und Verarbeitungseinheiten der implementierten Automatisierungsfunktionen.

Ortsstruktur

In der *Ortsstruktur* wird die Anlage entsprechend der örtlichen Gegebenheiten aufgebaut.

Leitsystemstruktur

Die *Leitsystemstruktur* spiegelt die topologische Struktur der Leitanlage wieder, wie sie für das eingesetzte PLS implementiert ist.

Dokumentationsstruktur

Die *Dokumentationsstruktur* dient der Strukturierung von Dokumentationspaketen, wenn Dokumente als Papierkopie ausgedruckt werden müssen oder spezielle Revisionsstände abgelegt werden müssen. Durch Festlegung von Dokumentationspaketen für spezielle Aufgabengebiete wie Installation, Inbetriebnahme oder Wartung werden die jeweils relevanten Dokumente oder Sichten auf die Dokumente vom System durch spezielle Filterfunktionen generiert.

Die Beispiele von Objekten der verschiedenen Strukturen sind in Tabelle 16.2 gezeigt.

Tabelle 16.2 Typische Objekte von Anlagen-CAE Strukturen

Objekte der:			
Funktions-struktur	**Orts-struktur**	**Leitsystem-struktur**	**Dokumentationsstruktur**
Anlage, Teilanlage	Werk	Bus	Dokumentationspaket
Reaktor	Anlage	Station	Ordner
Dosieren Heizen Rühren	Gebäude Etage Raum	E/A-Board	Register
Messgeber Stellglied	Schrank	Kanal	
Motor	Einbauplatz	Feldbus-Linie	
Signal	Koordinate	Device	

Es können auch weitere optionale Strukturen angelegt werden, um bestimmte Objekte einem Arbeitspaket zuordnen zu können und somit eine bessere Unterstützung für die Projektorganisation zu liefern.

Das Strukturierungs-Werkzeug stellt nicht nur die Klammer für alle Objekte mit ihren zugehörigen Daten dar, es liefert auch die Mechanismen für die eindeutige Kennzeichnung von Objekten und Beschreibung von Relationen. Durch die Platzierung eines Signals in der Funktionsstruktur wird das Signal einer Funktion (z.B. einem Doseirmodul) zugeordnet. Wird dieses Signal ferner in der Leitsystemstruktur einem Kanal auf einer Ein-/Ausgabe-Karte zugeordnet (z.B. über Drag & Drop), wird gleichzeitig festgelegt, wo dieses Signal physikalisch herkommt. Diese Information wird dann im Funktionsplaneditor benutzt, wenn der Code für das Leitsystem generiert wird. Die Information wird ferner im elektrischen CAD-System ausgenutzt, um Loop-Diagramme und Stromlaufpläne zu erstellen.

Die Strukturierungs-Werkzeuge sind heute stark an Aussehen und Funktionalität heutiger File-Explorer angelehnt. Dies erlaubt einfache Einarbeitung und schnelle Bediensicherheit der Anwender. Dennoch darf nicht übersehen werden, dass mit den Strukturierungs-Werkzeugen nicht nur über ein File-System navigiert wird, sondern ein darunterliegendes Engineering-Datenmodell bearbeitet wird.

Dies gilt auch bei Funktionen wie Kopieren, Verschieben und Umbenennen, die meist über die vertraute *Drag&Drop*-Technik durchführbar sind. Auch hier wird die Aktion durch umfangreiche Konsistenzprüfungen kontrolliert, so dass möglichst früh Fehler vermieden werden können.

16.4.3 Navigation

Das Rohrleitungs- und Instrumentenfließbild nach DIN 28004 Teil 1 – 4, kurz als *R&I-Fließbild* (engl. *P&I-Diagramm*) bekannt, stellt die technische Ausrüstung einer Anlage dar.

R&I-Fließbild

Darin wird die Aufgabenstellung für die PLT-Technik nach DIN 19227 Teil 1, 3 und 4 beschrieben (Abbildung 16.8).

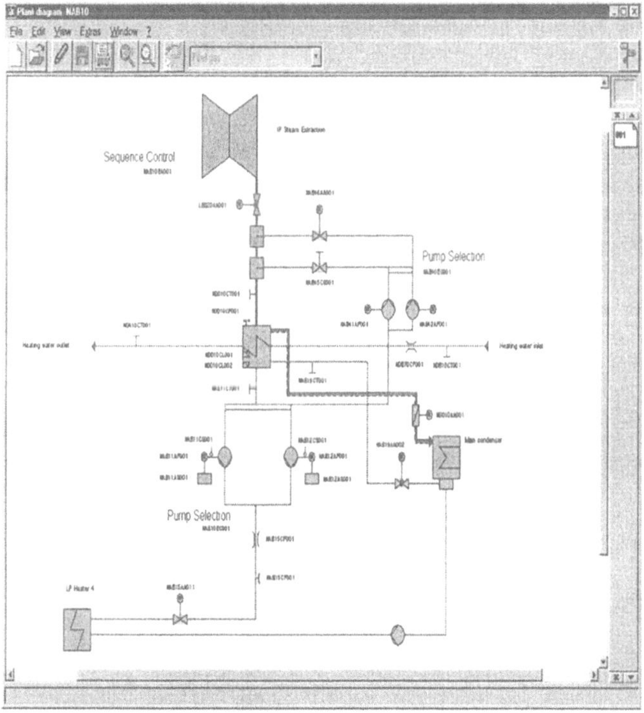

Abbildung 16.8
R&I-Fließbild mit Navigationsmöglichkeit

Das R&I-Fließbild ist eines der wichtigsten Dokumente für das CAE einer Anlage. Es entsteht meist während des Basis-Engineerings und steht für den gesamten Engineering-Ablauf als Navigationswerkzeug zur Verfügung, indem aus dem R&I-Fließbild zu allen relevanten Daten und Dokumenten navigiert werden kann.

Dargestellt werden:

- Apparate und Maschinen mit deren Bezeichnungen
- Armaturen mit deren Beschreibungen
- Rohrleitungen und Transportwege einschließlich deren Attribute wie Nennweite, Druckstufe, Werkstoff
- Aufgabenstellung für Messen, Steuern, Regeln.

16.4.4 Layout-Planung

Die Layout-Planung verknüpft die Anlagen-Planung mit der Hardware-Planung der Automatisierungskomponenten. Hier finden meist

CAD-Systeme

CAD-Systeme (meist AutoCAD basiert) mit Dimensionierungsfunktionen und Datenankopplung zum Einsatz.

Die Daten sind ebenfalls über einen Struktur-Browser zugreif- und editierbar. Die Ankopplung unterstützt jedoch meist wegen fehlender automatischer Platzierungs-Funktionen nicht die automatische Nachführung der Grafik bei Änderungen in den Strukturen.

Aufwendiger sind Funktionen für die Layoutplanung kompletter Anlagen für die Rohrleitungsplanung und das Layout von Aggregaten. Hier kommen komplexe 3D-Programme mit Durchdringungsprüfungen und Walk-through-Funktionen zum Einsatz.

16.4.5 PLT-Stellenblatt

Daten der Messstelle

Mediendaten

Das PLT-Stellenblatt beinhaltet alle Daten, die zu einer *Messstelle* gehören. Dies sind die Daten der Messstelle selbst (wie z.B. Messbereich, Einheit), aber auch Daten über die Umgebungsbedingungen sowie *Mediendaten*. Die Daten des PLT-Stellenblatt kommen zumeist aus dem *R&I-Schame* und werden im Laufe des Engineering-Prozesses weiter verfeinert.

Typischerweise werden auch die Spezifikationsdaten der erforderlichen Geräte auf dem PLT-Stellenblatt dokumentiert. Im Laufe der Wartung einer Anlage müssen häufig Geräte durch neue ersetzt werden. Der aktuelle Zustand der eingebauten Geräte ist im PLT-Stellenblatt dokumentiert. Um zu vermeiden, dass bei Nichtvorhandensein der spezifizierten Geräte immer höher dimensionierte Geräte eingebaut werden, ist es notwendig, das PLT-Stellenblatt Spezifikation und Realisierung parallel pflegen.

Das PLT-Stellenblatt bezieht einen Großteil der Daten von anderen Datenquellen (z.B. Funktions- und Ortskennzeichen) und stellt sie konsistent in einem Dokument dar (Abbildung 16.9).

PLT-Stellenblatt Realisierung

1	Projekt	Interkama 99 AD100DT2	
2	Beschreibung	FQS1003	
3	Messstellennummer	=R1.FQS1011	
4		Dosierung	
5	Mechan. Position		
6	Funktion		
7	P&I-Diagramm Sensorpunkt		
8	P&I-Diagramm Kontrollpunkt		
9	Lokal/Fern Signal	fern	
10	Medium	Wasser	
11	Korrosive Komponenten		
12	Suspensionen	Nein	

		Min	Norm.	Max	Einheit
16	Druck				
17	Temperatur	15.0	25.0	25.0	GRD C
18	Durchfluss	0.0	120.0	200.0	m^3/h

Remarks:

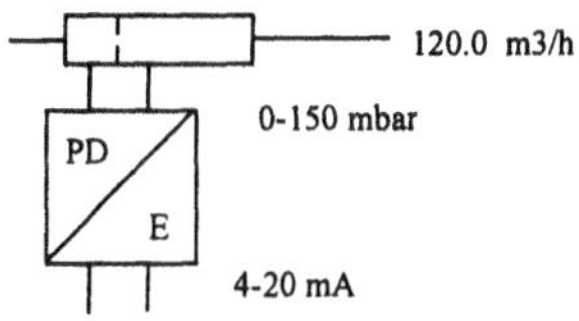

Abbildung 16.9 Beispiel eines PLT-Stellenblatts

Da es unmöglich ist, ein PLT-Stellenblatt zu standardisieren, sollen Inhalte und Layout für die Engineering-Werkzeugen anpassbar sein. Auch die Darstellung und Eingabe zusätzlicher Attribute muss in einfacher Weise möglich sein. Ist das Werkzeug auf Standard-Office-Applikationen aufgebaut, kann eine einfache Änderbarkeit und schnelle Einarbeitung der Anwender ermöglicht werden.

16.4.6 Geräte-Datenblätter

Für die Planung und für die Wartung ist es notwendig, auf die entsprechenden Geräte-Datenblätter schnell zugreifen zu können. Um ein Suchen in umfangreichen Dokumenten oder elektronischen Archiven zu vermieden, soll das System über den Struktur-Browser oder über direkte Verzweigung von den Objekten direkt auf die Datenblätter zugreifen. Diese liegen typischerweise in *PDF-Format* vor und sind somit unabhängig vom Tool, mit welchem sie erstellt wurden. Die Geräte-Datenblätter sind einschließlich Grafik und Layout darstellbar. Soll auf die aktuellste Information des Herstellers zugegriffen werden, so ist ein direkter Verweis über den *Internet-Link* sinnvoll. Hierbei wird automatisch die entsprechende Internet-Seite des Herstellers für dieses Gerät geöffnet.

PDF-Format

Internet-Link

16.5 Werkzeuge der elektrischen CAD

16.5.1 Funktionen

CAEE

Für die elektrische CAD, auch häufig *Computer Aided Electrical Engineering* (CAEE) genannt, stehen Editoren zur Verfügung, die neben den leistungsfähigen Zeichnungsfunktionen auf ein komplettes Datenmodell für die elektrische CAD zugreifen können. Es ist wichtig dass das CAEE auch in das Gesamt-PLT-CAE eingebunden ist. Einerseits kann es auf Daten anderer Werkzeuge zugreifen, anderseits müssen komplette Teilstrukturen, z.B. in der funktionalen Planung, konsistent kopiert werden. So lässt sich ein effizientes Gesamtengineering realisieren. Änderungen in der Wartungsphase werden damit nur an einer Stelle implementiert.

Zwei Systemfamilien: Proprietärer Zeichungskern oder Auto-CAD

Heute sind auf dem Markt zwei verschiedene System-Familien vorhanden, die sich bzgl. Funktionalität kaum mehr unterscheiden. Beide Systeme basieren auf einer leistungsfähigen Datenbank (relational oder objektorientiert). Die einen benutzen proprietären *Zeichnungskern*, die anderen beruhen fast ausschließlich auf *AutoCAD*. Die letzteren haben den Vorteil aus Herstellersicht, dass Grafikfunktionen nicht entwickelt und gepflegt werden müssen. Auch aus Sicht des Anwenders besteht der Vorteil darin, dass ein geringer Einarbeitungsaufwand notwendig ist, da Konzepte und Bedienphilosophie weitgehend bekannt sind.

Alle grafische Elemente des CAEE besitzen im Unterschied zu CAD-Systemen eine semantische Bedeutung und führen entsprechende Prüfungen durch. Eine Linie ist somit keine Linie sondern eine elektrische Verbindung, für die im Hintergrund ein elektrisches Netz aufgebaut wird. Damit können beispielsweise Kurzschluss- und Potenzialprüfungen durchgeführt werden.

Zeichnungsfunktionen

Zu den leistungsfähigen *Zeichnungsfunktionen* gehören u.a. automatisches Aufbrechen und Einfügen von Symbolen, Zeichnen von Mehrfachlinien für mehrphasige Leitungen und automatische Quer- und Potenzialverweise. Bezeichner werden konsistent geführt und entsprechend Standards auch hierarchisch strukturiert gebildet.

Symboleditoren

Für die Erstellung von Symbolen, die auch die Darstellung von Attributen erlauben und verschiedene nationale bzw. internationale Standards unterstützen, stehen *Symboleditoren* und Bibliotheksverwaltungsfunktionen zur Verfügung.

Symbol- / Artikelbibliotheken

Neben der *Symbolbibliothek* ist die Verwaltung und Erstellung von *Artikelbibliotheken* unterstützt. Hiermit ist es z.B. auch möglich, Geräte neutral zu planen und in einem weiteren Schritt die Geräte zu einem konkreten Gerät (z.B. Motor Typ XY) mit einer konkreten Artikelnummer zuzuordnen.

Stücklisten

Basierend auf diesen Daten können *Stücklisten* für das Bestellwesen automatisch generiert werden oder direkt in ein kommerzielles System übergeben werden.

16.5.2 PLT-Stellenpläne

Mit Hilfe der CAEE-Basisfunktionen lassen sich PLT-Stellenpläne und Stromlaufpläne erstellen. Die PLT-Stellen dokumentieren entweder einzelne Ein-/Ausgabe-Pläne oder komplette PLT-Stellen.

Ein-/Ausgabeplan

In den *Ein-/Ausgabeplänen* ist der Eingangs- oder Ausgangspfad einer Messstelle dargestellt. Dies beinhaltet den Sensor/Aktor, die E/A-Karte einschließlich der Signal-Information als auch die notwendige Verdrahtung mit allen Informationen über Kabel und Klemmen, die von System konsistent verwaltet werden.

Die *PLT-Stellenpläne* präsentieren den kompletten Regelkreis mit Ein- und Ausgabepfad wie die E/A-Pläne. Zusätzlich ist meist die Verarbeitungsfunktion der PLT-Stelle dokumentiert.

In beiden Fällen wird auf die Daten der E/A-Planung zugegriffen, die auch für die Software-Planung verwendet werden.

16.5.3 Stromlaufpläne

Die Stromlaufpläne dokumentieren die klassische elektrische CAD mit den Verbrauchern, Schaltern, Relais und Kontakten und der Einspeisung sowie der notwendigen Verdrahtung (Abbildung 16.10).

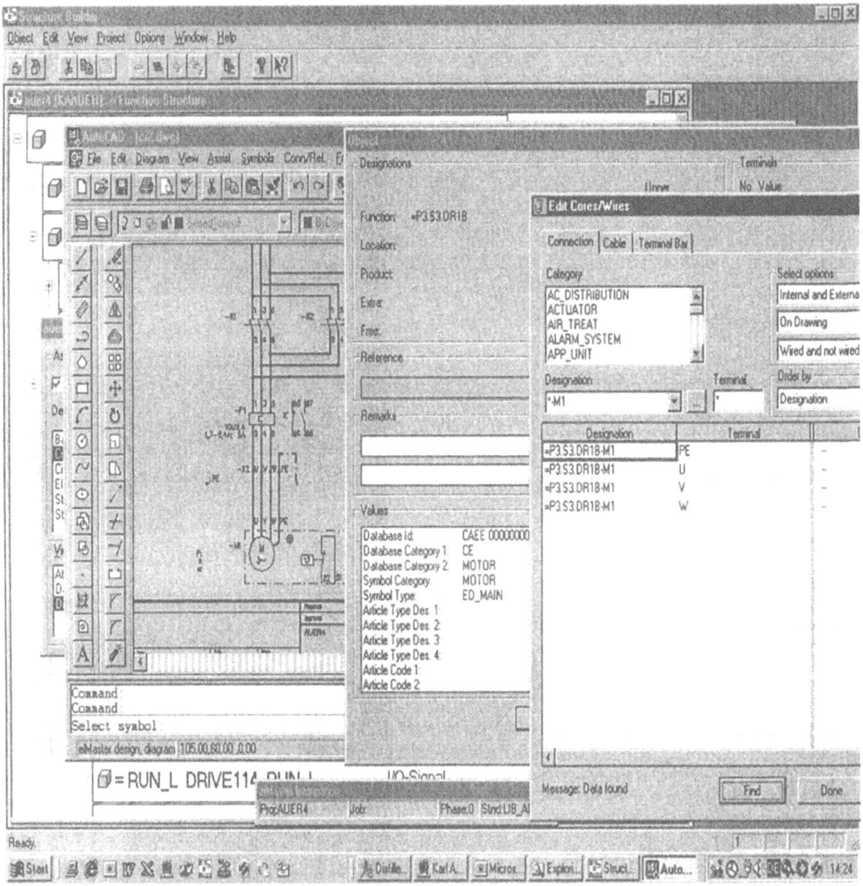

Abbildung 16.10 Beispiel eines Stromlaufplans mit Artikelspezifikation und Verbindungsliste

16.5.4 Verbindungsplanung

Eine wesentliche Aufgabe der CAEE ist die Verbindungsplanung, wobei Verdrahtungen meist ausgehend von den Informationen in den Zeichnungen und dem dabei aufgebauten elektrischen Netz geplant werden können. Hierbei werden Kabel aus einen Kabelkatalog den einzelnen Verbindungen zugeordnet und Klemmen belegt. Prüfungen auf Mehrfachbelegung/-verwendung von Klemmen und Kabeladern werden implementiert.

Die Zuordnungen können manuell, halb-automatisch oder automatisch zugeordnet und in den Stromlaufplänen automatisch dokumentiert werden. Die Verbindungsplanung umfasst ferner Sichten und Reports aus verschiedenen Blickwinkeln, z.B. bzgl. des Kabels oder der Klemmleiste.

16.5.5 Kabelplanung

In der Verbindungsplanung werden die elektrischen Verbindungen und die Zuordnung zu Kabeln festgelegt. Dies stellt die Voraussetzung für die Kabelplanung dar, wo diese Information zusammen mir Geometriedaten der Anlage verknüpft wird. Damit werden die Kabelwege, die Auslegung und der Füllgrad von Kabeltrassen geplant, sowie die Länge von Kabeln und der notwendige Leitungsquerschnitt ermittelt.

16.6 Einbindung von Regelung und Steuerung

16.6.1 Automatisierungsfunktionen

Für Planung und Entwurf von Automatisierungsfunktionen müssen die Zusammenhänge zwischen Anlagen-/Geräten-Darstellungen einerseits und steuerungs-/regelungstechnischen Funktionen anderseits menümäßig eingeführt werden. Die Kenntnis der Programmiersprache ist dafür grundsätzlich nicht mehr erforderlich.

Steuerungsfunktionen

Die *Steuerungsfunktionen* bestehen generell in der Entwicklung und simulativen Erprobung von logischen Schaltungen und Programmabläufen aller Betriebsstufen (An-/Abfahrvorgänge, Produktionsvorgänge usw.). Diese Funktionen werden sowohl von PLS-Herstellern (siehe Kapitel 13) als auch von Algorithmen-CAE-Anbietern nach Standards wie EN IEC-61131-3 erstellt (siehe Kapitel 11).

Regelungsfunktionen

Bei den *Regelungsfunktionen* geht es um die Wahl der Regelalgorithmen und -Geräte sowie deren optimale Parametrierung für einen oder mehrere Arbeitspunkte.

Entwurfsschritte

Die typischen *Schritte* des CAE-*Entwurfsprozesses* der Regelungsfunktionen sind nach [16.11]:

- Entwicklung eines Prozessmodels (Modellbildung, Identifikation)
- Reglerentwurf (analytische oder PC-gestützte Entwurfs- und Optimierungsmethoden, siehe Kapitel 1-7)
- Erprobung des Regelsystems (Simulation, Inbetriebnahme).

16.6.2 Software-Planung

Ein effizientes Engineering erfolgt heute durch weitgehende Integration von Steuerungs- und Regelungsfunktionen unter Berücksichtigung der vertieften Prozesskenntnisse (siehe z.B. Kapitel 10 für mechatronische Systeme) und den speziellen Aspekten wie der Sicherheitstechnik (siehe Kapitel 15).

Während der Software-Planung soll die Automatisierungsfunktion erstellt, in die Verarbeitungseinheiten (PLS bzw. SPS) geladen und über Anzeige und Diagnosefunktionen unterstützt werden.

Auch diese Engineering-Funktionen sollen in einem integrierten Engineering-System voll in das Gesamtsystem eingebunden werden, um die Änderungen, Kopier- und Instanziierungsfunktionen konsistent auch für die Softwareplanung zu ermöglichen.

Funktionsplan

Für ein effizientes Engineering komplexer Anlagen mit Hilfe von PLS reicht der Funktionsumfang der EN IEC-61131-3 häufig nicht aus. So ist es erwünscht, zusätzliche Daten im *Funktionsplan* (Abbildung 16.11) darzustellen.

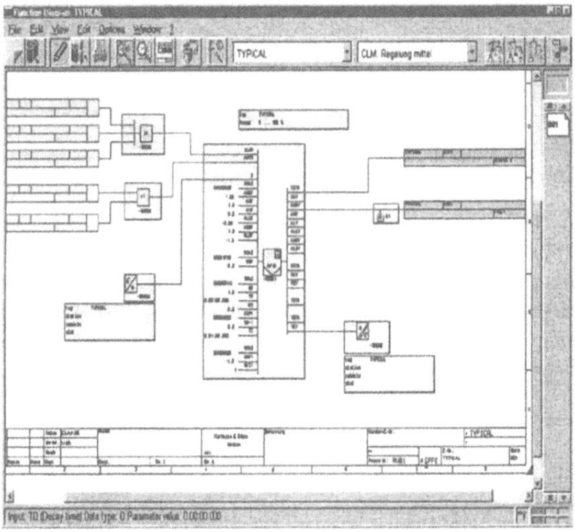

Abbildung 16.11
Beispiel eines Funktionsplans

Die Informationen des Funktionsplans sind z.B.:

- Referenz zur *Mensch-Maschine-Kommunikation* (MMI)
- Informationen aus der Signalplanung (*Signal-Kanal-Zuordnung*)
- Feldbusdaten
- Parameter und Dokumentationsdaten

16.6.3 Hardware-Planung

Die Hardware-Planung besteht aus der Strukturierung der Leitanlage entsprechend der *Bedien-*, *Engineerings-* und *Verarbeitungsstationen* sowie der notwendigen *Kommunikationsbusse*.

Die Präsentation und Eingabe der Hardware-Planung ist über die Struktur (Abbildung 16.12) oder grafischen Editoren (Abbildung 16.13) möglich.

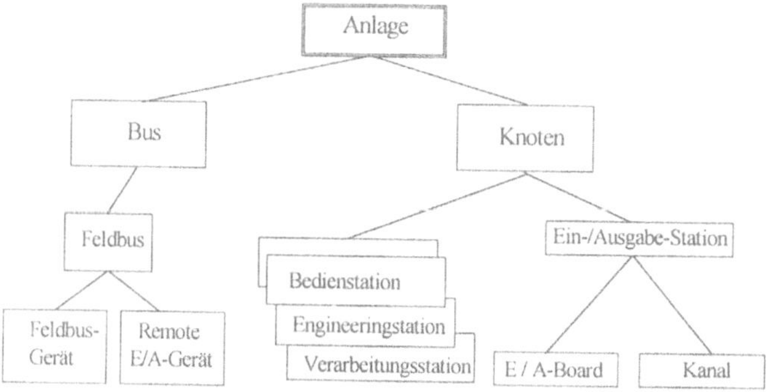

Abbildung 16.12 Beispiel einer Leitsystem-Hierarchie mit dem Struktur-Browser

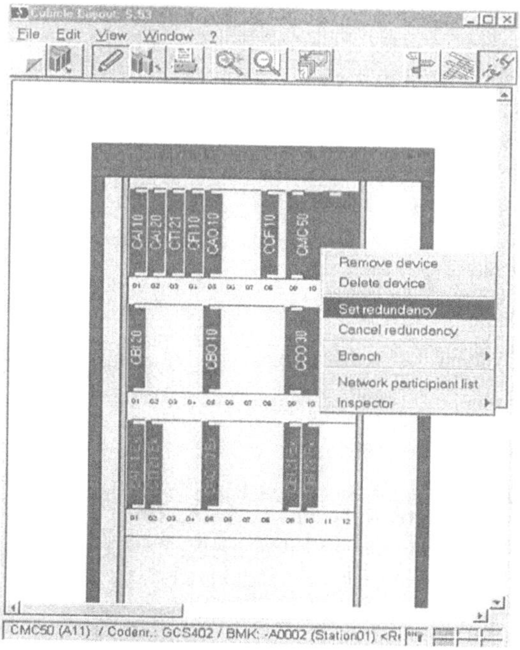

Abbildung 16.13 Beispiel eines Hardware-Editors mit Navigation (das Schrank-layout)

Die Daten sind oft schon zu einem westlichen Teil in der Angebotsphase spezifiziert oder Teil einer Bestellung. Zur Effizienz- und Qualitätserhöhung sind diese Daten zu übernehmen und im Laufe des Engineerings zu pflegen. Hierzu sind Editoren notwendig, die neben der grafischen Darstellung auch die Plausibilität der Eingaben überprüfen, ob diese Eingaben für die Konfiguration des Leitsystems zulässig sind. Notwendig sind auch Routinen für die Auslegung der Hardware bzgl. *Funktionsumfang* und *Performance*. Die Zuordnung von Signalen zu E/A-Kanälen muss wegen der hohen Anzahl durch leistungsfähige Massendatenverarbeitungsfunktionen und Automatismen unterstützt werden.

Feldbus-Engineering

Remote-E/A-und Feldbus-Geräte

Alle PLS, SPS und damit auch die zugehörigen CAE-Systeme unterstützen eine Vielzahl propietärer und standardisierter Feldbusse (siehe Kapitel 11-13). Für ein effizientes Engineering ist es notwendig, dass auch Feldbusse und daran angeschlossene *Remote-Ein/Ausgabe-* und intelligente *Feldbusgeräte* in einer integrierten Systemumgebung mit den gleichen Hilfsmitteln unabhängig von Feldbussystem geplant werden. Dies ist wichtig, da es derzeit nicht absehbar ist, ob sich ein Feldbussystem weltweit durchsetzen wird.

Bibliotheks-konzept

Da es unmöglich ist, in einem CAE-System alle Parameter und Funktionen von intelligenten Feldbusgeräten vorzusehen, soll ein *allgemeines Bibliothekskonzept* standardisiert werden. Dies erfolgte durch Initiative mehrere deutscher und internationaler Hersteller mit dem FDT/DTM-Konzept [16.5].

FDT-Konzept

Das *Field Device Tool* (FDT) hat die anlagenweite Konfiguration von PLS/SPS, Feldbus und Feldgerät zum Ziel. Feldgeräte werden im CAE-System nach festgelegten Standards und mit einheitlichen Bedienoberflächen wie Funktionsbausteinen verarbeitet.

DTM-Komponente

Basis des FDT-Konzepts ist der *Device Type Manager* (DTM), eine Komponente, die der Hersteller des intelligenten Feldgerätes beistellt. Der Device Type Manager :

- kennt alle Regeln des Gerätes;
- enthält alle Anwenderdialoge ;
- übernimmt Gerätekonfiguration und Diagnose;
- generiert die gerätespezifische Dokumentation.

Die Erweiterung um neue Feldgeräte ist jederzeit möglich, da die entsprechenden DTMs problemlos nachgeladen werden können. Damit ist ein Plug & Play für Feldbusgeräte ähnlich wie für Druckertreiber in der PC-Welt möglich. Das FDT/DTM-Konzept ist heute für *Profibus* verfügbar, für *Fieldbus-Foundation* vorgesehen und auch für weitere Feldbusse offen.

16.6.4 MMI-Konfiguration

Die sinnvolle Gestaltung einer automatisierungstechnischen Einrichtung wird mit dem Einsatz des Mensch-Maschine-Interfaces MMI (siehe Kapitel 13, 14) abgeschlossen.

Die MMI-Funktionen bestehen im Wesentlichen aus:

- Konfiguration von Standardbildern
- Konfiguration von frei konfigurierbaren Bildern
- Konfiguration der Alarmverarbeitung
- Konfiguration der Datenarchivierung und Kurvendarstellung

Konfiguration der Standardbilder

Die *Konfiguration der Standardbilder* (auch *Faceplates* genannt) besteht aus der Zuordnung der einzelnen Prozessobjekte wie Messstellen, Regelkreise, Motorsteuerungen zu den vorkonfektionierten Darstellungen und Bediendialogen. Die Zuordnung erfolgt meist automatisch über den jeweiligen Messstellen bzw. Objekttyp. Dies gilt auch für aufwendigere Darstellungen wie Schrittkette, wo die MMI-Darstellung mit Schritten und Transitionen automatisch aus dem *Sequential Function Chart* (SFC) generiert werden. Im CAE ist lediglich die Zuordnung der einzelnen Objektdarstellungen zu Gruppen und Hierarchien notwendig, alle anderen Daten wie Messbereiche etc. sind bereits in den Engineering-Daten definiert.

Die Daten werden heute meist über die standardisierte Software-Schnittstelle *Open Process Control* (OPC) von den Prozessstationen zu den Bedienstationen übertragen. Die notwendige Konfiguration der OPC-Clients und -Server erfolgt durch die Engineering-Systeme weitgehend automatisch.

frei konfigurierbare Bilder

Die Konfiguration von *frei konfigurierbaren Bildern* ist nicht zuletzt wegen des hohen Abstimmungsbedarfs stets mit relativ hohem Aufwand verbunden. Dies auch obwohl heutzutage leistungsfähige grafische Editoren mit vorkonfektionierten Bild- und Bedienelementen bereitstehen, die ein *3D-Look & Feel* der Bilder erlauben. Darstellung der Prozesswerte kann mit einfachen Hilfsmitteln den ergonomischen Anforderungen angepasst werden (Abbildung 16.14).

Alarmverarbeitung

Wichtig für die sichere Prozessführung ist ein übersichtliches *Alarmverarbeitung*, das auch bei einem Meldungsschwall Ursache und Folgemeldungen unterscheiden lässt und Schlüsse für die richtigen Prozesseingriffe unterstützt. Das CAE-System muss die Konfiguration des Alarmverarbeitung in einfacher Weise unterstützen. Wichtig ist auch die Möglichkeit, verschiedene Alarmstrategien, z.B. für Anfahr- und Abfahrsituationen, konfigurieren zu können.

Datenarchivierung

Um eine Anlage bezüglich Durchsatz und Ressourceneinsatz optimal fahren zu können, ist es notwendig, auf historische Daten zu zugreifen. Die Konfiguration der *Datenarchivierung* erfolgt durch Parametrierung der entsprechenden Messstellen und Zusammenfassung zu entsprechenden Gruppen und Darstellungen. Höhere statistische Auswertungen und Darstellungen, z.B. im 2D- oder 3D-Raum, sind von entscheidendem Vorteil.

Wie auch andere CAE-Komponenten, müssen die MMI-Werkzeuge in das gesamte CAE-System eingebunden sein, um einerseits Änderungen von Messstellen automatisch im MMI-System nachzuführen und anderseits die Massenbearbeitungsfunktionen, wie mehrfaches Kopieren und Instanziieren, konsistent in den Prozessvisualisierungssystemen durchzuführen.

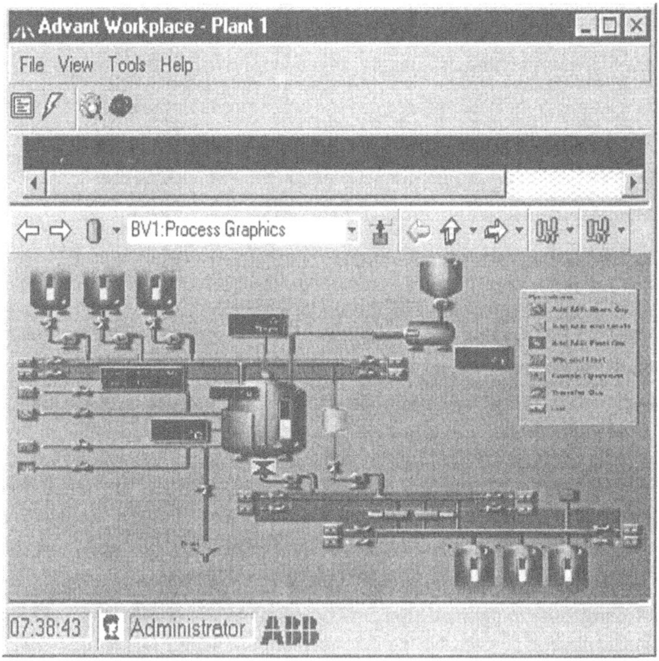

Abbildung 16.14
MMI eines frei-konfektionierbares Bildes

16.7 Ausblick

CAE-Systeme werden ihre Einsatzgebiete in zwei Richtungen ausweiten:

- Der komplette Lebenszyklus einer Anlage von der Ausschreibung bis zur Demontage einer Anlage wird von *CAE-Werkzeugen* zunehmend integriert oder über Standardschnittstellen abgedeckt. Dadurch werden Durchlaufzeiten in der Planung, der Aufwand und mögliche Fehlerquellen reduziert.

Integration von CAE-Werkzeugen

- Die Breite der *abgedeckten Prozesse* wird weiter zunehmen. Ausgehend von der klassischen Erstellung von Programmen für die Verarbeitungsgeräte (PLS, SPS) werden zunehmend Elemente der Prozessplanung im CAE integriert, wie z.B. heute bei Batch-Anlagen bereits üblich. Ebenso wird die Integration des Engineerings in Richtung der Business-Systeme weiter zunehmen, wie es bereits heute zum Teil durch die Übergabe von Stücklisten in die Bestellsysteme oder die Übernahme von Artikeldaten aus den Lagerhaltungssystemen üblich ist.

Integration von CAE-Funktionen

Voraussetzung für den Erfolg der weiteren Integration ist die Einhaltung einer *modularen, offenen Systemarchitektur*, in die unterschiedliche Systeme verschiedener Hersteller integrierbar sind. Nur so wird vermieden, dass monolithische Systeme entstehen, die nicht pflegbar sind. Diese Integration setzt *offene Standards* voraus. Es bleibt abzuwarten, ob diese Standards durch internationale Normungsgremien entstehen oder ob sie durch de-facto-Standards marktbeherrschender Hersteller geprägt werden. Dies gilt auch für den Erfolg der STEP-Standardisierung.

Modulare, offene Systemarchitektur

Integration von CAE-Standards

Weitere Chancen für CAE-Werkzeuge bietet das *Internet* bzw. *Intranet*. Die Potenziale gehen weit über den einfachen Zugriff auf Datenblätter hinaus. Die Internet-Technologie erlaubt den Aufbau sog. *Thin-Clients*, worauf dem Client nur noch ein Internet-Browser zur Verfügung stehen muss und die Verarbeitungsfunktionen bzw. Datenspeicherung im Internet verteilt ist. Dies erlaubt neue Freiheitsgrade aber auch neue Herausforderungen für *Concurrent-Engineering* in internationalen Teams.

Internet / Intranet

Thin-Clients

16.8 Literatur

[16.1] Ahrens, W.; Scheurlen, H-J.; Spohr, G-U.: *Informationsorientierte Leittechnik.* R. Oldenbourg, München/Wien, 1997

[16.2] Alznauer, R.: *Semantisches Informationsmodell für ein ganzheitliches, rechnergestütztes Engineering am Beispiel der Prozessleittechnik.* Dissertation, RWTH Aachen, April 1996

[16.3] Artley, G.; Auer, K.; Rahn, H.; Roos, E.; Thorwarth, E.; Wippermann, B.: *Produktivitätssteigerung durch zunehmend integrierte Produktionstechnik und Verfahrens-Know-how.* In: atp 41 (1999) H.8, S. 33-40.

[16.4] Auer, K.: *PLS-spezifische CAE-Werkzeuge zur Planung der Prozeßautomatisierung.* In: CAE-Werkzeuge zur Planung der Prozeßautomatisierung, VDE-Verlag, Berlin/Offenbach, 1992, S. 71-102.

[16.5] Bruns, H.; Hempen, U.; Ott, W.; Vahldieck, R.: *Ein Konzept für eine COM/DCOM-basierte herstellerunabhängige Integration von Feldgeräten in Engineeringsysteme.* In: Automatisierungstechnische Praxis 41 (1999) H.10, S. 34-40.

[16.6] Früh, K. F. (Hrsg.): *Handbuch der Prozeßautomatisierung. Prozessleittechnik für verfahrenstechnische Anlagen.* 2.Auflage, R. Oldenbourg Verlag, München/Wien, 1997

[16.7] Litz, L.; Suhm, C.; Schumann, R.: *Computer Aided Engineering (CAE) in der Automatisierungstechnik.* In: Automatisierungstechnische Praxis 40 (1998) H. 6, S. 54-64.

[16.8] NAMUR NA50: *CAE-System für die Planung von PLT-Einrichtungen in verfahrenstechnische Anlagen der chemischen Industrie-Lastenheft.* NAMUR-Arbeitsblatt H.50, 1994

[16.9] Polke, M. (Hrsg.): *Prozeßleittechnik.* 2.Auflage, R. Oldenbourg, München/Wien, 1994

[16.10] Schnieder, E. (Hrsg.); Auer, K.: *Advant Objects, Basis für ein integriertes Anlagenmanagement über den gesamten Lebenszyklus.* In: Entwicklung und Betrieb komplexer Automatisierungssysteme, 6.Fachtagung 99, TU Braunschweig (EKA 99), S.141-150, ISBN 3-9803363-5-2

[16.11] Schumann, R.: *CAE von Regelsystemen.* In: Automatisierungstechnische Praxis 40 (1998) H.9, S.48-62

[16.12] Walzer, M.; Auer, K.: *Objektorientiertes Konzept unterstützt Anlagenmanagement.* In: open automation (1999) H. 3

Formelzeichen und Abkürzungen*

a_i	Koeffizienten des Nennerpolynoms oder der Diffenrenzialgleichung
$a(s)$	Zählerpolynom
A_i	Integralkriterien
A_R	Amplitudenrand
$\mathbf{A}$	Systemmatrix, Dynamikmatrix
$\mathbf{A}_{cl}$	Koeffizientenmatrix
$\mathbf{A}_D$	Diagonalmatrix
$b(s)$	Nennerpolynom
b_i	Koeffizienten des Zählerpolynoms oder der Diffenrenzialgleichung
$\mathbf{b}$	Steuervektor
$\mathbf{B}$	Steuermatrix, Eingangsmatrix
$\mathbf{B}_D$	Diagonalmatrix
$\mathbf{c}$	Ausgangsvektor
C	Konstante, Kapazität
C_F	Komplement
$CUT\alpha(F)$	Schnitt der Fuzzy-Menge F mit einem Zugehörigkeitsgrad größer als α
$\mathbf{C}$	Ausgangsmatrix
d	Sollwert eines neuronales Netzes, Hemming-Distanz
D	Dämpfungsgrad
$DEPTH$	Tiefe einer Fuzzy-Menge
$\mathbf{D}$	Durchgangs- oder Drehmatrix
$e(t)$	Regelabweichung, Fehler
$e(\infty)$	bleibende Regeldifferenz
$\vec{e}_i$	Einheitsvektor
E	Energie des neuronalen Netzes
$E(T)$	Erwartungswert
$\mathbf{E}$	Störeingangsmatrix
f_A	Aktivierungsfunktion, Abtastfrequenz
F	Fläche, Funktion, Kraft
F_S	einelementige Menge, Singleton
$F(j\omega)$	Frequenzgang
$F(s)$	Übertragungsfunktion
$g(t)$	Gewichtsfunktion
g_i	Gewichtskoeffizient
G	Grundmenge
$G(j\omega)$	Frequenzgang
$G(s)$	Übertragungsfunktion
$\mathbf{G}(j\omega)$	Frequenzgangmatrix
$\mathbf{G}(s)$	Übertragungsmatrix
$h(t)$	Übergangsfunktion
Δh	Überschwingweite
H	Höhe, Schadenseintritt
$HEIGHT$	Höhe einer Fuzzy-Menge
i, I	Strom (elektr.), Wärmeinhalt
i_α, i_β	Komponenten des Stromes im ständerbezogenen Koordinatensystem
I_C	Kollektorstrom

* Diese Formelzeichen gelten, solange in unmittelbaren Zusammenhang keine andere Vereinbarung getroffen wurde

$\underline{I}_{R,S,T}$	Phasenstrom
$\mathbf{I}$	Einheitsmatrix passender Dimension
J	Trägheitsmoment
$\mathbf{k}$	Reglervektor
K	Konstante, Verstärkungsgrad, Konklusion
$K(s)$	Übertragungsfunktion des Reglers
K_D	Differenzierbeiwert
K_I	Integrierbeiwert
K_P	Proportionalbeiwert
$KER(F)$	Kern der Fuzzy-Menge F
$\mathbf{K}$	Koeffizientenmatrix, Rückführmatrix
l	Länge
L	Induktivität (elektr.), Anzahl der Punkte
m	Masse, Moment, Dimension
$m(e)$	Zugehörigkeitsfunktion
m_b	Beschleunigungsdrehmoment
m_{el}	elektrisch erzeugtes Drehmoment
m_L	Lastdrehmoment
M	Menge, Betrag des Frequenzganges
n	Ordnung eines Systems, Drehzahl, Anzahl
$n(s)$	Nennerpolynom
$n_G(\mathrm{s})$	Nullstellenpolynom
n_{sy}	Synchrondrehzahl
N	Beschreibungsfunktion, Anzahl der Punkte
p	Druckänderung
p'	Polpaarzahl
$\mathbf{p}$	Vektor der Gewichtungsparameter
$p_{cl}(s)$	charakteristisches Polynom
P	Druck, Leistung (elektr.), Anzahl der Punkte, Periode
$P_G(s)$	Pol-Polynom
P_i	Prämisse
q	Ladung
q_i	verallgemeinerte Koordinaten
Q	Wärmemenge
r	Dimension, Parameter
$\mathbf{r}_k^{(i)}$	Ortsvektor
R	Radius, Regel, Risiko, Widerstand (elektr.)
$R(t)$	Zuverlässigkeitsfunktion
s	Laplace-Operator
S	Schadensausmaß
$SUPP(F)$	Support der Fuzzy-Menge F
$\mathbf{S}$	Steuerbarkeitsmatrix
t	Zeit
t_w	Zeit des Wendepunktes
T	Periodendauer, Temperatur
$T(s)$	Führungsübertragungsfunktion
T_A	Abtastzeit
T_{an}, T_{An}	Anregelzeit, auch Anstiegszeit
T_{aus}, T_{Aus}	Ausregelzeit
T_D	Differenzialzeit
T_d	Periodendauer
T_e	Einschaltdauer
T_{ers}, T_E	Ersatzzeitkonstante
T_g	Ausgleichszeit
T_i	Zeitkonstante
T_I	Integralzeit
T_{IA}	Nennanlaufzeit der Gleichstrommaschine
T_n	Nachstellzeit
T_P	Periodendauer

T_R	Verzögerungszeitkonstante des Reglers
T_t	Totzeit
T_v	Vorhaltzeit
T_u	Verzugszeit
$T_Ü$	Überschwingzeit
T_σ, T_Σ	Summenzeitkonstante
u	Spannung (elektr.), Stellgröße
u	Steuervektor
$\mathbf{u_s}$	Stellgrößenvektor
$ü_{max}$	max. Überschwingweite in %
U	Spannung (elektr.), Stellgröße, Universum
U_{CE}	Kollektor-Emitter-Spannung
$\underline{U}_{RST}$	Raumzeiger der Phasenspannung
U_{Zk}	Zwischenkreispannung
Ü	Übergangsmatrix
v	Ortskoordinate
$v(t)$	Geschwindigkeit
V	Verstärkung, Lyapunov-Funktion, Wärmeverlust
V	Verfügbarkeit
$V(s)$	dynamischer Vorfilter
V_0	Verstärkungsfaktor des offenen Kreises
V	Vorfiltermatrix
w, w_{ref}	Führungsgröße
$w(P)$	Wahrheitswert
W	Wahrscheinlichkeit
W_d	Stör- oder Belastungsgröße
W_i	Gewicht
$x(\infty)$	Beharrungswert der Regelgröße
x_d	Hysterese, Regeldifferenz
x_0	Amplitude
x	Zustandsvektor
X	Regelgröße
X_a	Ausgangsgröße
X_e	Eingangsgröße
X_k	Kommutierungsreaktanz
X_r	Rückführungsgröße
y	Regelgrößenvektor
Y	Ausgangsgröße, Stellgröße, Regelgröße
Y_H	Hilfsstellgröße
Y_M	Modellausgang
z	Laplace-Operator der z-Transformation
Z	Störgröße, Impedanz (elektr.)
Z_W	Wellenwiderstand
Z	Störgrößenvektor
α	Winkel (geometr.), Erfüllungsgrad, Aktivierungswert, Steuerwinkel
α_i	Koeffizient des charakteristischen Polynoms
α_R	Phasenrand
β	Phasenkonstante
δ	Fehler, Toleranzbereich
$\delta(t)$	Dirac-Impuls
Λ	Differenz
Φ	Fundamentalmatrix
ς	Rang der Übertragungsfunktionsmatrix
ϑ	Dämpfungsgrad, Temperatur
θ	Schwellenwert
Θ	Temperatur
$\sigma(t)$	Sprungfunktion
γ	Läuferlage
η	Lernschrittweite

φ	Phasenwinkel, Argument des Frequenzgangs
$\varphi(\omega)$	Phasengang
φ_R	Phasenrand
μ	Kennzahl
λ	Wellenlänge
$\lambda(t)$	Ausfallrate
μ_i	charakteristische Funktion
ω	Kreisfrequenz
ω_B	Kreisfrequenz einer Polstelle auf der imaginären Achse
ω_d	Eigenkreisfrequenz
ω_D	Durchtrittskreisfrequenz
ω_k	Knickkreisfrequenz
ω_n	Winkelgeschwindigkeit
ω_0	Kennkreisfrequenz
ω_r, ω_{rz}	Resonanzkreisfrequenz
ω_π	Phasenschnittkreisfrequenz
ψ	Flussverkettung
$\underline{\psi}$	Raumzeiger der Flussverkettung
ψ_α, ψ_β	Komponenten der Flussverkettung im ständerbezogenen Koordinatensystem
ABK	Anzeige-/Bedienkomponenten
AK	Anforderungsklasse
ALI	Application Layer Interface
A-Netz	Aktionsnetz oder Aktornetz
API	Application Program Interface
APM	Alternierede Puls Modulation
AS	Ablaufsprache
ASI	Actuator Sensor Interface
ASIC	Application Specific Integrated Cirquit
AWL	Anweisungsliste
BAM	Bidirectional Association Memory
BIBO	Bounded Input /Bounded Output
BIT	Bipolarer Transistor
B&B	Bedienen und Beobachten
CA	Collision Avoidance
CAD	Computer Aided Design
CAE	Computer Aided Engineering
CAL	Controlled Area Network Application Layer
CAN	Controlled Area Network
CCDB	Common Configuration Database
CD	Collision Detection
CFC	Continuous Function Chart
CLC	Close Loop Control
CMAC	Cerebellar Model Articulation Controller
CNC	Computer Numerical Control
COG	Center of Gravity
COM	Component Object Model
CORBA	Common Object Request Broker Architecture
COS	Center of Singleton
CSMA	Carrier Sense Multiple Access
CSRD	Cyclic Send and Request Data
DCOM	Distributed Component Model
DCS	Distributed Control System
DDE	Dynamic Data Exchange
DDLM	Direct Data Link Mapper
DFB	Derived Function Block
DGL	Differenzialgleichung
DMPL	Dynamisches Multilayer Perceptron
DTM	Device Type Manager
E/A	Eingang / Ausgang

ERD	Entitäten-Relationen-Diagramm
ETA	Event Tree Analysis
EWS	Engineering Work Station
FB	Funktionsbaustein
FBD	Function Block Diagram
FBS	Funktionsbausteinsprache
FDT	Field Device Tool
FKL	Frequenzkennlinien
FMEA	Failure Mode and Effect Analysis
FMS	Fieldbus Message Specifikation
FMUX	Feldmultiplexer
FTA	Fault Tree Analysis
EFB	Elementare Funktions-bausteine
E-Netz	Emulatornetz
FFB	Funktionen- und Funktions-baustein
FOM	First of Maxima
FUP	Funktionsplan
G	Groß
GTO	Gate Turn-off Thyristoren
HMI	Human / Maschine Inteface
HW	Hardware
IAE	Integral of Absolute Error
IEC	International Electrotechnical Comission
IAK	Industrial Automation Kernel
IGTB	Isolated Gate Bipolar Transi-storen
IL	Instruction List
I/O	Input / Output
IPC	Industrie-PC
ITAE	Integral of Time multiplied by Absolute Error
K	Klein
KBL	Kommunikationsbeziehungs-liste
KNN	Künstliche Neuronale Netze
KO	Koordinatensystem
KOP	Kontaktplan
KOV	Kommunkationsverzeichnis
LD	Ladder Diagram
LIMS	Laborinformations- und -managementsystem
LOM	Last of Maxima
LWL	Lichtenwellerleiter
M	Mittel
MADALINE	Multilayer Adaptive Li-neare Element
MAP	Manufacturing Automation Protocol
MDT	Mean Down Time
MES	Manufacturing Execution System
MIMO	Multiple Input/Multiple Output
MISO	Multiple Input/Single Output
MKS	Mehrkörpersystem
MLP	Multilayer-Perceptron
MMI	Man/Maschine Interface
MMS	Manufacturing Message Spe-cification
MOM	Mean of Maxima
MTBF	Mean Time Between Failure
MTTF	Mean Time to Failure
MTTR	Mean Time to Repair
N	Negativ
NC	Numerical Control
NG	Negativ und groß
NK	Negativ und klein

NM	Negativ und mittel
NRZ	Non Return to Zero
NSG	Negativ sehr groß
NU	Null
OLE	Object Linking and Embedding
OMG	Object Management Group
OPC	OLE for Process Control
P	Proportional, Positiv
PC	Personal Computer
PD	Proportional-Differenzial
PDC	Process Data Channel
PDO	Process Data Objects
PG	Positiv und groß
PI	Proportional-Integral
PID	Proportional-Integral-Differenzial
PK	Positiv und klein
PLS	Prozessleitsystem
PLT	Prozessleittechnik
PM	Positiv und mittel
PMS	Peripherals Message Specification
PN	Pol-Nullstellen
PNK	Prozessnahe Komponenten
POE	Programm-Organisationseinheit
PPS	Produktionsplanungs und Steuerungssystem
Prod	Produkt
PSA	Probabolistic Safety Assessment
PSK	Positiv sehr klein
QRA	Quantitative Risk Assessment
R&I	Rohrleitungs- und Instrumentenfließbild
RDM	Rückführdifferenzmatrix
RT	Regelungstechnische
RC	Robotersteuerung
RZ	Return to Zero
SCADA	Supervision Control and Data Acquisition
SDA	Send Data with Acknowledge
SDAI	Standard Data Access Interface
SDN	Send Data with No acknowledge
SDO	Service Data Objects
SFC	Sequential Function Chart
SIPN	Steuerungstechnisch interpretierte Petri-Netze
SISO	Single Input/Single Output
SPC	Statistische Prozess-Control
SPS	Speicherprogrammierbare Steuerung
SQL	Structured Query Language
SRD	Send and Request Data
ST	Strukturierter Text
STEP	Standard for the Exchange of Product Model Data
SW	Software
TCP	Tool Center Point
TMDA	Time Division Multiple Access
UML	Unified Modeling Language
US	Unterstation
VCR	Videorecorder
VD	Vektordreher
VPS	Verbindungsprogrammierte Steuerung
WOK	Wurzelortskurve

Sachwortverzeichnis

GPSR Compliance

The European Union's (EU) General Product Safety Regulation (GPSR) is a set of rules that requires consumer products to be safe and our obligations to ensure this.

If you have any concerns about our products, you can contact us on ProductSafety@springernature.com

In case Publisher is established outside the EU, the EU authorized representative is:

Springer Nature Customer Service Center GmbH
Europaplatz 3
69115 Heidelberg, Germany

Batch number: 08566415

Printed by Printforce, the Netherlands